中国轻工业"十四五"规划教材
教育部高等学校轻工类专业教学指导委员会"十四五"规划教材

制浆造纸分析与检测

（第三版）

Pulp and Paper Testing（Third Edition）

刘　忠　张素风　主　编
武书彬　李海明　参　编

中国轻工业出版社

图书在版编目（CIP）数据

制浆造纸分析与检测 = Pulp and Paper Testing (Third Edition) / 刘忠，张素风主编. --3版. --北京：中国轻工业出版社，2025.8. --（中国轻工业"十四五"规划教材）（教育部高等学校轻工类专业教学指导委员会"十四五"规划教材）. --ISBN 978-7-5184-5562-1

Ⅰ.TS74；TS75

中国国家版本馆CIP数据核字第2025WM6267号

责任编辑：林　媛　　　责任终审：腾炎福　　　封面设计：锋尚设计
策划编辑：林　媛　　　责任校对：刘小透　晋　洁　　　责任监印：张　可

出版发行：中国轻工业出版社（北京鲁谷东街5号，邮编：100040）
印　　刷：三河市万龙印装有限公司
经　　销：各地新华书店
版　　次：2025年8月第3版第1次印刷
开　　本：787×1092　1/16　印张：25.75
字　　数：659千字
书　　号：ISBN 978-7-5184-5562-1　定价：85.00元
邮购电话：010-85119873
发行电话：010-85119832　010-85119912
网　　址：http://www.chlip.com.cn
Email：club@chlip.com.cn
版权所有　侵权必究
如发现图书残缺请与我社邮购联系调换
231940J1X301ZBW

前　　言

本版《制浆造纸分析与检测》是第三版，首先融入了课程思政内容，课程思政不仅是对思政课程的补充，也是让显性的思政内容在其他课程中得到深入的感知与隐性的贯彻，是对思政课程的进一步深化。因此，本教材增补了所涉及课程的思政内容。

《制浆造纸分析与检测》是学习制浆造纸工程专业方向的专科生、本科生、研究生必不可少的一门课程，也是造纸企业在实际生产过程中，相关检测必备的工具书，此教材在教学、科研和生产实际中一直发挥着十分重要的作用，为人才培养和生产实践过程中的检测做出了极大的贡献，产生了很大的社会效益。

第二版《制浆造纸分析与检测》是于 2020 年 8 月出版，但由于近两来，《优质生活用纸》《优质卫生用品》《质量分级及"领跑者"评价要求，卫生巾》和《质量分级及"领跑者"评价要求，婴儿纸尿裤》标准的立项，需要相应的检测方法。随着科学技术的发展和人们生活需求的不断增长，制浆造纸工业得到了长足的发展。由于科学技术的进步及新的检测方法和手段不断更新，制浆造纸分析与检测技术在诸多方面也得到了相应的发展。在这种形势下，编写新一版《制浆造纸分析与检测》十分必要，以适应当前制浆造纸生产和科研方面人才培养的需要。

本教材在编写过程中力求在内容上满足本科生、研究生的培养及行业在生产和科学研究中的应用。在内容和编排形式上增加了课程思政的内容；增补了纸和纸板短距压缩强度测定；保留了常用标准的分析检测方法；检测标准均采用最新的标准，并考虑与国际标准接轨。

本教材共分九章。其中：天津科技大学刘忠教授编写第一章、第二章和第八章的第一、二、三、四节；华南理工大学武书彬教授编写第三章和第八章的第五、六、七、八节；陕西科技大学张素风教授编写第四章、第六章和第七章；大连工业大学李海明教授编写第五章和第九章。本教材由刘忠教授、张素风教授担任主编。

本教材可作为制浆造纸工程（轻化工程）学科本科、专科学生和研究生的教学实验教材，也可作为在制浆造纸工程及其相关领域从事生产、技术、科研、检验和管理等方面人员的参考用书。

现代科学技术发展迅速，分析与检测技术也在不断创新，本教材虽力求内容有较好的实用性和先进性，但由于编者水平以及资料搜集所限，不足之处在所难免，望读者予以批评指正。

编者

2025 年 1 月

目 录

绪言 ··· 1
    一、制浆造纸分析与检测概述 ·· 1
    二、制浆造纸分析与检测的重要性 ·· 1

第一章 造纸植物纤维原料的生物结构与纤维形态观察 ································· 3
  第一节 植物纤维原料生物结构的观察 ·· 3
    一、试验前的准备 ··· 3
    二、植物纤维原料的生物结构 ·· 4
  第二节 植物纤维原料细胞形态的观察 ·· 12
    一、观察前的准备 ··· 12
    二、细胞形态的观察 ·· 12
  第三节 植物纤维原料的纤维形态测定 ·· 14
    一、纤维长度的测定及分配频率计算 ··· 14
    二、细胞壁厚及细胞腔直径的测量 ·· 20
    三、纤维粗度、毫克根数的测定及质量因子的计算 ··· 21
    四、非纤维细胞含量的测定 ··· 22
  参考文献 ··· 23
  本章思政案例 ··· 23

第二章 造纸植物纤维原料和纸浆的化学成分分析 ·· 24
  第一节 分析用试样的采取 ··· 24
    一、植物纤维原料分析用试样的采取 ··· 24
    二、纸浆试样的采取 ·· 25
  第二节 分析试样水分的测定 ·· 26
  第三节 灰分及酸不溶灰分含量的测定 ·· 28
    一、灰分含量的测定 ·· 28
    二、纸浆酸不溶灰分的测定 ··· 29
  第四节 抽出物含量的测定 ··· 31
    一、水抽出物含量的测定 ·· 31
    二、1%氢氧化钠抽出物含量的测定 ·· 32
    三、有机溶剂抽出物含量的测定 ··· 34
  第五节 纤维素含量的测定 ··· 38
  第六节 综纤维素含量的测定 ·· 40
    附录 亚氯酸钠纯度的分析方法 ·· 43
  第七节 聚戊糖含量的测定 ··· 43
    一、容量法的测定原理 ··· 44
    二、仪器 ·· 45
    三、试剂 ·· 46

  四、测定步骤 ………………………………………………………………………… 46
  五、聚戊糖的结果计算 …………………………………………………………… 47
  六、注意事项 ……………………………………………………………………… 48
 第八节 木素含量的测定 ………………………………………………………………… 48
  一、木素定量分析的方法和依据 ………………………………………………… 48
  二、酸不溶木素（克拉森木素）含量的测定 …………………………………… 50
  三、酸溶木素含量的测定 ………………………………………………………… 53
 第九节 果胶和单宁含量的测定 ………………………………………………………… 55
  一、果胶含量的测定 ……………………………………………………………… 56
  二、单宁含量的测定 ……………………………………………………………… 60
 第十节 纸浆抗碱性和碱溶解度的测定 ………………………………………………… 62
  一、纸浆抗碱性的测定 …………………………………………………………… 63
  二、纸浆碱溶解度的测定 ………………………………………………………… 65
 第十一节 漂白浆还原性能与铜价的测定 ……………………………………………… 68
 第十二节 化学浆黏度和聚合度的测定 ………………………………………………… 71
 第十三节 功能基含量的测定 …………………………………………………………… 81
  一、甲氧基含量的测定 …………………………………………………………… 81
  二、羟基含量的测定 ……………………………………………………………… 85
  三、羧基含量的测定 ……………………………………………………………… 89
  四、羧基和酚羟基含量的同时测定法（非水电导滴定法和非水电位滴定法）… 93
  五、磺酸基和羧基含量的同时测定法（离子交换法和电导滴定法） ………… 96
 参考文献 ………………………………………………………………………………… 99
 本章思政案例 …………………………………………………………………………… 99

第三章 制浆试验及其检测 …………………………………………………………… 100
 第一节 蒸煮试验及其检测 ……………………………………………………………… 100
  一、原料准备及水分测定 ………………………………………………………… 100
  二、蒸煮液的配制及其测定 ……………………………………………………… 101
  三、蒸煮试验设备与操作程序 …………………………………………………… 108
  四、蒸煮试验的检测 ……………………………………………………………… 110
  五、蒸煮废液的分析 ……………………………………………………………… 116
 第二节 化学机械法制浆试验及其检测 ……………………………………………… 122
  一、试验准备 ……………………………………………………………………… 122
  二、化学预处理与磨浆试验用设备及操作程序 ………………………………… 123
  三、化学机械法制浆试验的检测 ………………………………………………… 124
 第三节 纸浆漂白试验及其检测 ……………………………………………………… 124
  一、浆料准备及水分测定 ………………………………………………………… 124
  二、漂液的制备及其测定 ………………………………………………………… 125
  三、漂白试验设备 ………………………………………………………………… 128
  四、漂白试验方案的制定及漂白操作 …………………………………………… 128
  五、漂后残余漂白剂含量的测定 ………………………………………………… 130
  六、纸浆白度与返黄值的测定 …………………………………………………… 131
 第四节 废纸浆中大胶黏物的检测 …………………………………………………… 132

  一、胶黏物的特性与定义 ……………………………………………………………………… 132
  二、胶黏物的分类 …………………………………………………………………………… 133
  三、胶黏物的测定 …………………………………………………………………………… 133
 第五节 废纸浆脱墨效率的评价方法 ………………………………………………………… 135
  一、脱墨效果评价原理 ……………………………………………………………………… 135
  二、脱墨实验仪器与设备 …………………………………………………………………… 136
  三、测定步骤 ………………………………………………………………………………… 136
 参考文献 ………………………………………………………………………………………… 138
 本章思政案例 …………………………………………………………………………………… 139

第四章 造纸试验及其检测 140

 第一节 打浆试验及其检测 …………………………………………………………………… 140
  一、实验室常用的打浆设备及其操作 ……………………………………………………… 140
   附录 标准浆料解离器解离操作 ………………………………………………………… 143
  二、打浆过程中的检测 ……………………………………………………………………… 144
 第二节 纸页的抄造试验 ……………………………………………………………………… 158
  一、纸页成形系统及设备 …………………………………………………………………… 158
  二、纸页抄造程序 …………………………………………………………………………… 159
  三、多层纸和纸板的实验室抄造 …………………………………………………………… 161
 第三节 纸张纤维组成的剖析 ………………………………………………………………… 161
  一、纸样的分离 ……………………………………………………………………………… 161
  二、纤维的观察鉴别 ………………………………………………………………………… 162
  三、纤维配比的测定 ………………………………………………………………………… 164
  四、纤维的质量因数及其测定 ……………………………………………………………… 164
 第四节 常用造纸湿部化学实验 ……………………………………………………………… 166
  一、纸料的Zeta电位测定 …………………………………………………………………… 166
  二、颗粒电荷测定或胶体滴定 ……………………………………………………………… 167
  三、留着和滤水实验 ………………………………………………………………………… 168
  四、AKD乳液的分析 ………………………………………………………………………… 171
  五、造纸填料的分析 ………………………………………………………………………… 172
  六、荧光增白剂的分析 ……………………………………………………………………… 173
 参考文献 ………………………………………………………………………………………… 174
 本章思政案例 …………………………………………………………………………………… 175

第五章 纸和纸板物理性能的检测 176

 第一节 纸与纸板检测的准备 ………………………………………………………………… 176
  一、纸与纸板试样的采取 …………………………………………………………………… 176
  二、试样的处理 ……………………………………………………………………………… 177
 第二节 纸与纸板纵横向和正反面的测定 …………………………………………………… 178
  一、纸和纸板纵横向的测定 ………………………………………………………………… 178
  二、纸和纸板正反面的测定 ………………………………………………………………… 179
 第三节 纸和纸板定量、厚度、紧度和松厚度的测定 ……………………………………… 179
  一、纸与纸板定量的测定 …………………………………………………………………… 179

二、纸和纸板厚度的测定 ……………………………………………………………… 180
　　三、纸和纸板紧度和松厚度的测定 …………………………………………………… 181
第四节　纸和纸板抗张强度和伸长率的测定 ………………………………………………… 182
　　一、L＆W抗张强度测试仪 …………………………………………………………… 183
　　二、恒伸长式拉伸试验仪 ……………………………………………………………… 185
第五节　纸和纸板撕裂强度的测定 …………………………………………………………… 188
　　一、仪器的结构及工作原理 …………………………………………………………… 189
　　二、仪器的检查及校准 ………………………………………………………………… 189
　　三、测定步骤 …………………………………………………………………………… 190
　　四、数据处理及结果计算 ……………………………………………………………… 191
第六节　纸和纸板耐破强度的测定 …………………………………………………………… 191
　　一、仪器的结构与工作原理 …………………………………………………………… 192
　　二、仪器的校对 ………………………………………………………………………… 192
　　三、测定步骤 …………………………………………………………………………… 194
　　四、数据处理及结果计算 ……………………………………………………………… 194
第七节　纸和纸板耐折度的测定 ……………………………………………………………… 195
　　一、肖伯尔耐折度仪 …………………………………………………………………… 195
　　二、MIT耐折度仪 ……………………………………………………………………… 197
第八节　纸和纸板平滑度的测定 ……………………………………………………………… 199
　　一、仪器的结构与工作原理 …………………………………………………………… 199
　　二、仪器的校对 ………………………………………………………………………… 199
　　三、测定步骤 …………………………………………………………………………… 200
　　四、数据处理及结果计算 ……………………………………………………………… 200
第九节　纸和纸板透气度的测定 ……………………………………………………………… 201
　　一、肖伯尔（Schopper）型透气度仪 ………………………………………………… 201
　　二、本特生（Bendtsen）型透气度仪 ………………………………………………… 203
　　三、葛尔莱（Gurley）型透气度仪 …………………………………………………… 205
第十节　纸和纸板吸收性的测定 ……………………………………………………………… 207
　　一、毛细吸液高度测定法［克列姆（Klemm）法］ ………………………………… 207
　　二、表面吸收速度测定法（高兹纳克法） …………………………………………… 208
　　三、浸水法 ……………………………………………………………………………… 209
　　四、表面吸水能力法（可勃法） ……………………………………………………… 209
第十一节　纸和纸板施胶度的测定 …………………………………………………………… 211
　　一、墨水划线法 ………………………………………………………………………… 211
　　二、液体渗透法 ………………………………………………………………………… 212
第十二节　纸和纸板尘埃度的测定 …………………………………………………………… 213
　　一、测定仪器 …………………………………………………………………………… 213
　　二、测定步骤 …………………………………………………………………………… 213
　　三、数据处理及结果计算 ……………………………………………………………… 214
第十三节　纸和纸板结合强度的测定 ………………………………………………………… 214
　　一、Z向抗张力的测定 ………………………………………………………………… 214
　　二、思考特（Scott）内结合强度的测定 ……………………………………………… 215

第十四节　纸和纸板印刷表面强度的测定 ……… 217
一、仪器结构及工作原理 ……… 217
二、仪器的校对 ……… 218
三、仪器的准备 ……… 218
四、测定步骤 ……… 218
五、数据处理及结果计算 ……… 219

第十五节　纸和纸板湿强度的测定 ……… 220
一、按规定时间浸水后耐破度的测定 ……… 220
二、按规定时间浸水后抗张强度的测定 ……… 221

第十六节　纸张不透明度和透明度的测定 ……… 222
一、不透明度的测定 ……… 222
二、透明度的测定 ……… 223

第十七节　纸张柔软度的测定 ……… 224
一、仪器结构与工作原理 ……… 224
二、仪器特性参数及仪器的校对 ……… 224
三、测定步骤 ……… 225
四、数据处理及结果计算 ……… 226

第十八节　纸板戳穿强度的测定 ……… 226
一、仪器的结构与工作原理 ……… 226
二、仪器的特性参数及仪器的校对 ……… 226
三、测定步骤 ……… 227
四、数据处理及结果计算 ……… 227

第十九节　纸板挺度的测定 ……… 228
一、仪器的结构与工作原理 ……… 228
二、仪器的特性参数及仪器的校对 ……… 229
三、测定步骤 ……… 229
四、数据处理及结果计算 ……… 230

第二十节　纸板压缩强度的测定 ……… 230
一、纸板环压强度的测定 ……… 230
二、瓦楞原纸平压强度的测定 ……… 233
三、瓦楞原纸边压强度的测定 ……… 234
四、纸和纸板短距压缩强度测定 ……… 235

第二十一节　纸浆实验室纸页物理性能的测定 ……… 237
一、实验仪器 ……… 237
二、试样的制备与处理 ……… 238
三、测定步骤 ……… 238

参考文献 ……… 240
本章思政案例 ……… 241

第六章　造纸废水的监测 ……… 242
第一节　造纸废水的采集和保存 ……… 242
一、造纸废水的采集 ……… 242
二、水样的保存及初步处理 ……… 243

第二节　造纸废水的检测 ... 245
   一、悬浮物（SS）的测定 ... 245
   二、pH 的测定 ... 246
   三、溶解氧（DO）的测定 ... 247
   四、5 日生化需氧量（BOD_5）的测定 ... 249
   五、化学耗氧量（COD）的测定 ... 253
参考文献 ... 255
本章思政案例 ... 255

第七章　化学助剂分析方法 ... 256
第一节　蒽醌（AQ）的测定 ... 256
   一、纯度的测定 ... 257
   二、灰分的测定 ... 259
   三、干品初熔点的测定 ... 260
   四、加热减量的测定 ... 261
第二节　羧甲基纤维素的测定 ... 262
   一、水分及挥发物的测定 ... 263
   二、有效成分的测定 ... 264
   三、钠含量的测定 ... 265
   四、黏度的测定 ... 267
   五、pH 的测定 ... 267
   六、取代度的测定 ... 269
第三节　淀粉及其衍生物的测定 ... 270
   一、水分的测定 ... 272
   二、淀粉及其衍生物硫酸化灰分的测定 ... 273
   三、淀粉细度的测定 ... 275
   四、淀粉及其衍生物黏度的测定 ... 275
   五、淀粉及其衍生物酸度的测定 ... 278
   六、淀粉及其衍生物氮含量的测定 ... 279
   七、阳离子淀粉取代度的测定 ... 282
第四节　聚丙烯酰胺（PAM）的测定 ... 284
   一、固体物含量的测定 ... 285
   二、不溶物含量的测定 ... 286
   三、特性黏度的测定 ... 286
   四、粉状聚丙烯酰胺溶解速度的测定 ... 290
   五、相对分子质量的测定 ... 291
   六、PAM 水解度的测定 ... 291
   七、阳离子聚丙烯酰胺阳离子度的测定 ... 293
第五节　聚乙烯醇的测定 ... 294
   一、挥发分的测定 ... 295
   二、聚乙烯醇树脂氢氧化钠含量的测定 ... 296
   三、聚乙烯醇树脂乙酸钠含量的测定 ... 297
   四、聚乙烯醇树脂残留乙酸根（或醇解度）测定方法 ... 298

  五、透明度的测定 ……………………………………………………………………… 300
  六、平均聚合度的测定 …………………………………………………………… 300
  七、聚乙烯醇树脂灰分测定方法 ………………………………………………… 302
 第六节 聚合氯化铝的测定 …………………………………………………………… 303
  一、相对密度的测定（密度计法） ……………………………………………… 304
  二、氧化铝（Al_2O_3）含量的测定 ……………………………………………… 304
  三、盐基度的测定 ………………………………………………………………… 306
  四、水不溶物含量的测定 ………………………………………………………… 307
  五、pH 的测定 …………………………………………………………………… 307
  六、聚合氯化铝含量（纯度）分析 ……………………………………………… 308
 参考文献 ……………………………………………………………………………… 311
 本章思政案例 ………………………………………………………………………… 311

第八章 仪器分析在制浆造纸工业中的应用 …………………………………………… 312
 第一节 紫外-可见光谱分析 …………………………………………………………… 313
  一、紫外光谱法测定原料和纸浆中木素的含量 ………………………………… 314
  二、紫外光谱法测定纸浆中己烯糖醛酸含量 …………………………………… 316
  三、分光光度法测定原料和纸浆中聚戊糖的含量 ……………………………… 319
  四、纸浆、纸和纸板中铁、铜和锰含量的测定 ………………………………… 321
  五、纸和纸板中二氧化钛含量的测定 …………………………………………… 327
  六、分光光度法测定蒸煮废液中残留蒽醌 ……………………………………… 330
  七、分光光度法测定木素中邻醌和共轭羰基含量 ……………………………… 332
 第二节 红外光谱分析 ………………………………………………………………… 333
  一、木素的红外光谱定性分析 …………………………………………………… 334
  二、木素的红外光谱的定量分析 ………………………………………………… 337
  三、红外光谱法测定纤维素的结晶度 …………………………………………… 337
  四、纸和纸板中无机填料和无机涂料的定性分析（红外光谱法） …………… 339
 第三节 原子吸收光谱分析 …………………………………………………………… 340
  一、纸浆、纸和纸板中铜含量的测定（火焰原子吸收光谱法） ……………… 341
  二、纸浆、纸和纸板中铁含量的测定（火焰原子吸收光谱法） ……………… 342
  三、纸浆、纸和纸板中锰含量的测定（火焰原子吸收光谱法） ……………… 343
  四、纸浆、纸和纸板中钙、镁含量的测定 ……………………………………… 344
  五、纸浆、纸和纸板中钠含量的测定 …………………………………………… 347
  六、纸和纸板中二氧化钛含量的测定（火焰原子吸收光谱法） ……………… 349
  七、白液和绿液中钠和钾含量的测定 …………………………………………… 351
 第四节 气相色谱分析 ………………………………………………………………… 352
  一、气相色谱法测定原料和纸浆中的糖类组分 ………………………………… 352
  二、气相色谱法测定木素降解产物 ……………………………………………… 360
  三、气相色谱法测定树脂组分 …………………………………………………… 362
 第五节 液相色谱分析 ………………………………………………………………… 365
  一、液相色谱法测定黑液和纸浆中蒽醌含量 …………………………………… 365
  二、凝胶渗透色谱法测定纤维素聚合度分布（或相对分子质量分布） ……… 366
  三、凝胶渗透色谱法测定木质素的相对分子质量分布 ………………………… 367

附录　纸浆中残余木素的快速分离方法 ………………………………………… 368
　第六节　核磁共振波谱分析 …………………………………………………………… 368
　　一、木素核磁共振氢谱（^{1}H-NMR）分析 ………………………………………… 369
　　二、木素核磁共振碳谱（^{13}C-NMR）分析 ……………………………………… 370
　　三、木素核磁共振磷谱（^{31}P-NMR）分析 ……………………………………… 371
　　四、木素的二维核磁共振（2D HSQC NMR）分析 ……………………………… 373
　第七节　电子显微镜分析 ……………………………………………………………… 375
　　一、植物纤维原料、浆料和纸页的超微结构分析 ………………………………… 375
　　二、扫描电镜-X射线能谱法（SEM-EDXA）测定原料和浆料纤维细胞各形态区的木素分布 …… 378
　　三、纸和纸板中无机填料和无机涂料的定性分析 ………………………………… 380
　第八节　电化学分析 …………………………………………………………………… 383
　　一、电位分析（测定酸性基团） …………………………………………………… 383
　　二、电导分析 ………………………………………………………………………… 385
　参考文献 ………………………………………………………………………………… 388
　本章思政案例 …………………………………………………………………………… 388

第九章　制浆造纸过程中常用酶制剂的分析 ……………………………………………… 390
　第一节　纤维素酶活力测定 …………………………………………………………… 390
　　一、滤纸酶活力 ……………………………………………………………………… 390
　　二、羧甲基纤维素酶活力 …………………………………………………………… 392
　　三、黏度法 …………………………………………………………………………… 394
　　四、与国际酶活力单位的换算 ……………………………………………………… 396
　　五、注意事项 ………………………………………………………………………… 396
　第二节　半纤维素酶活力测定 ………………………………………………………… 396
　　一、中性木聚糖酶制剂活力的测定 ………………………………………………… 396
　　二、酸性木聚糖酶制剂活力的测定 ………………………………………………… 399
　　三、碱性木聚糖酶制剂活力的测定 ………………………………………………… 399
　参考文献 ………………………………………………………………………………… 400
　本章思政案例 …………………………………………………………………………… 400

绪　言

一、制浆造纸分析与检测概述

党的二十大报告指出"教育、科技、人才是全面建设社会主义现代化国家的基础性、战略性支撑。"在教育过程中，做好教育工作，教材是十分重要的，为此，在新版教材的编写过程中，充分考虑了教材的先进性、前瞻性，为全面建设社会主义现代化国家、全面推进中华民族伟大复兴做出应有的贡献。

制浆造纸分析与检测对于学习轻化工程（制浆造纸工程方向）专业的本科生，制浆造纸工程专业的硕士生和博士生，是一门重要的实验课程，同时也是包括从事与制浆造纸相关的科研、技术和生产工作者非常重要的一本工具书。本教材涵盖了制浆造纸过程中主要原料的生物结构与纤维形态观察、造纸用植物纤维原料和纸浆的化学成分分析、制浆所用化学品的制备和标定、纸浆和制浆废液的相关测定、纸和纸板物理性能的相关测定、制浆造纸常用化学助剂的分析测定、制浆造纸常用酶制剂的分析与检测和仪器分析在制浆造纸分析中的应用。

二、制浆造纸分析与检测的重要性

无论从事科学研究还是实际生产的工作者都离不开分析与检测，制浆造纸工程领域也不例外。

制浆造纸分析与检测是造纸工业中非常重要的一个环节，通过检测分析制浆和造纸原料与辅料的组成、性能和质量，保障所生产的产品的安全性和稳定性，控制产品的生产过程，确保产品符合相关的标准和法规要求。在生产中，各个环节的分析与检测不仅能够保障生产过程的稳定性和安全性，也有利于提高产品的质量和竞争力。分析与检测的重要性主要表现在两大方面：

一是对原料辅料和所用化学品的分析与检测。即，对原料、辅料和化学品中的成分、结构、性质和特性等进行分析和检测，以确定产品的质量和性能，并为产品的生产和使用提供技术依据。分析一般包括物理分析、化学分析、光谱分析、色谱分析、质谱分析等内容。分析与检测的重要作用有：保障产品质量，纸和纸板产品的质量直接关系到产品的使用效果和生产企业的声誉，通过分析与检测，可以确定产品的性能，保证产品符合相关的标准和法规要求，确保产品的质量稳定和可靠；优化生产过程，分析与检测可以帮助生产企业了解原材料和生产过程中的各种参数和变量，通过分析和对比不同批次的产品，发现生产过程中的问题和缺陷，优化生产工艺，提高生产效率和经济效益；节约生产成本，通过分析与检测，可以控制产品中各种成分的含量和比例，精确调控产品的配方和配料，减少原材料的浪费和损耗，降低生产成本，提高企业的经济效益；解决质量问题，当产品出现质量问题时，可以通过化工分析确定问题的原因，找到解决问题的途径，提高产品的质量和可靠性，避免产品质量问题对企业造成损失。

二是对生产过程和产品的分析与检测。对生产过程和所生产的产品进行质量和性能的检验，以确保产品的质量和安全，主要包括以下两个方面：保障纸浆和纸产品的安全性。有些产品的安全性对人身和环境都具有重要意义。通过检验，可以对产品的毒性、感染性、腐蚀性等进行检测，确保产品对人体和环境的安全性，防止产品对人体和环境产生危害；监控生产过程，通过分析与检测可以对生产过程中的关键环节和关键参数进行监控和检测，以确保生产过程的安全和稳定性，避免生产过程中的事故和污染，保护生产人员和环境安全。

第一章　造纸植物纤维原料的生物结构与纤维形态观察

党的二十大报告指出"推动绿色发展，促进人与自然和谐共生"。大自然是人类赖以生存发展的基本条件。尊重自然、顺应自然、保护自然，是全面建设社会主义现代化国家的内在要求。造纸工业所用的原料主要是植物纤维，来源于不同的植物。这在推动绿色发展、促进人与自然和谐共生方面，需要有大智慧，处理好人与自然和谐共生和造纸工业的可持续发展之间的关系是十分重要的。

在全球范围内，高等植物大约有30万种，但是目前用于造纸工业的只有几百种。作为造纸植物纤维原料，不仅要看原料的来源是否丰富、运输是否方便、价格是否合理，还要考虑原料中所含纤维的数量和质量。因此对造纸植物纤维原料生物结构与纤维形态进行观察和测定，对于评价植物纤维原料制浆造纸性能是十分重要的。

第一节　植物纤维原料生物结构的观察

目前研究造纸植物纤维原料生物结构的常用方法是电子显微镜法和光学显微镜法。两种方法的精度不同：在电子显微镜分辨率范围内的结构一般被称为超微结构，常用来进行植物纤维微细结构的研究；光学显微镜法常用来进行生物结构的观察和研究。本节重点介绍后者，电子显微镜分析详见第八章第七节。

一、试验前的准备

（一）切片

① 选择部分有代表性的原料试样，并适量切取（木材$1cm^3$，草类等其他原料一小段）。

② 将试样放入沸水中煮20~30min。取出，放入冷水中浸泡40~60min。将以上两程序重复多次，直至将试样中的空气排净为止。

③ 对于硬度较大的试样，采用10%~30%氢氟酸水溶液浸泡至软化后取出，用清水清洗1~2h。对于较软的试样，采用甘油：酒精＝1：1的溶液浸泡，进行软化。软化程度为用剃刀能将其切割成片为止。

④ 一般软化后的试样可以用切片机或剃刀沿横向、弦向和径向进行切片，但是有些试样，如草类一般只切横向切片。片的厚度一般约为10μm。对于质地软的原料，较难进行切片操作，需要事先进行浸蜡、铸蜡后再进行切片，然后用二甲苯和不同浓度的酒精进行脱蜡。

（二）制片

① 首先要对薄片进行染色。染色的目的是便于观察。常用的染色试剂为10g/L的番红水溶液和孔雀绿。针叶材等试样常用前者；竹类等原料要用两者进行二重染色。10g/L的番红水溶液是用1g番红、83mL苯胺水溶液（80mL蒸馏水、3mL苯胺）及10mL 95%的酒精配制而成。

② 将染色后的切片脱水处理，即用浓度逐渐增加（体积分数为20%、40%、60%、80%、90%、95%、100%）的酒精逐级脱水。时间随酒精浓度的增加而递减，开始为

30min，最后为 3～5min。

③ 脱水后的试样，要在二甲苯中进行 5～10min 的透明处理。如果透明程度不够，则可用 100%酒精再次处理，直至切片在二甲苯中达到较好的透明程度为止。

④ 将经过透明处理的切片置于载玻片中央，切片中要含有少量二甲苯，以防空气进入，滴一滴光学树胶或加拿大胶于切片上，盖上玻片，并用镊子轻轻压平，贴好标签，注明原料名称及产地等，置于空气洁净处，干燥后即完成制片。

（三）调节显微镜

① 选择合适的目镜和物镜，安装好后，转动反光镜使其朝向光源，并调整光圈，使显微镜中出现明亮的视场。

② 将切片放在载物台上，并夹稳。

③ 先转动粗动调节手轮，使镜筒缓缓下降，直到物镜下端靠近切片（要注意观察，千万不可撞坏切片），反向转动粗动调节手轮，使镜筒徐徐上升，同时观察切片，直到看清切片中的物像，再用微动调焦手轮往返转动，调到物像最清晰为止。

（四）观察

观察时，可前后左右移动切片，选不同位置，观察原料的生物结构。

二、植物纤维原料的生物结构

目前造纸工业将植物纤维原料分为三类：第一类是木材纤维类，包括阔叶材和针叶材；第二类是非木材纤维类，包括禾本科类纤维、韧皮纤维、叶纤维及种毛纤维；第三类是半木材纤维类（其纤维形态及生物结构介于木材与禾草类原料之间），这类原料主要指棉秆。这里按此分类扼要介绍在光学显微镜下观察到的几种具有代表性的植物纤维原料的生物结构。

（一）针叶材的生物结构

针叶材的木质部是造纸工业的主要原料。它主要由管胞、木射线管胞和木射线薄壁细胞及围成树脂道的分泌细胞组成，其中管胞是占 90%～95%强的造纸细胞。图 1-1 为我国广

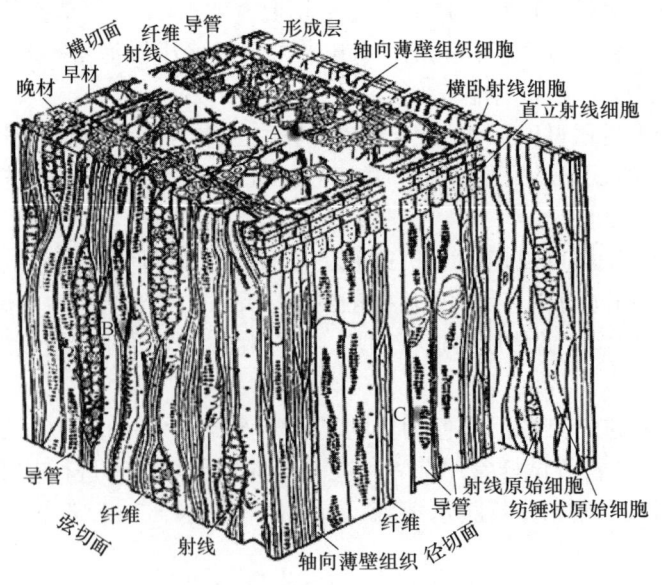

图 1-1　马尾松三向切面×70

A—横向　B—弦向　C—径向

东马尾松生物结构图，图 1-2、图 1-3 及图 1-4 分别表示树干的横切面、径切面和弦切面。

如图 1-2 所示，在横切面上可见纵向生长的管胞横向断面。图中 2 为腔小、壁厚、色深的晚材管胞；图中 1 为腔大、壁薄、色浅的早材管胞。早材和晚材构成年轮。早材和晚材之间为年轮界限。沿径向生长的细胞为木射线。图中 3 为纵向树脂道。

如图 1-3 所示，在径切面上较粗大的条状细胞为管胞，横向条状细胞为木射线，两者交叉的区域被称为交叉场，在管胞的壁上可见一排排的纹孔。

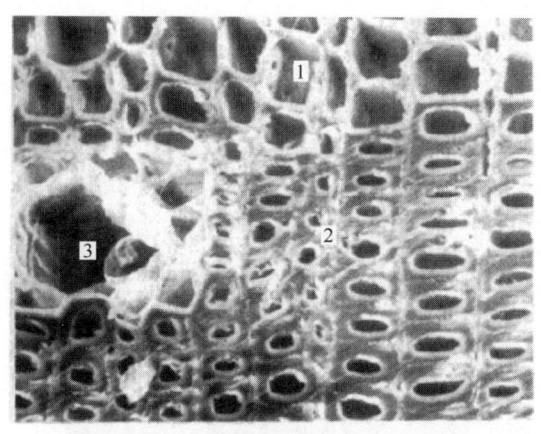

图 1-2　马尾松横切面（SEM×300）
1—早材管胞　2—晚材管胞　3—树脂道

如图 1-4 所示，在弦切面上可见较粗大的条状细胞为管胞及被横向切断的木射线的横断面组成的一列列圆孔。

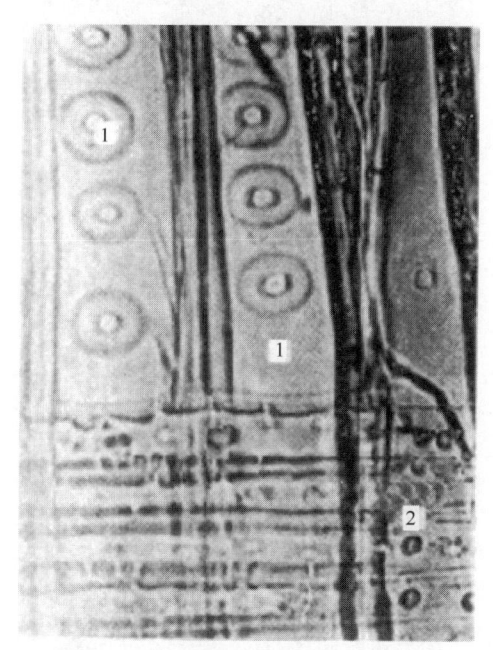

图 1-3　马尾松径切面（LM×200）
1—纤维管胞上具缘纹孔　2—交叉场纹孔

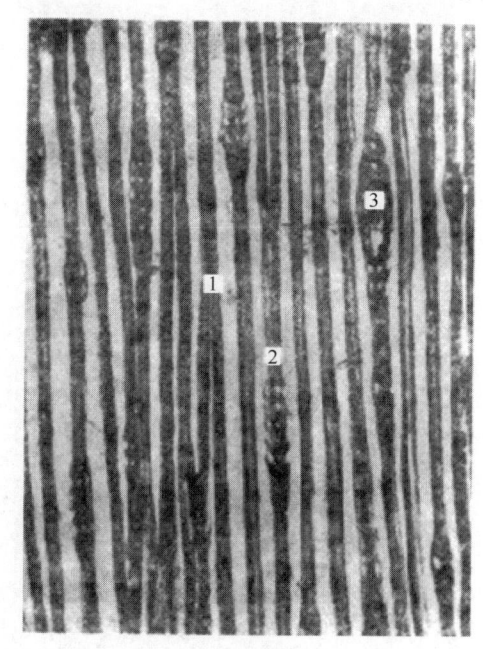

图 1-4　马尾松弦切面×100
1—管胞　2—木射线　3—树脂道

针叶材中还含有较多的树脂道，在横、径切面中较大的圆孔为纵向树脂道。图 1-4 上夹在木射线中间并使木射线形成两列或多列的较大的圆形通道为径向树脂道，两者互相沟通形成了立体的树脂道网。

各种针叶材的生物结构较为相似。图 1-5、图 1-6 及图 1-7 示出了红杉、落叶松和火炬松的横切面。

（二）阔叶材的生物结构

阔叶材的细胞组成要比针叶材复杂。图 1-8 为南京杨的横切面及径切面的两向剖面图，

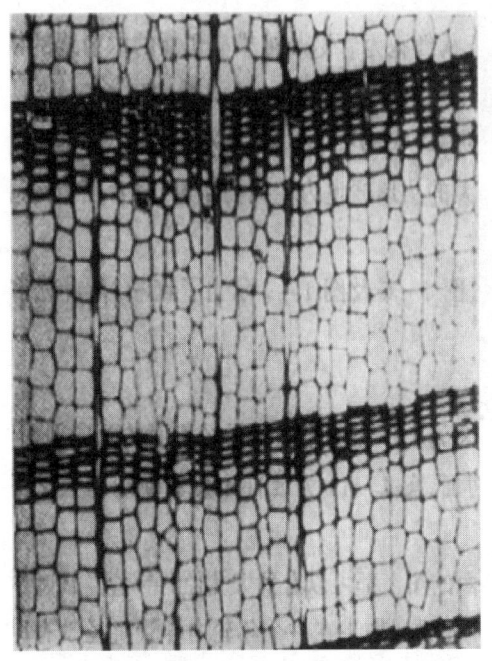

图 1-5　红杉横切面（LM×65）

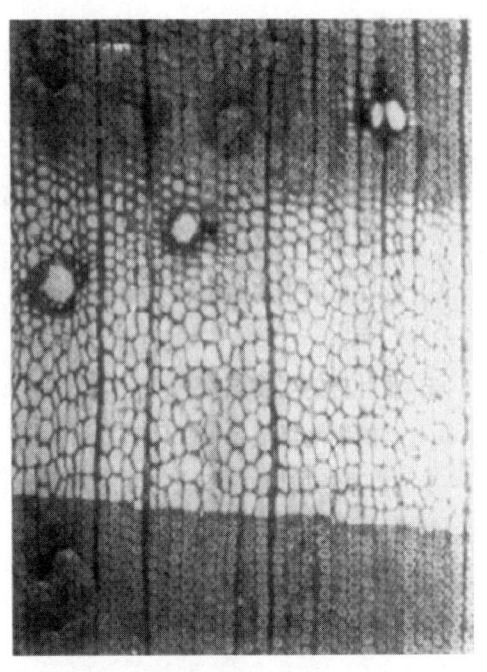

图 1-6　落叶松横切面（LM×65）

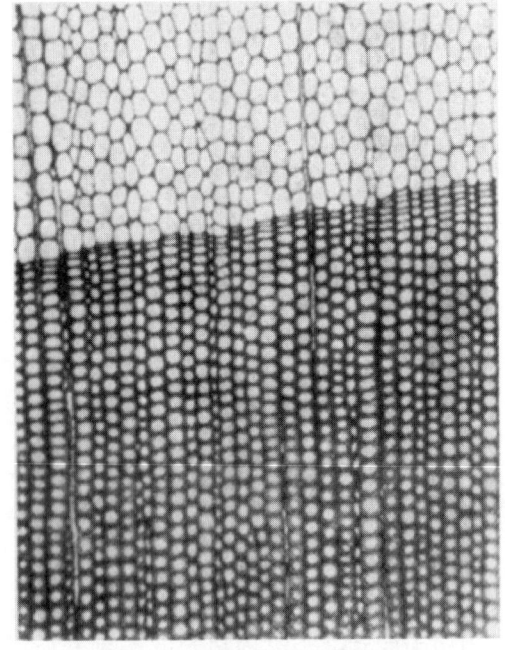

图 1-7　火炬松横切面（LM×65）

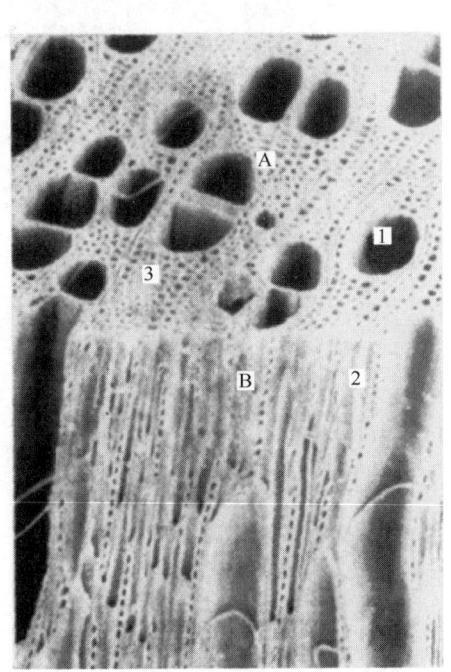

图 1-8　南京杨二向剖面（SEM×50）
A—横切面　B—弦切面　1—导管
2—木射线　3—木纤维

图 1-9 为南京杨横切面，图 1-10 为南京杨弦切面，图 1-11 为杜仲木质部横切面。从图中可见，阔叶木主要由以下几种细胞组成：

导管是阔叶木最明显的特征。在以上各横切面的图上都可以看到大孔径的导管。阔叶木

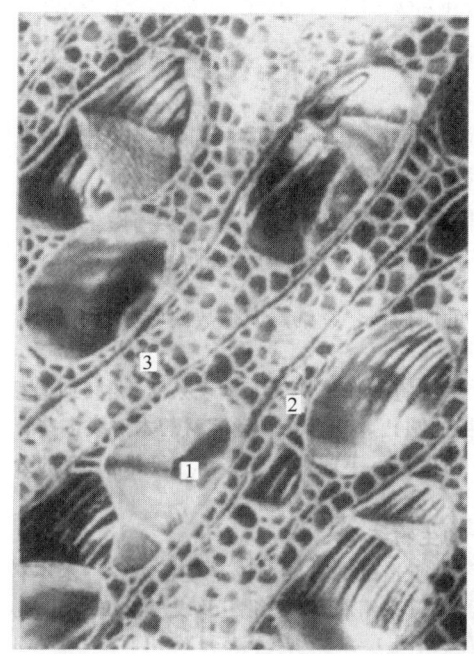

图 1-9 南京杨横切面（SEM×160）
1—导管　2—木射线　3—纤维

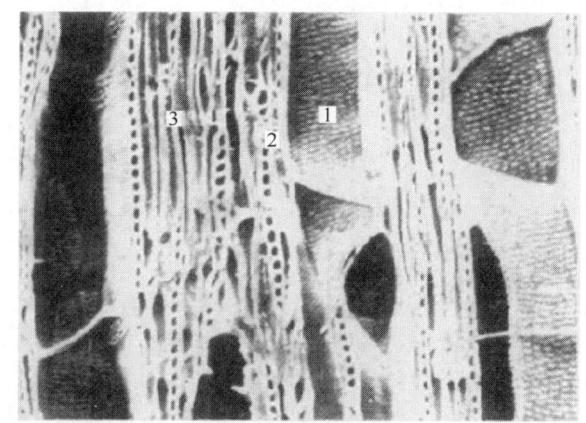

图 1-10 南京杨弦切面（SEM×160）
1—导管　2—木射线　3—纤维

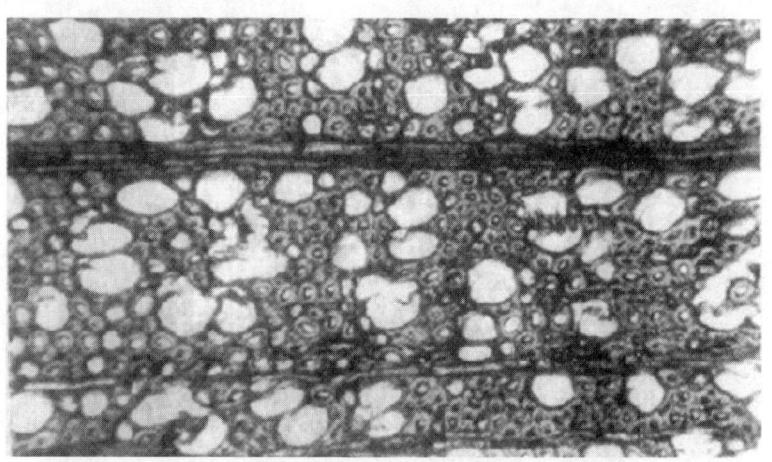

图 1-11 杜仲木质部横切面（LM×100）

可根据导管管孔的散布情况的不同，分为散孔材和环孔材。如果在一个年轮内导管直径没有明显差别的称为散孔材；如果在早材中导管的直径较大，而在晚材中导管的直径明显变小，在横切面上形成环行孔状结构者为环孔材。导管的排列也有单孔式与复孔式两种。在横切面上，单孔式导管每组只有一个管孔；复孔式导管每组有两个以上的管孔。导管由许多导管分子组成，其长度一般都小于1mm。导管分子两端开口，首尾相接，沿树轴方向形成许多通道，以输送树液。

木纤维是造纸用细胞，占50%～80%。阔叶材不仅造纸细胞含量比针叶材低，而且木纤维与针叶材的管胞相比又细又短，两端尖锐。在横切面上，它位于导管和条状的木射线之间，呈现出四角形或多角形的不规则的细胞腔和较厚的细胞壁。一般将阔叶材的木纤维分为三类：纹孔较大的而且布满整个细胞的叫管胞，纹孔较小但较少的叫纤维细胞，纹孔不明显或没有或有横节纹而且稀少的叫韧性木纤维。大多数阔叶材只有后两种，而桉木等少数阔叶材则三种都有。

木射线细胞全部为薄壁细胞。在横切面上呈现条状，弦切面上呈现多列或双列排成纺锤状的、少数为单列（如山杨）的圆孔。其含量较针叶材的木射线多些，形状不太规则。

木薄壁细胞沿树轴纵向生长。不规则地分布于木纤维中，有的分布在年轮末端，有的在木纤维中排列成同心圆状，有的分布于导管四周。

（三）禾本类植物茎秆的生物结构

一般来说，禾草类植物用于造纸的主要部位是茎秆。各种禾本科植物茎秆的生物结构的共同特点是，它们都主要由维管束组织、薄壁组织及表皮组织所组成。还有一些禾本科植物茎秆（如芦苇）具有纤维组织带。图 1-12 为芦苇茎秆横切面，图 1-13 为芦苇秆部维管束横切面，图 1-14 为稻草茎的横切面，图 1-15 为小麦茎的横切面。

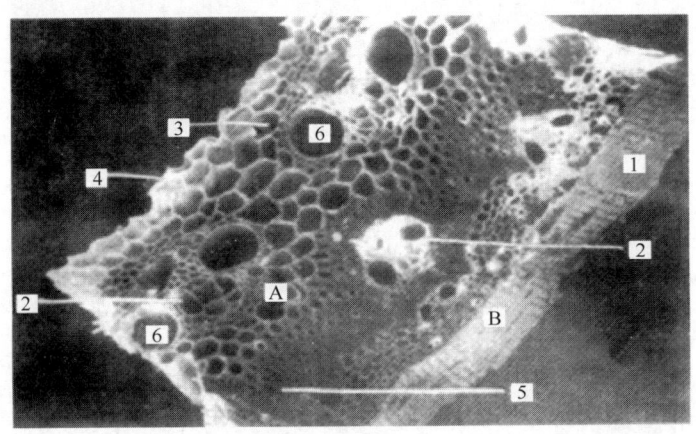

图 1-12　芦苇茎秆横切面（SEM×25）

1—外表皮膜及表皮细胞　2—维管束　3—薄壁细胞　4—内表皮膜　5—纤维组织带　6—导管
A—横切面　B—弦切面

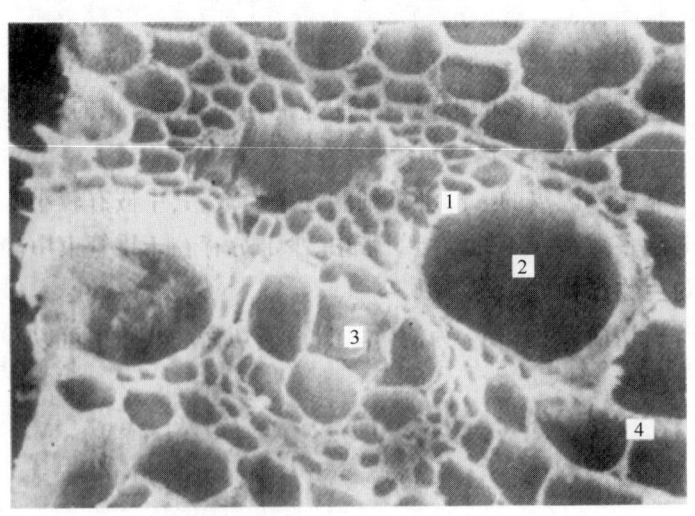

图 1-13　芦苇秆部维管束横切面（SEM×84）

1—纤维　2—导管　3—筛管　4—薄壁细胞

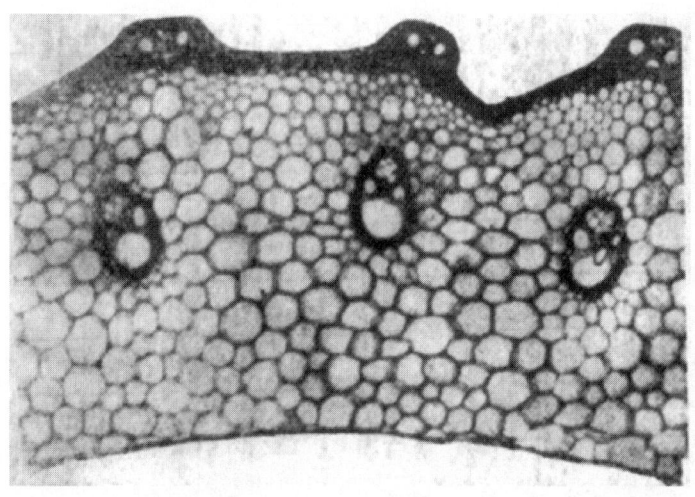

图 1-14　稻草茎的横切面

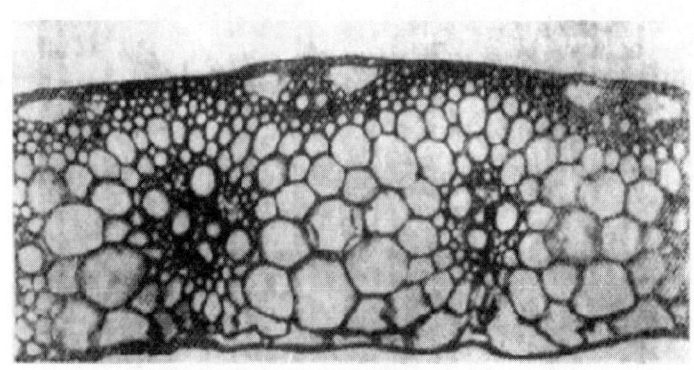

图 1-15　小麦茎的横切面

表皮组织由表皮膜、表皮细胞、硅质细胞、栓质细胞等组成。它们是茎秆的最外一层细胞。

薄壁组织由薄壁细胞组成，所占比例较大，主要生长在维管束周围及表皮组织与纤维组织带之间。在维管束周围的薄壁细胞，腔较大，数量较多；而在表皮组织与纤维组织带之间的薄壁细胞，细胞腔较小，数量也较少。薄壁组织的邻角区（三个细胞交界的部分）有明显的空隙。

由图 1-13 可见，维管束组织由导管、筛管和纤维细胞组成。在横切面上呈"花朵"状，或者说呈"面目"状。纤维在最外一层，形成环状的维管束鞘；导管和筛管被"鞘"围在里面，靠近茎髓的导管在茎秆成熟时，多被挤坏，形成一个明显的孔腔。维管束的形态和排列方式随品种而异。

纤维组织带是由靠近外表皮的一圈纤维细胞连接而成，其中嵌有较小的维管束。

造纸用的纤维细胞多数存在于纤维组织带中，少部分存在于维管束中。

（四）竹子茎秆的生物结构

图 1-16 为毛竹横切面，图 1-17 为淡竹（花竹）横切面。从图中可以看出，竹子茎秆的生物结构与禾草类基本相同。两者之间的主要差别如下：

① 竹的纤维细胞含量占 60%～70%，高于禾草类而低于针叶木。竹纤维细长，两端尖

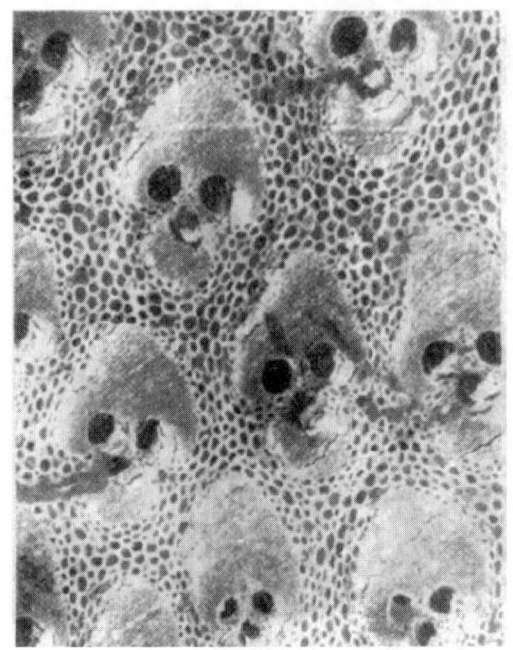

图 1-16　毛竹横切面 LM×80

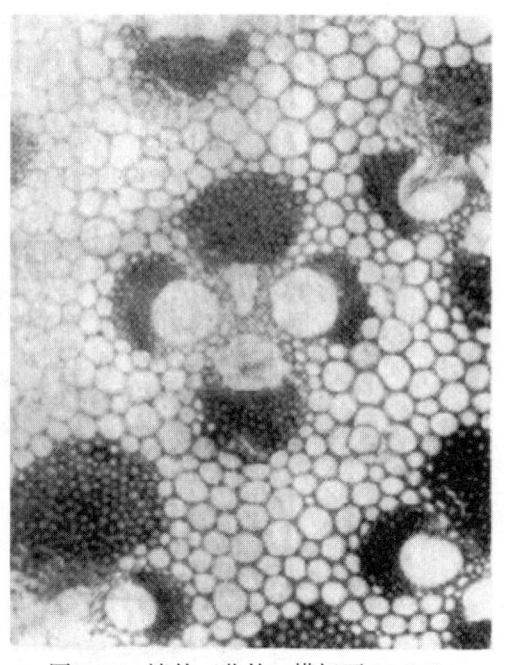

图 1-17　淡竹（花竹）横切面 LM×80

锐，呈纺锤状。

② 竹子茎秆表皮组织紧密，表皮细胞多呈长方形，细胞边缘整齐，无锯齿状细胞，这可以作为鉴别竹浆和大多数草浆的依据。

③ 目前用于造纸的竹纤维全部生长在维管束中。维管束的大小、形状及数量随竹的品种和部位而异，据此可鉴别竹种。

（五）麻类植物茎秆的生物结构

麻类属韧皮纤维。造纸常用的有大麻、亚麻、红麻及黄麻等，其生物结构大同小异。茎秆主要由韧皮部和木质部组成。图 1-18 示出了大麻茎秆的横切面。麻类茎秆从外向内依次可分为表皮组织、厚角细胞组织、薄壁细胞组织、韧皮部、形成层、木质部和髓。

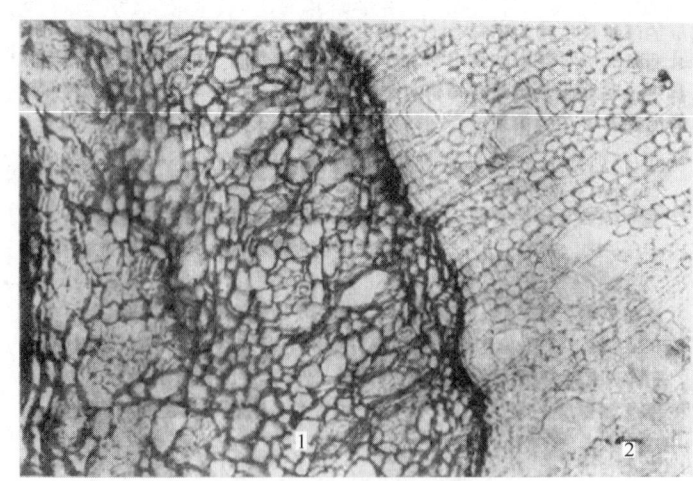

图 1-18　大麻茎秆横切面
1—木质部　2—韧皮部

细而长的纤维存在于韧皮部，是造纸的优质原料。较短的纤维存在于木质部，类似于阔叶材的木纤维，也可以用于造纸。从横切面上能看到韧皮部中有几个纤维群体组成一些"径向行"。有的品种（如红麻）皮部组织比较厚，在一个"径向行"中，纤维群体可达5~6个，使皮部的比例高达25%~30%。而有些品种（如亚麻和大麻）每一"径向行"的纤维群体较少，皮部较薄，仅占15%~20%的比例。

麻类植物木质部的横切面近似阔叶材的散孔材，导管散布在纤维细胞和射线细胞之间。射线细胞一般呈双行排列，从髓心延伸到皮部。靠近髓心的纤维细胞壁较薄，而向外逐渐加厚，形成环状结构。一般来说，在麻类植物的木质部中，薄壁细胞含量较高，可达30%～40%（体积比），超过了阔叶材的杂细胞含量。

（六）叶纤维的生物结构

造纸常用的叶纤维主要是龙须草、西班牙草和剑麻等植物的叶部纤维。图1-19示出了龙须草叶部的横切面。从图中可见：龙须草叶部的外表皮有一层透明膜状组织，向内为锯齿状表皮细胞、栓质细胞及气孔器交错排列，再向内侧则有维管束和薄壁细胞。两个大的维管束之间常夹有1～4个小的维管束。大维管束的外围有一层含有内容物的杆状石细胞，

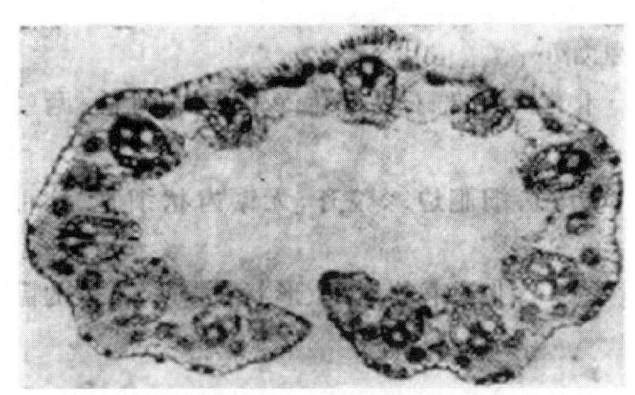

图1-19 龙须草叶部横切面×100

内部为纤维细胞和导管。维管束的端部有一群厚壁的纤维细胞群体与外表皮层相连接。该厚壁纤维占纤维总数的40%～50%。

（七）棉花及棉秆的组织结构

棉花纤维有两种：长纤维又称棉绒纤维，是通过轧棉机处理种子而分离的。棉绒的长度一般为12～23mm。棉纤维绒毛，即棉短绒，仍附着在种子上，可通过进一步处理与种子分离而得到。棉短绒的纤维长度约为棉绒的1/5，为2～12mm。棉纤维无胞间层，细胞壁很厚，胞腔小，纤维两端较中部略小，上端略尖，下端略圆，但都较"钝"。纤维壁上无横节纹和纹孔。造纸用的棉花纤维多为纺织品废料及棉短绒。

图1-20及图1-21示出了棉秆的横切面及棉秆半木质化部分的构造。其生物结构及纤维形态与软阔叶材（如杨木）相近。皮部为韧皮纤维，约占26%；木质部约占66%；髓部约占8%。随产地不同各部分的比例略有不同。

注：本节部分照片由中国制浆造纸研究院王菊华高工提供，在此表示感谢。

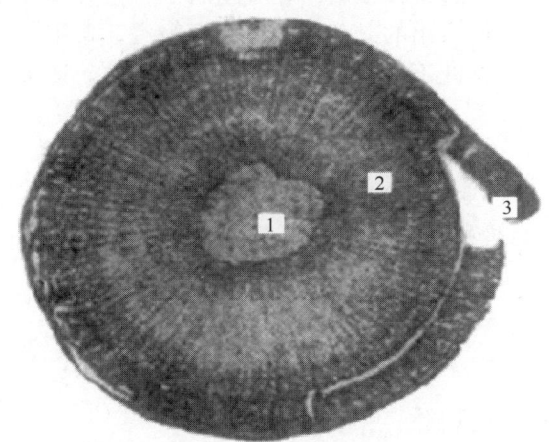

图1-20 棉秆的横切面
1—髓心 2—木质部 3—皮部

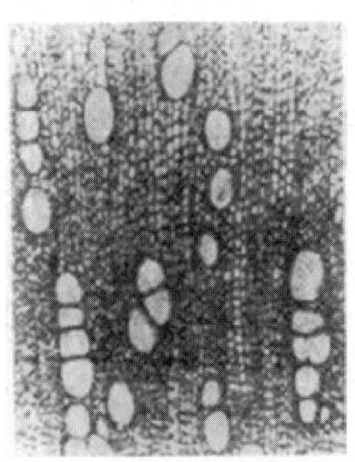

图1-21 棉秆半木质化部分的构造

第二节 植物纤维原料细胞形态的观察

一、观察前的准备

（一）纤维原料中细胞的分离

① 简单分离法。将原料切成火柴杆大小的细条，经水煮排气后，用1∶1的冰醋酸和过氧化氢（浓度30%～35%），在60℃下浸泡数小时，直至原料刚好分离成单根纤维。

② 硝酸-氯酸钾分离法。该方法为实验室较常用的方法。将原料切成火柴杆大小的细条，放在盛有水的小烧杯中煮约半小时，将水滤去，加入硝酸（商品浓硝酸∶水为1∶1）至刚浸没原料，然后加一小撮氯酸钾，放在60℃左右的水浴中进行反应。氯酸钾的加入量可控制反应的速度和程度。试样变白时，分离基本完成。取出烧杯，滤去酸液，用水洗至无酸性后备用。

（二）染色剂的制备

赫兹别格染色剂简称赫氏染色剂，该试剂由A和B两种溶液混合而成。A溶液是将20g无水氯化锌溶于10mL蒸馏水中形成的饱和氯化锌溶液。B溶液是将2.1g碘化钾与0.1g碘溶于5mL蒸馏水中配成。

在不断搅拌下将已冷却的B液滴入已冷却的A液中，并在暗处放置一昼夜后，慢慢倾出部分清液，将一小片碘加入清液中。置入棕色瓶中，放在暗处2日后备用。对于不同的原料用该试剂染色后可能获得的颜色深浅度不同，若过浅或过深可加几滴碘液或加水稀释来调节。

（三）试片的制备

用解剖针从分离的纤维试样瓶中取少许浆料，放入试管中，加入1/3的水。用塞子塞住或用拇指堵住试管口，剧烈摇动，使之全部离解成单根纤维。用40目铜网过滤，从铜网不同位置，用解剖针取少量纤维，放在载玻片的一端。载玻片要预先用干布擦净，放在白纸上或专门的台板上。

将滤纸条小心地放在载玻片上浆料的边缘处，尽量地把水吸干，然后在载玻片的中间滴一滴赫氏染色剂，立即用解剖针挑取少量浆料到染色剂中，用一对解剖针，仔细地将已染色的浆分解成单根纤维，并均匀分布在载玻片上。然后，左手持一解剖针使盖玻片左边接触载玻片的合适位置，右手持另一解剖针支撑盖玻片的右边，慢慢放下，并使解剖针慢慢离开盖玻片，以避免试片中产生气泡。将盖好的盖玻片四周挤出的染色剂用滤纸条吸去，备用。

不同的浆料对赫氏等染色剂呈现不同的颜色，据此不仅可帮助鉴别纤维的种类，还可以辨别制浆方法和纸浆的蒸解程度。

赫氏染色剂对各种纤维的呈色反应如下：

破布浆纤维（棉纤维）呈酒红色，韧皮纤维（亚麻、大麻）呈暗酒红色，化学浆纤维（针叶木、阔叶木、芦苇、蔗渣、稻草、麦草、高粱秆、龙须草）呈蓝紫色，机械浆纤维呈鲜黄色，预热木片磨木浆纤维呈黄绿色，半化学浆呈黄绿色。

（四）试验仪器

光学显微镜或投影仪。

二、细胞形态的观察

（一）细胞形态的观察

① 选取合适的显微镜放大倍数。一般为100倍，当需要观察局部时，可选用更大的

第一章 造纸植物纤维原料的生物结构与纤维形态观察

倍数。

② 将准备好的载玻片放在载物台上，固定好，调好焦距，进行观察。

（二）植物纤维原料的细胞形态

组成各种植物纤维原料的细胞类型是不同的，这些不同类型的细胞在形态上有很大差异。图1-22、图1-23和图1-24示出了针叶木、阔叶木及稻草的几种细胞形态。

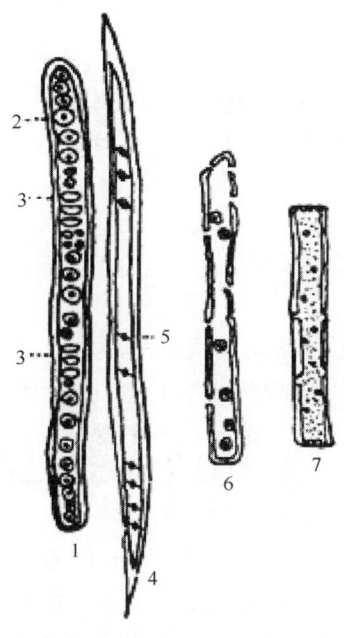

图1-22 针叶木细胞形态
1—早材管胞 2—具缘纹孔 3—单纹孔
4—晚材管胞 5—裂纹孔 6—木射线
管胞 7—木射线薄壁细胞

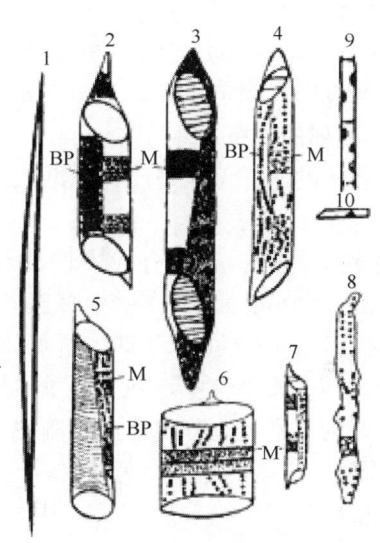

图1-23 阔叶木不同树种的细胞形态
1—纤维 2—杨木导管 3—桦木导管 4—山毛榉导管
5—槭木导管 6—栎木早材导管 7—栎木晚材管胞
8—栎木早材管胞 9—柔软组织细胞 10—射线细胞
M—导管壁与射线细胞连接处纹孔 BP—具缘纹孔

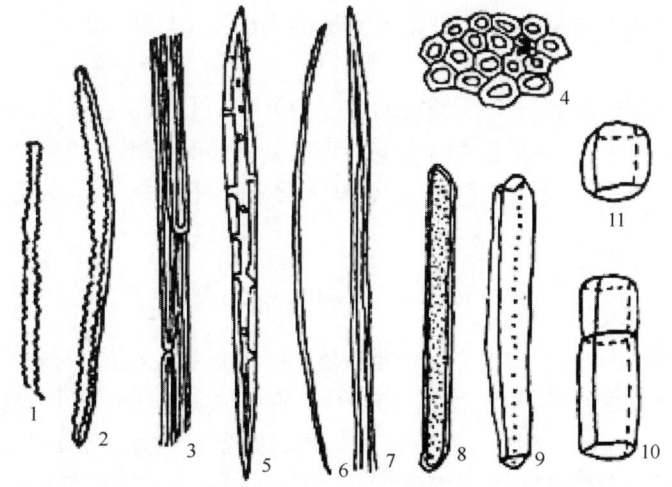

图1-24 稻草细胞形态
1、2、3—表皮细胞 4—纤维横断面 5、6、7—纤维细胞 8、9、10、11—薄壁细胞

第三节　植物纤维原料的纤维形态测定

造纸原料的纤维形态主要指纤维的长度、宽度、长度和宽度的均一性、长宽比、壁厚、壁腔比及非纤维细胞含量等。它是评价造纸原料的优劣、确定工艺条件的重要依据之一。

一、纤维长度的测定及分配频率计算

目前主要采用的方法有偏振光法《GB/T 10336—2002　造纸纤维长度的测定　偏振光法》、卡亚尼（Kajaani）纤维分析仪测定法、奥普泰斯特（Optest）纤维质量分析仪法、光栅微电脑及投影仪测定法等。下面主要介绍较常用的几种。

（一）试样的制备

用于分析的试样可能是原料、纸浆或纸，无论是哪种试样都需要做适当分散处理后才能进行测定。

① 原料的处理。选取有代表性的纤维原料试样，将其沿纵向切成火柴棍大小（约为 1mm×2mm×30mm），放在水中多次煮沸，并换水数次，以排除试样中的空气，使试样条下沉。然后，将 1∶1 的冰醋酸∶过氧化氢（30%～35%）溶液及试样放入带螺口盖的耐热塑料瓶中，并在保温箱中，在 60℃ 的温度下，浸泡试样 30～48h，以使试样变白、纤维分散。分散好的试样经充分洗涤后，制滤片或 0.05% 浓度的纤维悬浮液备用。

② 纸浆的处理。将浆片润湿后，选有代表性的部位，分别取边长 1～2cm 的浆片 3～5 片，总质量约相当于绝干浆 0.1g。用手将湿浆揉搓成小球，然后放入试管，加入适量的水，充分搅拌或摇动，使纤维分散。再稀释至 0.05%～0.1% 的浓度备用，或者将分散的纤维倒在滤网上，做成湿滤片备用。

③ 成纸的处理（参见《GB/T 4688—2020　纸、纸板和纸浆纤维组成的分析》）。成纸试样要根据其耐水性能的不同，而采取不同的处理方式。具体方法参见第四章第三节。

（二）偏振光法

本方法适用于测定各种纸浆的纤维长度，小于 0.2mm 的纤维碎片在本方法中不认为是纤维，在计算结果中将不包括进去。参见国家标准 GB/T 10336—2002。

1. 原理

悬浮在水中的纤维，流经一个纤维定向室（FOC），纤维作定向排列。每根纤维的投影长度便自动地被测量出来。一组正交偏光镜用来区分纤维和纤维以外的物质，如气泡。气泡不能使偏振面旋转。于是数量平均纤维长度和质量平均纤维长度，以及长度分布便可计算出来。

2. 设备及材料

常规的试验室设备及下述设备。

① 纤维长度分析仪（图 1-25）。由测量部及样品输送系统组成，测量部有个纤维定向室（FOC），悬浮在液体中的纤维从此流过。在 FOC 的一边有一个照度均匀的光源，而在对边为一个光敏器阵列。在 FOC 的两边还装有正交的偏振光滤光片，装在光源与光敏器阵列之间。光敏器阵列从纤维图像光中可以探测到纤维长度，因为纤维所产生的双折射光能透过第二个偏光镜，图像的长度就是纤维的长度。水流使纤维在一个平面槽或一个管道里定向流动，平面槽或管道厚度在光路方向应不大于 0.5mm。分析仪的分辨能力应等于或优于

$100\mu m$，测定范围应为 $0\sim7mm$（注：流过纤维的毛细管宽度不大于 0.5mm，已满足用投影光测量的精度需要）。至少应有 90% 的透射光谱落在探测器的敏感区，正交偏光器的消光能力应超过 99%。对于 0.1mm 或 0.1mm 以上的纤维探测器的探测效率应 100% 有效。

② 解离器应符合《GB/T 24327—2009 纸浆 实验室湿解离 化学浆解离》《GB/T 29285—2012 纸浆 实验室湿解离 机械浆解离》的规定。

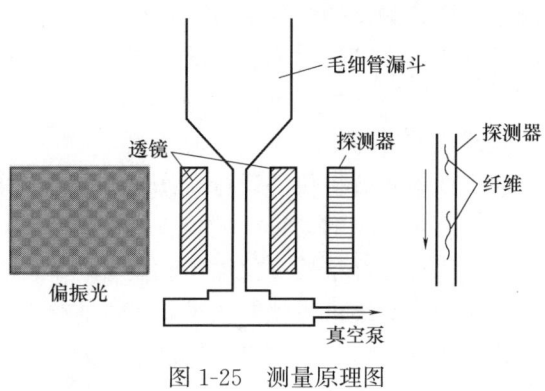

图 1-25 测量原理图

③ 玻璃移液管体积（500±0.5）mL，管口敞开，直径不小于 5mm，取样体积为 50mL。

④ 校准纤维选用黏胶（Rayon）或其他适宜材料的纤维，其长度约为 0.5mm、3.0mm 及 7.0mm。此纤维应由仪器制造者提供，每种都应有稳定的平均长度及长度分布数据。

⑤ 参比纸浆以浆片的形式提供。

3. 取样及样品制备

（1）取样

如果试验目的是评价某一批纸浆的质量，取样按《GB/T 740—2003 纸浆试样的采取》进行。如果取样不同，则需注明样品来源，如有可能还应注明所使用的取样方法。从所收到的样品中采取试样，应使试样能够代表整个样品。

（2）解离

如果试样是干的，应按《GB/T 462—2008 纸、纸板和纸浆 分析试样水分的测定》测定其绝干物含量。如果试样是糊状物，应按《GB/T 5399—2004 纸浆 浆料浓度的测定》测定其浓度。

注：建议在测定未经干燥的浆样时，不必解离，因为过度的解离会产生碎片，降低某些浆样的纤维长度。

如果试样处于干的状态，将试样撕成小片时应先浸泡，并从浆片的整个厚度上撕取，不应用切的方式取样，因为这样做会使纤维变短。浸湿试样的取样方法按 GB/T 24327—2009 和 GB/T 29285—2012 进行。试样解离时所用的试样浸泡时间、绝干浆用量、解离时的用水量以及解离器转数，均按 GB/T 24327—2009 和 GB/T 29285—2012 中的规定进行。

注：有的纸浆含有纤维束，测定其纤维长度很困难，因为纤维束会堵塞纤维流通槽。如果发现堵塞，建议用筛子将其筛掉。筛除可能影响结果，因为筛除的纤维束中可能含有长纤维。特别长的一些纤维（如大麻、棉花、亚麻），如果出现纤维定向室堵塞问题，就需采取特殊的样品制备技术。

（3）浆料稀释

浆料解离后，需要确认纤维分离是否恰当，是否所有的纤维都分散开了，然后在搅动状态下取用一部分。将所取用的部分，用水稀释至 5L。对于针叶木浆其浓度为 0.010%～0.025%（质量分数），对于阔叶木浆为 0.004%～0.010%（质量分数），对于混合浆则按阔叶木浆的要求处理。如有必要，悬浮液的稀释可按仪器说明书进行。

4. 试验步骤

使用移液管从不断搅动的稀释试样中吸取 50mL 作为试验用，悬浮液应不断地搅动，以确保能均匀混合。取样时移液管需同时做水平和垂直运动，然后按照仪器使用说明书进行纤维测定操作。测量的纤维根数,最少应能达到其平均值相差不大于 0.01mm(也就是经过多次的纤维测量,其长度平均值的差异应不大于 0.01mm)。如果仪器不能提供一致的纤维长度值,建议测量根数至少为 5000 根。

仪器校准方法

应定期检查分析仪的运行状态,并经常进行清洗,每星期用校准纤维对其精确度检查一次,每个月对仪器的运行性能检查一次。

(1) 用校准纤维检查仪器精确度

使用校准纤维进行仪器校准,3 种具有不同长度的纤维都应使用。校准时,记录的纤维根数应最少 6000 根,或变异系数(CV)应达到 1%。每次校准都应取新样品。

注:在做精确度检查时,只使用当天做分散处理的校准纤维,因为黏胶纤维有絮凝作用。

从悬浮液中取样时,不应采用旋转运动方式搅动,而应将移液管同时做水平及垂直运动。应确认纤维没有絮凝,如果发生絮凝,仪器精确度检查就不能进行。

注:纸浆纤维悬浮液应不断地搅动,以避免纤维沉淀,这一点非常重要。

将测定所得的纤维长度数据与制造厂提供的校准纤维的数据作比较,如果校准检查的结果超出规定的公差限值,应清洗系统并重新进行校准试验。如果新的数据仍然超过其公差限值,则应遵照仪器制造厂的建议进行。

(2) 用参比浆作仪器性能检查

校准检查并不能对分析仪的运行性能做出足够的反映,每月仍需用参比纸浆纤维进行性能检查。按照以上本标准所述方法制备和分析参比浆试样。将试验数据与厂方提供的仪器性能检查数据相对比,对于化学浆的长度——质量平均纤维长度,其公差限值应为 ±1.5%。

如果检验值超出规定的公差限值,则清洗设备后再进行检查。如果数据仍超过规定限值,则需与分析仪器制造厂联系,需求技术服务。

可以自选一种适当的浆料作为参比浆,并测定出一套数据作常规比较使用。

5. 计算与结果表示

(1) 计算方法

测量计算每个长度级 l_i 中的纤维根数 n_i。每级纤维的数量百分含量 f_i,由式(1-1)计算得出。

$$f_i = \frac{n_i}{\sum n_i} \times 100(\%) \tag{1-1}$$

每级纤维的长度-质量百分含量 f_i',由式(1-2)计算得出。

$$f_i' = \frac{n_i l_i}{\sum n_i l_i} \times 100(\%) \tag{1-2}$$

式中 n_i——第 i 级的纤维根数

         l_i——第 i 级纤维的总长度值,mm

         $\sum n_i$——第 i 级中的纤维总数

         $\sum n_i l_i$——各级 n_i 乘以 l_i 的总和

(2) 算术测量值的计算

1) 长度值

以下算术值的计算为常规计算(另外一些质量指标可为特殊目的而计算):

① 数量平均纤维长度(L_N)由式(1-3)计算得出。

$$L_N = \frac{\sum n_i l_i}{\sum n_i} \tag{1-3}$$

注：数量平均纤维长度往往不是最有意义的纤维长度指标，因为它受短纤维的影响较大，常用的较好的表示方法应为长度-质量平均纤维长度。

② 长度-质量平均纤维长度（L_l）由式（1-4）计算得出。

$$L_l = \frac{\sum n_i l_i^2}{\sum n_i l_i} \tag{1-4}$$

③ 质量-重量平均纤维长度（L_m'）由式（1-5）计算得出。

$$L_m' = \frac{\sum n_i l_i^3}{\sum n_i l_i^2} \tag{1-5}$$

注：长度-质量平均纤维长度的解释是假定所有的纤维都具有相同的粗度（coarseness）。而质量-重量平均纤维长度或二重质量平均纤维长的解释是假定纤维粗度与纤维长度成比例，这里不包括机械浆。

2）变异系数

从频数分布计算变异系数 CV（%），由式（1-6）计算得出。

$$\text{CV} = \frac{S}{L} \times 100\% \tag{1-6}$$

式中　CV——变异系数，%
　　　S——标准偏差，mm
　　　L——数量平均纤维长度，mm

标准偏差 S（mm），应由式（1-7）计算得出。

$$S = \sqrt{\frac{\sum (l_i - L)^2 n_i}{\sum n_i}} \tag{1-7}$$

如果 L 和 L_l 已经计算出来，则变异系数可用式（1-8）计算得出。

$$\text{CV} = 100\% \times \sqrt{\frac{L_l - L}{L}} \tag{1-8}$$

3）频数分布的表示

如果要求长度分布曲线图，可用下述方法表示。

——使用一个频数分布图表，以长度为函数，来表示各长度级中纤维的数量及数量百分数；

——使用一个累计频数分布图，以长度为函数，来表示某一长度规定值内的纤维百分数。

4）精确度

本方法所陈述的精确度是以 1997 年 PAPTAC 所作的工作为基础的，而精确度的计算值是以取自 NIST 的两批浆样为基础的。

（三）其他纤维形态测量方法

随着科技的高速发展，纤维形态的测定技术也取得了很大的进步。以下介绍几种先进的检测方法。重点介绍测定仪器的结构、检测原理及特点。

1. 卡亚尼（Kajaani）纤维分析仪测定法

由于采用传统的方法测量纤维长度等形态指标不仅效率较低，而且误差较大。芬兰造纸研究所与 Kajaani 电子有限公司合作研制的 FS-100 型（为钨丝灯照明）纤维长度自动分析仪能在 10min 左右自动、快速、准确地测定约 3000 根纤维；而在此基础上的改进型，即 FS-200 型（为激光照明）则更加快速，5min 左右能自动测定 20000 根纤维。下面对其结构及原理等作介绍。

(1) 仪器结构及工作原理

① Kajaani 纤维分析仪的构造。该仪器结构如图 1-26 所示。分析器是分析纤维样品的传感单元，它的内部装有样品漏斗及一根毛细管（$D200\mu m$），纤维通过毛细管进行测量；微处理机是储存和处理各种信息的智能单元；键盘用于输入指令和进行液晶显示；绘图机能将分析结果绘制成具有两种颜色的纤维分布曲线；打印机可打印出计算结果；真空系统产生负压使纤维通过毛细管。

② Kajaani 纤维分析仪的结构如图 1-26，图 1-25 为 Kajaani 分析仪的工作原理图。如图所示，分散好的纤维悬浮液由毛细管漏斗注入，在真空的作用下纤维一根接一根地流

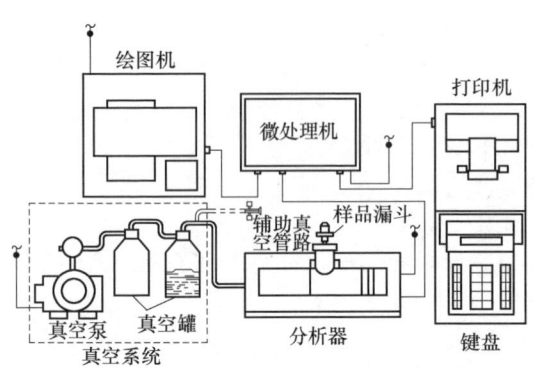

图 1-26　Kajaani 纤维分析仪结构

过毛细管。在毛细管一侧的光源发出的光通过一个偏光镜产生偏振光。当偏振光通过毛细管并与纤维相遇时，其方向发生改变。在毛细管的另一侧，装有一个偏光镜，它只允许被纤维改变了方向的那部分光通过，并到达光敏探测器。光敏探测器由光敏二极管阵列组成。当纤维通过毛细管时，其影像遮盖了一些光敏二极管，遮盖的管数与纤维长度成正比。该信号送到微处理机，测量结果则由打印机及绘图机输出。

(2) Kajaani 纤维分析仪测试项目

① 数量平均纤维长度（L_N）；

② 质量平均纤维长度（L_m）；

③ 二重质量平均纤维长度 $\left(L'_m = \dfrac{\sum n_i l_i^3}{\sum N_i l_i^2}\right)$；

④ 纤维长度分布曲线；

⑤ 细小纤维百分含量；

⑥ 每单位质量的纤维根数及纤维粗度（已知投入试验的试样质量时测量）。

(3) Kajaani 纤维分析仪测定值与传统方法测定值的比较

① 前者的数量平均长度远小于用传统测定方法（如用显微镜法及投影仪法）测量的数量平均长度，有的甚至相差一倍以上。其原因是 Kajaani 纤维分析仪测定的是全部纤维和细胞，而传统测定方法测量时，标准方法规定长度小于 0.1mm 的纤维不计，非纤维细胞不计，测定原料纤维时断损纤维不计。

② Kajaani 纤维分析仪测定的质量平均纤维长度（针叶材）和二重质量平均纤维长度（阔叶材和非木材纤维原料）与显微镜的测量值（不计入 0.1mm 以下的杂细胞和细小纤维的数量平均长度）很相近。

2. 奥普泰斯特（Optest）纤维质量分析仪（FQA）

该仪器是由哥伦比亚大学与 Optest 仪器公司合作研制的一种自动分析仪，它除了具有快速、准确的优点外，而且不易堵浆，测量的参数也比较多。特别适用于含纤维束较多的浆、机械浆、挂面纸板浆、高絮凝物浆、回收浆及较多非纤维性杂质的生产过程中纸浆纤维形态参数的测量。如漂白、磨浆或打浆前后、配浆工段的纤维及上网浆料、白水中的纤

维等。

（1）仪器结构及工作原理

FQA的结构如图1-27所示。它主要由光学组件，纤维流动系统，计算机及辅助系统组成。测量时，进水泵4驱动水流从左、右两个流道3以一定速度通过流动池7（图1-28），在三个流道汇合处，汇集到进水泵4一起，出水泵13的流量略大于进水泵的总流量。因此，会产生一定的负压，从而将纤维悬浮液12自吸入管9吸入到流道内。通过调节进水泵和出水泵的流量差，即可调节纤维悬浮液通过流动池测量面的流量和速度。

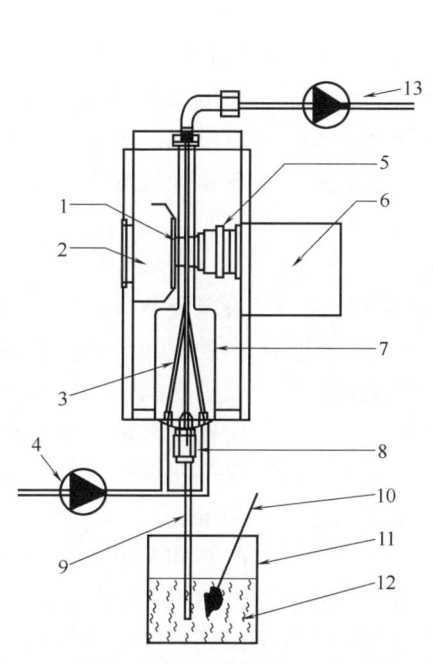

图1-27 纤维质量分析仪（FQA）结构示意图
1—偏振光滤光片 2—光源 3—清水流道 4—进水泵
5—镜头系统 6—摄像机 7—流动池 8—纤维悬浮液
吸入口 9—吸入管 10—搅拌器 11—烧杯
12—纤维悬浮液 13—出水泵

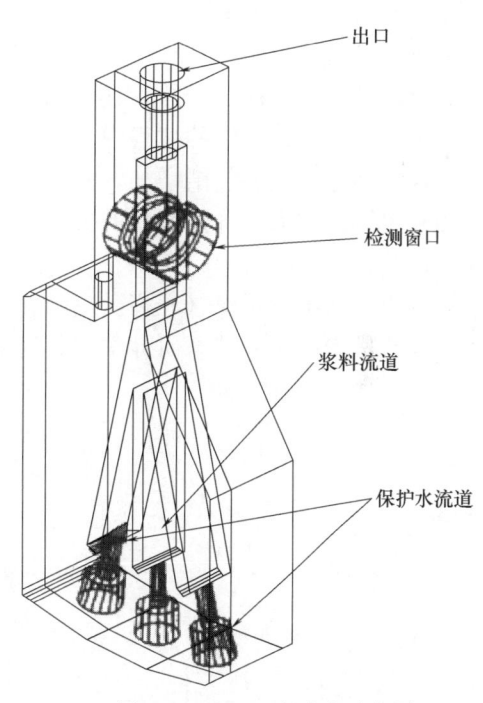

图1-28 FQA流动池示意图

含纤维的水层在两层平行的水流的夹持下运动，进入到扁平流道，由于每层速度不同，而产生的剪切力使纤维弯曲平面与摄像机测量平面相一致，从而保证测量到的是纤维全长，而不是它们的光学投影长度。

（2）FQA的特点

① 采用三层流水技术使流道宽大（1.5~2cm），而不易堵塞。

② 含纤维的水流位于两层清水流的中间，可防止浆料中的油墨、树脂、胶料及填料等物质黏附到流道壁上。

③ 纤维在流动过程中，不会与泵、阀门等机械装置相接触，能保持纤维的形状不变，使获得的纤维形态的参数较为准确。

④ FQA采用的中心波长为680nm的圆形偏振光作为测量光源。由于主要由纤维素组成的纤维具有旋光性，在CCD摄像机光路上配置的圆形检偏器的角度经过特殊的设计，使它

对纤维具有很高的灵敏度,而空气、填料、油墨等非旋光物质不敏感,使它们对测量结果不产生干扰。

(3) FQA 的测定项目

a. 纤维长度;

b. 纤维卷曲程度;

c. 纤维扭结程度;

d. 纤维粗度;

e. 细小纤维百分比;

f. 针叶浆/阔叶浆比例。

从上述可见,FQA 不仅能测量纤维的长度等参数,也能测定纤维的卷曲程度和扭结程度。而由于在漂白、打浆的过程中,纤维长度及形状会变化,而会影响纸浆的性能及产品质量,如:纤维卷曲度和扭结增加,将导致滤水性能的降低,并增加湿纸幅的伸缩性,从而使纸张的撕裂指数增大,降低纸张的抗张强度和纸页的匀度,所以应较全面地测定纤维的有关参数。

3. XWY 纤维测量仪(光栅微电脑纤维测量仪)

该仪器是中国制浆造纸研究院与其他电子企业合作研制成功的纤维分析仪。特点是价格比 Kajaani 纤维分析仪及 Optest 纤维质量分析仪要便宜许多,测量自动化程度虽然不如这两种方法,但是要比显微镜法及投影仪法速度及准确度好得多。熟练的工作人员测定一个试样仅需大约 10min。

(1) 实验仪器的结构及原理

该仪器由主机、测量头传感器、信号器、打印机等部分组成,并与江苏光学仪器厂 JTB-400 型投影仪配合使用。

图 1-29 为 XWY 纤维测量仪原理图。该方法的测定原理是用一个光栅传感器(测量头),在投影屏幕上,沿着纤维的图像走动,光栅传感器将纤维的长度信号转变为电信号,纤维的长度即被微电脑自动记录下来,并进行计算、打印。

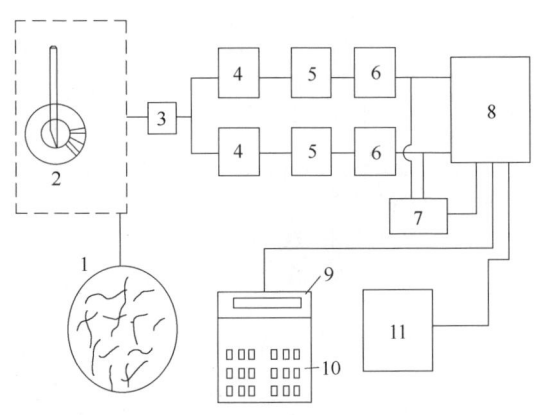

图 1-29 XWY 纤维测量仪原理图

1—放大的纤维像 2—测量头 3—信号输入器 4—前置放大器 5—光电耦合器 6—整形器 7—辨向电路 8—微型计算机 9—显示器 10—键盘 11—打印机

(2) 测试结果及表示方法

同显微镜测量法及投影仪测量法。

二、细胞壁厚及细胞腔直径的测量

纤维细胞的壁厚及细胞腔直径的大小是原料纤维形态的主要特征之一。它们根据原料的种类、部位以及生长季节不同而有差异。纤维细胞壁的薄厚、胞腔直径及壁腔比值的大小也是影响纸张物理性能的主要因素之一。

(一) 原料的选样、切片及制片

同第一节。

（二）测定方法

1. 实验仪器

a. 普通光学显微镜。b. 目镜测微尺。c. 物镜测微尺。

2. 测量方法

① 选取 500 倍左右的放大倍数，确定测微尺比值。

② 将切片置于显微镜载物台上，选择有 20 个代表性的细胞横切面的视场，用目镜测微尺分别测量纤维细胞的壁厚及胞腔直径，记录。

3. 结果计算

① 细胞壁厚、胞腔直径以每根纤维的算术平均值来表示。

② 壁腔比以式（1-9）计算，并以最大、最小、一般等数值作为补充说明。

$$壁腔比 = \frac{2 \times 壁厚}{胞腔直径} \tag{1-9}$$

三、纤维粗度、毫克根数的测定及质量因子的计算

（一）纤维粗度及毫克根数的测定

纤维粗度是指纤维单位长度的质量，单位为 mg/100m，用 deciagrex（缩写为 dg）表示。它对纸页的特性，特别是纸页的印刷性能有重要的影响。一般来说，纤维粗度大于 30dg 的纸浆，成纸厚，纸页粗糙；小于 10dg 的纸浆其成纸较为细腻。纤维粗度与原料的比重、纤维壁厚、胞腔大小、蒸煮程度等因素有关，可视为这些因素的综合指标。

毫克根数是指每毫克纤维中含有的纤维根数。它与纤维长度、宽度、壁厚度、杂细胞及纤维碎片含量有关，也与制浆方法有关。一般来说，针叶木浆的毫克根数远比阔叶木浆小；同一材种，未漂浆纤维毫克根数值要比其漂白浆小。

目前，对于某些商品浆的质量评价，除了纤维平均长度以外，还经常使用纤维粗度及纤维毫克根数两个指标。

1. 实验仪器

Kajaani 纤维分析仪或 Optest 纤维质量分析仪或 XWY 纤维测量仪。

2. 样品的准备

准确称取充分离解、并已知水分含量的试样约 0.1g 绝干量（准确至 0.1mg）。将试样湿润后用手指揉搓成小球，然后放入活塞分散器中，充分搅动，使纤维全部分散，并洗净手指及用具以防纤维损失。将试样及洗涤用水加入 1000mL 容量瓶中，并稀释至刻度，摇匀。再用 100mL 容量瓶取出 100mL 试样，然后将其倒入另一 1000mL 的空容量瓶中，并稀释到刻度（此时试样浓度约为 0.001%），备用。用于投影仪测量的试样稀释到 0.01% 即可。

3. 测量方法

（1）Kajaani 纤维分析仪

用容量瓶准确量取上述稀释好的纤维悬浮液 30～50mL，启动仪器，先在测量仪漏斗中加入少量的水，然后将纤维悬浮液注入漏斗中，纤维悬浮液通过毛细管流出，测量仪开始计数。待试样快流完时，用清水吹洗漏斗 2～3 次，直到洗液中不出现纤维为止（此时测量仪不再计数）。用打印机打出各项测试结果。测定的纤维总根数不应低于 3000 根，否则应调整悬浮液用量。如此进行两次平行实验，其相对误差不大于 5% 为有效。

（2）光栅微电脑投影仪

将上述稀释好的纤维悬浮液混合均匀，用一支广口吸管准确吸取试样 1mL，注入试样试碟中，静置 1~2min，待试样全部下沉，推上盖玻片，此时试碟中应没有任何气泡。将试碟放在投影仪上，按载玻片上的区域分号，用测量头顺序测取各区纤维的长度及根数，用打印机打出各项结果：数均纤维长度、重均纤维长度及纤维总根数、总长度等。

（3）计算结果

① kajaani：假设测试用液量为 50mL。

纤维粗度按式（1-10）计算：

$$\text{纤维粗度} = \frac{\text{试样质量(mg)} \times \frac{100}{1000} \times \frac{50}{1000} \times 100}{\text{总根数} \times \text{重均长度(mm)}} \text{(mg/100m)} \quad (1\text{-}10)$$

毫克根数按式（1-11）计算：

$$\text{毫克根数} = \frac{\text{总根数}}{\text{试样质量(mg)} \times \frac{100}{1000} \times \frac{50}{1000}} \text{(根/mg)} \quad (1\text{-}11)$$

② XWY 纤维测量仪法：假设测试用液量为 1mL，稀释 1000 倍。

XWY 纤维粗度用式（1-12）计算：

$$\text{纤维粗度} = \frac{\text{试样质量(mg)} \times \frac{1}{1000} \times 100}{\text{总根数} \times \text{重均长度(mm)}} \text{(mg/100m)} \quad (1\text{-}12)$$

毫克根数用式（1-13）计算：

$$\text{毫克根数} = \frac{\text{总根数}}{\text{试样质量(mg)} \times \frac{1}{1000}} \text{(根/mg)} \quad (1\text{-}13)$$

（二）质量因子的计算

质量因子是以棉纤维为基准，即将棉纤维的质量因子定为 1，其他纤维的质量因子则为该纤维的纤维粗度与棉纤维的纤维粗度（18.0）的比值，可按式（1-14）计算：

$$\text{毫克根数} = \frac{\text{某纤维的粗度}}{18.0} \quad (1\text{-}14)$$

一般来说，生产中纸浆配比量是按质量计的。如果一种未知质量配比量的浆，通过测量各种纤维长度，可知各种浆料的长度百分比，如果已知各种纤维的质量因子，按式（1-15）可算出该种浆料中各种纤维的质量百分比。

$$A \text{ 纤维质量百分比} = \frac{A \text{ 纤维长度百分率} \times A \text{ 纤维质量因子}}{\text{各纤维的长度的百分率与自身质量因子乘积的总和}} \quad (1\text{-}15)$$

我国常见浆种的质量因子参见第四章第三节中四。

四、非纤维细胞含量的测定

非纤维细胞是指所有除纤维细胞以外的杂细胞。非纤维细胞如果含量过高会对生产操作产生不利影响。非纤维细胞的测定一般采用面积法。这种方法是通过测定面积的近似值而计算出非纤维细胞的含量。

（一）切片的制备

同第一节。

（二）实验仪器

a. 普通光学显微镜；b. 目镜测微尺；c. 物镜测微尺。

（三）测量方法

a. 选取70～100的放大倍数。b. 确定测微尺比值。c. 测量单个细胞的平均宽度或平均直径（为使之较准确，应测量100根纤维及其所伴存的各种细胞）。d. 按不同细胞种类分别作记录。

（四）结果计算

$$杂细胞含量 = \frac{非纤维细胞面积}{全部细胞的总面积} \times 100(\%) \tag{1-16}$$

参 考 文 献

[1] 《制浆造纸手册》编写组，编. 制浆造纸手册（第一分册）[M]. 北京：轻工业出版社，1987.
[2] 杨淑蕙，主编. 植物纤维化学 [M]. 3版. 北京：中国轻工业出版社，2001.
[3] 《常用非木材纤维碱法制浆实用手册》编写组，编. 常用非木材纤维碱法制浆实用手册 [M]. 北京：中国轻工业出版社，1993.
[4] 北京造纸研究所，编. 造纸工业化学分析 [M]. 北京：轻工业出版社，1979.
[5] 陈国符，邬义明，主编. 植物纤维化学 [M]. 北京：轻工业出版社，1980.
[6] 刘仁庆，黄秀珠，编著. 纸张指南 [M]. 北京：科学普及出版社，1997.
[7] 王菊华，主编. 中国造纸原料纤维特性及纤维图谱 [M]. 北京：中国轻工业出版社，1999.
[8] 屈维均，主编. 制浆造纸实验 [M]. 北京：中国轻工业出版社，1990.
[9] 王菊华. 20世纪造纸纤维领域的重要成就 [J]. 纸和造纸，1998（4）.

【本章思政案例】

序号	案例名称	案例教学目标	案例内容
1	造纸工业是绿色可循环经济行业	造纸工业是符合可持续发展理念的行业，在国民经济中占有很重要的地位	从造纸工业所用的原料，所生产产品的流通，回收再利用和废弃后可生物降解的特点，造纸行业是典型的绿色可循环经济行业，是符合可持续发展理念的行业。造纸工业是我国重要的基础工业，在国民经济中占有重要的地位。造纸工业与其他产业的关联度很大，推动产业链向上下游延伸，是我国工业经济发展的重要组成部分
2	检测是确保科学研究和实际生产顺利进行的重要手段	无论是从事科学研究还是开展实际生产，在各行各业中都离不开检测，检测在科学研究、实际生产中起到了非常重要的作用	在科学研究过程中，检测是必不可少的，只有可靠的检测，才能确保研究结果的正确。产品质量是消费者选择和信任一件商品的关键标准，产品质量检测对于企业来说也具有重要的意义，流程规范的产品质量检测可以提高生产效率。产品质量检测包括原材料检测、生产过程检测和成品检测

第二章 造纸植物纤维原料和纸浆的化学成分分析

造纸纤维原料主要是植物纤维原料，主要包括针叶材、阔叶材和非木材类，由于我国森林资源相对不足，木材资源相对匮乏，而非木材纤维资源较为丰富，我国曾经是世界上以非木材为原料的造纸大国。但由于非木材原料存在的问题较多，到目前，除竹材外，非木材纤维原料所占比例已经很低了。我国开发的竹材制浆原料十分成功，目前，可以用竹材生产多种纸种，为缓解我国造纸原料短缺开辟了一条新途径，是提升生态系统多样性、稳定性、持续性，促进人与自然和谐共生的典范。

造纸植物纤维原料和纸浆的化学成分分析包括主要成分（纤维素、半纤维素、木素）和次要成分（灰分、有机溶剂抽出物、果胶等）的分析，以及其他化学成分的分析。

表征造纸植物纤维原料的化学组成特征的分析项目通常有：木素（包括酸不溶木素和酸溶木素）、综纤维素、纤维素、聚戊糖、灰分、冷水与热水抽出物、有机溶剂抽出物（苯-醇、乙醚抽出物）等含量的测定。此外，根据不同原料的特殊性，还需测定其他相应的分析项目。

造纸植物纤维原料和纸浆化学成分分析的目的主要在于：了解造纸原料的化学组成特征，据此可初步推断其制浆造纸适用性；揭示制浆造纸过程中，各种化学成分的溶出规律，以便更深入地研究其机理。

由于造纸植物纤维原料和纸浆的化学成分分析中，相同分析项目其测定原理和测定方法大体相同，而仅在具体测定步骤和试验条件上略有差别，为了节减本书的篇幅，因此将造纸植物纤维原料与纸浆的化学成分分析归为同一章内。除此之外，纸浆又拥有一些表征其特性的特殊分析项目，在本章中也将详细介绍。同时，本章也介绍纸和纸板的部分化学分析项目。

第一节 分析用试样的采取

造纸原料和纸浆的化学成分分析用试样的采取，是保证分析结果真实性的关键。选取试样要求外观完好，不允许存在腐朽变质，同时，要求具有良好的代表性，能代表成批原料或纸浆的真实情况。因此，在进行化学成分分析之前，必须按照标准方法，首先完成对试样的采取，以及对试样进行必要的处理。

一、植物纤维原料分析用试样的采取

现行造纸原料分析用试样的采取用国家标准《GB/T 2677.1—1993 造纸原料分析用试样的采取》。

（一）使用的工具

a. 剥皮刀；b. 手锯；c. 切草机（或剪刀）；d. 粉碎机；e. 孔径 0.38mm（40 目）和孔径 0.25mm（60 目）标准铜丝网筛；f. 1000mL 具有磨砂玻璃塞的广口瓶；g. 马蹄形磁铁。

（二）试样的采取

1. 木材原料

采取同一产地、同一树种的原木 3~4 棵，标明原木的树种、树龄、产地、砍伐年月、外观品级等。用剥皮刀将所取原木表皮全部剥尽。

用手锯在所取的每棵原木的梢部、腰部、底部各锯取 2~3cm 的木墩。放置数日后，用电工刀切成小薄木片，充分混合，按四分法采取均匀样品木片约 1000g。风干后，置入粉碎机中磨成细末，过筛，截取能通过 0.38mm 筛孔（40 目）而不能通过 0.25mm 筛孔（60 目）的细末。凉至室温后，贮存于 1000mL 具有磨砂玻璃塞的广口瓶中，备分析使用。

2. 非木材纤维原料

（1）无髓的草类原料（如稻草、麦草、芦苇等）

采取能代表预备进行蒸煮的原料约 500g，记录其草种、产地、采集年月、贮存年月、品质情况（变质情况及清洁程度等）。若其中夹杂铁丝、铁屑等硬物应先用磁铁吸除，再用切草机（或剪刀）去掉根及穗部。

将已去根及穗的原料全部切碎。风干后，置粉碎机中磨成细末。过筛，截取通过 0.38mm 筛孔（40 目）而不通过 0.25mm 筛孔（60 目）的粉末。凉至室温后，用磁铁除去铁屑，贮存于 1000mL 具有磨砂玻璃塞的广口瓶中，备分析使用。

（2）有髓的非木材纤维原料（如棉秆、麻秆类、蔗渣等）

将已去根及穗的试样皮、秆分离（包括髓剥离），然后分别置粉碎机中磨成全部能通过 0.38min 筛孔（40 目）的细末。凉至室温，装瓶，称重，确定皮、秆（包括髓）的比例。进行分析时，按确定的皮、秆（包括髓）比例取样。

二、纸浆试样的采取

国家标准《GB/T 740—2003 纸浆试样的采取》规定了一种采取代表整批浆的试样的方法，适用于以成包或成卷供应的各种纸浆试样的采取。

（一）定义

批：一定数量的同一种类或同一等级的纸浆。关于纸浆的种类和等级应给出明确的评价（通常和质量标准的协议相一致）。组成一批浆的包数或卷筒数可由合同双方的订货单或协议书规定。

样本浆包（或卷筒浆）：为采取样品而抽选出来的浆包（或卷筒浆）。

样品：从样本浆包或卷筒浆中取出一定量的纸浆。

混合样品：集中从一特定批量浆中取出的样品。

（二）原理

从批量浆中随机选出一定数量的浆包或卷筒浆，再从中取出大小相同的样品，然后集中起来组成混合样品。

注：取样的最少包数取决于批量的大小。

（三）样本浆包（或样本卷筒浆）的采取

所有随机选出的样本浆包或样本卷筒浆应代表该批浆，样本浆应完整及尽可能损伤小。

为取得有真正代表性的试样，整批浆应都可以抽到样，取出的样本浆包或样本卷筒浆最低数目 n 列于表 2-1。若不能从整批浆里抽样时，样本浆包的数目由有关方面协商决定，如无其他协议，取样时可供抽样的纸浆数量不少于全批的一半。

表 2-1　　　　　　　　　　抽取样本浆包或样本卷筒浆的数目表

在该批浆中的浆包或卷筒浆的总数(N)	抽取样本浆包或样本卷筒浆的最少数量(n)	在该批浆中的浆包或卷筒浆的总数(N)	抽取样本浆包或样本卷筒浆的最少数量(n)
100 以下	10	601～700	27
101～200	15	701～800	29
201～300	18	801～900	30
301～400	20	901～1000	32
401～500	23	超过 1000	32
501～600	25		

注：本表以 n 不能小于 $N^{1/2}$ 为原则，但无论批量多大，抽样数不多于 32 包或卷筒。

如果浆包或卷筒浆的卷筒标志号码涉及几个系列，则每一系列的样本浆包或样本卷筒浆的卷筒数目应依据表中给出的原则按比例随机选出。

注：如有必要，应报告商标和标志号码以备参考。

（四）纸浆试样的采取步骤

从每一个样本浆包或卷筒中取出一个样品，记录所有采样的浆包或卷筒的标志号码，所有样品的干纤维数量大约相同，样品的数量取决于所进行的试验项目，一般每个样品为 100g。

集中取出的样品形成混合样品，包起来以防污染，并要与阳光、热源和水汽隔离。

按下述建议抽样。如果需测定微量金属，就不用金属工具采样。并应弃去任何切过的边缘，以免被金属污染。

1. 浆板浆包

打开浆包并从每个包中随机选出一张浆板，但不能选取靠近顶部或底部的前 5 张，并应避免在离浆板边缘 7～8cm 范围内取样。从每一张选出的浆板撕出大小适宜的样品。弃掉余下部分。

为避免开包可采用下述一种代替方法：

① 按《GB/T 8944.1—2008 纸浆 成批销售质量的测定 第一部分：浆板浆包及浆块（急骤干燥）浆包》中规定的取样法。每一试样由等数量的圆盘组成。

② 在捆包钢线间切割出深度足够的方块，以取得大小适宜的试样，可弃去外层三张浆板和撕掉切过的边缘。

2. 浆块（如急骤干燥的散块状）浆包

样品可由试验圆盘的切块组成，如《GB/T 8944.2—2008 纸浆成批销售质量的测定第二部分：组合浆包》装入浆块（急骤干燥浆）浆包规定的，或从浆包的一角取出浆块组成样品，但不能包括已暴露在外的浆料。

3. 成卷的浆

从卷筒除去外面三层，然后切出或撕出尺寸适宜不含卷筒边缘的样品。

4. 浆包组合件

如果批量是以一定数目单包构成组合件的形式送来的一批浆，可以从组合件的顶部和底部的浆包选出相应数目的样本包，也可以按上述规定的代替方法取样而不必拆散组合件。

第二节　分析试样水分的测定

造纸原料水分含量的大小，直接影响蒸煮时原料对药液的渗透性，从而影响制浆效果。

因此，正确地测定原料的水分含量是正确执行制浆工艺的关键，是计算和控制生产的依据。纸浆水分的测定同样是生产过程控制和计算的重要保证。此外，在分析原料和纸浆的化学成分时，各种成分的测定结果均要以绝干质量为基准来计算其含量百分率，水分测定的准确性直接影响各种化学成分分析结果的准确性。所以，水分的测定具有重要的意义。

水分的测定方法有干燥法和蒸馏法。干燥法测定水分含量的方法已列为国家标准方法。其中，造纸原料水分的测定参见《GB/T 2677.2—2011 造纸原料水分的测定》，纸、纸板和纸浆分析试样水分的测定参见《GB/T 462—2008 纸、纸板和纸浆分析试样水分的测定》。蒸馏法是基于试样在甲苯中煮沸，得到的水蒸气被冷凝后收集于一个馏出液接受器中，由接受器中汇集的水量对试样质量的百分数来确定水分含量，此法在我国应用不多。本节仅介绍干燥法测定水分的方法。

（一）基本定义

水分（moisture content）：原料（或纸浆）试样按规定方法烘干至恒重后所减少的质量与烘干前称取的质量之比，一般以百分数表示。

恒重（constant weight）：原料（或纸浆）试样在规定温度下烘干，直至在连续两次称量中，试样质量之差不超过烘干前试样质量的 0.1% 时，即达到恒重。

（二）测定原理

称取原料（或纸浆）试样烘干前质量，然后将试样烘干至恒重，再次称取质量。试样烘干前后的质量之差与烘干前的质量之比，即为试样的水分。

（三）仪器、设备

① 容器：用于试样的转移和称量。该容器应能防水蒸气，且在试验条件下不易发生变化的材料而制成；

② 烘箱：能使温度保持在 (105±2)℃；

③ 干燥器；

④ 天平：感量 0.0001g。

（四）试验步骤

精确称取 2~10g 试样（精确至 0.0001g），也可以根据样品情况确定取样量，但最少应不低于 1g，最多不超过 30g。于预先烘干、称量并做好标记的容器中，盖好容器盖子放入能使温度保持在 (105±2)℃的烘箱中烘干。烘干时将容器的盖子打开。第一次烘干时间为纸张、纸浆、原料第一次烘干时间分别不少于 2h、3h、4h。

当试样已完全烘干时，应迅速将容器的盖子盖好，然后将容器放入干燥器中冷却，冷却时间可根据不同的容器估算。然后称量装有试样的容器，并计算出试样的质量。重复上述操作，再次烘干的时间应不少于 1h，取样量大时，其烘干时间应至少为第一次烘干时间的一半。当连续两次在规定的时间间隔下，称量的差值不大于烘干前试样质量的 0.1% 时，即可认为试样已达恒重。

（五）结果计算

水分 $w_{水分}$（%）按式（2-1）计算：

$$w_{水分}=\frac{m-m_1}{m}\times100(\%) \tag{2-1}$$

式中 m——试样在烘干前的质量，g

m_1——试样在烘干后的质量，g

同时进行两次测定，取其算术平均值作为测定结果。测定结果应准确到小数点后第一位，且两次测定值间的绝对误差不超过0.4%。

（六）注意事项

① 在进行多个试样测定时，容器要预先编号。为此，用铅笔在瓶底和瓶盖的磨砂部位编写上相对应的号码，不要用钢笔书写号码，以防水洗时会除去。

② 试样放入烘箱内烘干时，必须打开容器盖子，并连盖一起放入烘箱内烘干；当烘干结束时，应在烘箱内将容器的盖子盖好，再移入干燥器内冷却。

③ 试样烘干的温度是水分测定的关键，因此要准确控制烘箱温度在规定范围内。

④ 在测定量较多的未经处理浆样的水分时，也可称取撕碎的浆样10g或纸和纸板试样5g（称准至0.001g），按上述方法烘干测定，其结果计算至一位小数。

⑤ 如果取样的地方温暖而潮湿，应避免样品受到污染或造成水分损失，操作时戴上橡皮手套。为了避免因样品暴露在大气中使其水分发生变化，取样后应立刻将样品全部装入容器中。

第三节　灰分及酸不溶灰分含量的测定

造纸植物原料和纸浆组分中，都含有一定量的矿物质。试样经高温燃烧和灰化后剩余的矿物质称为灰分（ash），灰分含量和组成随原料种类和部位等的不同而有很大差别。

木材灰分含量一般较少，多在1%以下。树皮的灰分高于木质部，木材中灰分的成分主要是钙、钾、镁、锰、钠和磷等无机盐类。

禾本科植物的灰分含量比木材高，一般在2%以上（竹子1%左右）。稻草灰分含量最高，达10%以上甚至17%。禾草类灰分的主要成分是二氧化硅（占灰分含量的60%以上，稻草可达90%左右）。禾本科叶部和梢部的灰分含量均较茎秆部高。

灰分大小对一般制浆造纸生产影响不大，但在生产绝缘纸浆和精制浆时，要求控制在一定数量以下。禾草类原料的高二氧化硅含量，在碱回收过程中易造成硅干扰问题。因此，测定灰分含量也是评价造纸原料制浆造纸性能的重要指标之一。

一、灰分含量的测定

灰分含量的测定参见《GB/T 742—2018　造纸原料、纸浆、纸和纸板　灼烧残余物（灰分）的测定（575℃和900℃）》，本标准适用于各种造纸原料、纸浆、纸和纸板灰分的测定。

（一）测定原理

样品经炭化后在温度为（575±25）℃或（900±25）℃的高温炉里灼烧，灼烧后残余物的质量与样品的质量之比为样品的灰分，以百分数表示。

（二）仪器及试剂

a. 坩埚：由铂、陶瓷或二氧化硅制成，能容纳10g样品，在加热情况下质量不变，且不与样品或残余物发生化学反应；b. 电炉；c. 可控温高温炉（马弗炉）；d. 干燥器（内装变色硅胶应保持蓝色）；e. 分析天平：感量0.0001g；f. 95%乙醇试剂，化学纯级；g. 乙酸镁乙醇溶液：溶解4.05g乙酸镁 $Mg(Ac)_2 \cdot 4H_2O$ 于50mL蒸馏水中，以95%乙醇稀释至100mL。

（三）取样及处理

根据样品的不同分别按照前文提到的标准 GB/T 2677.1—1993、GB/T 740—2003 和《GB/T 450—2008 纸和纸板试样的采取》的规定取样和处理，并按 GB/T 2677.2—2011 和 GB/T 462—2008 测定其水分。

（四）测定步骤和结果计算

1. 原料灰分含量的测定步骤和结果计算

称取一定量的试样（保证残余物不低于 2mg，精确至 0.1mg），置于预先灼烧并已称量的坩埚中，同时另外称取试样测定水分，并计算出试样的绝干质量 m。将装有试样的坩埚先在电炉炭化，然后将坩埚移入高温炉中，原料和纸浆灼烧温度为（575±25）℃或（900±25）℃，灼烧时间为 4h；纸和纸板灼烧温度为（900±25）℃，灼烧时间为 1h。然后，从高温炉中取出坩埚，在空气中自然降温 10min，再移入干燥器中冷却至室温。称取坩埚残余物的总质量，准确至 0.1mg。

注：除非有特殊需要，不应该延长灼烧时间，长时间灼烧会损失一些灰分。

灰分 $w_{灰分}$（%）按式（2-2）计算：

$$w_{灰分}=\frac{m_2-m_1}{m}\times100(\%) \tag{2-2}$$

式中　m_1——灼烧后坩埚质量，g

　　　m_2——灼烧后盛有残余物的坩埚质量，g

　　　m——绝干试样质量，g

以两次测定的算术平均值报告结果。两次测定计算值间的差值应符合以下规定：木材原料不应超过 0.05%；非木材原料不应超过 0.2%；纸、纸板和纸浆不应该超过 0.1%。

2. 高二氧化硅含量的草类原料灰分含量的测定步骤和结果计算

有些草类原料灰分中含有较多的二氧化硅，在灼烧时残余物易熔融结成块状物，致使黑色碳素不易烧尽。遇到此种情况，可以延长灼烧时间，直至残余物变浅为止。若仍不能使黑色碳素烧尽，则可以试用以下方法。

称取 2~3g 试样（精确至 0.0001g）于预先经灼烧并已称取质量的坩埚中，用移液管吸取 5mL 乙酸镁乙醇溶液，注入盛有试样的坩埚中，用铂丝仔细搅拌至试样全部被润湿，以极少量水洗下沾在铂丝上的样品，微火蒸干并灰化后，移入高温炉，在（575±25）℃温度范围内灼烧至残余物中无黑色色素，并称量坩埚残余物的总质量（精确至 0.0001g）。

同时做一空白实验，吸取 5mL 乙酸镁乙醇溶液于另一灼烧并称量的坩埚中，微火蒸干，移入高温炉中，在（575±25）℃温度范围内灼烧，灼烧时间与试样相同。

灰分 $w_{草类灰分}$（%）按式（2-3）计算：

$$w_{草类灰分}=\frac{m_4-m_3}{m}\times100(\%) \tag{2-3}$$

式中　m_3——空白试验残余物质量，g

　　　m_4——试样残余物质量，g

　　　m——绝干试样质量，g

二、纸浆酸不溶灰分的测定

纸浆酸不溶灰分的测定按标准《GB/T 7978—2005 纸浆　酸不溶灰分的测定》进行。

(一) 定义

酸不溶灰分 (acid-insoluble ash): 将纸浆灼烧成灰并用盐酸处理后得到的不溶残渣。

(二) 测定原理

先将纸浆灰化，并用盐酸处理，过滤不溶残渣，然后洗涤、灼烧并称量。

(三) 试剂

除非另有说明，分析中只使用确认为分析纯的试剂、蒸馏水或去离子水或相当纯度的水。HCl 溶液 6mol/L。

(四) 仪器

a. 铂坩埚；b. 天平，感量 0.0001g；c. 高温炉，可将温度保持在 900℃±25℃；d. 恒温水浴锅。

(五) 测定步骤

按 GB/T 740 取样，称取至少可得到 1mg 酸不溶灰分的风干试样，称准至 0.01g，此浆样应预先撕成大小适宜的碎块。同时另行称取试样，按《GB/T 462—2008 纸、纸板和纸浆 分析试样水分的测定》测定试样的绝干量。

按 GB/T 742，将试样分次放入预先灼烧至恒重的铂坩埚内进行灰化。当铂坩埚降至室温时，加入 HCl 溶液 5mL，并在水浴锅上蒸发至干。然后再加入 HCl 溶液 5mL，并再次蒸发至干。此后还需向残渣中再加入 HCl 溶液 5mL，并在水浴锅上加热几秒，然后用大约 20mL 的蒸馏水稀释。

用一张无灰滤纸过滤此溶液，并用热蒸馏水冲洗，每次 10mL，洗 7～8 次，直至滤液无氯离子为止。然后将残渣连同滤纸一起移入已经恒重的铂坩埚中，小心加热直至水分蒸干，并在低温条件下灰化滤纸。当滤纸灰化后，将其残渣放入 900℃±25℃ 高温炉中，直至无炭为止。然后将铂坩埚置于干燥器中冷却，并准确称量至 0.1mg。此后应重复灼烧并称量，直至恒重。

警告：在本标准所规定的方法中，需使用有某些危险的化学药品及产生有毒有害气体。因此，必须注意保证遵守有关的安全预防措施。

(六) 结果计算

酸不溶灰分 $w_{酸不溶灰分}$ 用式 (2-4) 计算，以 mg/kg 表示。

$$w_{酸不溶灰分} = \frac{m_0 \times 1000}{m} \tag{2-4}$$

式中 m_0——酸不溶残渣的质量，g

m——试样绝干质量，g

同时进行两次测定，取其算术平均值作为测定结果，准确至 5mg/kg。

(七) 注意事项

① 测定前坩埚的底和盖必须编号作标记，编号须用钢笔书写。为了使标记更清晰，可以采用在钢笔墨水中加入少许氯化铁的方法，可使灼烧后红色痕迹更明显。

② 试样在电炉上炭化时，坩埚盖要斜放在坩埚上，边上留一道缝隙，以便空气流通。炭化温度不宜太高，切忌发生试样着火现象，同时应避免风吹，以免产生损失。

③ 试样需待炭化完全后，再放入高温炉中灼烧。坩埚在高温炉中应将盖子倾斜放在坩埚上，并留缝隙；或将盖子打开放在坩埚旁。灼烧时，应严格控制在规定的温度范围内。

④ 待灼烧完全，将坩埚盖子盖好，从高温炉中取出。由于坩埚温度很高，须先放在瓷

板（或石棉网）上在空气中冷却 5min 左右（注意：每次操作冷却时间要固定），待坩埚暗红色消失并用手靠近坩埚时仍感觉微热，再将坩埚移入干燥器中。然后在干燥器中再冷却半小时后称重。

第四节　抽出物含量的测定

造纸植物纤维原料通常采用水、有机溶剂、碱等为抽提介质，在一定条件下测定各项抽出物的含量，用以标识该原料制浆造纸性能的差异。常用的抽出物含量的测定方法有冷水、热水抽出物、1%氢氧化钠抽出物和有机溶剂（苯-醇、乙醚、二氯甲烷等）抽出物等。

抽出物的数量和成分与原料的种类、生长期、产地、气候条件等有关；对同一种原料，也因部位不同而异。因此，测定前取样时，一定要了解原料的自然状况，并加以标明。

由于抽提物的成分有很大差异，而且它们单个成分的定量分离有很大困难，所以在分析中通常采用测定在不同溶剂和水溶液中溶出的抽出物总量的方法。

一、水抽出物含量的测定

水抽出物根据抽提条件不同，分为冷水抽出物和热水抽出物两种。

植物纤维原料中所含有的部分无机盐类、糖、植物碱、环多醇、单宁、色素以及多糖类物质如胶、植物粘液、淀粉、果胶质、多乳糖等均能溶于水。因此，冷水抽出物和热水抽出物两者成分大体相同。但因其处理条件不同，溶出物质的数量也不同。热水抽出物的数量较冷水抽出物多，其中含有较多糖类物质。

测定水抽出物的方法一般有两种：一是采用一定量的水，在一定时间和规定温度下，处理一定量试样，根据试样减轻的质量作为水抽出物量；二是原料经上述方法处理后蒸干部分抽出液，根据所得残渣的质量以确定其抽出物含量。后一个方法因操作手续较繁，故不常采用，我国普遍采用前一种方法测定水抽出物含量。

造纸原料水抽出物含量的测定方法参见标准《GB/T 2677.4—1993　造纸原料水抽出物含量的测定》。

（一）测定原理

测定方法是用水处理试样，然后将抽提后的残渣烘干，从而确定其被抽出物的含量。

此法适用于木材和非木材纤维原料水抽出物含量的测定。

冷水抽出物测定是采用温度为 (23±2)℃ 的水处理 48h。热水抽出物测定是用 95～100℃ 的热蒸馏水加热 3h。

（二）仪器与分析用水

a. 一般实验室仪器；b. 恒温水浴（温度范围：室温～100℃可调）；c. 具有可以调节温度 (23±2)℃ 的恒温装置；d. 30mL 的玻璃滤器（1G2）；e. 恒温烘箱；f. 容量 500mL 及 300mL 的锥形瓶；g. 冷凝管。

分析时所用的水应为蒸馏水或去离子水。

（三）样品的采取和制备

样品的采取和制备按 GB/T 2677.1 的规定进行。准备风干样品不少于 20g，其样品为能过 0.38mm 筛孔（40 目筛）但不能通过 0.25mm 筛孔（60 目筛）的部分细末。

(四) 测定步骤和结果计算

1. 冷水抽出物含量的测定

① 测定步骤：精确称取 1.9～2.1g（称准至 0.0001g）试样（同时另称取试样测定水分），移入容量 500mL 锥形瓶中，加入 300mL 蒸馏水，置于温度可调的恒温装置中，保持温度为（23±2）℃。加盖放置 48h，并经常摇荡。用倾泻法经已恒重的 1G2 玻璃滤器过滤，用蒸馏水洗涤残渣及锥形瓶，并将瓶内残渣全部洗入滤器中。继续洗涤至洗液无色后，再多洗涤 2～3 次。吸干滤液，用蒸馏水洗净滤器外部，移入烘箱内，于（105±2）℃烘干至质量恒定。

② 结果计算：冷水抽出物含量 $w_{冷水抽出物}$（%）按式（2-5）计算：

$$w_{冷水抽出物}=\frac{m_1-m_2}{m_1}\times100(\%) \tag{2-5}$$

式中　m_1——抽提前试样的绝干质量，g

　　　m_2——抽提后试样的绝干质量，g

2. 热水抽出物含量的测定

① 测定步骤：精确称取 1.9～2.1g（称准至 0.0001g）试样（同时另称取试样测定水分），移入容量为 300mL 的锥形瓶中，加入 200mL 95～100℃的蒸馏水，装上回流冷凝管或空气冷凝管，置于沸水浴中（水浴的水平面需高于装有试样的锥形瓶中液面）加热 3h，并经常摇荡。用倾泻法经已恒重的 1G2 玻璃过滤器过滤，用热蒸馏水洗涤残渣及锥形瓶，并将锥形瓶内残渣全部洗入滤器中。继续洗涤至洗液无色后，再多洗 2～3 次，吸干滤液，用蒸馏水洗涤滤器外部，移入烘箱，于（105±2）℃烘干至质量恒定。

② 结果计算：热水抽出物含量 $w_{热水抽出物}$（%）按式（2-6）计算：

$$w_{热水抽出物}=\frac{m_1-m_3}{m_1}\times100(\%) \tag{2-6}$$

式中　m_1——抽提前试样的绝干质量，g

　　　m_3——抽提后试样的绝干质量，g

水抽出物应同时进行两份测定，取其算术平均值作为测定结果，要求修约至小数点后一位，两次测定计算值间偏差不应超过 0.2%。

二、1%氢氧化钠抽出物含量的测定

造纸植物纤维原料 1%氢氧化钠溶液抽出物含量，在一定程度上可用以说明原料受光、热、氧化或细菌等作用而变质或腐朽的程度。据研究结果，全朽材的 1%氢氧化钠抽出物含量为全好材的 3.8 倍；为部分腐朽材的 1.7 倍。说明原料腐朽越严重，则其 1%氢氧化钠溶液抽出物越多。造纸原料的 1%氢氧化钠抽出物含量的大小，也可在一定程度上预见该原料在碱法制浆中纸浆得率的情况。

采用热的 1%氢氧化钠溶液处理试样，除能溶出原料中能被冷、热水溶出的物质外，还能溶解一部分木素、聚戊糖、聚己糖、树脂酸及糖醛酸等。

造纸植物原料 1%氢氧化钠抽出物含量依原料种类、部位等的不同而异。一般木材 1%氢氧化钠抽出物含量为 10%～20%，竹材为 20%～30%，稻麦草为 40%～50%，芦苇、蔗渣等为 30%～40%。

造纸植物原料 1%氢氧化钠抽出物含量的测定方法参见标准《GB/T 2677.5—1993 造纸原料 1%氢氧化钠抽出物含量的测定》。

（一）测定原理

测定方法是在一定条件下用1%（质量分数）氢氧化钠溶液处理试样，残渣经洗涤烘干后恒重，根据处理前后试样的质量之差，从而确定其抽出物的含量。

（二）仪器

a. 恒温水浴（室温～100℃可调）；b. 30mL玻璃滤器（1G2）；c. 容量300mL锥形瓶；d. 冷凝管；e. 恒温烘箱。

（三）试剂

分析时，必须使用分析纯试剂，试验用水应为蒸馏水或去离子水。

① 氯化钡溶液（100g/L）；

② 盐酸标准溶液：$c(HCl)=0.1mol/L$；

③ 乙酸溶液：1:3（体积分数）；

④ 指示剂溶液：

A. 甲基橙指示液（1g/L）：称取0.1g甲基橙，溶于水中，并稀释至100mL。

B. 酚酞指示液（10g/L）：称取1.0g酚酞，溶于95%的乙醇溶液中，并用乙醇稀释至100mL。

C. 溴甲酚氯指示液（1g/L）：称取0.1g溴甲酚氯，溶于95%的乙醇溶液中，并用乙醇稀释至100mL。

D. 甲基红指示液（2g/L）：称取0.2g甲基红，溶于95%的乙醇溶液中，并用乙醇稀释至100mL。

E. 溴甲酚氯-甲基红指示液：取3份的1g/L溴甲酚氯乙醇溶液与1份的2g/L甲基红乙醇溶液混合，摇匀。

⑤ 1%（质量分数）氢氧化钠溶液：a. 配制方法：溶解10g氢氧化钠于蒸馏水中，移入1L的容量瓶内，加水稀释至刻度，摇匀。b. 标定方法：有两种方法。

A. 标定方法之一：用移液管吸取50mL氢氧化钠溶液于200mL容量瓶中，加入10mL的100g/L氯化钡溶液，再加水稀释至刻度，摇匀，静置以使沉淀下降。用干的滤纸及漏斗过滤，精确吸取50mL滤液，滴入1～2滴甲基橙指示剂，用0.1mol/L HCl标准溶液进行滴定，按式（2-7）计算所配制的氢氧化钠溶液浓度 w_1（%）：

$$w_1 = \frac{V \cdot c \times 40}{1000 \times 12.5} \times 100(\%) \tag{2-7}$$

式中　V——滴定时耗用的HCl标准溶液的体积，mL

　　　c——HCl标准溶液的浓度，mol/L

12.5——滴定时实际取用的1%（质量分数）氢氧化钠溶液的体积，mL

　40——NaOH的摩尔质量，g/mol

1000——换算因子，20℃下1% NaOH溶液密度接近1kg/L，即1L NaOH相当于1000g NaOH，g/mL

B. 标定方法之二：称取经110℃烘至质量恒定的苯二甲酸氢钾（$KHC_8H_4O_4$）2g（称准至0.0002g），溶于80mL经煮沸过的水中。加入2～3滴酚酞指示剂，直接用所配的1%（质量分数）氢氧化钠溶液滴定至出现微红色，记下所消耗1%（质量分数）氢氧化钠溶液的体积，按式（2-8）计算其浓度 w_2（%）：

$$w_2 = \frac{m_0 \times 40}{1 \times V \times 204.22} \times 100(\%) \tag{2-8}$$

式中　m_0——所称取的苯二甲酸氢钾质量，g

　　　V——滴定时消耗的1%（质量分数）氢氧化钠溶液体积，mL

　　204.22——苯二甲酸氢钾的摩尔质量，g/mol

　　　40——氢氧化钠的摩尔质量，g/mol

　　　1——换算因子，20℃下，1% NaOH 密度为 1g/mL，即 1mL NaOH 溶液相当于 1g NaOH，g/mL

如与所规定的浓度不符合，则应加入较浓的碱或水，调节至所需浓度 0.9%～1.1%〔相当于 (0.25±0.025)mol/L〕之间。

（四）试验步骤

精确称取 1.9～2.1g（标准至 0.0001g）试样（同时另称取试样测定水分），放入洁净干燥的容量为 300mL 的锥形瓶中，准确地加入 100mL 1%（10g/L）氢氧化钠溶液，装上回流冷凝器或空气冷凝管，置沸水中加热 1h，在加热 10、25、50min 时各摇荡一次。等规定时间到达后，取出锥形瓶，静置片刻以使残渣沉积于瓶底，然后用倾泻法经已恒重的 1G2 玻璃滤器过滤。用温水洗涤残渣及锥形瓶数次，最后将锥形瓶中残渣全部洗入滤器中，用水洗至无碱性后，再用 60mL/L 乙酸溶液（1:3，体积比）分两三次洗涤残渣。最后用冷水洗至不呈酸性反应为止（用甲基橙指示剂试验），吸干滤液，取出滤器，用蒸馏水洗涤滤器外部，移入烘箱中，于 (105±2)℃ 烘干至质量恒重。

（五）结果计算

1%（质量分数）氢氧化钠抽出物含量 $w_\text{NaOH抽出物}$（%）按式（2-9）计算：

$$w_\text{NaOH抽出物}=\frac{m-m_1}{m}\times100(\%) \quad (2\text{-}9)$$

式中　m——抽提前试样绝干质量，g

　　　m_1——抽提后试样绝干质量，g

同时进行两份测定，取其算术平均值作为测定结果，要求结果修约至小数点后一位，两次测定计算值间偏差不应超过 0.4%。

（六）注意事项

使用玻璃滤器过滤沉淀通常采用倾泻法。此时，正确掌握过滤和洗涤操作是提高试验效率的关键，要注意以下事项：

① 过滤初期，应尽量不使残渣流入玻璃滤器内。残渣在锥形瓶内加水进行充分洗涤以后，再将残渣转移至玻璃滤器上，最后用水洗涤至无碱性为止。

② 过滤和洗涤过程中，抽吸力不宜太大，以避免残渣堵塞玻璃滤器的孔隙。而且，每次倾倒溶液时，玻璃滤器内都要保持有一定的液体，不要吸干。否则会因滤器孔隙堵塞而影响过滤速度，在进行氢氧化钠抽出物测定时尤要注意。

③ 氢氧化钠抽出物测定时，因碱性强，使用热水洗涤效果更佳。

三、有机溶剂抽出物含量的测定

有机溶剂抽出物是指植物纤维原料中可溶于中性有机溶剂的憎水性物质。在制浆造纸工业中，常将有机溶剂抽出物作为原料中树脂成分含量的代表，而树脂成分又包括：萜烯类化合物、苷、黄酮类化合物及其他芳香族化合物。此外，抽出物中尚含有脂肪蜡、脂肪酸和醇类、甾族化合物、高级碳氢化合物等。

有机溶剂的种类和抽提条件对抽出物的数量和组成有很大的影响。常用的有机溶剂有乙醚、苯、乙醇、苯-乙醇混合液、四氯化碳、二氯甲烷和石油醚等。其中苯与乙醇混合液的溶解性能比单一溶剂强，不仅能溶出树脂、脂肪与蜡，还可从原料中抽提出可溶性单宁和色素，故其抽出物含量高于其他溶剂，应用最广泛。

有机溶剂抽出物的数量、存在部位和组成，随原料种类的不同而各不相同。针叶木有机溶剂抽出物含量较高（4%左右），且心材较边材含量更高，主要存在于树脂道中，其成分主要是树脂酸、萜烯类化合物、脂肪酸和不皂化物等。阔叶木的有机溶剂抽出物含量较少（一般在1%以下），存在于薄壁细胞中，尤其是木射线薄壁细胞中，其主要成分为游离的及酯化的脂肪酸，不含或只含少量的树脂酸。草类原料乙醚抽出物含量很少（1%以下），主要成分为脂肪和蜡；但苯醇抽出物含量较高，一般在3%~6%，有的高达8%，其抽提成分除上述物质外，还含有单宁、红粉与色素等。

有机溶剂抽出物是造纸植物原料的少量成分，这些化合物含量虽不多，但对纤维原料的制浆造纸性质会产生一定的影响。抽出物的存在使蒸煮时药品消耗增加，会延缓蒸煮过程，影响纸浆颜色，在酸性亚硫酸盐法制浆中可能造成"树脂障碍"不利于生产等，但对林产化学工业一些抽出物则是珍贵的化工原料。因此，有机溶液抽出物含量的测定具有很大的实际意义。此外，在测定木素含量和综纤维素含量时，也必须首先进行有机溶剂抽提，以除去可溶成分，否则将会使测定结果偏高。

（一）造纸原料苯醇抽出物和乙醚抽出物的测定

国家标准《GB/T 2677.6—1994 造纸原料有机溶剂抽出物含量的测定》规定了造纸原料苯醇抽出物和乙醚抽出物的测定方法，适用于各种造纸植物纤维原料。

1. 测定原理

测定方法是用有机溶剂（苯-醇混合液或乙醚）抽提试样，然后将抽出液蒸发烘干、称重，从而定量地测定溶剂所抽出的物质含量。

乙醚能抽出原料中所含有的树脂、蜡、脂肪等，而苯-醇混合液不但能抽出原料中所含的树脂、蜡和脂肪，而且还能抽出一些乙醚不溶物，如单宁及色素等。

2. 仪器

a. 索氏抽提器：容量150mL；b. 恒温水浴；c. 烘箱；d. 称量瓶。

3. 试剂

a. 乙醚（CH_3CH_2）$_2$O：分析纯；b. 苯 C_6H_6：分析纯；c. 乙醇 CH_3CH_2OH：95%（质量分数），分析纯；d. 苯-乙醇混合液（2∶1，体积比）：将2体积的苯及1体积的95%乙醇混合均匀，备用。

4. 测定步骤

精确称取（3±0.2）g（称准至0.0001g）已备好的试样（同时另称取试样测定水分），用预先经所要求的有机溶剂（苯-乙醇混合液或乙醚，依测定要求而定）抽提1~2h的定性滤纸包好，用线扎住，不可包得太紧，但也应防止过松，以免漏出。放进索氏抽提器中，加入不少于150mL所需要用的有机溶剂使超过其溢流水平，并多加20mL左右。装上冷凝器，连接抽提仪器，置于水浴中。打开冷却水，调节加热器使其有机溶剂沸腾速率为每小时在索氏抽提器中的循环不少于4次，如此抽提6h。抽提完毕后，提起冷凝器，如发现抽出物中有纸毛，则应通过滤纸将抽出液滤入称量瓶中，再用少量有机溶剂分次漂洗底瓶及滤纸。用夹子小心地从抽提器中取出盛有试样的纸包，然后将冷凝器重新和抽提器连接，蒸发至抽提底瓶中的抽提液约为 30mL 为止，以此来回收一部分有机溶剂。

取下底瓶，将内容物移入已烘干恒重的称量瓶中，并用少量的抽提用的有机溶剂漂洗底瓶 3～4 次，洗液也应倾入称量瓶中。将称量瓶置于水浴上，小心地加热以蒸去多余的溶剂。最后擦净称量瓶外部，置入烘箱，于（105±2）℃烘干至恒重。

5. 结果计算

有机溶剂抽出物含量 $w_{有机溶剂抽出物}$（%）按式（2-10）计算：

$$w_{有机溶剂抽出物}=\frac{(m_1-m_0)\times 100}{m_2(100-w_水)}\times 100(\%) \tag{2-10}$$

式中　m_0——空称量瓶或抽提底瓶的质量，g

m_1——称量瓶及烘干后的抽出物质量，g

m_2——风干试样的质量，g

$w_水$——试样的水分，%

同时进行平行测定，取其算术平均值作为测定结果。要求准确到小数点后第二位，两次测定计算值间相差不应超过 0.20%。

（二）纸浆苯醇抽出物和乙醚抽出物的测定

纸浆苯醇抽出物或乙醚抽出物的测定方法参见《GB/T 10741—2008　纸浆　苯醇抽出物的测定》和《GB/T 743—2003　纸浆　乙醚抽出物的规定》，本标准适用于各种化学浆和半化学浆的测定。

纸浆苯醇抽出物和乙醚抽出物的测定原理、仪器、试剂，均与造纸原料的测定方法相同（见本节）。

不同之处在于：纸浆试样的称取量是 5g（称准至 0.0001g）。对于纸浆取样是按照 GB/T 740—2003 的规定进行。苯醇抽提过程、乙醚抽提过程试样制备是将样品剪成或撕成大小分别约 1.5cm×1.5cm、3mm×3mm 的试样，且混合均匀，操作时应戴上干净的手套，并小心拿取，防止污染，制备好的试样贮存于带盖的磨口广口瓶中。

① 对于苯醇抽提：先将一小团预先用苯醇抽提过的脱脂棉放入索氏抽提器的排液管中，然后将试样放入索氏抽提器。将已于（105±2）℃烘干并恒重的底瓶连接到索氏抽提器上，将相当于索氏抽提器体积 1.5 倍的苯醇混合液加到底瓶中，连接冷凝器，将仪器安装在恒温水浴上开始抽提。调节煮沸速度，使得每小时可抽提循环 6 次，如此至少抽提 6h，并保证总的抽提循环次数至少为 36 次。抽提结束后，抽提液应是清亮的，不应带有纤维，最后将底瓶放在恒温水浴上蒸发至干，然后在（105±2）℃烘箱中烘干至恒重（相邻的两次称量，质量相差应不大于 0.5mg）。

苯醇抽提物含量 $w_{苯醇抽出物}$（%）按式（2-11）计算：

$$w_{苯醇抽出物}=\frac{m_0}{m_1}\times 100(\%) \tag{2-11}$$

式中　m_0——苯醇抽出物的质量，g

m_1——试样绝干质量，g

② 对于乙醚抽提：用定性滤纸包好试样，并用线扎住。定性滤纸以及捆扎用的线，应预先用乙醚抽提过，同时另称取试样测定水分。将滤纸包放入索氏抽提器内，同时将底瓶烘干至恒重，量取一定体积的乙醚，其总量应超过索氏抽提器的溢流水平。将乙醚分别加至索氏抽提器及底瓶中，然后装上冷凝器，再将整套装置放在水溶上（最好放置在通风中），逐渐加热升温，直至底瓶中的乙醚溶液剧烈沸腾，同时应注意温度不宜过高，以防止溶液溢

出。调节温度，使抽提液每小时约循环 6 次，并在此状态下抽提 6h，确保抽提液的总循环次数达到 36 次。抽提完毕后，提起冷凝器，用洁净的夹子从抽提器中取出滤纸包，注意不应污染抽提液，然后重新连接装置，回收一部分溶剂，直至底瓶中仅少量的乙醚溶液。取下底瓶，将其置于水浴上，仔细加热以蒸去溶剂。擦净底瓶外部，置于烘箱中，在 (105 ± 3)℃下烘干至恒重。

乙醚抽出物含量 $w_{乙醚抽出物}$（%）按式（2-12）计算：

$$w_{乙醚抽出物}=\frac{m_1-m_2}{m}\times 100(\%) \tag{2-12}$$

式中 m_2——底瓶的质量，g

m_1——底瓶与已恒重的残余物总质量，g

m——试样绝干质量，g

以两次测定结果的算术平均值作为试验结果，准确至小数点后第二位。两次测定值之间的误差不超过 0.10%，否则需重新测定。

（三）纸浆二氯甲烷抽出物的测定

纸浆二氯甲烷抽出物的测定参见《GB/T 7979—2005 纸浆 二氯甲烷抽出物的测定》，可用于各种化学浆及半化学浆的测定。

1. 原理

在索氏抽提器中，用二氯甲烷抽提纸浆样品，经至少 24 次循环抽提后，将溶剂蒸发，并在 (105 ± 2)℃下烘干抽提残渣不超过 16h，然后进行称量，通过二氯甲烷抽出物的质量与样品的绝干质量之比，求得二氯甲烷抽出物的含量。

2. 仪器

一般实验室仪器及索氏抽提器：完全用玻璃制成，由磨口冷凝器、磨口抽提器和磨口平底烧瓶组成，平底烧瓶容量为 150mL，抽提器的容量为 60～120mL；烘箱：能保持温度在 (105 ± 2)℃；天平：感量 0.0001g；d. 恒温水浴锅。

3. 试剂

二氯甲烷：分析纯，含量 98%～100%，干固物少于 5mg/L，沸点为 39～41℃。

4. 测定步骤

按 GB/T 740—2003 取样，将纸浆样品撕成 15mm×15mm 的试样，置于带磨口的广口瓶中备用。

称取两份各约 10g 试样（称准至 0.0001g）做平行测定，同时另取试样测定水分。

先将预先用二氯甲烷溶剂抽提过的一小团脱脂棉放入索氏抽提器的排液管中，再将试样放入抽提器中，并将在 105℃±2℃烘干、冷却且恒重的平底烧瓶连接到抽提器上，然后加相当于抽提器体积 1.5 倍的二氯甲烷于平底烧瓶中，连接冷凝器并开始进行抽提。

调节水浴温度，确保二氯甲烷每小时抽提循环 8 次，并如此抽提 3h。如果回流速度太慢，则应适当延长抽提时间，使总抽提循环次数至少为 24 次。当抽提结束后，抽提液应是清亮的，且不带纤维。然后将平底烧瓶放在水浴锅上蒸发，蒸发溶剂至干，并在 105℃±2℃的烘箱中烘干不超过 16h，直至恒重。最后将平底烧瓶放在干燥器中冷却 45min，称准至 0.0001g。至少进行两次测定。

5. 结果计算

二氯甲烷抽出物的含量 $w_{二氯甲烷抽出物}$（%），按式（2-13）计算：

$$w_{\text{二氯甲烷抽出物}} = \frac{m_0}{m_1} \times 100(\%) \tag{2-13}$$

式中　m_0——二氯甲烷抽出物的质量，g

　　　m_1——试样绝干质量，g

以两次测定结果的算术平均值作为二氯甲烷抽出物含量的测定结果，准确至小数点后两位。两次测定结果的误差不超过 0.02%（绝对值）。

6. 有机溶剂抽出物测定注意事项

① 实验所用的有机溶剂易燃、有毒，所以应在通风橱中操作，务必注意安全。

② 有机溶剂为易燃药品，抽出物蒸干操作必须在水浴上进行，切不可用电炉明火蒸干，以免引起着火。在水浴上也必须待溶剂基本挥发完全后，方可放入烘箱中烘干。

③ 用于包扎试样的滤纸和线需预先用有机溶剂抽提 1~2h 方可使用，以免滤纸和线中的有机溶剂抽出成分影响试样测定结果的准确性。

④ 用滤纸包扎的试样包的长度，应低于索氏抽提器溢流管的高度（即最大抽提液面高度），以保证抽提效果。

⑤ 抽提液循环次数和抽提时间是保证抽提作用完全的关键，应严格按标准操作。特别要注意索氏抽提器的质量，避免出现抽提液回流高度不够、达不到抽提效果的现象发生，否则应更换仪器。

第五节　纤维素含量的测定

纤维素是植物纤维原料的主要组分之一，也是纸浆的主要化学组分。无论制浆造纸过程还是人造纤维生产，纤维素都是要尽量保持使之不受破坏的成分。测定造纸原料纤维素含量具有实际意义，可用于比较不同原料的造纸使用价值。

植物纤维原料中纤维素的含量依据原料种类和部位等的不同而有差别。例如：棉花纤维素含量最高，为 95%~99%；苎麻为 80%~90%；木材和竹子为 40%~50%；树皮为 20%~30%。禾草类纤维素含量差别较大，一般在 38%~55%（稻草 37%~39%，蔗渣 46%~55%，芦苇 55% 左右）。红麻的木质部与韧皮部分别为 46% 和 57%，棉秆的木质部与韧皮部则分别为 41% 和 36%。

纤维素是不溶于水的均一聚糖，它是由大量葡萄糖基构成的链状高分子化合物。纤维素具有诸多性质，例如，纤维素不溶于水、乙醇、乙醚、苯等普通溶剂，但能溶于氧化铜的氨溶液、氯化锌的浓溶液、硫氰酸钙和某些其他盐类的饱和溶液；纤维素在水、碱液、酸液等润胀剂中能发生润胀；在压力下与水共热会逐渐起水解作用；能与较浓的无机酸起水解作用而生成葡萄糖；与较强的苛性碱溶液起作用而成碱纤维素；与强氧化剂作用而成氧化纤维素。纤维素含量的测定方法就是根据纤维素的上述特性，以及与之伴生的木素、半纤维素和其他次要成分的性质来制定的。

纤维素的定量测定方法有间接法和直接法两类。

所谓间接方法，主要是采用测定植物纤维原料中各种非纤维素成分的量，再由 100 减去全部非纤维素组分含量之和的方法；或是采用以强酸将纤维素水解，使其生成还原糖，根据测得还原糖的含量，再换算成纤维素的含量。然而，由于这些方法存在诸多缺陷，而很少采用。

直接法测定纤维素含量的方法应用较为广泛，其原理是基于利用化学试剂处理试样，使试样中的纤维素与其他非纤维素物质（如木素、半纤维素、有机溶剂抽出物等）分离，最后测定纤维素的量。根据使用的化学试剂不同，可分为氯化法、硝酸法、乙醇胺法、二氧化氯法、次氯酸盐和过乙酸法等。最常用的方法是氯化法（克-贝纤维素）和硝酸法（硝酸-乙醇纤维素）。

氯化法的优点是处理条件比较温和，故纤维素被破坏的程度比硝酸法轻，但操作手续较繁、测定装置也较复杂，且不适用于非木材原料中纤维素的测定，这是由于非木材原料的半纤维素含量高，通氯后易发生糊化，使纤维素氯化不均匀，这不仅给操作带来困难（如过滤慢），而且影响测定结果。用氯化法制得的纤维素样品几乎不含有木素，但含有大量的半纤维素，其中主要是木糖和甘露糖，为了得到更接近于纤维素真实含量的精确结果，需对非纤维素物质，如木素残渣、聚戊糖、聚甘露糖和灰分等的含量进行测定，以便进行相应的校正。一般只对聚戊糖含量进行校正，所得结果以无聚戊糖克-贝纤维素含量表示。无疑这更增加了操作的烦琐性。

硝酸法的优点是不需要特殊装置，操作较简便、迅速。且试样不需预先用有机溶剂抽提，因为抽出物在试验过程中亦可被乙醇溶出。用硝酸-乙醇法制得的纤维素仅含少量的木素和半纤维素，纯度比氯化法的高。所以此法更被广泛采用。

值得指出的是，采用直接法测定的纤维素含量一般都高于原料中纤维素的实际含量，这是因为采用直接法分离出的纤维素都是不太纯净的，而是含有数量不等的非纤维素的杂质。

据资料，对两种方法制得纤维素中成分分析结果表明，两种方法的纤维素中基本不含木素，但会有较多的聚戊糖。氯化法可除去原始聚戊糖含量的1/3，而硝酸法则可除去2/3。对针叶木而言，氯化法纤维素中含有聚戊糖9%～12%，而硝酸-乙醇法纤维素中聚戊糖的含量为5%～6%。对阔叶木而言，氯化纤维素中聚戊糖含量为23%～24%，而硝酸-乙醇法纤维素中为9%～10%。据另一资料介绍，云杉原料的氯化纤维素中含有8.9%的聚戊糖和0.11%的木素；云杉硝酸-乙醇纤维素中含有7.07%的聚戊糖和0.39%的木素。蔗渣氯化纤维素中含有聚戊糖25.7%和木素1.89%；而蔗渣硝酸-乙醇纤维素中，则含有聚戊糖和木素各占19.9%和4.59%。

上述数据说明，直接法测得纤维素含量结果并不能真实地反映原料中纤维素的含量。因此，目前较少单独测定纤维素的含量，而是采用测定综纤维素和聚戊糖含量的方法来观察造纸原料中纤维素和半纤维素含量的情况，并以此来表征原料的使用价值。纤维素含量的测定方法目前尚无国家标准方法，下面仅介绍硝酸-乙醇纤维素的测定方法。

（一）测定原理

此法基于使用浓硝酸和乙醇溶液处理试样，试样中的木素被硝化并有部分被氧化，生成的硝化木素和氧化木素溶于乙醇溶液。与此同时，也有大量的半纤维素被水解、氧化而溶出，所得残渣即为硝酸-乙醇纤维素。乙醇介质可以减少硝酸对纤维素的水解和氧化作用。

（二）仪器

a. 回流冷凝装置；b. 真空吸滤装置；c. 实验室常用仪器。

（三）试剂

硝酸-乙醇混合液：量取 800mL 乙醇（95%）于干的 1000mL 烧杯中。徐徐分次加入 200mL 硝酸（密度 $1.42g/cm^3$），每次加入少量（约 10mL）并用玻璃棒搅匀后始可续加。待全部硝酸加入乙醇后，再用玻璃棒充分和匀，贮于棕色试剂瓶中备用（硝酸必须慢慢加入，否则可能发生爆炸）。

硝酸-乙醇混合液只宜用前临时配制，不能存放过久。

（四）测定步骤

精确称取 1g（称准至 0.0001g）试样于 250mL 洁净干燥的锥形瓶中（同时另称取试样测定水分），加入 25mL 硝酸-乙醇混合液，装上回流冷凝器，放在沸水浴上加热 1h。在加热过程中，应随时摇荡瓶内容物，以防止试样跳动。

移去冷凝管，将锥形瓶自水浴上取下，静置片刻。待残渣沉积瓶底后，用倾斜法滤经已恒重的 1G2 玻璃滤器，尽量不使试样流出。用真空泵将滤器中的滤液吸干，再用玻璃棒将流入滤器的残渣移入锥形瓶中。量取 25mL 硝酸-乙醇混合液，分数次将滤器及锥形瓶口附着的残渣移入瓶中。装上回流冷凝器，再在沸水浴中加热 1h。如此重复施行数次，直至纤维变白为止。一般阔叶木及稻草处理三次即可，松木及芦苇则需处理 5 次以上。

最后将锥形瓶内容物全部移入滤器，用 10mL 硝酸-乙醇混合液洗涤残渣，再用热水洗涤至洗涤液用甲基橙试之不呈酸性反应为止。最后用乙醇洗涤两次。吸干洗液。将滤器移入烘箱，于（105±2）℃烘干至恒重。

如为草类原料，则须测定其中所含灰分。为此，可将烘干恒重后有残渣的玻璃滤器置于一较大的瓷坩埚中，一并移入高温炉内，徐徐升温至（575±25）℃至残渣全部灰化并达恒重为止。而且，空的玻璃滤器应先放入一较大的瓷坩埚中，置入高温炉内于（575±25）℃灼烧恒重，再置于（105±2）℃烘箱中烘至恒重。记录这两个恒重数字。

（五）结果计算

① 木材原料纤维素含量 $w_{木纤维}$（%）按式（2-14）计算：

$$w_{木纤维}=\frac{(m_1-m_2)\times 100}{m_0(100-w_水)}\times 100(\%) \tag{2-14}$$

式中　m_1——烘干后纤维素与玻璃滤器的质量，g

　　　m_2——空玻璃滤器质量，g

　　　m_0——风干试样质量，g

　　　$w_水$——试样水分，%

② 草类原料纤维素含量 $w_{草纤维}$（%）按式（2-15）计算：

$$w_{草纤维}=\frac{(m_1-m_2)-(m_3-m_4)}{m_0(100-w_水)}\times 100(\%) \tag{2-15}$$

式中　m_1、m_2、m_0、$w_水$——同上

　　　m_3——灼烧后玻璃滤器与灰分的质量，g

　　　m_4——空玻璃滤器灼烧后的质量，g

（六）注意事项

① 配制硝酸-乙醇混合液时，应在通风橱内进行，必须分数次慢慢将硝酸加入乙醇中，否则容易发生爆炸。

② 用倾泻法过滤沉淀时，应尽量不使残渣流入滤器中，以免因硝酸-乙醇混合液量少，而不能将滤器及锥形瓶内附着的残渣移入瓶内，从而影响测定结果，同时可提高过滤速度。

第六节　综纤维素含量的测定

综纤维素是指植物纤维原料中纤维素和半纤维素的全部，也即碳水化合物总量。

综纤维素含量依原料种类和部位不同而异，一般针叶木为65%～73%；阔叶木为70%～82%；禾本科植物为64%～80%。

碳水化合物含量是鉴别植物纤维原料制浆造纸使用价值的重要指标，碳水化合物在制浆造纸过程中的变化规律又是表征制浆造纸过程机理的重要内容。因此，碳水化合物含量的测定是十分重要的。一般来说，碳水化合物含量可以采用测定综纤维素含量的方法直接测定，也可以由100减去无抽提物试样的木素含量的差值而计算得出（非木材原料还需减去灰分值）。

制定综纤维素含量测定方法的原则是要求木素尽量除去完全，而使纤维素和半纤维素不受破坏。测定综纤维素含量的方法有：亚氯酸钠法、氯-乙醇胺法、二氧化氯法、过醋酸法和过醋酸-硼氢化钠法等。目前多采用亚氯酸钠法测定综纤维素含量，该法的优点是分离操作简便，木素能较迅速除去，而且适用于木材和非木材等各种植物纤维原料的测定。

下面介绍亚氯酸钠法测定综纤维素含量的方法（参见《GB/T 2677.10—1995 造纸原料综纤维素含量的测定》），适用于各种木材和非木材植物纤维原料。

（一）测定原理

测定方法是在pH为4～5时，用亚氯酸钠处理已抽出树脂的试样，以除去所含木素，定量地测定残留物量，以百分数表示，即为综纤维素含量。

酸性亚氯酸钠溶液加热时发生分解，生成二氧化氯、氯酸盐和氯化物等，其反应如下：

$$NaClO_2 \xrightarrow{H^+} HClO_2 + Na^+$$

$$4HClO_2 \longrightarrow 2ClO_2 + HClO_3 + HCl + H_2O$$

生成产物的分子比例取决于溶液的温度、pH、反应产物及其他盐类的浓度。在本测定方法规定的条件下，上述三种分解产物的分子比例约为2:1:1。

亚氯酸钠法测定综纤维含量是利用分解产物中的二氧化氯与木素作用而将其脱除，然后测定其残留物量即得综纤维素含量。测定时需用酸性亚氯酸钠溶液重复处理试样，处理次数依原料种类不同而有所区别，处理次数的选择是要尽量多除去木素，而且还要使纤维素和半纤维素少受破坏。通常木材试样处理4次，非木材原料处理3次。采用亚氯酸钠法分离的综纤维素中仍保留有少量木素（一般为2%～4%）。

（二）仪器

a. 可控温恒温水浴；b. 索氏抽提器：150mL或250mL；c. 综纤维素测定仪（图2-1），其中包括250mL锥形瓶和一个25mL锥形瓶；d. 1G2玻璃滤器；e. 真空泵或水抽子；f. 抽滤瓶：1000mL。

（三）试剂

a. 2:1苯醇混合液：将2体积苯和1体积95%乙醇混合并摇匀；b. 纯亚氯酸钠：化学纯级以上；c. 冰醋酸：分析纯。

（四）测定步骤

1. 抽出树脂

精确称取2g（称准至0.0001g）试样，用定性滤纸包好并用棉线捆牢，按标准GB/T 2677.6—1994进行苯醇抽提（同时另称取试样测水分）。最后将试样风干。

2. 综纤维素的测定

打开上述风干的滤纸包，将全部试样移入综纤维素测定仪（图2-1）的250mL锥形瓶中。加入65mL蒸馏水、0.5mL冰醋酸、0.6g亚氯酸钠（按100%计），摇匀，扣上25mL

锥形瓶，置75℃恒温水浴中加热1h，加热过程中，应经常旋转并摇动锥形瓶。到达1h不必冷却溶液，再加入0.5mL冰醋酸及0.6g亚氯酸钠，摇匀，继续在75℃水中加热1h，如此重复进行（一般木材纤维原料重复进行4次，非木材纤维原料重复进行3次），直至试样变白为止。

从水浴中取出锥形瓶放入冰水浴中冷却，用已恒重的1G2玻璃滤器抽吸过滤（必须很好控制真空度，不可过大），用蒸馏水反复洗涤至滤液不呈酸性反应为止。最后用丙酮洗涤3次，吸干滤液取下滤器，并用蒸馏水将滤器外部洗净，置（105±2）℃烘箱中烘至恒重。

如为非木材原料，尚须按《GB/T 2677.3—1993 造纸原料灰分的测定》测定综纤维素中的灰分含量。

（五）结果计算

木材原料中综纤维素含量 $w_{木综纤维素}$（%）按式（2-16）计算：

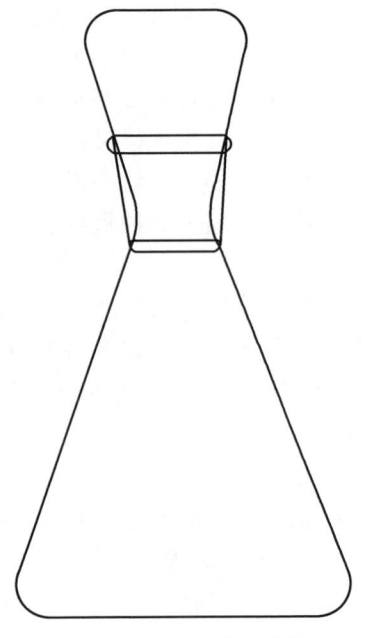

图2-1 综纤维素测定仪

$$w_{木综纤维素}=\frac{m_1}{m_0}\times100(\%) \tag{2-16}$$

式中　m_1——烘干后综纤维素质量，g

　　　m_0——绝干试样质量，g

非木材原料中综纤维含量 $w_{非木综纤维素}$（%）按式（2-17）计算：

$$w_{非木综纤维素}=\frac{m_1-m_2}{m_0}\times100(\%) \tag{2-17}$$

式中　m_1——烘干后综纤维素质量，g

　　　m_2——综纤维素中灰分质量，g

　　　m_0——绝干试样质量，g

同时进行两次测定，取其算术平均值作为测定结果，准确至小数点后第二位。两次测定计算值之间误差不应超过0.4%。

（六）注意事项

① 测定应在酸性条件下进行，因此，应务必注意冰醋酸加入量要足够（0.5mL），否则会因亚氯酸钠分解反应不充分，使木素不能有效除去，试样不变白，导致测定结果偏高。

② 亚氯酸钠的加入量以100%计为0.6g，实际加入量应按附录方法分析其含量（或纯度）后计算得出。一般亚氯酸钠的纯度为75%左右。

③ 在水浴上反应时，要经常摇动反应锥形瓶，以使反应均匀。反应中，倒置的小锥形瓶内充满黄色反应气体，因此不要开启小锥形瓶。反应结束后也要待锥形瓶充分冷却、有毒气体散尽后，再将倒置的小锥形瓶取下，进行过滤。

④ 过滤操作应注意不要吸滤太快，玻璃滤器内的液体不要吸干，以免综纤维素堵塞玻璃滤器滤孔，影响过滤速度。

⑤ 丙酮洗涤时，应控制丙酮用量少些，以节约药品。

⑥ 非木材原料尚需测定综纤维素中的灰分，为此可将盛有综纤维素的玻璃滤器置于一

大瓷坩埚中，移入高温炉中灼烧至恒重；也可将已恒重的综纤维素小心转移至坩埚中，按灰分测定的操作步骤进行。

附录　亚氯酸钠纯度的分析方法

精确吸取 10mL 亚氯酸钠溶液或称取一定量固体，放于 250mL 的容量瓶中，用蒸馏水稀释至刻度，摇匀。用移液管吸取 10mL 稀释液于带有磨口塞的锥形瓶中，加入 50mL 蒸馏水，放在电炉上煮沸 2min，冷却至室温。加入 10mL 3mol/L H_2SO_4 及 10mL 200g/L 碘化钾溶液，塞紧瓶塞，放置暗处 5min，用 0.05mol/L $Na_2S_2O_3$ 标准溶液滴定，以淀粉溶液作指示剂至蓝色消失为止。反应式为：

$$NaClO_2 + 4KI + 2H_2SO_4 \longrightarrow NaCl + 2I_2 + 2H_2O + 2K_2SO_4$$

$$液体亚氯酸钠含量 = \frac{c \times V \times 0.0226 \times 25}{10} \times 1000 = \frac{c \times V \times 0.0226}{0.4} \times 1000 (g/L) \quad (2\text{-}18)$$

$$固体亚氯酸钠含量 = \frac{c \times V \times 0.0226 \times 250}{m \times 10} \times 1000 = \frac{c \times V \times 0.0226 \times 25}{m} \times 100(\%) \quad (2\text{-}19)$$

式中　c——$Na_2S_2O_3$ 标准溶液溶度，mol/L
　　　V——滴定时耗用的 $Na_2S_2O_3$ 标准溶液的体积，mL
　　　m——所称取的固体亚氯酸钠质量，g
　0.0226——亚氯酸钠量毫摩尔质量，g/mmol
　　　10——亚氯酸钠溶液体积，mL
　　　25——亚氯酸钠溶液稀释倍数
　　 250——配制亚氯酸钠溶液的总体积，mL

第七节　聚戊糖含量的测定

半纤维素是植物纤维原料的主要成分之一。它是指除纤维素和果胶以外的植物细胞壁多聚糖，也可称为非纤维素的碳水化合物。半纤维素经酸水解可生成多种单糖，其中有戊糖（木糖和阿拉伯糖）和己糖（甘露糖、葡萄糖、半乳糖、鼠李糖等）。聚戊糖是指半纤维素中由戊糖组成的高聚物的总称。

不同种类的植物纤维原料半纤维素的含量和结构有很大不同。一般来说，针叶木半纤维素（含量为 15%～20%）以聚甘露糖为主，同时还有少量聚木糖；而阔叶木和非木材的半纤维素（含量为 20%～30%）则以聚木糖为主。因此，对于阔叶木和非木材原料来说，测定聚戊糖对于表征半纤维素含量更具有实际意义。针叶木聚戊糖含量为 8%～12%；阔叶木为 12%～26%；禾本科植物为 18%～26%。

测定聚戊糖含量通常采用 12% 盐酸水解的方法，它是测定半纤维素戊聚糖的总量。如果测定半纤维素中各种单糖组分的含量，则可将试样经酸水解成单糖，然后采用气、液相色谱法对各种单糖组分分离和鉴定（参见《GB/T 12033—2008　造纸原料和纸浆中糖类组分的气相色谱的测定》，详见第八章）。

造纸原料和纸浆中聚戊糖含量测定的国家标准（《GB/T 2677.9—1994　造纸原料多戊糖含量的测定》和《GB/T 745—2003　纸浆　多戊糖的测定》）规定了两种方法：容量法（溴化法）和分光光度法。

本节介绍容量法（溴化法）测定造纸原料和纸浆中聚戊糖含量的方法。分光光度法参见第八章第一节。

一、容量法的测定原理

测定方法是将试样与 12%（质量分数）盐酸共沸，使试样中的聚戊糖转化为糠醛。用容量法（溴化法）定量地测定蒸馏出来的糠醛含量，然后换算成聚戊糖含量。

（一）聚戊糖转化为糠醛的反应原理及其影响因素

1. 蒸馏反应原理

试样与 12%盐酸共沸，使试样中的聚戊糖水解生成戊糖，戊糖进一步脱水转化为糠醛，并将蒸馏出的糠醛经冷凝后收集于接收瓶中。反应式如下：

$$(C_5H_8O_4)_n + nH_2O \xrightarrow{H^+} n\,C_5H_{10}O_5 \xrightarrow{\text{脱水}} n\,C_5H_4O_2$$

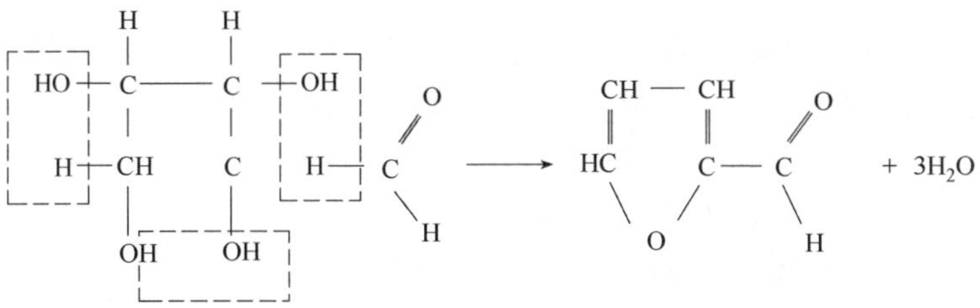

聚戊糖　　　　　　　　　　戊糖　　　　　　　糠醛

2. 影响蒸馏的因素

试样蒸馏时，糠醛的得率是影响测定结果的最重要的指标。由于各种反应因素的影响，会使得糠醛得率产生误差。因此，在测定时常采取一些有效措施，以保证测定结果的准确性。糠醛得率的主要影响因素和采取的措施如下所述。

（1）盐酸浓度的影响

盐酸的浓度直接影响蒸馏的效果，目前标准测定方法多采用 12%（质量分数）的盐酸来蒸馏试样。同时，为了要尽可能地使蒸馏过程中酸的浓度保持在恒定的范围之内，通常采取的措施是：

① 在蒸馏时加入一定量的食盐（氯化钠），以使酸的浓度在蒸馏过程中保持在比较恒定的范围。同时，加入食盐也可以提高溶液的沸点，以达到较高转化温度的要求。

② 在蒸馏过程中，馏出液的量是以加入新盐酸的方法来补充的，由于补加盐酸是间断加入（一般每次 30mL），因而在蒸馏过程中，盐酸的浓度会发生变化（变化范围为 12%~21%）。为了保持蒸馏过程中盐酸浓度的变化范围相对较小，操作中必须严格控制补加盐酸溶液的时间和数量，以提高糠醛的得率。

（2）蒸馏速度的影响

蒸馏速度是蒸馏的重要影响因素之一。提高蒸馏速度可以减少糠醛在蒸馏过程中的分解；但若蒸馏速度太快，则因糠醛不能从反应物中完全分离出来，而影响测定结果。标准测定方法规定，控制 10min 内蒸馏出 30mL 馏出液；当原料试样质量为 1~2g 时，使糠醛完全蒸馏出来的馏出液总量应为 300~360mL。蒸馏温度是实现蒸馏速度的保证。糠醛的沸点为 162℃，一般蒸馏温度为 164~166℃。若温度太高，糠醛可能分解。采用可控温电炉加热的方法，可以达到控制蒸馏速度的要求。

（3）试样中其他易挥发物质的影响

由于植物纤维原料成分复杂，在试样蒸馏过程中，除聚戊糖可以转化为糠醛外，其他一些物质也可能形成糠醛，因而造成测定结果的误差。例如，试样中含有聚甲基戊糖，能产生甲基糠醛（沸点为187℃）；聚糖醛酸和聚糠醛酸苷水解分离出二氧化碳，并转化成糠醛；聚己糖水解成己糖，再脱水形成羟甲基糠醛；果胶与盐酸加热时也可生成糠醛。上述副反应将会使糠醛测量结果偏高。此外，木素和丹宁在盐酸的作用下能与糠醛生成缩合物，因此可能减少蒸馏液中糠醛的含量。

（二）容量法（溴化法）测定糠醛含量的原理

蒸馏产生的糠醛，可采用容量法（溴化法）进行定量测定。

溴化法是基于加入一定量溴化物与溴酸盐的混合液于糠醛馏出液中，溴即按下式析出，并与糠醛作用：

$$5KBr + KBrO_3 + 6HCl \longrightarrow 3Br_2 + 6KCl + 3H_2O$$

过剩的溴在加入碘化钾后，立即析出碘。再用硫代硫酸钠标准溶液以淀粉为指示剂进行反滴定，即可求得溴的实际消耗量，由此可计算出糠醛的含量，然后再计算出聚戊糖的含量。其反应式如下：

$$3Br_2 + 6KI \longrightarrow 3I_2 + 6KBr$$

$$3I_2 + 6Na_2S_2O_3 \longrightarrow 6NaI + 3Na_2S_4O_6$$

溴与糠醛的反应因条件不同而异，通常分为二溴化法和四溴化法两种。可根据具体情况选择。

根据鲍威尔和维达克等人的研究，含糠醛的溶液在室温下与过量溴作用1h，1摩尔的糠醛可与4.05摩尔的溴化合，称为四溴化法。反应式如下：

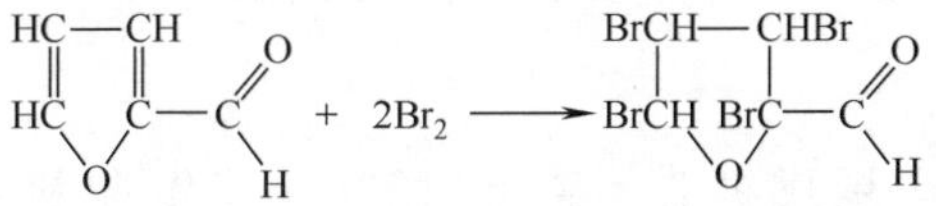

如温度在0~2℃作用5min时，则1摩尔糠醛将与2摩尔溴化合，称为二溴化法。反应式如下：

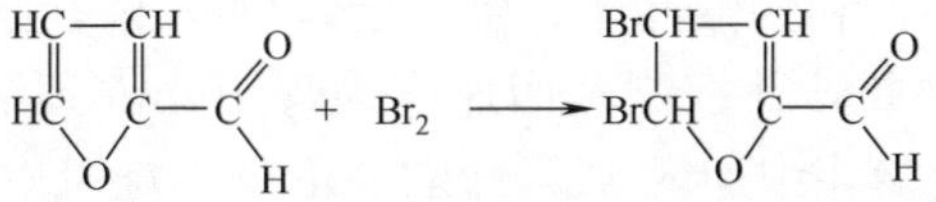

两种溴化法相比，二溴化法准确度较高，用已知糠醛含量的溶液进行测定，其准确度达0.4%以上；试验还表明溴化时间延长60min，溴被进一步消耗的量也很少。因此一般认为二溴化法较四溴化法准确度高。但四溴化法如能严格控制溴化时的温度在20~25℃，其准确度也不次于二溴化法。

总之，不论采用何种方法，均须严格控制各自所规定的反应温度和时间等条件，以保证结果的准确性。

二、仪　　器

① 糠醛蒸馏装置（图2-2），其组成如下：1—圆底烧瓶（容量500mL）；2—蛇形冷凝器；3—滴液漏斗（容量60mL）；4—接收瓶（500mL，具有30mL间隔刻度）。

② 可控温电炉。
③ 可控温多孔水浴。
④ 容量瓶：50mL 及 500mL。
⑤ 具塞锥形瓶：500mL 及 1000mL。

三、试　剂

12%（质量分数）盐酸溶液：量取 307mL 盐酸（$\rho_{20}=1.19\text{g/mL}$），加水稀释至 1000mL。加酸或加水调整，使其 $\rho_{20}=1.057\text{g/mL}$。

溴酸钠-溴化钠溶液：称取 2.5g 溴酸钠和 12.0g 溴化钠（或称取 2.8g 溴酸钾和 15.0g 溴化钾），溶于 1000mL 容量瓶中，并稀释至刻度。

硫代硫酸钠标准溶液 [$c(\text{Na}_2\text{S}_2\text{O}_3)=0.1\text{mol/L}$]：称取 25.0g 硫代硫酸钠（$\text{Na}_2\text{S}_2\text{O}_3 \cdot 5\text{H}_2\text{O}$）和 0.1g Na_2CO_3，溶于新煮沸而已冷却的 1000mL 蒸馏水中，充分摇匀后静置一周，过滤，标定其浓度。

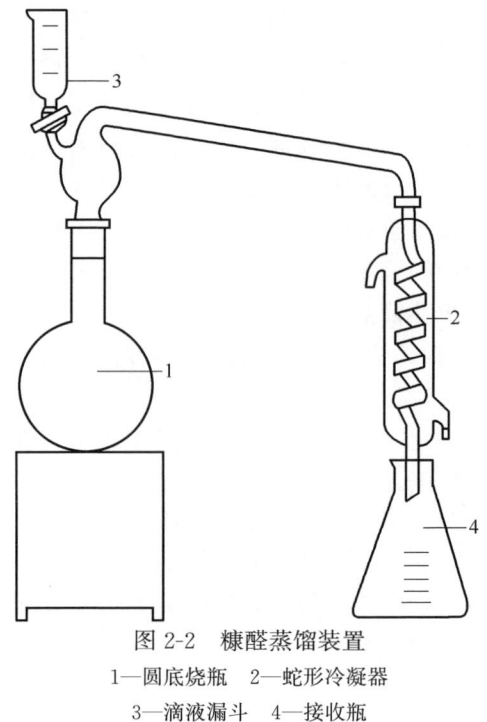

图 2-2　糠醛蒸馏装置
1—圆底烧瓶　2—蛇形冷凝器
3—滴液漏斗　4—接收瓶

乙酸苯胺溶液：量取 1mL 新蒸馏的苯胺于烧杯中加入 9mL 冰乙酸搅拌均匀。1mol/L NaOH 溶液：溶解 2g 分析纯氢氧化钠于水中加水稀释至 50mL。酚酞指示液（1g/L）；碘化钾溶液（100g/L）；淀粉指示液（5g/L）；氯化钠：分析纯。

四、测定步骤

（一）糠醛的蒸馏

精确称取试样［试样中聚戊糖含量高于 12%（造纸原料）或 10%（纸浆）者称取 0.5g，低于 12%（造纸原料）或 10%（纸浆）者称取 1g，精确至 0.1mg］（同时另称取试样测定水分），置入 500mL 圆底烧瓶中。加入 10g 氯化钠和数枚小玻璃球，再加入 100mL 12%的盐酸溶液。装上冷凝器和滴液漏斗，倒一定量的 12%盐酸于滴液漏斗中。调节电炉温度，使圆底烧瓶内容物沸腾，并控制蒸馏速度为每 10min 蒸馏出 30mL 馏出液。此后每当蒸馏出 30mL，即从滴液漏斗中加入 12%盐酸 30mL 于烧瓶中。至总共蒸出 300mL 馏出液时，用乙酸苯胺溶液检验糠醛是否蒸馏完全。为此，用一试管从冷凝器下端集取 1mL 馏出液，加入 1~2 滴酚酞指示剂，滴入 1mol/L 氢氧化钠溶液中和至恰显微红色，然后加入 1mL 新配制的乙酸苯胺溶液，放置 1min 后如显红色，则证实糠醛尚未蒸馏完毕，仍须继续蒸馏；如不显红色，则表示蒸馏完毕。

糠醛蒸馏完毕后，将接收瓶中的馏出液移入 500mL 容量瓶中，用少量 12%盐酸漂洗接收瓶，并将全部洗液倒入容量瓶中，然后加入 12%盐酸至刻度，充分摇匀后得到馏出液 A。

（二）糖醛的测定及结果计算

1. 二溴化法

用移液管吸取 200mL 馏出液 A 于 1000mL 锥形瓶中，加入 250g 用蒸馏水制成的碎冰，当馏出液降至 0℃时，加入 25mL 溴酸钠-溴化钠溶液，迅速塞紧瓶塞，在暗处放置 5min，此时溶液温度应保持在0℃。

达到规定时间后，加入100g/L碘化钾溶液10mL，迅速塞紧瓶塞，摇匀，在暗处放置5min。

用0.1mol/L $Na_2S_2O_3$ 标准溶液滴定，当溶液变为浅黄色时，加入5g/L淀粉溶液2～3mL，继续滴定至蓝色消失为止。

另吸取12%盐酸溶液200mL，按上述操作进行空白试验。

糠醛含量$w_{糠醛}$（%）按式（2-20）计算：

$$w_{糠醛} = \frac{(V_1 - V_2)c \times 0.048 \times 500}{200m} \times 100(\%) \quad (2\text{-}20)$$

式中　V_1——空白试验所耗用的0.1mol/L $Na_2S_2O_3$ 标准溶液体积，mL
　　　V_2——试样所耗用的0.1mol/L $Na_2S_2O_3$ 标准溶液体积，mL
　　　c——$Na_2S_2O_3$ 标准溶液浓度，mol/L
　　　m——试样绝干质量，g
　　0.048——与1.0mL $Na_2S_2O_3$ 标准溶液[$c(Na_2S_2O_3)=0.1000$mol/L]相当的糠醛质量，g/mmol
500和200——分别是糠醛馏出液移入500mL容量瓶中，然后加入12%盐酸至刻度，并移取200mL进行滴定，mL

2. 四溴化法

用移液管吸取200mL馏出液A于500mL锥形瓶中，再吸取25.0mL溴酸钠-溴化钠溶液于锥形瓶中，迅速塞紧瓶塞，在暗处放置1h，此时溶液温度控制为20～25℃。

达到规定时间后，加入100g/L碘化钾溶液10mL，迅速塞紧瓶塞，摇匀，在暗处放置5min。

用0.1mol/L $Na_2S_2O_3$ 标准溶液滴定，当溶液变为浅黄色时，加入5g/L淀粉溶液2～3mL，继续滴定至蓝色消失为止。

另吸取12%盐酸溶液200mL，按上述操作进行空白实验。

糠醛含量$w_{糠醛}$（%）按式（2-21）计算：

$$w_{糠醛} = \frac{(V_1 - V_2)c \times 0.024 \times 500}{200m} \times 100(\%) \quad (2\text{-}21)$$

式中　V_1——空白试验所耗用的0.1mol/L $Na_2S_2O_3$ 标准溶液体积，mL
　　　V_2——试样所耗用的0.1mol/L $Na_2S_2O_3$ 标准溶液体积，mL
　　　c——$Na_2S_2O_3$ 标准溶液浓度，mol/L
　　　m——试样绝干质量，g
　　0.024——与1.0mL $Na_2S_2O_3$ 标准溶液[$c(Na_2S_2O_3)=0.1000$mol/L]相当的糠醛质量，g/mmol
500和200——含义同式（2-20）

五、聚戊糖的结果计算

试样中聚戊糖含量$w_{聚戊糖}$（%）按（2-22）式计算：

$$w_{聚戊糖} = Kw_{糠醛} \quad (2\text{-}22)$$

式中　K——系数：当试样为木材植物纤维时，$K=1.88$；当试样为非木材植物纤维或纸浆时，$K=1.38$或1.375

注：1.38或1.375为糠醛换算为聚戊糖的理论换算系数。
　　1.88为根据聚戊糖只有73%转化为糠醛的换算系数。

同时进行两次测定，取其算术平均值作为测定结果。测定结果计算至小数点后第二位，两次测定计算值间相差不应超过 0.40%（造纸原料）或绝对误差不超过 0.1%（纸浆）。

六、注意事项

① 糠醛蒸馏易造成误差，实验时一定严格掌握蒸馏操作条件（蒸馏速度、补加盐酸间隔和数量等），以保证最佳的糠醛得率。

② 试样与盐酸共沸时，容易产生爆沸现象，而使试样溅留在蒸馏瓶上部器壁处。为此，可在圆底蒸馏瓶中放入数粒玻璃球，并注意调节适宜的蒸馏温度，以使蒸馏过程正常进行。

③ 蒸馏过程中糠醛蒸气外逸是造成收集糠醛得率偏低的主要原因，因此，务必注意检查接口处磨口是否严密。也可在圆底烧瓶磨口处用 12% 盐酸封口，并用湿润的 pH 试纸置于磨口附近（不要与瓶口接触），测试有无酸性气体逸出。如 pH 试纸显红色则表明磨口处不够严密，如逸气严重应更换糠醛蒸馏装置，重新测定。

④ 采用溴化法测定糠醛含量时，务必严格控制规定的温度和时间。四溴化法要严格控制溴化温度在 20～25℃ 范围；二溴化法加入冰时要足量，确保溶液温度在 0℃（溶液中存有过量冰块）。

⑤ 糠醛蒸馏时，一般蒸馏温度为 164～166℃。以前曾采用甘油浴加热，虽然受热比较均匀，但甘油挥发易造成空气污染。现多采用空气浴加热的方式，即用可控温电炉直接加热的方法，可达到控制蒸馏速度的目的，且操作简便。

第八节 木素含量的测定

木素是造纸植物纤维原料中的主要化学成分之一，它是由苯丙烷结构单元构成的具有三度空间结构的天然芳香族高分子化合物。不同植物原料种类，木素的含量各不相同，一般针叶木的木素含量为 25%～35%，阔叶木为 18%～22%，禾本科植物为 16%～25%，稻草中木素含量为 10% 左右。同一种类原料的不同部位，木素含量也有很大差别，例如，木材原料的树干、枝丫与根部，以及边材与心材；禾草类的茎秆、梢、穗；韧皮植物原料的韧皮部和木质部等，其木素含量均存在较大的差异。此外，木素的结构非常复杂，针叶木、阔叶木和非木材植物原料木素的化学结构特征也存在着较大的差异。

在制浆造纸过程中，不论采用何种制浆和漂白方法，大都伴随着木素的脱除和木素化学结构的变化，因此，木素含量的测定是造纸工业重要的分析项目之一。木素含量的测定，对于制浆造纸原料的评价和制浆造纸工艺过程的优化及机理研究都具有重要的意义。

一、木素定量分析的方法和依据

定量测定木素含量的方法可分为化学方法和物理方法两大类。在化学方法中又包括直接法和间接法两种。

直接法测定木素含量是采用浓无机酸（如硫酸、盐酸或混合酸）与试样作用，使聚糖水解而溶出，剩余的残渣经恒重后以对绝干原料的百分数表示，即为木素的含量。现普遍采用 72% 硫酸测定酸不溶木素含量，也称为克拉森（Klason）木素。

间接法主要是测定纸浆的硬度（如高锰酸钾值、卡伯值、氯价等），具有快速、简便的特点，现被生产单位普遍采用。由于纸浆硬度与木素含量一般呈线性关系，因此可间接表示木素的含量。除此之外，还有用测定综纤维素含量的方法，由试样总量扣除综纤维素含量

(非木材纤维还要扣除灰分含量)来相应表示木素的含量;还可通过测定甲氧基的含量或C/O比值来间接表示木素含量的大小。

物理方法是利用分光光度法(如紫外光谱法、红外光谱法等)测定木素的含量。

木素含量的测定方法的制定,都是以木素的特性为依据的。

J. P. 凯西等在《制浆造纸化学工艺学》一书中,对木素定量分析的理论依据做了归纳。指出,植物纤维原料中木素含量的测定是依据木素的下列特性:

① 木素在强无机酸中的不溶解性(例如72%硫酸法测定酸不溶木素)。

② 木素对紫外吸收光谱的特征吸收性(例如紫外光谱法测定酸溶木素含量和紫外溴乙酰木素测定法)。

③ 木素对卤化作用或氧化作用的选择性响应(例如高锰酸钾值、卡伯值、氯价等)。

④ 木素的C/O比率高于细胞壁中的其他聚合物。

木素的紫外光谱分析,在波长205nm和280nm处有特征吸收峰;而碳水化合物在280nm处也有吸收峰。

木素的红外光谱分析,在波数$1500cm^{-1}$和$1600cm^{-1}$处有特征吸收;而碳水化合物的特征吸收峰在$1200cm^{-1}$和$1680cm^{-1}$处。

值得指出的是,通常所指的木素含量,过去人们的一般概念认为仅是指硫酸法测定的酸不溶木素(克拉森木素)含量。然而,近些年来的研究表明,在测定酸不溶木素含量时,用硫酸使聚糖水解成单糖的过程中,也有一部分木素被酸溶解,这部分木素称之为酸溶木素,这是不可忽略的。特别是对于非木材和阔叶木,以及亚硫酸盐纸浆,因其酸溶木素含量较高,仅以酸不溶木素含量来表示木素含量是不全面的。必须在测定酸不溶木素的同时,测定滤液中酸溶木素的含量,以酸不溶木素和酸溶木素含量之和表示总木素含量。

介绍下面一组试验数据,通过纸浆卡伯值与克拉森木素和总木素含量(克拉森木素与酸溶木素含量之和)关系式的差别,可以很清楚地说明酸溶木素是不容忽视的。

硫酸盐法鱼鳞松浆:

总木素=0.161卡伯值-1.29

克拉森木素=0.161卡伯值-1.64

硫酸盐法白杨浆:

总木素=0.190卡伯值-2.13

克拉森木素=0.161卡伯值-1.82

硫酸盐法荻浆:

总木素=0.201卡伯值-0.91

克拉森木素=0.176卡伯值-0.99

碱性亚硫酸盐法荻浆:

总木素=0.162卡伯值-0.30

克拉森木素=0.111卡伯值-0.60

中性亚硫酸盐法荻浆:

总木素=0.141卡伯值-0.38

克拉森木素=0.101卡伯值-0.57

亚硫酸氢盐荻浆:

总木素=0.142卡伯值-0.35

克拉森木素＝0.037 卡伯值－0.29

可以看出，硫酸盐纸浆上述两种关系相近，而亚硫酸盐纸浆，两关系式则相差甚大，从而说明亚硫酸盐纸浆酸溶木素测定的重要性。

本节介绍酸不溶木素含量和酸溶木素含量的测定方法。第八章将介绍溴乙酰法和红外分光光度法等测定木素含量的方法。

二、酸不溶木素（克拉森木素）含量的测定

依据木素在强无机酸中的不溶解性特征，采取一定浓度的无机酸（如硫酸）处理试样，可以直接测定出酸不溶木素的含量。通常采用72%（质量分数）硫酸法，测定结果也称为克拉森木素含量。

造纸原料酸不溶木素含量的测定方法参见《GB/T 2677.8—1994 造纸原料酸不溶木素含量的测定》，适合于各种木材和非木材植物纤维原料的测定。纸浆酸不溶木素含量的测定方法参见《GB/T 747—2003 纸浆酸不溶木素的测定》，适合于各种未漂纸浆，也适合于木素含量高于1%的半漂纸浆，但不适合于仅含少量木素的漂白纸浆。

现将植物纤维原料和纸浆中酸不溶木素含量的测定原理和方法归纳介绍如下。

（一）测定原理

硫酸法测定酸不溶木素含量的基本原理是：用（72±0.1）%（质量分数）硫酸水解经苯醇混合液抽提过的试样，然后定量地测定水解残余物（酸不溶木素）的质量，即可计算出酸不溶木素的含量。

试样先经苯醇混合液抽提可除去有机溶剂抽出物（树脂、脂肪和蜡等）；硫酸水解试样是使聚糖水解成单糖而溶出，因而剩余的残渣即为木素。

试样的酸水解分两步进行。第一步浓硫酸处理：用72%（质量分数）硫酸、18～20℃下保温一定时间（木材原料和纸浆2h；非木材原料2.5h），其作用是使聚糖部分水解成糊精状。第二步稀硫酸水解：将酸稀释成3%，煮沸4h，使聚糖完全水解成单糖并溶出。

（二）硫酸法测定木素含量的影响因素

硫酸法测定木素含量时，聚糖的完全水解和其他少量成分的去除，是保证测定结果准确性的关键。聚糖水解程度的主要影响因素有：酸的浓度、水解温度和时间等。

1. 酸浓度的影响

曾研究过不同酸浓度的影响，一般采用72%浓硫酸处理，后经3%硫酸煮沸水解的方法。过浓的酸易造成试样中碳水化合物的炭化；酸浓过稀，则将造成水解所需时间过长或水解不完全。

在测定时，首先要准确配制浓度为（72±0.1）%（质量分数）的硫酸溶液，确保浓酸处理时的浓度。在稀酸水解时，要将酸液稀释至3%浓度，而且在煮沸全过程中要保持酸浓度尽量小的波动。为此通常采用两种措施：其一是安装冷凝器，使挥发气体冷凝回流；其二是在煮沸过程中，不断加水补充因水分蒸发而损失的量，使溶液总体积保持不变。这里要说明的是，如果同时要测定滤液中酸溶木素的含量，则只能采取补加水保持液量恒定的方法，以避免糖类酸水解产物（糠醛和呋喃醛）对紫外光谱法测定结果的影响。

2. 水解温度和时间

水解温度和时间的影响是与酸浓度相关联的。一般酸浓度越高，水解温度应越低，处理时间也应越短。当酸的浓度一定时，温度越高，处理时间越短。

72%浓酸处理时，水解温度取18~20℃，水解时间为2~2.5h。若温度过高，水解产物颜色深，聚糖会炭化。

3%稀酸水解煮沸时间为4h。若酸作用时间过长，则由于试样水解后生成的单糖与硫酸较长时间作用，部分炭化变成黑腐质物质，导致最终木素产物颜色变深和测定结果略高。

3. 加酸量的影响

为保证试样中聚糖的完全水解，应当有足够的酸量，但酸量过多，因稀释后体积过大会造成分析时的不便。通常，1g试样需用酸液15~20mL（原料15mL，纸浆20mL）。

4. 试样中少量成分的影响与去除

① 原料中的树脂、脂肪和蜡在无机酸处理时不能溶出，故须在进行酸水解之前，用有机溶剂抽提将它们除去，以免造成分析误差。

② 试样中的无机物只有部分溶于酸中，未溶部分（灰分）仍存在于木素之中。因此，当测定灰分含量较高的非木材植物纤维原料的木素含量时，需要进一步测定酸不溶木素中的灰分含量，用以校正分析结果。

（三）仪器

a. 可控温多孔水浴；b. 索氏抽提器：容量150mL；c. 具塞磨口锥形瓶：100mL或250mL；d. 锥形瓶：1000mL或2000mL；e. 量筒：500mL；f. 可控温电热板；g. 精密密度计。

（四）试剂

① 2:1（体积比）苯醇混合液：将2体积的苯及1体积的95%乙醇混合并摇匀。

警告：苯被确认为危险的物质，是一种潜在的致癌物，故该操作应在验收过的通风橱中进行。

② (72±0.1)%（质量分数）硫酸溶液[密度为ρ_{20}=(1.6338±0.0012) g/mL]：将665mL（95%~98%）浓硫酸（ρ_{20}=1.84g/mL）在不断搅拌下慢慢倾入300mL蒸馏水中，待冷却后，加蒸馏水至总体积为1000mL。充分摇匀，将温度调至20℃，倾倒部分此溶液于500mL量筒中，用精密密度计测定该酸液密度，若不在(1.6338±0.0012) g/mL范围内，相应地加入适量硫酸或蒸馏水进行调整，直至符合上述密度要求。

警告：硫酸具有腐蚀性，可能会引起皮肤灼伤，不应在浓的硫酸溶液中加入水，以防溅伤。

③ 100g/L氯化钡溶液。

④ 定量滤纸及定性滤纸，广泛pH试纸。

（五）试验步骤

参见国家标准GB/T 2677.8—1994和GB/T 747—2003。

1. 试样称取及处理

精确称取一定量（原料称1g，纸浆称2g。称准至0.0001g）试样（同时另称取测定水分），用定性滤纸包好并用线捆牢，在索式抽提器中分别按GB/T 2677.6—1994和GB/T 10741—2008对原料、纸浆进行苯醇抽提，最后将试样包风干。

2. 试样的水解

① (72±0.1)%硫酸水解。打开上述风干后的滤纸包，将苯醇抽提过的试样移入100mL（纸浆用250mL）的具塞锥形瓶中，并加入冷却至10~15℃的(72±0.1)%硫酸（原料15mL；纸浆加40mL），使试样全部为酸液所浸透，并盖好瓶塞。然后将锥形瓶置于18~20℃水浴（或水槽）中，在此温度下保温一定时间（木材原料保温2h；非木材原料保温2.5h；纸浆保温2h），并不时摇荡锥形瓶，以使瓶内反应均匀进行。

② 3％硫酸水解。到达规定时间后，将上述锥形瓶内容物在蒸馏水的漂洗下全部移入 1000mL 锥形瓶（纸浆用 200mL 锥形瓶）中，加入蒸馏水（包括漂洗用）至总体积为 575mL（纸浆为 1540mL）。将此锥形瓶置于电热板上煮沸 4h，期间应不断加水以保持总体积不变。然后静置，使酸不溶木素沉积下来。

3. 酸不溶木素的过滤及恒重

用已在称量瓶（或铝盒）内恒重的定量滤纸（滤纸应预先用 3％硫酸溶液洗涤 3 或 4 次，再用热蒸馏水洗涤至洗液不呈酸性，并烘至恒重），过滤上述酸不溶木素，并用热蒸馏水洗涤至洗液加数滴 10％氯化钡溶液不再混浊、用 pH 试纸检查滤纸边缘不再呈酸性为止。然后将滤纸和残渣移入原先恒重用的称量瓶（或铝盒）中，在（105±2）℃烘箱中烘至恒重。

如为非木材原料（或非木材纸浆）应按 GB/T 742—2018 测定酸不溶木素中灰分的含量。为此，可将已烘干至恒重的带有残渣的滤纸移入已恒重的瓷坩埚中，先于较低温度灼烧至滤纸全部炭化，再置入高温炉中，在一定的温度［原料为（575±25）℃；纸浆为（900±25）℃］下灼烧至灰渣中无黑色碳素，并恒重为止。

（六）结果计算

① 木材原料（或木浆）中酸不溶木素含量 $w_{木酸不溶木素}$（％）按式（2-23）计算：

$$w_{木酸不溶木素} = \frac{m_1}{m_0} \times 100(\%) \tag{2-23}$$

式中 m_1——烘干后的酸不溶木素残渣质量，g
m_0——绝干试样质量，g

② 非木材原料（或非木材原料纸浆）中酸不溶木素含量 $w_{非木酸不溶木素}$（％）按式（2-24）计算：

$$w_{非木酸不溶木素} = \frac{m_1 - m_2}{m_0} \times 100(\%) \tag{2-24}$$

式中 m_1——烘干后的酸不溶木素残渣质量，g
m_2——酸不溶木素灰分质量，g
m_0——绝干试样质量，g

同时进行两次测定，取其算术平均值至小数点后第二位，两次测定计算值之间相差不应超过 0.20％。

（七）注意事项

① 72％硫酸的配制必须严格，以保证酸浓度在所要求的范围内；加入酸液时要仔细操作，尽量使试样全部润湿，并小心转动锥形瓶，以使酸与试样作用均匀。但切忌使试样沾在瓶壁过高部位，以免影响酸水解过程的完全；在浓酸处理过程中要严格控制水解温度和时间，以免造成较大误差。

② 3％酸煮沸水解时，要注意调节电热板的温度，保持溶液沸腾但不使液体沸出。溶液刚沸腾时更应小心操作，避免由于泡沫产生而出现溶液外溢的情况，造成木素的损失，严重时将会使试验失败而需重测。

③ 如果需取滤液测定酸不溶木素含量，则在稀酸水解煮沸 4h 过程中，不用回流煮沸溶液，而是敞开瓶口煮沸溶液，并不断补充热水，使溶液体积保持恒定。为此，可在锥形瓶或烧杯的液面部位作一标记，煮沸过程中用不断补加热水保持液面高度的方法来保证溶液总体积基本不变。

④ 木素残渣过滤和洗涤速度的快慢是决定测定效率的重要环节。过滤前要选择好结构良好的玻璃漏斗并铺垫好滤纸，过滤采用倾泻法，以提高洗涤效率。

⑤ 木素残渣和滤纸要用水充分洗净，使之不呈酸性，尤其要注意滤纸上边缘部位的洗涤。如若洗涤不充分，将会在放入烘箱烘干时出现变黑现象，影响测定结果。

三、酸溶木素含量的测定

造纸植物纤维原料和纸浆采用72%硫酸法测定克拉森木素时，由酸不溶残渣恒重质量对绝干试样质量的百分数计算的酸不溶木素含量仅是试样中木素的一部分，并不能代表全部木素的含量，这是因为在酸水解的过程中，有一部分木素也能溶解在酸溶液中。这部分可溶于3%硫酸溶液的、相对分子质量较小的、亲水性的木素被称为酸溶木素。

自20世纪70年代以来，国内外学者对酸溶木素有关方面的深入研究，使人们对酸溶木素的结构、组成、含量，以及在各种制浆过程中纸浆酸溶木素含量的变化规律有了更加深入的认识。

酸溶木素的化学结构与酸不溶木素相近，都含有对羟基苯甲酸、香草酸、紫丁香酸、对羟基苯甲醛、香草醛、紫丁香醛等木素的基本单元结构。

酸溶木素的来源，一部分是植物纤维原料开始就含有的；另一部分则是在制浆造纸过程中经各种处理后，由原木素降解或改性而来的。

据研究，酸溶木素的组成主要是木素中相对分子质量较小的组分；此外在亚硫酸盐法制浆中，木素被磺化成木素磺酸盐后，都可以溶于酸溶液中，因而可作为酸溶木素被测定出来。而酸不溶木素的组成则主要是木素中相对分子质量较大的部分和木素—碳水化合物复合体。

酸溶木素的含量随原料种类和纸浆种类的不同而异。就原料种类而言：针叶木原料中酸溶木素含量较少，在0.3%左右，约占总木素含量的1%，可以忽略不计；阔叶木中酸溶木素含量较多，一般为2%～5%，占总木素的10%～20%；禾草类原料的酸溶木素含量也较多，一般为2%～4%，与阔叶材相近，且波动较大；韧皮纤维原料的韧皮部酸溶木素含量较多，一般在4%左右。就浆种而言：亚硫酸盐法浆，尤其是亚硫酸盐半化学浆和磺化化机浆中，酸溶木素含量较高；而硫酸盐纸浆中含量很少。

我国对草类原料酸溶木素在蒸煮过程中变化规律的研究表明，酸溶木素在不同方法蒸煮过程中的变化规律是不同的。

在烧碱法和硫酸盐法制浆过程中，随蒸煮时间的延长，纸浆中酸溶木素含量的变化呈下降趋势，因此纸浆中酸溶木素含量低于原料中的酸溶木素含量，成浆时酸溶木素含量为0.2%～0.4%。

在中性亚硫酸盐法、碱性亚硫酸盐法和亚硫酸氢盐法蒸煮过程中，随蒸煮时间延长，纸浆中酸溶木素含量均呈现出相近似的规律性。即蒸煮初期，物料中酸溶木素含量均呈现出上升的趋势；当达到最高点以后，其含量又呈现下降的趋势。中性和碱性亚硫酸盐法在145℃酸溶木素含量达最高值；而亚硫酸氢镁法在最高温度165℃时酸溶木素含量达最高值，而且此时浆中酸溶木素含量值有可能会高于酸不溶木素的含量值。亚硫酸盐法制浆，浆中酸溶木素含量达到最高值时，制浆得率在70%左右。

研究还表明，在各种亚硫酸盐制浆过程中，纸浆酸溶木素与木素磺酸基含量的变化均表现出相同的规律性，证实了亚硫酸盐法纸浆中酸溶木素的主要成分是木素磺酸盐。

综上所述，对于酸溶木素的问题已引起人们的重视，特别是对于阔叶木和草类原料，以及亚硫酸盐法制浆的研究来说，酸溶木素的测定具有十分重要的意义。

我国已将紫外光谱法测定造纸原料和纸浆中酸溶木素的方法列为国家标准方法（参见《GB/T 10337—2008 造纸原料和纸浆 酸溶木素的测定)》，该标准适用于测定各种造纸原料和纸浆中酸溶木素的含量。

（一）测定原理

造纸原料和纸浆中酸溶木素含量的测定采用紫外分光光度法。用72%硫酸法分离出酸不溶木素以后得到的滤液，于波长205nm处测量紫外光的吸收值。吸收值与滤液中3%硫酸溶解的木素含量有关。

依据朗伯—比耳定律，可求得滤液中酸溶木素的含量：

$$A = K \cdot \delta \cdot \rho \tag{2-25}$$

式中　A——吸光值

　　　δ——比色皿厚度，cm，一般为1cm

　　　ρ——木素浓度，g/100mL

　　　K——吸收系数，L/(g·cm)

木素的紫外吸收光谱在205nm和280nm处有特征吸收峰。由于滤液中与酸溶木素共存的还有碳水化合物的酸性水解产物（如糠醛、5-羟甲基糠醛、呋喃醛等），它们在280nm处也有吸收峰，为了排除这些糖类水解产物的影响，除在3%稀硫酸煮沸过程中不用回流操作外，在测定紫外吸收值时选用205nm作为测定波长。

（二）仪器

① 紫外分光光度计；

② 光距10mm的石英玻璃吸收池。

（三）试剂

除非另有说明，分析时应使用分析纯试剂和蒸馏水或去离子水或相当纯度的水。

3%硫酸溶液：量取硫酸（$\rho_{20}=1.84\text{g/mL}$）17.3mL，缓缓注入500mL水中，冷却，稀释至1000mL。

（四）试验步骤

1. 试验样品溶液的制备

采用72%硫酸法按GB/T 2677.8—1994（对原料）或GB/T 747—2003（对浆）测定酸不溶木素的试验步骤进行，但当进行第二级3%硫酸水解时，不用回流法煮沸溶液，而是敞开瓶口煮沸溶液，并不断补充热水，使溶液体积保持为575mL（对原料）或1540mL（对纸浆）。

滤出酸不溶木素下沉后得到的上层清液，滤液必须清澈。收集到的滤液作为试验样品溶液。

2. 试验溶液的测定

将试样溶液倒入比色皿中，以3%的硫酸溶液作参比溶液，用紫外分光光度计于波长205nm测定其吸收值。

如果试样溶液的吸收值大于0.7，则另取用3%硫酸溶液在容量瓶中稀释滤液进行测定，以便得到0.2～0.7吸收值。

（五）结果计算

（1）计算滤液中的酸溶木素含量（ρ），以克每升（g/L）表示，按下式计算：

$$\rho = \frac{A}{110} \times D \tag{2-26}$$

式中　A——吸收值

　　　D——滤液的稀释倍数，为稀释后滤液的体积（mL）与原滤液的体积（mL）的比值

　　　110——吸光系数，L/(g·cm)，该系数是由不同造纸原料和纸浆的平均值求得的

（2）原料与纸浆试样中酸溶木素含量 $w_{木素}$（%），按下式计算：

$$w_{木素} = \frac{\rho \cdot V \times 100}{1000 m_0} (\%) \tag{2-27}$$

式中　ρ——滤液中酸溶木素的含量，g/L

　　　V——滤液的总体积，mL，如原料为 575mL，纸浆为 1540mL

　　　m_0——绝干试样质量，g

同时进行两次测定，取其算术平均值作为测定结果，结果精确至小数点后两位。

（六）注意事项

① 测定酸溶木素所用的滤液，应是在测定酸不溶木素试验中，在第二级3%硫酸水解时不用回流煮沸，而是用敞口煮沸并不断补充热水保持液位恒定的方法制备的滤液，以排除糖类水解产物对测定吸光度的干扰。

② 测定紫外吸收值时，为保证测定结果的准确度，须控制吸收值在 0.2~0.7 范围内，否则要对原滤液试样进行稀释。其稀释倍数依原料和浆种的不同而有区别。据经验，不同原料的稀释倍数：针叶木为 2；阔叶木为 10；禾草类为 5~10。

③ 计算酸溶木素含量时，不同原料的吸收系数是不相同的。110L/(g·cm) 实际上是各种木材原料吸收系数的大量数据的平均值。我国标准方法中对非木材原料测定时，吸收系数也采纳 110L/(g·cm)。

④ 测定酸溶木素的滤液经放置数日至数月的测定结果对比试验表明，滤液放置对酸溶木素的测定结果不造成明显影响。

第九节　果胶和单宁含量的测定

果胶和单宁是植物纤维原料化学成分中的少量组分。这些成分在一般植物纤维原料中含量很少，而在某些种类的植物纤维原料或某些部位，却含有相对较多的数量。这些物质在原料中虽然含量很少，但由于它们具有一些特殊的性质，因而对制浆造纸性能也产生一定的影响，所以测定它们的含量具有实际意义。通常果胶和单宁含量的测定方法有容量法、质量法和分光光度法，其测定方法的制定都是以它们所具有的特性为依据的。

果胶酸是聚半乳糖尾酸，它不溶于水。果胶酸羧基中的大部分被甲基酯化，一部分被中和成盐，使其变成部分可溶于水的物质，称为果胶质。果胶质是碳水化合物，它是一种相对分子质量在 50000~300000 的高分子聚合物。

果胶质主要存在于胞间层中，是细胞间的黏结物质；它也存在于细胞壁中，尤其是初生壁。

不同植物种类和部位，其果胶质含量不同：双子叶植物的初生壁和某些植物皮部（如麻、棉秆皮、桑皮、檀皮等）含果胶质较多；而针叶木及草类原料果胶质含量较少。通常单

子叶植物的果胶含量仅为双子叶植物的10%。

测定果胶质含量的方法通常采用果胶酸钙质量法和分光光度法（具体方法是咔唑比色法）。质量法是采用氢氧化钠水解分离出的果胶，使成为可溶性的果胶酸盐，再用氯化钙沉淀为果胶酸钙。分光光度法是利用果胶分子中含有甲氧基（果胶质中的甲氧基含量一般为9%～12%），在一定条件下用氢氧化钠将其水解成甲醇，再用高锰酸钾将甲醇氧化为甲醛，使与品红二氧化硫试剂发生显色反应，用分光光度法可测得甲醇含量，根据甲醇含量即可求得果胶含量。这两种方法已列为国家标准测定方法（参见《GB/T 10742—2008 造纸原料果胶含量的测定》）。

单宁是指能与动物生皮内的蛋白质结合而成革的植物物质，又称植物鞣质。单宁是由多元酚的衍生物和含糖的物质组成的复杂化合物。单宁具有涩味，它是有色物质，在制浆造纸中与各种重金属盐可生成特殊颜色的沉淀，从而使纸浆颜色变深。

单宁广泛存在于植物中，一般在树皮中较多，而在木质部中较少。据测定，针叶木云杉、冷杉、落叶松等的树皮中含单宁5%～16%；阔叶木桦木、柳木的树皮中含单宁8%～12%；而其木质部的单宁含量则不足1%。

植物中单宁的含量依植物的生物学特征、年龄、发育阶段及栽培条件而不同，同一植物的不同部位所含的单宁量往往相差很多。因此，测定植物的单宁含量时，必须注意试样的采取方法。含单宁的样品如保藏方法不良、水分过多，或受霉菌的影响，往往会使单宁含量大大降低，高温及阳光也能使单宁含量降低。

单宁具有以下特性：它可溶于水、乙醇和丙酮；但不溶于无水的有机溶剂如氯仿、苯、二硫化碳、醚及石油醚等；它还能被动物胶所沉淀。

单宁含量的测定方法有分光光度法和容量法两种。这些方法正是依据单宁的上述特性而制定的。例如，分光光度法是依据单宁不溶于苯、但可溶于乙醇的特性；容量法则除依据以上特性外，还依据单宁能被动物胶所沉淀的特性而制定的。

本节介绍果胶含量的测定方法（质量法和分光光度法）和单宁含量的测定方法（分光光度法和容量法）。

一、果胶含量的测定

GB/T 10742—2008提供了两种测定果胶含量的方法，即质量法与分光光度法（具体方法是咔唑比色法），两种测定方法具有同等效力。本标准适用于各种造纸原料中果胶含量的测定。

（一）质量法

1. 测定原理

用草酸铵溶液抽出原料中的果胶物质，再加入含有盐酸的乙醇溶液，使果胶从抽出液中分出，然后用稀氨水溶液溶解所得的果胶物质，再加入氢氧化钠使所有果胶物质皆被水解，变成可溶性的果胶酸盐，最后用氯化钙沉淀为果胶酸钙。以果胶酸钙的含量表示果胶物质的含量。

2. 仪器

实验室常用仪器及以下仪器有：

a. 电子天平，感量0.001g；b. 索氏抽提器；c. 500mL带回流冷凝器的锥形瓶；d. 可调温电热板；e. 烘箱，可调温度（105±2）℃。

3. 试剂

除非另有说明，在分析中应使用确认为分析纯的试剂。

① 水，GB/T 6682—2008，三级；
② 苯醇混合液：量取 33 体积的乙醇和 67 体积的苯混合而成；
③ 1%草酸铵溶液，称取 5g 无水草酸铵溶于水中，再加水定容至 500mL；
④ 0.5%草酸铵溶液，称取 2.5g 无水草酸铵溶于水中，再加水定容至 500mL；
⑤ 氨水，NH_3H_2O，氨的水溶液，$\rho=0.9g/mL$；
⑥ 含有盐酸的乙醇溶液：量取 1000mL 乙醇，加入 11mL 盐酸（$\rho=1.19g/mL$），混合均匀；
⑦ 含有盐酸的乙醇洗涤液：量取 1000mL 乙醇，11mL 盐酸（$\rho=1.19g/mL$）及 250mL 水，混合均匀；
⑧ 0.1mol/L 氢氧化钠溶液，称取 4g 氢氧化钠溶于水中，加水定容至 1000mL；
⑨ 1mol/L 乙酸溶液，量取 29mL 冰乙酸（99%～100%），加水定容至 500mL；
⑩ 1mol/L 氯化钙溶液，称取 110g 无水氧化钙溶于水中，加水定容至 1000mL。

4. 试验步骤

(1) 试样的采取及处理

按 GB/T 2677.1—1993 的规定进行。

(2) 试样的称取

准确称取 1～3g（精确至 0.001g）试样，准备两份平行试样。如果样品的果胶含量较高，则根据检测值对试样量进行调整，最低不能低于 1g。同时，另称取试样测定水分。

(3) 试样的净化

用定性滤纸包好试样，用线扎住，放入索氏抽提器中加入 100mL 苯醇混合液，置于沸水浴上抽提 3h，去除干扰性杂质，将试样取出散开风干。

注：试验应在通风柜中进行，使用完的苯醇混合液可蒸馏提纯后重复使用。

(4) 果胶物质的提取

将风干试样移入 500mL 锥形瓶中，加入 100mL 的 1%草酸铵溶液，装上回流冷凝器，在沸水浴中加热 3h，用倾泻法滤出提取液，尽量保留残渣于锥形瓶中，勿使其流入滤纸。再加 100mL 的 0.5%草酸铵溶液于锥形瓶中装上回流冷凝器，重新置入沸水浴中，加热 2h，使果胶物质分离提取，用上次所用滤纸滤出提取液，再用热水洗涤残渣及滤纸 3 次，合并两次所得滤液及洗液于 500mL 烧杯中。

(5) 果胶物质的沉淀

将滤液置于可调温电热板上，垫上石棉网，控制温度使滤液不沸腾，蒸发浓缩至 70～80mL，冷却后移入 100mL 容量瓶中，加水至刻度，摇匀。移取 25mL 此溶液于 500mL 烧杯中，然后在不断搅拌下，徐徐加入含有盐酸的乙醇溶液，静置过夜，过滤。并用约 30mL 含有盐酸的乙醇洗涤液分三次洗涤沉淀出的果胶物质。

(6) 果胶物质的溶解

将过滤后所得沉淀连同滤纸放入一小烧杯中，倾入 75mL 热氨水溶液（75mL 沸水与 1.5mL 氨水）于滤纸上，煮沸数分钟，过滤，再倾入少量热水于盛有滤纸的烧杯中，煮沸数分钟，过滤，如此重复 2～3 次，集所有的滤液于 500mL 烧杯中，加入 100mL 的 0.1mol/L 氢氧化钠溶液，用玻璃棒搅匀，静置 12h。

(7) 果胶酸钙的沉淀

在上述溶液中加入 50mL 的 1mol/L 乙酸溶液，搅匀静置 5min 后，加入 50mL 的 1mol/L

氯化钙溶液，搅匀静置 1h 后，煮沸 5min，趁热用滤纸过滤，以热水洗涤，然后将带有沉淀的滤纸置于扁形称量瓶中，移入烘箱，于 (105±2)℃ 烘干至恒重。滤纸在过滤前需称取其风干质量，并另取两份试样测定其水分，以计算滤纸的绝干质量。

注：所得沉淀在 (105±2)℃ 条件下烘干 4h 后取出，然后在干燥器中冷却 0.5h，称量后继续烘干 1h，取出后在干燥器中冷却，称量。若两次质量之差小于 0.1%，则视为恒重。

5. 结果计算

原料中果胶的含量 $w_{果胶}$（%）以测定的果胶酸钙的含量来表示，按式（2-28）计算结果：

$$w_{果胶} = \frac{(m_1 - m) \times 100}{m_0(100 - w)} \times 100(\%) \tag{2-28}$$

式中　m——滤纸的绝干质量，g

　　　m_1——烘干至恒重后沉淀连同滤纸的质量，g

　　　m_0——试样的质量，g

　　　w——试样的水分，%

取三次测定结果的平均值，精确至小数点后两位，三次测定值的相对标准偏差应不超过 0.20%。若超过，则应加测一份试样，排除异常值后，取三次测定值的平均值作为报告值。

（二）咔唑比色法

1. 测定原理

用草酸铵溶液抽提出原料中的果胶物质，再加入含有盐酸的乙醇溶液，使果胶物质从抽出液中分离出来。然后用稀氨水溶液溶解所得的果胶物质，在强酸中水解生成半乳糖醛酸，并与咔唑发生缩合反应，所得紫红色溶液可用于比色法测定。以半乳糖醛酸的含量表示果胶物质的含量。

2. 仪器

实验室常用仪器及以下仪器：

a. 电子天平，感量 0.0001g；b. 500mL 带回流冷凝器的锥形瓶；c. 可调温电热板；d. 紫外可见分光光度计。

3. 试剂

除非另有说明，在分析中应使用确认为分析纯的试剂。

① 水，按标准《GB/T 6682—2008　分析实验室用水规格和试验方法》，三级；

② 1% 草酸铵溶液，称取 5g 无水草酸铵溶于水中，再加水定容至 500mL；

③ 0.5% 草酸铵溶液，称取 2.5g 无水草酸铵溶于水中，再加水定容至 500mL；

④ 氨水，NH_3H_2O，氨的水溶液，$\rho_{20} = 0.90g/mL$；

⑤ 含有盐酸的乙醇溶液：量取 1000mL 乙醇，加入 11mL 盐酸（$\rho_{20} = 1.19g/mL$），混合均匀；

⑥ 含有盐酸的乙醇洗涤液：量取 1000mL 乙醇，11mL 盐酸（$\rho_{20} = 1.19g/mL$）及 250mL 水，混合均匀；

⑦ 1000mg/L 半乳糖醛酸标准溶液：称取半乳糖醛酸 0.1g（精确至 0.0001g），溶于水中，加水定容至 100mL；

⑧ 0.15% 咔唑无水乙醇，称取 0.075g 咔唑，溶于无水乙醇，并用无水乙醇定容至 50mL；

⑨ 浓硫酸，H_2SO_4，$\rho = 1.84g/mL$，质量分数是 95%～98%。

4. 试验步骤

(1) 试样的采取及处理

按 GB/T 2677.1—1993 的规定进行。

(2) 试样的称取

准确称取 1g（精确至 0.001g）试样，准备两份平行试样。如果样品的果胶含量较高，则根据检测值对试样量进行调整，称样量可减少至 0.2g。同时另称取试样测定水分。

(3) 果胶物质的提取

将试样放入 500mL 锥形瓶中，加入 100mL 的 1% 草酸铵溶液，装上回流冷凝器，在沸水浴中加热 3h，用倾泻法滤出提取液，尽量保留残渣于锥形瓶中，勿使其流入滤纸。再加 100mL 的 0.5% 草酸铵溶液于锥形瓶中装上回流冷凝器，重新置入沸水浴中，加热 2h，使果胶物质充分提取，用上次所用滤纸滤出提取液。再用热水洗涤残渣及滤纸 3 次，合并两次所得滤液及洗液于 500mL 烧杯中。

(4) 果胶物质的沉淀

将滤液置于可调温电热板上，垫上石棉网，控制温度使滤液不沸腾，蒸发浓缩至 70～80mL，冷却后移入 100mL 容量瓶中，加水至刻度，摇匀。移取 25mL 此溶液于 500mL 烧杯中，然后在不断搅拌下，徐徐加入 90mL 含有盐酸的乙醇溶液，静置过夜，过滤，并用约 30mL 含有盐酸的乙醇洗涤液分 3 次洗涤沉淀出的果胶物质。

(5) 果胶物质的溶解

将过滤后所得沉淀连同滤纸放入另一小烧杯中，倾 75mL 热氨水溶液（75mL 沸水与 1.5mL 氨水混合而成）于滤纸上，煮沸数分钟，过滤，再倾入少量热水于盛有滤纸的烧杯中，煮沸数分钟，过滤，如此重复 2～3 次，集所有的滤液于 500mL 烧杯中，然后转移至 250mL 容量瓶中定容，得待测溶液。

(6) 标准曲线的绘制

分别移取半乳糖醛酸标准溶液 0mL、2mL、4mL、6mL、8mL、10mL 于 6 个 100mL 容量瓶中，并用蒸馏水定容，得到系列标准溶液，其浓度分别是 0mg/L、20mg/L、40mg/L、60mg/L、80mg/L、100mg/L，分别移取上述系列标准溶液 1mL 于 6 支比色管中，加 8mL 浓硫酸，摇匀，在 75℃ 水浴中加热 15min，取出后在冷水中冷却，加入 0.2mL 的 0.15% 咔唑无水乙醇溶液，摇匀，在室温下暗处显色 2h，并在显色后 30min 内，在 530nm 波长下，用 1cm 比色皿，以空白溶液作参比，测定吸光度值，绘制吸光度—浓度标准曲线。

(7) 果胶物质的测定

按 (6) 中标准溶液的显色方法进行显色，并测定。

5. 结果计算

原料中果胶的含量 $w_{果胶}$（%）以测定的半乳糖醛酸的含量来表示，按式 (2-29) 计算结果：

$$w_{果胶} = \frac{\rho \times V}{m \times 10 \times (100-w)} \times 100(\%) \tag{2-29}$$

式中 $w_{果胶}$——果胶的含量（以半乳糖醛酸计），%

ρ——标准曲线上得出的半乳糖醛酸的浓度，mg/L

m——试样的质量，g

10——分子中 mg 单位换算为 g，分母需要乘以 1000 与百分比需要除以 100 计算出来的

w——试样的水分，%

V——果胶溶于1000mL容量瓶中，即为1L，L

取三次测定结果的平均值，精确至小数点后两位，三次测定值的相对标准偏差不超过0.20%。若超过，则应加测一份试样，排除异常值后，取三次测定值的平均值作为报告值。

二、单宁含量的测定

（一）分光光度法

1. 测定原理

依据单宁不溶于苯、可溶于乙醇的特性，试样先用苯抽提除去有机溶剂抽出物后，用乙醇处理将单宁溶解，采用分光光度计测定溶出液在波长500nm处的光密度（表示溶液的浓度），由标准曲线即可得到单宁的含量。

2. 仪器

a. 分光光度计；b. 索氏抽提器；c. 实验室常用仪器。

3. 试剂

① 钨酸钠-磷钼酸试剂：取100g钨酸钠、20g磷钼酸及50mL 85%磷酸溶于750mL水中，于水浴上加热溶解（大约2h），冷后加水稀释至1000mL。

② 1mol/L Na_2CO_3 溶液：称取106g无水碳酸钠，于1000mL水中，在70～80℃加热至溶解，放置过夜，用玻璃棉过滤后使用。

③ 标准单宁酸溶液：称取0.1g单宁酸，溶于1000mL水中。此溶液1mL含单宁酸0.1mg。使用前新配。

④ 苯。

⑤ 乙醇。

4. 标准曲线的绘制

精确量取不同量标准单宁酸溶液于50mL容量瓶中（瓶中预先放好25mL水），加入2mL乙醇、5mL 1mol/L Na_2CO_3 溶液及2.5mL钨酸钠-磷钼酸试剂，再加水冲稀至刻度，摇匀后在25℃水浴中放置30min。将此有色溶液倒入比色皿中，用分光光度计，以波长500nm（或红色滤光片）分别测定其光密度。以单宁含量（mg）为横坐标，光密度为纵坐标，绘制成标准曲线。

5. 测定步骤

精确称取1g（称准至0.0001g）已磨细的试样（同时另称试样测定水分），用滤纸包好，用苯在索氏抽提器中抽提8h。而后将试样风干，将风干后的试样放入100mL具磨口玻塞的锥形瓶中，加入20mL乙醇，于沸水浴中加热回流1h。过滤于50mL干容量瓶中，用平头玻璃棒用力挤压瓶中的残渣，将挤出的抽提液也滤入同一容量瓶中，然后向锥形瓶中再加入20毫升乙醇，继续在沸水浴中抽提1h，再滤入同一容量瓶中，并用乙醇分次洗涤残渣，直至容量瓶刻度，摇匀，即为样品溶液。

用移液管吸取2mL样品溶液于50mL容量瓶中（瓶中预先放好25mL水），按上述绘制标准曲线的操作，进行分光光度法测定，记录其样品溶液的光密度，再根据标准曲线，求得样品中相当的单宁含量。

6. 结果计算

原料中单宁含量$w_{单宁}$（%）按式（2-30）计算：

$$w_{单宁} = \frac{m_1}{m \times 1000 \times (1-w) \frac{2}{50}} \times 100(\%) \qquad (2\text{-}30)$$

式中　m_1——根据标准曲线求得相当样品中的单宁含量，mg

　　　m——风干试样质量，g

　　　w——试样水分，%

　2/50——试样处置后置于 50mL 容量瓶中，取 2mL 进行测试

分光光度法的再现性较好，准确度符合要求，但必须严格按规定条件进行。

（二）容量法

1. 测定原理

依据单宁不溶于苯、可溶于乙醇和能为动物胶所沉淀的特性进行测定。试样经苯抽提和用乙醇溶出后，将溶解液用高锰酸钾标准溶液滴定（以靛红溶液为指示剂），测定出全部可被氧化物质的总量。然后，用动物胶、氯化钠溶液使单宁沉淀，再用高锰酸钾溶液滴定出除单宁以外的被氧化物质的量，根据其差值即可计算出单宁的含量。

2. 仪器

① 索氏抽提器；

② 实验室常用仪器。

3. 试剂

a. 0.1mol/L $H_2C_2O_4$ 溶液：每 1000mL 含草酸 6.3g；b. 0.05mol/L $KMnO_4$ 标准溶液：溶解高锰酸钾 1.33g 于水中，稀释至 1000mL，以 0.1mol/L $H_2C_2O_4$ 标准溶液标定之，求得每毫升相当于草酸溶液的体积（mL）。标定方法为：吸取 0.1mol/L $H_2C_2O_4$ 标准溶液 25mL，加硫酸（1∶1）10mL，加热至 80℃，用高锰酸钾溶液滴定；c. 靛红溶液：每 1000mL 含靛红（不含靛蓝者）6g 和浓硫酸 50mL；d. 动物胶溶液：浸动物胶 25g 于氯化钠饱和溶液中 1h，加热至溶解，稀释至 1000mL；e. 氯化钠-硫酸溶液：以氯化钠饱和溶液 975mL 与浓硫酸 25mL 混合；f. 高岭土粉末（或活性炭）；g. 苯；h. 乙醇。

4. 测定步骤

精确称取 1g（称准至 0.0001g）已磨细的试样（同时另称取试样测定水分），用滤纸包好，用苯在索氏抽提器中抽提 8h。而后将试样风干，放入 100mL 具磨口玻塞的锥形瓶中，加 20mL 乙醇，于沸水浴中加热 1h。过滤于 150mL 烧杯中，用平头玻璃棒用力挤压瓶中残渣，将挤出的抽出液，也滤入烧杯中。然后再加 20mL 乙醇，继续在沸水浴中抽提 1h。再滤入原盛抽提滤液之烧杯中，然后用乙醇分次洗涤残渣 3~4 次，将此抽提溶液在水浴上蒸干后，加 80mL 水，煮沸半小时，冷后移入 100mL 的容量瓶中，加水稀释至刻度（若溶液混浊，需过滤）。

用移液管吸取上层清液 10mL 于 1000mL 烧杯中，用移液管加靛红溶液 25mL。再加水 750mL，以 0.05mol/L $KMnO_4$ 标准溶液滴定。进行时每次加少量，同时要不停搅动至得到淡绿色时，小心继续滴定至淡黄色，或边上有淡红色，此时所用 0.05mol/L $KMnO_4$ 标准溶液的体积（mL）为 V_1。

再用移液管吸取上述制备的试样溶液 100mL 与动物胶溶液 50mL、氯化钠-硫酸溶液 100mL、高岭土（或活性炭）10g 混合，置于具磨口玻塞的锥形瓶中摇数分钟，静置澄清后，滤出清液。用移液管吸取滤液 25mL（相当于原试样溶液 10mL）与靛红溶液 25mL 及

水约750mL，盛于1000mL烧杯中，用0.05mol/L $KMnO_4$ 标准溶液如上法滴定。此时所耗用的0.05mol/L $KMnO_4$ 标准溶液体积（mL）以 V_2 表示。

5. 结果计算

原料中单宁的含量 $w_{单宁}$（%）按式（2-31）计算：

$$w_{单宁} = \frac{(V_1-V_2) \times V_F \times 0.004157}{m(1-w)10/100} \times 100(\%) \tag{2-31}$$

式中　V_1——氧化所有可被氧化的物质所耗用的 $KMnO_4$ 标准溶液量，mL

　　　V_2——氧化单宁以外的物质所耗用的 $KMnO_4$ 标准溶液量，mL

　　　V_F——每毫升0.05mol/L $KMnO_4$ 标准溶液相当于0.1mol/L $H_2C_2O_4$ 溶液的量，mL/mL

　　　m——风干样品质量，g

　　　w——试样水分，%

0.004157——每毫升0.1mol/L $H_2C_2O_4$ 标准溶液相当的单宁质量，g/mL

10/100——试样处理后置于100mL容量瓶中，取10mL进行测试

第十节　纸浆抗碱性和碱溶解度的测定

在化学浆加工生产人造纤维及其他纤维素衍生物的化学加工过程中，原始纸浆的碱溶解度是工业生产中的重要技术指标之一。原浆碱溶解度的高低，对人造纤维浆粕生产过程中碱处理段纤维素的得率，以及在磺化时所消耗的二硫化碳量起着决定性的作用。因而，测定纸浆的抗碱性和碱溶解度具有重要的意义。

表征纸浆纤维素抗碱性能的主要指标是测定纸浆的α-纤维素（甲种纤维素）和碱溶解度。

为了测定纤维素对碱作用的稳定性，1900年克劳斯（Cross）和贝文（Bevan）提出了α-纤维素、β-纤维素和γ-纤维素的概念。综纤维素或漂白化学浆用175g/L（17.5%）氢氧化钠溶液在20℃下处理45min，再用95g/L（9.5%）氢氧化钠洗涤，使非纤维素的碳水化合物大部分被溶出，剩下的不溶解残渣称为α-纤维素；上述处理中溶于175g/L氢氧化钠溶液，再用醋酸中和时又沉淀出来的部分称为β-纤维素；酸化后仍溶解在溶液中的部分称为γ-纤维素。

在漂白化学浆中，α-纤维素包括纤维素与抗碱的半纤维素；β-纤维素为高度降解的纤维素与半纤维素；γ-纤维素为半纤维素；β-纤维素与γ-纤维素包含植物原料制成漂白浆后留在浆内的半纤维素，也有一部分是纤维素在制浆过程中的降解产物。

在我国浆粕生产中一直以α-纤维素含量作为主要指标。在中华人民共和国纺织行业标准《FZ/T 51001—2009　黏胶纤维用浆粕》中，规定黏胶长丝用棉浆粕质量指标的一等品、二等品和三等品的α-纤维素分别不低于96.0%、95.5%和95.0%；而黏胶纤维用棉浆粕质量指标规定分别不低于93.0%、92.5%和92.0%。

然而，由于在实验室测定α-纤维素含量时的处理条件与生产上制备碱纤维素的条件有所不同，因而认为α-纤维素含量并不能足够准确地反映出在生产过程中纤维素对碱作用的稳定性。例如，在测定α-纤维素含量时，试样用175g/L氢氧化钠处理后，要用水进行洗涤，在洗涤过程中碱的浓度由175g/L逐渐降低至0，因此所得到的α-纤维素含量实际上并

不仅仅代表对175g/L氢氧化钠的碱稳定性。特别是当碱浓降至100~120g/L（10%~12%）时，因在此碱浓下纤维素的溶解度最大，从而会使部分未溶于175g/L碱浓的纤维素在此时也可溶出。此外测得的α-纤维素含量中尚含有抗碱的半纤维素，故根据α-纤维素含量并不能准确地预计人造纤维的实际得率。

由于上述原因，有些研究者不主张用α-纤维素含量作为工业用浆的质量指标，而认为测定化学浆对不同浓度氢氧化钠的溶解度才能更恰当地反映此浆在化学加工中的适用性。

在国外，欧美等国在人造纤维木浆粕生产中采用S值（碱溶解度）和R值（抗碱度）作为浆样的质量指标。通常测定S_{10}、S_{18}和R_{10}、R_{18}，分别表示纸浆在氢氧化钠浓度为100g/L（10%）和180g/L（18%）时的碱溶解度和抗碱度。

在浆粕生产中引用S值和R值的测定方法，是用不同浓度的氢氧化钠溶液在20℃下处理纸浆60min，可溶解的部分经重铬酸钾氧化，用容量法测定剩余重铬酸钾的量，从而计算出纤维素的含量，以对绝干浆样的质量分数表示，称为纸浆的碱溶解度（S值）。而不溶解部分采用重量法测定，先用与处理纸浆相同浓度的氢氧化钠溶液在相同温度下进行洗涤，然后酸化、洗涤、烘干并称重，以对绝干浆的质量分数表示，称为纸浆的抗碱度（R值）。对于含灰分和其他非碳水化合物杂质少（低于0.1%）的纸浆：抗碱度（R值）＝100－碱溶度（S值）。

抗碱度R_{10}被认为是纤维素的长链部分，相当于通常所谓α-纤维素；而碱溶解度S_{10}则包含半纤维素和降解的短链纤维素；S_{18}主要是被称为γ-纤维素的典型半纤维素；（S_{10}~S_{18}）可以看成相当于通常的β-纤维素。

本节介绍纸浆抗碱性的测定方法（参见国标《GB/T 744—2004 纸浆 抗碱性的测定》和我国纺织行业标准《FZ/T 50010.4—2011 黏胶纤维用浆粕 甲种纤维素含量的测定》），同时介绍纸浆碱溶解度的测定方法（参见《GB/T 5401—2018 纸浆 碱溶解度的测定》）。

一、纸浆抗碱性的测定

GB/T 744—2004规定了用固定浓度的氢氧化钠溶液测定纸浆碱不溶物的方法，最常用的氢氧化钠浓度为18%、10%和5%（质量分数）。本方法适用于各种纸浆。

对于黏胶纤维用浆粕甲种纤维素含量测定参考纺织行业标准FZ/T 50010.4—2011。下面主要介绍对纸浆抗碱性的测定（参考GB/T 744—2004）。

（一）术语和定义

R值：在一定时间内，绝干纸浆经标准浓度的氢氧化钠溶液处理后的不溶解部分，即为抗碱性，以质量分数表示。

（二）测定原理

用选定浓度的氢氧化钠溶液，在特定条件下处理纸浆纤维。滤出不溶解部分，并用相同浓度的氢氧化钠溶液进行洗涤，然后酸化，洗涤，烘干并称量。

（三）仪器

一般实验室仪器及平底烧瓶：容量250mL，由抗碱材料制成；搅拌棒：由一种不脆的抗碱材料制成，直径为15mm的平头搅拌棒，最好使用硬塑料制品；过滤器：1G2玻璃过滤器；恒温水浴；真空泵；密度计。

(四) 试剂

除非另有说明,分析时只使用确认为分析纯的试剂和蒸馏水或去离子水或相当纯度的水。

乙酸:1.7mol/L,相当于每升含有100mL乙酸(ρ_{20}=1.055~1.058g/mL)。

氢氧化钠溶液:为已知浓度的溶液,其碳酸钠含量应低于1g/L,例如:

——5.39mol/L±0.03mol/L溶液,每100g溶液中含有18.0g±0.1g氢氧化钠(ρ_{20}=1.1972g/mL),相当于每升溶液中含有215.5g±1.0g氢氧化钠。

——2.77mol/L±0.03mol/L溶液,每100g溶液中含有10.0g±0.1g氢氧化钠(ρ_{20}=1.1089g/mL),相当于每升溶液中含有110.9g±1.0g氢氧化钠。

——1.31mol/L±0.03mol/L溶液,每100g溶液中含有5.0g±0.1g氢氧化钠(ρ_{20}=1.0538g/mL),相当于每升溶液中含有52.7g±1.0g氢氧化钠。

注:虽然氢氧化钠溶液一般在浓度大约10%(质量分数)时,对纸浆具有最大的溶解能力,但也有些纸浆在碱浓度较低或较高时,才表现出最大的溶解度。如果用这种氢氧化钠溶液,来测定未知纸浆或新型纸浆的 R 值,就应确定几种不同浓度的氢氧化钠溶液的溶解曲线,以便找到具有最大溶解能力的氢氧化钠溶液的浓度。

(五) 试样的制备

如果纸浆是液体浆,应先用抽滤的方法脱水,脱水时应防止细小纤维流失。然后将样品放在吸水纸间进行挤压,在不超过60℃的条件下对样品进行干燥。

如果纸浆是湿的浆片或湿的卷筒,应在不超过60℃的条件下对样品进行干燥,然后将样品撕成约5mm×5mm的碎片。如果浆样不易撕开,则应用镊子进行样品分离,而不可用干法粉碎。将分离后的样品装入广口瓶中待用,并测定浆样的水分。

注:如果浆样灰分大于0.1%,还需测定碱不溶部分的灰分含量,并根据无灰浆样和无灰不溶部分计算 R 值。如果浆样灰分小于0.1%,则可忽略不计。

(六) 测定步骤

称取试样约2.5g(称准至1mg),然后立即另称取两份试样测定水分。

将试样移入烧杯中,加入已调节至20℃±2℃已知浓度的氢氧化钠溶液25mL,然后将烧杯放入20℃±2℃恒温水浴中,使浆样润胀3min。用搅拌棒搅拌,并以每秒浸压两次的速度浸压浆样至少3min,直至浆样完全分散为止。再次加入氢氧化钠溶液25mL,搅拌直至悬浮液均匀为止,并用氢氧化钠溶液100mL稀释。用表面皿覆盖烧杯,并将烧杯放于恒温水浴中。从最初加氢氧化钠溶液算起60min后,将烧杯从水浴中取出,并用已恒重的玻璃过滤器及吸滤瓶过滤,做成纤维滤饼。注意不应将碱液滤干,且在滤饼上仍应该有碱液,以防止空气通过纤维滤饼,用滤液冲洗烧杯并再次过滤和洗涤纤维滤饼,但时间不应超过20min。

将纤维滤饼压实,并用乙酸浸泡,在不抽真空的情况下,使乙酸200mL慢慢通过纤维滤饼。乙酸过滤完后,用热水洗涤,直至滤液不呈酸性为止。当洗涤结束时,将1G2过滤器移入105℃±2℃的恒温干燥箱中,烘干至恒重(一般需要6h)。然后将过滤器移入干燥器中冷却45min,冷却后称量碱不溶部分的质量(称准至1mg)。

每种试样应至少进行两次平行测定。

注:在某些情况下,例如草浆,比较合理的方法应是最初只将已知浓度的氢氧化钠溶液15mL或20mL加入纸浆样品中,以促进纤维分散,然后再次分别加35mL或30mL,两次加入量总共为50mL。

(七) 结果计算

纸浆的抗碱性 R_c(%)按式(2-32)计算:

$$R_c = \frac{m_1}{m_0} \times 100(\%) \tag{2-32}$$

式中 m_0——绝干试样质量（无灰浆样），g

m_1——碱不溶部分的质量（无灰碱不溶部分），g

同时进行两次测定，取其算术平均值作为测定结果，应准确到小数点后第一位，且两次测定结果的差值应不超过 0.3%（绝对值）。应将 R_c 所用氢氧化钠溶液的浓度标明，如 R_{18}、R_{10}、R_5 等。

（八）注意事项

① 试验必须准确配制所要求的氢氧化钠浓度和严格控制反应温度。

② 对于灰分含量较高的草浆，应同时测定碱不溶部分的灰分含量，从结果中扣除其中的灰分含量后计算 R 值。灰分测定参考 GB/T 742—2018。

二、纸浆碱溶解度的测定

本标准规定了用容量法测定纸张的碱可溶成分，适应于各种漂白浆。

本标准规定了一种采用各种固定浓度的、冷的氢氧化钠溶液测定纸浆碱溶解度的方法，该氢氧化钠浓度常为 18% 和 10%（质量分数）。

标准主要用于漂白浆的研究，如对制造漂白浆的各阶段的研究。但本标准也适用于未漂浆的研究。

（一）测定原理

用氢氧化钠溶液处理纸浆，并用重铬酸钾氧化已溶解的有机物，滴定剩余的重铬酸钾，以所消耗的重铬酸钾的量计算纤维素含量。

（二）定义

S 值：碱溶解度，以绝干浆样的质量分数来表示可溶部分。

S_{18}、S_{10} 和 S_c：注明碱浓的 S 值，字脚注 18、10 或 c 是所选用的浓度，以 100g 溶液中氢氧化钠的质量（g）来表示。

（三）试剂

除非另有说明，分析时只使用认为分析纯的试剂和蒸馏水或去离子水或相当纯度的水。

(1) 氢氧化钠溶液

为已知浓度的溶液，其碳酸钠的含量应低于 1g/L（见下注），例如：

(5.39±0.03) mol/L 溶液，每 100g 溶液中含有 (18.0±0.1) g 氢氧化钠（ρ_{20} = 1.1972g/mL），相当于每升含有 (215.5±1.0) g 氢氧化钠。

(2.77±0.03) mol/L 溶液，每 100g 溶液中含有 (10.0±0.1) g 氢氧化钠（ρ_{20} = 1.1089g/mL），相当于每升含有 (110.9±1.0) g 氢氧化钠。

注：按下面的方法可以配制氢氧化钠溶液：

将一定量的固体氢氧化钠溶于等量的水中，使悬浮的碳酸钠下沉，倾出上层清液，并用无二氧化碳的水稀释成适当浓度，再用标准溶液滴定，标定其浓度。

(2) 硫酸

浓硫酸，浓度不低于 94%（体积分数）（ρ_{20} = 1.84g/mL）。

注：如果浓硫酸的浓度低于 94%（体积分数），则不能达到在氧化时所需的温度 125~130℃。

(3) 重铬酸钾溶液

在 2.7mol/L 硫酸溶液中，重铬酸钾的浓度为 0.067mol/L，每升溶液中含有 2.0g 重铬酸钾和 150mL 硫酸（$\rho_{20}=1.84\text{g/mL}$）。

（4）硫酸亚铁溶液

溶液浓度约为 0.1mol/L 溶液（已知浓度精确至±0.0002mol/L）。每升溶液中含有硫酸亚铁铵六水合物［$FeSO_4(NH)_2SO_4 \cdot 6H_2O$］40～41g 和硫酸（$\rho_{20}=1.84\text{g/mL}$）10mL，这种溶液不稳定，因此它的浓度应每天标定。

注：为了恢复硫酸亚铁铵溶液原来的浓度，可在贮存瓶和滴定管中放置还原剂，还原剂制备如下：

用水洗涤金属镉（参见 ISO 565），使金属镉通过一个孔径大小为 1.4～2.0mm 的筛子，以除去微细部分。这种金属每升含有 5mL 浓硝酸的 2%的硝酸汞［$Hg(NO_3)_2 \cdot H_2O$］或氯化汞溶液处理 5min，而后洗涤这种汞齐化了的金属。硫酸亚铁溶液可以用重铬酸钾作基准物进行标定。如果硫酸亚铁溶液 10L 中加入纯度比 99.99%更高的铝屑，则硫酸亚铁铵溶液的浓度将始终恒定。

（5）磷酸

85%（体积分数）（$\rho_{20}=1.70\text{g/mL}$）。

（6）亚铁灵指示剂溶液

每升溶液中含有 1,10-菲罗啉-水合物（$C_{12}H_8N_2 \cdot H_2O$）15g 或硫盐酸 1,10-菲罗啉-水合物（$C_{12}H_8N_2 \cdot HCl \cdot H_2O$）16g 和硫酸亚铁（$FeSO_4 \cdot 7H_2O$）7g。

（7）二苯基氨基磺酸钠指示剂溶液

在水中溶解 0.1g 二苯基氨基磺酸钠（$C_{12}H_{10}NSO_3Na$），并稀释至 100mL。

（四）**仪器**

一般实验室仪器及以下装置：

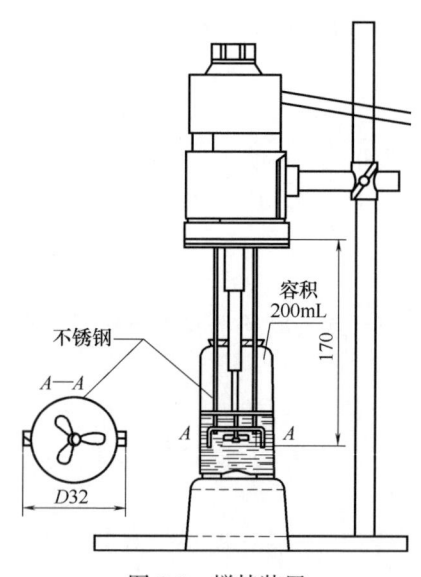

图 2-3 搅拌装置

① 搅拌装置：用不锈钢或其他耐腐蚀材料制成的螺旋桨式搅拌器，可调整叶片角度，以防在搅拌时空气进入纸浆悬浮液内。

注：如图 2-3 所示，电机功率 15W 的适宜设备，工作转速约为 28r/s 和 24r/s。

② 恒温水浴：能保持温度（20±0.2）℃。

③ 过滤坩埚或滤器：容积为 50mL，用抗碱材料（参见 ISO 4793）制成，底盘的孔隙度为 40%，由烧结玻璃制成。

④ 吸滤瓶：过滤坩埚或过滤器过滤时用。

⑤ 天平：感量为 0.001g。

⑥ 反应瓶：容积为 200mL，高型。

（五）**试样的制备**

如果纸浆是浆板，则将其撕成约 5mm×5mm 的碎片。如果纸浆是液体浆，则用抽滤法脱水，然后将样品放在吸水纸间挤压，并在最高温度 60℃下进行干燥。称量前应将样品置于天平附近的大气中，至少平衡 20min。

（六）**测定步骤**

1. 试样

称取相当于绝干浆 1.5g 的样品，称准至 0.005g。然后再立即称取两份试样，测定水分。

2. 测定

① 用移液管移取选定的氢氧化钠溶液（100.0±0.2）mL 于反应瓶中，将反应瓶放入恒

温水浴中，调节其温度至（20±0.2）℃（注1）。

② 将试样放到氢氧化钠溶液中，使其润胀2min，并在反应器中搅拌3min或搅拌至纸浆完全分散（注2）。从反应器中提出搅拌器，当提起搅拌器时，有些细小纤维或氢氧化钠溶液仍留在搅拌器上。由于使用的浓度很低，这点微量损失可忽略不计。将此反应的混合物在（20±0.2）℃下保持60min（时间由纸浆样品与氢氧化钠溶液接触时算起）。

③ 60min后，用玻璃棒搅拌样品悬浮液，并在轻微的吸滤下，使此悬浮液经过滤坩埚或过滤器（注3），同时应注意避免空气通过残渣。弃去开始的滤液10～20mL，然后收集40～50mL滤液于干净的瓶子或烧瓶中。

④ 用移液管移取滤液10.0mL（注4）于250mL锥形瓶中，再用移液管加入10.0mL重铬酸钾溶液，然后在不断搅拌的条件下，小心加入浓硫酸30mL。将温度调节到125～130℃，并使此热溶液在120℃以上放置10min，直至完全氧化，然后将锥形瓶冷却至室温。

根据情况，进行如下操作：

A. 将水50mL加入冷却后的锥形瓶中，继续冷却，再加入亚铁灵指示剂溶液2滴，并用新标定的硫酸亚铁铵溶液滴定，直至呈紫色。

B. 用水稀释该冷却溶液至体积约为100mL，加入磷酸5mL，继续冷却，并用新标定的硫酸亚铁溶液迅速滴至所需用量的90%。然后用移液管加入二苯基磺酸钠指示剂溶液1mL，并立即继续滴定，直至颜色从深褐色经紫色到亮绿色为止（注5）。

⑤ 以选用的氢氧化钠溶液10mL代替样品滤液进行空白试验，滴定时应采用完全相同的温度和时间（注6）。

⑥ 每个样品应进行二次测定。

⑦ 空白试验时，应采用相应体积的氢氧化钠溶液和硫酸。

注1：温度变化几乎不影响18%（质量分数）氢氧化钠溶液的溶解度，因此在这种浓度下处理时，温度可保持在（20±2）℃，在较低浓度的氢氧化钠溶液中［例如：10%（质量分数）］，溶解度受温度的影响较大，因此在较低浓度下，温度应保持在（20±0.2）℃。

注2：增加搅拌时间，并不会显著影响碱的溶解度，但如果分散不完全，则可使测定值太低。因此应保持搅拌，直至试样完全分散为止。

注3：所用的过滤器应用重铬酸钾的硫酸溶液进行洗涤。

注4：测定一般的溶解浆时，适宜的溶液取用量为10mL。如果纸浆样品在碱溶液中的溶解度大于16%（质量分数），则应将试样的体积减至5mL，且硫酸体积减至25mL。如果碱溶解度小于5%（质量分数），则应使用滤液20mL和硫酸45mL。

注5：在过量的酸性重铬酸钾溶液中，指示剂会部分受到氧化，这不仅影响了重铬酸钾的耗量，也改变了初始颜色特征。由于氧化作用与重铬酸钾和指示剂的相对数量及浓度等因素有关。因此应尽快使过量的重铬酸钾还原。应在"中和"约90%的重铬酸钾后，立即加指示剂，就可有效完成。若毫不延迟地完成这种滴定，则指示剂的误差可忽略不计。

注6：也可选用碘滴定法，但在试验报告中加以说明。

⑧ 氧化后，用水500mL将冷溶液转移至1000mL锥形瓶中。加碘化钾（KI）2g，且温度保持在10℃以下，搅拌使之溶解且混合均匀，然后静置5min。用0.1mol/L硫代硫酸钠（$Na_2S_2O_3$）标准溶液滴定，当滴定至碘的黄色即将消失时，加入粉末状淀粉指示剂。如果溶液的颜色从深蓝色变为淡绿色，则到达滴定终点。

⑨ 以10mL氢氧化钠溶液代替试样滤液进行空白试验，按下面（七）中所述方法进行计算，其中V_1和V_2用相应的硫代硫酸钠标准溶液的体积来代替，c用硫代硫酸钠标准溶液的浓度来代替。

（七）结果计算

1. 计算的方法和公式

以质量分数表示碱溶解度 S_c（%），可按式（2-33）进行计算：

$$S_c = \frac{6.85(V_2 - V_1) \times c \times 100 \times 100}{1000 \times m \times V} = \frac{68.5(V_1 - V_2) \times c}{m \times V} (\%) \tag{2-33}$$

式中　V——用于氧化时的滤液体积，mL

　　　V_1——滴定试样所消耗的硫酸亚铁铵溶液的体积，mL

　　　V_2——空白试验所消耗的硫酸亚铁铵溶液的体积，mL

　　　c——硫酸亚铁铵溶液的浓度，mol/L

　　　m——绝干的试样质量，g

　　6.85——经验因数，表示 1/6mmol 重铬酸钾所相当的纤维素的质量，mg/mmol

两个 100——分别是样品溶于 100mL 氢氧化钠溶液中，mL；和百分比单位需乘以 100

注：理论上 1/6mmol 重铬酸钾相当于 6.75mg 的纤维素或其他聚己糖和 6.60mg 的聚戊糖。一般由于纸浆碱溶解成分中含有氧化纤维素，所消耗的氧化剂比理论值小一些，因此，在这个方法中，采用了略高的数字，6.85mg。

2. 精密度和结果的表示

两次测定结果的差值应在 0.3% 以内。

标明符号 S_{10}、S_{18} 等，报告碱溶解度的平均值，并修约至一位小数。

注：对于灰分和其他非碳水化合物的含量低于 0.1% 的纸浆，$(100 - S_c)$ 值与《ISO 699 纸浆——抗碱性的测定方法》中所述方法测定的 R_c 值相接近。

（八）注意事项

① 硫酸亚铁溶液配制时，为了保持溶液的稳定，要加入铝屑或铝箔，并在室温低于 20℃ 下贮存，这是因为当硫酸亚铁铵溶液接近 20℃ 时，作为稳定剂的铝箔溶解缓慢。

② 氢氧化钠溶液的浓度和处理温度是本测定的关键，务必严格掌握氢氧化钠溶液在所求的浓度范围内，并控制处理试样温度在规定范围内。100g/L 氢氧化钠处理时为（20±0.2）℃；180g/L 氢氧化钠处理时为（20±2）℃。当浆中半纤维素及其他碱溶性物质含量较高时，温度对碱溶解度的影响显著，故规定对未漂浆和草类浆的处理温度必须保持在（20±0.2）℃。

③ 其他注意事项见测定步骤的注释。

第十一节　漂白浆还原性能与铜价的测定

漂白浆还原性能的测定是检定纸浆的纤维素还原性末端基含量的多少。

在天然纤维素中，还原性末端基含量很少，但在制浆和漂白过程中，纤维素受到氧化和水解作用，而使还原基大大增加。纸浆还原性能的测定，可以相对表明纤维素大分子的平均纤维长度与纸浆的变质程度，漂白浆的返色也与其相关，因此具有重要的实际意义。

测定纸浆的还原性能通常采用测定铜价的方法。铜价测定法是希瓦伯于 1907 年首先提出的，但因操作手续烦琐，结果不够准确，故以后又提出了很多改良的方法。目前采用的萨氏试剂法，操作简便、迅速、再现性较好。尽管如此，因为铜价测定受到操作条件的影响较大，所以在测定时，必须严格遵守规定的手续，以保证测定结果的可比性。

铜价的定义是指 100g 绝干纸浆纤维，在碱性介质中，于 100℃ 时将硫酸铜（$CuSO_4$）还原为氧化亚铜（Cu_2O）的克数。

铜价可确定水解纤维素或氧化纤维素还原某些金属离子到低价状态的能力。同时，这类反应可用来检查纤维素的降解程度、变质程度以及用来估算还原基的量。实际上可把铜价看作是评价纸浆中某些具有还原性的物质（例如，氧化纤维素、水解纤维素、木素和糖等）的一种指标。

纯纤维素如棉纤维素，每一个大分子中只有一个还原基，故铜价极小，一般为 0.25~0.30；漂白木浆的铜价约为 2.0~3.0；如果不能合理地控制蒸煮和漂白条件，由于纤维素的水解和氧化导致铜价提高，完全水解的纤维素，亦即为葡萄糖，其铜价大约为 300。

铜价的测定方法已列为国家标准方法《GB/T 5400—1998 纸浆铜价的测定》，该测定方法适用于漂白浆与溶解浆，不适用于机械浆或未漂浆。

（一）测定原理

铜价的测定原理是基于纸浆中的醛基能将萨氏试剂中的二价铜还原为一价铜，析出一定量的氧化亚铜：

$$R-\underset{H}{\overset{O}{\underset{\|}{C}}}+2CuO \longrightarrow R-\underset{H}{\overset{O}{\underset{\|}{C}}}+Cu_2O \downarrow$$

加入硫酸后，萨氏试剂中含有的碘酸钾与碘化钾按下式析出碘：

$$KIO_3+5KI+3H_2SO_4 \longrightarrow 3K_2SO_4+3I_2+3H_2O$$

溶液中的氧化亚铜又与析出的碘按下式反应，转变为硫酸铜：

$$Cu_2O+I_2+2H_2SO_4 \longrightarrow 2CuSO_4+2HI+H_2O$$

用硫代硫酸钠标准溶液，滴定过量的碘：

$$2Na_2S_2O_3+I_2 \longrightarrow 2NaI+Na_2S_4O_6$$

并用等量试剂按同样手续进行空白试验，即可求得与氧化亚铜相当的碘量。根据耗用的碘量，即可计算出铜价。

（二）仪器

a. 干浆粉碎机；b. 300mL 或 500mL 碘量瓶；c. 25mL 锥形瓶；d. 恒温水浴装置。

注：上述碘量瓶和锥形瓶可用 300~500mL 具有磨口玻璃塞空气冷凝器的锥形瓶代替。

（三）试剂

① 配制试剂所使用的药品，除可溶性淀粉为化学纯外，其他均为分析纯。

② 2mol/L H_2SO_4 溶液：将 108mL 浓硫酸（相对密度 1.84）倒入约 800mL 蒸馏水中，冷却后用蒸馏水稀释至 1L。

③ 0.1mol/L（15.81g/L）$Na_2S_2O_3$ 标准溶液：称取 25g 硫代硫酸钠（$Na_2S_2O_3 \cdot 5H_2O$）和 0.2g 无水碳酸钠（Na_2CO_3）溶解于 1000mL 蒸馏水中，慢慢煮沸 10min。冷却后将此溶液保存于有塞玻璃试剂瓶中，放置数日后过滤。溶液用基准物重铬酸钾（$K_2Cr_2O_7$）或碘酸钾（KIO_3）进行标定，得到此硫代硫酸钠标准溶液准确的摩尔浓度。

④ 0.01mol/L（1.581g/L）$Na_2S_2O_3$ 标准溶液：准确移取 0.1mol/L 硫代硫酸钠标准溶液 100mL 于 1000mL 容量瓶中，用新煮沸并已冷却的蒸馏水稀释至刻度。

⑤ 淀粉指示液：5g/L 溶液。称取 0.5g 可溶性淀粉加 10mL 蒸馏水，在不断搅拌下加到 90mL 正在沸腾的蒸馏水中，再煮沸 2min，冷却后存放在玻璃试剂瓶中。

⑥ 1.0mol/L NaOH 溶液：将 4g 氢氧化钠溶解于 80mL 无二氧化碳的蒸馏水中，然后用同样的蒸馏水稀释至 100mL。

⑦ 100g/L CuSO₄ 溶液：将 10g 硫酸铜溶解于 50mL 蒸馏水中，然后用蒸馏水稀释至 100mL。

⑧ 100g/L KI 溶液：将 10g 碘化钾溶解于 100mL 蒸馏水中。

⑨ 0.1667mol/L KIO₃ 溶液：将 35.67g 碘酸钾溶解于 1000mL 蒸馏水中。

⑩ 萨氏试剂：溶解 30g 酒石酸钾钠及 30g 无水碳酸钠于约 200mL 热蒸馏水中，加入 1mol/L 氢氧化钠溶液 40mL。在不断搅拌下加入 100g/L 硫酸铜溶液 80mL，煮沸以除去溶液中的空气。在另一烧杯中溶解 180g 无水硫酸钠于约 300mL 蒸馏水中，煮沸以除去溶液中的空气。然后将其与含有硫酸铜的溶液合并在一起，冷却后移入 1000mL 容量瓶中，加入 100g/L KI 溶液 80mL，摇匀后再加入 0.1667mo/L KIO₃ 溶液 4mL，最后加蒸馏水稀释至刻度，摇匀静置 1～2 日。如溶液出现混浊，应用玻璃砂芯滤器过滤后存入试剂瓶备用。

注：① 配此试剂，顺序不可颠倒。
② 使用此试剂时，如因保存温度偏低而析出结晶时，可在使用前将试剂连同试剂瓶一起放入约 35℃的水中，结晶便可溶解，溶液澄清后方可使用。

（四）取样及处理

按照 GB/T 740—2003 进行取样。

对于风干浆板：把浆板放在干浆粉碎机中粉碎，使其外貌呈棉絮状。将此样品贮存于具有磨口玻璃塞的广口瓶中，放置隔夜，使水分达到平衡供分析用。

对于湿浆：将湿浆在湿浆解离器（或其他离散设备）中加蒸馏水使其分散（不得留有浆块或纤维束），并在布氏漏斗上放一滤布，将浆样过滤，吸干，最后风干。然后按照上述风干浆板处理浆样。

（五）测定步骤

精确称取 0.5g（称准至 0.0001g）准备好的试样（同时另称取试样测定水分），放在 300mL 或 500mL 干的碘量瓶中。用移液管加入 50mL 萨氏试剂，边加边摇动。摇匀后于瓶口倒放一个 25mL 的锥形瓶（或安放玻璃空气冷凝管），放在沸水浴中（瓶内液面应稍低于沸水水面）加热 1h，时间差不得超过 3min。在加热过程中，应经常（10～15min 一次）摇动碘量瓶。加热后将碘量瓶取出，置于流动的冷水中冷却至室温，取下盖在瓶口的锥形瓶，立即用少量蒸馏水洗涤锥形瓶，洗涤水应无损的洗进碘量瓶中。加入 50mL 蒸馏水、30mL 的 2mo/L H₂SO₄ 充分摇动约 30min。待气泡基本停止发生后，盖上原碘量瓶的瓶盖，进一步摇匀后在暗处放置 5min，取下瓶盖，用蒸馏水吹洗并稀释至溶液体积约为 200mL。然后用 0.01mo/L Na₂S₂O₃ 标准溶液滴定。近终点时加入 2～3mL 淀粉指示液，在充分摇动的情况下，继续滴定至蓝色刚好消失。

在另一碘量瓶中，加入萨氏试剂 50mL，按照上述同样方法进行空白试验。

（六）结果计算

纸浆的铜价 X（%）按式（2-34）计算：

$$X = \frac{(V_0 - V) \times c \times 0.06355}{m} \times 100(\%) \tag{2-34}$$

式中　V_0——空白试验时耗用的硫代硫酸钠标准溶液体积，mL
　　　V——滴定试样时耗用的硫代硫酸钠标准溶液体积，mL
　　　c——硫代硫酸钠标准溶液的浓度，mol/L
　　　m——绝干试样质量，g
　　0.06355——铜离子的毫摩尔质量，g/mmol

同时进行两次测定,取其算术平均值作为测定结果,数字修约至小数点后第二位。两次测定计算值间的相对误差不应超过10%。

第十二节　化学浆黏度和聚合度的测定

纸浆黏度主要用以测定纤维素分子链的平均长度。纤维素的分子式为$(C_6H_{10}O_5)_n$,n是葡萄糖基的数目,称为聚合度(DP)。纸浆的平均聚合度是浆料中纤维素分子链的平均长度的反映,也直接影响纸浆黏度的大小。

纸浆黏度测定具有重要的意义,它用以表示在蒸煮和漂白等工艺过程中纤维素被降解破坏的程度。当纤维素分子被降解时,其链状分子即被断裂,纤维素平均长度降低,聚合度变小,纸浆黏度下降。

纤维素在各种环境下都会发生不同程度的降解。主要的降解类型有:水解、氧化降解、碱性降解、热降解和机械降解。对于生产纤维素制品的工业来说,一定量的降解作用是有用的,例如碱纤维素老化时发生的降解,可以提供控制最终产品性质的方法。而对于制浆造纸过程来说,为了获得高的得率,并保持纤维的多种物理和机械性质,纤维素和半纤维素的降解是要尽量避免的,必须控制在最低程度。纸浆黏度对于纸浆和纤维的物理性质,特别是机械性质有着明显的影响。

天然纤维素的平均聚合度以棉、麻、木材较高,约为10000,草类纤维素平均聚合度稍低。化学纸浆的平均聚合度为1000左右。

纤维素属于天然高分子化合物,凡有关高分子化合物相对分子质量的测定方法,都可用来测定纤维素的相对分子质量。例如蒸汽压下降法、沸点上升法、凝固点下降法(冰点下降法)、黏度法、光散射法、超速离心机法和末端基测定法等,其中使用最普遍的是黏度法。

测定纸浆黏度通常使用毛细管黏度计,黏度计的种类有乌氏黏度计、奥氏黏度计和北欧标准黏度计等。在测定黏度前,首先要选择适宜的溶剂将纤维素物料溶解,然后用所形成的纤维素溶液来进行测定。过去曾采用铜氨溶液为溶剂,但由于铜氨溶液有不易制备、不稳定和使纤维素分子发生氧化而降解等缺点,因此现在多采用铜乙二胺作为溶剂测定纸浆的黏度。

我国目前有关纸浆黏度和纤维素相对分子质量测定的国家标准方法是铜乙二胺黏度法[参见《GB/T 1548—2016　纸浆　铜乙二胺(CED)溶液中特性黏度值的测定》]。

(一)术语和定义

(1)切变速率G

毛细管内表面与流动方向平行的流体层的速度梯度,按式(2-35)计算:

$$G=\frac{4V}{\pi r^3 t} \tag{2-35}$$

式中　G——溶液的切变速率,s^{-1}

　　　V——黏度计两校准刻度之间的体积,mL

　　　r——毛细管内半径,cm

　　　t——溶液流出时间,s

(2)黏度比η_r

同一温度下,某一规定浓度的聚合物溶液的黏度η与溶液黏度η_0之比,黏度比(量纲为一)，按式（2-36）计算：

$$\eta_r = \frac{\eta}{\eta_0} \tag{2-36}$$

式中　η——某一规定浓度的聚合物溶液的黏度，mPa·s

　　　η_0——溶剂黏度，mPa·s

（3）黏度相对增量

黏度比减去1，该值量纲为一，按式（2-37）计算：

$$\frac{\eta}{\eta_0} - 1 = \frac{\eta - \eta_0}{\eta_0} \tag{2-37}$$

（4）黏度值 VN

黏度相对增量与溶液中聚合物浓度的比值，mL/g，按式（2-38）计算：

$$VN = \frac{\eta - \eta_0}{\eta_0 \times \rho} \tag{2-38}$$

式中　ρ——聚合物浓度，g/mL

（5）特性黏度值 [η]

无限稀释下，黏度值的极限值，mL/g，按式（2-39）计算：

$$[\eta] = \lim_{\rho \to 0}(\eta - \eta_0)/(\eta_0 \cdot \rho) \tag{2-39}$$

注：在参考文献中，经常使用固有黏度，该值等于特性黏度值。在特性黏度值（以 mL/g 表示）和用其他方法测得的黏度值（以 mPa·s 表示）之间，没有通用的转换系数。

（6）聚合度 DP

纸浆中纤维素分子链平均长度的反应。

（二）测定原理

本方法原理是基于马丁的经验方程式。在 25℃ 条件下，测定规定浓度的稀溶液和纸浆溶液通过毛细管黏度计的时间。测定时要求 [η]×ρ 在 (3.0±0.4) 或 [η]×ρ 在 (3.0±0.1)，且测量是在切变速度 G_{max} = (200±30) s^{-1} 时进行。根据溶液的已知浓度，用马丁公式计算出特性黏度值。

（三）试剂

除非另有说明，在分析中应使用确认为分析纯的试剂和蒸馏水或去离子水或相当纯度的水。

① 铜乙二胺（CED）溶液：铜乙二胺溶液的浓度 c（CED）=(1.00±0.02)mol/L，每升溶液中含有 1.0mol/L 铜和 2.0mol/L 乙二胺，该溶液可以按照本节附录 A 的规定制备和标定，每个月至少标定一次。

② 甘油溶液：甘油溶液质量分数为 65%，黏度约为 10mPa·s。

③ 硝酸溶液：用于清洗铜线。

④ 丙酮：分析纯。

警告：丙酮是易燃物，应远离明火，不要用气体加热器，严格遵循相关安全规章制度。

（四）仪器

实验室常用仪器及装置。

（1）毛细管黏度计

① 带有水套的校准用毛细管黏度计：毛细管内径 (0.58±0.02)mm，蒸馏水或去离子水在此黏度计中的流出时间约为 60s，黏度计的尺寸规格见图 2-4。

② 带有水套的特性黏度值测定用毛细管黏度计（恒定切变速度）：毛细管内径（0.80±0.05)mm，（200±30）s^{-1} 的切变速度下，黏度为 10mPa·s 的溶液，流出时间约为 90s，其他尺寸规定见图 2-5。

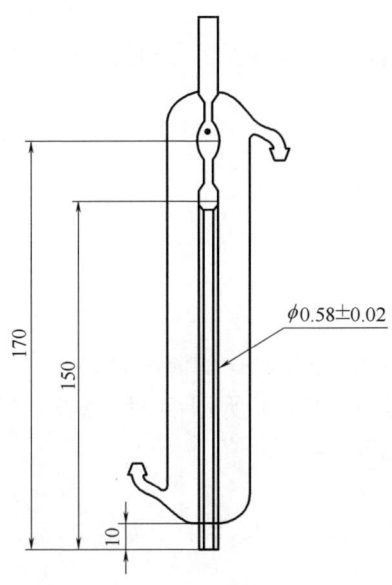

图 2-4 校准用毛细管黏度计

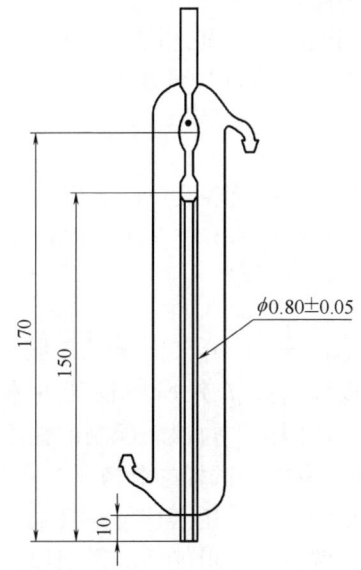

图 2-5 特性黏度值测定用毛细管黏度计

(2) 溶解瓶

体积约为 52mL，当瓶内注入 50mL 测试溶液时，可以通过挤压溶解瓶来驱除残留的空气。可以使用带有螺口盖和橡胶密封垫的聚乙烯瓶。分析人员可以采取一些方法排除空气，并在某个位置上用螺口盖封好瓶子。也可以通氮气排除空气。如果纸浆不易溶解，可使用扁形瓶。

(3) 恒温水浴

能控制温度在 25℃±0.1℃，具有内外两种循环方式。

(4) 铜线

直径约为 3mm，长 10～20mm 的紫铜线。用稀硝酸定期清洗铜线，随后用蒸馏水或去离子水彻底清洗，晒干后备用。

(5) 天平

精确至±0.1mg。

(6) 计时器

精确至 0.1s。

(7) 振动器或磁力搅拌器

用于搅拌试样。

（五）黏度计的校准

将各种校准用液体和黏度计的温度调节至（25.0±0.1）℃。

使用校准用黏度计按规定测定如下溶液的流出时间，单位为秒（s）：

① 蒸馏水或去离子水，t_w；

② 甘油溶液，t_c；

③ 0.5mol/L 铜乙二胺（CED）溶液，由相同体积的蒸馏水或去离子水与 1mol/L 的铜乙二胺溶液混合而成，t_{CED}。

每种液体至少进行两次测定并计算平均值。0.5mol/L 铜乙二胺溶液与蒸馏水的流出时间之比 t_{CED}/t_w，应在 1.27～1.29。

使用测试用黏度计按规定测定甘油溶液的流出时间。用式（2-40）和式（2-41）计算黏度计系数 f 和黏度计常数 h（s^{-1}）。

$$f = \frac{t_c}{t_v} \tag{2-40}$$

式中 t_c——甘油溶液在校准用黏度计中的流出时间，s

t_v——甘油溶液在测定用黏度计中的流出时间，s

$$h = \frac{f}{t_{CED}} \tag{2-41}$$

式中 t_{CED}——0.5mol/L 铜乙二胺（CED）溶液在校准用黏度计中的流出时间，s

黏度计系数 f 是所用仪器的常数，黏度计常数 h 取决于所用溶剂[铜乙二胺溶液（CED）]。因此，每次新配制的铜乙二胺（CED）溶液应测定 h 值。

（六）取样和试样的制备

如果测试结果用于评价一批纸浆，则应按照 GB/T 740—2003 取样。如果不是，则需报告试样来源，如果可能还应说明取样步骤。

称取约相当于 10g 绝干浆的试样，检查浆样，如果有纤维束，可用镊子取出，也可将浆样溶解在水中通过筛选除去。如果从试样中除去纤维束，则应在试验报告中说明，如果预料到纸浆在制备试验溶液时不易解离，则可使用合适的仪器在水中解离试样，然后在布氏漏斗中形成一张薄纸页。浆样或制备的纸页在室温下干燥至恒定质量，也可采用逐渐升温的方式干燥，但是温度不应超过 60℃。戴手套后，用手或镊子将干燥的浆样撕成小片，不应裁切或机械粉碎干燥浆样。

（七）试验步骤

1. 溶液浓度的选择

根据浆的不同特性黏度值，按表 2-2 所示确定称取试样的质量。如果试样大约的特性黏度值未知，则选用浓度为 125～150mg/50mL 的溶液，若测得的特性黏度值不在表 2-2 相应浓度所对应的范围内，则相应地调整浆浓度。

表 2-2　　　　　　　　根据试样待测特性黏度值选用的浓度 ρ

特性黏度值$[\eta]$/(mL/g)	试样质量/(mg/50mL)	浆浓度 ρ/(g/mL)
<650	250	0.005
651～850	200	0.004
851～1100	150	0.003
1101～1400	120	0.0024

注：当特性黏度值大于 1100mL/g 时，表 2-2 给出的浆浓度为近似值，特性黏度值小于或等于 1100mL/g，应选择合适的浆浓度，使 $[\eta] \times \rho$ 在（3.0±0.4）范围内。当特性黏度值大于 1100mL/g，应选择合适的浆浓度，使 $[\eta] \times \rho$ 在（3.0±0.1）范围内。

2. 试样称量

称取确定质量的试样，精确至±0.5mg，放入溶解瓶中。同时，称取一份试样测定水分。称取两份试样进行平行试验。

3. 测试溶液的准备

用移液管移取 25.0mL 水到溶解瓶中，如选用振动器则加入 5～10 根铜线，如选用磁力搅拌器则放入搅拌棒。盖紧瓶盖，震荡溶解瓶直至试样完全解离。

加入 25.0mL 铜乙二胺（CED）溶液，通过挤压溶解瓶排出残余的空气。重新盖紧溶解瓶，用振荡器或磁力搅拌器混合直至试样溶解。应保证试样的完全溶解，但不宜过分摇荡或搅拌，溶解时间应小于 30min。

经冷碱法处理的纸浆和高黏度的未漂纸浆有时会不易溶解。由于低浓度的铜乙二胺（CED）溶液有利于浆样溶解并可防止润胀。因此可以按照如下方法进行溶解：加入 25mL 水，盖紧瓶盖，震荡溶解瓶直至试样完全解离；然后加入 5mL 铜乙二胺（CED）溶液，混合溶解瓶；再加入 5mL 铜乙二胺（CED）溶液并混合溶解瓶，直至所加铜乙二胺（CED）溶液的总体积达到 25.0mL。

纸浆溶解后，将溶解瓶浸泡在恒温水浴中，直至温度达到 $(25\pm0.1)℃$。

4. 流出时间的测定

吸取足够的测试溶液于特性黏度值测定用毛细管黏度计中，保证溶液能毫无阻碍地自由排除。当凹液面到达最高刻度时，启动计时器，降低至最低刻度时停止计时器，记录溶液流出时间，精确到 $\pm0.2s$。每份测试溶液至少测定两次，两次测定结果差值应不超过 0.5%，计算平均值，作为测试溶液的流出时间。

（八）**结果计算**

（1）黏度比

黏度比 η_r 按式（2-42）计算：

$$\eta_r = \frac{\eta}{\eta_0} = h \times t \tag{2-42}$$

式中　η——测试溶液的黏度，mPa·s

　　　η_0——铜乙二胺（CED）溶液的黏度，mPa·s

　　　t——测试溶液的流出时间，s

　　　h——黏度计常数，s^{-1}

（2）浓度

纸浆在稀溶液[0.5mol/L 铜乙二胺（CED）溶液]中的浓度（以纸浆绝干质量计）ρ 按式（2-43）计算：

$$\rho = \frac{m}{50} \tag{2-43}$$

式中　ρ——纸浆在稀溶液[0.5mol/L 铜乙二胺（CED）溶液]中的浓度（以纸浆绝干质量计），g/mL

　　　m——纸浆绝干质量，g

　　　50——25mL 蒸馏水＋25mL 铜乙二胺（CED）溶液，mL

（3）特性黏度值

用由（1）计算所得的黏度比，从表 2-3 查得 $[\eta]\times\rho$ 的值。计算特性黏度值 $[\eta]$，结果精确至 1mL/g。

本节附录 B 中的数值由马丁公式（2-44）计算而得：

$$\lg[\eta] = \lg \frac{\eta \times \eta_0}{\eta_0 \times \rho} - k[\eta]\rho \tag{2-44}$$

式中 $\dfrac{\eta \times \eta_0}{\eta_0 \times \rho}$ ——黏度值，mL/g

k——经验常数［纸浆/铜乙二胺（CED）体系的 k 为 0.13］

ρ——纸浆在稀溶液［0.5mol/L 铜乙二胺（CED）溶液］中的浓度（以纸浆绝干质量计），g/mL

示例：

$h = 0.0821 \text{s}^{-1}$（由校准程序获得）

$t = 100 \text{s}$（测定）

$\rho = 0.00396 \text{g/mL}$（由试样质量和绝干物含量计算）

$$\eta_r = h \times t = 0.0821 \times 100 = 8.21$$

从附录 B 查得 $[\eta] \times \rho$ 相应的值为 2.967，因此，

$$[\eta] = \dfrac{2.967}{0.00396} = 749 (\text{mL/g}) \approx 750 (\text{mL/g})$$

（4）聚合度 DP 的计算

聚合度 DP 按式（2-45）计算：

$$DP^{0.905} = 0.75[\eta] \tag{2-45}$$

式中 DP——聚合度

特性黏度值修约到十位数，单位为 mL/g；聚合度根据选取的特性黏度值计算，修约到个位数。

附录 A（规范性附录）
铜乙二胺溶液（CED）的制备与分析

A.1 试剂

除非另有说明，在分析中应使用确认为分析纯的试剂盒蒸馏水或去离子水或相当纯度的水；

乙二胺（$C_2H_8N_2$）；

五水硫酸铜（$CuSO_4 \cdot 5H_2O$）；

氨水：每升含氨（NH_3）约 250g；

氯化钡溶液：每升含氯化钡（$BaCl_2$）约 100g；

碘化钾溶液：每升含碘化钾（KI）约 100g；

硫代硫酸钠（$Na_2S_2O_3$）溶液：0.1mol/L 标准溶液；

硫酸（H_2SO_4）：2mol/L 和 0.5mol/L 标准溶液；

氢氧化钠（NaOH）：20% 标准溶液；

淀粉指示剂：2g/L；

酚酞指示剂：50mL 乙醇（C_2H_5OH）中溶解 50mg 酚酞（$C_{20}H_{14}O_4$），用 50mL 蒸馏水或去离子水稀释；

20% 硫氰酸铵溶液：10g 硫氰酸铵晶体溶解于 50mL 蒸馏水或去离子水稀释；

甲基橙指示剂溶液：或 pH 指示范围 3.0~5.0 的任何适用的指示剂。

A.2 仪器

实验室常用设备及以下仪器。

① 试剂瓶：玻璃材料，细口（图 2-6）；
② 磁力搅拌器；
③ pH 计。

A.3 氢氧化铜的制备

将五水硫酸铜 250.0g 溶于约 2000mL 热水中，加热至沸，在剧烈搅拌下慢慢加入氨水至溶液为弱碱性（需氨水约 115mL）。让沉淀下沉，用倾泻法洗涤沉淀，先用热蒸馏水洗 4 次，再用冷蒸馏水洗 2 次，每次约用 1000mL 蒸馏水，然后再加入冷蒸馏水至溶液约 1500mL，冷却至 20℃以下（最好 10℃以下），在剧烈搅拌下慢慢浸入冷的氢氧化钠溶液 850mL。用蒸馏水以倾泻法洗涤沉淀出的 $Cu(OH)_2$，至洗液用酚酞指示剂检验无色，以及加入氯化钡溶液无沉淀为止。可以使用购买的不含氨、氯化物、硫酸盐、硝酸盐，且在 100℃加热 1h 仍保持蓝绿色的氢氧化铜 $Cu(OH)_2$ 制备铜乙二胺（CED）溶液，其用量为 (97.5±0.5) g。

A.4 铜乙二胺（CED）溶液的制备

使用足量的水将清洗过的氢氧化铜悬浮液转移至 1000mL 试剂瓶中，使用的水的总体积为 500mL，试剂瓶配有带两个玻璃管的橡皮塞，其中一个玻璃管是直的，其下端至瓶底距离大约 50mm 以内，另一个为直角的双侧导管，有两个直角玻璃管（B 和 C）并延伸至刚好通过橡皮塞。直角玻璃管（侧管 B 或侧管 C）一个连接真空容器另一个与氮气相连。压紧橡皮塞，在试剂瓶的玻璃管安装橡皮管，用吸滤器排除空气，再分 2 次冲入 14kPa 压力的氮气。在溶剂瓶长玻璃管的橡胶管插入一个漏斗，打开弹簧夹只允许乙二胺进入试剂瓶，制造一部分真空，然后加入乙二胺 110g（以 100%计），小心不要使空气进入瓶中。由于加入乙二胺的过程中会释放大量的热量，在最初的反应阶段中使试剂瓶置于冷水中。加入乙二胺后，液体上方的空气应该排空，然后分 3 次冲入 14kPa 压力的氮气。在 1h 的配制过程中摇动试剂瓶几次，然后静置 12～16h。应该收集到澄清的悬浮液，如果需要，溶液可使用砂芯漏斗减压过滤，然后在氮气条件下贮存。

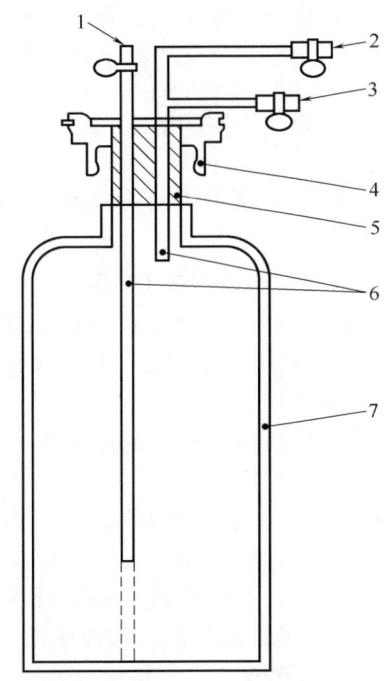

图 2-6 铜乙二胺（CED）溶液试剂瓶
1—玻璃管 A　2—玻璃管 B　3—玻璃管 C
4—弹簧夹　5—橡皮塞　6—玻璃管
7—玻璃瓶

A.5 铜浓度的测定

在室温环境下，用移液管移取 25mL 铜乙二胺（CED）溶液到 250mL 的容量瓶中，稀释到刻度。

注1：保存试样用于乙二胺浓度的测定。

用移液管移取 25mL 溶液至 250mL 三角瓶中，加入 30mL 碘化钾溶液和 50mL 2mol/L 的硫酸。

注2：溶液立刻呈现深棕色，然后非常快地变成深绿棕色，颜色变化是沉淀反应的结果。

用硫代硫酸钠标准溶液滴定混合液接近淀粉指示剂的终点（滴定至绿色保留 70%～75%），用淀粉溶液作为指示剂。

在滴定过程中，需不停地摇动混合液，最好用磁力搅拌器。

在即将达到淀粉溶液滴定终点前,加入 10mL 20%硫氰酸铵溶液。混合液又变成紫色,继续滴定至混合液褪去淡紫色,直至最终变成白色。

注3:白色沉淀显色几分钟后,最终的橙红色出现。

氢氧化铜中铜的浓度 c_{Cu}（mol/L）按式（2-46）计算:

$$c_{Cu}=0.04\times V_2 \qquad (2\text{-}46)$$

式中　V_2——滴定所消耗的硫代硫酸钠溶液,mL
　　　0.04——换算系数,mol/(L·mL)

A.6　乙二胺浓度的测定

用移液管移取 25mL 铜乙二胺（CED）溶液至 250mL 锥形烧瓶。加入 75mL 水,用 0.5mol/L 硫酸溶液滴定,用 pH 计指示滴定至 pH 为 3,或使用甲基橙指示剂指示,滴定过程中不断搅拌。

乙二胺溶液中乙二胺的浓度 c_{ED}（mol/L）按式（2-47）计算:

$$c_{ED}=0.2V_1-c_{Cu} \qquad (2\text{-}47)$$

式中　V_1——滴定所消耗的 0.5mol/L 硫酸溶液的体积,mL
　　　c_{Cu}——铜离子浓度,mol/L
　　　0.2——换算系数,mol/(L·mL)

A.7　乙二胺浓度、铜离子浓度及其比值的计算

乙二胺的浓度 c_{ED} 按式（2-48）计算:

$$c_{ED}=\frac{c_1 V_1 - c_2 V_2}{V_3 V_5}V_4 \qquad (2\text{-}48)$$

铜离子浓度 c_{Cu} 按式（2-49）计算:

$$c_{Cu}=\frac{c_2 V_2}{V_3 V_5}V_4 \qquad (2\text{-}49)$$

乙二胺浓度 c_{ED} 与铜离子浓度 c_{Cu} 比值 R 按式（2-50）计算:

$$R=\frac{c_{ED}}{c_{Cu}} \qquad (2\text{-}50)$$

式中　V_1——滴定用 0.5mol/L 硫酸溶液的体积,mL
　　　V_2——滴定用硫代硫酸钠溶液的体积,mL
　　　V_3——试样未稀释前的体积,mL
　　　V_4——试样稀释后的体积,mL
　　　V_5——滴定用溶液的体积,mL
　　　c_1——硫酸溶液的浓度（=0.5mol/L）,mol/L
　　　c_2——硫代硫酸钠溶液的浓度（=0.1mol/L）,mol/L
　　　c_{ED}——乙二胺的浓度,mol/L
　　　c_{Cu}——铜的浓度,mol/L
　　　R——乙二胺浓度与铜离子浓度的比值

比值 R 应为（2.00±0.04）,铜离子浓度应为（1.00±0.02）mol/L。如果比值 R 超过 2.00,加入氢氧化铜并不停地搅拌,再按以上方法测定。如果比值低于 1.92,应重新制备铜乙二胺（CED）溶液并测定比值 R。

附录 B（规范性附录）
不同黏度比 η_r 对应的 $[\eta]\times\rho$ 值

不同黏度比 η_r 对应的 $[\eta]\times\rho$ 值见表 2-3。

表 2-3　　　　　　　　不同黏度比 η_r 对应的 $[\eta]\times\rho$ 值

η_r	0.00	0.01	0.02	0.03	0.04	0.05	0.06	0.07	0.08	0.09
1.0	0.000	0.010	0.020	0.030	0.040	0.049	0.059	0.069	0.078	0.088
1.1	0.097	0.107	0.116	0.125	0.134	0.144	0.153	0.162	0.171	0.180
1.2	0.189	0.198	0.207	0.216	0.224	0.233	0.242	0.250	0.259	0.268
1.3	0.276	0.285	0.293	0.302	0.310	0.318	0.326	0.335	0.343	0.351
1.4	0.359	0.367	0.375	0.383	0.391	0.399	0.407	0.415	0.423	0.431
1.5	0.438	0.446	0.454	0.462	0.469	0.477	0.484	0.492	0.499	0.507
1.6	0.514	0.522	0.529	0.537	0.544	0.551	0.558	0.566	0.573	0.580
1.7	0.587	0.594	0.601	0.608	0.615	0.622	0.629	0.636	0.643	0.650
1.8	0.657	0.664	0.671	0.678	0.684	0.691	0.698	0.705	0.711	0.718
1.9	0.725	0.731	0.738	0.744	0.751	0.757	0.764	0.770	0.777	0.783
2.0	0.790	0.796	0.802	0.809	0.815	0.821	0.827	0.834	0.840	0.846
2.1	0.852	0.858	0.865	0.871	0.877	0.883	0.889	0.895	0.901	0.907
2.2	0.913	0.919	0.925	0.931	0.937	0.943	0.949	0.954	0.960	0.966
2.3	0.972	0.978	0.983	0.989	0.995	1.001	1.006	1.012	1.018	1.023
2.4	1.029	1.035	1.040	1.046	1.051	1.057	1.062	1.068	1.073	1.079
2.5	1.084	1.090	1.095	1.101	1.106	1.111	1.117	1.122	1.127	1.133
2.6	1.138	1.143	1.149	1.154	1.159	1.164	1.170	1.175	1.180	1.185
2.7	1.190	1.196	1.201	1.206	1.211	1.216	1.221	1.226	1.231	1.236
2.8	1.241	1.246	1.251	1.256	1.261	1.266	1.271	1.276	1.281	1.286
2.9	1.291	1.296	1.301	1.306	1.310	1.316	1.320	1.325	1.330	1.335
3.0	1.339	1.344	1.349	1.354	1.358	1.363	1.368	1.373	1.377	1.382
3.1	1.387	1.391	1.396	1.401	1.405	1.410	1.414	1.419	1.424	1.428
3.2	1.433	1.437	1.442	1.446	1.451	1.455	1.460	1.464	1.469	1.473
3.3	1.478	1.482	1.487	1.491	1.496	1.500	1.504	1.509	1.513	1.517
3.4	1.522	1.526	1.531	1.535	1.539	1.544	1.548	1.552	1.556	1.561
3.5	1.565	1.569	1.573	1.578	1.582	1.586	1.590	1.595	1.599	1.603
3.6	1.607	1.611	1.615	1.620	1.624	1.628	1.632	1.638	1.640	1.644
3.7	1.648	1.653	1.657	1.661	1.665	1.669	1.673	1.677	1.681	1.685
3.8	1.689	1.693	1.697	1.701	1.705	1.709	1.713	1.717	1.721	1.725
3.9	1.729	1.732	1.736	1.740	1.744	1.748	1.752	1.756	1.760	1.764
4.0	1.767	1.771	1.775	1.779	1.783	1.787	1.790	1.794	1.798	1.802
4.1	1.806	1.809	1.813	1.817	1.821	1.824	1.828	1.832	1.836	1.839
4.2	1.843	1.847	1.851	1.854	1.858	1.862	1.865	1.869	1.873	1.876
4.3	1.880	1.884	1.887	1.891	1.894	1.898	1.902	1.905	1.909	1.912
4.4	1.916	1.920	1.923	1.927	1.930	1.934	1.937	1.941	1.944	1.948
4.5	1.952	1.955	1.959	1.962	1.966	1.969	1.973	1.976	1.979	1.983
4.6	1.986	1.990	1.993	1.997	2.000	2.004	2.007	2.010	2.014	2.017
4.7	2.021	2.024	2.028	2.031	2.034	2.038	2.041	2.044	2.048	2.051
4.8	2.054	2.058	2.061	2.064	2.068	2.071	2.074	2.078	2.081	2.084
4.9	2.088	2.091	2.094	2.098	2.101	2.104	2.107	2.111	2.114	2.117
5.0	2.120	2.124	2.127	2.130	2.133	2.137	2.140	2.143	2.146	2.149
5.1	2.153	2.156	2.159	2.162	2.165	2.168	2.172	2.175	2.178	2.181
5.2	2.184	2.187	2.191	2.194	2.197	2.200	2.203	2.206	2.209	2.212
5.3	2.215	2.219	2.222	2.225	2.228	2.231	2.234	2.237	2.240	2.243
5.4	2.246	2.249	2.252	2.255	2.258	2.261	2.264	2.267	2.270	2.273
5.5	2.276	2.280	2.283	2.286	2.288	2.291	2.294	2.297	2.300	2.303
5.6	2.306	2.309	2.312	2.315	2.318	2.321	2.324	2.327	2.330	2.333
5.7	2.336	2.339	2.342	2.345	2.347	2.350	2.353	2.356	2.359	2.362
5.8	2.365	2.368	2.371	2.374	2.376	2.379	2.382	2.385	2.388	2.391
5.9	2.394	2.396	2.399	2.402	2.405	2.408	2.411	2.413	2.416	2.419

续表

η_r	0.00	0.01	0.02	0.03	0.04	0.05	0.06	0.07	0.08	0.09
6.0	2.422	2.425	2.427	2.430	2.433	2.436	2.439	2.441	2.444	2.447
6.1	2.450	2.452	2.455	2.458	2.461	2.463	2.466	2.469	2.472	2.475
6.2	2.477	2.480	2.483	2.485	2.488	2.491	2.494	2.496	2.499	2.502
6.3	2.504	2.507	2.510	2.512	2.515	2.518	2.521	2.523	2.526	2.529
6.4	2.531	2.534	2.537	2.539	2.542	2.545	2.547	2.550	2.552	2.555
6.5	2.558	2.560	2.563	2.566	2.568	2.571	2.573	2.576	2.579	2.581
6.6	2.584	2.587	2.589	2.592	2.594	2.597	2.599	2.602	2.605	2.607
6.7	2.610	2.612	2.615	2.617	2.620	2.623	2.625	2.628	2.630	2.633
6.8	2.635	2.638	2.640	2.643	2.645	2.648	2.651	2.653	2.656	2.659
6.9	2.661	2.663	2.666	2.668	2.671	2.673	2.676	2.678	2.681	2.683
7.0	2.686	2.688	2.690	2.693	2.695	2.698	2.700	2.703	2.705	2.708
7.1	2.710	2.713	2.715	2.718	2.720	2.722	2.725	2.727	2.730	2.732
7.2	2.735	2.737	2.739	2.742	2.744	2.747	2.749	2.752	2.754	2.756
7.3	2.758	2.761	2.764	2.766	2.768	2.771	2.773	2.775	2.778	2.780
7.4	2.783	2.785	2.787	2.790	2.792	2.794	2.797	2.799	2.801	2.804
7.5	2.806	2.809	2.811	2.813	2.816	2.818	2.820	2.823	2.825	2.827
7.6	2.829	2.832	2.834	2.836	2.839	2.841	2.843	2.846	2.848	2.850
7.7	2.853	2.855	2.857	2.859	2.862	2.864	2.866	2.869	2.871	2.873
7.8	2.875	2.878	2.880	2.882	2.885	2.887	2.889	2.891	2.894	2.896
7.9	2.898	2.900	2.903	2.905	2.907	2.909	2.911	2.914	2.916	2.918
8.0	2.920	2.923	2.925	2.927	2.929	2.932	2.934	2.936	2.938	2.940
8.1	2.943	2.945	2.947	2.949	2.951	2.954	2.956	2.958	2.960	2.962
8.2	2.964	2.967	2.969	2.971	2.973	2.975	2.978	2.980	2.982	2.984
8.3	2.986	2.988	2.991	2.993	2.995	2.997	2.999	3.001	3.003	3.006
8.4	3.008	3.010	3.012	3.014	3.016	3.018	3.020	3.023	3.025	3.027
8.5	3.029	3.031	3.033	3.035	3.037	3.040	3.042	3.044	3.046	3.048
8.6	3.050	3.052	3.054	3.056	3.058	3.061	3.063	3.065	3.067	3.069
8.7	3.071	3.073	3.075	3.077	3.079	3.081	3.083	3.085	3.087	3.090
8.8	3.092	3.094	3.096	3.098	3.100	3.102	3.104	3.106	3.108	3.110
8.9	3.112	3.114	3.116	3.118	3.120	3.122	3.124	3.126	3.128	3.130
9.0	3.132	3.134	3.136	3.138	3.140	3.142	3.144	3.147	3.149	3.151
9.1	3.153	3.155	3.157	3.159	3.161	3.163	3.165	3.166	3.168	3.170
9.2	3.172	3.174	3.176	3.178	3.180	3.182	3.184	3.186	3.188	3.190
9.3	3.192	3.194	3.196	3.198	3.200	3.202	3.204	3.206	3.208	3.210
9.4	3.212	3.214	3.216	3.218	3.220	3.222	3.223	3.225	3.227	3.229
9.5	3.231	3.233	3.235	3.237	3.239	3.241	3.243	3.245	3.247	3.249
9.6	3.250	3.252	3.254	3.256	3.258	3.260	3.262	3.264	3.266	3.268
9.7	3.270	3.271	3.273	3.275	3.277	3.279	3.281	3.283	3.285	3.287
9.8	3.288	3.290	3.292	3.294	3.296	3.298	3.300	3.302	3.303	3.305
9.9	3.307	3.309	3.311	3.313	3.315	3.316	3.318	3.320	3.322	3.324
10.0	3.326	3.344	3.363	3.381	3.399	3.416	3.434	3.452	3.469	3.487
11.0	3.504	3.521	3.538	3.554	3.571	3.588	3.604	3.620	3.636	3.653
12.0	3.669	3.684	3.700	3.716	3.731	3.747	3.762	3.777	3.792	3.807
13.0	3.822	3.837	3.852	3.866	3.881	3.895	3.910	3.924	3.938	3.952
14.0	3.966	3.980	3.994	4.008	4.021	4.035	4.048	4.062	4.075	4.088
15.0	4.101	4.115	4.128	4.141	4.153	4.166	4.179	4.192	4.204	4.217
16.0	4.229	4.242	4.254	4.266	4.279	4.291	4.303	4.315	4.327	4.339
17.0	4.351	4.362	4.374	4.386	4.397	4.409	4.420	4.432	4.443	4.455
18.0	4.466	4.477	4.488	4.499	4.510	4.521	4.532	4.543	4.554	4.565
19.0	4.576	4.586	4.597	4.608	4.618	4.629	4.639	4.650	4.660	4.670

(九) 注意事项

① 铜乙二胺溶液配制与标定时，比值 R 应为 (2.00 ± 0.04)，铜离子浓度应为 (1.00 ± 0.02)mol/L。溶剂浓度是测定结果准确性的基本保证。

由于铜乙二胺和乙二胺溶液会引起过敏，要避免与皮肤接触。乙二胺是挥发的，屡次的暴露可由于随后的激化引起剧烈的呼吸过敏症，不宜用嘴吸移液管移取铜乙二胺溶液。

② 黏度计毛细管的规格是测定数据准确性的关键，一定要挑选尺寸合格的毛细管用来制作黏度计。在测定前，要用配制好的铜乙二胺溶液对毛细管黏度计进行校准，求得黏度计常数。

③ 测定溶液黏度时，溶液温度是影响测定结果的重要因素。黏度计要采用超级恒温水浴控制温度在 (25 ± 0.1)℃；试样溶解瓶也要放在恒温水浴中调节温度在25℃左右。当试样溶液倒入黏度计后，要通过循环水恒温5min，确保溶液温度达到要求的范围。此时，可在黏度计毛细管的下口处塞上一小段装有玻璃球的橡皮管，以封住液体不流出，但须注意不要因此操作而使毛细管带入空气。待恒温时间和温度达到要求时，卸下橡皮管即可用秒表进行流出时间的测定。

④ 同一试样溶液在毛细管中的流出时间须测定两次以上，以其算术平均值报告结果。在测定中，由于纤维素的氧化作用，有可能出现随测定时间延长而黏度值逐渐下降（流出时间渐变短）的情况，因此测定操作应熟练和迅速。遇到此种情况，可取开始的三次数据平均值计算结果。

第十三节 功能基含量的测定

植物纤维原料中存在多种功能基，如甲氧基（—OCH_3）、乙酰基（CH_3CO—）、羟基（—OH，包括酚羟基和脂肪族羟基）、羰基（>C=O）和羧基（—COOH）等。甲氧基主要在木素上，少量在半纤维素及果胶上；乙酰基和羧基主要在半纤维素上，此外，果胶也含有大量的羧基，化学浆的纤维素也含有少量的羧基。

原料功能基的种类和数量在很大程度上影响木素及糖类的化学反应性和溶解性。因此，根据原料中功能基的含量，大致可以判断纤维原料的性能。

测定植物纤维原料和纸浆功能基含量的方法有化学法和仪器分析方法。本章重点介绍化学法和电化学法，其他现代仪器分析方法详见第八章仪器分析在制浆造纸工业中的应用。

在下面的论述中，首先分别介绍甲氧基、羟基和羧基等功能基的测定方法，然后介绍较新的非水滴定法（非水电导法和非水电位法）测定功能基的方法，供大家选用。非水滴定法可以在一次分析中，同时测定出两种或两种以上的功能基的含量。例如，采用非水电导法或非水电位法，可同时测定羧基和酚羟基的含量；采用非水电导法和离子交换法，可同时测定羧基和磺酸基的含量等。

一、甲氧基含量的测定

甲氧基是植物纤维原料的主要功能基之一。甲氧基主要存在于木素上，连接于木素芳香苯环上，部分连接到聚糖上。

木素甲氧基的含量是木素化学结构特征的重要方面，因此甲氧基测定在木素化学结构研究中具有重要的意义。根据木素的元素分析和甲氧基、羟基等功能基的测定，还可以推算出

木素的 C_9 单元经验式。国内外学者研究得出的不同原料的 C_9 单元经验式示例如下：

云杉磨木木素 $C_9H_{7.92}O_{2.40}(OCH_3)_{0.92}$

桦木磨木木素 $C_9H_{9.03}O_{2.77}(OCH_3)_{1.58}$

山毛榉磨木木素 $C_9H_{8.50}O_{2.86}(OCH_3)_{1.42}$

杨木磨木木素 $C_9H_{8.35}O_{2.83}(OCH_3)_{1.43}$

稻草磨木木素 $C_9H_{7.44}O_{3.38}(OCH_3)_{1.03}$

麦草磨木木素 $C_9H_{7.39}O_{3.00}(OCH_3)_{1.09}$

芦苇磨木木素 $C_9H_{7.39}O_{3.53}(OCH_3)_{1.20}$

蔗渣磨木木素 $C_9H_{7.34}O_{3.50}(OCH_3)_{1.25}$

毛竹磨木木素 $C_9H_{7.20}O_{2.84}(OCH_3)_{1.24}$

根据甲氧基含量还可以推论木素中愈创木基丙烷和紫丁香基丙烷的比率，以及在制浆漂白过程中木素结构的变化。据研究，云杉木素每 100 个 C_9 单元中有 0.92 个甲氧基，愈创木基丙烷（V）、对苯羟基丙烷（H）和紫丁香基丙烷（S）的比率为 V：H：S＝80：14：6；阔叶木木素 S/V 为 1～5（通常为 3）；禾草类木素 S/V 为 0.5～1.0。

各种植物纤维原料的木素，由于化学结构不同，因而甲氧基含量有所差别，木素中甲氧基含量的多少与木素结构中苯丙烷单元类型有关。一般针叶木木素中甲氧基含量为 13.6%～16%；温带阔叶木木素为 17%～22%；热带阔叶材为 15%～18.5%；禾草类木素为 12%～16%。阔叶木木素的甲氧基含量比针叶木高，这是因为阔叶木的木素除愈创木基（苯环上带有一个甲氧基）外，尚含有较多的紫丁香基（苯环上带有二个甲氧基）。

甲氧基除主要分布于木素上之外，还有少量存在于半纤维素和果胶上。与聚糖连接的甲氧基占其总量的 10%～15%，主要在聚木糖的侧链上，以 4-O-甲基-D 葡萄糖尾酸形式存在。果胶质中甲氧基含量的高低，对果胶的性质也会产生影响。在同一聚合度时，果胶质中甲氧基含量越高，生成盐的羟基越少，则果胶质在水中的溶解度就越大。

测定甲氧基含量的方法有化学法（质量法和容量法）与仪器分析法（色谱法、核磁共振法和电化学法等）。

本节重点介绍化学法中的溴化法，又称维伯克（ViebÖck）法。该方法具有准确度较高、操作较简便、迅速等优点，因此目前应用较广泛。

（一）溴化法的测定原理

化学法测定甲氧基含量的基本原理是，使试样与浓碘氢酸作用，使木素中的甲氧基被裂解，生成碘化甲烷蒸馏而出。然后采用不同的吸收剂吸收碘化甲烷，并测定其生成的化合物含量，从而确定出甲氧基的含量。根据吸收剂的不同，有硝酸银法、溴化法和氮苯法等。其中，硝酸银法为重量法；氮苯法和溴化法为容量法。

溴化法是以溴作为吸收剂的容量法测定甲氧基含量的方法。

试样与浓碘氢酸作用，木素中的甲氧基被裂解，生成碘化甲烷蒸馏而出，其化学反应式为：

$$ROCH_3 + HI \longrightarrow ROH + CH_3I \uparrow$$

然后用溴作为吸收剂，使碘化甲烷被溶有溴的乙酸钠-乙酸溶液吸收，并与溴作用生成溴化碘。溴化碘又被溴氧化成碘酸。再加入甲酸以破坏多余的溴。待确定已无溴时，加入碘化钾，用硫代硫酸钠标准溶液滴定游离出的碘，从而计算出甲氧基的含量。其化学反应式如下：

$$CH_3I + Br_2 \longrightarrow CH_3Br + IBr$$
$$IBr + 2Br_2 + 3H_2O \longrightarrow HIO_3 + 5HBr$$
$$HIO_3 + 5KI + 5H^+ \longrightarrow 3I_2 + 3H_2O + 5K^+$$
$$I_2 + 2Na_2S_2O_3 \longrightarrow 2NaI + Na_2S_4O_6$$

溴化法可用于微量或半微量分析。此法也适用于含硫化合物的分析,即可用于测定硫酸盐浆和亚硫酸盐浆及其废液中甲氧基的含量。

(二) 仪器

① 甲氧基测定装置(改进的 ViebÖck 甲氧基测定仪如图 2-7);
② 二氧化碳气体发生器或二氧化碳钢瓶;
③ 二氧化碳洗涤瓶;
④ 空心胶囊:装试样用。

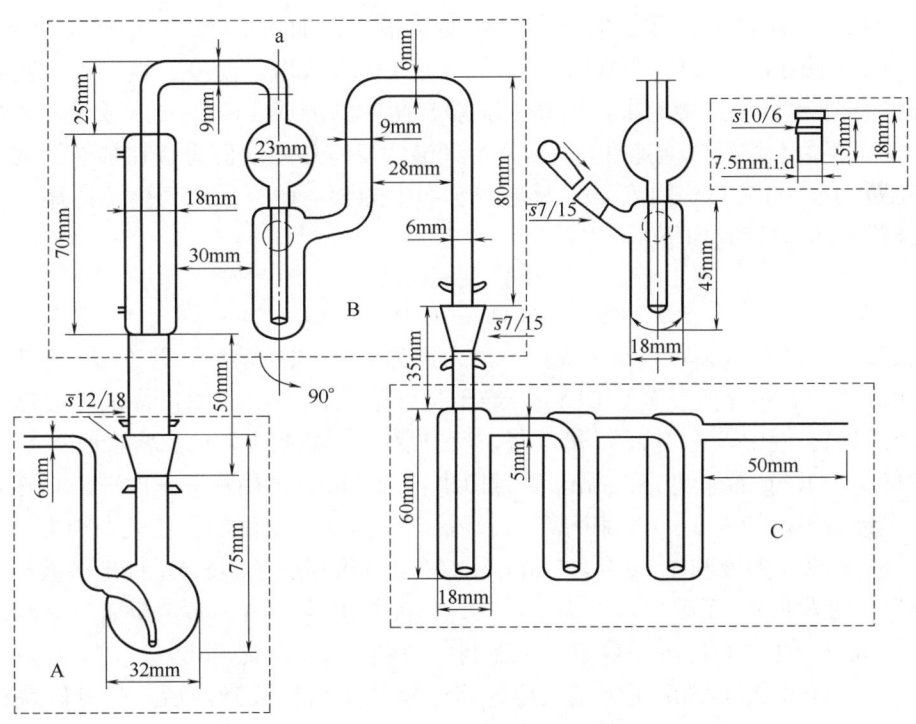

图 2-7 改进的 ViebÖck 甲氧基测定仪
A—反应瓶 B—洗涤瓶 C—吸收瓶

(三) 试剂

① 新蒸恒沸点的 HI(100mL HI+1g 红磷):在 250mL 三口圆底烧瓶中进行蒸馏。在 CO_2 气体保护下,回流 2h,然后蒸馏。收集恒沸点 126～127℃的馏出液,将馏出液分成 5mL 为一份,每份转移至 5mL 棕色容量瓶中,用 N_2 充满后,用蜡封口,存于冰箱中,备用。

② 重蒸蒸馏水:将蒸馏水重蒸,用于洗涤红磷至中性。

③ 红磷的准备:取 5g 红磷,加入 50mL 50g/L 的氨水中,在水浴上煮 30min,沉淀物用重蒸蒸馏水洗涤直至洗涤水呈中性。然后用无水乙醇洗涤,将纯化后的红磷在 100℃下烘干,贮存于干燥器中备用。

④ 苯酚。

⑤ 乙酸钠溶液：溶解 20g 纯的结晶乙酸钠（CH_3COONa）于 80g 96% 的乙酸中。

⑥ 溴（Br_2）。

⑦ 饱和 $NaHCO_3$ 溶液：用蒸馏水配制。

⑧ 10g/L 淀粉指示剂。

⑨ 10%（质量分数）H_2SO_4 溶液。

⑩ $Na_2S_2O_3$ 标准溶液：0.05mo/L（$1/2Na_2S_2O_3$）。

（四）测定步骤

此处介绍改进的 Vieböck-Schwappach 法。

在反应瓶 A 中，放入 5mL 新蒸馏的恒沸点的 HI、数枚苯酚和 25mg 红磷（加入苯酚的目的是增加木素的溶解度）。在 B 中的洗涤器中加入 3mL 蒸馏水。C 中的第一个气体吸收瓶内放入 1.5~2mL 含 20% 乙酸钠的 96% 冰乙酸溶液，再加入 10~20 滴 Br_2，并轻轻摇动。最后用 20% 乙酸钠溶液将第一个吸收瓶充满，倾斜 C 吸收瓶，使吸收液在三个吸收瓶中均匀分配。将 A 瓶和 B 瓶连接起来，用塞子塞紧 B 瓶中的侧壁。CO_2 气体慢慢地通过气体入口管进入反应瓶中，控制气泡速度每 10s 6 个气泡。反应瓶中的混合液在加热器或油浴状态下（油浴温度 145~150℃）回流 2h，反应混合物中的游离碘或反应产生的游离碘被红磷转换成碘氢酸。反应方程式如下：

$$2P + 3I_2 \longrightarrow 2PI_3$$

$$2PI_3 + 3H_2O \longrightarrow 3HI + H_3PO_3$$

回流 2h 后，将蒸馏水从 B 瓶中吸出，加入饱和 $NaHCO_3$ 溶液，并连接 C 瓶和 B 瓶。

精确称取约 10mg（称准至 0.01mg）绝干试样放入洁净容器中，将试样通过反应瓶的顶部投入反应混合液中，连接 A 瓶和 B 瓶，反应混合液继续回流 1h。将吸收瓶 C 中的反应混合液转移至含 1.5g 醋酸钠的 250mL 碘量瓶中，用 20mL 蒸馏水分三次洗涤 C 瓶，洗涤液也转移至碘量瓶中，加入 5~10 滴甲酸，轻轻摇动碘量瓶，至溴的棕色完全消失。然后加入 3mL 10% 的 H_2SO_4 溶液和 1.5gKI，5min 后，用 0.05mol/L $Na_2S_2O_3$ 标准溶液标定至游离碘将要消失（淡黄色），而后加入 1~2mL 10g/L 淀粉溶液，继续滴定至蓝色完全消失。因为 1mL 1mol/L 的（$1/2Na_2S_2O_3$）溶液与 5.1706mg 甲氧基反应，1mL 0.05mol/L（$1/2Na_2S_2O_3$）与 0.25853mg 甲氧基反应，当甲氧基空白试验确定后，就可以获得准确的结果。试样的甲氧基含量 w_{CH_3O}（%）计算如式（2-51）：

$$w_{CH_3O}（以试剂制备物为基准）= \frac{(V_s - V_b) \times c \times 5.1706 \times f}{m} \times 100(\%) \tag{2-51}$$

式中　V_s——滴定试样时所耗用的（$1/2Na_2S_2O_3$）标准溶液的体积，mL

V_b——空白滴定时所耗用的（$1/2Na_2S_2O_3$）标准溶液的体积，mL

c——（$1/2Na_2S_2O_3$）标准溶液的浓度，mol/L

f——滴定时（$1/2Na_2S_2O_3$）标准溶液的校正系数，一般 f 均为 1

m——试样绝干质量，mg

5.1706——甲氧基毫摩尔质量，mg/mmol

（五）注意事项

① 各仪器连接处的磨口部位要用苯酚密封，以避免反应时气体逸出。

② 当回流 2h 以后，向反应瓶中投入试样时速度要快，并赶紧封口。

③ 一定要控制好通入 CO_2 时气泡的速度,掌握在每分钟 36 个气泡。

④ 甘油浴温度 145~150℃,冷凝水温度控制在 45℃。

⑤ 当反应结束后,用蒸馏水洗涤瓶 C 时要尽量洗净,每次加一管吸收瓶的蒸馏水(为 7~8mL)。

⑥ 反应结束后,若因为苯酚封口太严而无法取下 C 瓶,可先用吹风机吹密封处,使苯酚稍微融化,再取下 C 瓶,切不可强行取下,以免折断仪器。

⑦ 反应结束后,洗涤甲氧基仪器时,先用洗液洗,若瓶口处有苯酚,可用热水洗一下,以洗去苯酚,最后用蒸馏水洗净。若要马上再做下一个试样的试验,可用少许丙酮洗,用吹风机吹干即可进行下一个样品测定。

⑧ 氢碘酸溶液中 HI 含量为 45%。收集蒸馏出来的 HI 时,要待冷凝液变为淡黄色时才开始收集。这是因为刚开始蒸馏出来的是无色的液体,可能是蒸馏水;而后冷凝液稍微显红色,可能是 I_2 出来了;再后,蒸馏液才呈淡黄色,此时开始收集,保险系数比较大。此外,在蒸馏 HI 时,红磷可以多加一些。同时还要注意,蒸馏 HI 时,不能将底瓶内容物蒸干,必须在蒸干之前停止加热,而且须待仪器冷却至室温后方可拆卸仪器,否则热的氢碘酸蒸汽被氧化,可能发生爆炸。

二、羟基含量的测定

在原料和纸浆的木素、纤维素和半纤维素中存在大量的羟基,测定羟基含量对于研究木素与纤维素的化学结构具有重要意义。

木素中的羟基有两种类型,一种是存在于木素结构单元苯环上的酚羟基,另一种是存在于木素结构单元侧链上的脂肪族羟基(醇羟基)。木素中的这两种羟基都是活泼的反应基团。羟基的存在对木素的化学性质有较大影响。

存在于苯环上的酚羟基中一小部分是以游离酚羟基存在,大部分是与其他木素结构单元连接,呈醚化了的形式存在。存在于木素结构单元侧链上的脂肪族羟基可以分布在 α-碳原子和 β、γ-碳原子上,它们以游离的羟基存在,也有成醚的联结形式和其他烷基、芳基联结的。

由于木素的化学不稳定性,经不同的化学处理后,木素的羟基含量变化较大。例如,在温和条件下制备的盐酸木素每 5.0~5.3 个木素单元中含有一个酚羟基;木素磺酸盐中每 3.9 个木素单元含一个酚羟基;而充分缔合了的酸木素几乎未发现有羟基存在。

除木素结构单元中含有羟基外,在纤维素的化学结构中也含有羟基。纤维素中每个葡萄糖基环均具有 3 个羟基,它们分别处于葡萄糖基环的 2,3,6 位,其中在第 6 位碳原子 C 上的羟基为伯醇羟基,而 C_2、C_3 上的羟基是仲醇羟基。这些羟基的存在直接影响到纤维素的化学性质,如纤维素的酯化、醚化、氧化、接枝共聚等反应,以及纤维素分子间的氢键作用。纤维素纤维的润胀与溶解性能等都和纤维素大分子上的羟基有关。

测定羟基含量的方法有化学法和仪器分析的方法。先进的仪器分析方法测定羟基含量可采用核磁共振法、气相色谱法、紫外光谱法或电化学法等。在 ^{1}H-NMR 波谱中,2.50~2.1mg/kg 处代表酚羟基,2.17~1.70mg/kg 处代表醇羟基。气相色谱法测定酚羟基含量时,先用硫酸二甲酯乙基化,然后测定乙烷含量,再换算出酚羟基含量;或是用高锰酸盐氧化使之脱甲氧基,生成甲醇,用气相色谱法测定甲醇含量,再换算成酚羟基含量。此外,还可采用紫外光谱法,在波长 300nm 或 250nm 下测定木素的酚羟基含量。

木素中的酚羟基和醇羟基的总量称为总羟基含量。化学法测定木素中羟基含量的方法，通常是同时测定总羟基含量和酚羟基含量，通过两者之差再计算出醇羟基含量。

（一）总羟基的测定

木素中总羟基含量测定可以采用多种方法。例如，可以通过测定木素经硫酸二甲酯或重氮甲烷或盐酸甲醇等甲基化后增加的甲氧基数量来计算而得；或用乙酰化试剂对木素的羟基反应，再以氢氧化钠溶液滴定产生的酸量，通过计算得出总羟基含量。

由于木素中总羟基含量测定方法很多，具体操作时需认真查阅相关资料。下面介绍Kuhn-Roth法（参见本章参考文献3）。

1. 测定原理

木素结构中的总游离羟基都可用乙酰化剂如乙酸酐与之反应，同时产生出乙酸，其反应如下：

$$—OH^- + (CH_3CO)_2O \longrightarrow —O(CH_3CO) + CH_3COOH$$

所用乙酸酐是其与吡啶的等分子混合物，反应终了加丙酮与水，以稳定乙酰化木素。最后用氢氧化钠标准溶液滴定，终点以酚酞指示剂指示，或用电位滴定，通过计算得出乙酰基的含量。然后根据木素中的羟基在乙酰化过程中转化为乙酰基时，是以1对1摩尔为基础的，即木素的总羟基含量等于乙酰化木素的乙酰基含量，从而即可计算出木素中的总羟基含量。

2. 测定方法

(1) 木素的乙酰化

① 试剂：a. 乙酸酐：新蒸的，沸点138～140℃；b. 丙酮：新蒸的，沸点55～56℃；c. 二氯甲烷：沸点39～40℃；d. 乙醇：无水沸点78～79℃；e. 盐酸：2mol/L；f. 甲醇：沸点64～65℃；g. 氮气：瓶装，带有控压和体积计量装置的钢瓶；h. 五氧化二磷：98%，粉末；i. 吡啶：新蒸的，沸点113～115℃，并KOH脱水；j. 甲苯：新蒸的，沸点110～111℃。

② 乙酰化步骤

A. 在烧杯中放入100mg提纯的木素试样和2mL乙酸酐-无水吡啶试剂（1:1，体积比），经充分震荡直至木素被溶解。烧杯用表玻璃盖上，在室温下氮气中保持48h。向反应混合物中添加10mL冰冷的甲醇-二氯甲烷溶液（1:8，体积比），并不时地搅拌30min。此后将该反应物转移至25mL分液漏斗中，用2mol/L HCl 5mL洗几次（注1）至无吡啶为止。

B. 溶液用5mL水洗2次，过滤，并在减压下除去溶剂，得到的乙酰化木素在五氧化二磷存在的真空干燥箱中，于50℃下进行真空干燥，得到产品120～130g。

C. 或者将100mL甲苯加入装有上述反应混合物的250mL圆底烧瓶中。乙酸酐、乙酸和吡啶作为共沸混合物，在40℃下借旋转蒸发器除去。在除甲苯过程中，在溶液里加入少量丙酮，以稳定乙酰化木素。如有必要，可重复上述操作，以确保完全除去乙酰化试剂，残余甲苯可借加入70mL乙醇-丙酮（1:1，体积比）混合液，以共沸形式除去。产物在50℃下真空干燥箱中干燥，产量约130mg（注2）。

(2) 总乙酰基的测定

① 试剂：a. 氯化钡：结晶；b. 甲醇：加入足量的粒状氢氧化钾回流15min，以除去残余酸，并蒸馏，沸点64～65℃；c. 偏磷酸：粉末；d. 氢氧化钾溶液：500g/L水溶液；

e. 氢氧化钠溶液：甲醇-水的 1mol/L 溶液，将 4g 的球状 NaOH 溶解于 50mL 水和 50mL 甲醇中；f. 碱石灰小球；g. 硫酸：6.5mol/L H_2SO_4，将 100mL 浓硫酸倾入 200mL 水中；h. 酚酞溶液：10g/L；i. 氢氧化钠标准溶液：0.01mol/L NaOH。

② 仪器：Kuhn-Roth 法测定乙酰基的装置见图 2-8。该装置由气流调节器（Ⅰ）、反应器（Ⅱ）和冷凝器（Ⅲ）等部分组成。在单元Ⅰ中的气泡计数器 D 中充有 500g/L 氢氧化钾溶液，U 形管 E 中充有碱石灰。单元Ⅱ中的反应瓶是由耐热玻璃制成，容积约 45mL。它装有内径为 2mm 的细管通过瓶颈 A（80mm×6mm 内径）插入烧瓶底部；漏斗通过瓶颈 B（80mm×6mm 内径），伸进与瓶子结合处以下。漏斗有内磨口接合面，与玻璃插头 S 相配合。当玻璃插头堵上时，漏斗容积为 8mL，并且有 2mL 和 7mL 的水平标记。在单元Ⅲ中，瓶颈 C（65mm×5mm 内径）与水平方向成 50°，通过真空密合磨口接头与冷凝器（长 36mm）相连接。在反应器上安装冷凝器可有两种位置：回流方式和蒸馏方式。在每次测定之前，单元Ⅱ、Ⅲ的所有玻璃部分均应仔细用蒸馏水洗净，并干燥。

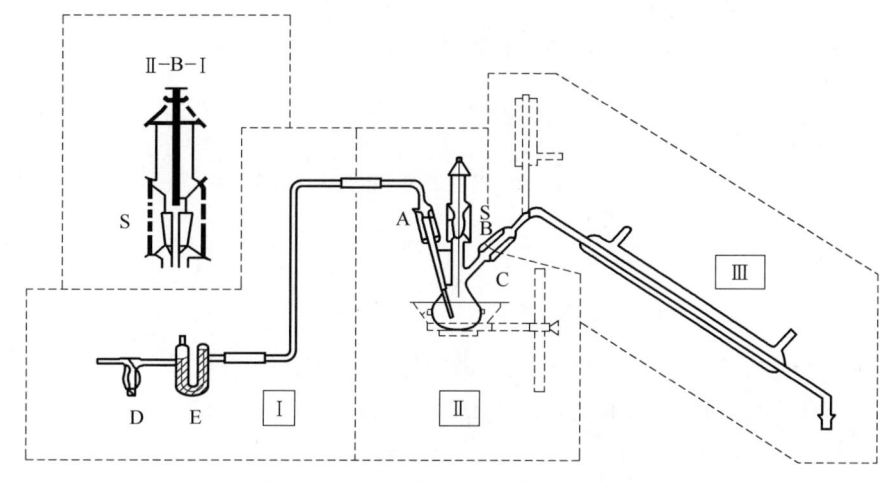

图 2-8　Kahn-Roth 法测定乙酰基装置
Ⅰ—气流调节器　Ⅱ—反应器　Ⅲ—冷凝器
Ⅱ-B-Ⅰ—单元Ⅱ中带有玻璃插头（S）的漏斗放大图

③ 乙酰基测定步骤

A. 氮气经过鼓泡计数器进入该装置中，通气速度约每分钟 50 个气泡。冷凝器紧密地与反应瓶颈 C 相接，在回流位置上时，用一滴水作为润滑剂使瓶颈接口密封。在反应瓶中放入 1mol/L 甲醇-水的氢氧化钠溶液 4mL，在外径为 5mm 的微量称量瓶中准确称取大约 10mg（精确至 0.01mg）干燥的纯制乙酰化木素试样（注 3），并立即投入反应瓶中。

B. 气体进口以及漏斗各连接件接口处用偏磷酸润湿，将其接牢。向带玻璃插头的漏斗加入 1～2mL 水，反应瓶中的溶液在水浴中仔细回流 1h，然后冷却。此后，当将漏斗的玻璃插头第一次拔开后，冷凝器用洗瓶加入 4～6mL 水冲洗。然后再将漏斗中的玻璃插头复位。

C. 随后拿掉冷凝器，用 100～200mL 水冲洗，并牢固地将其接到烧瓶的蒸馏位置。约有 5mL 主要由甲醇构成的反应混合物被蒸出之后，再次用 100～200mL 水冲洗冷凝器后，并再接至烧瓶上。

D. 用滴管将 1mL 6.5mol/L H_2SO_4 滴加到漏斗中。小心地抬起插头，使硫酸流入烧瓶中。漏斗用2～3mL水冲洗,并将插头再插上。在漏斗中加水至7mL的标记处。在加入少许沸石后,以每5min有5～6mL反应混合物产生的速率进行蒸馏。将馏出物收集到一个75mL的锥形瓶中。当烧瓶中的残留物体积还有2～3mL时,不中断蒸馏,将漏斗塞子抬起,使水流进烧瓶中,至水面降到烧瓶刻度2mL处为止。反复添加5mL水,直到蒸馏完成。当收集到最初的20mL蒸馏物时(注4),采用锥形瓶与冷凝器接触的方法,移去附着于冷凝器上的馏出物,同时另取一500mL锥形瓶放到冷凝器的下端。

E. 继续蒸馏时,在第一个锥形瓶中加入2～3粒氯化钡晶体,将蒸馏物温和地煮沸几秒钟,以赶除二氧化碳。如果出现混浊现象,则可断定存在问题(注5);若蒸馏物依旧透明,则可用0.01mol/L NaOH标准溶液在加入4～5滴酚酞溶液后进行滴定(注6)。后面的馏出物均按上述方法加以处理。如果在滴定最初的蒸馏物时,氢氧化钠标准溶液用量少于4mL,则后面的10mL蒸馏物照样进行滴定;但当最初蒸馏物中的乙酸耗用的氢氧化钠标准溶液量大于4mL时,则另收集3份各5mL的蒸馏物,分别按上法进行滴定。

注1:实验用水最好用二次蒸馏水或去离子水。
注2:空白试验表明,该产物中有少量与木素无关的低相对分子质量的杂质,这些杂质不会被[13]CNMR光谱检测出来。
注3:若无合适的微量称量瓶,也可用一小白金燃烧皿。
注4:在这时蒸馏尚未完成。
注5:浑浊是由于携带出的硫酸或(和)磺酸所致,这些酸的存在会导致试验误差。故若出现浑浊,则应重做。
注6:滴定用10mL或25mL的滴定管完成。

④ 乙酰基含量(%)计算如式(2-52):

$$乙酰基含量(以乙酰木素计) = \frac{V \times c \times 43.044}{m} \times 100(\%) \quad (2-52)$$

式中 V——滴定时所耗用的NaOH标准溶液的体积,mL
 c——NaOH标准溶液的浓度,mol/L
 m——试样绝干质量,mg
43.044——与1mL的1mol/L NaOH标准溶液相当的乙酰基的质量,mg/mmol

(3) 总羟基含量的测定

由于羟基在乙酰化过程中转化为乙酰基时,是以1对1摩尔为基础的,木素的总羟基含量等于乙酰化木素的总乙酰基含量。乙酰化木素的甲氧基含量是可以测定出来的,故木素总羟基含量可以从甲氧基含量计算出来。

$$总—OH/—OCH_3(以木素计的摩尔比) = 总乙酰基/—OCH_3(摩尔比,以乙酰木素计)$$

$$= \frac{31.034 \times 总乙酰基含量(\%)}{43.044 \times OCH_3(\%)}$$

木素的总羟基含量也可以[总—OH/C_9(mol/C_9单元)]表示,如式(2-53)计算:

$$总—OH/C_9(mol/C_9单元) = (总—OH/—OCH_3) \times Y \quad (2-53)$$

式中 C_9——木素的C_9结构单元
 Y——以mol/C_9单元表示的木素中甲氧基含量

木素中总—OH/C_9单元的含量,也可以从乙酰化木素的元素组成C(%)、H(%)及总乙酰基和甲氧基含量直接计算出来。

(二)酚羟基含量的测定

木素中酚羟基的测定方法有:重氮甲烷法、氨解法、电位滴定法、离子差示光谱法、高碘酸盐氧化法、[1]H—NMR法和气相色谱法等。这些方法都有一定的缺点,有些方法不够准确，有些方法要求很高，有些方法较为复杂。

随着科学技术的发展，非水电导滴定法和电位滴定法被用来测定木素中酚羟基和羧基的含量，这是较新的方法。

目前高碘酸盐氧化法和非水电导滴定法测定酚羟基含量的方法应用较为广泛。

高碘酸盐氧化法的测定原理是基于木素的酚羟基带有甲氧基在邻位，用高碘酸盐进行氧化脱甲氧基作用，即形成相应的邻醌和一个分子的甲醇。反应式如下：

$$\underset{\underset{OH}{\overset{R}{\bigcirc}}{OCH_3}}{} \xrightarrow{IO_4^-} \underset{\underset{O}{\overset{R_1}{\bigcirc}}{O}}{R} + CH_3OH$$

R＝木素侧链

R_1＝H，OCH_3 或木素单元

甲醇的含量可采用气相色谱法或分光光度法测定出来，测得的甲醇数量即是游离的酚羟基数目。此法所得结果需做实验以校正木素中存在的对-羟苯基单元，这种单元不适用此法测定。

非水电导滴定法和非水电位滴定法测定酚羟基含量是较新的方法，而且还可同时测定出羧基含量。本章重点介绍这种方法，其测定原理和测定方法详见本节第四部分"羧基和酚羟基含量的同时测定法（非水电导滴定法和非水电位滴定法）"。

（三）醇羟基含量的测定

$$醇羟基含量(\%) = 总羟基含量(\%) - 酚羟基含量(\%) \tag{2-54}$$

醇羟基含量由总羟基含量与酚羟基含量之差计算求得。

三、羧基含量的测定

植物纤维原料中的羧基（—COOH）主要存在于半纤维素中，陆地植物的大多数半纤维素中都含有 4-氧-甲基-D 葡萄糖尾酸、D-半乳糖尾酸、D-葡萄糖尾酸等，树木中的葡萄糖尾酸与木糖连接，而 D-半乳糖尾酸则与果胶相连。阔叶木中的糖醛酸含量约（5%）比针叶木的含量（2.5%～3%）约多 1 倍。

纸浆的羧基，一部分存在于纤维素的降解产物——氧化纤维素中，另一部分存在于半纤维素及其降解产物中。羧基的存在对纸浆的质量有影响。如电气用纸的稳定性及其性能、黏胶人造丝浆的老化速度均与和纸浆中羧基相结合的阳离子有关。因此对这些浆种进行羧基的测定是有意义的。

测定羧基的含量可采用多种方法。如：直接用碱滴定；与磷-硝基酚银盐的交换反应；与亚甲蓝作用；测定纸浆与 12% 盐酸共热后所放出的二氧化碳数量；碳酸氢钠-氯化钠法；电导滴定法和动态离子交换法等。其中，动态乙酸钙离子交换法和碳酸氢钠-氯化钠法应用较广泛。

上述方法各具有其优缺点。例如：动态离子交换法操作简单、省时且测定时不受温度影响，但在测定中必须严格遵守规定条件；碳酸氢钠-氯化钠法具有快速、简便的优点，无需特殊仪器。但如试样中含有磺酸基，则对测定有干扰。此外，在测定中需用 CO_2 饱和的蒸馏水洗涤试样。

下面介绍动态醋酸钙离子交换法（已列为国家标准方法《GB/T 10338—2008　纸浆　羧

基含量的测定》)。

动态离子交换法

动态离子交换法规定了用钙离子交换和 EDTA 容量法确定纸浆中羧基含量的测定方法。本方法适用于漂白浆及未漂浆羧基含量的测定。

1. 测定原理

钙溶液经过纸浆纤维做成的滤饼,钙离子与纤维中的羧基发生反应,用 EDTA 滴定过滤前后的钙溶液,测定钙离子的消耗量,以计算纤维的阳离子交换能力,从而测定纸浆中的羧基含量。

钙与羧基反应的离子反应式:

$$Ca^{2+} + 2R\text{—}COOH = Ca(RCOO)_2 + 2H^+$$

溶液中的钙离子经过纤维滤饼,部分钙离子与纤维中的羧基发生反应。

溶液游离钙离子与 EDTA 的络合滴定的离子反应式:

$$Ca^{2+} + H_2Y^{2-} = 2H^+ + CaY^{2-}$$

溶液中的钙离子与 EDTA 络合反应。

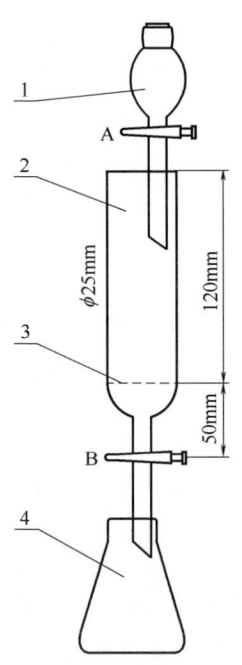

图 2-9 离子交换反应装置
1—分液漏斗 2—层析玻璃柱
3—玻璃砂芯(可用 2 号砂芯)
4—接收瓶
A,B—活塞
注:脱盐时用三角烧瓶或烧杯,钙离子交换时用 250mL 的容量瓶。

2. 仪器

一般实验室仪器及装置。

① 离子交换反应装置,见图 2-9。

② 湿浆解离器,结构见 ISO 5263-1,也可用能完全解离并对纤维损伤最小的高速搅拌器代替。

3. 试剂

除非另有说明,在分析中仅使用确认为分析纯的试剂和蒸馏水或去离子水或相当纯度的水。

① Mg^{2+}-EDTA 溶液:溶解 0.5g 乙二胺四乙酸二钠(EDTA 二钠盐)($Na_2H_2Y \cdot 2H_2O$)及 0.0125g 氯化镁($MgCl_2 \cdot 6H_2O$)于 1000mL 的水中。将此溶液保存在聚乙烯塑料瓶中(浓度标定见后面附录 A)。

② 氢氧化钙饱和溶液:称取 0.5g 的氢氧化钙 $Ca(OH)_2$,溶于 100mL 的水中,过滤后获得氢氧化钙饱和溶液。

③ 钙储备液:称取 1.58g 无水乙酸钙,用水溶解,定容至 100mL,此溶液浓度大约为 $c[Ca(C_2H_3O_2)_2] \approx 0.1mol/L$。当溶液出现浑浊、沉淀、颜色变化等现象时,应重新制备。

④ 钙工作溶液:用移液管移取 1.7mL 钙储备液用水定容至 1L,此溶液浓度大约为 $c[Ca(C_2H_3O_2)_2] \approx 0.17mmol/L$。用氢氧化钙饱和溶液调节,使溶液最后的 pH 为 6.5~7.0(用 pH 计测定)。

⑤ 稀盐酸溶液:$c(HCl) \approx 0.1mol/L$,用量筒量取 8.5mL 的浓盐酸($\rho=1.18g/m$,质量分数 36%~38%),用水定容至 1L。

⑥ 氨-氯化铵(NH_3-NH_4Cl)缓冲溶液:溶解 67.5g 氯化铵(NH_4Cl)于 570mL 的 28% 氢氧化铵(NH_4OH)中,再加水稀释至 1L,此溶液 pH≈10。

⑦ 铬黑 T 指示剂溶液：5g/L，溶解 0.5g 铬黑 T 及 4.5g 盐酸羟胺于 100mL 乙醇中。

4. 试验步骤

试样的采取按照 GB/T 740—2003 的规定进行。

(1) 试样的称取

每个样品称取两份以上的试样，称取 0.5～1.0g 的风干试样，精确至 0.001g，试样质量应使钙离子的消耗量达到钙离子交换量的一半，否则交换将不完全。如果试样在 0.5～1.0g 范围内，不能消耗钙离子一半左右，则可调节钙离子溶液的浓度。

同时，另称取试样测定其水分。

(2) 试样解离

做两份试样的平行测定。

称量层析玻璃柱的质量（准确至 0.1g）。

将试样放入湿浆解离器中，加入少量水，解离至无大纤维束存在，或根据试样的类别参照 ISO 5263—1、ISO 5263—2 或 ISO 5263—3 进行湿解离，将全部纤维转移到层析玻璃柱中。将透过玻璃砂芯的细小纤维重新倾入层析玻璃柱中再过滤，以免损失。

(3) 脱盐

关闭活塞 B，加入 50mL 的稀盐酸溶液，用玻璃棒搅拌，使纤维与酸充分接触，打开活塞 B，滤去盐酸，用玻璃棒轻压将试样铺匀，做成一个牢固均匀的滤饼。

关闭活塞 B，注入稀盐酸溶液，保持液面在滤饼以上 20～30mm。装上盛有稀盐酸溶液的分液漏斗，开启活塞 A 及活塞 B，以活塞 B 控制稀盐酸的流量约为 4mL/min（大约每分钟 30 滴）。滤饼上应保持液面高度 20～30mm，如此连续处理，直至滤液不含有其他阳离子为止，一般约需 250mL 的稀盐酸。

用少量蒸馏水洗涤，洗涤时注意应将玻璃管上壁的盐酸洗净。开启活塞 B，滤去积水，再次称量层析玻璃柱（内含试样）的质量，准确至 0.1g，以便计算试样吸水量。

(4) 离子交换

装上盛有钙工作溶液的分液漏斗，按脱盐操作进行离子交换。滤液用一干燥的 250mL 的容量瓶接收，当溶液达到刻度后，关闭活塞 B，取出容量瓶，摇匀。

(5) 滴定

分别吸取钙工作溶液和离子交换后的钙离子滤液各 100mL，加入 4mL 氨-氯化铵缓冲液及 5～6 滴铬黑 T 指示剂溶液，溶液呈紫色，用 Mg^{2+}-EDTA 溶液滴定至溶液变为纯蓝色，即达到终点。

如果试样所消耗的钙离子未达到原溶液中钙离子含量的 30%～70%，应调整试样质量或钙工作溶液的浓度，重做 (1) 至 (5)。

5. 结果计算

试样的羧基含量以钙阳离子交换能力表述，即以 100g 绝干试样交换的钙阳离子毫摩尔 (mmol) 表示，计算按式 (2-55)：

$$X = \frac{c}{10 \times m_0} \times \left[(V_1 - V_2) 2.5 - \frac{V_1}{100}(m_2 - m_1 - m_0) \right] \tag{2-55}$$

式中　c——Mg^{2+}-EDTA 溶液的浓度，mmol/L

　　　V_1——测定钙工作溶液时所用的 Mg^{2+}-EDTA 溶液的体积，mL

　　　V_2——测定钙离子滤液时所用的 Mg^{2+}-EDTA 溶液的体积，mL

m_1——反应前层析玻璃柱的质量，g

m_2——反应后层析玻璃柱的质量（含吸液后的试样质量），g

m_0——试样的绝干质量，g

2.5——稀释因子

10，100——为公式简化后形成的数据，是引用标准《GB/T 10338—2008 纸浆 羧基含量的测定》中的公式

X——阳离子交换能力，mmol/100g

计算结果保留三位有效数字，两次测定的计算值之差与其平均值之比应在5%以内。

注1：应注意脱盐操作及钙离子交换过程中流速的控制、钙溶液pH的控制，这些参数均会影响测定结果。

注2：注意滴定终点的判定。

附录A（规范性附录）
Mg^{2+}-EDTA溶液浓度的标定方法

A.1 试剂

除非另有说明，在分析中应使用确认为分析纯的试剂，试验用水应符合GB/T 6682—2008中三级水的规定。

碳酸钙（$CaCO_3$），基准物质，120℃干燥2h，稍冷后置于干燥器中，冷却至室温后使用。

盐酸溶液（HCl），1+1，用量筒量取50mL的浓盐酸（相对分子质量36.46，ρ=1.18g/mL），加入50mL的水中。

氨-氯化铵缓冲溶液（NH_3-NH_4Cl）（pH≈10），溶解67.5g氯化铵（NH_4Cl）于570mL 28%氢氧化铵（NH_4OH）中，再加水稀释至1L。

铬黑T指示剂溶液，溶解0.5g铬黑T及4.5g盐酸羟胺于100mL乙醇中。

A.2 步骤

称取0.1g碳酸钙，准确至0.0001g。用少量水润湿并盖上表面皿，缓慢加入1∶1盐酸5mL，待完全溶解后将溶液转入250mL容量瓶中。用水稀释至刻度摇匀，用移液管吸取5.00mL上述溶液于100mL锥形瓶中。加入氨-氯化铵缓冲溶液3mL，滴入铬黑T指示剂3~4滴，溶液呈紫红色，用Mg^{2+}-EDTA溶液滴定至溶液变为纯蓝色，即到达终点。

Mg^{2+}-EDTA溶液的摩尔浓度按式（2-56）计算：

$$c=\frac{m\times\dfrac{V_1}{250}}{V_2\times 100.1}\times 1000\times 1000 \tag{2-56}$$

式中　m——称取的碳酸钙的质量，g

V_1——吸取$CaCO_3$溶液的体积，mL

V_2——消耗Mg^{2+}-EDTA溶液的体积，mL

100.1——碳酸钙的摩尔质量的数值，g/mol

250——溶解碳酸钙（m）后的总体积数，mL

c——Mg^{2+}-EDTA溶液的浓度，mmol/L

两个1000——分别是将分子的mol换算为mmol和将分母的mL换算为L

标定的平行样与计算应符合《GB/T 601—2016 化学试剂 标准滴定溶液的制备》规定。

四、羧基和酚羟基含量的同时测定法（非水电导滴定法和非水电位滴定法）

随着科学技术的发展，非水滴定在有机分析中显得越来越重要，Meurs 等成功地发展了非滴定法测定有机弱酸，这种方法也在制浆造纸分析中得到了应用。非水滴定法（非水电导滴定法和非水电位滴定法）是测定羧基和酚羟基等功能基的较新方法。此法具有简便且准确的优点，并且通过一次试验，可以同时测定出纸浆（或木素）中羧基和酚羟基的含量，因而大大提高效率。下面重点介绍非水滴定法的原理和具体测定方法。

（一）非水滴定法的测定原理

非水滴定法是利用非水区分滴定弱有机酸的原理。

水是一种强极性溶剂，在水中有机弱酸的表现强度低，由于水的均化作用，彼此之间强度差别很小，因此有机弱酸在水中难于得到分析。然而，在某些有机溶剂中，有些弱酸的酸性表现大大增强，彼此之间的强度差别显著增加。因此，使用碱性强的有机碱进行滴定，便可得到满意的滴定分析结果。

木素中的羧基和酚羟基是酸性较弱的酸性基团，用均化能力差的有机介质作溶剂，用电导滴定法或电位滴定法，根据滴定前后体系电导率或电位的变化，便可得到滴定的终点，从而可以计算这些酸性基团的含量。

下面分别介绍非水电导滴定法和非水电位滴定法测定羧基和酚羟基等功能基的方法。

（二）非水电导滴定法同时测定羧基和酚羟基含量的方法

1. 仪器

① 电导滴定仪：电极采用铂黑电极，电极常数为 1.06；

② 10mL 微量滴定管；

③ 滴定瓶：50mL 平底广口瓶，用带四孔的胶塞作瓶盖密封。四个孔分别用于滴定管头、电极、氮气进出管的插口。

2. 试剂

a. 溶剂：吡啶/丙酮（1∶4，体积比）；b. 滴定剂：0.05mol/L KOH-异丙醇标准溶液；c. 或 0.05mol/L KOH-苄醇标准溶液；d. 乙醇；e. 氮气。

3. 测定步骤

精确称取约 100mg 试样（绝干），置于洁净干燥的 50mL 平底广口瓶中，加入 40mL 吡啶/丙酮（1∶4 体积比）溶剂和 1mL 蒸馏水，最后加入总体积 1% 的乙醇。控制温度在 20～30℃内，在不断搅拌下，通入氮气（氮气经碱性焦性没食子酸、浓硫酸、氢氧化钠溶液和 $CaCl_2$ 干燥剂），气流速度为每分钟 200 个气泡左右。5min 后，用 0.05mol/L KOH-异丙醇标准溶液（或 0.05mol/L KOH-苄醇标准溶液）作滴定剂进行滴定，同时开启自动信号记录仪，记录电导率变化曲线。直至所有等当点（一般为两个，分别是羧基和酚羟基的等当点）出现。

电导滴定曲线如图 2-10 所示。同时作空白试验。

4. 结果计算

根据电导率-滴定剂用量曲线（图 2-10），利用外延法确定等当点 A 和 B。其中，A 是羧基的等当点，B 是酚羟基的等当点。因此，可用下式计算出羧基和酚羟基的含量：

$$\text{羧基含量} A = \frac{(V_a - V_0) \times c \times 45}{m} \times 100 (\%) \tag{2-57}$$

酚羟基含量 $B = \dfrac{(V_b - V_0) \times c \times 17}{m} \times 100(\%)$

(2-58)

式中 V_a——到达等当点 A 时滴定剂的消耗量，mL

V_b——到达等当点 B 时滴定剂的消耗量，mL

V_0——空白试验时滴定剂的消耗量，mL

c——滴定剂的浓度，mol/L

m——试样绝干质量，mg

17 和 45——分别是酚羟基和羧基的摩尔质量，g/mol

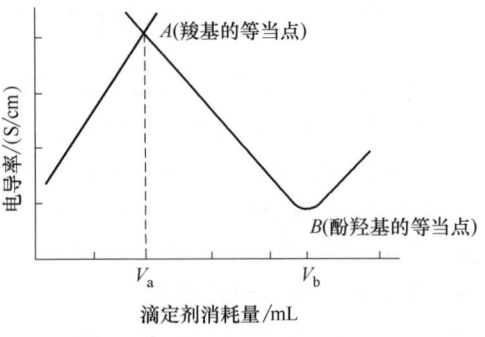

图 2-10 典型的木素电导滴定曲线

在上述条件下羧基的滴定误差小于 1%，酚羟基的滴定误差小于 2%。

（三）非水电位滴定法同时测定羧基和酚羟基含量的方法

1. 仪器

① 自动电位滴定仪：带有玻璃指示电极和甘汞参比电极。在甘汞电极中，饱和 KCl 电解液必须换成 1mol/L 四正丁胺氯化物（Tetra-n-butylammonium chloride，TnBACl），在水中它可以作为极谱分析化学物。当电极停止使用时，应放在 TnBACl 溶液中。在滴定容器中，溶液表面有 50mL/min 的氮气通入；

② 电磁搅拌器。

2. 试剂

① 对-羟基苯甲酸：内标物，纯度 99%；

② DMF（N,N'-二甲基甲酰胺）溶液；

③ 浓盐酸：分析纯；

④ 氧气；

⑤ 0.05mol/L TnBAH（四正丁胺氢氧化物，Tetra-n-butylammonium hydroxide）标准溶液：a. 配制方法：将 100g 四丁胺氢氧化物移入 3L 带玻璃塞的试剂瓶中，加入 2L 无水异丙醇。瓶内充满氮气，盖上瓶塞，混合均匀。不用时应放在冰箱内贮存。b. 标定方法：滴定用 TnBAH 标准溶液。使用超过 8h 时，每天至少标定两次。

精确称取基准物苯甲酸置于滴定用容器内，加入 60mL DMF。将玻璃电极和充满 TnBACl 的甘汞电极浸入溶液中。将滴定管尖端插入容器内，溶液表面通有氮气（流速 50～100mL/min）。用 TnBAH 标准溶液进行滴定直至出现拐点（滴定 0.15g 苯甲酸通常需 24～25mL TnBAH 溶液）。确定拐点处所耗用 TnBAH 标准溶液的体积，按式（2-59）计算 TnBAH 溶液的浓度 c（mol/L）：

$$c = \dfrac{m}{V \times 0.12212}$$

(2-59)

式中 m——所称取苯甲酸基准物的质量，g

V——滴定所消耗 TnBAH 标准溶液的体积，mL

0.12212——与 1mmol 苯甲酸相当的 TnBAH 质量，g/mmol

3. 测定步骤

精确称取 0.35g 木素试样和 0.05～0.08g 对-羟基苯甲酸（称准至 0.1mg）置于滴定容

器中。加入 2mL 蒸馏水，用移液管准确地移入 0.2mL 分析纯浓盐酸，然后加入 60mLDMF。盖上瓶盖，用电磁搅拌器搅拌 5min，以确保试样完全溶解。浸入电极，然后按照标定方法中所述，在氮气环境中，用 0.05mol/LTnBAH 进行滴定。

空白试验所用溶液包含 0.05g 对-羟基苯甲酸，2mL 蒸馏水，0.2mL 浓盐酸和 60mLDMF。电位滴定曲线如图 2-11 所示。

由图 2-11 所示的滴定曲线表明，在 $-500\sim-200\mathrm{mV}$ 电位范围内可以得到三个转折点：第一转折点在 $+200$ 到 $+100\mathrm{mV}$ 附近，表明试样中存在着过量的盐酸或其他强酸（例如硫酸）；第二个转折点在 $-350\mathrm{mV}$ 附近，对应于存在着羧酸；第三个转折点在 $-480\mathrm{mV}$ 到 $-520\mathrm{mV}$ 附近，表明存在酚羟基。

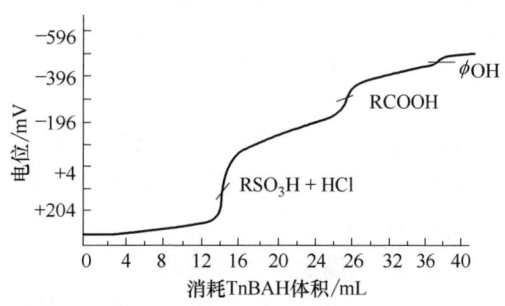

图 2-11 在对-羟基苯甲酸存在下木素磺酸盐的电位滴定曲线

4. 结果计算

（1）羧基（RCOOH）含量

羧基（RCOOH）含量按式（2-60）计算：

$$\text{羧基含量} = \frac{[V_y - V_x - C - a]c}{m} (\text{mmol/g 试样}) \tag{2-60}$$

式中 V_y——滴定至第二个转折点时，所耗用的 TnBAH 标准溶液的体积，mL

V_x——滴定至第一个转折点时，所耗用的 TnBAH 标准溶液的体积，mL

C——盐酸干扰的校正因子，mL

a——加入试样中的对-羟基苯甲酸的理论滴定度，mL

c——TnBAH 标准溶液的浓度，mol/L

m——分析用木素试样绝干质量，g

理论滴定度（a）可由内标物对-羟基苯甲酸确定，计算表达如式（2-61）：

$$a = \frac{\text{对-羟基苯甲酸的质量(g)}}{0.1381c} (\text{mL}) \tag{2-61}$$

式中 0.1381——对-羟基苯甲酸的毫摩尔质量，g/mmol

盐酸干扰校正因子（C）可参照上述空白试验所得的滴定曲线确定：由第二个转折点（$-350\mathrm{mV}$ 附近）相对应的滴定度，减去第一个转折点（$+130\mathrm{mV}$ 附近）相对应的滴定度，可得到在对-羟基苯甲酸中羧基的滴定度。再从此数值上减去对-羟基苯甲酸的理论滴定度，即是盐酸的干扰校正因子（C）：

$$C = \text{测得的羧基滴定度} - \text{内标物羧基的理论滴定度}(\text{mL}) \tag{2-62}$$

（2）酚羟基含量

酚羟基含量（mmol/g 试样）按式（2-63）计算：

$$\text{酚羟基含量} = \frac{(V_z - V_y - a)c}{m} \tag{2-63}$$

式中 V_z——滴定至第三个转折点时，所消耗的 NnBAH 标准溶液的体积，mL

其他符号同上。

5. 说明

① 当羧基完全以氢氧根形式存在时，可不加盐酸，在这种情况下，计算羧基含量

（mmol/g 试样）的表达式（2-60）变为式（2-64）：

$$羧基含量 = \frac{(V_y - V_x - a)c}{m} \quad (2\text{-}64)$$

当木素样品中不存在强酸（如硫酸）基时，则在+130mV 附近，将缺少一个转折点，这时计算公式（2-64）进一步转化为式（2-65）：

$$羧基含量 = \frac{(羧基滴定液体积 - a)c}{m} \quad (2\text{-}65)$$

② 一系列的羧基平行测定试验表明，当木素磺酸盐中羧基含量为 1.05mmol/g 试样时，标准偏差为 0.060mmol/g 试样；而当木素磺酸盐中羧基含量为 2.99mmol/g 试样时，标准偏差为 0.043mmol/g 试样。

（四）非水滴定法的优缺点

① 与其他分析方法相比，非水滴定法的优点是：a. 设备简单，操作简便；b. 快速，完成一次滴定只需 10min；c. 根据等当点，结果处理方便，而且一次测定可同时得到两种功能基含量结果；d. 电导法较电位法更准确，不受钾、钠离子以及过程中生成的沉淀的干扰。

② 非水滴定法的缺点是：a. 对所用试剂纯度要求高，因而带来复杂的试剂纯制过程；b. 所用有机溶剂大多有毒、有害，气味难嗅，试验必须注意应在通风柜中进行。

五、磺酸基和羧基含量的同时测定法（离子交换法和电导滴定法）

磺酸基和羧基是磺化化机浆的两种重要的功能基。磺酸基的含量以及总离子含量（磺酸和羧酸基含量之和），决定着化机浆的诸多物理与光学性质。例如，裂断长、撕裂度、紧度、湿裂断长和伸长率等，均随总离子含量的增加而增加；而不透明度和比散射系数则随之降低。因此，测定磺酸基和羧基的含量具有重要意义。

测定磺酸基和羧酸基总离子含量有多种方法，一般可分为两大类：第一类是离子交换法；第二类是在中性盐条件下，用酸碱电导滴定法测定。电导滴定法操作简便，误差较小，是一种较好的方法。

下面介绍可同时测定出纸浆中磺酸基和羧基含量的两种方法（离子交换法和电导滴定法）。

（一）离子交换法

1. 测定原理

离子交换法的基本原理是把纸浆中磺酸基和羧基上的氢离子，用一种只能与其结合的阳离子置换出来，通常是采用镁洗提法。试样用镁盐进行离子交换后，与羧基结合的镁离子可用弱酸（如乙酸）置换出来；而与磺酸基结合的镁离子可用一种强酸（如盐酸）洗提出来。因此，用一种镁离子就可同时测定出磺酸基和羧基的含量。

镁离子浓度可用 EDTA 标准溶液滴定的结果计算得出。用滴定乙酸洗提液所消耗的 EDTA 标准溶液体积来计算羧基含量；用滴定盐酸洗提液所消耗的 EDTA 标准溶液体积来计算磺酸基含量。

2. 仪器

a. 实验室玻璃仪器；b. 真空吸滤装置；c. 烘箱；d. pH 计。

3. 试剂

a. $MgCl_2$ 溶液：0.1mol/L；b. CH_3COOH 溶液：0.01mol/L；c. EDTA 标准溶液 0.001mol/L；d. 羊毛铬黑/甲基红指示剂；e. 去离子水。

4. 测定步骤

称取约 2g（绝干）纸浆试样分散于水中，调节 pH 呈中性，过滤。然后把浆分散于 400mL 0.1mol/L $MgCl_2$ 溶液中，目的在于使浆中的磺酸基和羧基转变成磺酸镁和羧酸镁。浸泡 24h 后，在真空条件下抽滤，用不含二氧化碳的去离子水洗涤，直至滤液不含镁离子为止，用羊毛铬黑/甲基红指示剂检验滤液呈亮绿色。

将 100mL 0.01mo/L CH_3COOH 溶液慢慢通过浆饼，再用 50mL 去离子水洗涤浆饼。而后将这两部分滤液混合，用 0.001mol/L EDTA 标准溶液滴定镁离子的浓度，以羊毛铬黑/甲基红作指示剂。重复以上洗提，直至洗涤后的溶液中完全没有镁离子，或最后三次滴定结果不变为止。如果是最后一种情况，滴定点不为零，说明浆中除羧酸基外，还含有磺酸基，则需要继续用 0.1mol/L HCl 溶液洗提，直至镁离子全部被洗出来为止。然后将洗提好的试样再用氯化镁溶液处理，使镁离子仍回到酸基上去（注：木素磺酸是一种强酸，如果不把镁离子重新置换上去就直接烘干，便会发生烧焦现象）。最后，洗涤浆样，并在（105±2）℃烘干至恒重。

5. 结果计算

$$羧基含量 = \frac{cV_1 \times 2 \times 1000}{m}(\text{mmol/kg 试样}) \tag{2-66}$$

$$磺酸基含量 = \frac{cV_2 \times 2 \times 1000}{m}(\text{mmol/kg 试样}) \tag{2-67}$$

式中　c——EDTA 标准溶液的浓度，mol/L

　　　V_1——滴定乙酸洗提液所消耗的 EDTA 标准溶液的体积，mL

　　　V_2——滴定盐酸洗提液所消耗的 EDTA 标准溶液的体积，mL

　　　m——试样绝干质量，g

（二）**电导滴定法**

1. 测定原理

电导滴定法是先把盐基变成酸基形式，然后在有中性盐存在下用氢氧化钠标准溶液进行电导滴定，以电导率为纵坐标，以消耗的氢氧化钠溶液的毫升数为横坐标作图，从图上的转折点可计算出磺酸基和羧基的含量。

溶液的电导是产物浓度和溶液中每种离子当量电导的叠加函数。氢离子和氢氧根离子是两种高电导离子，溶液的电导随这两种离子的浓度变化而剧烈变化。在用氢氧化钠标准溶液滴定过程中，磺化化机浆电导滴定曲线示例见图 2-12。滴定开始时，电导迅速下降，表示中和了磺酸中的氢离子；当接近第一个等当点（图中 A）时，开始测定与羧基结合的氢离子的电导；继续加入氢氧化钠溶液，羧酸渐渐被中和。滴定羧基过程中，电导变化很小，这是因为与羧酸平衡的氢离子浓度低。最后由于过量氢氧化钠的出现，而使电导迅速增加。从电导滴定曲线，可得到两个等当点：图中 A 点是磺酸基的等当点，B 点是总酸基的等当点，由二者之差可计算出羧基的含量。

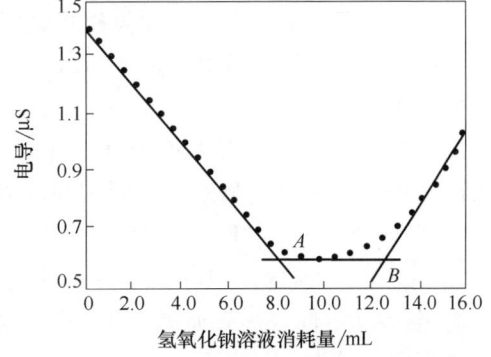

图 2-12　磺化化机浆电导滴定曲线示例

电导滴定时要有中性盐存在，以 0.001mol/L NaCl 溶液为宜，目的在于使纤维内部和外部溶液间的运动离子分布均衡。如果中性盐浓度高，有利于离子的均匀分布，但对电导滴定有干扰。

2. 仪器

电导滴定法测定装置如图 2-13。主要由电导仪、电磁搅拌器和滴定管组成。具有通 N_2 气出入口。

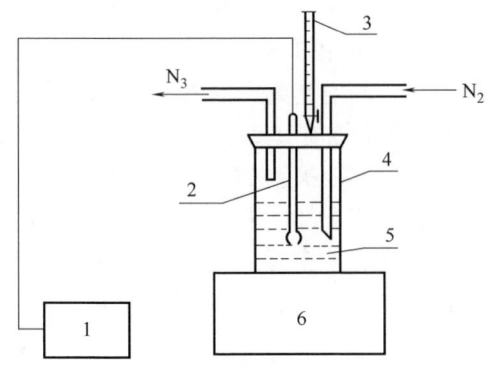

图 2-13 电导滴定法测定装置
1—电导仪 2—DJS-1 型铂黑电极 3—滴定管
4—1000mL 广口瓶 5—被测试样 6—电磁搅拌器

3. 试剂

a. 0.1mol/L HCl 溶液；b. 0.1mol/L NaOH 标准溶液；c. 0.001mol/L NaCl 溶液；d. 氮气；e. 去离子水。

4. 测定步骤

准确称取 3g（绝干）纸浆试样，放于 100mL 的 0.1mol/L HCl 溶液中浸泡二次，每次 45min（用电磁搅拌器搅拌），其目的在于把盐基转变为酸基形式。而后，用不含二氧化碳的去离子水洗涤至稳定电导。滤干后把浆样分散于 450mL 的 0.001mol/L NaCl 溶液中，在氮气环境和电磁搅拌下，用 0.1mol/L NaOH 标准溶液滴定，滴定速度以每 5min 加入 0.5mL NaOH 溶液为宜。用电导测定仪记录滴定曲线。最后用去离子水洗涤浆料，并烘干至恒重。

5. 结果计算

$$磺酸基含量 = \frac{(c_2V_2 - c_1V_1)}{m} \times 1000 (\text{mmol/kg 试样}) \tag{2-68}$$

$$羧酸基含量 = \frac{(c_2V_3 - c_2V_2)}{m} \times 1000 (\text{mmol/kg 试样}) \tag{2-69}$$

式中 c_1——HCl 溶液的浓度，mol/L

V_1——加入 HCl 溶液的体积，mL

c_2——NaOH 标准溶液的浓度，mol/L

V_2——第一个等当点消耗氢氧化钠标准溶液的体积，mL

V_3——第二个等当点消耗氢氧化钠标准溶液的体积，mL

m——试样绝干质量，g

6. 注意事项

① 用 0.1mol/L HCl 溶液处理浆样时，由于也会使试样中少量木素磺酸盐溶出，因此必须严格控制盐酸用量和处理时间相同，以免影响测定结果的再现性。

② 浆样经 0.1mol/L HCl 溶液处理后，用去离子水洗涤，所用的去离子水的电导率应小于 1.0μs/cm。洗涤至电导稳定为止（电导率在 1.3~1.5μs/cm）。

③ 电导滴定前，须先通氮气 10min，以驱除 CO_2 气体。此后是在中性盐条件和氮气环境下进行电导滴定。

④ 电导滴定速度不能过快。对 0.1mol/L NaOH 标准溶液，以每 5min 加入 0.5mLNaOH 溶液为宜；当用 0.05mol/L NaOH 标准溶液滴定时，滴定速度控制为每 2.5min 加入 0.5mLNaOH 溶液。

参 考 文 献

[1] 中华人民共和国国家标准（造纸原料和纸浆的化学成分分析部分）. 国家技术监督局监制, 1993—2016 (引用各标准编号已分别在各测试方法中注明).
[2] 国家轻工业局质量标准处, 编. 中国轻工业标准汇编, 造纸卷（上册）[M]. 北京：中国标准出版社, 1999.
[3] J. P. Casey. Pulp and Paper and Chemical Technology [M]. 3rd. Edition. Vol. I, 1980.
[4] 邬义明, 主编. 植物纤维化学 [M]. 2版. 北京：中国轻工业出版社, 1995.
[5] 屈维均, 陈佩蓉, 何福望, 编. 制浆造纸实验 [M]. 北京：中国轻工业出版社, 1990.
[6] 陈嘉翔, 余家鸾, 编. 植物纤维化学结构的研究方法 [M]. 广州：华南理工大学出版社, 1992.
[7] 北京造纸研究所. 造纸工业化学分析 [M]. 北京：轻工业出版社, 1975.
[8] 张志诚, 曹光锐, 钟香驹, 主编. 造纸工业辞典 [M]. 北京：轻工业出版社, 1988.
[9] 石淑兰, 胡惠仁. Aeid soluble Lignin during pulping of Amur Silver Grass [J]. Cellulose Chemistry and Technology, 1990, 24 (1)：101-107.
[10] 侯彦召. 测定磺酸基和羧酸基的两种方法 [J]. 中国造纸, 1985, 4 (3)：35-37.
[11] 陈敏, 陈嘉翔. 关于电导滴定法测定浆中磺酸基含量若干问题的探讨 [J]. 中国造纸, 1991, 10 (6)：49-51.
[12] 陈玄杰, 谢能泳, 陆为林, 编. 分析化学 [M]. 北京：高等教育出版社, 1995.
[13] GB/T 601—2016, 化学试剂　标准滴定溶液的制备 [S].
[14] GB/T 603—2002, 化学试剂　试验方法中所用制剂及制品的制备 [S].

【本章思政案例】

序号	案例名称	案例教学目标	案例内容
1	造纸原料分析检测的重要性	工业原料是国家经济发展的基础，对于促进工业化进程、实现经济的持续增长具有非常重要的地位。工业生产所需的原材料有经济价值和战略意义	造纸原料的分析检测是十分重要的，主要体现在确保原料符合所生产产品的质量要求，同时，促进标准化生产和成本的控制，做到不同的产品使用不同档次的原料，做到既能保证产品的质量，同时控制合理的成本。另外，通过检测可以开发新的原料，充足的工业原料储备可增加国家的竞争力、提高在全球市场上的话语权和地位
2	我国森林资源匮乏，制浆用木材原料严重不足	培养学生对我国制浆原料资源现状的认识。在保护环境的前提下如何合理使用木材资源，发展我国的造纸工业	制浆造纸用植物纤维原料主要包括木材类（针叶材和阔叶材）和非木材类，世界上主要的造纸纤维原料是木材类，木材也是我国制浆造纸的重要原料之一，但由于我国森林覆盖面积小，森林资源不够丰富，木材资源匮乏，而非木材纤维资源较为丰富，在原料来源方面需另辟蹊径。我国竹资源最为丰富，竹材制浆技术日趋成熟，开辟了一条非木材原料制浆的新途径。竹浆纸产品发展前景非常广阔，通过合理的技术开发，研究出更环保、更先进的技术不仅能解决原料短缺问题，也能赋予非木材纤维原料更高的价值

第三章　制浆试验及其检测

本章介绍蒸煮试验、化学机械法制浆试验、纸浆漂白试验及其检测的内容，以及废纸浆中大胶黏物的检测、废纸浆脱墨效率的评价方法等。通过学习本章内容能够加深学习者对本专业与党的二十大报告中的"推进碳达峰碳中和"的关系之间的理解。

第一节　蒸煮试验及其检测

一、原料准备及水分测定

（一）试样的采取与切断

实验室小型蒸煮试验所用原料试样应具有代表性。无论选用什么原料试样，在采集试验原料时，均应注意其产地及采取部位的代表性。

木材原料在林区取材时，应采用树龄适中，树干端正的材样。当向造纸厂取样时，应在削片、筛选后，输送至料仓前的皮带上，间隔一定时间多次取样（10次以上），收集成为全样品。合格木片的规格为：长度15～20mm，厚度3～5mm，宽度一般不要超过20mm，木片合格率要求在85%以上。应注意选用无腐朽变质和水分不过大的样品。

当从造纸厂选取草类原料样品时，应在切草、除尘及筛选之后，送去装锅的皮带运输机上，在不同时间不同地点多次取样；如果选取未切好的试样，可在实验室用铡刀或剪刀剪切成一定长度的草段，一般草类长度要求20～30mm，竹片长度要求10～15mm。切好的草片经8目（筛孔1.75mm）筛子筛除尘土、砂粒、谷粒与碎片后，备用。

试样选好后应把原料试样装入塑料袋中，进行水分平衡，并用标签写明：原料来源、品种、贮存期及采样日期。为了增加装锅量，使药液浸透均匀，试样长度应严格控制。在实验室做小型试验，用剪刀切草时，试样长度比较好控制。在纸厂用切草机切草时就不大容易控制，通常用测定草片长度合格率来衡量试样的长短，合格率要控制在85%以上。

（二）原料水分的测定

蒸煮原料的水分含量，是正确掌握蒸煮工艺和物料计算的重要依据。根据水分含量计算原料加入量，以利于计算蒸煮得率及纸浆得率。测定结果准确与否，将直接影响蒸煮工艺条件的正确执行，应选取经平衡水分后的试样准确测定。所谓平衡就是将准备好的原料试样装入试样瓶或塑料袋，密封平衡一段时间，使水分含量均匀一致，尤其是搞科学研究，必须使用平衡水分后的原料。草类原料平衡水分时间要长一些，需要几天的时间或更长一些，对纸浆来说至少要平衡24h以上。

蒸煮原料水分测定通常采用烘箱干燥法，在要求快速和不十分严格的情况下，也可采用红外线快速水分测定仪对蒸煮原料水分进行测定。

1. 测定原理

试样在105±2℃的温度下烘干至恒重，所失去的质量与试样的原始质量之比，即为水分含量，用质量百分数表示。

2. 仪器与设备

a. 可控温烘箱或红外线干燥箱；b. 铝盒或其他玻璃容器；c. 玻璃干燥器（内装变色硅胶）；d. 感量 1/1000g 天平。

3. 测定步骤

精确称取 25～35g（精确到 0.001g）原料试样，于洁净并已烘干至恒重的称量容器内，置于烘箱中，打开容器盖子，在 105±2℃ 的温度下烘干 4h 以上。将盖子盖好后移入干燥器中，冷却半小时后称量，然后将称量容器再移入烘箱，继续烘 1h，冷却后称量，如此重复，直至质量恒定为止。

4. 结果计算

试样原料水分含量 $w_水$（%）按式（3-1）计算：

$$w_水 = \frac{m - m_1}{m} \times 100(\%) \tag{3-1}$$

式中　m——原料试样在烘干前的质量，g

m_1——原料试样在烘干后的质量，g

同时进行两份以上平行测定，取其算数平均值作为测定结果，要求准确至小数点后第二位，两次测定值间误差不应大于 0.2%。

二、蒸煮液的配制及其测定

蒸煮是将植物纤维原料用水和化学试剂经高温处理解离成纸浆的一种方法。蒸煮采用的方法很多，有酸法和碱法，而不同的制浆方法所采用的蒸煮液的化学组成也各不相同。本章我们将基于我国造纸的实际情况，重点介绍烧碱法、硫酸盐法和亚硫酸盐法蒸煮液的配制及目前广泛采用的测定其浓度的化学分析法。如中和法、氧化还原法、容量沉淀法等。

（一）碱法蒸煮液的配制

碱法蒸煮液主要包括烧碱法蒸煮液和硫酸盐法蒸煮液。烧碱法蒸煮液的主要化学成分是 NaOH；在 NaOH 的生产过程或贮存过程中，往往会吸收空气中的二氧化碳，使部分 NaOH 转化为 Na_2CO_3。因此，烧碱法蒸煮液的成分中，除含有 NaOH 以外，还常含有一定量的 Na_2CO_3。蒸煮时无论使用固体烧碱或液体烧碱，一般在蒸煮前要先将烧碱溶解和稀释，配制成一定的浓度。

硫酸盐法蒸煮液由氢氧化钠溶液和硫化钠溶液按蒸煮用碱量与硫化度的计算配制而成。因此其主要化学成分为 NaOH 和 Na_2S，除此之外，蒸煮液中还含有 Na_2CO_3、Na_2SO_3、$Na_2S_2O_3$ 和 Na_2SO_4 等成分。在配碱之前，要按照蒸煮工艺条件中的用碱量、液比、碱液浓度和装锅量进行计算，配碱后还要测定活性碱浓度。

（二）烧碱法和硫酸盐法蒸煮液总碱量的测定

烧碱法蒸煮液总碱量指：$NaOH + Na_2CO_3$

硫酸盐法蒸煮液总碱量指：$NaOH + Na_2S + Na_2CO_3 + Na_2SO_3$

1. 测定原理

基于盐酸标准溶液与蒸煮液作用发生中和反应，在烧碱法蒸煮液中发生如下反应：

$$NaOH + HCl =\!=\!= NaCl + H_2O$$

$$Na_2CO_3 + 2HCl \longrightarrow 2NaCl + H_2O + CO_2\uparrow$$

在硫酸盐法蒸煮液中，除发生上述反应外，还发生如下反应：

$$Na_2S + 2HCl \longrightarrow 2NaCl + H_2S\uparrow$$
$$Na_2SO_3 + HCl \longrightarrow NaHSO_3 + NaCl$$
$$NaHSO_3 + HCl \longrightarrow NaCl + H_2O + SO_2\uparrow$$

2. 仪器与试剂

a. 25mL、50mL 移液管各一支；b. 500mL 容量瓶一个；c. 300mL 锥形瓶两个；d. 50mL 白色滴定管一支；e. 500mL 量筒一个；f. 1g/L 甲基橙指示剂；g. 0.5mol/L 盐酸标准溶液等。

3. 测定步骤

取一 500mL 容量瓶，预先注入新煮沸而已冷却的蒸馏水至半满。再用移液管吸取 25mL 蒸煮液于容量瓶中，然后加蒸馏水稀释至刻度，摇匀。

用移液管吸取 50mL 上述制备好的稀释液于 300mL 锥形瓶中，加入 1~2 滴甲基橙指示剂，用 0.5mol/L 盐酸标准溶液滴定至恰好显橙红色。

4. 结果计算

烧碱法蒸煮液的总碱量按式（3-2）计算：

$$\rho_{总碱量}(\text{以 NaOH 计}) = \frac{V \times c \times 0.04}{25 \times \frac{50}{500}} \times 1000 \text{ (g/L)} \tag{3-2}$$

硫酸盐法蒸煮液的总碱量按式（3-3）计算：

$$\rho_{总碱量}(\text{以 Na}_2\text{O 计}) = \frac{V \times c \times 0.031}{25 \times \frac{50}{500}} \times 1000 \text{ (g/L)} \tag{3-3}$$

式中　　V——滴定时消耗 HCl 标准溶液量，mL

　　　　c——HCl 标准溶液的浓度，mol/L

0.04 和 0.031——与 1mmol 的盐酸相当 NaOH 和 Na_2O 质量，g/mmol

　　　　25——蒸煮液体积，mL

　　　　$\frac{50}{500}$——稀释体积比

两份平行试验的误差不应超过 0.15g/L。

（三）烧碱法和硫酸盐法蒸煮液活性碱的测定

烧碱法蒸煮液的活性碱指：NaOH 含量

硫酸盐法蒸煮液的活性碱指：NaOH + Na_2S 含量

1. 测定原理

在蒸煮液中先加氯化钡，使氯化钡与碳酸盐、硫酸盐和亚硫酸盐反应，生成相应的碳酸钡，硫酸钡和亚硫酸钡沉淀，然后再用 HCl 标准溶液滴定蒸煮液中的活性碱，其反应式如下：

$$Na_2CO_3 + BaCl_2 \longrightarrow 2NaCl + BaCO_3\downarrow$$
$$Na_2SO_4 + BaCl_2 \longrightarrow 2NaCl + BaSO_4\downarrow$$
$$Na_2SO_3 + BaCl_2 \longrightarrow 2NaCl + BaSO_3\downarrow$$
$$NaOH + HCl \longrightarrow NaCl + H_2O$$
$$Na_2S + 2HCl \longrightarrow 2NaCl + H_2S\uparrow$$

2. 仪器与试剂

a. 500mL 容量瓶一个；b. 300mL 锥形瓶两个；c. 25mL、50mL 移液管各一支；d. 容量 50mL 白色滴定管一支；e. 500mL、100mL 量筒各一支；f. 1000mL 烧杯一支；g. 调温

电炉一个;h. 0.5mol/L盐酸标准溶液;i. 1g/L甲基橙指示剂;j. 100g/L氯化钡溶液等。

3. 测定步骤

取一500mL容量瓶,预先注入新煮沸且已冷却的蒸馏水至半满,再用移液管吸取25mL蒸煮液于容量瓶中,再加入100g/L氯化钡溶液至沉淀完全(沉淀下沉后,用清洁玻璃棒蘸此溶液,滴于盛有稀硫酸的试管中试之,如无白色沉淀,则应再加氯化钡,直至出现白色沉淀为止),并有微过量氯化钡存在为止。最后加水稀释至刻度,摇匀。静置,以使生成的碳酸钡、硫酸钡和亚硫酸钡沉淀下降。

用移液管从容量瓶中吸取50mL上层清液于300mL锥形瓶中,加入1~2滴甲基橙指示剂,用0.5mol/L盐酸标准溶液滴定至恰好显橙红色为止。

4. 结果计算

烧碱法蒸煮液中的活性碱含量$\rho_{活碱量}$（g/L）按式（3-4）计算：

$$\rho_{活碱量}(以\ NaOH\ 计) = \frac{V \times c \times 0.04}{25 \times \frac{50}{500}} \times 1000\ (g/L) \tag{3-4}$$

硫酸盐法蒸煮液中的活性碱含量$\rho_{总碱量}$（g/L）按式（3-5）计算：

$$\rho_{总碱量}(以\ Na_2O\ 计) = \frac{V \times c \times 0.031}{25 \times \frac{50}{500}} \times 1000\ (g/L) \tag{3-5}$$

式中　　V——滴定时消耗HCl标准溶液量,mL

c——HCl标准溶液的浓度,mol/L

0.04和0.031——与1mmol的盐酸相当NaOH和Na_2O质量,g/mmol

25——蒸煮液体积,mL

$\frac{50}{500}$——稀释体积比

两份平行试验的误差不应超过0.4g/L。

（四）烧碱法蒸煮液的双指示剂法分析

除了上述方法测定烧碱法蒸煮液的总碱量和活性碱外,还可采用双指示剂法在一次分析中同时测定出蒸煮液中氢氧化钠和碳酸钠的含量,具体方法如下。

1. 测定原理

在混合碱的试液中加入酚酞指示剂,用HCl标准溶液滴定至溶液呈微红色。此时试液中所含NaOH完全被中和,Na_2CO_3也被滴定成$NaHCO_3$,反应如下：

$$NaOH + HCl = NaCl + H_2O$$
$$Na_2CO_3 + HCl = NaCl + NaHCO_3$$

再加入甲基橙指示剂,继续用HCl标准溶液滴定至溶液由黄色变为橙色即为终点。此时$NaHCO_3$被中和成H_2CO_3,反应为：

$$NaHCO_3 + HCl = NaCl + H_2O + CO_2\uparrow$$

设第一次滴定时所消耗的盐酸标准液的体积为V_1,第一次滴定终点至第二次滴定终点耗用的盐酸标准溶液为V_2。则$V_1 - V_2$为氢氧化钠耗用的盐酸标准溶液量;$2V_2$为碳酸钠所耗用的盐酸标准溶液。因而可分别依据上述消耗的盐酸标准溶液的量计算出氢氧化钠和碳酸钠的含量。

2. 仪器与试剂

a. 25mL及10mL移液管各一根;b. 250mL容量瓶;c. 250mL锥形瓶;d. 50mL滴定

管；e. 0.5mol/L 盐酸标准溶液。

3. 测定步骤

用移液管吸取 25mL 烧碱蒸煮液于 250mL 容量瓶中，加蒸馏水稀释后摇匀。另取一移液管，吸取上述稀释液 10mL 于 250mL 锥形瓶中，加入酚酞指示剂 1～2 滴，用盐酸标准溶液滴定至酚酞退为无色，记下盐酸标准溶液的消耗量为 V_1；然后往锥形瓶中加 1～2 滴甲基橙指示剂，继续用盐酸标准溶液滴定至橙红色，记下第一次滴定终点至第二次滴定终点所消耗的盐酸标准溶液量，记为 V_2。

4. 结果计算

NaOH 含量 ρ_{NaOH}（g/L）和 Na_2CO_3 含量 $\rho_{Na_2CO_3}$（g/L）计算见式（3-6）和式（3-7）：

$$\rho_{NaOH} = \frac{(V_1 - V_2) \times c \times 0.04}{25 \times \frac{10}{250}} \times 1000 \text{（g/L）} \quad (3-6)$$

$$\rho_{Na_2CO_3} = \frac{2V_2 \times c \times 0.053}{25 \times \frac{10}{250}} \times 1000 \text{（g/L）} \quad (3-7)$$

式中　　V_1——第一次滴定时消耗的 HCl 标准溶液量，mL

V_2——第一次滴定终点至第二次滴定终点所消耗的盐酸标准溶液的量，mL

c——HCl 标准溶液的浓度，mol/L

25——烧碱蒸煮液体积，mL

$\frac{10}{250}$——稀释体积比

0.04 和 0.053——与 1mmol 的盐酸相当 NaOH 和 Na_2CO_3 的质量，g/mmol

（五）硫酸盐法蒸煮液硫化钠的测定

硫酸盐法蒸煮液的主要成分是 NaOH 和 Na_2S，此外，常含有其他含硫的还原物，如 Na_2SO_3 和 $Na_2S_2O_3$ 等。测定 Na_2S 的方法有三种：硝酸银铵法、还原物法和双指示剂法。三种方法中，硝酸银铵法，操作简便，且准确度较高，得到广泛采用。还原物法又称碘量法，此法测得的 Na_2S 含量实际上为总还原物的量，而总还原物除 Na_2S 外，还包括 Na_2SO_3 和 $Na_2S_2O_3$，因此结果会偏高，而且操作较繁。双指示剂法一般测定结果偏高，且具有不稳定性，因为 Na_2S 是强碱弱酸盐，会发生部分水解反应，同时容易受空气氧化。

1. 硝酸银铵法

（1）测定原理

基于硫化钠能与硝酸银铵溶液作用，生成黑色硫化银沉淀，最后根据硝酸银铵标准溶液的消耗量，测得硫化钠的含量。化学反应为：

$$2AgNO_3 + Na_2S \longrightarrow 2NaNO_3 + Ag_2S\downarrow（黑色）$$

硝酸银铵溶液中必须加入氢氧化铵的原因是使其形成离解度非常低的银铵络离子，一般制造硫化钠的原料（芒硝）中都有一定量的氯化钠带入到硫化钠中，而银铵络离子只能使溶解度极低的硫化银沉淀出来，从而防止氯化银沉淀。

（2）试剂

硝酸银铵标准溶液——称取 87.07g 硝酸银溶解于少量蒸馏水中，加 250mL 氢氧化铵（相对密度为 0.9），然后移入 1000mL 容量瓶中，加蒸馏水至刻度，摇匀后装入棕色试剂瓶中备用。此硝酸银铵标准溶液，1mL 相当于 0.02g 硫化钠。

（3）测定步骤

用移液管吸取 25mL 蒸煮液于 500mL 的锥形瓶中，由滴定管滴入硝酸银铵标准溶液。滴定时慢慢旋动锥形瓶，使生成的硫化银沉淀凝聚，接近终点时剧烈地旋动锥形瓶，使沉淀聚集于透明的浅褐色溶液中，继续滴定。每滴加一滴硝酸银铵溶液，就剧烈地旋动锥形瓶，直至不再有黑色沉淀形成即为终点，记录硝酸银铵标准溶液耗用量。

（4）结果计算

硫化钠含量 ρ_{Na_2S}（g/L）按式（3-8）计算：

$$\rho_{Na_2S} = \frac{V \times 0.02}{25} \times 1000 \text{ (g/L)} \tag{3-8}$$

式中　V——滴定时消耗的硝酸银铵标准溶液量，mL

　　　0.02——1mL 相当 0.02g Na_2S 质量，g/mL

　　　25——蒸煮液体积，mL

（5）注意事项

开始滴定时，滴定速度可以快一些，而锥形瓶的旋动应慢一点，这样有利于形成大颗粒的沉淀。接近滴定终点时，滴定速度要慢，逐滴加入，并伴随剧烈旋动，使新生成的沉淀被大颗粒沉淀吸附，有利于终点的观察。

2. 还原物法（又称碘量法）

（1）测定原理

在硫酸盐法蒸煮液中加入过量的碘溶液。使各还原物与碘反应，然后再用硫代硫酸钠标准溶液滴定过量的碘，即可计算出硫化钠含量。有关的反应如下：

$$Na_2S + I_2 \longrightarrow 2NaI + S$$

$$Na_2SO_3 + I_2 + H_2O \longrightarrow Na_2SO_4 + 2HI$$

$$2Na_2S_2O_3 + I_2 \longrightarrow Na_2S_4O_6 + 2NaI$$

（2）仪器与试剂

a. 10mL，25mL 移液管各一支；b. 100mL 容量瓶一个；c. 50mL 滴定管两支；d. 250mL 锥形瓶两个；e. 5mL、10mL、25mL 量筒；f. 0.05mol/L 碘标准溶液；g. 0.1mol/L 硫代硫酸钠标准溶液；h. 20%醋酸溶液；i. 0.5%淀粉指示剂。

（3）测定步骤

用移液管吸取 25mL 蒸煮液于 100mL 的容量瓶中，加水稀释至刻度，摇匀备用。从滴定管中放出 0.05mol/L 碘标准溶液 25～30mL 于 250mL 锥形瓶中，加 5mL 20%醋酸，并用约 30mL 水冲洗锥形瓶之内壁，摇匀，然后注入 10mL 以上稀释的蒸煮液于酸化的碘液中，摇匀。用 0.1mol/L 硫代硫酸钠标准溶液滴定过量的碘至淡黄色，加入 2～3mL 新配置的淀粉指示剂，继续滴定至蓝色消失为止。

（4）结果计算

总还原物（以 Na_2S 计）含量 $\rho_{总还原物}$（g/L）按式（3-9）计算：

$$\rho_{总还原物}（以 Na_2S 计） = \frac{\left(V_1 c_1 - \frac{1}{2} V_2 c_2\right) \times 0.078}{25 \times \frac{10}{100}} \times 1000 \text{ (g/L)} \tag{3-9}$$

式中　V_1——加入碘溶液的体积，mL

　　　c_1——碘溶液的浓度，mol/L

　　　V_2——消耗硫代硫酸钠标准溶液的体积，mL

c_2——硫代硫酸钠溶液的浓度，mol/L

25——蒸煮液体积，mL

$\dfrac{10}{100}$——稀释体积比

0.078——与1mmol 碘溶液相当的硫化钠的量，g/mmol

两份平行试验的误差不应超过 0.20g/L。

(5) 注意事项

还原物法测得的硫化钠含量，实际上为总还原物的含量，因蒸煮液中除有硫化钠外，尚有亚硫酸钠和硫代硫酸钠等还原物，它们也能与碘发生反应。还原物法测得的硫化钠含量，结果比硝酸银铵法偏高，但由于亚硫酸钠和硫代硫酸钠含量很少，可以忽略不计，故本方法使用仍比较普遍。

3. 双指示剂法

(1) 测定原理

与碳酸钠相同，硫化钠也是二元弱酸盐，在不同的 pH 可以中和到不同程度。先后以酚酞和甲基橙为指示剂，用盐酸标准溶液滴定，从而经过计算可求出不同组分的含量。

(2) 测定步骤

吸取 25mL 蒸煮液于预先盛有不含二氧化碳的蒸馏水的 500mL 容量瓶中，加入 100g/L 的氯化钡，使蒸煮液中的碳酸钠和亚硫酸钠完全被沉淀，吸取澄清液 50mL 于 300mL 锥形瓶中，先以酚酞为指示剂，用 0.5mol/L 的盐酸标准溶液滴定至终点，设盐酸标准溶液的用量为 V_1（mL）。再于滴定后的溶液中添加甲基橙指示剂 1~2 滴，继续用盐酸标准溶液滴定至橙红色，设此时的盐酸标准溶液总用量为 V_2（mL）。

(3) 结果计算

以酚酞为指示剂滴定至终点时，所测组分为：NaOH+1/2Na$_2$S

以甲基橙为指示剂滴定至终点时，所测组分为：NaOH+Na$_2$S

氢氧化钠含量 ρ_{NaOH}（g/L）和硫化钠含量 $\rho_{\text{Na}_2\text{S}}$（g/L）按式 (3-10) 和式 (3-11) 计算：

$$\rho_{\text{NaOH}} = \dfrac{[V_1-(V_2-V_1)]\times c\times 0.04}{25\times \dfrac{50}{500}}\times 1000 \text{ (g/L)} \qquad (3\text{-}10)$$

$$\rho_{\text{Na}_2\text{S}} = \dfrac{2(V_2-V_1)\times c\times 0.039}{25\times \dfrac{50}{500}}\times 1000 \text{ (g/L)} \qquad (3\text{-}11)$$

式中　　c——盐酸标准溶液的浓度，mol/L

25——蒸煮液体积，mL

$\dfrac{50}{500}$——稀释体积比

0.04 及 0.039——分别与 1mmol 的盐酸相当的氢氧化钠及硫化钠的量，g/mmol

(六) 亚硫酸盐蒸煮液的配制

现代亚硫酸盐法制浆，已由过去的酸性亚硫酸钙法向可溶性盐基（例如：Mg^{2+}、NH_4^+、Na^+）发展，因此蒸煮液的 pH 范围很广（pH 为 1~13）。不同 pH 的亚硫酸盐法制浆，可以适应不同原料。

不同 pH 的亚硫酸盐蒸煮，其蒸煮液中的主要化学成分随 pH 的不同而不同。如表 3-1 所示，配制不同 pH 的亚硫酸盐蒸煮液，可以在制酸时吸收不同量的二氧化硫来调制。

表 3-1　　　　　　　　　　　　　亚硫酸盐蒸煮液的组成

蒸煮方法	pH 范围	蒸煮液主要成分	蒸煮方法	pH 范围	蒸煮液主要成分
酸性亚硫酸盐	<2	HSO_3^-, SO_3^{2-}, H^+	中性亚硫酸盐	8～9	SO_3^{2-}
亚硫酸氢盐	3～5	HSO_3^-	碱性亚硫酸盐	>10	SO_3^{2-}, OH^-
微酸性亚硫酸盐	5～6	HSO_3^-, SO_3^{2-}			

蒸煮液的 pH 要求不同，所采用的盐基亦应不同。一般 pH 小于 2 时多采用钙盐基，即酸性亚硫酸钙；pH3～6 时多采用镁盐基，即亚硫酸氢镁；pH8～9 时常采用铵盐基或钠盐基；pH 大于 10 时，则采用钠盐基。

（七）酸性亚硫酸盐蒸煮液的测定

酸性亚硫酸盐蒸煮液的主要成分有亚硫酸氢盐、亚硫酸和溶解二氧化硫。所以在测定其蒸煮液时分为总二氧化硫、游离二氧化硫和化合二氧化硫。所谓总二氧化硫是指游离二氧化硫与化合二氧化硫之和。游离二氧化硫则指蒸煮液中以游离状态存在的二氧化硫及亚硫酸氢盐中所含二氧化硫总量的一半。

1. 测定原理（以镁盐蒸煮液为例）

与碘的氧化还原反应用以测定总 SO_2 含量：

$$SO_3^{2-} + I_2 + H_2O \longrightarrow SO_4^{2-} + 2H^+ + 2I^-$$

与氢氧化钠中和反应用于测定游离 SO_2 的含量：

$$Mg(HSO_3)_2 + 2NaOH \longrightarrow MgSO_3 + Na_2SO_3 + 2H_2O$$

2. 仪器与试剂

a. 100mL 容量瓶；b. 250mL 锥形瓶；c. 50mL 白色滴定管；d. 0.05mol/L 碘标准溶液；e. 0.1mol/L NaOH 标准溶液；f. 5g/L 淀粉指示剂。

3. 测定步骤

（1）试样制备

用移液管吸取蒸煮液 10mL 于已盛有一部分蒸馏水的 100mL 容量瓶中，然后用蒸馏水稀释至刻度，摇匀，备用。

（2）总二氧化硫的测定

取容量为 250mL 的锥形瓶，预先注入 50～100mL 蒸馏水及 1～2mL 新配制的浓度为 5g/L 淀粉指示剂。用移液管吸取 10mL 上述稀释好的蒸煮液于锥形瓶中，以 0.05mol/L 碘标准溶液滴定至恰好显蓝色。

总 SO_2 含量 $\rho_{总SO_2}$（g/L）按式（3-12）计算：

$$\rho_{总SO_2} = \frac{V \times c \times 0.064}{10 \times \frac{10}{100}} \times 1000 \text{ (g/L)} \tag{3-12}$$

式中　V——滴定时所耗用 I_2 标准溶液量，mL

　　　c——I_2 标准溶液的浓度，mol/L

　0.064——与 1mmol 的碘相当的二氧化硫的量，g/mmol

　　　10——蒸煮液体积，mL

　$\frac{10}{100}$——稀释体积比

（3）游离二氧化硫的测定

取容量 250mL 锥形瓶，预先注入 50～100mL 蒸馏水及数滴酚酞指示剂，用移液管吸取 10mL 上述稀释蒸煮液注入锥形瓶，以 0.1mol/L NaOH 标准溶液滴定至恰好显粉红色并能稳定60s为止。

$$游离 SO_2 含量 = \frac{V \times c \times 0.032}{10 \times \frac{10}{100}} \times 1000 (g/L) \tag{3-13}$$

式中　V——滴定时所耗用NaOH标准溶液量，mL

　　　c——NaOH标准溶液的浓度，mol/L

　　0.032——与1mmol的NaOH相当的二氧化硫的量，g/mmol

10，$\frac{10}{100}$——含义同式（3-12）

（4）化合SO_2计算

$$化合 SO_2\% 含量 = 总 SO_2\% 含量 - 游离 SO_2\% 含量 \tag{3-14}$$

（八）无水亚硫酸钠含量的测定

中性或碱性亚硫酸盐法蒸煮液常用固体亚硫酸钠加碱（$NaCO_3$或NaOH）配制而成。由于亚硫酸钠不稳定，极易氧化，在蒸煮试验时一般多采用即时称取固体亚硫酸钠溶解后送入蒸煮器，也可以配成溶液测定浓度后使用。但亚硫酸钠溶液不宜久存。使用前必须再标定。

1. 测定原理

利用过量的碘在酸性条件下与亚硫酸钠反应，然后用硫代硫酸钠标准溶液滴定剩余的碘。通过消耗硫代硫酸钠的量计算亚硫酸钠含量。

2. 测定步骤

用减量法快速准确称取试样0.25g（精确至0.0001g），置于250mL锥形瓶中，事先在瓶中加入0.1mol/L I_2标准溶液50mL及蒸馏水30～50mL，混合后静置5min，加入浓盐酸1mL，混均。以0.1mol/L的$Na_2S_2O_3$标准溶液滴定至淡黄色时，加入5mL淀粉指示剂，继续滴定至蓝色刚好消失。

3. 结果计算

$$亚硫酸钠含量 = \frac{\left(V \times c - \frac{1}{2} \times V_1 \times c_1\right) \times 0.126}{m} \times 100(\%) \tag{3-15}$$

式中　V——加入的I_2标准溶液的量，mL

　　　c——I_2标准溶液的浓度，mol/L

　　　V_1——滴定时消耗的$Na_2S_2O_3$的量，mL

　　　c_1——$Na_2S_2O_3$标准溶液的浓度，mol/L

　　0.126——与1mmol的I_2相当的Na_2SO_3的量，g/mmol

　　　m——试样质量，g

三、蒸煮试验设备与操作程序

（一）实验室常用的蒸煮设备

1. 电热回转式蒸煮锅

容积为15L，最高工作压力为0.8MPa，最高蒸煮温度为175℃，转数约1r/min。采用电加热圈直接加热锅体，温度用继电器控制。锅上装有温度计及压力表，可用于观察锅内的温度和压力；锅底设有取液管及阀门，锅盖上装有放气阀门和安全阀。锅内还可以装4个

1L不锈钢蒸煮小群罐，以进行小批量蒸煮。

2. 多罐蒸煮器

内设8个容积为1L的小罐，蒸煮时小罐浸在甘油中，并且可以进行旋转。该设备的最大特点是，可以随时从蒸煮锅中取出蒸煮小罐，故各蒸煮罐可采用不同的升温曲线。该蒸煮锅适合作蒸煮历程和蒸煮动力学的研究。由于油浴蒸煮器工作时产生的油气会污染环境，因此，近些年逐步开发出用空气浴取代油浴的蒸煮器，工作环境相对干净，但温度波动较大。

3. 程控蒸煮锅

这种锅与回转式蒸煮锅不同，锅体固定不动，原料在锅中也不转动，蒸煮液靠锅外循环泵抽出来，经过加热器加热后再送入锅中，就像一台立式蒸煮锅。这种蒸煮锅的最大的特点是：操作全靠微机控制，设备上没有温度计，也没有压力表，在微机中输入温度、压力和升温、保温时间等工艺参数就可以进行蒸煮。

（二）蒸煮试验方案的制定与蒸煮前的准备

1. 蒸煮试验方案的制定

蒸煮试验方案和工艺条件制定应根据蒸煮试验所用原料种类、蒸煮设备类型、试验目的、蒸煮后纸浆质量要求，结合所学制浆知识综合考虑，制定出一个切实可行的试验方案。内容包括：确定采用的蒸煮方法；制定合理的工艺条件（如装锅量、用碱量、助剂用量、液比、最高温度、升温时间和保温时间等）；确定试验的蒸煮曲线，即蒸煮温度或压力（纵坐标）—蒸煮时间（横坐标）曲线。最后根据所定的工艺条件，计算蒸煮试验中的原料、药剂用量以及补充水量等。

2. 蒸煮前的准备

① 测定原料水分含量。因蒸煮原料水分含量是进行工艺计算的重要依据，所以装锅前必须测出原料水分含量，以计算风干原料需用量，并用容器称好，备用。

② 标定蒸煮液的浓度。根据蒸煮条件及绝干原料用量计算出药品的取用量及补充的水量，配制蒸煮液。注意余留部分清水用作装锅时冲洗盛蒸煮液的容器。

（三）蒸煮操作程序（以电热回转式蒸煮锅为例）

① 检查设备。首先了解蒸煮锅的结构、使用方法，并检查设备运转是否正常。如：蒸煮锅零配件是否齐全，回转是否正常，压力表指针是否归零，锅口垫圈是否老化，锅底取液阀门是否关闭等。

② 装锅。将预先准备好的原料，分数次装入蒸煮锅中，每次装入后用搪瓷缸加入部分药液（对于草类原料也可将原料与蒸煮液预先在外混合好后再装入蒸煮锅），注意勿让药液流到锅体外壳上及电机上，以保护加热丝。

③ 上锅盖。装锅完毕，用湿布将锅口和锅盖擦干净，然后盖上锅盖，放上垫圈和螺母，按对称方向逐步将锅盖螺母拧紧，并关闭放气阀门。

④ 开机。按下电机开关，锅体开始运转，检查有无漏液现象。空转无异常后，开始加热，按预定蒸煮升温曲线进行蒸煮。

⑤ 蒸煮记录。蒸煮开始后，开始记录升温的时间和起始温度，此后每隔10～15min记录一次时间、温度与压力。升温速度可通过调压变压器控制。在试验报告上要根据实际记录绘出蒸煮升温曲线图。

⑥ 取黑液、放气。蒸煮至保温终点后，关闭加热电源，使锅盖朝上停止运转。在放气阀上装一根塑料短管，转动锅体使锅盖朝下，取洁净干燥的搪瓷缸，慢慢打开放气阀门，取约

50mL 黑液供分析。随后再转动锅体使锅盖朝上，在放气阀上换上一根长胶管，胶管另一端插入盛有半桶水的塑料桶中，小心开启放气阀门，先慢后快，进行放气，直到压力表指零为止。

⑦ 放料。按对称方向拧下螺母和垫圈，打开锅盖。转动锅体，把浆料倒入塑料桶中，并把锅盖上的纸浆收集干净。

⑧ 洗锅。预热至 50℃ 以上的热水把锅洗干净，并将洗锅用水倒入盛纸浆的塑料桶中，随后将各部擦洗干净。

（四）浆料处理

① 洗浆。把浆料转移到 100～150 目的洗浆器（或浆袋）中，用清水进行多次洗涤，直到用酚酞指示剂检查不显红色为止。

② 疏解。如果纸浆煮的硬度较大，纤维束较多，可用多功能疏解机疏解 1～5min。

③ 脱水。洗净（或疏解）后的浆料，用脱水机甩干至一定干度，然后取出浆料，经搓散、混匀，并称取湿浆质量后，储存于可密闭的容器或塑料袋中，贴上标签，平衡水分后取样测其水分，以计算粗浆得率。

四、蒸煮试验的检测

（一）纸浆得率的测定

纸浆的得率有粗浆得率和细浆得率之分，筛浆以前的纸浆得率，称为粗浆得率，筛浆以后的得率称为细浆得率。在测纸浆得率之前，必须先测纸浆含水量。

1. 纸浆水分的测定

测定纸浆的含水量时，首先在分析天平上称取湿浆 5.00～7.00g（精确到 0.01g；称浆前称量瓶应恒重），在 105～150℃ 的温度范围内烘干至恒重。烘干设备可以用烘箱、红外线快速水分测定仪或红外线干燥箱等。

在造纸厂生产过程中，为了缩短测定时间，采用甩干机甩干浆料方法来快速测定纸浆的水分含量，即用天平称取一定质量的湿浆置于甩干机中，在固定的转速下甩干一定时间后再称取其质量，然后根据事先对同种浆料在同一条件下甩干绘制出的《甩干浆质量与水分含量关系曲线》，得出浆料的水分含量。

2. 纸浆得率的计算

$$纸浆得率 = \frac{湿浆质量(g) \times (1 - 水分含量)}{绝干装锅质量(g)} \times 100(\%) \qquad (3\text{-}16)$$

（二）浆料的筛选

由于实验室小型蒸煮试验处理量少，原料与蒸煮液混合容易，升温较均匀，所以得到的纸浆与工厂在相同工艺条件下生产的纸浆相比，均匀性一般较高。但是由于植物纤维原料本身各部位组织结构不同、备料质量不同或在蒸煮过程中工艺条件控制不当，蒸煮后浆料中也可能存在未解离的纤维束、粗渣及节子等未蒸解的纤维或一些非纤维杂质。所以必须用筛浆机把对纸浆进行筛选。

1. 筛浆原理

利用筛板的筛缝将纸浆中尺寸大于缝宽的粗渣进行分离。

2. 常见筛浆设备

振动式平板筛浆机：与造纸厂的跳筛不同，该设备筛板固定不动，在筛板下边有一个橡皮膜，橡皮膜由电机带动上下运动，造成一定的抽吸力从而进行筛浆。该设备的关键部件是筛板，筛板的筛缝应根据纸浆种类来选取。化学木浆一般用 0.30～0.35mm 筛缝，化学草浆用 0.20～0.25mm 的筛缝。

3. 筛浆步骤

浆料首先在纤维解离机中解离 1～3min，使纤维分散。将筛板清洗干净，然后注入约 2/3 的水，加入浆料（浆浓度控制在 0.2%～0.3%），启动电机和搅拌装置，放下排浆管，使通过筛板的良浆经排浆管进入到尼龙网（150 目）内，接下来是一边加浆一边加水进行连续筛浆。筛浆完毕，收集筛板上的粗渣，称其质量，并测定水分含量，计算粗渣率。尼龙网中的良浆经脱水后供下一步的分析和测定。

4. 粗渣率计算

$$粗渣率 = [筛后绝干粗渣质量(g)/筛浆前绝干粗浆质量(g)] \times 100(\%) \tag{3-17}$$

（三）浆料的筛分

1. 纸浆筛分的目的

了解纸浆中纤维长度的分布状况。

2. 测定原理

将纸浆悬浮液注入纤维筛分仪中，各筛分容器中装有不同规格的筛网，容器成阶梯式，当纸浆悬浮液从一个容器流到另一个容器时，在不同筛网上留住不同纤维长度的纸浆，存留纸浆的纤维长度与筛板的网孔大小一致。在一定的水流速度下，筛分一定时间后，收集存留在各筛板上的纤维，经烘干、恒重后，可得到各网目上存留纤维量对投入试样的质量分数。最后用显微镜或其他仪器测定各组分的纤维长度。

3. 筛分试验

（1）网目的选择

为满足不同浆种的试验要求，选用的筛板网目各不相同。对于用筛分评价纤维质量时，规定使用下列网目：中等纤维（14、28、48、100 目）；长纤维（10、14、28、48、100 目）；短纤维（14、28、48、100、200 目）。

（2）开机

将解离好的 10g 纤维试样均匀分散在 2L 水中，于 15～18s 内注入第一个筛分水箱，同时启动计时器，准确筛分 20min，筛毕，立即停机停水。收集各筛分器中的纸浆。在（105±2）℃的烘箱中对收集到的各筛分浆料进行干燥恒重。

（3）计算

试验结果一般直接用存留在不同网目上的纤维对投入试样的质量分数表示，其 i 筛分组分百分率 w_i（%）的计算见式（3-18）：

$$w_i = \frac{m_i}{m} \times 100(\%) \tag{3-18}$$

式中　m_i——于筛网上各纤维组分的绝干质量，g

　　　m——试样的绝干质量，g

（四）纸浆高锰酸钾值和卡伯值的测定（即纸浆硬度的测定）

纸浆硬度：表示原料经蒸煮后残留在纸浆中的木素和其他还原性物质的相对含量，间接表示纸浆脱木素程度的大小，可用来评价蒸煮的预期效果和纸浆的可漂性。纸浆硬度的测定有高锰酸钾值和卡伯值之分，两种方法测定原理相同，但测定方法和计算方法不同。高锰酸钾值一般适用于化学浆；而卡伯值的适用范围更广，不仅可用于化学浆，而且可用于纸浆得率在 60% 以下的半化学浆。两者之间存在换算关系，具体如下：

纸浆卡伯值×0.66＝纸浆高锰酸钾值

1. 纸浆高锰酸钾值的测定

(1) 定义

1g绝干浆在特定条件（25℃，5min）下所消耗的0.02mol/L KMnO$_4$溶液的毫升数。

(2) 测定原理

基于浆料在特定条件下和高锰酸钾进行氧化作用，反应一定时间后用碘化钾来停止高锰酸钾对浆料的作用，碘化钾被还原，析出I$_2$。然后用Na$_2$S$_2$O$_3$标准溶液滴定，最后通过消耗Na$_2$S$_2$O$_3$的量来间接反映消耗KMnO$_4$的量。其反应式为：

$$2KMnO_4 + 8H_2SO_4 + 10KI \longrightarrow 2MnSO_4 + 6K_2SO_4 + 5I_2 + 8H_2O$$

$$2Na_2S_2O_3 + I_2 \longrightarrow Na_2S_4O_6 + 2NaI$$

(3) 仪器与试剂

a. 电动搅拌器或磁力搅拌器，转速为(500±100)r/min；b. 500mL广口瓶；c. 1000mL烧杯；d. 秒表；e. 恒温水浴；f. 0.02mol/L KMnO$_4$标准溶液；g. 0.1mol/L Na$_2$S$_2$O$_3$标准溶液；h. 2mol/L H$_2$SO$_4$标准溶液；i. 1mol/L KI标准溶液；j. 5g/L淀粉指示剂。

(4) 试样的准备

① 干浆板：取部分（约20g）化学浆板试样，撕成约1cm见方的浆快，放入带橡皮塞的1000mL广口瓶中，加入一定量的水和数十颗玻璃球，浸泡4h后，往复振荡，至浆料完全离解为止，分离出玻璃球，用布袋把纸浆拧干、揉散，置于带磨口玻璃塞的广口瓶中，经平衡水分24h以后，测定其水分含量，备用。

② 湿浆：将经筛选以后的浆料，装入布袋拧干，或用脱水机脱水，然后揉散，经平衡水分后备用。

(5) 测定步骤

在分析天平上精确称取相当于1.000g绝干浆的试样，于容量1000mL的烧杯中，加蒸馏水400mL，将烧杯移于搅拌器下，开动搅拌器使浆料完全分散。然后调温至(25±1)℃。用棕色酸式滴定管准确量取25mL0.02mol/L KMnO$_4$标准溶液于一小烧杯中。再量取25mL2mol/L H$_2$SO$_4$溶液于另一1000mL的烧杯中，加蒸馏水300mL，然后调温至(25±1)℃。温度调好后，将大部分硫酸溶液倾入有试样的烧杯中，保留小部分硫酸溶液用作冲洗盛高锰酸钾溶液的小烧杯用。开动搅拌器迅速加入25mL高锰酸钾标准溶液，并立即开动秒表计时。随即用预先保留的少量硫酸溶液洗净小烧杯，洗液亦倾入反应杯中（此时反应杯中溶液总量应为750mL）。反应进行恰好5min时，立即加入5mL1mol/L KI或10％KI溶液，并调慢搅拌速度，迅速用0.1mol/L Na$_2$S$_2$O$_3$标准溶液滴定析出的碘，滴定至溶液呈淡黄色时，加入2~3mL新配置的5g/L淀粉溶液，继续滴定至蓝色刚好消失为止。

(6) 结果计算

高锰酸钾值按式(3-19)计算：

$$K = \frac{V_1 - V_2}{m} \tag{3-19}$$

式中　V_1——加入0.02mol/L KMnO$_4$标准溶液体积，mL

　　　V_2——滴定时所耗用0.1mol/L Na$_2$S$_2$O$_3$标准溶液体积，mL

　　　m——浆料的绝干质量，g

　　　K——高锰酸钾值，mL/g

同时进行两次测定，取其算术平均值作为测定结果，准确到小数点后第一位，两次测定计算之间误差不应超过 0.1。

(7) 注意事项

① 上述方法适用于测定高锰酸钾值小于 20 的纸浆。若大于此值，则应加入 40mL 0.02mol/L KMnO$_4$ 标准溶液，40mL 2mol/L H$_2$SO$_4$ 溶液及 1120mL 水，最后反应杯中溶液总量应为 1200mL，其余步骤完全相同。

② 测定时所用的 KMnO$_4$ 溶液应恰好为 0.02mol/L，否则应根据实际浓度换算成相当于 25mL 或 40mL 0.02mol/L KMnO$_4$ 溶液量，再准确量取。滴定时所用 Na$_2$S$_2$O$_3$ 溶液的浓度若不为 0.1mol/L 时，也应将所耗用的 Na$_2$S$_2$O$_3$ 溶液换算成相当于 0.1mol/L Na$_2$S$_2$O$_3$ 溶液量后，再代入公式进行计算。

③ 因 I$^-$ 在酸性条件下易被空气中的 O$_2$ 氧化成 I$_2$，故加入 KI 后搅拌速度应适当调慢，以防止 I$^-$ 的氧化，且要迅速以 Na$_2$S$_2$O$_3$ 标准溶液滴定，滴定速度也应适当快些。

2. 纸浆卡伯值的测定

(1) 标准卡伯值测量方法

① 测定原理：已经疏解的浆在一定条件下与一定量高锰酸钾溶液发生一定时间的反应。选择的浆量应为：在反应时间终了时，约有 50% 的 KMnO$_4$ 溶液未被消耗。反应一定时间加入过量的碘化钾溶液终止反应，然后用 Na$_2$S$_2$O$_3$ 标准溶液滴定析出的碘。将得到的值换算成消耗 50% 高锰酸钾量。反应式同高锰酸钾值测定。

② 仪器与试剂：同高锰酸钾值测定。

③ 试样的制备：同高锰酸钾值测定。

④ 测定方法：称取消耗相当于 100mL 0.02mol/L KMnO$_4$ 溶液的 30%~70% 之间试样量（精确至 0.001g）（同时另称取试样测定水分含量），于湿浆解离器中，加 500mL 蒸馏水解离，直到没有浆块和大纤维束。将解离后的试样移至 2000mL 烧杯中，并用 250mL 蒸馏水分数次漂洗解离器，使总体积为 750mL，洗液全部倒入 2000mL 烧杯中，然后将烧杯放在恒温水浴中，调节温度为 (25±0.2)℃ [并控制温度使整个反应期间保持 (25±0.2)℃]，调节电动搅拌器速度，使溶液产生约 25mm 的漩涡。用移液管准确量取 100mL 0.02mol/L KMnO$_4$ 标准溶液和 100mL 2mol/L H$_2$SO$_4$ 溶液于一 250mL 小烧杯中，将混合液调温至 (25±0.2)℃，迅速倒入盛有试样的 2000mL 烧杯中，同时开动秒表计时。用 50mL 蒸馏水分数次洗涤盛 KMnO$_4$ 混合液的小烧杯，洗液均倒入反应烧杯中，此时反应烧杯中溶液总体积应为 1000mL。反应进行恰好 10min 时，用量筒加入 20mL 1mol/L KI 标准溶液以终止反应，并调慢搅拌速度，迅速用 0.2mol/L Na$_2$S$_2$O$_3$ 标准溶液滴定析出的碘，滴定至溶液呈淡黄色时，加入 2~3mL 新配置的 5g/L 淀粉溶液，继续滴定至蓝色刚好消失为止。同时进行两次测定，取其算术平均值作为测定结果，两次测定结果应在平均卡伯值的 1% 以内。

⑤ 结果计算：按式 (3-20)、式 (3-21) 计算卡伯值 (K)：

$$V_2 = \frac{(V_0 - V_1) \times c}{0.02 \times 5} \tag{3-20}$$

$$K = \frac{V_2 \times f}{m} \tag{3-21}$$

式中　V_0——样品耗用 0.02mol/L KMnO$_4$ 标准溶液体积，mL

　　　V_1——空白试验所耗用 Na$_2$S$_2$O$_3$ 标准溶液体积，mL

　　　V_2——滴定试样时所耗用 Na$_2$S$_2$O$_3$ 标准溶液体积，mL

c——$Na_2S_2O_3$ 标准溶液的浓度，mol/L

m——绝干浆质量，g

K——经温度校准的卡伯值，mL/g

5——1 当量的 $KMnO_4$ 消耗 5 当量的 $Na_2S_2O_3$，两者之间的当量比是 5 倍关系

f——校正因子，可根据 V_2 值由表 3-2 而得

0.02——待滴定液中高锰酸钾的摩尔浓度，mol/L

表 3-2　　　　　　　　　　　校正因子 "f" 核查表

V_2/mL	f									
	0	1	2	3	4	5	6	7	8	9
30	0.958	0.960	0.962	0.964	0.966	0.968	0.970	0.973	0.975	0.977
40	0.979	0.981	0.983	0.985	0.987	0.989	0.991	0.994	0.006	0.998
50	1.000	1.002	1.004	1.006	1.009	1.011	1.013	1.015	1.017	1.019
60	1.022	1.024	1.026	1.028	1.030	1.033	1.035	1.037	1.039	1.042
70	1.044									

如果测定温度不能准确控制在 (25±0.2)℃ 时，应保持整个反应期间的测定温度在 20~30℃ 之间，并用温度校正公式 (3-22) 计算卡伯值：

$$K = \frac{V_2 \times f}{m}[1+0.013(25-t)] \tag{3-22}$$

式中　t——测定时的温度，℃

0.013——校正系数，1/℃

25——测量温度，℃

可在反应进行到 5min 时，测定反应杯中混合物的温度 t，并假设此温度是整个试验的平均温度。

⑥ 注意事项：测定卡伯值时，碘的挥发是重要的可变因素，必须尽量缩短从加入碘化钾溶液终止反应到硫代硫酸钠标准溶液滴定至终点这段时间，即尽量缩短硫代硫酸钠标准溶液滴定时间，特别是空白试验更应注意。注意必须把浆料完全分散。

(2) 微量卡伯值法测定

微量卡伯值法是在标准卡伯值法的基础上修改而来的，适用于木素含量较少，消耗高锰酸钾亦较少的化学浆。微量卡伯值法的测定原理和方法与标准卡伯值法完全相同，测定中所用水的体积及化学试剂的体积均按比例减少。采用微量卡伯值法测定得出的卡伯值，应在试验报告中注明。测试前可以先根据原料与制浆工艺初步估计浆料的卡伯值，然后利用下式估算测定所需的绝干浆量。

$$m = \frac{P \times V}{K_a} \tag{3-23}$$

式中　m——应称取的绝干浆量，g

V——空白测定时加入的 $KMnO_4$ 标准溶液体积，mL

P——消耗 50% 质量分数 $KMnO_4$ 溶液的校正因子。它依照 V 值而变化，具体见表 3-3，%

K_a——预先估计的卡伯值，mL/g

表 3-3　　　　　　　　　　校正因子 P 与 V 的关系（卡伯值范围 1 至 5）

V/mL	P									
	0	1	2	3	4	5	6	7	8	9
0	—	—	—	—	—	1.022	1.026	1.030	1.035	1.039
10	1.044	1.048	1.053	1.057	1.062	1.066	—	—	—	—

表 3-4 中列出了标准卡伯值法和微量卡伯值法测定过程的条件。

表 3-4　　　　　　　标准卡伯值法和微量卡伯值法测定条件的比较

项　目	标准卡伯值法	微量卡伯值法			
0.02mol/L $KMnO_4$ 标准溶液体积/mL	100	50	25	10	
2mol/L H_2SO_4 溶液体积/mL	100	50	25	10	
蒸馏水体积/mL	800	400	200	80	
溶液总体积/mL	1000	500	250	100	
称取绝干浆量最大值/mL	10	5	2.5	1	
1mol/L KI 体积/mL	20	10	5	2	
NaS_2O_3 标准溶液体积/(mol/L)	0.2	0.1～0.2	0.1	0.1～0.05	

1）测量步骤

根据浆料水分和估计的卡伯值估算及称取浆料的质量，置于小型电动搅拌器中，用量筒量取 200mL 蒸馏水，将其中的约 100mL 水倒入搅拌器中，开动搅拌器使浆料完全分散后，将浆料倒入 400mL 的烧杯中，用所余蒸馏水的一部分（50～70mL）分次洗涤搅拌器使全部浆料进入 400mL 的烧杯中，将此烧杯置于搅拌器上，使浆料处于均匀状态，反应需在 25℃下进行。分别用移液管量取 25mL 0.02mol/L $KMnO_4$ 标准溶液和 25mL 2mol/L 硫酸溶液于 100mL 烧杯中，将此混合液加入搅拌着的浆料中并马上用秒表开始计时，用剩余的约 30mL 蒸馏水分次洗涤烧杯使全部混合液都进入浆料。反应时间为 10min，在反应 5min 时测定并记录反应烧杯中的温度。10min 反应结束后，马上向浆料中加入 5mL 1mol/L 的 KI 溶液终止反应。并立即用 0.1mol/L 的 NaS_2O_3 标准溶液滴定析出的碘，至溶液呈淡黄色，加入 2～3mL 淀粉溶液，继续滴定至蓝色刚好消失为止。

2）结果计算

卡伯值（K）按式（3-24）计算：

$$K=\frac{(V_2-V_1)\times c}{0.1}\times\frac{f}{m}\times[(25-t)\times 0.013+1] \quad (3-24)$$

式中　V_2——空白试验所耗用 $Na_2S_2O_3$ 标准溶液体积，mL

V_1——滴定试样时所耗用 $Na_2S_2O_3$ 标准溶液体积，mL

c——$Na_2S_2O_3$ 标准溶液的浓度，mol/L

m——称取的绝干浆质量，g

K——卡伯值

f——校正因子，可根据 $(V_2-V_1)/V_2$ 值由表 3-5 而得

0.013——校正系数，1/℃

t——反应温度，可取反应 5min 时的测定值，℃

25——参比温度，℃

0.1——含义同式（3-20）中 0.02×5，mol/L

表 3-5　　　　　　　　　　　校正因子"f"核查表

$\dfrac{V_2-V_1}{V_2}\times 100$	f									
	0	1	2	3	4	5	6	7	8	9
10	0.911	0.913	0.915	0.918	0.920	0.923	0.925	0.927	0.929	0.931
20	0.934	0.936	0.938	0.941	0.943	0.945	0.947	0.949	0.052	0.954
30	0.958	0.960	0.962	0.964	0.966	0.968	0.970	0.973	0.975	0.977
40	0.979	0.981	0.983	0.985	0.987	0.989	0.991	0.994	0.996	0.998
50	1.000	1.002	1.004	1.006	1.009	1.011	1.013	1.015	1.017	1.019
60	1.022	1.024	1.026	1.028	1.030	1.033	1.035	1.037	1.039	1.042
70	1.044									

五、蒸煮废液的分析

黑液即是蒸煮后所得的废液，颜色比较深，呈深褐色，主要是由于木素发生变化，生成醌型结构的发色基团所致。黑液中的化学成分是非常复杂的，尤其是草浆黑液，很难处理。总体来说包括有机物和无机物两种，有机物主要是木素和碳水化合物的降解产物，无机物主要是碱类和硫化物等。黑液分析是碱法制浆必不可少的分析项目，通过黑液分析，可以对蒸煮工艺条件制定的正确与否，对制浆过程的经济效益，对环境污染程度等做出评价。对有碱回收的造纸厂来说，通过黑液分析，可以对碱平衡和热平衡提供重要参数。

黑液分析的物理指标有：相对密度、黏度、总固形物、有机物和无机物等；化学成分指标包括总碱量、有效碱、活性碱、还原物含量等；生化指标包括：生物耗氧量和化学耗氧量等。由于黑液的颜色深，化学组分复杂，造成分析上的特殊性，需在分析检测中加以注意。

（一）黑液相对密度的测定

1. 用相对密度计测量

将黑液置于 200mL 的量筒内，调节温度为 20℃，采用 12 支以上一套的相对密度计进行测量，即用能看到小数点后三位的相对密度计测量。首先用一号密度计测出黑液的大概相对密度，然后再用相对密度所在范围的精确密度计测量。读至小数点后第三位。

2. 用比重瓶测量

黑液浓度太大，用相对密度计测定不合适时，可用比重瓶测定相对密度。其方法是取一恒重比重瓶，先将黑液加热，使其易于流动，然后倒入恒重的比重瓶中，冷却温度至 20℃。若黑液因冷却而收缩，应补充黑液至满。然后塞紧瓶塞，用水洗净外壁，擦干后称重。另用蒸馏水按同样方法装满称量，并按式（3-25）计算黑液相对密度：

$$\text{黑液相对密度}(20℃)=\frac{(\text{黑液和瓶质量}-\text{空瓶质量})g}{(\text{水和瓶质量}-\text{空瓶质量})g} \tag{3-25}$$

3. 波美度与黑液相对密度的换算

工业上习惯用波美度表示黑液浓度，通常用标准温度 15℃下的性能表示。实际温度测定的波美度与标准温度即 15℃换算式（3-26）为：

$$°Bé(15℃)=\text{实测}°Bé+(t-15)\times 0.052 \tag{3-26}$$

式中　t——实测温度，℃

0.052——校正系数

15——参考温度，℃

波美度与黑液相对密度的换算式（3-27）如下：

$$d=\frac{144.3}{144.3-n} \tag{3-27}$$

式中　d——黑液的相对密度

　　　n——15℃下波美计的度数

（二）黑液总固形物的测定

1. 测定步骤

在扁形称量瓶内装 5～10g 石英砂（40～60 目），洗净、烘干、恒重。称取约 0.5g 试样或用移液管吸取 1mL 试样，放入称量瓶中，与石英砂混匀，在 100～105℃湿烘箱内烘干 1～2h，再转入另一恒温烘箱在 100～105℃烘约 3h，取出置于玻璃干燥器中冷却至室温，称量后再烘，直至恒重。

2. 结果计算

$$总固形物含量 = \frac{m_1 - m_2}{V} \times 1000 \text{（g/L）} \tag{3-28}$$

或

$$总固形物含量 = \frac{m_1 - m_2}{m_3} \times \rho \times 1000 \text{（g/L）} \tag{3-29}$$

式中　m_1——称量瓶、石英砂和绝干试样的质量，g

　　　m_2——称量瓶和石英砂的质量，g

　　　V——黑液试样体积，mL

　　　m_3——黑液质量，g

　　　ρ——黑液密度，g/cm³

3. 注意事项

石英砂在使用之前需进行处理，将其先后用 6mol/L HCl 和 6mol/L NaOH 各煮沸 1h，然后再洗净、烘干备用。对于黑液浓度（总固形物）高于 20% 的试样，应采用称量法取样。若黑液浓度太大以至在称量瓶中难以分散时，可先将黑液稀释，然后再取样。

（三）黑液中有机物和无机物的测定

1. 测定原理

将黑液在高温炉中灼烧，使有机物变成二氧化碳和水蒸气挥发掉，剩下的残渣即为黑液中无机物。由黑液总固形物的量减去无机物的量，可得到黑液中有机物的量。

2. 仪器与试剂

a. 瓷坩埚；b. 高温炉；c. 浓硫酸；d. 浓硝酸或过氧化氢；e. 甲基橙。

3. 测定步骤

取 5mL 黑液于已灼烧至恒重的坩埚中，称量后置于电热板或电炉上低温烘干，再于电炉上烧去大部分有机物。冷却后用数滴蒸馏水润湿，加三滴甲基橙指示剂，然后慢慢滴入浓硫酸至红色（可略过量），置于电热板上加热蒸干，逐出三氧化硫，然后移入高温炉中由低温灼烧至 800℃，灼烧至灰渣中无黑色碳素为止。如果灼烧后仍呈黑色，加 4～5 滴浓硝酸或过氧化氢使黑灰润湿、蒸干，再于 800℃高温炉中灼烧至无黑色碳素，并恒重为止。取出坩埚时应先将其在炉口冷却片刻，然后再取出坩埚于白瓷板上放置 5min，最后移入干燥器中冷却半小时后称量。

4. 结果计算

$$硫酸盐灰分(\text{NaOH 计}) = \left[\frac{灰分质量(\text{g})}{黑液体积(\text{mL})} \times 1000 - SiO_2 含量(\text{g/L}) \right] \times 0.563 \tag{3-30}$$

式中　0.563——硫酸钠换算为氢氧化钠的系数

对于草浆黑液，因二氧化硅含量较高，所得灰分中除硫酸钠外还含有二氧化硅，因此，计算硫酸盐灰分时应予扣除。木浆黑液含二氧化硅很低，二氧化硅一项可省略。故：

$$无机物含量 \approx 硫酸盐灰分 (g/L) \tag{3-31}$$

$$有机物含量 \approx 总固形物(g/L) - 无机物含量 (g/L) \tag{3-32}$$

（四）草浆黑液中二氧化硅含量的测定

1. 仪器与试剂

a. 蒸发皿；b. 铂坩埚；c. 浓盐酸（密度 $1.19g/cm^3$）；d. 氢氟酸。

2. 测定步骤

将测定硫酸盐灰分后的残渣，加入浓盐酸，移入蒸发皿并使残渣全部润湿，呈酸性后再多加 1~2mL，然后在水浴上蒸干。再加入浓盐酸至全部润湿，再蒸干。随之移入 105~110℃烘箱中烘 1h。

冷后加入浓盐酸至残渣全部润湿。然后加入热水溶解残渣，并将其移入 250mL 烧杯中，用热水洗净蒸发皿，洗液并入烧杯中，加水至溶液体积约 100mL，煮沸数分钟，趁热过滤于无灰滤纸中，用热盐酸溶液（盐酸体积：水体积＝1：20）洗涤残渣数次，再用热水洗涤至无氯根（用硝酸酸化的硝酸银检验之）。

将滤纸及沉淀物放入已灼烧至恒重的坩埚中，烘干后小心碳化。然后将坩埚移入高温炉中。在 1000℃下灼烧至灰渣无黑色碳素并恒重，计其质量为 m_1。

将灼烧后之灰分加入硫酸溶液（硫酸体积：水体积＝1：1）湿润之，再加约 5mL 氢氟酸，在通风橱内蒸发至出现白色浓烟并蒸干后移入高温炉中，在 900℃温度下灼烧至恒重，计其质量为 m_2。

3. 结果计算

$$\rho_{SiO_2} = \left(\frac{m_1 - m_2}{V}\right) \times 1000 \tag{3-33}$$

式中　V——黑液体积，mL

ρ_{SiO_2}——二氧化硅含量，g/L

4. 注意事项

蒸发氢氟酸必须在通风橱中进行，并且必须注意不要触及皮肤或吸入酸烟。氢氟酸不能用玻璃量器量体积，可直接倾入坩埚量其所需体积。

（五）黑液总碱量的测定

通过测定黑液总碱量可了解黑液中可供回收利用的钠盐量。黑液中总碱应包括与木素化合的钠盐（RONa）、碳酸钠、硫酸钠、硫化钠、硫代硫酸钠、硅酸钠等，而不包括少量的氯化钠、氯化钾和铁、铝等其他杂质。

目前测定总碱的方法有 3 种：

① 由测得的黑液无机物（硫酸盐灰分）量计算总碱量，该法包含了氯化钠和氯化钾，只是近似值。

② 通过高温灼烧将黑液中的有机物分解之后，用盐酸滴定测得总碱量，此法不包括氯化物和硫酸钠。

③ 用盐酸置换黑液中的各种钠盐，然后灼烧成氯化物，再用硝酸银测总碱量，此法包含了黑液中的氯化钠和氯化钾，但不包含硫酸钠。上述 3 种测定黑液总碱量的方法各有优缺点，其中硝酸银法测定结果虽包含了少量氯化物，但由于灼烧温度较低，钠的挥发损失较

少，故一般采用较多。下面我们将详细介绍这种测定方法。

1. 测定原理

用盐酸置换黑液中的钠盐，经灼烧成灰，冷却后，用水溶解。用硝酸银标准溶液标定氯离子来计算总碱量。

2. 仪器与试剂

a. 瓷坩埚；b. 沙浴（或水浴）；c. 高温炉；d. 250mL 容量瓶；e. 0.1mol/L $AgNO_3$ 标准溶液；f. 盐酸溶液（盐酸体积∶蒸馏水体积＝1∶1）；g. 50g/L 铬酸钾指示剂；h. 甲基橙指示剂。

3. 测定步骤

吸取黑液试样 5mL，注入瓷坩埚中，以甲基橙为指示剂，加入盐酸溶液，使试样溶液呈酸性。然后置于沙浴（或水浴）上，蒸发至干，再移入高温炉中（约 600℃）灼烧成灰，取出冷却，用水洗入 250mL 容量瓶中，并用水稀释至刻度，摇匀。吸取 25mL 置于 250mL 锥形瓶中，加入 1mL 50g/L 铬酸钾指示剂，用 0.1mol/L $AgNO_3$ 标准溶液滴定至溶液呈微红色。

4. 结果计算

总碱量（以 Na_2O 计）按式（3-34）计算：

$$\rho_{总碱量}(以 Na_2O 计) = \frac{V \times c \times 0.031}{5 \times \frac{25}{250}} \times 1000 \ (g/L) \tag{3-34}$$

式中　V——滴定所耗用的硝酸银标准溶液的量，mL

c——硝酸银标准溶液的浓度，mol/L

0.031——与 1mmol 的硝酸银相当的氧化钠的量，g/mmol

5——黑液试样体积，mL

$\frac{25}{250}$——稀释体积比

（六）黑液中硫酸钠的测定

1. 测定原理

用盐酸将黑液中的木素和其他酸不溶物沉淀并过滤后，于滤液中加氯化钡，使产生硫酸钡沉淀，再用称量法测定。

2. 仪器与试剂

a. 高温炉；b. 瓷坩埚；c. 浓盐酸；d. 100g/L 氯化钡溶液；e. 甲基橙指示剂

3. 测定步骤

吸取 25mL 黑液于 250mL 烧杯中，加 100mL 水，以浓盐酸调整至中性，再多加 5mL，搅拌，煮沸 10min，过滤。用热水洗涤，收集滤液及洗液于 400mL 烧杯中，加入 1～2 滴甲基橙指示剂，以氢氧化铵调整溶液呈中性，再加入 1mL 浓盐酸，加水稀释至 250mL，煮沸后，在不断搅拌下，滴入 15mL 100g/L 氯化钡溶液，再煮沸 10～15min，静置澄清，过滤于无灰滤纸中，并用热水洗涤至洗液中不含氯离子（以硝酸银检测），将沉淀及滤纸置于已灼烧恒重的瓷坩埚中，先在低温下炭化，然后再移入高温炉内，在 800℃下灼烧恒重。所增加的质量即为硫酸钡的质量。

4. 结果计算

硫酸钠含量 ρ_{Na_2S}（g/L）按式（3-35）计算：

$$\rho_{Na_2S} = \frac{\text{硫酸钡质量(g)} \times 0.6086}{25} \times 1000 \, (g/L) \tag{3-35}$$

式中　0.6086——硫酸钡换算成硫酸钠的系数

　　　25——黑液体积，mL

（七）黑液中有效碱的测定

1. 测定原理

黑液中的有效碱成分，对烧碱法来说指 NaOH；对硫酸盐法来说指 $NaOH + 1/2Na_2S$。测定时先用 $BaCl_2$ 使木素沉淀，同时也使 Na_2CO_3 和 Na_2SO_3 沉淀，然后取上层清液以酚酞为指示剂，用 HCl 滴定求得。

2. 仪器与试剂

a. 500mL 容量瓶；b. 100g/L 氯化钡溶液；c. 0.1mol/L HCl 标准溶液；d. 酚酞指示剂。

3. 测定步骤

取 50～70mL 100g/L $BaCl_2$ 溶液于 500mL 容量瓶中，加蒸馏水（不含 CO_2）约 150mL，然后吸取 50mL 黑液试样加入该容量瓶中，再用蒸馏水稀释至刻度，摇匀后静置。吸取几滴上层清液用硫酸检验氯化钡有无过量（如无硫酸钡产生，则说明氯化钡用量不够，应重做）。检验合格后，等溶液出现分界面时，取上层清液，用干燥的滤纸过滤，取滤液 50mL 于 250mL 的锥形瓶中，加蒸馏水 50mL，以酚酞为指示剂，用 0.1mol/L HCl 标准溶液滴定至红色消失（因终点很难判断，可借助 pH 计，终点 pH=8.3）。

4. 结果计算

有效碱（NaOH 计）含量按式（3-36）计算：

$$\rho_{\text{有效碱}}(\text{NaOH 计}) = \frac{V \times c \times 0.040}{50 \times \frac{50}{500}} \times 1000 \, (g/L) \tag{3-36}$$

式中　V——滴定所耗用的 HCl 标准溶液的量，mL

　　　c——HCl 标准溶液的浓度，mol/L

　　0.040——与 1mmol 的 HCl 相当的氢氧化钠的量，g/mmol

　　　50——黑液试样体积，mL

　　$\frac{50}{500}$——稀释体积比

5. 注意事项

测定时先把氯化钡和黑液试样加入容量瓶，有利于形成大颗粒沉淀，沉淀速度亦快，以便取出上层清液。黑液分析时所用的稀释水，应是新煮沸的无二氧化碳的冷却水，以免形成碳酸钠，影响分析结果。若黑液浓度较大（黑液总固形物含量大于 20%）时，应采用称量法取黑液试样，计算结果时必须考虑黑液的密度。其有效碱（NaOH 计）含量计算如式（3-37）：

$$\rho_{\text{有效碱}}(\text{NaOH 计}) = \frac{V \times c \times 0.040}{m \times \frac{50}{500}} \times \rho \times 1000 \, (g/L) \tag{3-37}$$

式中　V——滴定所耗用的 HCl 标准溶液的量，mL

　　　c——HCl 标准溶液的浓度，mol/L

　　0.040——与 1mmol 的 HCl 相当的氢氧化钠的量，g/mmol

　　　m——黑液试样质量，g

ρ——黑液试样密度，g/cm^3

$\dfrac{50}{500}$——黑液稀释体积比

（八）黑液中还原物含量的测定

1. 测定原理

黑液中总还原物用碘滴定，碘氧化总还原物中硫化钠、亚硫酸钠、硫代硫酸钠的化学反应与硫酸盐法蒸煮液还原物测定相同。

2. 仪器与试剂

a. 250mL 容量瓶；b. 250mL 锥形瓶；c. 0.05mol/L 碘标准溶液；d. 0.1mol/L 硫代硫酸钠标准溶液；e. 5g/L 淀粉指示剂；f. 20%醋酸溶液；g. 氯化锌饱和液；h. 氯化钡饱和液。

3. 试样的准备

① 吸取原黑液 50mL 于 500mL 容量瓶，加蒸馏水稀释至刻度，摇匀，此为 A 溶液。

② 吸取原黑液 50mL 于 500mL 容量瓶，加入氯化锌饱和液 10mL，摇匀后加蒸馏水稀释至刻度，再摇匀静置，使其澄清备用，此为 B 溶液。

③ 吸取原黑液 50mL 于 500mL 容量瓶，依次加入氯化锌饱和液 10mL，氯化钡饱和液 10mL，摇匀后加蒸馏水稀释至刻度，再摇匀静置，使其澄清备用，此为 C 溶液。

4. 测定步骤

（1）硫化钠＋亚硫酸钠＋硫代硫酸钠的测定

吸取 A 液 25mL 于 250mL 锥形瓶中，加 100mL 蒸馏水，然后将一定量的碘标准溶液和 2mL 20%醋酸加入锥形瓶中，加淀粉指示剂，再用硫代硫酸钠溶液滴定至蓝色刚好消失。

$$总还原物的含量\ n_1 = c_1 \times V_1 - \dfrac{1}{2} c \times V \ (\text{mmol}) \tag{3-38}$$

式中　V_1——加入试样中的 I_2 标准溶液的量，mL

　　　c_1——I_2 标准溶液的浓度，mol/L

　　　V——滴定过量 I_2 标准溶液所耗用的 $Na_2S_2O_3$ 的体积，mL

　　　c——$Na_2S_2O_3$ 标准溶液的浓度，mol/L

（2）亚硫酸钠＋硫代硫酸钠含量的测定

吸取 B 液 25mL 于 250mL 锥形瓶中，加 100mL 蒸馏水及 2mL 醋酸，以淀粉溶液为指示剂，用 I_2 标准溶液滴定至呈微蓝灰色。

$$(亚硫酸钠＋硫代硫酸钠)的含量\ n_{\text{II}} = c_2 \times V_2 (\text{mmol}) \tag{3-39}$$

式中　V_2——I_2 标准溶液的量，mL

　　　c_2——I_2 标准溶液的浓度，mol/L

（3）硫代硫酸钠含量的测定

吸取 C 液 25mL 于 250mL 锥形瓶中，加 100mL 蒸馏水及 2mL 醋酸，以淀粉溶液为指示剂，用碘标准溶液滴定至呈蓝色。

$$硫代硫酸钠的含量\ n_{\text{III}} = c_3 \times V_3 (\text{mmol}) \tag{3-40}$$

式中　V_3——I_2 标准溶液的量，mL

　　　c_3——I_2 标准溶液的浓度，mol/L

5. 结果计算

$$硫化钠含量 = \dfrac{(n_{\text{I}} - n_{\text{III}}) \times 0.078}{50 \times \dfrac{25}{500}} \times 1000 \ (\text{g/L}) \tag{3-41}$$

$$亚硫酸钠含量 = \frac{(n_{\text{II}} - n_{\text{III}}) \times 0.126}{50 \times \frac{25}{500}} \times 1000 \text{ (g/L)} \tag{3-42}$$

$$硫代硫酸钠含量 = \frac{n_{\text{III}} \times 0.316}{50 \times \frac{25}{500}} \times 1000 \text{ (g/L)} \tag{3-43}$$

式中　0.078——与 1mmol I_2 相当的硫化钠的量，g/mmol

　　　0.126——与 1mmol I_2 相当的亚硫酸钠的量，g/mmol

　　　0.316——与 1mmol I_2 相当的硫代硫酸钠的量，g/mmol

　　　50——黑液体积，mL

　　　$\frac{25}{500}$——稀释体积比

（九）黑液中亚硫酸钠含量的测定

1. 测定原理

利用亚硫酸钠的还原性，用碘量法测定。

2. 仪器与试剂

a. 0.05mol/L 碘标准溶液；b. 0.1mol/L 硫代硫酸钠标准溶液；c. 5g/L 淀粉指示剂；d. 20%醋酸溶液。

3. 测定步骤

精确量取 25mL I_2 标准溶液于预先盛有 50mL 不含二氧化碳的蒸馏水及 5mL 20%醋酸的容量为 250mL 带磨口玻璃塞的锥形瓶中，再用移液管吸取 10mL 碱性亚硫酸钠法蒸煮液，塞上瓶塞放置 5min，然后用硫代硫酸钠标准溶液滴定至淡黄色，加入 5mL 淀粉指示剂，继续滴至蓝色刚好消失为止。

4. 结果计算

$$亚硫酸钠含量 = \frac{\left(V_1 \times c_1 - \frac{1}{2}V_2 \times c_2\right) \times 0.126}{10} \times 1000 \text{ (g/L)} \tag{3-44}$$

式中　V_1——I_2 标准溶液的体积，mL

　　　c_1——I_2 标准溶液的浓度，mol/L

　　　V_2——耗用的硫代硫酸钠的量，mL

　　　c_2——硫代硫酸钠标准溶液的浓度，mol/L

　　　0.126——与 1mmol I_2 相当的亚硫酸钠的量，g/mmol

　　　10——Na_2SO_3 蒸煮溶液的体积，mL

第二节　化学机械法制浆试验及其检测

一、试 验 准 备

（一）原料的准备

原料试样的采取、切片、筛选及水分测定，参照本章第一节。

（二）化学预处理药液的配制及测定

化学预处理常使用的药品主要有：氢氧化钠、亚硫酸钠、过氧化氢等。预处理药液的配制和测定参照本章第一节及第三节。

（三）化学预处理及磨浆方案的制定

制定化学预处理和磨浆方案，应考虑原料品种的特点，浆料的质量要求和试验设备的具体条件，结合制浆理论知识，通过讨论确定化学预处理的方法和工艺条件，如预处理药液的组成、药液用量、液比、预处理时间、预处理温度等，并确定磨浆浓度、磨浆段数、磨盘间隙、磨后浆料的打浆度（或游离度）范围等。

二、化学预处理与磨浆试验用设备及操作程序

（一）化学预处理

化学预处理试验可采用与本章第一节蒸煮试验相同的设备，如电热回转式蒸煮锅、多灌油浴（空气浴）蒸煮器等，其操作程序、残液取样等可参照蒸煮试验有关操作。

原料经化学预处理后并未分散成浆，外观形状与原料的木片或草片相近，称为半料。将经预处理的半料从蒸煮器中全部转入塑料容器中，用清水充分浸泡、洗涤后装入浆袋，经脱水机甩干，称取其质量，装入密封的塑料袋密封平衡水分后，取样测定水分，计算预处理得率。其余半料用于下一步磨浆试验。为使磨浆试验条件比较恒定，供磨浆的绝干半料不能少于 800g。

（二）磨浆

1. 仪器与设备

a. 磨浆机：实验型高浓磨浆机；b. 打浆度测定仪（或加拿大标准游离度仪）；c. 脱水机；d. 秒表；e. 1000mL 量筒；f. 浆袋、塑料盆、塑料桶等容器。

2. 磨浆前准备

① 试验开始前应首先熟悉磨浆机的基本构造和性能，认真阅读设备的使用说明书。

② 磨浆前先打开磨盘，检查磨盘是否已经冲洗干净，齿沟中如果嵌有未清除的浆料，应首先将其剔除并清洗干净。

③ 打开稀释水及冷却水阀门，观察水流是否通畅、正常，然后关上阀门。

④ 合上磨盘，按对角线均衡上紧螺栓。

⑤ 根据待磨浆半料的总量、水分和确定的进浆浓度，计量好应加入的水量，将半料和水混合后置于塑料盆中，放置于靠近喂料螺旋的位置。

⑥ 根据所确定的磨浆浓度和进料浓度，计算磨浆时的稀释水流速和喂料速度；调节稀释水阀门，使稀释水流速和计算值一致。

⑦ 将浆袋固定于出浆口，浆袋可置于滤水的网框上。

3. 磨浆操作

① 打开冷却水阀门。

② 将磨盘间隙调至最大。

③ 按开机程序启动主电机，先空运转一段时间，观察聆听运转是否正常。

④ 磨盘间隙调零：将磨盘间隙小心地逐渐调小，直至开始听到有极轻微的金属碰撞声为止，记下此时的磨盘间隙为零，然后按照所确定的磨浆条件，调好磨盘间隙。

⑤ 启动喂料螺旋，按计算的喂料速度加料至喂料螺旋，用稀释水配合，使进料均匀，并防止和解除堵料现象。

⑥ 分别记录加料开始到加料结束时的电表读数，以供计算磨浆能耗。

⑦ 加料完毕后，再继续磨一小段时间，至出浆口无浆料排出，然后用 2～3 盆清水快速

倒入喂料螺旋，以冲出磨盘内存浆。

⑧ 取下浆袋，置于脱水机中甩干，将全部浆料转移至塑料盆中，分散并混合均匀后，取样测其水分和打浆度。如需进行下一段磨浆，可以根据有关经验估计甩干后的浆料水分，然后重新调节稀释水流速，并根据下一段的磨浆条件调好磨盘间隙，开始下一段磨浆。

4. 磨盘清洗

① 磨浆结束后，应在不停机的情况下，用大量水快速加入喂料口，以尽量冲出磨盘中积存的浆料。

② 按关机程序停机后，切断磨浆机电源，打开磨盘，将磨盘齿沟测定清洗干净，待磨盘干后再关上备下一次磨浆使用。

（三）消潜

在磨浆浓度较高的前提下，磨后浆料一般需要经消潜处理。消潜处理的目的是消除浆料中的纤维在磨浆的剧烈作用下形成的扭曲变形状态，从而改善浆料的物理强度，有利于纸张获得较好的结合强度。消潜处理一般采用浆浓 2%～5%，温度 80～90℃，搅拌时间 20～30min。试验中可根据所需消潜的浆料量和实验室的具体情况采用合适的设备和方法。

三、化学机械法制浆试验的检测

① 预处理残液的测定：残液中化学药品残留量的测定可参照本章第一节及第三节有关内容。

② 预处理得率的测定：参照本章第一节原料水分的测定方法，测定预处理后半料的水分和绝干质量，然后按照式（3-45）计算预处理得率：

$$预处理得率 = \frac{预处理后半料的绝干质量(g)}{预处理前原料的绝干质量(g)} \times 100(\%) \tag{3-45}$$

③ 浆料纤维形态的分析：参照第一章第三节"植物纤维原料的纤维形态测定"。

④ 浆料打浆度和加拿大游离度的测定：参照第四章第一节"打浆试验及其检测"。

第三节　纸浆漂白试验及其检测

一、浆料准备及水分测定

（一）浆料的准备

湿浆：将甩干后的浆料用手分散，混合均匀，置可密封塑料袋中平衡水分 24h 以上，测定水分。根据浆料水分和漂白试验所需绝干浆质量称取湿浆，一般可按每批漂白用绝干浆 20g 称取。若在漂白过程中需对浆料进行取样时，应保证漂白结束后的绝干浆料不少于 10g。

干浆：将干浆撕成小片，预先用蒸馏水浸泡 4～6h，然后在纤维解离器中解离 1～3min，分离后的浆料装入布袋，用甩干机甩干 3min，然后按上述步骤进行湿浆处理。

（二）浆料的水分测定

精确称取 7～10g 湿浆（精确到 0.0001g，湿浆量应相当于绝干浆量 2～3g）于洁净并已烘干至恒重的称量容器内，置于烘箱中，打开容器盖子，在 (105±2)℃ 的温度下烘干 4h 以上。将盖子盖好后移入干燥器中，冷却半小时后称量，然后将称量容器再移入烘箱，继续烘 1h，冷却后称量，如此重复，直至质量恒定为止。浆料水分含量 $w_水$（%）按式（3-46）计算：

$$w_水 = \frac{m - m_1}{m} \times 100(\%) \tag{3-46}$$

式中　m——浆料在烘干前的质量，g

m_1——浆料在烘干后的质量，g

同时进行两份以上平行测定，取其算数平均值作为测定结果，要求准确至小数点后第二位，两次测定值间误差不应大于 0.2%。

二、漂液的制备及其测定

（一）漂液的制备

1. 氯水及次氯酸盐漂液的制备

化学反应：氯气通入水中产生下列反应：

$$Cl_2 + H_2O \longrightarrow HClO + HCl$$

反应的平衡常数随温度增加而增加，当温度在 25℃ 以下，溶液的 pH 小于 2 时，溶液中的氯主要是以分子状态存在。氯气通入碱性溶液中，可制备不同盐基的次氯酸盐。如：

$$2Cl_2 + 2Ca(OH)_2 \longrightarrow Ca(OCl)_2 + CaCl_2 + 2H_2O$$

$$2Cl_2 + 2NaOH \longrightarrow NaOCl + NaCl + H_2O$$

2. 二氧化氯漂液的制备

二氧化氯为非常活泼和不稳定的气体，处于气态或凝聚态时具有爆炸性，其沸点为 10℃。二氧化氯易溶于水，其水溶液在低温和暗处比较稳定，纸浆漂白试验用其水溶液作为漂剂。二氧化氯漂液是由氯化钠、氯酸钠与硫酸反应或由亚氯酸钠和硫酸反应产生二氧化氯，用水吸收来制备。其反应按下式进行：

$$NaClO_3 + NaCl + H_2SO_4 \longrightarrow ClO_2 + 1/2Cl_2 + Na_2SO_4 + H_2O$$

$$2NaClO_2 + H_2SO_4 \longrightarrow 2HClO_2 + Na_2SO_4$$

$$8HClO_2 \longrightarrow 6ClO_2 + Cl_2 + 4H_2O$$

3. 过氧化氢漂液的制备

市售过氧化氢溶液一般含量在 30% 以上，呈酸性，使用前根据漂白浆浓度和试剂用量，加入蒸馏水适当稀释后制备成漂液，置于棕色试剂瓶中，放于阴凉暗处备用。

4. 臭氧的制备

产生臭氧的方式有很多，其中无声放电法较为简单，可获得大量低浓度臭氧供使用。臭氧发生器的主要元件是放电管，有一对用绝缘体分开的金属电极。在一对高压交流电极之间通过空气（或氧气）时，由于气体粒子的电离而产生电子，这些电子从电场中获得能量，根据电子碰撞能量的大小，氧分子可以被激励或分解成原子，然后在氧原子和氧分子及第三个分子（氮或氧）的三体碰撞中形成臭氧，用下式表示：

$$3O_2 + e \longrightarrow 2O_3$$

（二）漂液的分析

漂液分析是漂液制备的一项质量检查，关系到纸浆漂白工艺过程参数能否准确控制，对漂白浆的质量及漂白的经济效益均有直接关系。

1. 氯水及次氯酸盐漂液中有效氯的测定

（1）测定原理

测定次氯酸盐漂液通常采用碘量法，也可用亚砷酸钠法。最常用的碘量法利用氯及氯的化合物在酸性溶液中，能与碘化钾发生氧化作用，游离出碘，而后用硫代硫酸钠标准溶液滴定，即可求出有效氯含量。一个分子的有效氯释放出一个分子的碘，即：

$$Cl_2 + 2I^- =\!\!=\!\!= 2Cl^- + I_2$$

测定不同含氯漂液时，可采用不同的酸性介质酸化：

醋酸酸化：
$$OCl^- + 2I^- + 2H^+ \rightleftharpoons Cl^- + I_2 + H_2O$$

稀硫酸酸化：
$$ClO_2^- + 4I^- + 4H^+ \rightleftharpoons Cl^- + 2I_2 + 2H_2O$$

浓硫酸酸化：
$$ClO_3^- + 6I^- + 6H^+ \rightleftharpoons Cl^- + 3I_2 + 3H_2O$$

(2) 仪器与试剂

a. 250mL 锥形瓶；b. 50mL 棕色滴定管；c. 0.1mol/L 硫代硫酸钠标准溶液；d. 100g/L 碘化钾溶液；e. 20% 醋酸溶液；f. 5g/L 淀粉指示剂。

(3) 测定步骤

用移液管吸取 5mL 漂液（次氯酸钠取 2mL）于盛有约 45mL 蒸馏水的 250mL 锥形瓶中，加入 10mL 100g/L 碘化钾溶液及 20mL 20% 醋酸溶液，使溶液呈酸性，用 0.1mol/L 硫代硫酸钠标准溶液滴定至浅黄色时，再加入 5g/L 淀粉指示剂 2~3mL，继续滴定至蓝色刚好消失为止。

(4) 结果计算

$$\rho_{有效氯} = \frac{V \times c \times 0.0335}{5} \times 1000 \text{ (g/L)} \tag{3-47}$$

式中 $\rho_{有效氯}$——有效氯含量，g/L

V——滴定时所耗用的硫代硫酸钠标准溶液的量，mL

c——硫代硫酸钠标准溶液的浓度，mol/L

0.0335——与 1mmol 的硫代硫酸钠相当的有效氯量，g/mmol

5——漂液体积，mL

(5) 注意事项

① 取样时为了避免漂液中有效氯损失，移液管的端部应插入锥形瓶中液面以下放出试样。

② 测定氯水中的有效氯含量时，锥形瓶中的稀释用水应增至 100mL。

③ 加入醋酸酸化时，醋酸量要足够，否则滴定达终点时有返色现象。

2. 氯水及次氯酸盐漂液中有效氯的测定

(1) 测定原理

在中性或微碱性时（pH=8 左右），含氯的二氧化氯水溶液氧化 KI，生成碘和亚氯酸钾。反应式如下：

$$Cl_2 + 2KI \rightleftharpoons 2KCl + I_2 \tag{1}$$

$$2ClO_2 + 2KI \rightleftharpoons 2KClO_2 + I_2 \tag{2}$$

用硫代硫酸钠标准溶液滴定上述反应析出的碘至终点，记下消耗的硫代硫酸钠标准溶液的体积为 V_1 mL，随后用硫酸酸化至 pH=3，则有反应中所产生的 $KClO_2$（亚氯酸钾），又与 KI 进行下面的反应：

$$KClO_2 + 4KI + 2H_2SO_4 \rightleftharpoons KCl + 2K_2SO_4 + 2H_2O + 2I_2 \tag{3}$$

设第二次滴定按式（3）析出的碘所消耗硫代硫酸钠标准溶液的体积为 V_2 mL，则可分别计算出 Cl_2 和 ClO_2 的含量。

(2) 仪器与试剂

a. 250mL 锥形瓶；b. 50mL 滴定管；c. 5mL 移液管；d. 0.1mol/L 硫代硫酸钠标准溶液；e. 100g/L 碘化钾溶液；f. 2moL/L 硫酸溶液；g. 5g/L 淀粉指示剂；h. 钼酸铵饱和溶液。

(3) 测定步骤

在 250mL 锥形瓶中加入蒸馏水 50mL 及 100g/L 碘化钾溶液 25mL，用移液管吸取 5mL 二氧化氯水溶液放入锥形瓶中（移液管端部应伸入液面以下）。用 0.1mol/L 硫代硫酸钠标准溶液滴定至浅黄色后，加入 1mL 淀粉溶液，继续滴定至蓝色刚好消失，记下消耗的硫代硫酸钠标准溶液量为 V_1 mL。接着往溶液中加入 5mL 2mol/L 硫酸溶液，继续用 0.1mol/L 硫代硫酸钠标准溶液滴定，滴至浅黄色时加入淀粉指示剂，继续滴定至蓝色刚好消失，第二次滴定消耗的硫代硫酸钠标准溶液量为 V_2 mL。

(4) 结果计算

$$\rho_{ClO_2} = \frac{V_2 \times c \times 0.0169}{5} \times 1000 \tag{3-48}$$

$$\rho_{Cl_2} = \frac{\left(V_1 - \frac{1}{4}V_2\right) \times c \times 0.0355}{5} \times 1000 \tag{3-49}$$

式中　V_1——加酸前耗用的硫代硫酸钠标准溶液的量，mL

V_2——加酸后耗用的硫代硫酸钠标准溶液的量，mL

c——硫代硫酸钠标准溶液的浓度，mol/L

0.0169——与 1mmol 的硫代硫酸钠相当的二氧化氯的量，g/mmol

0.0355——与 1mmol 的硫代硫酸钠相当的有效氯量，g/mmol

5——漂液体积，mL

ρ_{ClO_2}——ClO_2 含量，g/L

ρ_{Cl_2}——Cl_2 含量，g/L

3. 过氧化氢漂液的测定

(1) 测定原理

过氧化氢在酸性条件下与碘化钾发生氧化作用，析出碘，然后用 $Na_2S_2O_3$ 滴定。其反应式如下：

$$H_2O_2 + 2KI + H_2SO_4 \longrightarrow I_2 + K_2SO_4 + 2H_2O$$

$$I_2 + 2Na_2S_2O_3 \longrightarrow Na_2S_4O_6 + 2NaI$$

(2) 仪器与试剂

a. 250mL 容量瓶；b. 1mL、10mL 移液管；c. 250mL 锥形瓶；d. 0.1mol/L 硫代硫酸钠标准溶液；e. 100g/L 碘化钾溶液；f. 20% 硫酸溶液；g. 5g/L 淀粉指示剂；h. 钼酸铵饱和溶液。

(3) 测定步骤

用移液管吸取过氧化氢溶液 5mL，于 250mL 的容量瓶中，加蒸馏水稀释至刻度，摇匀。从容量瓶中吸 5mL 稀释后的 H_2O_2，于盛有 30mL 蒸馏水的 250mL 锥形瓶中，加入 20% 硫酸溶液 10mL，100g/L 碘化钾溶液 10mL 和 3 滴新配制的钼酸铵饱和溶液，用 0.1mol/L 硫代硫酸钠标准溶液滴定至浅黄色时，加入淀粉指示剂 3mL，继续用 0.1mol/L 硫代硫酸钠标准溶液滴定至蓝色刚好消失。

(4) 结果计算

$$\rho_{H_2O_2} = \frac{V \times c \times 0.017}{5 \times \frac{5}{250}} \times 1000 \text{ (g/L)} \tag{3-50}$$

式中　$\rho_{H_2O_2}$——H_2O_2 含量，g/L

V——滴定时耗用的硫代硫酸钠标准溶液的量,mL

c——硫代硫酸钠标准溶液的浓度,mol/L

0.017——与1mmol的硫代硫酸钠相当的过氧化氢的量,g/mmol

5——漂液体积,mL

$\dfrac{5}{250}$——稀释体积比

4. 臭氧产量和消耗量的测定

(1) 测定原理

常见臭氧的测定方法有碘量法和紫外吸收法两种,以碘量法较为简单,下面以碘量法为例具体说明。臭氧与中性碘化钾的反应如下:

$$O_3 + 2KI + H_2O \longrightarrow I_2 + 2KOH + O_2\uparrow$$

$$I_2 + 2Na_2S_2O_3 \longrightarrow Na_2S_4O_6 + 2NaI$$

(2) 仪器与试剂

a. 臭氧发生器;b. 500mL 气体吸收瓶;c. 碘化钾溶液(200g/L);d. 硫酸溶液(3mol/L);e. 0.1mol/L $Na_2S_2O_3$ 标准溶液;f. 淀粉指示剂。

(3) 测定步骤

在500mL气体吸收瓶中,加入200g/L中性碘化钾溶液25mL,用蒸馏水稀释至250mL。通入2L臭氧化气后,在溶液中加入5mL 3mol/L硫酸溶液进行酸化。用0.1mol/L硫代硫酸钠标准溶液滴定至浅黄色时,加入淀粉指示剂3mL,继续用0.1mol/L硫代硫酸钠标准溶液滴定至蓝色刚好消失。

(4) 结果计算

$$\rho_{O_3} = \frac{V \times c \times 0.048 \div 2}{2} \times 1000 (\text{mg/L}) = \frac{V \times c \times 24}{2} (\text{mg/L}) \tag{3-51}$$

式中　ρ_{O_3}——O_3浓度,mg/L

V——滴定时耗用的硫代硫酸钠标准溶液的量,mL

c——硫代硫酸钠标准溶液的浓度,mol/L

2——臭氧气体体积,L(分母)

0.048——与1mmol的硫代硫酸钠相当的臭氧的量,g/mmol

$$q_{m,O_3} = \rho \times q_V \tag{3-52}$$

式中　ρ——臭氧浓度,g/m^3

q_V——每小时进入臭氧发生器的空气流量,m^3/h

q_{m,O_3}——臭氧产率,g/h

三、漂白试验设备

①恒温水浴锅;②250mL及1000mL烧杯;③塑料袋(要求密封性能好,且具有一定强度);④浆袋或布袋;⑤可控温烘箱;⑥分析天平;⑦称量瓶;⑧碱式滴定管。

四、漂白试验方案的制定及漂白操作

(一) 漂白试验方案的制定

制定漂白试验方案,应根据待漂纸浆的种类、硬度和白度以及漂后浆料所要求白度及强度等指标,选择合适的漂白方法和流程,确定合理的漂白工艺条件。在选择漂白方法上,要尽量选无氯漂白（TCF），即用氧漂和过氧化氢相结合的漂白方式，或选无元素氯漂白（ECF）。漂白工艺条件的制定包括漂白剂和漂白程序的选择，漂白剂用量的确定，以及浆浓、pH、温度和时间等。这些条件的制定要结合漂白工艺讲过的有关专业知识，根据浆料的种类（原料种类与制浆方法等），纸浆硬度以及漂后纸浆的用途和要求等综合考虑。

（二）漂白操作

① 一般按照每批漂白用绝干浆 20g 称取湿浆质量。并根据漂白工艺条件计算化学药品的用量及漂白时补充水量。

$$漂白所需的湿浆量 = \frac{漂白绝干浆量(g)}{1-湿浆水分}(g) \tag{3-53}$$

$$漂白化学药品用量 = \frac{绝干浆量(g) \times 化学药品用量(\%)}{漂白剂浓度(g/L)}(L) \tag{3-54}$$

$$补加清水量 = \frac{绝干浆量(g)}{浆料浓度(g/mL)} - 湿浆量(mL) - 漂白化学药品总取用量(mL) \tag{3-55}$$

② 调节好恒温水浴的温度至漂白所需温度。

③ 将所称取的湿浆置于 1000mL 烧杯中，加入需补加的清水，混合均匀后，将烧杯置于恒温水浴中。

④ 待烧杯中的浆料温度达到漂白要求的温度时加入漂白剂，混合均匀，盖上表面皿，从加入漂白剂时开始计算漂白时间。

⑤ 每 10~15min 搅拌一次浆料以使漂白反应均匀，并可根据需要检测浆料的 pH 及漂剂剩余量或消耗量。

⑥ 漂白到达规定的时间后，将烧杯中的浆料全部转移至干布袋中挤出漂白残液于事先洗净并烘干的 250mL 烧杯中，供分析测定用。

⑦ 将布袋中的漂后浆料洗净、拧干、称重。若为单段漂，则可将称量后的浆料分散，混合均匀后取样测水分，计算漂白得率。若还需下一段漂白，则将称量后的湿浆再按照上述操作步骤进行二段漂白。各漂段均应取样分别测定水分，以便准确知道进入下一段的绝干浆量。

⑧ 漂后浆片的抄造，所抄浆片供测定白度和返黄值。

A. 仪器与试剂：a. pH 计；b. 布氏漏斗；c. 圆形白绸布（直径与布氏漏斗相同）；d. EDTA 溶液（5g/L）；e. 1mol/L NaOH 溶液；f. 0.5mol/L H_2SO_4 溶液；g. 吸墨纸；h. 不锈钢圆片或塑料片。

B. 纸浆预处理：称取相当于 8g 绝干浆的浆料，加水 800mL，搅拌均匀。再加入 EDTA 溶液 4mL，搅拌均匀后浸泡 30min，用 pH 计检测纸浆悬浮液的 pH 是否在 4.0~5.5 之间，如果不在此范围内，则要用 1mol/L NaOH 或 0.5mol/L 的 H_2SO_4 溶液把纸浆悬浮液的 pH 调至 4.0~5.5 之间。然后再搅匀，把纸浆悬浮液等分为 4 份，每份加水使总容积为 400~500mL。

C. 浆片的抄造：在直径为 115mm 的布氏瓷漏斗中放入相同直径的一块圆形白绸布，将布氏漏斗与抽滤瓶、真空泵连接相通，把一份纸浆悬浮液搅拌后倒入布氏漏斗中，开动真空泵抽吸至镜面消失为止。从漏斗中取出抄成的浆片，用一张薄的分析滤纸接住，轻轻揭下白绸布，在试样上做好标记，依据上述方法制备四张试片。

D. 浆片的干燥：将制备的各张试片依照下述程序夹好：a. 一片不锈钢圆片或塑料片；b. 两种吸墨纸；c. 用滤纸覆盖的试片；d. 两张吸墨纸；e. 一片不锈钢圆片或塑料片。将夹好的试片放入油压机在 300kPa 的压力下压 1min，再将压过的试片挂在 23℃、50%RH 的无尘室内干燥 9h 以上，然后将滤纸保护的干试片放入油压机在 500kPa 压力下压 30s 使样品平整。白度的测量应在干燥后 4h 内进行。

五、漂后残余漂白剂含量的测定

（一）漂后残氯的测定

在氯化和次氯酸盐漂白两个阶段，应在漂终测定残氯。测定原理、仪器及试剂与漂液中有效氯的测定相同。

1. 测定步骤

用移液管吸取 50mL 或 100mL 滤液于 250mL 的三角瓶中，加入 10mL 10%KI 溶液和 20mL 20%醋酸（AC）溶液。用 0.02（或 0.1）mol/L $Na_2S_2O_3$ 标准溶液滴定至淡黄色后，加入 2~3mL 淀粉指示剂，继续滴定至蓝色刚好消失。

2. 结果计算

$$残氯浓度 = \frac{V \times c \times 0.0355}{50} \times 1000 \text{ (g/L)} \tag{3-56}$$

式中　V——滴定时所消耗的 $Na_2S_2O_3$ 标准溶液的量，mL
　　　c——$Na_2S_2O_3$ 标准溶液的浓度，mol/L
　0.0355——与 1mmol $Na_2S_2O_3$ 相当的氯量，g/mmol
　　　50——待测滤液体积，mL

（二）漂后残余二氧化氯的测定

测定原理与仪器、试剂见二氧化氯水溶液的测定。

1. 测定步骤

用量筒量取 100mL 蒸馏水，15mL 100g/L 碘化钾和 10mL 2mol/L H_2SO_4 溶液于 250mL 锥形瓶中，吸取 25mL 或 50mL 漂后残液加入锥形瓶中。用 0.1mol/L $Na_2S_2O_3$ 标准溶液滴定至浅黄色时加入 3~5mL 淀粉指示剂，继续滴定至蓝色刚好消失。

2. 结果计算

$$残余 ClO_2 浓度 = \frac{V \times c \times 0.0135}{25} \times 1000 \text{ (g/L)} \tag{3-57}$$

式中　V——滴定时所消耗的 $Na_2S_2O_3$ 标准溶液的量，mL
　　　c——$Na_2S_2O_3$ 标准溶液的浓度，mol/L
　　　25——漂后残液体积，mL
　0.0135——与 1mmol $Na_2S_2O_3$ 相当的二氧化氯的量，g/mmol

（三）漂后残余过氧化氢及碱度的测定

1. 测定原理

同过氧化氢漂液的测定。

2. 仪器与试剂

a. 250mL 锥形瓶；b. 25mL 移液管；c. 25mL 棕色碱式滴定管；d. 0.1mol/L 硫代硫酸钠标准溶液；e. 100g/L 碘化钾溶液；f. 20%硫酸溶液；g. 5g/L 淀粉指示剂；h. 钼酸铵饱和溶液；i. 0.05mol/L H_2SO_4 标准溶液；j. 0.4g/L 酚红指示剂。

3. 测定步骤

（1）残余过氧化氢的测定

吸取漂后残液 25mL 于 250mL 锥形瓶中，加入 10mL 20%硫酸溶液，5mL 100g/L 碘化钾溶液及 3 滴钼酸铵饱和溶液。用 0.1mol/L $Na_2S_2O_3$ 标准溶液滴定至浅黄色后，然后加入 3~5mL 淀粉指示剂，继续用 $Na_2S_2O_3$ 标准溶液滴定至蓝色刚好消失。结果计算如式（3-58）所示：

$$残余 H_2O_2 浓度 = \frac{V \times c \times 0.017}{25} \times 1000 \ (g/L) \tag{3-58}$$

式中　V——滴定时所消耗的 $Na_2S_2O_3$ 标准溶液的量，mL
　　　c——$Na_2S_2O_3$ 标准溶液的浓度，mol/L
　　　25——漂后残液体积，mL
　　　0.017——与 1mmol $Na_2S_2O_3$ 相当的过氧化氢的量，g/mmol

（2）残余碱度的测定

吸取漂后残液 25mL 于 250mL 锥形瓶中，加入 3 滴酚红指示剂，用 0.05mol/L H_2SO_4 标准溶液滴定至红色变为草黄色。结果计算如式（3-59）所示：

$$残余碱度 = \frac{V \times c \times 0.08}{25} \times 1000 \ (g/L) \tag{3-59}$$

式中　V——滴定时所消耗的 H_2SO_4 标准溶液的量，mL
　　　c——H_2SO_4 标准溶液的浓度，mol/L
　　　0.08——与 1mmol H_2SO_4 相当的氢氧化钠的量，g/mmol
　　　25——漂后残液体积，mL

六、纸浆白度与返黄值的测定

（一）纸浆白度的测定

白度是纸浆（尤其是漂白浆）的一个特性参数，也是制浆生产过程和实验室研究中必须考察的重要指标之一。因此，快速准确地测定纸浆白度将对控制和指导生产、探索新工艺等方面都非常重要。目前，国际国内测定纸浆白度的标准方法主要有 TAPPI T218、T272，PAPTAC C5，ISO 3688，《GB/T 7974—2013 纸、纸板和纸浆　蓝光漫反射因数 D65 亮度的测定（漫射/垂直法　室外日光条件）》等，这些方法均是通过光学的方法来实现的，即通过测量光源波长为 457nm 的蓝光在纸浆上的反射率来衡量纸浆的白度。由于不同生产厂家，不同型号的白度计在仪器结构上不尽相同，测得同一试样的白度值会有所差异，因此测定纸浆白度时，必须注明仪器型号，并说明相应的方法。

1. 测定仪器

以国产 XT-48BN 型白度测定仪为例（图 3-1）。

2. 试样的制备

从漂好洗净的纸浆中称取相当于 8g 绝干浆的湿浆，加水 800mL，再加入 5% EDTA 溶液 4mL，搅匀后浸泡 30min，用酸调 pH 至 4.0~5.5 之间，搅匀后分成 4 份，每份加水 500mL，然后用布氏漏斗抄造定量为 $100g/m^2$ 的浆片，置于烘箱中，在不超过 60℃ 的温度下烘干。烘干浆片在测纸张物理性能时测一下浆的白度。

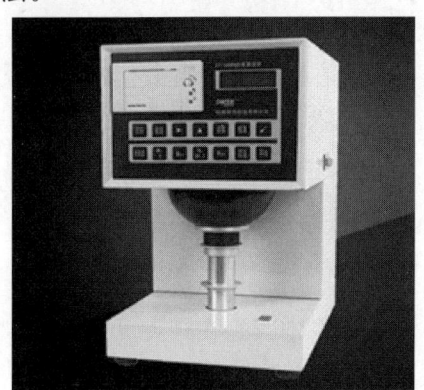

图 3-1　XT-48BN 型白度测定仪

3. 操作步骤

① 选择档位：大小拉板推到底，选中 R457 档位，同时，R457 指数灯被点亮。如图 3-2

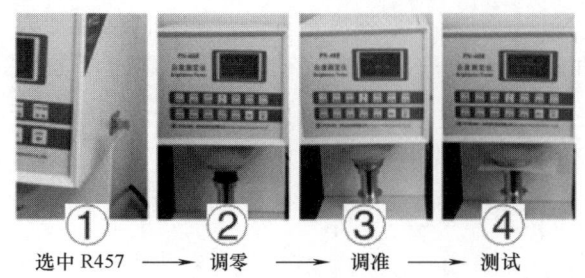

图 3-2　XT-48B N 型白度测定仪操作流程

所示。

② 调零：将黑筒放在试样托上，按"调零"键进行调零。

③ 校准：取下黑筒，放上标准板，按"调准"键，输入标准值，按"Enter"键确认。

④ 测试：取下标准板，取下试样叠的保护层，不要用手触摸试样的测试区。将试样叠放在试样托上，按"测试"键得到上层试样的 R457 白度。

⑤ 多次测试：将已测定的试样放在试样叠的下面，放上新试样，重复以上步骤进行下一试样的测试，并将测试完的试样放在试样叠的下面，直至测试结束。

（二）纸浆返黄值的测定

1. 返黄值的定义

试样经过一定时间的贮存，受环境或其他因素的影响出现白度下降，这种现象称为返黄。返黄的程度用返黄值表示，也称 PC 值，见式（3-60）。

$$PC 值 = \left\{ \left[\frac{(1-R_\infty)^2}{2R_\infty}\right]_{老化后} - \left[\frac{(1-R_\infty)^2}{2R_\infty}\right]_{老化前} \right\} \times 100 \qquad (3-60)$$

式中　R_∞——纸浆的白度

2. 试样的制备

按《GB/T 24324—2009 纸浆　物理试验用实验室纸页的制备　常规纸页成形器法》的规定制备纸浆实验室纸页，纸页定量为（60±3.0）g/m²。对于机械木浆，如果定量 60g/m² 的纸页的不透明度超过 95%，应把该纸页的定量降到（50±2.5）g/m²，但应在试验报告中注明。另外，制备纸页的水质应洁净。

3. 测定步骤

把已测定白度的浆片或试样置于（105±2）℃的恒温烘箱中，连续烘 3h 进行老化，然后取出冷却，再测白度。根据老化前后白度的变化，按式（3-60）计算返黄值，返黄值的大小可评定纸浆白度的稳定性。

4. 注意事项

浆片在烘箱中进行老化时，要求烘箱有鼓风装置。浆页应悬挂在烘箱内，避免浆页之间或浆页与烘箱壁有任何接触。

第四节　废纸浆中大胶黏物的检测

一、胶黏物的特性与定义

废纸浆中胶黏物种类复杂多变，到目前为止，对胶黏物还没有一个确切的定义，但不管哪种类型的胶黏物都存有以下几个共同点：a. 胶黏物的成分是复杂的，多样的；b. 胶黏物的本性是黏性的；c. 胶黏物的大小是不一样的；d. 胶黏物具有与胶体类似的性质；e. 胶黏物稳定性较差，容易受外界条件影响。

胶黏物主要来源于废纸中残余的化学品，油墨载体及残余脱墨添加剂，涂布加工纸中的胶黏剂，自封标签或信封上的胶黏剂，装订和黏合书籍、杂志所使用的热熔物以及箱纸板中所浸渍或涂布的蜡质等。胶黏物给回用纤维制浆造纸过程带来的问题日趋严重，其危害主要表现为：a. 沉积在成形网上，堵塞网孔，造成滤水困难，增加停机清洗时间；b. 沉积在压榨毛毯和压辊上，缩短毛毯的使用寿命，影响纸页的脱水；c. 黏附在烘缸表面造成纸机断纸；d. 残留在纸页中，形成污点，增加纸病；e. 聚集在白水中，形成"阴离子垃圾"，影响离子助剂的效果，对造纸用水封闭循环产生影响。什么是胶黏物，到目前还没有一个明确的定义，它通常用来描述废纸回用中各种各样的黏性物质及其产生的问题。

胶黏物不是一种单一的组分，而是一种混合物质，不能通过简单的化学方法和仪器检测方法就能分析出胶黏物的组成和物性，应该把它看成一个集合名词，随着不同的原料来源和生产条件而不断变化。其次，研究胶黏物应从它对生产过程和成纸性能的影响开始着手，然后根据现象推测胶黏物的基本组成，以它为指导进行化学分析和仪器检测，寻找解决方法。

二、胶黏物的分类

根据胶黏物不同特性，可以有两种最为常见的分类。其中基于尺寸将胶黏物分为：大胶黏物和微胶黏物；基于物化性质将胶黏物分为：原生胶黏物和再生胶黏物。大胶黏物表示由 0.15mm 缝筛截留住的杂质，而微胶黏物则能够通过 0.15mm 的缝筛。这种分类的理由是因为大胶黏物通常可由现有的筛子和净化器除去，而微胶黏物通常可通过筛网和净化器，最后吸附和沉积在纸机成形网及毛毯上。原生胶黏物存在于废纸中，并且是合成胶黏剂（热熔物和压敏胶黏剂）、树脂施胶剂、黏合剂和湿强树脂等不可溶组分，这些组分在适当的温度和压力下是黏性的。再生胶黏物是由含在废纸或造纸化学品中的各种可溶性物质（胶黏剂、石蜡、涂布损纸、涂布黏合剂和胶乳等）和胶体物质组成，当湿部化学或工艺条件如 pH、温度的变化和高分子电解质的加入等可产生再生胶黏物，它会造成溶解物和胶体物不稳定而产生沉淀。

除以上常用的分类方式，应用美国造纸科技学院（IPST）开发的新测定方法：将胶黏物分为粒径 100μm 或 150μm 以上直到 2000μm 的大胶黏物和粒径 0.003～25μm 的微细胶黏物。粒径<0.003μm 的胶黏物称为溶解胶黏物，在大胶黏物和微细胶黏物之间粒径的胶黏物（25～150μm）称为悬浮胶黏物。悬浮胶黏物实际上是悬浮物的一部分。

三、胶黏物的测定

胶黏物的测定方法主要是用单位面积纸张中或单位质量的浆中所含胶黏物的个数、面积、质量等来表征二次纤维浆中被胶黏物污染的程度。对于评价回收废纸和纸浆的质量，处理设备的脱胶效率，过程参数对脱胶效率的影响，化学控制的效果，纸和纸板产品的可回收性以及建立一个指导废纸回收处理的质量控制系统，有一个精确、快速、可靠的胶黏物测定方法是十分必要的。下面我们主要介绍两种较为常见的测定胶黏物的方法。

（一）目测法

1. 测定原理

用一定缝宽的实验室筛选设备筛选解离后的浆料，筛至滤液澄清，将留在筛板上的物质转移到滤纸上。鉴别胶黏物，并分别测定胶黏物的个数和面积。

2. 仪器和设备

a. 解离器；b. 实验室筛选设备（筛板的平均缝宽应为（100±5）μm）；c. 滤纸；d. 镊

子；e. 照明装置；f. 吸墨纸；g. 热压机；h. 烘箱等。

3. 测定步骤

① 解离：取一定量的试样浸泡在水中，然后按照《GB/T 24327—2009 纸浆实验室湿解离 化学浆解离》和《GB/T 29285—2012 纸浆 实验室湿解离 机械浆解离》进行解离。在270mL的水中解离50～60g的绝干浆，直至没有纤维束为止。浓度不大于10%的浆料可不解离。

② 筛选：按筛选设备说明书将解离好的100g绝干浆倒至筛板上，筛至滤液澄清为止。也可根据纸浆胶黏物含量的多少，筛选多于100g或少于100g的绝干浆。

③ 移取：用水尽可能地将筛板上的物质冲下，随后用滤纸过滤悬浮液，并使胶黏物均匀地分布在滤纸上，所用滤纸张数取决于筛板上的物质的数量。悬浮液过滤后，应再次检查筛板。若筛板上还含有胶黏物，应用镊子夹起放在滤纸上。将所有滤纸分别放在吸墨纸上，并置于（105±2）℃的烘箱中干燥1h。

④ 检测：在照明装置下目测判断滤纸上颗粒的种类，分别记录胶黏物颗粒的个数及每一组颗粒的面积，然后计算出每种颗粒的总面积。

（二）**图像分析法**

1. 测定原理

用一定缝宽的实验室筛选设备筛选解离后的浆料，筛至滤液澄清，将留在筛板上的物质转移到滤纸上，用白氧化铝粉末或特殊涂布纸上掉下来的涂料颗粒标记胶黏物。用图像分析仪测定胶黏物的总个数、面积或不同面积的矩形分布函数图。

2. 仪器与设备

a. 解离器；b. 实验室筛选设备；c. 布氏漏斗；d. 滤纸（白色滤纸及黑色滤纸）；e. 防黏纸；f. 玻璃盘（尺寸大约为25cm×20cm）及金属板（直径（28±1）cm）；g. 防水黑色油笔；h. 过滤装置；i. 热压机；j. 烘箱；k. 图像分析系统。

3. 样品预处理

将风干后的试样在水中浸泡至少1h，然后立即解离，浓度不大于10%的浆料可以不解离。按QB/T 1462—1992解离浆样，使其适合于所使用的筛选设备。纸浆试样的准确质量，应根据胶黏物的含量水平而变化。对于回用浆料（如脱墨浆），胶黏物的含量比较低，应用50g绝干浆。若浆料中的胶黏物含量较高，所用纸浆试样的质量可减少至10g绝干浆。

4. 图像分析系统的调节和校准

启动图像分析系统进行提前预热升温，根据说明书校准图像分析系统，保证图像分析系统能正确测定斑点尺寸，对比度用100%时，其误差应不超过±5%。若不能满足，则应通过查阅图像分析系统中的校准说明书进行校正。调节图像分析软件，将颗粒按其测试面积分类；最小颗粒的最小限度取决于所用筛板孔眼的尺寸。颗粒尺寸等级的数量可根据所要求的情况而变化。最大等级的尺寸应无上限。根据所测定的胶黏物的数量及面积，绘制出矩形分布函数图和频率分布图。

5. 测定步骤

① 按照筛选装置说明书，对制备的浆料进行处理，直至滤液澄清。

② 筛分出来的胶黏物颗粒经自动冲洗收集到专用的黑色滤纸上，表面覆盖一张专用的白色涂布转移纸，放入纸样抄取器的加热板中，在压力80kPa和温度90℃条件下烘干10min；取出黑滤纸浆片，揭去表面的白色涂布转移纸，放在压力100kPa、流量9.6L/min

的水流下冲洗，水喷头与黑滤纸的距离为180mm，将其表面的没有黏性的非胶黏物冲洗掉，留在表面的就是黏附了白色涂布层的胶黏物颗粒；然后再在表面盖上1张有机硅涂层纸，放入加热板中，相同条件下烘干5min；取出后用黑色油笔将表面没有冲洗掉的非胶黏物杂质小心地涂成黑色。待用。

③ 将上述制备的胶黏物待测样放入胶黏物检测扫描装置，根据图像分析系统记录试样中的胶黏物的个数及面积。

6. 结果计算

① 分别记录胶黏物的数量，用式（3-61）计算每千克绝干浆料中胶黏物的个数：

$$Y=\frac{n}{m} \tag{3-61}$$

式中　Y——每千克绝干浆中的胶黏物的个数，个/kg

　　　n——观察到的胶黏物的个数，个

　　　m——筛选后的纸浆的绝干质量，kg

② 用式（3-62）计算每千克绝干浆中的胶黏物的面积：

$$X=\frac{A}{m} \tag{3-62}$$

式中　X——每千克绝干浆中的胶黏物的面积，mm^2/kg

　　　A——观察到的胶黏物的总面积，mm^2

　　　m——筛选后的纸浆的绝干质量，kg

第五节　废纸浆脱墨效率的评价方法

一、脱墨效果评价原理

根据具体的废纸浆脱墨工艺，确定合理的、不同工段的浆料的取样点，采用专用的浆页成形器法制备实验室浆页，测定浆页的亮度、有效残余油墨浓度、尘埃度。用该标准规定的方法清洗对应的浆料，去除游离油墨，测定洗涤后浆页的亮度、有效残余油墨浓度、尘埃度，以此为参照评估浮选等过程的脱墨效率。图3-3为实验流程图。

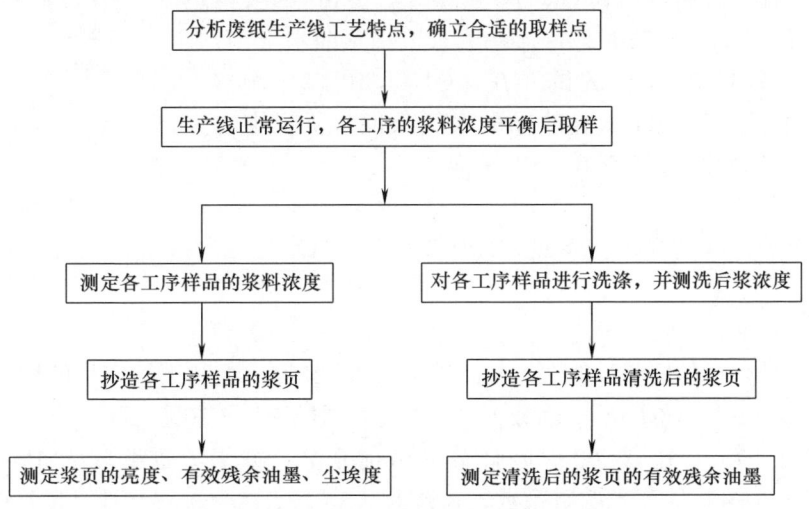

图3-3　脱墨效果评价的实验流程图

二、脱墨实验仪器与设备

① 搅拌机。
② 浆页成形器（参数见 GB/T 24324—2009）。
③ 压力机，能在实验室浆页上施加 410kPa±kPa 的平均压力，并能维持 5min 内压力不变。
④ 亮度测定仪［参数见《GB/T 7974—2013 纸、纸板和纸浆 蓝光漫反射因数 D65 亮度的测定（漫射/垂直法，室外日光条件)》］。
⑤ 残余油墨测定仪［参数见《GB/T 20216—2016 纸浆和纸 有效残余油墨浓度（ERIC 值）的测定 红外线反射率测定法》］。
⑥ 尘埃度图像分析仪（参数见 TAPPI T563）。
⑦ 去除浮游油墨清洗装置（图 3-4），以及在测定浆料浓度、制备浆页中其他常用的配套设备。

三、测 定 步 骤

1. 抽样

在生产线上选择合适的取浆点，取样时应确保生产线处于正常工作状态，各工序的浆浓均已在正常工作范围，常见的取浆点有：碎浆后、筛选前和后、浮选前和后（或洗涤前和后）、热分散前和后、揉搓前和后、成浆池等，可根据具体的工序进行取舍。

抽取的浆料为纸浆悬浮液时，可用闭口塑料桶存放；抽取的浆料为浓湿浆时，可用塑料密封袋存放。抽样后的浆料应尽快测试，以防止浆料发霉、变质。

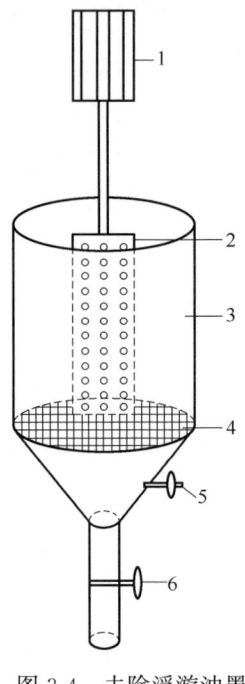

图 3-4 去除浮游油墨
清洗装置示意图
1—搅拌器马达 2—搅拌器
叶片（长 29cm 宽 8cm）
3—盛浆桶（直径 29cm，高 35cm） 4—标准网筛
（100 目网筛） 5—鼓气口，
与正压泵连接 6—排水阀

2. 浆页的制备

选用 325 目的筛网，制备定量为 $95g/m^2 \pm 5g/m^2$ 的实验室浆页（参见 GB/T 24324—2009），稀释浓浆应用蒸馏水（GB/T 6682—2008，三级），压榨后的试样在《GB/T 10739—2002 纸、纸板和纸浆试样处理和试验的标准大气条件》所规定的大气条件下风干，每种浆料制备 10 个平行样。

3. 亮度的测定

测定 10 个平行样的亮度（参见 GB/T 7974—2013），结果取全部试样正反两面的平均值，修约至 0.1%。

4. 有效残余油墨浓度的测定

测定 10 个平行样的定量（参见《GB/T 451.2—2002 纸和纸板定量的测定》），测定 10 个平行样在 950nm 下的单层反射因数 R_0 和内反射因数 R_∞（参见 GB/T 20216—2016），如果不透明度小于 97%，按式（3-63）计算光散射系数，如果不透明度大于 97%，且小于 99% 时，按式（3-64）计算光散射系数，再按式（3-65）、式（3-66）计算试样的有效残余油墨浓度。结果取正反两面的平均值，修约至 0.1%。

$$S=\frac{1000}{q}\times\frac{R_\infty}{1-R_\infty^2}\times\ln\frac{R_\infty(1-R_0R_\infty)}{R_\infty-R_0} \qquad (3\text{-}63)$$

式中　S——光散射系数，m^2/kg

　　　q——定量，g/m^2

　　　R_0——单层反射因数

　　　R_∞——内反射因数

$$S=\frac{1000}{q}\times\alpha \qquad (3\text{-}64)$$

式中　S——光散射系数，m^2/kg

　　　q——定量，g/m^2

　　　α——不透明度大于97%时的修正系数，对于旧报纸浆 α 取3.01，混合办公废纸 α 取3.82

$$K=\frac{S(1-R_\infty)^2}{2R_\infty} \qquad (3\text{-}65)$$

$$\text{ERIC}=\frac{K_{\text{浆页}}}{K_{\text{油墨}}}\times 10^6 \qquad (3\text{-}66)$$

式中　ERIC——有效残余油墨浓度，%

　　　S——光散射系数，m^2/kg

　　　$K_{\text{浆页}}$——浆页的光吸收系数，m^2/kg

　　　$K_{\text{油墨}}$——油墨的光吸收系数，m^2/kg

　　　R_∞——内反射因数

5. 尘埃度的测定

测定10个平行样的尘埃度（参见 TAPPI T563），可参照 TAPPI T213 根据杂质的大小进行分组，报告每组杂质的个数，以个/m^2 表述，或每组杂质的等效黑色面积，以 mm^2/m^2 表述。

6. 用实验室方法去除游离油墨

① 按图3-4装配去除浮游油墨的清洗装置，清洗装置主体可选用透明的树脂材料以便观察，桶体和底部的锥形体之间绷有标准网筛（4），锥形体上有鼓气口（5）与正压泵相连，锥形体有下部排水阀（6）控制排水。

② 关闭排水阀（6），向清洗装置加蒸馏水至高于标准网筛（4）5～10cm 处，用正压泵通过鼓气口向桶内鼓气，以实现清洗过程中的浆料不黏附在标准筛上。将待清洗浆料倒入清洗装置，加蒸馏水至离桶的顶部 5～7cm 处。

③ 开启搅拌器马达（1），使浆料充分散开无纤维束后排放白水，排水过程中继续搅拌，用烧杯装取 200mL 白水观察。

④ 重复上述①～③的清洗过程，将每次排放的白水排列在一起，观察比较，直至排放的白水清澈、透明，且与上次比较已无明显的变化，可认为浮游油墨已清洗干净。清洗的次数一般需要 3～5 次。与浆浓有关，浆浓一般建议为 0.5%左右。

⑤ 清洗后的良浆制备实验室浆页（参见 GB/T 24324—2009），测定浆页的亮度、有效残余油墨浓度、尘埃度。

7. 脱墨效率的表述

参照轻工行业标准《QB/T 4896—2015　废纸脱墨效率的测定》。

（1）以有效残余油墨浓度的变化率来表示

油墨去除率以脱墨前后浆料的有效残余油墨浓度的差值，与脱墨前浆料和脱墨后良浆用实验室清洗方法完全去除游离油墨后的有效残余油墨浓度的差值的比值 E_1 计，数值以百分比（％）表示，按式（3-67）计算：

$$E_1 = \frac{\text{ERIC}_0 - \text{ERIC}_1}{\text{ERIC}_0 - \text{ERIC}_1'} \times 100(\%) \tag{3-67}$$

式中　E_1——脱墨效率，％

ERIC_0——脱墨前浆页的有效残余油墨浓度，％

ERIC_1——脱墨后浆页的有效残余油墨浓度，％

ERIC_1'——脱墨后良浆用实验室清洗方法完全去除游离油墨后的浆页的有效残余油墨浓度，％

（2）以亮度的变化率来表示

油墨去除率以脱墨前后浆料的亮度的差值，与脱墨后良浆用实验室清洗方法完全去除游离油墨后和脱墨前浆料的亮度的差值的比值 E_2 计，数值以百分比（％）表示，按式（3-68）计算：

$$E_2 = \frac{R_1 - R_0}{R_1' - R_0} \times 100(\%) \tag{3-68}$$

式中　E_2——脱墨效率，％

R_0——脱墨前浆页的亮度，％

R_1——脱墨后浆页的亮度，％

R_1'——脱墨后良浆用实验室清洗方法完全去除游离油墨后的浆页的亮度，％

（3）以杂质的总等效面积的变化率来表述

油墨去除率以脱墨前后浆料的杂质的总等效面积的差值，与脱墨前浆料和脱墨后良浆用实验室清洗方法完全去除游离油墨后的杂质的总等效面积的差值的比值 E_3 计，数值以百分比（％）表示，按式（3-69）计算：

$$E_3 = \frac{S_0 - S_1}{S_0 - S_1'} \times 100(\%) \tag{3-69}$$

式中　E_3——脱墨效率，％

S_0——脱墨前浆页的杂质总等效面积，mm^2/m^2

S_1——脱墨后浆页的杂质总等效面积，mm^2/m^2

S_1'——脱墨后良浆用实验室清洗方法完全去除游离油墨后的浆页杂质总等效面积，mm^2/m^2

参 考 文 献

[1] GB/T 21557—2008. 废纸中胶黏物的测定 [S].
[2] 王志伟. 造纸白水中微细胶黏物的检测分析及其稳定性研究 [D]. 广州：华南理工大学，2013，23-37.
[3] GB/T 20216—2016. 纸浆和纸　有效残余油墨浓度（ERIC值）的测定　红外线反射率测定法 [S].
[4] QB/T 4896—2015. 废纸浆脱墨效率的测定 [S].
[5] TAPPI TestMethod：T537 om-96, Dirt count in paper and paperboard (optical characterrecognition-OCR).

【本章思政案例】

序号	案例名称	案例教学目标	案例内容
1	实现清洁生产、综合利用能源、消减环境污染	培养学生的创新思维	随着国家环保政策收紧、相关排放标准日趋严格对制浆造纸行业清洁生产的要求越来越高。基于实现清洁生产、综合利用资源、消减环境污染的主要技术路线是：切实解决好传统化学制浆生产中木素的深度去除和无元素氯漂白的技术问题；在化学浆蒸煮过程中，降低其残余木素含量，从而为降低其漂白过程所需的漂白剂量创造条件；采用不产生有机氯化物的新漂剂；采用新型的高得率制浆技术；提高废纸(板)回用率
2	废纸是我国最重要的造纸纤维原料	培养学生节约资源意识	废纸的循环利用有利于缓解造纸工业原料供给不足的问题及减少环境污染负荷。随着新技术的发展，废纸脱墨再生纤维的适用范围逐步扩展至具有更高附加值的高级新闻纸、书写纸、超级压光纸和涂布纸等纸制品，正逐步向高档次、高质量、多色彩、视觉效果强烈的产品方向发展。寻求延长废纸纤维的使用寿命、提高其造纸品质的创新技术正成为造纸科研工作者积极探寻的目标
3	植物纤维原料各种化学成分利用新技术	培养学生的科学创新精神	植物纤维原料中的纤维素、半纤维素、木素是天然高分子化合物，在自然界中含量极其丰富并且可再生，实现植物纤维组分绿色、高效、高值利用是近来研究的热点。植物纤维原料用于替代塑料、开发新型材料等方面有广阔的发展前景

第四章　造纸试验及其检测

党的二十大报告把高质量发展作为全面建设社会主义现代化国家的首要任务，并强调这是中国式现代化的本质要求，凸显了发展质量的全局和长远意义。制浆造纸分析与检测是制浆造纸企业顺利实现高质量生产和发展的重要保障。通过掌握打浆试验方法、分析与检测打浆过程纸浆质量的演变和纤维形态特征，可以调控纸浆造纸性能、顺利实现纸页的高质量抄造。

第一节　打浆试验及其检测

在生产上，纸浆在送去抄纸之前，一般要进行打浆，经过打浆机的机械处理，使得浆料纤维发生切断、细纤维化等变化，从而赋予纸浆一些特定的性能，以满足抄造和成纸性能的要求。

实验室所用小型打浆设备是模拟生产使用的打浆机的工作状况而设计，通过它，可以探讨纸浆各种性能指标和纤维形态在打浆过程中的变化规律，从而确定最佳打浆条件，以指导生产实践；实验室打浆精确度高，再现性好，因此，可用来评价或比较纸浆的优劣，以改进生产工艺，提高纸浆质量；另外，实验室打浆也是研究打浆理论的重要手段。

一、实验室常用的打浆设备及其操作

实验室的打浆设备种类较多，常见的有瓦利打浆机（Valley beater）、PFI 磨（PFI mill）、盘磨机（Refiner）、单球磨（Lampen mill）、六罐磨（Jokro–mill）等。所有这些打浆设备，其作用原理，都是基于在水介质中对纸浆进行机械处理，使纤维经受力的作用而产生切断、压溃、润胀、细纤维化等变化，从而使纸浆满足抄纸的要求。

以上几种打浆设备，目前实验室常用的为前三种，Valley 打浆机打浆时切断作用较大，适于处理木浆等长纤维浆料，这种打浆机能够根据打浆要求调节打浆比压，因此，灵活性较大。该打浆设备在我国用的较多，国际上也多采用，也被 ISO 列为标准打浆设备；PFI 磨打浆切断作用小、打浆浓度高、打浆比压可控，适用范围广，国际上采用的较多，也为 ISO 标准打浆设备。

下面分别介绍 Valley 打浆机、PFI 磨两种打浆设备及其操作。

（一）瓦利（Valley）打浆机法

参见国家标准《GB/T 24325—2009　纸浆　实验室打浆　瓦利（Valley）打浆机法》。

1. 设备结构

与工业上用的荷兰式打浆机相仿，由具有山形部和中墙的浆槽、飞刀辊、底刀床、加压机构、放料塞等部分组成。见图 4-1。

2. 主要技术规格

打浆容积：23L；

飞刀辊：规格：$\phi 168mm \times 152mm$，镶刀后辊子直径为 190～194mm，刀数：32 把；

飞刀规格：152mm×33mm×4.7mm；

飞刀材质：不锈钢，硬度为350～400HB；

转速：(498±12)r/min；

底刀：刀数：7把，规格：159mm×16mm×3.2mm；材质：不锈钢，硬度为325～375HB；

杠杆比：445/229≈1.94：1；

加压方式：通过杠杆一端的荷重使底刀压向飞刀辊而使浆料受到压力作用。

3. 工作原理

一定量规定浓度的纸浆在瓦利打浆机内进行机械处理，纤维在旋转的飞刀和固定的底刀之间经受不同作用而被疏解、切断、压溃、润胀、细纤维化等，从而使浆料具有一些特定的性能。

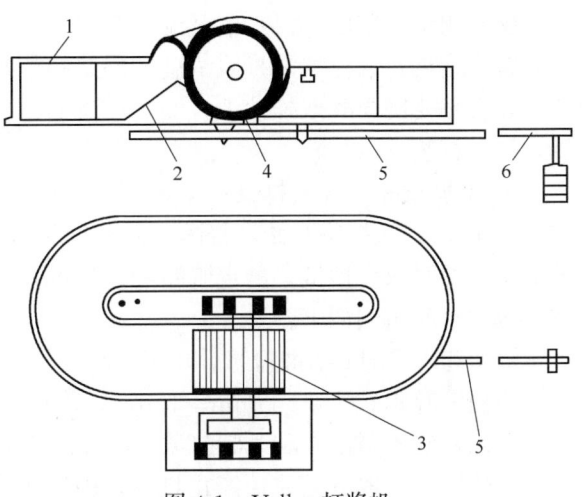

图 4-1 Valley 打浆机

1—罩盖 2—山形部 3—飞刀辊 4—底刀床

5—加压杠杆 6—重砣

4. 操作步骤

(1) 浆料的准备

根据纸浆的水分含量和打浆浓度计算出浆样质量和用水量，计算方法如式（4-1）和式（4-2）所示。如系干浆板或干浆块，在加入打浆机之前需在室温下用5L水浸泡4h以上，然后撕成25mm×25mm的小片。为了保证使最初的解离作用产生最小的打浆效果，应通过浸泡使试样彻底松软。湿浆无需用水浸泡。

$$湿浆量 = \frac{绝干浆(g)}{1-浆料含水量}(g) \tag{4-1}$$

$$加水量 = \left[\frac{绝干浆(g)}{打浆浓度(g/mL)} - 湿浆量(mL)\right](mL) \tag{4-2}$$

(2) 打浆工艺条件的制定及工艺计算

① 浆料质量：最大460g（绝干浆计）；

② 打浆浓度：1.5%～2.0%；

③ 打浆体积：23L；

④ 最终打浆度：根据需要确定，一般麦草浆约50°SR，木浆约45°SR；

⑤ 打浆比压：根据杠杆比1.94：1及重砣质量计算，木浆(54±1)N，草浆(29±1)N。

(3) 浆料预解离

装料前，先在打浆机中加入18L温度(20±5)℃的水。开动打浆机，然后把浆料慢慢加入打浆机内，加入时间控制在3～5min。装完料，补充水至浆和水的总体积为(23.0±0.2)L，以达到要求的打浆浓度，并调节浆料温度为(20±5)℃。然后进行解离，至无小浆团为止。

注1：在解离过程中，应将底刀杠杆臂上下移动1～2次，以防浆团卡在刀间而影响浆料离解。整个解离过程一般控制在30min以内。

注2：气温较高的某些地区，打浆温度可采用(25±5)℃，但应在报告中注明；有些浆料如未漂硫酸盐浆木浆难以离解，解离时间可适当延长。

警告：当打浆机运转时，手不得伸入其中。

(4) 测定打浆度、保水值及湿重

解离结束，取样测定打浆浓度和原浆的打浆度、保水值及湿重，并用显微镜观察纤维形态。如有必要则同时取样抄纸，测定原浆的物理强度。

(5) 打浆

① 施加重砣，开始打浆；

② 取样：从打浆开始，每隔一定时间取浆样测定打浆度、保水值及其湿重，并观察纤维形态。同时取样抄纸，测定浆张物理强度，以研究打浆过程中纸浆性能指标的变化情况。

取样时间举例如下：

漂白和未漂的亚硫酸盐浆、草浆、碱法阔叶木浆：5min、10min、15min、20min、30min；

漂白针叶木碱法浆：5min、15min、30min、45min、60min；

未漂针叶木碱法浆和黏状打浆：5min、15min、30min、60min、90min；

打浆结束，取下重砣，停止打浆，用尼龙袋收集纸浆，清洗机器。

(二) PFI 磨法

参见国家标准《GB/T 29287—2012 纸浆 实验室打浆 PFI 磨法》。

1. 设备结构

由打浆辊、打浆室和加压装置三部分组成。

打浆辊直径为 200mm，其上有 33 把刀片，刀片长 50mm，宽 5mm，刀片间的槽深 30mm。刀片平行于打浆辊轴线成辐射方向排列。打浆辊由 1kW 电机带动，空载时其转速应控制在 (1460±30)r/min。

打浆室内径为 250mm，由 400W 电机带动，空载时转速控制在 (710±10)r/min，以使打浆室和打浆辊间的圆周速度差值为 (6.0±0.3)m/s。

加压装置由重砣和杠杆系统组成。打浆压力是由重砣通过杠杆使打浆辊移向打浆室的内壁而得到的。打浆时，打浆辊和打浆室分别在垂直轴上沿相同方向转动，其工作情况见图 4-2。

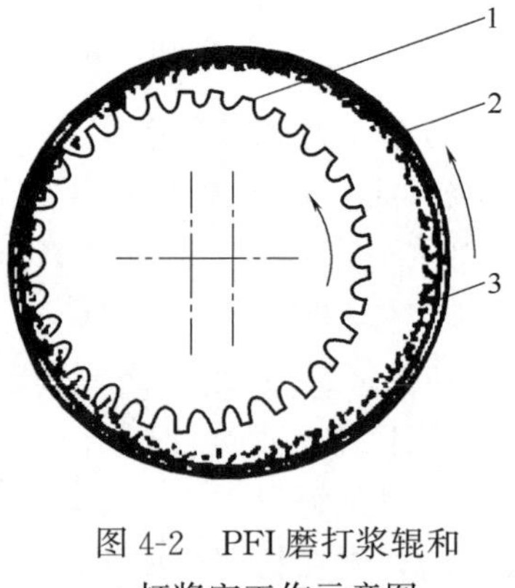

2. 工作原理

由于打浆室的旋转运动使浆料产生离心力作用而被均匀地分布在打浆室的圆周内壁，打浆辊在打浆室内以与打浆室相同的旋转方向运动，但打浆辊的转动速度快于打浆室的转动速度。在打浆时使打浆辊与打浆室始终内切，并由加压装置给打浆辊加压。这样基于以相同方向旋转的打浆辊和打浆室之间的圆周速度差，使浆料在打浆辊和打浆室的间隙中受到机械作用而产生切断、压溃、分丝、帚化等打浆作用。

图 4-2 PFI 磨打浆辊和打浆室工作示意图
1—打浆辊 2—打浆室 3—浆料

3. 操作步骤

(1) 浆料准备

取相当于 (30.0±0.5)g 绝干浆的浆样，用水充分润湿，浸泡时间长短视纸浆种类和干度不同而定。若为干浆板或风干浆，浸泡时间要在 4h 以上，浸泡后，撕成 25mm×25mm 大小的浆片。液体浆料可直接经解离后进行打浆。

(2) 浆料离解

浆料在 PFI 磨打浆之前，通常要进行解离，使交织的纤维或纤维束通过机械作用离解成单根纤维,但仍保持纤维的固有结构。标准浆料解离器的离解操作另在本实验附录详述。

(3) 浆料浓缩

浆料离解后,将其放入布氏漏斗内(漏斗内预先铺有一张较粗的滤纸或100目的滤网),用吸滤瓶抽吸脱水至一定干度。为避免细小纤维的损失,可将滤液重复过滤一次。称量浓缩之浆料,并加水稀释于总质量为(300±5)g,相当于质量分数为10%的浓度。

(4) 磨浆

调节打浆元件和浆料温度在(20±5)℃,将浓度10%的浆料放入打浆室内,尽量使浆料均匀分布在内壁周围,注意不要使浆料留在打浆室底部和打浆辊相接触的地方。放下打浆辊于打浆室内,盖好盖子。开动打浆室,使浆料甩到壁上,然后再开动打浆辊,待两个打浆元件达到满速时施加负荷,通过杠杆调节打浆压力(针叶木可选3.330.1N/mm刀片长度,非木材可选1.77N/mm刀片长度),同时开动转数计数器。当转数达到要求时,解除打浆压力,停止打浆,待打浆室和打浆辊停止转动后,提起盖子和打浆辊,把全部浆料转移到烧杯中。取浆料测定打浆度、湿度和保水值,并用显微镜观察纤维形态的变化。其余浆料进行抄纸,测定物理强度。

附录 标准浆料解离器解离操作

参见《GB/T 24327—2009 化学浆解离》《GB/T 29285—2012 机械浆解离》。

1. 设备结构

主要由圆筒容器、螺旋桨和记录转速的计数器组成,主要起疏解作用,圆筒内壁有等距安装的挡板。其结构图见图4-3。

2. 工作原理

浆料在圆筒容器中靠螺旋桨的旋转作用,产生离心力,被甩向圆筒内壁四周,由内壁的挡板所撕裂,使互相交织的纤维解离成单根纤维,被解离的浆料纤维结构应不发生显著变化。

3. 解离操作

放湿浆于解离器中,加入(20±5)℃的水,至总容积(2000±25)mL,浓度约1.5%,将计数器拨至零。启动电动机,进行离解,离解转数依纸浆的情况而定,对原始纸浆干度高于20%者应使螺旋桨离解转数为30000转;对原始纸浆干度小于20%者,应使离解转数为10000转。待达到规定转数时,检查浆料离解情况,若离解

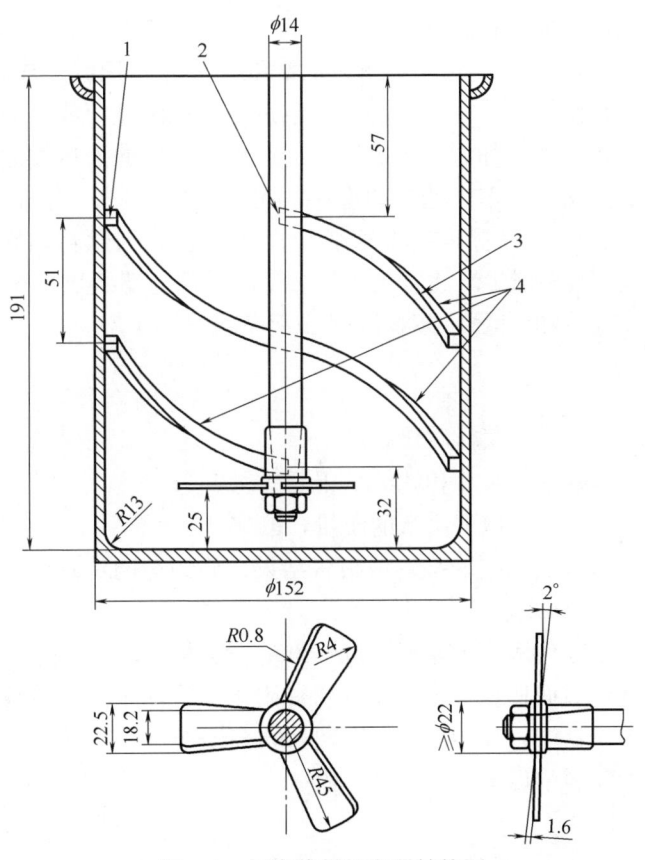

图4-3 标准浆料解离器结构图
1—6.5mm×6.5部分 2—边缘R3 3—倒角R0.4
4—4个螺旋桨,每个螺旋桨横跨半个圆周(图示3个)

不充分，应继续离解一段时间，至浆料完全离解好为止，报告中应注明离解转数。

某些地方由于气温较高，也可以采用（25±25）℃的温度，但要在报告中注明。

二、打浆过程中的检测

打浆对纸张质量影响很大，同一种浆料，采用不同的打浆方式，生产出的纸张物理性能也会不同。为了掌握打浆过程中浆料纤维的变化情况，保证打浆质量，必须及时对浆料进行各项指标的检测。主要有打浆浓度、打浆度、保水值、纤维湿重和纤维形态等。

（一）纸浆浓度的测定

纸浆浓度是指一定质量（或一定体积）的纤维悬浮液中，绝干纤维的百分含量。浓度大的时候可以用质量对质量，浓度小的时候用质量对体积来表示，国家标准规定浓度小于0.3%的浆料用量筒量取，相对密度可近似地看作与水相等；浓度大于0.3%的浆料用称取法，相对密度仍以1计算。纸浆浓度的测定是一项很重要的项目，测定结果的准确与否对后续实验或工厂生产有很大的影响。测定浓度的方法有真空抽滤法、干燥法和离心脱水法等。

1. 真空抽滤法（参照 ISO 4119—1978）

真空抽滤法适用于浓度较低的浆料悬浮液，可用于各种原浆或已经过打浆准备用于抄纸的纸浆。操作方法如下：

① 取样：将浆样充分搅拌并混合均匀，然后用干净的烧杯取样约500g，称准至0.1g，注意取样要有代表性。

② 抽滤：将已经恒重过的滤纸，放在布氏漏斗中，并用少量水将滤纸润湿，将已量好的浆样倒入漏斗中，启动真空泵过滤，冲洗量筒或烧杯内壁，将冲洗液倒入漏斗。过滤时注意检查滤液，如滤液中有漏失的纤维，应把滤液再过滤一遍。待水滤完，继续抽吸约2min，然后从漏斗里取出滤纸和浆片，注意收集漏斗壁上的固形物。

③ 干燥及称重：将滤纸和浆片一起放入烘箱，在105～125℃下烘干至恒重，用感量0.01g天平称量，注意浆片的烘干应采用与滤纸烘干相同的温度。

④ 结果计算：浆料浓度 w 计算按式（4-3）：

$$w = \frac{m_1 - m_2}{m} \times 100(\%) \tag{4-3}$$

式中　　m——浆样质量，g

　　　　m_1——浆片和滤纸烘干后质量，g

　　　　m_2——恒重滤纸的质量，g

以各次测定的平均值报告结果，修约至两位有效数字。两次平行测定误差≤0.2%。

2. 干燥法

取有代表性的浆样200～300g，放入浆袋中，用手拧干，并撕成小块，均匀地置于已知质量的表面皿或称量瓶中，将黏附于浆袋的浆料尽量移入表面皿。然后将样品置于烘箱或红外干燥器中，在105～125℃下烘干至恒重。

浆料浓度 w 计算按式（4-4）：

$$w = \frac{m_1 - m_2}{m} \times 100(\%) \tag{4-4}$$

式中　　m——称取浆样质量，g

　　　　m_1——表面皿与绝干浆样质量，g

m_2——表面皿质量，g

3. 离心脱水法

取有代表性的浆样200~300g，倒入内衬80目铜网的离心脱水杯中，开动电机，脱水1min。取出浆样，称重。

浆料浓度w计算按式（4-5）：

$$w = \frac{m_1 Y}{m} \times 100(\%) \tag{4-5}$$

式中　m——称取浆样质量，g

　　　m_1——脱水后浆样质量，g

　　　Y——干度系数，即离心脱水后湿浆浓度。其值为在（105±2）℃烘箱内多次烘干后的绝干浆质量的平均值与多次脱水后的湿浆质量的平均值之比值。即：

$$Y = \frac{\overline{m_2}}{\overline{m_1}} \tag{4-6}$$

式中　$\overline{m_1}$——经脱水后的湿浆质量的算术平均值，g

　　　$\overline{m_2}$——经烘干后的绝干浆质量的算术平均值，g

注：干度系数与纸浆种类、离心机转速、离心时间及取样质量有关。不同条件下的干度系数不同。干度系数一般需连续测定20次以上，取其平均值。

（二）纸浆滤水性能的测定

纸浆滤水性能的测定，以肖伯尔式打浆度仪和加拿大游离度仪用得较为广泛。对于纤维很短的浆料，不适于用加拿大游离度仪测定滤水性能。我国习惯于以肖伯尔式打浆度表示纸浆的滤水性能。两种仪器的工作原理一样，但测定时所取浆料质量不同，测试结果的表示方法也不同。现分别介绍。

1. 肖伯尔式打浆度测定

参见国家标准《GB/T 3332—2004　纸浆　打浆度的测定（肖伯尔-瑞格勒法）》。

打浆度是指浆料经过打浆后，纤维受切断、润胀、分丝帚化的程度，是衡量浆料悬浮液滤水性能的一个重要指标。同时也与纸张的物理性能密切相关。打浆度单位以°SR表示。

（1）仪器结构

肖伯尔式打浆度仪主要由三个部分组成：滤水筒、锥形盖和分离室，见图4-4。

① 滤水筒。其上部为一圆筒，内径137mm。其下部为45°锥面，底端截面积为100cm²。锥面下25mm处安装一个80目的铜网，用以滤水。网面应与圆中心线垂直。滤水筒是活动的，可以从仪器上取下。

② 锥形盖。外径为120mm，锥面与垂线成55°角。锥形盖与空心轴中心贯通一直径10mm的通风孔，以便在锥形盖提升时让空气通过。锥形盖的边缘嵌有一个断面为（5×5）mm的橡胶垫圈，其作用是使锥形盖压紧在滤水筒内壁而不致漏水，橡胶垫圈的硬度为肖氏30度。锥形盖提升时应以（100±10）mm/s的速度

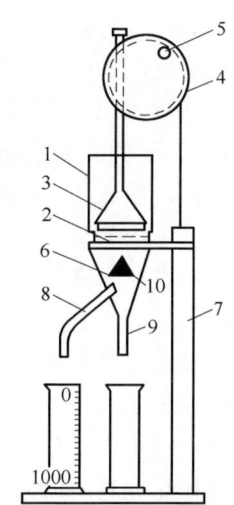

图4-4　肖伯尔式打浆度仪
1—滤水筒　2—铜网　3—锥形盖　4—手轮　5—手柄　6—分离室　7—支架　8—斜管　9—直管　10—伞形盖

恒速进行。

③ 分离室。上部为圆筒部，高 35mm，其侧面有一个平衡空气压力的通气管孔。内壁有三个用以固定伞形架位置的刻槽。分离室下部为锥角 40°的锥形部。锥形体底部的排水孔直径为 2.32mm，其孔径的大小应能满足 1000mL、温度（20±0.5）℃的蒸馏水在（149±1）s 排完。在分离室锥形部的侧壁装有一个与分离室中心线成 49°的侧流管，其内径为 16mm，侧流管的上端伸入分离室靠近中心线。侧流管伸入分离室的位置，应保证溢流口下部容积为 7.5～8.0mL 之间。分离室内装有一个伞形盖，用以分布从铜网上过滤下来的水。

(2) 工作原理

打浆度仪是根据打浆程度不同浆料的滤水速度不同的道理而设计的。在将含有 2g 绝干浆的 1000mL 悬浮液倒入滤水筒时，纤维即在滤网上形成滤层，水通过滤层进入分离室，随之从两个排水管流出。打浆时间短，则浆料滤水快，从侧流管流出的水量就多；反之，从侧流管流出的水量就少。收集从侧流管流出的滤液，从而测定出纸浆的打浆度。若从侧流管流出的滤液为 1000mL，则打浆度数值为零；若从侧流管流出的滤液为零毫升，则打浆度数值等于 100，即一个打浆度单位相当于 10mL。

打浆度按式（4-7）计算：

$$打浆度 = \frac{1000(\text{mL}) - 侧流管流出的水量(\text{mL})}{10(\text{mL})} (°\text{SR}) \tag{4-7}$$

实际上，用于测定打浆度的量筒为特制的，其上有打浆度的数值，测定时，可直接从量筒上读出测定结果，不需计算。

(3) 仪器的调试及校准

① 仪器清洁度的检查：用 1000mL，(20±0.5)℃的蒸馏水进行空白测试，如铜网和滤水筒等很干净，则侧流管流出水量应不少于 960mL。若小于此值，说明有纤维或沉淀物附于仪器内部，这时必须用丙酮和软毛刷清洗，并用清水洗净。

② 侧流管位置的校准：首先仪器应保持水平，用手指堵住直流管下口，注入 100mL、(20±0.5)℃的蒸馏水于滤水筒内，待过量的水从侧流管流完后，手指离开直流管口，收集从直流管流出的水量，应为 7.5～8.0mL。

③ 直流管尺寸的校准：取出分离室内的伞形盖，用塞子堵住侧流管口，将约 500mL，(20±0.5)℃的蒸馏水倒入分离室，片刻后，放开直流管口，让多余的水流出。然后再堵住直流管口，倒入 1000mL，(20±0.5)℃的蒸馏水于分离室中，放开直流管口，记录排水时间，水流尽应为（149±1）s。若时间大于此值，可用工具扩大直流管口；若时间小于此值，则应更换直流管孔。

(4) 样品准备

取经解离的纸浆悬浮液试样，用蒸馏水或去离子水稀释至浓度为 0.2%±0.002%，并调节温度至 20℃±0.5℃。在试样制备过程中，应避免在悬浮液中形成气泡。

由于纤维的聚集情况可能会因样品放置时间的长短而改变，因此稀释好的浆料应尽快测量，若样品放置时间超过 30min，则应在搅拌器转速为 6000r/min 的解离设备中，在接近于测定打浆度所规定的浆料浓度下，对其再次进行解离处理。

注：某些地方由于气候原因，可采用 25℃±5℃的温度，但应在实验报告中说明。

(5) 测定步骤

① 彻底清洗肖伯尔打浆度仪的漏斗和滤水室，并最后用水冲洗，将滤水室放置在漏斗支座上，用 20℃±0.5℃的水冲洗，以调节肖伯尔打浆度仪的温度。

② 沿反时针方向转动手轮，放下锥形盖，将铜网紧紧扣住，使之不漏水，并将带有肖伯尔刻度值的量筒放在测管下面。

③ 在搅拌条件下取出事先准备好的纸浆悬浮液 1000mL±5mL，倒入一个干净的量筒中，注意避免空气在这个阶段进入浆料。

④ 迅速而又平稳地将试样倒入滤水室中，应使浆流对准密封锥形体的轴和斜面，以避免形成旋涡。

⑤ 纸浆全部倒入滤水室后，静止 5s 后，启动手轮，升起锥形盖，浆料中的水通过滤层经分离室的两个排水管流入量筒中。待侧流管停止滴水后即可以从专用量筒上读取打浆度数值（若无专用量筒，可用公式计算），准确到 1 单位。

每一个试样应做两次测定，取其算术平均值作为测定结果，两次测定值间的相对误差不得超过 4%。

打浆度的测定结果受温度和浓度的影响，温度上升，打浆度下降；浓度提高，打浆度上升，因此，测定时必须严格控制温度条件。测定温度要求在（20±0.5）℃，冬天可用热水调节，夏天可用制冷水或地下水调节。测定浓度要在 0.2%，即每次取样要为 2g 绝干浆，这在实验室条件下尚能做到，但在生产上，尤其在没有浓度自动控制的情况下，打浆浓度往往发生波动，这样，就很难保证每次取样为 2g 绝干浆，因此，使打浆度的测定值有了偏差。欲求得准确值，需要进行补正，其方法是，将测定打浆度后的浆料取下烘干，求得实际的绝干浆质量，然后根据测定的打浆度和实际浆料的质量，按图 4-5 进行补正。例如，测得打浆度为 42°SR 时的纸浆的绝干重为 2.5g，在图中找到 A 点，沿 A 点所在的曲线找到与纸浆绝干质量为 2g 的垂直线交点 B，对应于 B 点的纵坐标打浆度为 36°SR，即为补正后的数值。若所测定的数值不在图中的曲线上，如在 C 点，可通过 C 点画一条与上下两条曲线的形状相近似的曲线，然后沿此曲线找到与纸浆绝干质量为 2g 的垂直线的交点 D，进而再找到与 D 点相对应的打浆度，即为补正后的数值。

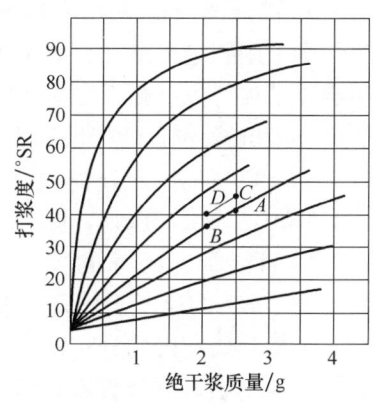

图 4-5 打浆度校正曲线

对于打浆浓度高的纸浆，应以称重取样，比重仍以 1 计算。

2. 加拿大标准游离度测定

参见国家标准《GB/T 12660—2008 纸浆 滤水性能的测定 "加拿大标准" 游离度法》。

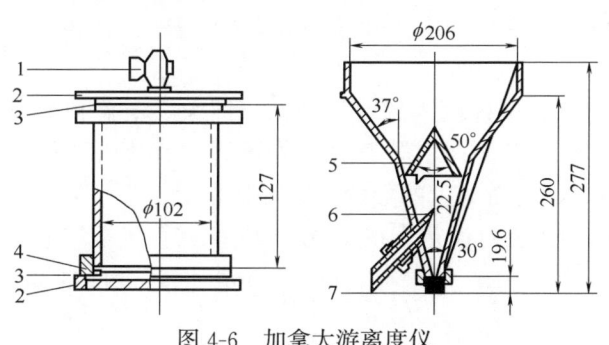

图 4-6 加拿大游离度仪
1—阀门 2—上、下盖 3—橡皮垫圈 4—筛网
5—分布锥体 6—侧流管 7—直流管

（1）仪器结构

加拿大游离度仪包括滤水室和分离室两部分，见图 4-6。

① 滤水室：为一圆筒，其内径为 101.5mm，内部高 127.0mm，容积稍过 1000mL。在顶部有一个空气阀门，孔径 4.7mm。在底部装有一块圆形筛板直径（φ111.0±0.5）mm，厚度为 0.5mm，筛孔径为 0.5mm，每 cm² 筛网有 97 个筛眼。滤水室的上下各设有

盖子，用以开启和关闭。盖底上覆衬橡胶垫，以密封筛网。上盖亦配有一块橡胶垫，以密封滤水室。

② 分离室：上部为开口的圆筒，高 17mm，口径 ϕ204mm。分离室总高 277mm。下部为锥形，锥体角度为 29°±5′。分离室的锥形体侧壁上装有一个与分离室中心线成 45°角的侧流管，其内径为（ϕ13±0.1）mm。侧流管的上端伸入分离室内靠近中心线并与中心线构成 22.5°的交角。溢流口与分离室底之间的距离为（50.8±0.7）mm，该尺寸应准确，以保证溢流口下的容积为（23.5±0.2）mL。分离室底装有一个长 19.6mm 的直流管，其孔径为 ϕ3.1mm，孔径的设计，以保证（20±0.5）℃的水以每分钟（725±5）mL 的速度注入时，应以每分钟（530±1）mL 的速度流出。另外，分离室内设有一个分布滤水的锥形体。

(2) 工作原理

与肖伯尔打浆度仪的工作原理基本相同，只是加拿大游离度仪直接以侧流管排出液的 mL 数表示游离度的数值，单位符号为 CSF（Canadian Standard Freeness）。

(3) 仪器的调试及校准

① 筛网的检查：用标准筛板同测定用筛板比较，测试结果若两者的差值大于 3 个单位时，则应用肥皂水清洗，如果无效，可用丙酮和软毛刷清洗，然后再用水冲洗净，这时，若测定用筛板与标准筛板之差仍大于 3 个单位，则应更换筛板。

② 侧流管位置的校准：首先仪器应保持水平，用手指堵住直流管下口，倒入 100mL、（20±0.5）℃的水于分离室中，待侧流管流完水后放开下口，收集流出之水量，应为（23.5±0.5）mL，否则，应调节侧流管的位置。

③ 直流管孔尺寸的校准：用手指堵住侧流管口，以每分钟倒入（20±0.5）℃的水（725±5）mL 的速度于分离室中，测量由直流管口流出的水量应为（530±1）mL/min。

去掉分离室内的分布锥形体，堵住侧流管口和直流管口，倒入约 500mL、（20±0.5）℃的水，片刻后，放开直流管口，待水流尽后再堵住直流管口，倒入 1000mL、（20±0.5）℃的水，然后再放开直流管口，测量由直流管流水时间应为（74.7±0.7）s。若时间大于此值，可用工具将直流管口径放大些；若时间小于此值，应更换新的孔板。

(4) 测定步骤

① 取经解离的纸浆悬浮液试样，用蒸馏水或去离子水稀释至浓度为 0.3%±0.002%，并调节温度至 20℃±0.5℃。在试样制备过程中，应避免在悬浮液中形成气泡。

② 放滤水室于架上，用（20±0.5）℃的水清洗仪器以调节仪器的温度。关上滤水室的底盖，打开上盖和空气阀门，置刻度量筒在侧流管下。

③ 在搅拌条件下取出事先准备好的纸浆悬浮液 1000mL±5mL，倒入一个干净的量筒中。注意避免空气在这个阶段进入浆料。

④ 沿着滤水室的内侧或中心快速稳定地将试样倒入滤水室中，立即关好上盖和空气阀门，然后打开底盖，5s 后打开空气阀门，水即经滤网由分离室的侧流管和直流管流出，当侧流管停止滴水后，读取量筒内的滤液量，即为游离度的数值，以 mL 表示。

⑤ 每个试样做两次测定，两次测定值间的相对误差不得超过 4%，取其算术平均值作为测定结果。结果小于 100mL 时，读数准确到 1mL；结果在 100～250mL 时，准确到 2mL；大于 250mL 时，准确到 5mL。

与打浆度一样，游离度的测定结果也受温度和浓度的影响，因此，测定时亦应严格控制实验条件或予以校正。其浓度补正值和温度补正值分别列于表 4-1 和表 4-2。

表 4-1 加拿大标准游离度修正到 0.3% 浓度时的游离度

游离度/mL	实验时纸浆的浓度/%																					游离度/mL
	0.2	0.21	0.22	0.23	0.24	0.25	0.26	0.27	0.28	0.29	0.30	0.31	0.32	0.33	0.34	0.35	0.36	0.37	0.38	0.39	0.40	
	应减的游离度											应加的游离度										
20	—	—	—	—	—	—	—	—	—	—	0	2	3	5	7	9	11	13	15	17	19	20
30	—	—	—	—	—	—	8	6	4	2	0	2	4	6	8	10	13	15	17	19	21	30
40	22	20	18	16	13	10	9	7	5	2	0	3	5	7	9	12	14	17	19	21	23	40
50	25	23	20	18	15	11	10	8	5	3	0	3	6	8	10	13	16	18	21	23	25	50
60	28	25	22	19	17	14	11	9	6	3	0	3	6	9	11	14	17	19	22	25	27	60
70	31	27	23	20	18	15	12	9	6	3	0	3	6	9	12	15	18	21	24	27	29	70
80	33	29	25	22	19	16	13	9	6	3	0	4	7	10	13	16	20	22	25	28	31	80
90	36	31	27	24	21	17	14	10	7	3	0	4	7	10	13	16	19	23	26	29	32	90
100	38	33	29	26	22	18	15	10	7	3	0	4	7	11	14	17	21	24	27	30	34	100
110	40	35	31	27	23	19	15	11	7	3	0	4	8	11	14	18	22	25	28	31	35	110
120	42	37	33	29	24	19	15	11	8	4	0	4	8	11	15	19	23	26	29	33	36	120
130	44	39	35	30	25	20	16	12	8	4	0	4	8	12	15	20	24	27	31	35	38	130
140	46	41	36	31	26	21	17	12	8	4	0	4	8	12	16	20	24	28	32	36	40	140
150	48	42	37	32	27	22	18	12	8	4	0	4	8	12	16	21	25	30	34	38	42	150
160	50	44	39	33	28	23	19	13	9	4	0	4	9	13	17	22	26	31	35	39	43	160
170	52	46	40	34	29	24	20	14	10	5	0	5	9	14	18	23	27	32	36	41	45	170
180	54	48	42	36	30	25	20	15	10	5	0	5	10	15	19	24	28	33	37	42	46	180
190	56	49	43	37	31	26	21	15	10	5	0	5	10	15	19	24	28	33	38	43	47	190
200	58	51	45	38	32	26	21	15	10	5	0	5	10	15	20	25	29	34	39	44	48	200
210	60	53	46	39	33	27	22	15	10	5	0	5	10	16	21	26	30	35	40	45	49	210
220	61	54	47	40	34	28	22	16	11	5	0	5	11	16	21	26	31	36	41	46	50	220

续表

游离度/mL	实验时纸浆的浓度/%																					游离度/mL
	0.2	0.21	0.22	0.23	0.24	0.25	0.26	0.27	0.28	0.29	0.30	0.31	0.32	0.33	0.34	0.35	0.36	0.37	0.38	0.39	0.40	
	应减的游离度											应加的游离度										
230	62	55	48	41	35	28	22	17	11	5	0	6	12	17	22	27	32	37	42	47	51	230
240	63	56	49	42	36	29	23	17	11	5	0	6	12	17	23	28	33	38	43	48	53	240
250	64	57	50	43	37	30	23	17	11	5	0	6	12	18	23	29	34	39	44	49	54	250
260	65	58	51	44	37	30	24	18	12	6	0	7	13	19	24	30	35	40	45	50	55	260
270	67	59	52	45	38	31	25	19	12	6	0	7	13	19	25	31	36	41	46	51	56	270
280	68	60	53	46	39	32	25	19	12	6	0	7	13	19	25	31	36	41	47	52	57	280
290	70	62	54	47	40	33	26	19	13	6	0	7	13	19	25	31	36	42	47	52	57	290
300	72	64	56	48	41	34	27	20	13	6	0	7	13	19	25	31	36	42	48	53	58	300
310	73	65	57	49	41	34	27	20	13	7	0	7	13	19	25	31	37	43	48	53	58	310
320	75	66	58	50	42	35	27	20	13	7	0	7	13	19	25	31	37	43	48	53	58	320
330	77	68	59	51	43	35	27	20	13	7	0	7	13	19	25	32	38	43	48	53	58	330
340	78	69	60	52	43	35	27	20	14	7	0	7	14	20	26	32	38	44	49	52	59	340
350	79	70	61	52	43	35	27	20	14	7	0	7	14	20	26	32	38	44	49	52	59	350
360	80	70	61	52	43	35	28	21	14	7	0	7	14	20	26	32	38	44	49	54	59	360
370	81	71	61	52	44	36	28	21	14	7	0	7	14	20	26	32	38	44	49	54	59	370
380	81	71	61	52	44	36	29	21	14	7	0	7	14	20	26	32	38	44	49	54	59	380
390	82	72	62	53	45	37	29	21	14	7	0	7	14	20	26	32	38	44	49	54	59	390
400	82	72	62	53	45	37	29	21	14	7	0	7	14	20	26	32	38	44	49	54	59	400
420	83	72	62	54	45	37	29	21	14	7	0	7	14	20	26	32	38	44	49	54	59	420
440	83	73	63	54	45	37	29	21	14	7	0	7	14	20	26	32	38	44	49	54	59	440

游离度/mL	实验时纸浆的摄氏温度/℃																				
	10	11	12	13	14	15	16	17	18	19	20	21	22	23	24	25	26	27	28	29	30
	应加的游离度/mL											应减的游离度/mL									
460	83	73	63	54	45	37	29	21	14	7	0	7	14	20	26	32	38	44	49	53	58
480	83	73	63	54	46	37	29	21	14	7	0	7	14	20	26	32	38	42	47	52	57
500	83	73	63	54	46	37	29	21	14	7	0	7	14	20	26	31	36	41	46	51	56
520	82	72	62	53	44	36	28	21	14	7	0	7	13	19	25	30	35	40	45	50	55
540	80	71	62	53	44	36	28	21	14	7	0	6	12	18	24	29	34	39	44	49	54
560	78	69	60	51	43	35	28	20	13	6	0	6	12	17	22	27	32	37	42	47	52
580	76	67	58	50	42	34	27	20	13	6	0	6	12	16	22	27	32	37	42	46	50
600	75	66	58	50	42	34	27	20	13	6	0	6	11	16	21	26	31	36	40	44	58
620	74	65	57	49	41	33	26	19	12	6	0	5	10	15	20	25	30	34	38	42	47
640	73	64	56	48	40	32	25	18	12	6	0	5	10	15	20	25	29	33	37	41	46
660	71	63	55	47	39	31	24	17	11	5	0	5	9	14	19	24	28	31	35	39	45
680	70	63	55	46	39	31	24	16	11	5	0	4	9	13	18	23	27	30	34	38	44
700	69	62	54	46	38	30	23	16	11	5	0	4	8	12	18	22	26	29	33	37	42

表 4-2　加拿大标准游离度修正到 20℃ 时的游离度

游离度/mL	实验时纸浆的摄氏温度/℃																				
	10	11	12	13	14	15	16	17	18	19	20	21	22	23	24	25	26	27	28	29	30
	应加的游离度/mL											应减的游离度/mL									
0	11	9	8	7	6	5	4	3	2	1	0	1	2	3	4	5	6	7	8	9	11
40	12	10	9	8	7	6	5	3	2	1	0	1	2	3	5	6	7	8	9	10	12
50	14	12	11	10	8	7	6	4	3	1	0	1	3	4	6	7	8	10	11	12	14
60	15	14	12	11	9	8	6	4	3	1	0	1	3	4	6	8	9	11	12	14	15
70	17	15	13	12	10	8	7	5	3	2	0	2	3	5	7	8	10	12	13	15	17
80	19	17	15	13	11	9	8	6	4	2	0	2	4	6	8	9	11	13	15	17	19
90	20	18	16	14	12	10	8	6	4	2	0	2	4	6	8	10	12	14	16	18	20
100	21	19	17	15	13	10	8	6	4	2	0	2	4	6	8	10	13	15	17	19	21

续表

游离度/mL	实验时纸浆的摄氏温度/°C																					游离度/mL
	应加的游离度/mL											应减的游离度/mL										
	10	11	12	13	14	15	16	17	18	19	20	21	22	23	24	25	26	27	28	29	30	
110	23	21	18	16	14	11	9	7	5	2	0	2	5	7	9	11	14	16	18	21	23	110
120	25	22	20	17	15	12	10	7	5	2	0	2	5	7	10	12	15	17	20	22	25	120
130	26	23	21	18	16	13	11	8	5	3	0	3	5	8	11	13	16	18	21	23	26	130
140	27	24	22	19	16	14	11	8	6	3	0	3	6	8	11	14	17	19	22	24	27	140
150	29	26	23	20	17	14	11	9	6	3	0	3	6	9		14	17	20	23	26	29	150
160	30	27	24	21	18	15	12	9	6	3	0	3	6	9	12	15	18	21	24	27	30	160
170	31	28	26	22	18	15	12	9	6	3	0	3	6	9	12	15	18	22	25	28	31	170
180	32	29	25	22	19	16	13	10	6	3	0	3	6	10	13	16	19	22	26	29	32	180
190	33	30	26	23	20	16	13	10	7	3	0	3	7	10	13	16	20	23	26	30	33	190
200	34	31	27	24	20	17	13	10	7	3	0	3	7	10	13	17	20	24	27	31	34	200
210	35	31	28	24	21	18	14	10	7	4	0	4	7	10	14	18	21	24	28	31	35	210
220	36	32	29	25	22	18	14	10	7	4	0	4	7	11	14	18	22	25	29	32	36	220
230	37	33	30	26	22	19	15	11	8	4	0	4	8	11	15	19	22	26	30	33	37	230
240	38	34	31	27	23	19	15	11	8	4	0	4	8	12	15	19	23	27	31	34	38	240
250	39	35	31	27	23	20	16	12	8	4	0	4	8	12	16	20	23	27	31	35	39	250
260	40	36	32	28	24	20	16	12	8	4	0	4	8	12	16	20	24	28	32	36	40	260
270	41	37	33	29	24	20	16	12	8	4	0	4	8	12	16	20	24	29	33	37	41	270
280	42	38	34	29	25	21	17	13	8	4	0	4	8	13	17	21	25	29	34	38	42	280
290	42	38	34	29	25	21	17	13	8	4	0	4	8	13	17	21	25	29	34	38	42	290
300	43	39	34	30	25	21	17	13	8	4	0	4	8	13	17	21	25	30	34	39	43	300

310	43	39	34	30	25	21	17	13	8	4	0	4	8	13	17	21	25	30	34	39	43	310
320	43	39	34	30	25	21	17	13	8	4	0	4	8	13	17	21	25	30	34	39	43	320
330	44	40	35	31	26	22	18	13	9	4	0	4	9	13	18	22	26	31	35	40	44	330
340	44	40	35	31	26	22	18	14	9	4	0	4	9	13	18	22	26	31	35	40	44	340
350	44	40	35	31	26	22	18	14	9	4	0	4	9	13	18	22	26	31	35	40	44	350
360	44	40	35	31	26	22	18	13	9	4	0	4	9	13	18	22	26	31	35	40	44	360
370	45	41	36	31	26	22	18	13	9	4	0	4	9	13	18	22	26	31	36	41	45	370
380	45	41	36	31	27	22	18	13	9	4	0	4	9	13	18	22	27	31	36	41	45	380
390	45	41	36	31	27	23	18	14	9	4	0	4	9	14	18	23	27	31	36	41	45	390
400	46	41	37	32	28	23	18	14	9	4	0	4	9	14	18	23	28	32	37	41	46	400
420	45	41	36	31	27	23	18	14	9	4	0	4	9	14	18	23	27	31	35	41	45	420
440	45	41	36	31	27	22	18	13	9	4	0	4	9	13	18	22	27	31	36	41	45	440
460	44	40	35	31	27	22	18	13	8	4	0	4	9	13	18	22	27	31	35	40	44	460
480	43	39	34	30	25	21	17	12	8	4	0	4	9	13	17	21	25	30	34	39	43	480
500	42	38	34	29	25	21	17	12	8	4	0	4	8	13	17	21	25	29	34	38	42	500
520	42	38	33	29	24	20	16	12	8	4	0	4	8	12	16	20	24	29	33	38	42	520
540	42	37	33	28	24	20	16	12	8	4	0	4	8	12	16	20	24	28	33	37	42	540
560	41	37	32	28	24	20	16	12	8	4	0	4	8	12	16	20	24	28	32	37	41	560
580	41	37	32	28	24	20	16	10	7	4	0	4	8	12	16	20	24	28	32	36	41	580
600	40	36	32	28	24	20	16	10	7	4	0	3	8	12	16	20	24	28	32	36	40	600
620	39	35	31	27	23	19	16	12	7	4	0	3	8	12	16	19	23	27	31	35	39	620
640	37	33	29	25	21	18	14	11	7	4	0	3	7	11	14	18	21	25	29	33	37	640
660	36	32	28	25	21	17	14	10	6	3	0	3	7	10	14	17	21	25	28	32	36	660
680	35	31	27	24	20	17	13	10	6	3	0	3	6	10	13	17	20	24	27	31	35	680
700	33	30	27	23	20	16	13	9	6	3	0	3	6	9	13	16	20	23	26	30	33	700

加拿大游离度（CSF）与肖氏打浆度能够相互换算，可通过表4-3和图4-7关系曲线查得相应之值。

表 4-3　　加拿大游离度与肖氏打浆度对照表

CSF/mL	打浆度/°SR	CSF/mL	打浆度/°SR
800	11.5	400	32.0
775	12.5	375	34.0
750	13.5	350	36.0
725	14.5	325	38.0
700	15.5	300	40.3
675	16.5	275	43.0
650	17.5	250	45.4
625	18.6	225	48.3
600	20.0	200	51.5
575	21.0	175	54.8
550	22.5	150	59.0
525	23.7	125	63.2
500	25.3	100	68.0
475	26.7	75	73.2
450	26.7	50	80.0
425	30.0	25	90.0
400	32.0	0	—

（三）纸浆保水值的测定

参见国家标准《GB/T 29286—2012 纸浆　保水值的测定》。

打浆度仅能反映纸浆的滤水性能，而浆料的滤水性能还受到纤维切断、压溃、润胀和细纤维化等许多因素的影响。因此，仅用打浆度的数值不能准确地反映纸浆表面状态和成纸强度变化的原因。纸浆保水值（Water Retention Value，简称WRV）指湿纸浆在规定的条件下离心后，纸浆中所保留的水分与其烘干后质量的比值。这一指标可以反映打浆过程中纤维润胀和细纤维化的程度，对同一种浆，用纸浆的保水值能反映纤维结合力的大小。所以，综合考虑打浆度和保水值两种指标，能较准确地反映浆料在打浆过程中的性能变化。

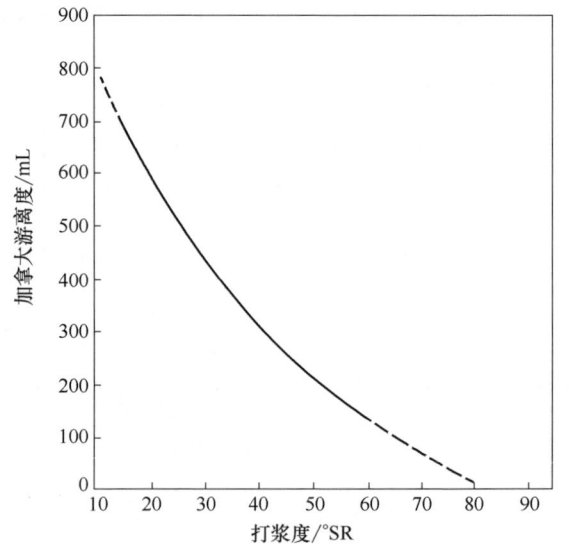

图 4-7　打浆度和游离度关系曲线

1. 仪器

（1）实验室用离心机

测定保水值采用高速离心机，离心机带有外摆式端头和离心室，由惰性材料如不锈钢或电镀铝制成。测试时浆块（距离试样篮底端约15mm）处的离心力应能达到（3000±50）g（g为重力加速度，9.81m/s^2）。离心机应配有计时装置和制动装置。

离心时环境温度宜保持在（23±1）℃。

旋转速率按式（4-8）计算得出：

$$n=\sqrt{\frac{896F_z}{r}} \qquad (4\text{-}8)$$

式中　n——旋转速率，r/min

　　　F_z——离心力，为（3000±50）g

　　　r——旋转半径，m

（2）布氏漏斗或类似的漏斗

布氏漏斗或类似的漏斗，材质为耐腐蚀性材料，内径大于 30mm，底部平整且带有小孔。

（3）试样篮

试样篮有一内径为（30±5）mm 的金属离心管，管的一端与铜网相连接，金属网的孔径约为 125μm，网丝直径为 90μm，离心管应配有盖子，用以防止水分挥发。

试样篮的设计取决于所用的离心机。该容器的尺寸应与离心机内筒的尺寸适合，从而使离心后的试样篮中的试样不会被重新润胀。图 4-8 为两个试样篮的结构，以供参考。

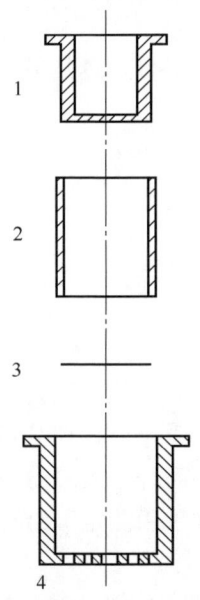

图 4-8a　悬挂在离心机内筒的试样篮
1—盖子　2—离心管　3—金属网
4—底部穿孔的容器

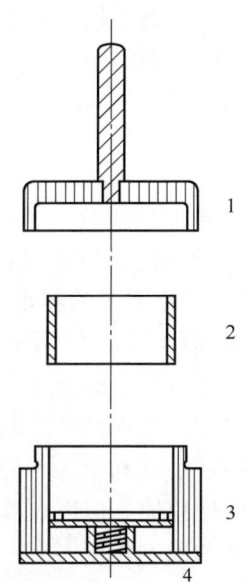

图 4-8b　放在离心机底部的试样篮
1—盖子　2—离心管，焊接有金属
丝筛　3—金属网　4—底部装置

2. 工作原理

取一定量的浆料，用漏斗抽滤制备成浆块。然后把浆块放入离心机中，在规定的条件下脱水，称重，将其烘干后再次称重，纸浆的保水值由离心后的浆块烘干前后的质量计算得出。

注：对于同一种浆料，未经干燥与经过干燥后测得的保水值会有差异。

3. 试样的制备

① 若为风干样品，则按照标准方法（GB/T 24327—2009 或 GB/T 29285—2015）对浆料进行解离。在较高温度下解离的浆料，需要冷却到（23±3）℃后方可使用。

② 用标准水稀释至浆料浓度为 2~5g/L，对于滤水较慢的浆样，可以使用更高的浓度。

4. 测定步骤

① 从稀释并充分搅拌的浆料中取两份平行样，在（23±3）℃下立即测试浆料的保水值。取样后尽快完成所有测定。若未能立即测试，则保水值一般会比正常情况下偏高（一般不会高于 0.03g/g）。

② 浆块的制备：连接布氏漏斗与抽滤瓶，将滤纸放入布氏漏斗中，用水润湿后开始抽滤。将一定体积的浆料倒入布氏漏斗中，使最终制成的浆块绝干定量为（1700±100）g/m²。若细小纤维流失较多，则将首次滤液再次过滤。当浆块表面的水消失时停止抽滤，浆块的绝干物浓度宜在 5%~15% 之间。将浆块移入试样篮。

③ 离心：将装有浆块的试样篮放入离心室中，在浆块底端离心力为（3000±50）g 的条件下离心（1800±30）s。该时间不包括加速和减速的时间。离心时浆料温度会影响测试结果，因此建议试验时环境温度保持在（23±3）℃，如果要测试多种试样，则做完一个试样后应将离心机冷却后再使用。离心后立即将浆块转移至已知质量的称量瓶中称量，精确至 1mg。然后放入（105±2）℃烘箱中烘干至恒重，将称量瓶盖子盖好放入干燥器中冷却 30min，迅速打开盖子使内外气压平衡，称量称量瓶，精确至 1mg。

每个浆样同时测定两份，以算术平均值表示结果，两次误差不得超过其平均值的 5%。

5. 结果计算

$$保水值 = \frac{m_1 - m_2}{m_2} \times 100(\%) \tag{4-9}$$

式中　m_1——离心后湿浆质量，g

　　　m_2——烘干后试样质量，g

（四）纸浆纤维湿重的测定

参见国家标准《GB/T 37858—2019　纸浆　纤维湿重的测定》。

纤维的长度对纸浆的强度有很大的影响，因此，在打浆过程中，除控制打浆度外，还需要控制纤维长度。纤维长度的测定可以采用显微镜观察法和纤维质量分析仪分析的方法，由于显微镜观察法手续麻烦，需要时间较长，不能及时指导生产；而纤维质量分析仪分析结果准确，测量简便快捷，但因仪器贵重，国内造纸企业生产部门常采用测定纤维湿重的方法来间接反映纤维的平均长度。

纤维的湿重常采用框架法测定，即在肖伯尔式打浆度仪进行打浆度测定时，在仪器的锥形盖上，附加一个金属框架，在测打浆度的同时，测定挂在框架上的湿纤维的质量，即为湿重。

显然，纤维越长，框架上附挂的纤维越多，湿重就越大。因此，用湿重可以间接的表示纤维的平均长度。框架法测定纤维长度仅是近似方法，因为框架上附挂的纤维多少除了与纤维长度有关外，还受纤维润胀水化的程度和操作条件等因素的影响，因此，欲得纤维真正的长度还需要通过纤维质量分析仪进行测量。

1. 试验原理

将选定的纤维湿重框架安放在肖伯尔打浆度仪的滤水室中，然后将一定体积和浓度、温度调节至（20±0.5）℃的纸浆悬浮液倒入肖伯尔打浆度仪的滤水室中，提起密封锥形体，浆料在流走的同时会有一部分挂在湿重框架上，称量该部分湿浆料的质量即为纤维湿重。

2. 仪器

a. 肖伯尔式纸浆打浆度测定仪；b. 天平：分度值 0.01g；c. 秒表；d. 纤维湿重框架：

框架的形状如图 4-9 所示。外框、支脚和提手用 $\phi 2$ 铜丝，挡条用 $\phi 0.5$ 铜丝。外框呈直径为 120mm 的弧形。框架的一边有伸到中心的缺口，以便放在肖氏打浆度仪的锥形盖的轴上。框架分为 16 挡和 25 挡两种形式，如图 4-9 为一个 25 挡纤维湿重框架，其上共有 25 根挡条，间距 4.5mm。框架边缘设有四根长 10mm 的支脚，用于支撑框架。在框架的中央，有一个半圆环，便于取放。

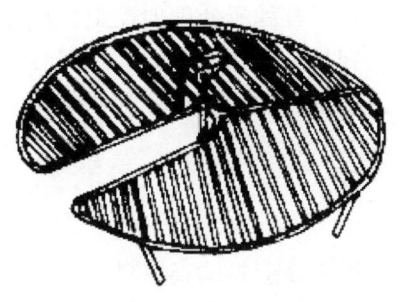

图 4-9 测定纤维湿重的框架

3. 试样制备

取经解离的纸浆悬浮液试样，用蒸馏水或去离子水稀释至浓度为 $0.2\% \pm 0.002\%$，并调节温度至 $20℃ \pm 0.5℃$。在试样制备过程中，应避免在悬浮液中形成气泡。

由于纤维的聚集情况可能会因样品放置时间的长短而改变，因此稀释好的浆料应尽快测量，若样品放置时间超过 30min，则应在搅拌器转速为 6000r/min 的解离设备中，在接近于测定打浆度所规定的浆料浓度下，对其再次进行解离处理。

注：某些地方由于气候原因，可采用 $25℃ \pm 5℃$ 的温度，但应在实验报告中说明。

4. 试验步骤

① 称量纤维湿重框架的干质量。针叶木、棉、麻等纸浆以及低打浆度纸浆宜采用 16 挡纤维湿重框架，阔叶木、竹、草类浆及高打浆度浆宜采用 25 挡纤维湿重框架。

② 彻底清洗肖伯尔打浆度仪的漏斗和滤水室，并最后用水冲洗，将滤水室放置在漏斗支座上，用 $20℃ \pm 0.5℃$ 的水冲洗，以调节肖伯尔仪的温度。

③ 沿反时针方向转动手轮，放下锥型盖，将铜网紧紧扣住，然后将纤维湿重框架安放在滤水室中，卡住仪器的主轴，框架的开口面向测试人员。

④ 在搅拌条件下取出事先准备好的纸浆悬浮液 $1000mL \pm 5mL$，倒入一个干净的量筒中，注意避免空气在这个阶段进入浆料。

⑤ 迅速而又平稳地将试样倒入滤水室中，应使浆流对准密封锥形体的轴和斜面，以避免形成旋涡。

⑥ 纸浆全部倒入滤水室后，按动秒表开始计时，5s 时将密封锥形体提起，65s 时取出纤维湿重框架，用天平进行称量。

注：某些地方由于气候原因，可采用 $25℃ \pm 5℃$ 的温度，但应在试验报告中说明。总之，测定时所选择的基准温度的偏差，应保持在 $±0.5℃$ 之内。

5. 结果计算

按式（4-10）计算试样的纤维湿重 m，单位以克表示。

$$m = m_1 - m_0 \tag{4-10}$$

式中 m_1——黏附有湿纤维的湿重框架质量，g

m_0——湿重框架质量，g

每份试样应测定两次，以其平均值报出。重复测定的纤维湿重值之差应不大于 0.5g。

（五）纤维形态观察

在打浆过程中，由于浆料受到打浆机的机械作用，使纤维的固有形态发生变化，根据打浆方式和处理程度，纤维将受到不同程度的切断、压溃、润胀和细纤维化等变化。纤维形态的这些变化，无疑对成纸性能影响很大，因此，在打浆过程中，借助于显微镜对纤维状况进行观察，有利于合理地控制生产。

在打浆开始、中间和结束时分别取少量浆料，按纤维形态的观察方法制片，用普通光学显微镜进行观察，将纤维形态的变化拍照记录下来，并分析纤维表面的变化状况。

第二节 纸页的抄造试验

纸页抄造是检查浆料物理性能的必要准备过程。通过纸页成形器，将一定浓度的浆料在减压情况下于成形网上滤水成网，经压榨和干燥得到纸页。然后，将纸页经恒温恒湿处理后进行物理性能检测，从而对浆料的质量作出评价。

实验室用纸页抄造的设备类型很多，抄造过程不尽一致，为了使抄纸能得到可比性的结果，ISO 暂提出两种方法作为标准方法。一种称为常规成形法，另一种称为快速凯塞（Köthen）成形法。两种成形设备的工作原理基本一样，只是常规成形法将纸页成形、压榨、干燥作为三个独立的操作单元，程序较烦琐；而快速凯塞成形法则把压榨、真空抽吸和干燥合为一体，程序较简便。随着计算机技术的发展，快速纸页成形器的操作系统多配备了计算机自动控制，使操作更为简便。下面结合我国的情况，着重介绍快速凯塞法所使用的设备及其操作程序。

一、纸页成形系统及设备

快速凯塞成形系统主要由纸页成形器、揭纸装置、干燥器及辅助设备组成。

（一）纸页成形器

纸页成形器是快速凯塞成形系统的主体。由贮浆室、滤网部、抽吸室和贮水室几部分组成，见图 4-10。

1. 贮浆室

贮浆室上部为带有刻度的透明圆筒，内径为 $\phi 200 \pm 0.5$mm，容积 12L。围绕贮浆室下部的圆周上有两排孔径为 1.5mm 的小孔，每排有 40 个，两排之间的距离为 7mm。上排小孔为倾斜钻孔，与圆筒中心成 30 度角，下排小孔为水平钻孔。

贮浆室能从成形网处掀起，便于取放成形网。

2. 滤网部

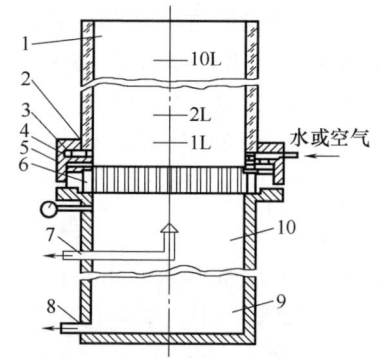

图 4-10 凯塞纸页成形器
1—贮浆室 2—排气孔 3—环形室
4—成形网 5—支撑网 6—支撑板
7—抽吸管 8—排水管 9—贮水室
10—抽吸室（真空室）

滤网部由纸页成形网和支撑网（里网）组成。成形网可以为不锈钢网或尼龙网，滤网直径 $\phi 200$mm，有效面积 $0.0317 m^2$，网目通常为 80 目：经线数 60 根/cm，纬线数 55 根/cm，线径 $0.060 \sim 0.065$mm。里网由磷青铜单线平织而成。其网目为：经线数 8 根/cm，纬线数 7 根/cm，线径 0.35mm。

3. 抽吸室

抽吸室为一容积不小于 10L 的圆筒容器。其底部有一个排水口，由阀门控制，中心有一个抽吸管，与真空泵相连，以形成抄纸时所要求的真空度。抽吸管下部安置一个调节阀门，以控制抄纸时的真空度不超过 27kPa（约 205mmHg）。

4. 贮水室

贮水室位于纸页成形器的下部，用于贮存通过抄纸后的白水，下部有一管路与真空泵相连，抄纸时，可由真空泵将贮水室的水送贮浆室作稀释浆料用，也可以直接排出。

（二）揭纸装置

揭纸装置由伏辊、载纸板和盖纸组成。

① 伏辊。直径为120～130mm，长240～260mm，重（3.0±0.2）kg，外面套有约20mm厚的毛毡以使伏辊有一定的弹性，避免湿纸页被压溃。

② 载纸板。用定量200g/m² 的漂白浆挂面标准卡片纸，裁成直径为240mm 的圆片（亦有用细纹白的确良布，其上覆以造纸毛毡代替载纸板揭纸的）。

③ 盖纸。用定量为（65±5）g/m² 施胶良好并经压光的书写纸，裁成直径为250mm 的圆片（亦有用细纹白的确良布代替盖纸的）。

（三）干燥器

干燥器用以干燥湿纸页。由加热室、支撑网、真空室和冷却器组成，见图4-11。

① 加热室。下部镶有厚1～2mm、具有高弹性的耐热橡胶膜，当水温为（93±4）℃的热水充满加热室时，橡胶膜即接触湿纸页而进行热交换，使湿纸页中的水分蒸发而干燥。

② 支撑网。用于放置欲烘干的湿纸页。其上有两层磷青铜网，网下为支撑板。上网经线32根/cm，纬线24根/cm，线径0.16～0.17mm；下网经线8根/cm，纬线7根/cm，线径0.25mm；支撑板厚度2mm，孔径3～4mm，孔距5mm。

③ 真空室。位于支承网下边。在其底部有通道与真空泵相连，可形成96kPa（约730mmHg）真空度，以加速纸页水分的蒸发。

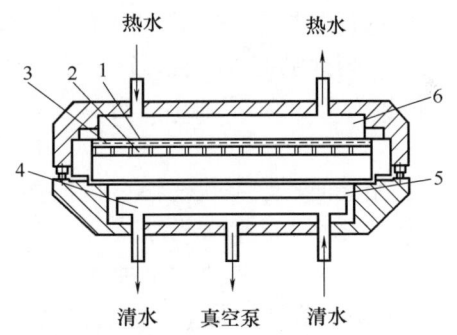

图4-11 干燥器
1—胶垫 2—支撑网 3—成形网
4—冷却器 5—真空室 6—加热室

④ 冷却器。位于真空室内。向内连续通以冷却水，使湿纸中蒸发之水汽冷凝成水，由真空泵抽出干燥器。

（四）辅助设备

辅助设备有真空泵、热水加热器和热水泵。

① 真空泵为三级离心泵，由1.1kW电机带动，转数1400r/min。该真空泵具有多种功能，兼有纸页成形器贮浆室的送水和鼓气、抽吸室的抽气、干燥器真空室的抽真空等作用。

② 热水加热器内装1kW的热管，可提供97℃的热水供纸页干燥用，温度用触点温度计控制。

③ 热水泵（齿轮泵）将加热器中的热水送至干燥器，以加热湿纸页，然后再返回加热器，周而复始，循环进行。

为了操作和制造方便，现多数干燥器已改为用导热油或电热片加热方式。加热功率为1kW，不用热水泵，并采用可控硅控制温度。

二、纸页抄造程序

（一）浆料的准备

浆料的准备应根据具体情况分别处理。已经过打浆处理的纸浆悬浮液可以调浓后直接抄纸。干浆板或液体原浆，需要疏解、打浆后调浓抄纸。磨木浆作抄纸试验时，仍需疏解打浆，直至达到要求的打浆度后，调浓抄纸。

浆料离解后，冲稀至 0.2%～0.5% 的浓度（对易于絮聚的浆料要稀释至 0.2%～0.3%），倒入附有搅拌的容器内，备抄纸之用。

（二）操作程序

1. 准备

① 检查设备，并使各部件处于抄纸工作位置。

② 先打开加热器并设定干燥温度开始预热。若为热水加热式，则应先向加热器注水，接通电源，使水温升至约 97℃。

③ 抄纸定量视目的不同而异，一般定量应与试验对象的规格定量相同，当测定纸浆强度时，可抄 60g/m² 左右的纸页（根据调后的浆浓度及定量要求计算每张纸页需取纸浆悬浮液的体积）。

2. 抄纸

① 打开贮浆室，置成形网于支撑网上，然后扣紧贮浆室。

② 关闭抽吸室排水管，往贮浆筒加水，至约 4L 时，将已准备好的浆料倒入，继续加水至总体积为 7L（对于细小组分含量较高的浆料，可适当减少加水量，以减少细小组分的流失）。

③ 用泵向贮浆室吹气 5s，以搅拌浆料（或根据设备不同用匀浆器上下搅动 5 次）。

④ 搅拌结束，静置 5s 后，打开连接抽吸室的阀门抽水。

⑤ 待纸浆悬浮液中的水抽滤完后，再继续用真空泵抽吸 10s。然后关上真空泵，解除抽吸室的真空，打开贮浆室，进行揭纸。

3. 揭纸

① 于湿纸页上放置一片载纸板（亦可放一块细纹白布和一块毛毯），用伏辊在不附加任何外界压力下往复滚动 2s。

② 将湿纸页和载纸板连同成形网一起取下，使之稍微倾斜，将其边缘对准一个水平的垫板轻击，使载有湿纸页的载纸板移到垫板上去（或经白的确良布和毛毯脱水后直接揭下湿纸页）。

4. 干燥

① 拔出干燥器的气孔塞，打开干燥器，将湿纸页连同载纸板放在支撑网上，在湿纸页上的另外一面盖上一张盖纸（亦可盖一块细纹白的确良布），盖好干燥器。

② 塞好气孔塞，打开热水阀门，向干燥器通热水，若为直热式就可直接干燥，同时用真空泵抽气，待真空度达到 96kPa（约 730mmHg）时开始，干燥 5～7min 后关闭真空泵，打开气孔塞，将纸页取出，去掉载纸板和盖纸，即得纸页。

（三）手抄纸页的切裁及处理

手抄纸页在进行物理性能检验之前须按测试仪器所要求的规格进行切裁，并按照国家标准规定对纸样进行恒温恒湿处理。选择 5 张均匀的纸页，按图 4-12 所示切成一定规格的纸样，供做物理性能测定。

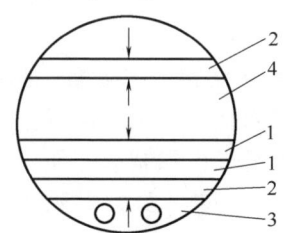

图 4-12　纸页切裁图

1—供测裂断长　2—供测耐折度
3—供测耐破度　4—供测撕裂度

三、多层纸和纸板的实验室抄造

按要求先确定多层纸或纸板的层数及各层的配料和定量，然后分别准备各层浆料并冲稀至一定浓度。按底层、芯层、面层顺序在纸页成形器止抄造各层的湿纸页，并按顺序将纸页叠合在一起，每加一层，用伏辊在不加任何外力的情况下按垂直方向交叉滚压 2s（注意，勿使湿纸层间有气体，否则纸页干燥时易脱层），待完成各层叠合后即得多层纸或纸板的雏形。然后，在其上下两面各放细纹的确良布和毛毡各一块，夹持于压榨板间于压榨机上进行脱水，在压力（400±10）kPa（4±0.1kg/cm^2）下保持 5min±15s。解除压力，取出试样，在干燥器上烘干即得多层板或纸板。

第三节　纸张纤维组成的剖析

纸张的纤维组成直接影响着纸张的内在品质，不同用途的纸张，其纤维组成也会有所不同。常见的纸张按其用途可分为：文化用纸、生活用纸、包装用纸以及工业用纸和医疗用纸。另外还有其他特种用途的纸种，如证券纸、吸尘纸、防毒纸、育果袋纸等。

纸张纤维剖析的目的，在于确定纸张中纤维的原料种类、所用纸浆的制备类别以及纤维或纸浆的配比。这对造纸产品的质量检查、纸张特性的研究和产品的仿制等非常有用。另外，通过纸张剖析，也可为纸史研究、公安侦探提供帮助。

对于纤维和纸浆种类的鉴别，常通过光学显微镜观察纤维形态和纸浆对染色剂的颜色变化来确定。因此，要得到准确的测定结果，要求操作者熟悉各种原料纤维形态的特征及其对染色剂的呈色反应。

一、纸样的分离

（一）实验仪器及试剂

电炉、广口瓶、烧杯、玻璃球、铜网；中性酒精、碱液、漂液、盐酸、硫酸铝。

（二）实验纸样

新闻纸、牛皮纸、凸版纸等。

（三）实验方法

取有代表性试样约 0.2g，根据不同种类纸张耐水性的不同，按表 4-4 方法分离。

表 4-4　　　　　　　　　　　　　纸样纤维分离方法

纸　　样	分　离　方　法
未施胶或施胶度较低的纸样	在小烧杯中将纸样加蒸馏水润湿后，撕成小片，放入盛有玻璃球的广口瓶中，加少许蒸馏水摇动，制成滤片或纤维悬浮液备用
施胶度较高或难分散的纸样	将试样置于小烧杯中，加 10g/L 氢氧化钠溶液煮沸数分钟，用水洗净后加 0.05mol/L HCl 中和，放置 5min。倾弃酸液，用清水清洗、然后放入盛有玻璃球的广口瓶中，加少许蒸馏水摇动，制成滤片或纤维悬浮液备用
含湿强剂的纸样	先用乙醇将试样浸泡 15min，风干后用 50g/L 硫酸铝溶液煮沸 20min。倒掉硫酸铝溶液，用水冲洗数次，撕成小片，再按上述一般纸的操作方法将纤维分离备用

某些情况下，要根据纸张试样中特殊成分的特性，对上述操作加以适当调整。如若纸页中含碳酸钙，盐酸浓度可适当调高。

二、纤维的观察鉴别

（一）实验仪器及试剂

（数码）生物显微镜，放大倍率有 40 倍、100 倍、400 倍（弹簧）、1000 倍（弹簧、油）；解剖针、载玻片、盖玻片、吸水纸；赫氏染色剂。

（二）实验样品

由纸样分离制得的纸张纤维悬浮液。

（三）实验方法

1. 样片的制备

用洁净无杂物的解剖针从样品瓶中取出具有代表性的纤维，置于载玻片中央，当含水量太大时，可用滤纸吸去水分，然后滴加 2~3 滴染色剂，用两个解剖针轻轻地拨开，使纤维样品均匀地分散并平铺开来，注意不要有纤维束存在。再用盖玻片盖在分散均匀的纤维表面，加盖时应使盖玻片一侧先接触载玻片，然后轻轻放开盖玻片使其正好浮于纤维上面，不要用手压盖玻片，以防空气进入，而应使用吸水纸沿四周吸干染色剂液体，这样才能使盖玻片与载玻片紧密结合而使纤维固定在标本样品中间。在载玻片左侧做好标记，最后置于显微镜中进行观察分析。

制好的试片上下表面要求干燥、干净，不能有游离液体，以免腐蚀载物台或污染镜头。

2. 显微镜观察

根据造纸用纤维尺寸特点，一般显微镜观察时，先采用 100 倍的放大倍数，观察样品中纤维的颜色和形态特征，再用 400 倍的放大倍率观察纤维的某种特征或局部构造情况。显微镜的种类有很多种，但原理结构基本相同，下面以麦克奥迪 BA410 数码光学生物显微镜为例，说明仪器操作过程。

① 开机。打开电脑，打开仪器电源开关（仪器后面板）。把载物台降到最低，将物镜安装在物镜转换器上。

② 打开软件，双击电脑桌面的 MOTIC 图标，点击"捕捉"，点击"白平衡"。

③ 将样品试片固定在显微镜载物台上。

④ 调节焦距。一般采用 10×物镜对样品进行调焦，通过显微镜左侧（或右侧）的调焦手轮来实现，粗轮为粗调，细轮为微调，细轮转一圈载物台移动 0.1mm。

⑤ 通过上下左右移动载物台可以简便的选择需要的纤维图像，点击"拍照"按钮可以对所选的观察区域进行拍照。

⑥ 保存。点击"另存为"保存图片，注意将文件格式选为 .jpg。

⑦ 使用完毕，关闭电源，用防尘罩盖好。

注：显微镜为精密光学仪器，装卸镜头要小心，切勿掉在地上摔坏。调节焦距时物镜要从最低位置慢慢往上调，以免碰坏镜头。观察过程中，不要让物镜压在盖玻片上，否则很容易损坏玻片，甚至是镜头。

3. 纤维鉴别

根据纤维形态特征鉴别纸样中的纤维种类，根据纤维的呈色情况鉴别浆料种类。

（1）纤维种类特征

① 针叶木纤维。纤维（也叫管胞）整体较粗大。早材管胞壁薄，两端呈钝阔形，细胞腔大壁薄；晚材纤维较早材纤维细，管胞两端呈尖削形，细胞腔壁厚（图 4-13）。

径向侧壁上有具缘纹孔，径切面上木射线薄壁细胞与轴向管胞相交叉的平面为交叉场，其中分布有小纹孔，通常成组出现，纹孔形态随品种而异，有窗格型、松木型、云杉型等，是鉴别针叶木材种的主要根据。早材管胞壁上的纹孔主要在管胞两端，通常1列或2列。晚材管胞壁上纹孔小而少，通常1列，分布均匀。例如：马尾松交叉场纹孔为大而不规则的窗形纹孔，东北红松多为双行对列的圆形松木型纹孔，鱼鳞松、落叶松为裂隙型小纹孔，四川冷杉纤维壁上有螺旋形加厚等。晚材纤维细胞壁上纹孔稀少，胞腔较窄。针叶木浆细胞类型较单纯，除纤维细胞、木射线细胞外，没有别的杂细胞。

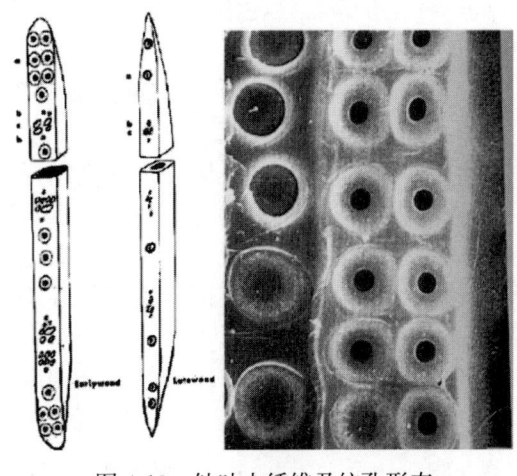

图4-13　针叶木纤维及纹孔形态

② 阔叶木纤维。细胞类型较针叶木多，除纤维细胞、木射线细胞外还有导管。纤维较针叶木细、短，两端尖削，一般壁上纹孔稀少。导管两端有穿孔，一般有舌状尾部，壁上有纹孔或其他结构。导管的形态随品种而异，是鉴别阔叶木品种的主要根据之一。如杨木导管管壁上有较多的具缘纹孔，桦木导管端部有梯状穿孔，椴木导管壁上有螺旋形加厚等。

③ 竹类纤维。竹纤维较针叶木纤维细、短，两端尖削，壁上有节状加厚。导管较宽，两端有穿孔，端部略微倾斜，管壁上有规则排列的纹孔。薄壁细胞（又名竹黄）多呈长方形或枕形，大小比较均匀。无杆状细胞或锯齿形表皮细胞。

④ 禾草类纤维。包括稻草、麦草、蔗渣、芦苇、龙须草、高粱秆等。这类原料共同的特点是细胞类型较多，除纤维细胞外还有大量的表皮细胞、薄壁细胞、导管等，通称杂细胞。有的品种杂细胞含量高达50%以上，这是禾草类造纸原料的特点，其形态及数量是鉴别禾草类原料具体品种的主要根据。龙须草纤维细长，杂细胞略少，锯齿状表皮细胞齿峰较短、较平，且均匀。芦苇杂细胞较龙须草多，锯齿状表皮细胞其齿形多呈均匀的等边三角形。麦草锯齿状表皮细胞较大，齿形不均匀，齿峰长短不一。稻草纤维细而短，薄壁细胞细小，常出现"逗号"形边毛细胞，锯齿状表皮细胞远比麦草表皮细胞细小，齿形均匀，齿端平、钝。蔗渣纤维较宽，是常用禾草类纤维中最宽的一种，薄壁细胞体积大而壁薄。

⑤ 棉纤维。多来自棉短绒，纤维壁光滑无节纹或纹孔，壁薄，纤维柔软常扭曲成带状。与碘类染色剂作用多呈酒红色。

⑥ 韧皮纤维。我国的古代纸或近代的手工纸，许多都由韧皮纤维制成。韧皮纤维包括各种麻和树皮，其纤维一般较长，壁较厚并有节状加厚，与赫氏染色剂作用多呈酒红色和暗酒红色。在桑皮、构皮纤维外壁上，常附着一层透明胶衣，这是区别麻类纤维与桑皮等纤维的重要特征之一。

⑦ 化学纤维。在干法纸和某些特种纸巾，以及破布浆中，常含有化学纤维。常见的有黏胶纤维、维纶、涤纶、尼龙纤维等。化学纤维共同的特点是纤维长，无自然端部，断口整齐。纤维的断面及表面现象随品种及生产工艺而异。一般说来黏胶纤维与赫氏染色剂作用呈深紫色，纤维壁上有许多纵向条纹，纤维断面多呈锯齿形。维尼纶纤维与赫氏染色剂作用多呈棕色，纤维壁有两条纵向条纹，好似纤维细胞的细胞腔，故称为假腔，纤维断面多呈腰字形。涤纶、尼龙纤维对赫氏染色剂基本上不着色或略显浅黄色，纤维壁光滑，断面多呈圆

形。同一种化学纤维往往由于加工方式不同，断面及表面现象也不同，必要时须用化学分析方法验证。

⑧ 羊毛。羊毛纤维粗大，与赫氏染色剂作用呈浅黄色，纤维壁上满布鳞片状纹。

（2）浆料种类鉴别

染色剂对不同处理和不同处理程度制得的纤维呈现不同的颜色反应。因此，借助于染色除了有利于鉴别纤维的种类外，还能分辨出纸浆的种类和浆料的蒸解程度。鉴定纤维的染色剂种类很多，常用赫氏染色剂，由碘和氯化锌调配制成。对纤维的染色反应是基于半纤维素对碘有亲和力，而氯化锌又能增进半纤维素的水化作用。因而更增加了碘被吸收的作用，所以赫氏染色剂能使化学浆呈现蓝色。而对一般含木素多的浆如机械浆、半料浆等，由于木素不容易吸收碘并阻碍氯化锌对半纤维素的润胀，因而呈现黄色，而比较纯的浆，如棉浆、漂白亚麻浆等则显酒红色（表 4-5）。

表 4-5　　　　　　　　　　赫氏染色剂对各种纤维的显色反应

种　类	呈色	种　类	呈色
破布棉浆(棉花)	酒红色	机械木浆	鲜黄色
韧皮纤维类(亚麻、大麻)	暗酒红色	预热木片磨木浆纤维	黄绿色
化学浆纤维类(针叶木、阔叶木、芦苇、蔗渣、稻草、麦草、高粱秆、龙须草)	蓝紫色	化学半料浆	黄绿色

三、纤维配比的测定

纤维配比的测定实际上包括两个步骤，首先是鉴别试样的纤维组成，其次是测定各种纤维组成所占比例。纤维配比的测定通常使用生物显微镜，也可以借助纤维质量分析仪。

（一）实验仪器及试剂

（数码）生物显微镜，放大倍率 40 倍、100 倍、400 倍（弹簧）、1000 倍（弹簧，油）；解剖针、载玻片、盖玻片、吸水纸；赫氏染色剂。

（二）实验样品准备

按纤维的观察与鉴别方法制备纤维样品。

（三）实验方法

① 视野法测定纤维配比。观察不同视野中的纤维，以视野直径作为纤维长度的量度单位，分别测出每种纤维在视野中所占的长度单位数。观察不同纤维的总单位数应在 200 个以上。将各纤维的长度单位数乘以各自的质量因数，即得该种纤维的相对质量，由此再计算出纸样中各种纤维的质量百分率，即纤维配比。此法简便，但需经验丰富。

② 显微镜计数法测定纤维配比。目镜测微尺"十"字中心正对盖玻片的一边，从距顶角 2~3mm 处开始，横向移动试片，记录各种纤维通过"十"字中心的次数。沿横向测完一遍后，向下垂直移动试片 5mm，然后再沿横向同样方法统计各种纤维数 200 根以上。每种纤维数乘以各自的质量因数，即得该种纤维的相对质量，由此再计算出纸样中各种纤维的质量百分率。此法费时，但较准确。

③ 纤维质量分析仪测定纤维配比。如果已知浆料中各个纤维组分的形态参数，则可借助纤维质量分析仪直接得出浆料中的纤维配比。

四、纤维的质量因数及其测定

纤维的质量因数包括纤维长度、宽度、粗度、壁厚、壁腔比和纤维长宽度分布频率及筛分等代表原料纤维特征的形态参数。纤维的抄造与成纸特性很大程度上取决于纤维的形态参数。

纤维参数的传统测量方法通过光学显微镜进行，也可以通过筛分仪粗略地测量纤维长度。由于纤维形态参数是一个统计参数，所以，只有对相当数量的纤维进行测量后，才能取得较准确的结果。因此，显微镜测量周期长，劳动强度大，测量结果的误差及可重复性差。通常只用于造纸纤维原料的测评，而很少用于生产过程的控制。随着计算机影像分析技术的发展，纤维质量分析仪的出现使纤维形态参数的快速测量成为可能。

（一）利用显微镜测定纤维质量因数

通过光学显微镜测量纤维的长度、宽度、壁厚等参数。

1. 实验仪器及试剂

（数码）生物显微镜，放大倍率 40 倍、100 倍、400 倍（弹簧）、1000 倍（弹簧，油）；解剖针、载玻片、盖玻片、吸水纸；赫氏染色剂。

2. 实验方法

① 显微镜使用方法参照纤维观察鉴别方法的操作，注意要使用显微镜的测量系统，事先需用仪器自带的标尺进行校准。

② 纤维长宽度的测定。将制好的纤维玻片固定在显微镜载物台上，调节放大倍数，测定长度采用 100 倍（10×物镜），测定宽度 400 倍（40×物镜）。然后选择适合的视野，调节焦距进行拍照。用软件中的"测量工具"测量照片中纤维的长度和宽度。假如样品纤维较长，也可选择 40 倍放大倍数进行长度测量，以使纤维不超出照片边界。

由于植物纤维的长短、宽窄不均匀，通常至少每次测量 200 根到 300 根，甚至更多，方能得到较为准确的结果。

（二）利用纤维质量分析仪测定纤维质量因数

纤维质量分析仪可提供的纤维和纤维束形态特征，包括：纤维长度（0.02～10.0mm）、宽度（5～100μm）、粗度、扭结角度、扭结指数、导管、细小纤维百分比、纤维束、卷曲指数等。

1. 实验仪器

纤维质量分析仪：目前使用较好的纤维质量分析仪有好几种，本文以法国 Techpap MorFi Compact 为例，介绍样品准备及测量注意事项。不同仪器的操作软件差异可能较大，应视仪器特征具体进行。

2. 实验前准备

① 样品准备。浆料的准备决定测量的结果，因此必须十分严格地进行。浆样应为均匀的纤维分散液，体积 1L，浓度 40mg/L，如果进行纤维束分析，则浆样浓度为 400mg/L。根据不同纤维，浆料浓度可适当调整，推荐测试时间 3min 或测量 5000 根纤维。

② 水。测试及洗涤用水为孔径 ϕ10μm 的滤膜过滤水，样品及洗涤水体积为 1000mL，体积过少会损坏仪器。

③ 开机前准备。接通电源→打开电脑→打开仪器开关，预热 10min。

3. 实验注意事项

① 参数设置。根据样品纤维特征设置参数及等级分布，一般造纸用植物纤维长度为 200～10000μm，纤维宽度 5～75μm。细小纤维长度小于 200μm，宽度小于 5μm。纤维束宽度大于 75μm。

② 清洗。使用完毕，必须用干净的纯净水将仪器清洗干净。
③ 仪器配备专用的 1000mL 烧杯，不允许用于其他实验，实验完毕须清洗干净。

第四节　常用造纸湿部化学实验

一、纸料的 Zeta 电位测定

Zeta 电位是造纸湿部化学特性最重要的参数之一。Zeta 电位是指扩散层的电位，它表征了粒子/纤维/填料的表面电荷密度，与分散液稳定性密切相关，高的 Zeta 电位使粒子之间彼此排斥，从而使分散液趋于稳定；低的或中等的 Zeta 电位由于不可能抵消范德华力而使分散液稳定性下降。分散在纸浆中的纤维和其他组分表面通常带有负电荷。很多研究结果认为，细小微粒表面的 Zeta 电位对其留着性能有显著影响。通过测定纸料的 Zeta 电位，可确定纤维和填料上的表面电荷密度、预测化学品添加剂的效果、了解纤维上的电荷状况、优化化学品的添加量。

（一）实验仪器

Zeta 电位测定仪：目前使用较好的 Zeta 电位测定仪有好几种，本文以德国 MÜTEK 公司的 SZP06 Zeta 电位测定仪为例，见图 4-14。

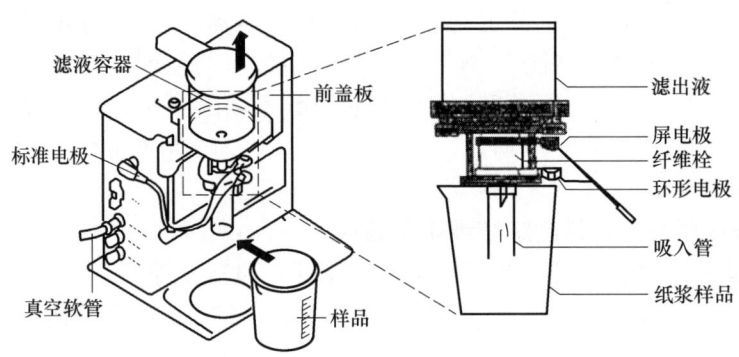

图 4-14　Zeta 电位测定仪及测量元件

（二）实验前准备

① 样品准备。将一定量的浆料疏解，配成 500mL 溶液并放入 500mL 烧杯。低于 4% 的浆料浓度都是可测的，如果高于 4% 则需要稀释，如果浓度过低，可能测定结果不太稳定。

② 测量纤维和填料等悬浮液的 Zeta 电位，选择 40μm 的筛网电极。

③ 打开电源开关。在打开开关之前，要保证真空阀门关在"OFF"位置，才能打开 SZP 06 电位仪主开关，系统自检，自检完毕后显示屏上显示："STANDBY"。

（三）测试过程

将样品管抬高，样品放在吸入管下方，慢慢放下样品管，轻压样品管使整个系统密封。此时可按下面板上的"P"即打开了真空泵，慢慢旋转真空阀门开关至"ON"，浆料被真空吸进样品管中形成纤维塞或颗粒塞。当纤维塞中浆料静止不动时（大约 1min）再按下"START"键，接着系统自动测试，测试完毕后，显示出 Zeta 电位，真空泵会自动关闭，纤维塞也自行掉回样品筒中，此时可将样品筒拿走。记录测试结果，单位为 mV。

（四）清洗步骤（每次测试前后都需清洗）

拔出电极，松开托架，倾斜样品管并向下拉出，把样品管的密封圈拿开放在一旁（注意，密封圈不得丢失），用水冲洗样品管，反过来再将样品管冲洗一遍，将密封圈放回样品管上，把样品管放回原处，将其倾斜向上推，保证密封好，固定托架，连接电极，红色的插座对红色的插口，黑色的插座对黑色的插口。

（五）注意事项

① 在按下"P"之前，真空阀门开关一定在"OFF"处；

② 转动真空阀门开关一定要缓慢，这样就可以在样品管中得到一个均一的纤维塞；

③ 要保证纤维塞中没有气泡，在测试之前搅拌浆料可以避免产生气泡，如果有气泡应停止测试，按下"R"重新开始试验；

④ 当显示屏上显示"STANDBY"时，才可把真空阀门开关打回到"OFF"处。

二、颗粒电荷测定或胶体滴定

颗粒电荷是指水溶液样品中的胶体溶解物质的电荷。在造纸工业中，电荷分析就是检测出纸浆悬浮液的净电荷性质及其高低，从而为浆料提供适当的化学品添加策略。Zeta 电位法所测得的 Zeta 电位只表示体系中单个粒子所带电荷的性质与大小，而无法表达体系总电荷量的多少；其次，Zeta 电位只能反映胶体粒子和固体粒子的表观电位，难以反映体系中可溶性阴离子杂质的电荷状况。有关文献表明：具有相同 Zeta 电位的不同浆料系统，要调整浆料表面电荷达到等电点所加入的聚电解质的量会有很大差别。因此，Zeta 电位只反映了湿部系统的一个侧面。

颗粒电荷测定仪（particle charge detector，简称 PCD）是对 Zeta 电位的一个补充，该仪器利用流动电流原理，可以同时测定样品中的纤维、细小纤维及填料粒子的表面电荷和样品中的溶解电荷。通过对样品颗粒电荷测定，可以监测体系中阴离子垃圾源、阳离子需求量、阴离子需求量的添加、研究电荷反应等。PCD 是测量阴离子垃圾量及化学品添加物分类的标准工具。也是世界上广泛应用的采用流动电势的电荷测量仪。

（一）实验仪器及试剂

颗粒电荷测定仪：目前使用较好的颗粒电荷测定仪有好几种，本文以 MÜTEK 公司的 PCD-03 颗粒电荷测定仪为例，见图 4-15。

阳离子标准液（滴定液）：聚二烯丙基二甲基氯化铵（Poly-Dad-mac），为阳离子聚电解质。

阴离子标准液（滴定液）：聚乙烯磺酸钠（PES-Na）。

（二）实验前准备

（1）仪器清洗

每次测量之前及测试完毕，需按下列步骤仔细清洗仪器，否则可能会引起测量错误，影响测量结果的可靠性。

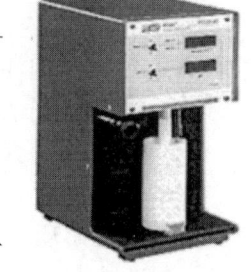

图 4-15 颗粒电荷测定仪

① 把测量室中的溶液倒出；

② 用柔软的刷子在水龙头下清洗测量室和活塞；

③ 用去离子水冲洗测量室和活塞；

④ 甩动测量室排除剩余水分；

⑤ 用干净的布擦干。

(2) 样品准备

本仪器适于测试黏度小于 300mPa·s，微粒粒径小于 300μm 的样品，样品准备方法如表 4-6。

表 4-6　　PCD 测试样品准备方法

样品类型及制备方法	浆料、细小纤维、填料、长纤维 过滤法	胶态溶解体系 离心分离法	胶态溶解体系 反滴定法
样品准备	如果样品粒径或纤维长度小于 300μm，可以测定整个样品溶液，否则须用筛网把长纤维过滤掉	用离心分离法除去样品中的固体物质	在样品中加入过量的多聚电解质，一段时间后固体物质用离心法除去
测定结果	总电荷量（细小纤维、胶体填料、分散物质）	胶体溶解体系的电荷（即阴离子垃圾）	纤维电荷和胶态溶解体系的电荷

(三) 测试过程

① 称取约 10g 样品溶液（称准至 0.01g），将样品导入测量室中，为保证两个电极都被溶液浸泡，所以至少需要 10mL 溶液。

② 把活塞放入测量室中，活塞上的 O 形环是为了防止液体喷出，尽可能快地把环放下，如果测试过程中有咕嘟咕嘟的噪声表明有空气进入狭缝中，这将引起相当大的信号变动和使液体溢出，将 O 形环降低可以消除这个问题。

③ 将测量室放在导轨上，一直向后推到不动为此，电极应面向后方。

④ 把活塞向上提起，顺时针旋转使其挂在卡口上。

⑤ 打开电动机，流动电流将显示在显示屏上，发光二极管表明电荷性质。

⑥ 电势信号稳定约需 3s，只有电流稳定时，才能精确滴定。

⑦ 使用精度 0.01mL 的微量计量器滴定，滴定速率<0.3mL/min。要保证每一滴滴定液都接触样品，滴管尖端应与测量室的内壁接触，而不应该接触活塞，否则会引起强大的电势波动。

⑧ 达到等电点时，滴定停止。读取滴定剂消耗量。

(四) 荷质比计算

$$q = \frac{V \times c}{m_{wt}} \tag{4-11}$$

式中　V——滴定剂耗用量，L

　　　c——滴定剂浓度，eq/L

　　　m_{wt}——样品固含量或有效成分，g

　　　q——荷质比，eq/g

(五) 注意事项

① 测试结束，将测量室及活塞清洗干净，并加入约 15mL 的去离子水；

② 若样品带电荷量较高，则应适当将样品稀释再进行实验；若样品带电荷量较低，实验时为避免滴定过于敏感，可将滴定标准液适当稀释使用。以每个样品耗用滴定液不超过 1mL 为宜。

三、留着和滤水实验

纸浆的滤水性能是纸浆抄造性能的重要指标之一，它关系到纸浆在造纸机网部等处的脱水能力,是造纸工艺制定、造纸新原料开发和造纸机网案设计的科学依据。因而较为真实地测定和反映纸浆的滤水性能非常重要。

造纸纤维在湿部的絮聚留着主要影响纸幅成形的均匀性,细小纤维及填料的留着形式则会明显影响纸的性能和纸机的运行性,同时纤维和细小纤维的留着量的大小直接影响到生产成本和网下白水浓度。精确控制该方面的各种因素对生产高质量的产品、降低白水处理量、减轻污染将起到决定性的作用。

纸料在湿部的留着和滤水性能取决于多种因素,如车速、定量、上网浓度、纸机构造、填料种类和添加量、助剂的种类和添加量以及纸浆的种类和配比等。用纸机进行大量的实验消耗太大,因此通常采用实验室实验来评估助留剂和解释各化学参数对纸料留着和滤水性能的影响。常用的仪器有 DDJ 动态滤水仪、动态滤水保留仪等,通过模拟造纸机生产条件进行实验。

(一) 实验仪器

动态滤水保留仪:目前使用较好的动态滤水保留仪有好几种,本文以德国 BTG 公司的 DFR-05 型动态滤水保留仪为例,见图 4-16。

电子天平:0~1000g;搅拌速度:200~1500r/min,任意变速;测试结果:滤水曲线图表(时间 VS 滤液量)、总保留率、填料保留率;计量单位:滤液质量(g),时间(s)。保留率的测量根据 Tappi 标准 T261 cm-94。

(二) 实验前准备

① 准备 1000mL 待测样品,样品浓度: 0.5%~2.0%,样品温度:+5~+70℃。

② 选择适合的滤网,滤网规格:18 目、24 目、40 目、50 目、60 目、100 目、150 目、200 目等。

(三) 操作步骤

(1) 开机

打开电脑,打开仪器电源开关(仪器后面板)。

(2) 打开软件

双击电脑桌面的软件图标。

(3) 滤水值测量

装配滤水值测量所需的组件,从滤水值

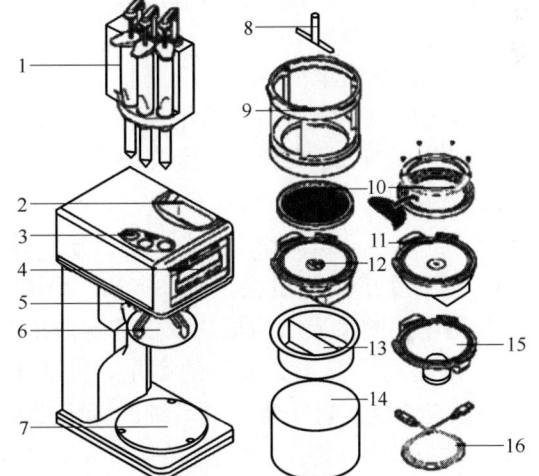

图 4-16 动态滤水保留仪
1—计量加入单元 2—浆样入口 3—计量单元的连接处 4—显示器 5—温度传感器 6—搅拌锥体 7—天平 8—保留率测试用搅拌器 9—搅拌室 10—筛网和空网架 11—出口阀 12—带有阀门的 RET-20 浓度测试模块 13—滤网 14—预滤液收集杯 15—滤液出口 16—USB 连接电缆

测量菜单,选择菜单指令"new measurement",出现滤水值测量的设置屏幕,输入所需要的数据。

① 测量时间设置。在"时间"域,输入测量的最大滤水时间,例如 60s;在"重量"域,输入测量的最大滤液质量,例如 800g。一旦到达停止的条件之一,测量就会中断。

② 创建搅拌曲线。在"搅拌器"下,指定不同的搅拌速度和搅拌时间,以模拟实际条件。搅拌速度范围:200~1500r/min。在"Duration 时间 [s]"域,输入第一段的时间,按 tab 键,跳到搅拌器速度域"RPM",输入所需的搅拌器速度,再次按 tab 键,跳到下

一个时间域"Duration [s]",根据所设定的搅拌曲线,搅拌锥体会提升打开,滤水值测量开始。

③ 要模拟工厂实际情况时。在加入化学品之前,浆料悬浮液应该搅拌均匀,选择搅拌时间5~10s,搅拌速度700r/min。接着把各种化学品加入。在加入絮凝剂后,让搅拌器再运行10s,纸机车速小于1000m/min,设定800r/min,纸机车速大于1000m/min,设定1000r/min。

④ 设定添加剂的加入量。在时间域对应部分,输入所需要的加入量,手动把相应的化学品加入精量滴管中。给滴管加化学品时,请确保滴管的端部牢固地连接好,以避免在计量过程中脱落。在装端部的时候,应确保滴管的活塞压到底,否则滴管的体积就不准确。

⑤ 开始滤水值测量。把滤液收集杯放在天平上,放在滤液出口下,点击菜单指令"开始测量",搅拌锥体下降,搅拌室被封闭,出现对话框,按提示把1000mL待测的浆样从浆样入口加入仪器内,点击"START"启动滤水值测试。

⑥ 系列测量。取下测量室清洗,检查筛网上是否有浆料残余物,清洁搅拌锥体,清洁滤液出口,安装搅拌室,开始新的滤水值测量。

注:测量结果的评价:如果设定测量时间为60s,滤液质量(不加化学品)应该在300~700g,否则,使用更粗或更细的筛网,或者提高/降低浓度。

(4) 保留率测量编号

① 装配保留率测量所需的组件。

② 标定RET-20实验室浓度模块

A. 选择菜单指令"New Calibration"打开标定设置菜单,输入新标定的设置;点击菜单指令"Start Calibration",按照提示分别对清水和完整浓度滤液进行标定。

B. 全浓度滤液测量会产生300mL滤液,其中150mL滤液用于进一步的稀释,另外150mL用于实验室人工测量总浓度和灰分浓度。

C. 按提示进行1/2浓度的测量,使用上一次测量的滤液再加150mL水稀释,也就是50%的原有浓度。这一步以及后续的标定步骤选用粗的筛网,如24目或者18目。

D. 按同样的方法进行1/4浓度和1/8浓度的测量。

E. 在RET-20 Lab菜单的"Show Calibrations",输入人工测定的总浓度"Lab Total [g/L]",填料/细小纤维浓度"Lab Ash [g/L]"。

③ 保留率测量值的设置。选择保留率菜单下的"New Measurement",出现保留率测量的参数屏幕,输入所需要的数据。

A. "Pre-Filtration""时间Time [s]",输入20s,作为最大的预滤液时间;"Pre-Filtration""重量Weight [g]",输入40g,作为最大的预滤液质量;测量过程中,一旦上述其中的一个值达到,阀门会自动地切合到滤液。

B. "Filtration""时间Time [s]",输入200s,作为最大的滤液时间;"Filtration""重量Weight [g]",输入200g,作为最大的滤液质量。一旦上述其中的一个达到,测量自动停止。

注:上述数值适用于大多数测量,可以根据需要进行调整。

④ 开始保留率的测量。把预滤液收集杯放在滤液收集杯上面,从前面看,在右侧位置;把滤液收集杯放在天平上,滤液出口阀的下面;点击菜单指令"Start measure-ment";搅拌锥体下降,搅拌室封闭;对话框提示加入浆料;

⑤ 系列测试。取下测量室清洗，检查筛网上是否由浆料的残余物，清洁搅拌锥体和保留率测试搅拌器，清洁出口阀，安装搅拌室。

注：每次测量之后，需对搅拌室、筛网、滤液出口、传感器等进行彻底清洁。

四、AKD乳液的分析

AKD（Alkyl Ketene Dimer，烷基烯酮二聚体）是当前纸张施胶中广泛应用的一种中性施胶剂。AKD乳液的评价主要包括两个方面：一是乳液本身的品质指标，包括外观、固含量、pH、黏度、稳定性、碘值及含量、电荷密度、乳液粒径等；二是评价乳液的应用效果指标，如纸张表面吸水值（Cobb）等。

（一）总固含量测定

参见石油化工行业标准《SH/T 1154—2011 合成橡胶胶乳总固物含量的测定》。

称取样品（2.0±0.5）g（精确至0.1mg）于已知质量 m_1 的蒸发皿中，缓慢转动蒸发皿，使其中的胶乳覆盖整个皿底，将盛有胶乳试样的蒸发皿，水平地放入烘箱中，在（105±5）℃烘干至恒重，称重为 m_2。

如果试样在（105±5）℃下干燥后，变得特别黏稠，则应在（70±2）℃下干燥16h以上至恒重。

结果按式（4-12）计算：

$$w_{总固} = \frac{m_2 - m_1}{m} \times 100(\%) \tag{4-12}$$

式中　$w_{总固}$——总固含量，%

　　　m_2——固体胶料及蒸发皿质量，g

　　　m_1——磁蒸发皿质量，g

　　　m——样品质量，g

（二）乳液稳定性及黏度的测定

AKD在常温下为蜡状固体，不溶于水，须配成乳液才能作为施胶剂在造纸中使用。由于其活性高，遇水易分解，因此AKD乳液的稳定性是一项重要指标。AKD乳液稳定性分为机械稳定性和热稳定性，一般在生产应用中对AKD的热稳定性能要求较高，且随着存放时间的延长，乳液黏度会慢慢升高，因此本文介绍采用测定乳液黏度的方法测定AKD乳液的热稳定性。

(1) 实验仪器

黏度计，以美国BROOKFIELD LVDV2＋型黏度计为例，其测量范围：15～6000000mPa·s，0.01～200r/min；精度：测量范围的±1%，重现性：±0.2%。

(2) 测定步骤

① 检查仪器水平，开机，选择适合的转子和转速，以使开始测量后，扭矩百分比读数在10%～100%范围内。对于非牛顿流体，转速/转子的改变会导致黏度读数的变化。一般黏度大的样品使用直径小的转子和较低的转速，对于低黏度的样品，情况相反。

② 将AKD乳液放入500mL高型烧杯中，样品的量要求达到所选转子的凹槽处，调节温度到32℃，然后用黏度计测定其黏度；

③ 将AKD乳液继续存放于32℃环境中，分别于一周、两周和四周后，按上述步骤测定AKD乳液的黏度。

(3) 结果分析

若 4 周后测得的黏度值小于或等于 150mPs·s，则判定为 AKD 乳液热稳定性合格。

（三）碘值及含量测定

目前，国内生产的 AKD 主要是十四烷基烯酮和十六烷基烯酮二聚体的混合物。在行业内，AKD 的品质是以其碘值衡量的，碘值的大小能够间接地说明 AKD 含量的大小。在一定条件下，100g AKD 所吸收的氯化碘的克数折算成吸收碘的克数被称为 AKD 的碘值，碘值越高，AKD 的品质越好。其测定原理是在一定条件下，过量的氯化碘可与 AKD 分子的碳碳双键发生定量加成，未反应的游离氯化碘与过量碘化钾作用产生的单质碘用硫代硫酸钠标准溶液滴定，从而可计算出 AKD 的碘值。

韦氏液：称取 25g 氯化碘放入烧杯中，缓慢加入 800mL 冰醋酸充分溶解，移入棕色瓶静置 24h 备用。

测定方法为：准确称取 0.3g AKD 样品，置于 250mL 碘量瓶中，加入 10mL 氯仿使样品完全溶解。用移液管取 25mL 韦氏液加入碘量瓶，塞严，控制碘化反应温度，于暗处放置一定时间，加入 10% 碘化钾溶液 10mL、蒸馏水 50mL，用硫代硫酸钠标准溶液（约 0.1mol/L）滴定至黄色后，加入淀粉指示剂约 1mL，继续滴定至蓝色刚好消失且 1min 内蓝色不再出现即为终点。用同样方法进行空白实验除不加 AKD 乳液外，其余操作同上。滴定后将废液倒入废液瓶，以便回收。

$$碘值 = 0.1269c \frac{V_1 - V_2}{m} \times 100 \tag{4-13}$$

式中　c——硫代硫酸钠标准溶液浓度，mol/L

　　　V_1——滴定空白用去的硫代硫酸钠标准溶液体积，mL

　　　V_2——滴定碘化后样品用去的硫代硫酸钠标准溶液体积，mL

　　　m——样品质量，g

0.1269——碘原子的毫摩尔质量，g/mmol

目前国内尚无国家标准，借鉴《GB/T 5532—2008 植物油脂 碘值的测定》，并参考本章文献 [9] 和 [10]。

（四）AKD 乳液电荷密度的测定

可参照颗粒电荷测定的方法进行。

五、造纸填料的分析

造纸填料种类较多，如滑石粉、高岭土、碳酸钙、二氧化钛等。为了增加成纸的印刷适应性，降低透明度及改善某些物理性能，常在浆料准备时加入滑石粉、高岭土或其他矿物质作填料。

填料品质的优劣主要以其白度和其他杂质（砂粒）含量大小为依据。造纸工艺所用填料依抄造不同品种的纸张而要求不同，一般要求白度在 80%~86% ISO 之间。粗大粒子应尽可能少，否则既会损伤机械设备，又会影响加填效果，降低成纸质量。

（一）白度

填料的颜色以比色法测定，把试样与标准白度板比较或与标准白度的样品比较。

比较白度时应使试样与标准白度样品的水分一致，为此两者均先置于烘箱中，干燥 4h

（最好干燥过夜）后进行比较。

将干燥过的试样磨碎，置于一光滑的白纸上，该纸的另一旁亦散布同样数量的标准白度的样品。两者相继移动使其接触交界紧密而又不掺和，压平，视其接壤是否存在明显界限。若没有界限，则标准样品的白度即为试样白度。此外，亦可用光学白度计观察（如国产WS/SD白度色度仪或其他白度仪）。

（二）细度及杂质

填料粒子的大小影响成纸的色调。填料粒子半径小者为优良，其大小可用粒径分析仪或显微镜来观察。

填料的杂质、砂粒等可由筛分分析测得。其方法为称取一定量的试样溶于水中，不断搅拌，以倾泻法倾入200目筛网上，用水冲洗直到洗出液清澈与水无甚差别为止。集中留于筛网上的物质，烘干称重。

$$杂质(沙粒)含量 = \frac{m}{m_1(1-w)} \times 100(\%) \tag{4-14}$$

式中　m——烘干后杂质质量，g

　　　m_1——试样质量，g

　　　w——试样水分，%

六、荧光增白剂的分析

（一）水分的测定

称取试样 2~3g（准确至 0.001g），于已知质量的称量瓶中，在 100~105℃烘箱中烘至恒重。

$$w_水 = \frac{m_1 - m_2}{m_1} \times 100(\%) \tag{4-15}$$

式中　m_1——烘干前的试料质量，g

　　　m_2——烘干后的试料质量，g

　　　$w_水$——水分含量，%

（二）水不溶物的测定

精确称取10g试样（准确至0.001g），置于1000mL烧杯中，加入600mL 80~90℃蒸馏水，使之溶解并加热至沸，均匀搅拌静置5min，将溶液在已恒重的1G₃玻璃过滤器中过滤，滤渣用热水洗至无色，放入100~105℃烘箱内烘至恒重。

$$w_{水不溶物} = \frac{m_2}{m_1} \times 100(\%) \tag{4-16}$$

式中　m_1——烘干前的试料质量，g

　　　m_2——烘干后的试料质量，g

　　　$w_{水不溶物}$——水不溶物含量，%

注：若为碱性增白剂，则应加入乙酸使之充分溶解。

（三）细度的测定

称取试样10g于100目的筛上振动过筛，然后再用细毛小刷轻刷，直至放在筛下的白纸上，在半分钟之内无细粒落下为止，将筛上的残余物放入已知质量的称量瓶中称重。

$$w_{残余物} = \frac{m_2}{m_1} \times 100(\%) \tag{4-17}$$

式中　m_1——试样质量，g

　　　m_2——过筛后残余物质量，g

　　　$w_{残余物}$——残余物含量，%

（四）酸碱值的测定

精确称取试样 1g，溶于 100mL 蒸馏水中，再吸取 10mL 试液于试管中，加酚酞指示剂两滴，即变红色，另吸取 10mL 试液于另一试管中，加百里香酚酞 2 滴，若不变蓝色，则证明其酸碱值适合。或用 pH 计测定之。

注：VBL 牌号增白剂 0.2% 水溶液 pH=8-9。

（五）增白强度的测定

1. 溶液调制

精确称取 0.5g 试样（准确至 0.001g），溶于 100mL 蒸馏水的烧杯中，加热使之溶解，然后移入 500mL 容量瓶中，冷后稀释至刻度，摇匀备用。

2. 试样的准备

从现场采取不加填料，不施胶，打浆度在 35～40°SR 的漂白浆（白度 75% ISO）。

3. 增白方法及增白强度

称取一定的浆料（相当于 5g 绝干浆）2 份，分别置于烧杯中，加入浓度 10% 的增白剂 5mL（对浆量为 0.1%）在 20℃下搅拌 30min，将两份浆料各抄成两张纸样，以"ZBD 型"白度计测其白度，以每份浆料二张纸样的算术平均值为测试结果。

$$增白强度 = \frac{A-B}{B} \times 100(\%) \tag{4-18}$$

式中　A——增白后的白度值

　　　B——原浆白度值

参 考 文 献

[1] 王菊华，主编. 中国造纸原料纤维特性及显微图谱 [M]. 北京：中国轻工业出版社，1999.

[2] 中国轻工业联合会综合业务部，编. 中国轻工业标准汇编——造纸卷（上册）[M]. 北京：中国标准出版社，2006.

[3] 王丹枫. 纤维形态参数及测量 [J]. 中国造纸，2000，19（1）：38-41.

[4] 刘叶，王志杰，罗清. 打浆对草浆纤维形态的影响 [J]. 陕西科技大学学报（自然科学版），2008，26（2）：42-45.

[5] 韩颖，Kwei-Nam Law，Robert Lanouette. 针叶木和阔叶木硫酸盐浆 PFI 打浆性能的研究 [J]. 中国造纸学报，2008，23（1）：61-63.

[6] 何北海，张春梅，伍红，等. 纸浆悬浮液 Zeta 电位分析的初步研究 [J]. 中国造纸学报，1999，14（1）：71-76.

[7] 朱勇强，谢来苏，薛仰舱，等. 用动态脱水仪评价造纸助剂助留效果的研究 [J]. 中国造纸，1995，14（5）：41-45.

[8] 关颖. 湿部电荷的测定技术及其应用 [J]. 中国造纸，2004，23（4）：37-40.

[9] 赵睿国，白淑珍，朱年德，等. 中性施胶剂 AKD 碘值的测定 [J]. 内蒙古大学学报（自然科学版），2007（06）：716-719.

[10] 龙春梅，蒋文伟. AKD 的化学合成 [J]. 应用化工，2005（02）：128-130.

【本章思政案例】

序号	案例名称	案例教学目标	案例内容
1	造纸实验和造纸生产中的工匠精神和家国情怀	通过学习造纸试验中的精细操作和质量检测与控制,强调工匠精神在提高产品质量、推动生产发展中的作用。引导学生追求精益求精的工作态度,为未来的职业生涯做好准备	结合"打浆对纸张性能的影响""不同纤维形态"和"纤维的湿部化学特征"启发学生追求卓越的工匠精神。并用蔡伦一生追求一张好纸的事迹及其发明纸张对世界文明发展史的贡献等工匠精神来激励学生的家国情怀
2	造纸实验中的团队协作与创新精神	在造纸实验教学中,鼓励学生分工合作,共同完成实验任务。通过实验设计与操作,培养学生的创新思维、实践能力和风险意识。同时强调团队协作的重要性,让学生明白在集体中发挥个人价值的重要性	基于以上纤维的基础性数据,结合纸张抄纸性能数据,并以身边常见的纸张举例,通过比较不同形态的纤维造纸性能差异,说明打浆的重要性。启发学生思考"学习造一张纸很简单,但要做到造一张好纸却不容易"。启发学生团队协作与科学创新过程的细心研究和通力合作,并通过创新提升质量

第五章　纸和纸板物理性能的检测

党的二十大报告指出"坚持把发展经济的着力点放在实体经济上，推进新型工业化，加快建设制造强国、质量强国、航天强国、交通强国、网络强国、数字中国。"制浆造纸工业是实体经济的有机组成部分，是现代化产业体系的重要环节，纸和纸板物理性能检测体系的建立，尤其是相关标准体系的建立，在现代化制浆造纸工业的发展过程中，在质量强国的建设过程中，发挥着重要的作用。

目前，在世界范围内，纸和纸板的种类繁多，并随应用领域的扩展而不断增加。但就某种纸或纸板而言，要求的物理性能指标随其用途不同而不同。比如，新闻纸为了阅读需要及适应轮转印刷机的高速运转，不仅要求具有一定的白度，而且要求具有较高的抗张强度、良好的吸墨性等；而包装纸与其用途相适应，不仅要求较高的抗张强度，而且对耐折度、耐破度、撕裂度及施胶度等方面也有要求。

一般来说，纸和纸板的物理特性可作如下分类：

① 一般特性：包括定量、厚度、紧度、松厚度等。

② 机械强度特性：包括抗张强度、伸长率、破裂功和抗张能量吸收、撕裂度、耐折度、戳穿强度等。

③ 光学特性：包括白度、透明度、不透明度、色泽度等。

④ 表面性能：包括平滑度、粗糙度、摩擦因数等。

⑤ 吸收性能：包括施胶度、吸水性、吸油性等。

⑥ 电气性能：包括耐电压强度、导电质点等。

⑦ 印刷性能：包括表面强度、油墨吸收性、油墨干燥速度等。此外，有些纸和纸板要求尘埃度等外观特性。还有一些纸和纸板根据其特殊用途，要求一些特殊性能如化学性能等。

为了统一标准、保证产品质量，纸和纸板的物理检测需按国家标准、用规定的仪器、在规定的条件下进行检测。

第一节　纸与纸板检测的准备

一、纸与纸板试样的采取

（一）试样的采取方法

在检测纸和纸板的物理性能之前，必须合理采样。从一批纸或纸板中随机取出若干包装单位，再从包装单位中随机抽取若干纸页，然后将所选的纸页分装、切成样品，将样品混合后组成平均样品，再从平均样品中抽取符合检验规定的试样。测试前的样品，还必须妥善保护，必须保持平整，不皱、不折，同时要避免日光直射，并防止湿度波动及外界因素影响而使样品性质改变。

（二）整张纸页的选取

纸页的采取量应该在最大程度代表整批产品的前提下尽量少取，而且必须根据产品的性质及生产、保管、运输等条件而合理确定。

目前《GB/T 450—2008 纸和纸板 试样的采取及试样纵横向、正反面的测定》规定从包装单位中取整张纸页：整批平板纸张数不多于1000张时，最少抽取张数为10张；1001～5000张时，最少抽取张数为15张；多于5000张以上时，最少抽取张数为20张。卷筒纸应先从筒外部去掉全部受损伤的纸层，然后再将未受损的部分去掉三层（卷筒纸定量不大于225g/m^{2}时）或一层（卷筒纸定量大于225g/m^{2}时）。沿卷筒全幅裁切，其深度要满足取样所需张数，并与纸卷分离。

如果所采的试样为生产控制性取样，可根据各厂的具体情况每间隔一定时间或按纸辊取样。

（三）样品的选择和切取

平板纸或纸板要从每整张纸页上各切取一个或多个样品，每张纸页切取数量相同，样品为正方形；卷筒纸或纸板从每张纸页上切取一个样品，样品为卷筒的全幅，宽不小于450mm；切取样品时，要注意所切样品边缘应整齐、光滑，不能有毛刺；还应该保证样品的尺寸精度及样品两个平行边的平行度；有纵、横向和正、反面的样品要做好标记，切样时应保证试样纵横向相互垂直，最大偏斜度应小于2°，否则会对测试结果产生较大的影响。

样品需要保持平整，不皱不折，避免阳光直照，防止湿度波动以及其他有害影响。手摸样品时，尽量避免影响样品的化学、物理、光学、表面及其他特性。

每件样品应清楚地做上标记，准确地标明样品的纵、横向和反、正面。

二、试样的处理

纸和纸板是由纤维和其他少量辅料抄造而成的。纤维之间的空隙及纤维自身的毛细管作用，尤其是植物纤维所具有的亲水性使得纸和纸板的含水量随周围环境的温度、湿度变化而变化。含水量的变化对纸和纸板的许多物理性能都有影响。因此，只有在含水量一致的情况下，测试纸或纸板的物理性能指标才有可比性。

（一）试样处理的条件

为了和国际接轨，目前《GB/T 10739—2002 纸、纸板和纸浆试样处理和试验的标准大气条件》规定：试验纸浆、纸和纸板用的标准大气应是相对湿度（50±2）%和温度（23±1）℃。原标准大气条件相对湿度（65±2）%、温度（20±1）℃的规定已经取消。

（二）试样处理的设备及仪器

1. 控制大气条件及其稳定程度的设备

常用的空调有以下两种形式：

① 集中式空调系统：它是将处理空气的所有设备（冷源、热源、喷雾）集中管理。

② 柜式空调系统：它是将所有空调的设备集中安装于一个机壳内。

2. 温湿度测试的仪器

温湿度测试仪常用的有两种形式：

① 阿斯曼通风式干湿球温度计：共有两个温度计并装在一个架上，架的上方装有一个微型鼓风机，其风速为（4±1）m/s。其中一个温度计的水银球外包几层清洁的吸水纱布，该纱布要注意保持清洁，要定期更换，并要注水使其保持饱和水分。

② 感应式温湿度计：它通过表头感应出周围环境的温度和湿度，通过微处理机来算出相对湿度。

（三）试样处理的步骤

1. 试样的预处理

为避免试样水分平衡滞后引起测试误差，要在温湿处理前，进行试样的预处理，即将试样放在温度不高于40℃、相对湿度为10%～35%的环境中［也可用硫酸密度（20℃）大于1.3951mg/mL的硫酸干燥器］，预处理24h。如果预知温湿处理后的平衡水分含量相当于由吸湿过程达到平衡时的水分含量，则可以省去预处理。

2. 试样的温湿处理

将切好的试样挂起来，以便恒温恒湿的气流能自由接触到试样的各面，直到水分平衡。一般纸要在此环境中处理4h；定量较高的纸一般要处理5～8h；高定量或经特殊处理的材料，要48h或更长时间。

第二节 纸与纸板纵横向和正反面的测定

一、纸和纸板纵横向的测定

一般规定，沿纸机的运行方向为纸和纸板的纵向，垂直于这个方向的为其横向。由于纸机的类型不同，它们生产出来的纸或纸板中的纤维分布状态不同，形成的纵、横向差的大小也不相同。例如，圆网纸机所产生的纵横向差要大于长网纸机。这种纵横向差别，使得纸或纸板的纵向与横向在物理特性方面产生了差异。例如，拉应力纵向远远大于横向；伸长率横向大于纵向。另外，纸和纸板纵横向差别对耐折度、环压强度、撕裂度等特性指标也产生影响。对于印刷用纸来说，纵横向差别，对纸张的尺寸稳定性的影响也比较明显。由于纤维在直径方面的润胀要远远大于长度方向的润胀，所以纸张横向的变化要比纵向的变化大，易引起纸张的翘曲而影响正常使用。因此，对纸或纸板的物理性能进行测试时，要区别其纵横向。GB/T 450—2008规定鉴别纸和纸板纵横向时，至少用以下4种方法中的两种来鉴别。

1. 纸条弯曲法

平行于原样品的边，取两条互相垂直的长约200mm、宽约15mm的试样（即沿着未知的纵向和横向各切取样品一条），将其重叠，用手指捏住长边的一端，使另一端自由地弯向手指的左方或右方，如果两个试样分开，下面的试样弯曲大，则为纸的横向；如果两个试样不分开，则上面的试样为横向。

2. 纸页卷曲法

与原样品的边平行地切取50mm×50mm或直径为50mm的试样，并标出相当于原样品边的方向，然后将试样漂浮在水面上，试样卷曲时，与卷曲轴平行的方向为试样的纵向。

3. 抗张强度或耐破强度鉴别法

按照试样的强度分辨方向，平行于原样品的边，切取两条互相垂直的长250mm、宽15mm的试样，测定其抗张强度，一般情况下，抗张强度大的方向为纵向。如果测定试样的耐破度以分辨纵、横向时，与破裂主线成直角的方向为纵向。

4. 纤维定向鉴别法

根据试样表面的纤维排列方向，特别是网面上的大多数纤维沿纵向排列的特性，来鉴别纸或纸板的纵横向。观察时，要将试样放平，入射光与试样表面成约45°，视线也与试样表面成45°，观察试样表面纤维的排列方向。使用显微镜观察纸面也有助于识别纤维的排列方向。

除此以外，对于经过起皱处理的纸张，如卫生纸、面巾纸、弹性包装纸等，由于在工艺处理时一般皱纹方向为横向，所以可据此直接判定。

以上情况不适于侧流上网的纸机所生产的纸，因为在侧流上浆时，纤维的分布状态与一般长网及圆网纸机的不同。因此纸张纵横向表现的物理特性不符合上述规律。例如，前者抗张强度横向可能大于纵向，必须根据情况仔细辨别。

二、纸和纸板正反面的测定

对于一般结构的纸和纸板（有涂料面的和经表面处理的以及特殊加工的纸与纸板除外）有反正面之分。按规定贴向网的一面为纸和纸板的反面，另一面为其正面。正反两面在结构上的明显特征是反面由于脱水时部分填料和细小纤维随水流失，所以比较粗糙、疏松，而正面相对来说比较紧密、细腻而光滑。

纸和纸板的两面性对其物理性能的影响在平滑度上表现较明显，即正面平滑度高于反面。施胶度一般也是正面大于反面。除此之外，对其他性能指标也有影响。例如，在测定耐折度时哪一面先被弯曲，或是在测定环压强度时正面向里还是向外弯成环，都会对测定结果产生不同程度的影响。因此，对纸或纸板的物理性能进行测试时，要区别正反面。

测定纸和纸板正反面的方法有多种。下面介绍 GB/T 450—2008 规定的 3 种方法。可以选用以下方法中的一种进行鉴别。

1. 直观法

折叠一张试样，观察一面的相对平滑性，从造纸网的菱形压痕可以认出网面。观察时，要将试样放平，入射光与试样表面成约 45°，视线也与试样表面成 45°，观察试样表面的网痕，有网痕的一面即为反面。使用显微镜观察纸面，也有助于识别网面。

2. 湿润法

用水或稀氢氧化钠溶液浸渍试样，将多余的液体排掉，放置几分钟，观察两面，如果有清晰的网纹即为反面。

3. 撕裂法

一手拿试样，使纵向与视线平行，与试样表面成水平，用另一只手将试样向上拉，这样它首先在纵向上撕裂。然后将撕裂方向逐渐转向横向，向试样的外边撕去。反转试样，使另一面向上，仍按上述方法撕试样。比较两条撕裂线上的纸毛，一条线上的应比另一条线上的明显，特别是纵向转向横向的曲线处，纸毛明显的为网面。

第三节　纸和纸板定量、厚度、紧度和松厚度的测定

一、纸与纸板定量的测定

定量是指纸或纸板每平方米的质量，以 g/m^2 表示。

定量与纸或纸板的许多性能密切相关，如抗张强度、耐破度、不透明度等。尤其目前大多数纸张，特别是印刷用纸是按质量销售，而使用的是纸页的面积，定量的偏差对纸张面积的影响较大。如定量偏高会使单位质量的纸张使用面积降低，如定量偏低则使单位质量的纸张使用面积升高。为了节省纤维原料，目前国内外的发展趋势是生产低定量的纸张。因此，无论是生产上还是销售环节及用户，都要求控制和测定纸和纸板的定量。

定量的测定按照 GB/T 451.2—2002 进行。

(一) 测定仪器

1. 切样仪器

实验用切纸刀或专用裁样器，裁出试样的面积与规定的面积相比，要求每 100 次中应有 95 次的偏差范围在（±1）%以内。专用裁样器应经常校核。如果裁样器的精度未达到规定，应分别测定每一个试样的面积并计算定量。

2. 称重仪器

试样重 5g 以下的用精度 0.001g 天平；5g 以上的用精度 0.01g 天平；50g 以上的用精度 0.1g 天平。

称重时，应防止气流对称重装置的影响。

3. 仪器校核

(1) 切样设备的校核

裁切面积应经常校核，切 20 个试样，并计算它们的面积，其精度应达到上述要求。当各个面积的标准偏差小于平均面积的 0.5% 时，这个平均面积可用于以后试验的定量计算，如果标准偏差超过这个范围，每个试样的面积应分别测定。

(2) 天平的校核

测量天平应经常用精确的标准砝码进行校核，列出校正表。经计量局校核的可以在有效检定周期内使用。

(二) 测定步骤

将经过在标准温湿度条件下处理（见本章第一节）的五张样品沿纸幅纵向折叠成 5 层，然后沿横向均匀切取 $0.01m^2$ 的试样两叠，共 10 片试样，用相应分度值的天平称量。

如果试样为宽度在 100mm 以下的盘纸，应按卷盘全宽切取 5 条长 300mm 的纸条，一并称量，并测量所称纸条的长边和短边（准确至长边 0.5mm，短边 0.1mm），然后计算面积。应采用精度 0.02mm 的游标卡尺测量。

(三) 数据处理及结果计算

试样定量按式（5-1）计算：

$$q=\frac{m}{A} \tag{5-1}$$

式中　q——定量，g/m^2

　　　m——10 片 $0.01m^2$ 试样的总质量，g

　　　A——10 片 $0.01m^2$ 试样的总面积，m^2

计算结果取三位有效数字。

二、纸和纸板厚度的测定

纸和纸板的厚度是指在一定单位面积压力下，纸或纸板两个表面间的垂直距离，以 mm 或 μm 表示。它是纸和纸板最基本的特性之一，也是影响纸和纸板物理性能的一项重要指标。例如，对于印刷纸来说，厚度对其不透明度和可压缩性影响很大。因此，许多纸和纸板要求其厚度均匀一致，控制其厚度以便控制纸和纸板的其他一些物理性能。

(一) 测定仪器

目前常用的厚度测定仪器是肖伯尔式厚度测定仪。如图 5-1 所示，它分为电动提升和手动提升两种，其结构分为 4 个部分：第一部分是由重锤、测量头和量砧组成的测量机构。规定的测量直径为（16.0±0.5）mm；测量压力为（100±10）kPa。第二部分是用标准百分表作为指示机构。其测量头固定在测量表上，通过测量杆的位移转换为指针的转动来测量厚度。由于一般的百分表在厚度很小时精度不高，而在 1.0～1.1mm 的范围内误差较小，因此以 1mm 作为零位，即厚度测定仪的零点。第三部分是由支杆和小轴组成的提升机构。用来为放入或取出试样提升或降落测量头。第四部分是将前三个部分联为一个整体的座体。

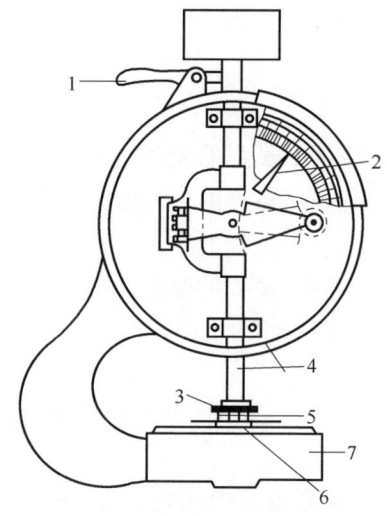

图 5-1　肖伯尔式厚度测定仪
1—拨杆　2—指针　3—重锤　4—测量杆
5—测量头　6—量砧　7—底座

（二）测定步骤

1. 单层厚度的测定

① 按标准规定取样，将试样在标准温湿度条件下进行处理（见本章第一节），并在同样大气条件下进行后续操作。

② 将五张样品沿纵向对折，形成 10 层。然后沿横向切取两叠 0.01m² 的试样。

③ 把测试仪器放在无振动的水平面上，调好零点，把试样平整地放在已张开的测量面间，慢慢以低于 3mm/s 的速度将另一测量面轻轻地移到试样上，注意避免产生任何冲击作用，在指针稳定后及纸被"压陷"下去之前读数，通常在 2～5s 内完成读数。对每个试样进行一次测量，测定点应离试样任何一端不小于 20mm 或在试样的中间点。

2. 层积厚度的测定

从所抽取的五张样品上切取 40 片试样，正面朝上，每 10 片一组层叠，制备四叠试样。每叠测定 3 个点。

（三）数据处理及结果计算

单张试样的平均厚度由计算读数的平均值得到；多层测量时，先将读数被层数除，然后计算平均值。

计算结果以 μm 或 mm 表示，取三位有效数字。

此方法与《GB/T 451.3—2002　纸和纸板厚度测定》相符。

三、纸和纸板紧度和松厚度的测定

紧度是指单位体积纸或纸板的质量，以 g/cm³ 表示，又称表观密度，是纸和纸板的一项重要的性能指标。紧度与原料的种类、打浆程度、湿压及压光程度、施胶度等因素有关。它对纸和纸板的各种光学性能和物理性能产生较大的影响，所以紧度也作为比较各种纸和纸板强度和其他物理性能指标的基础。

松厚度是指一定质量纸或纸板的体积，即为紧度的倒数，以 cm³/g 表示。它也常用来代替紧度表示纸或纸板的性能。

紧度分单层紧度和层积紧度。单层紧度由单层厚度和相应定量计算得出，层积紧度由层积厚度和相应定量计算得出。相应定量测定取样方法同厚度测量方法，其中单层紧度对应的定量由 20 片试样的总质量计算得出，层积紧度对应的定量由 40 片试样的总质量计算得出。测出其定量和厚度即可按下面公式计算出紧度和松厚度：

$$\rho = \frac{q}{\delta} \tag{5-2}$$

$$\upsilon = \frac{\delta}{q} \tag{5-3}$$

式中　ρ——试样的紧度，g/cm^3
　　　υ——试样的松厚度，cm^3/g
　　　q——试样的定量，g/m^2
　　　δ——试样的厚度，μm

结果精确到两位小数。

第四节　纸和纸板抗张强度和伸长率的测定

抗张强度是指在规定的试验条件下，单位宽度的试样断裂前所能承受的最大张力。由于大多数纸或纸板在使用的过程中都难免受拉，所以抗张强度是一项很重要的物理性能指标，多数纸和纸板的产品技术标准中对它都有要求。

一般来说，在纸机上抄造的普通纸，其抗张强度纵向要比横向大。纸张的水分含量对其抗张强度影响很大，纸张水分含量约5％时抗张强度最大，高于或低于该值时抗张强度都会降低。影响抗张强度最重要的因素是纤维之间的结合力及纤维自身的强度，而纤维的长度并不是最重要的。例如，增加打浆度和湿压榨将增加纤维结合。纸的裂断长和紧度成直线关系。加入纸的增强剂（干强剂或湿强剂）也会使纸张的抗张强度等指标大幅度增加。

伸长率是指纸或纸板因承受拉力使试样的长度因变形而伸长，在试样裂断时即伸长达到极限时，其伸长的长度和试样原长度的百分比值。伸长率是纸绳纸、手巾纸、薄页纸、电缆包装纸、瓦楞原纸等的重要性能指标。一般纸的横向伸长率比纵向的高。而伸性纸一般纵向具有特别高的伸长率。湿强纸纸湿时的伸长率是干时的许多倍。

伸长率一般多在抗张强度测定仪上与抗张强度检测同时进行。但这种方法测出的伸长率并不是纸张真正的变形量。因为该方法测出的是纸张完全断裂时的伸长，它不仅包括纸张弹性的和非弹性的伸长，还包括断裂时拉开的微小伸长。但目前伸长率仍是测量纸张坚韧性的合适指标。而且它也是影响纸张耐破度、耐折度和撕裂度的一项因素。增加纸浆的打浆度则伸长率增加；使用短纤维、游离纸料、加填料、重压榨和在纸机上尽可能张紧纸页，则纸页的伸长率减小。需要时将纸页微起皱会增加纸页的伸长率。

抗张能量吸收（通称"T.E.A"）是一项评价纸张强韧性的重要指标，用纸张拉伸到破裂时应力应变曲线下的面积来表示。如果伸长率低，在一定的作用力下纸会破损；如果伸长率高，则纸张受力后首先发生变形而不会立即破损。在实际中，抗张力大而伸长率低的纸不一定比抗张力小而伸长率高的纸好。由于后者吸收了大部分能量，表现出较高的强韧性，所以对于某些包装纸及水泥袋纸来说，T.E.A是将抗张强度和伸长率综合在一起的重要物理指标。增加抗张力或增加伸长率，吸收能量都会增加，因此微起皱的纸比没有起皱的纸抗张能量高得多。由于一般纸横向伸长率比纵向高，所以横向T.E.A比纵向高。L&W抗张强度测试仪及恒伸长式拉伸试验仪都可以测试T.E.A。

目前常用的测试仪器主要有Lorentzen & Wettre（L&W）抗张强度测试仪和恒伸长式电子万能拉伸试验仪两种类型。这里主要介绍这两种测试仪器。

一、L&W 抗张强度测试仪

(一) 仪器

1. L&W 抗张强度测试仪简介

L&W 抗张强度测试仪用于测量和记录纸和纸板的抗张强度、裂断时伸长率、抗张能量吸收和抗张挺度,其外形如图 5-2 和图 5-3 所示。键区用于选择菜单选项,输入和删除字母、数字以及特殊字符。显示器为具有背光的 LCD 型,其分辨率为 240×128 像素,排成 16 排,每排 40 个字符;显示器装置的角度可机械调整,使其反射最小化。显示器电位计可调整字符的显示角度;长时间不使用测试仪时,背光将会自动关闭,按任意键将其重新打开。仪器可选用两种夹距(100mm 和 180mm)对三种不同宽度的测试条(15mm、25mm 和 50mm)进行测试。仪器可自动开始测量,也可通过按 Enter 或脚踏开关手动开始测量;在自动模式下,内置光学传感器测试到纸样时,每个夹头中的 LCD 即刻变亮,触发测试,并按照显示器上的文本指导来完成测试。内置打印机是使用热感纸的小型打印机,宽 112mm;纸卷放置在盖子下面。仪器背面有夹持力控制器、电源插口和开关、气源接口、保险丝盒、RS-232 接口、脚踏开关接口以及各种外部装置的接口。

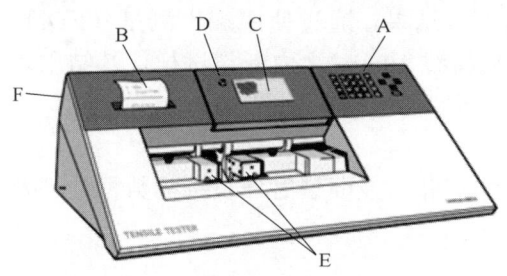

图 5-2 L&W 抗张强度测试仪正面
A—键区 B—打印机 C—显示屏 D—显示屏电位计 E—样品夹 F—夹持力控制器

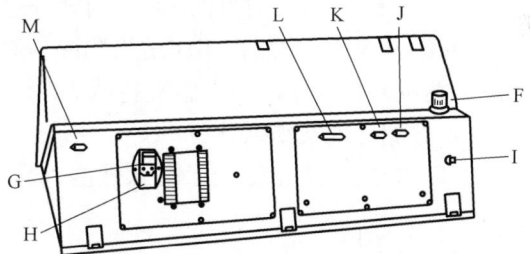

图 5-3 L&W 抗张强度测试仪反面
F—夹持力控制器 G—主电源插口和开关 H—保险丝盒 I—气源接口 J—RS-232 接口 K—脚踏开关接口 L—外接打印机接口 M—外接键盘接口

该仪器测试程序自动完成,可消除操作人员带来的误差。通过参数设定,可改变仪器程序,满足多种测试要求。仪器测量和记录测试过程中所用的力。同时监测夹头的运动状态。当达到最大力后,力会迅速地减少。当力已经减少到记录的最大力的一定比例时,即认为已经发生断裂。测试结果由集成计算机来收集和保存,并且可以在内置打印机或外围设备上打印出来,还可以将结果传输到外置计算机。从记录的数据中,计算可得抗张强度、断裂伸长率、抗张能量吸收和抗张挺度。

2. 夹持力调节

压缩空气压力最低要求是 0.6MPa。夹持力通过压缩空气调节器进行调整。压缩空气压力显示于测量菜单中。调整调节器便可得到所需压力。对于多数试样来说,推荐压力为 200kPa。

3. 测试条宽度调整

测试条宽度可通过测试条制动器调整,可调整为 15mm、25mm 和 50mm。使用黑色的塑料钮来抬高制动器,将其置于所需测试条宽度位置上即可。之前的测试仪使用固定螺丝来固定测试条——要改变设置,把固定螺丝松开几圈,抬高固定器并移动它们到想要的宽度,重新拧紧固定螺丝。两个制动器所设置的测试条的宽度应保持一致。

（二）试验步骤

① 按标准规定取样，将试样在标准温湿度条件下进行处理（见本章第一节），并在同样大气条件下进行后续操作。

② 切取宽（15±0.1）mm、长度足够夹持在两夹头之间的试样。试样的数量保证在纵向和横向的情况下各有 10 个有效的测定结果。《GB/T 12914—2018 纸和纸板 抗张强度的测定》要求试验长度（即两夹持线间距离）为（180±1）mm。在某些情况下可使用较小的试验长度。

③ 进入仪器测试界面，选择测试程序，输入需要的参数（如厚度、定量、测试样品数量等）。GB/T 12914—2018 要求试样拉伸速度为（20±5）mm/min，但是如果试验长度小于 180mm 时，建议将拉伸速度数值调节到初始试验长度的（10±2.5）%，并在试验报告中注明所采用的试验长度和拉伸速度，或如果试样很快断裂（如 5s 内）或者需要较长时间才断裂（如超过 30s），可使用不同的拉伸速度，并在实验报告中注明该速度。

④ 按照显示器上的提示，一个接一个地插入试样。当试样插入时，仪器自动开始测试，或在按下脚踏开关或点击 Enter 时开始测试（手动模式下）。结果会被计算出来，并显示在显示屏上，需要时还可以打印出来。对于不正确的测试结果，通过使用编辑测量（EDIT-MEASUREMENT）功能将相应结果删除。在距离夹持线 10mm 之内断裂试样，其结果均须删除。在试验报告中注明在距夹持线 10mm 范围内断裂的试验数量。

（三）数据处理及结果计算

GB/T 12914—2018 给出了抗张强度、裂断长、抗张指数及断裂时伸长率的数据处理及计算方法。

1. 抗张强度

抗张强度按式（5-4）计算：

$$\gamma = \frac{\overline{F}}{b_i} \tag{5-4}$$

式中 γ——抗张强度，kN/m（低定量的试样，如薄页纸可用 N/m 表示）

$\overline{F}$——最大抗张力的平均值，N

b_i——试样的初始宽度，mm

取三位有效数字。

2. 裂断长

裂断长按式（5-5）和式（5-6）计算：

$$L_B = \frac{\gamma}{g \times q} \times k \tag{5-5}$$

或

$$L_B = \frac{\overline{F}}{b_i \times g \times q} \times k \tag{5-6}$$

L_B 也可按式（5-7）计算：

$$L_B = \frac{\overline{F} \times l_i}{g \times m} \tag{5-7}$$

式中 L_B——裂断长，km

$\overline{F}$——平均抗张力，N

γ——抗张强度，kN/m

q——定量，g/m²

b_i——试样的初始宽度，mm

l_i——夹子间初始长度，mm

k——单位换算因子，$1000km/10^6 m$

m——夹子间纸条质量，mg

g——重力加速度，m/s²

取三位有效数字。

3. 抗张指数

抗张指数按式（5-8）和式（5-9）计算：

$$I = \frac{\gamma}{q} \times k \tag{5-8}$$

或

$$I = \frac{\overline{F}}{b_i \times q} \times k \tag{5-9}$$

式中　I——抗张指数，N·m/g

γ——抗张强度，kN/m

q——试样的定量，g/m²

$\overline{F}$——平均抗张力，N

k——单位换算因子，1000N/(1kN)

b_i——试样的初始宽度，mm

取三位有效数字。

4. 断裂时伸长率

如果需要，可由断裂时伸长对初始长度的百分数计算出断裂时伸长率。结果取至一位小数。

二、恒伸长式拉伸试验仪

（一）测量仪器

1. 仪器结构及工作原理

目前这种仪器主要有两种形式：一种是双丝杠传动，另一种是单丝杠传动，两种仪器工作原理基本相同。双丝杠传动承载能力大，但两根丝杠运行的同步性要求较高，造价也较高。单丝杠传动的仪器虽然承载能力小，但结构简单，造价也较低。图 5-4 为双丝杠式拉力机的结构示意图。

INSTRON 万能拉力仪是双丝杠传动的一种。它由双立柱支撑，丝杠安装在立柱壳内，并用皮套密封，在丝杠上安装一个十字头，上装传感器，主机底座内装有一个控制整机的单板微机，可进行自动校准等。夹具是用压缩空气控制的气动夹具，附带有 HP85-B 型微型计算机及绘图和打印机。附件不联机时，主机也可以正常工作，但数据的读取和计算都要人工来做；附件联机时，计算机控制了主机，数据可以自动读取，自动进行

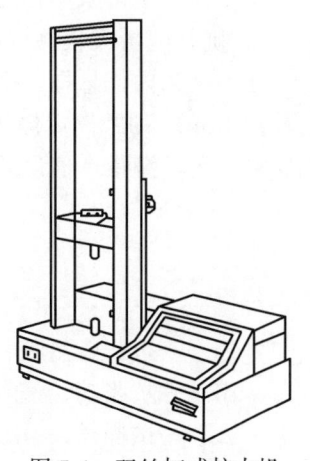

图 5-4　双丝杠式拉力机

数据的分析统计计算，然后由打印机或绘图仪输出测试结果。其输出参数有抗张力值、伸长率、伸长量、抗张能量吸收值、应力应变曲线、某一点弹性模数，也可以进行疲劳试验和抗压试验。单丝杠式电子拉伸试验机的基本原理与双丝杠相同，只是一个丝杠驱动传感器上下移动。

2. 主要技术参数及仪器校对

(1) 主要技术参数

主要技术参数见表5-1。

表 5-1   主要技术参数

最大负荷量	0～100N 0～500N 0～1000N	精度(±0.45)%
伸长率	分辨值 0.1mm	精度(±0.15)mm
抗张能量吸收	最大值 1000J/m² 分辨值 0.1J/m²	精度(±1.8)%
最大行程	上下夹具间初始距离 180mm 时	450mm
拉伸速度	0～400mm/min	精度(±1)%(±0.2)mm/min
复位精度	<0.5mm	
输出方式	电子显示器，按键选择显示，打印机打印输出	

(2) 仪器校对

1) 负荷准确度校对

在每一个量程的传感器上选用适当的专用砝码（分别设定若干点，一般至少5个点）挂在夹头上，观察力值显示器，并读出显示值。对每一个传感器按选定点分别进行三次试验，示值误差按式（5-10）计算：

$$\delta_F = \frac{W - W_0}{W_{0max}} \times 100(\%) \tag{5-10}$$

式中 δ_F ——某测定点的示值误差，%

W ——该点仪器显示值

W_0 ——专用砝码所受重力

W_{0max} ——被测传感器满量程真值

此项检查也可采用精度高于仪器的专用测量计或专用传感器式测力计进行。

2) 抗张能量吸收测量误差的校对

在上夹头内，悬挂一个5kg左右的砝码，然后开动仪器，使上夹头以30mm/min速度上升约10mm的距离后停机。用卡尺测量上升距离，并记下仪器抗张能量吸收的读数，如此反复三次，测量示值误差按式（5-11）和式（5-12）计算：

$$W = \frac{L \cdot b \cdot E}{1000} \tag{5-11}$$

$$\delta_A = \frac{W - W_0}{W_0} \times 100(\%) \tag{5-12}$$

式中 δ_A ——抗张能量吸收值误差，%

W ——抗张功，mJ

L ——试样长，mm

b ——试样宽，mm

E——仪器输出值，J/m^2

W_0——仪器克服砝码重力使之上升一定距离所做的功，mJ

其值可按式（5-13）计算：

$$W_0 = mgh \tag{5-13}$$

式中　m——砝码质量，kg

　　　g——重力加速度，m/s^2

　　　h——砝码上升高度，mm

L 和 W 是键盘输入值。

3) 伸长量测量误差校对

在开机前，先用游标尺测量上下夹具之间的距离 h_1，然后开动仪器，使上夹头以约 30mm/min 的速度上升，待其运行一段时间后停机，再用卡尺测量此时上下夹具之间的距离 h_2，一般取 5 个点。计算如式（5-14）和式（5-15）：

$$\Delta L_0 = h_2 - h_1 \tag{5-14}$$

$$\delta_{\Delta L} = \Delta L - \Delta L_0 \tag{5-15}$$

式中　$\delta_{\Delta L}$——伸长量示值误差

　　　ΔL——仪器输出伸长量值

　　　ΔL_0——伸长量实测值

4) 上夹具上升速度精度的校对

开机前将仪器光电码盘输出端与频率计数器相连，然后开动试验机，使上夹头以一定速度上升，通过频率计数器在 1min 内输出总脉冲数，一般需测 5 个点。试验机上夹头上升速度的误差按式（5-16）计算：

$$\delta_v = v - v_0 \tag{5-16}$$

式中　δ_v——上升速度误差

　　　v_0——仪器标示速度

　　　v——$\dfrac{mp}{ni}$

上式中 m——频率计数器所给出的 1min 内总脉冲数

　　　p——仪器传动丝杠导程

　　　n——光电码盘每转输出的脉冲数

　　　i——试验机传动系数的总传动比

此校对只要定期进行即可，平常不必校准。

5) 上夹具复位精度校对

先将上下夹间距离调整到 180mm，用游标卡尺测量上下夹间距离。待做完一次试验后，上夹头自动复位，此时再用游标卡尺测量这时上下夹具间距离，误差用式（5-17）计算：

$$\delta = h_1 - h_2 \tag{5-17}$$

式中　h_1 和 h_2——前后两次测量上下夹具间距离值，mm。

6) 上下夹具对中性的校对

对于上下夹具都是固定的仪器来讲，这个误差很小，可以不进行检查。但是对于上下夹头都是活动的仪器，可用铅锤进行检查。

（二）试验步骤

① 按"L＆W 抗张强度测试仪"抗张强度测定法试验步骤中所述方法切取和处理

试样。

② 输入仪器必要的参数：传感器系数、拉伸速度、样品规格、样品数及是否需要将结果进行系统处理等。

③ 将仪器接入有稳压电源的电路中，将电源开关打开，使仪器预热 30min 左右。有气动夹具的仪器还应将气源与仪器连接好，并将气压调到所要求的范围内。

④ 根据仪器要求向仪器输入有关参数。一般来讲，拉伸速度视产品标准要求而定，保证样品在（20±5）s 内断裂。如果计算弹性模数还要输入样品的厚度值。

⑤ 检查仪器夹具及人机对话时仪器是否反应正常。根据要求调节好夹子之间的距离。

⑥ 将试样在夹子之间夹好，并保持垂直。

⑦ 启动试验开关，仪器工作。显示器显示出测试结果。需要时还可用打印机打印出来。

⑧ 仪器使用完毕，应注意不要在传感器上悬挂重物。先将气源切断，再关闭计算机电源开关，最后切断总电源。

（三）数据处理及结果计算

① 抗张强度：同 L&W 抗张强度测试仪法。

② 裂断长：同 L&W 抗张强度测试仪法。

③ 抗张指数：同 L&W 抗张强度测试仪法。

④ 断裂时伸长率：同 L&W 抗张强度测试仪法。

⑤ 抗张能量吸收值（$T.E.A$）按式（5-18）和式（5-19）计算。

$$T.E.A = \frac{E}{b_i \cdot l_i} \times 10^6 \tag{5-18}$$

或

$$T.E.A = \frac{E}{b_i \cdot l_i} \times 10^3 \tag{5-19}$$

式中　$T.E.A$——抗张能量吸收，J/m^2［式（5-18）］或 mJ/m^2［式（5-19）］

　　　　E——等效功，即作用力-伸长率所围面积，J

　　　　b_i——试样的初始宽度，mm

　　　　l_i——夹子间初始长度，mm

计算结果取三位有效数字。

⑥ 抗张能量吸收指数

抗张能量吸收指数按式（5-20）计算：

$$I_z = \frac{\overline{T.E.A}}{q} \times 10^3 \tag{5-20}$$

式中　I_z——抗张能量吸收指数，mJ/g

　　　$\overline{T.E.A}$——平均抗张能量吸收，J/m^2

　　　　q——定量，g/m^2

取三位有效数字。

第五节　纸和纸板撕裂强度的测定

撕裂强度是撕裂纸或纸板时所做的功。通常分为两种：一种是指在规定的条件下，已被切口的纸或纸板试样沿切口撕开一定距离所需的力称为内撕裂度，单位为 mN；另一种是指撕裂预先没有切口的试样,从纸的边沿开始撕裂一定长度所需要的力,称为边撕裂度,单位为 N。一般情况下,在没有特指时即为前者。

影响撕裂度的因素很多。由于纸或纸板被撕裂时,或者要把纤维从样品中拉出,或者要把纤维撕断,所以纤维长度是影响撕裂度的重要因素,撕裂度随纤维长度的增加而增加。此外,所有提高空隙率的因素(纤维厚度增加及应用矿物填料)都能提高撕裂度,但会使抗张强度降低。轻微的打浆会使撕裂度增加,但随着纤维的细纤维化,会使纸的紧度和抗张强度增加,而撕裂度降低。加入淀粉、三聚氰胺甲醛树脂以及在超级压光机上压实,都会降低撕裂度。

由于大多数纸或纸板在使用过程中经常受到"撕"的作用,所以撕裂强度是纸和纸板的一项重要的物理性能指标,许多纸和纸板的技术性能指标对它都有要求。

《GB/T 455—2002 纸和纸板撕裂度的测定》规定的纸撕裂度的测试方法为爱利门道夫(Elmendorf Type)撕裂度仪测定法。

一、仪器的结构及工作原理

(一)仪器结构

爱利门道夫撕裂度仪由支架座、指针系统、夹纸机构、扇形摆、调节机构组成。如图 5-5 所示。扇形摆悬挂在支架座上,摆和支架座上装有两个夹具,在一定的位置上装有一把刀,摆轴上装有一个指针。

(二)工作原理

当扇形摆在初始位置时,由于摆的重心被抬高,使它具备了一定位能,当摆被松开自由落下时,位能转变为动能,动能所产生的力在克服撕裂试样中损失了一部分。而剩余的动能又转化为位能,此时由指针在刻度盘上所指出的撕裂度值就是摆所损失的动能,这可由摆在两端最高位置时的位能差值计算出来。由于纸

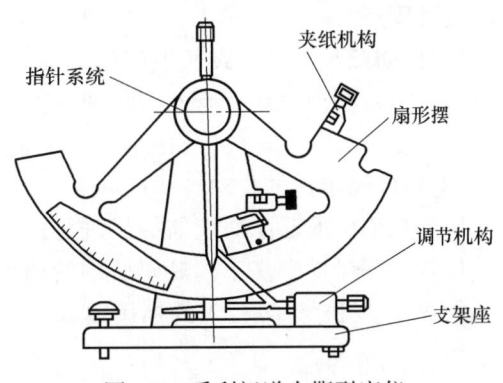

图 5-5 爱利门道夫撕裂度仪

或纸板的撕裂阻力较小,往往仪器刻度不易读准,为此常采用多层纸叠起来按撕裂的总张数计算求得。按 16 刻度的仪器多用 8 层,也可用 4、16 或 32 层;按 4 刻度仪器多用 4 层,也可用 2 或 8 层;分别用相应的换算系数乘或除刻度读数,即得到试样的撕裂度值,单位是 mN。

近年来,这种仪器已发展成为电子控制、数字显示式的仪器。它是由一个位移传感器将摆在不同撕裂阻力时的位移感应出来变为电信号,经放大后转换成数字显示于显示器上,它具有精度高、读数方便等优点。

二、仪器的检查及校准

(一)仪器的检查

① 校对摆轴是否弯曲。
② 摆在初始位置时,两夹子成一条直线,夹子间距是否为 (2.8±0.3)mm。
③ 检查刀子是否固定紧,刀刃是否锋利无伤。刀片应在两夹子中间,与夹子顶部成一直角。
④ 确保指针无损伤,并紧固在轴套上。

(二) 仪器水平的校准

将仪器放在坚固无振动的台子上，用仪器底座上的水平泡调节仪器前后的水平，然后压下摆的停止器，使摆轻轻地自由摆动，待摆停止后，观察摆上和底板上的标记是否重合。若不重合，用底座左边的螺丝调节，至标志重合为止。

(三) 零点调节

将调好水平的仪器，不夹试样空摆几次，观察指针是否指零，若不指零，用指针停止器调节。

(四) 摆的摩擦校对

仪器调好水平后，把摆抬起到待测位置，以摆与摆动停止器的边为准，向右量 25mm 划一线，然后将扇形摆释放让其自由摆动，最轻摆摆动次数应为 20 次以上，轻摆不少于 25 次，标准摆不少于 35 次，中摆不少于 80 次，加重摆不少于 110 次。摆减幅要小于 25.4mm。否则摆轴的摩擦力不符合要求，需要清洗轴承，或者摆轴弯曲需加以调整。

(五) 指针的摩擦校对

仪器调好零点和水平后，将摆抬到待测位置，把指针对在零点上，然后放下空摆，指针不得推出零点外小于最轻摆 10 个标尺单位，轻摆 6 个标尺单位，标准摆 3 个标尺单位。若指针摩擦不在此范围内，清洁或调整轴承表面及指针套顶针的位置。调整指针的摩擦后必须重新校对零点。

(六) 切口尺寸及撕裂长度校对

切纸的刀必须锋利。保证切口平整，不能有毛刺。切口长度必须为 (20±0.25)mm，被撕的长度应为 (43±0.5)mm。若不是此长度值，应调整刀的位置。

(七) 仪器标尺的校对

采用专用标准砝码对仪器标尺进行校对，将不同砝码安在伞形摆的螺丝孔上，把摆升至起始位置，测量摆升高不同砝码所用的功来度量。

由式 (5-21) 计算校正的标尺读数：

$$F = \frac{g \times m(h-h_0) \times K}{L \times k} \tag{5-21}$$

式中 F——校正的标尺读数 (标尺单位)，mN

　　　m——校正的质量，kg

　　　h——高度，m

　　　h_0——摆在起始位置时，附加砝码的重心线离基准平面的高度，m

　　　k——换算系数，即刻度的设计层数

　　　g——重力加速度，取值 9.807，m/s^2

　　　K——单位换算因子，为 1000mN/(1N)

　　　L——试样撕开 43.0mm 时，摆夹的移动距离，m

校准值和指示标尺的读数 (即测量值) 相差不应超过 ±1%。

三、测定步骤

(一) 切取试样

将试样切成长度为 (63±0.5)mm、宽度为 (50±2)mm 的长方形，按纵向和横向分别切取，每个方向应至少做 5 次有效试验。如纸张纵向与样品的短边平行，则进行横向试验；

反之则进行纵向试验。

（二）试样的温、湿度处理
按标准温、湿度处理试样，并在该标准温、湿度条件下进行检测。

（三）选择摆和重锤
根据试验选择合适的摆和重锤，要求测定读数在满刻度值的 20%～80% 范围内。

（四）检测
将试样一半正面对着刀，另一半反面对着刀，试样侧面边缘要整齐，底边完全与夹子底部接触，对正夹紧，用枢轴上的刀将试样切一整齐的刀口，让刀返回静止位置。使指针与指针停止器相接触，用手敏捷地压下摆的释放装置，待摆回摆时，轻轻地停住摆，使指针与操作者的眼睛水平，读取指针指示的读数或显示的值。松开夹子，去掉已撕的试样，使摆和指针回至起始位置，准备进行下一测定。

若试样撕裂线的末端与刀口延长线左右偏斜超过 10mm 时，注意以下两种情况：当在试验中有 1～2 个试样偏斜超过 10mm，即弃去不记，再多做几个试验，直至得到 5 个满意的结果为止；如有两个以上的试样偏斜超过 10mm，其结果可以保留，在报告中注明偏斜情况。

若在撕裂过程中，试样产生剥离现象，不是在正常方位上撕裂，按上述撕裂偏斜情况处理。

测定层数应为 4 层，若测定纸和纸板所用的纸页层数得不到满意的结果，可适当增加或减少层数，在报告中要加以说明。

四、数据处理及结果计算

（一）撕裂度
撕裂度按式（5-22）计算：

$$F=\frac{\overline{F}P}{n} \tag{5-22}$$

式中　F——撕裂度，mN
　　　$\overline{F}$——在试验方向上的平均刻度读数，mN
　　　P——换算因数，即刻度的设计层数，一般为 16
　　　n——同时撕裂的试样层数

计算结果取三位有效数字。

（二）撕裂指数
撕裂指数按式（5-23）计算：

$$X=\frac{F}{q} \tag{5-23}$$

式中　X——撕裂指数，mN·m^2/g
　　　F——撕裂度，mN
　　　q——试样定量，g/m^2

计算结果取三位有效数字。

第六节　纸和纸板耐破强度的测定

耐破度是指纸或纸板在单位面积上所能承受的均匀增大的最大压力，以 kPa 表示。

由于用于包装的纸或纸板，在使用时常常会受到摔、挤压以及内部被包装物的冲击作用，为了科学地评价这种特性，需要测定纸或纸板的耐破度。耐破度实际上是抗张力与伸长量的复合函数，是对纸或纸板最弱部分的检查，也是纸或纸板强韧性的标志。影响耐破度有两个主要因素即纤维长度和纤维间的结合力，而后者比前者对耐破度的影响更大。打浆的程度、施胶的状况、含水量等都会对耐破度产生影响。

一、仪器的结构与工作原理

（一）仪器结构

目前，我国常用的耐破度测定仪，大体可分为机械结构、压力表指示读数和电子控制、传感器感应、数字显示读数两种形式。虽然这两种仪器结构与显示方法不同，但仪器结构和工作原理基本相同。

耐破度测定仪主要由夹紧、传动、加压、指示等系统组成。各部分的功能简述如下。

1. 夹盘系统

这个系统有上下两个夹盘，上夹盘与施加夹紧力的装置连接起来，夹盘接触面上有 V 形同心槽以保证夹紧纸样。施加夹紧力的装置有 3 种：一种是杠杆加压；第二种是一个旋转手轮，逐步拧紧夹好试样；第三种是自动加压，有采用压缩空气的，也有采用液压的，通过气压或液压使夹环上升或下降夹紧纸样。第一种和第二种夹紧方式夹紧力不能调节，第三种方式夹紧力可以调节。夹盘系统应能提供 1200kPa 的夹持压力。由于夹紧力对于试验结果有较大的影响，因此测试纸张耐破度时，夹紧力应不低于 430kPa；测试纸板耐破度时，夹紧力应不小于 690kPa；在压瓦楞纸板时，压力在 690kPa 虽然防止了滑动，但是大多数纸板瓦楞被压塌，因瓦楞纸板耐压强度不同，所以在实验报告中应注明夹持压力和瓦楞是否被压塌。

2. 胶膜

胶膜为圆形，由橡胶材料制成，静态时胶膜的上表面比下夹盘上表面低约 3.5mm。胶膜的弹性阻力较大，在胶膜凸出下夹盘表面（9±0.2）mm 时，其压力为（30±5）kPa。

3. 液压机构

由马达驱动活塞挤压适宜的液体（如化学纯甘油、含缓蚀剂的乙烯醇或低黏度硅油），在胶膜下面产生持续增加的液压压力，直至试样破裂。液体应与胶膜材料相适应，不应破坏胶膜的内表面。液压系统和使用的液体中应没有空气泡，泵送量应为（95±5）mL/min。

4. 压力测量系统

可采用任何原理进行测量，但其显示精度应相当于或高于（±10）kPa 或测量值的（±3）%。对于增加的液压压力其响应速度应为：所显示的最大压力误差应在峰值真值的（±3）%范围内。

（二）工作原理

耐破度的测试原理主要是通过一定面积的弹性胶膜向纸或纸板逐步施加压力，在这个过程中胶膜将试样顶起，当试样被顶破时，测量出试样所能承受的最大压力。

图 5-6 示出了缪伦（Mullen）式耐破度测定仪的结构。

二、仪器的校对

（一）压力测量系统的校准

压力测量系统可用活塞压力计或水银柱进行静态校准。如果压力传感装置对方位敏感，传

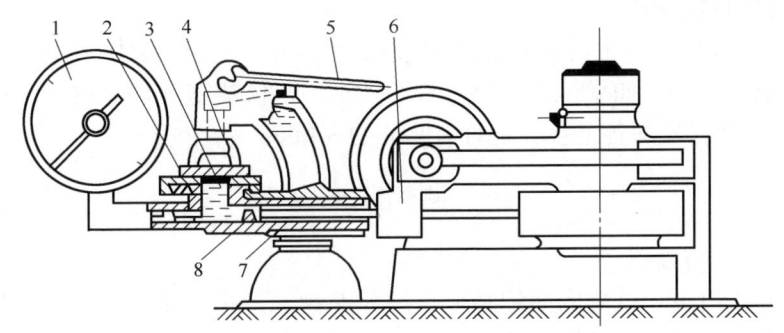

图 5-6 缪伦（Mullen）式耐破度测定仪

1—压力表 2—压紧机构 3—橡胶膜 4—上压环 5—压紧把手 6—电机 7—螺杆 8—带皮碗的活塞

感器的校准应在仪器的正常安装位置上进行。耐破压力指示系统的最大值应进行动态校准。

仪器整体的动态校准可以通过连接一并行的、相对独立的最大压力测量系统来实现。在进行耐破度试验测量最大压力时，系统的频率响应及精度应足够，并高于（±1.5）%。如果任一点的误差超过规定，应调查误差的来源。

（二）试样夹盘平行度及同心度的校准

将一张新复写纸夹在两张组织均匀的白色薄纸中间，并放入上、下夹盘中夹好，然后施加一定压力并保持 5～10s 时间后，撤去压力，并从夹环中取出薄页纸，观察薄页纸上的印痕是否均匀清晰，夹盘面夹住的整个面积轮廓是否分明。然后将上压环旋转 90°，重复上述试验。如果发现压环不平行或压力分布不均匀，则应加以调整。

上下夹盘同心度的检查，用两张复写纸夹一张白色薄页纸，用正常夹持力夹紧，检查上、下夹盘压出的印痕是否重合。在 0.25mm 内符合要求。

（三）试样夹紧力校准

耐破度测定仪有液压或气压的夹持装置，借用压力表调节其夹持力，必须将压力表校准，再根据活塞直径与夹盘表面的接触面积，即可准确得出夹持力的值。如果仪器采用机械夹持装置，如螺旋或杠杆，实际的夹持压力在经过各种调整后，应使用重砣或其他合适的装置进行测量。

（四）仪器内残存空气的检查

在安装或更换压力表或胶膜、甘油时，可按下列方法检查仪器内腔是否有残存空气。在下压环内（胶膜上面）注满水，上面再放置一片薄胶膜，在胶膜上再放一张坚固的金属薄片，将上压环落下夹紧金属片，以防胶膜起皱。用手转动手轮加压至压力表上有反应为止。再转动一定角度，压入仪器 0.4mL 甘油（一般转 180°进油相当于 0.4mL），观察所产生的压力，如果压力表读数高于表 5-2 中有关规定，说明系统内有较多残存空气，应重新安装仪器。纸板耐破度仪加甘油 1.4mL（约转一周）时，压力表指示应在全量程读数的 30% 以上。也可采用胶膜鼓起，然后透光观察有无气泡。如果在试样破裂时有明显的爆裂声，也证明油腔内存在有空气。

表 5-2 压力表读数范围与压力示度对照表

压力表读数范围	压力示度	压力表读数范围	压力示度
0～196kPa	0.85	0～1960kPa	6.50
0～834kPa	2.50		

（五）仪器密封性的校对

将 0.5~1.0mm 厚的一个薄铝片或其他金属片夹在上下压环之间，用于转动传动轴加压至 980kPa 放置 30min，如果压力下降不大于 49kPa，仪器密封性良好。若压力表下降大于 49kPa，需要检查仪器的各个接头是否有漏油的现象。

三、测定步骤

（1）试样的切取与处理

切取试样 10 张以上，试样的面积必须超过上夹盘的整个面积。并准确标明正反面。然后在标准温湿度大气条件下将试样处理至平衡，并在该条件下进行如下试验。

（2）确定测量范围

如果需要预测时，用大量程的压力表进行。

（3）夹紧试样

将试样置于校对过的耐破度仪的上下夹环之间，如果用的是杠杆式加压夹紧仪器，则通过杠杆作用使试样平整地夹于上下夹环间；如果采用手轮旋转加压夹紧的仪器，则旋转手轮使上夹环下降夹紧试样——若手轮上带有刻度尺读数，注意同一样品的试样，加压时要使全部手轮加压读数在同一个位置上；如果采用的是液压夹紧的仪器，则要先将仪器主开关打开，电机转动，将加压手柄扳到加压位置，读取夹紧压力，如果小于或大于标准规定，可通过压力限制器的调节加以校正；对于气压式夹紧的仪器，则要先打开仪器主开关，使各部分电器元件预热 30min，将气源与仪器可靠地连接起来，并将气压打到 0.6MPa，然后压下夹紧电钮或开始按钮，夹紧试样，如压力指示器上夹紧力指示不在标准要求的范围内，可通过面板上的压力调节器调整，调整时要先松开保险装置，调整完以后，再将保险装置固定好。

（4）测试

如果用压力表指示结果，将压力表指针拨至零点，启动电机，拨动控制旋钮或控制杆使活塞运动，保持进油速度在 (95±5)mL/min〔测定纸板时该速度为 (170±15)mL/min 范围内〕。试样破裂时，迅速操作控制旋钮或操纵杆使其退回原位。记录压力表数值，精确至 1kPa，并将指针拨回零点。进行下一个试样的测定。若未要求分别报告试样正反面的试验结果，应测试 20 个有效数据；如果要求分别报告试样正反面的测试结果，则应每面至少测得 10 个有效数据。

对于数字显示的耐破度仪，则在夹好试样后，先压下"破裂后自动复位选择"开关——其目的是使仪器在试验一个样品后自动复位，然后压下"开始试验"开关，仪器启动，至试样破裂后，显示装置自动将结果显示出来。

如果仪器带有自动试验控制装置，当压下"自动"按钮后，仪器自动运行，使上夹头以一定周期自动提起落下，仪器电机带动活塞轴自动往复运动，此时整个试验无须再按其他按钮，直至全部试验完毕，压下"停止"按钮，仪器停止工作。用这个功能时，读数速度要快得多。

四、数据处理及结果计算

《GB/T 454—2002 纸耐破度的测定方法》及《GB/T 1539—2007 纸板 耐破度的测定》规定了纸与纸板耐破度的计算方法。

（一）平均耐破度

试样破裂时，压力表或显示器的读数的平均值即为平均耐破度，也称绝对耐破度。其值按式（5-24）计算：

$$\bar{p}=\frac{p_{\mathrm{B}}}{n} \tag{5-24}$$

式中 $\bar{p}$——平均耐破度，kPa
p_{B}——测定的耐破度值，kPa
n——测定试样的层数
计算结果取三位有效数字。

（二）耐破指数

耐破指数是将平均耐破度除以试样定量，其值按式（5-25）计算：

$$X=\frac{\bar{p}}{q} \tag{5-25}$$

式中 X——耐破指数，$kPa \cdot m^2/g$
$\bar{p}$——平均耐破度，kPa
q——试样定量，g/m^2
计算结果取三位有效数字。

第七节 纸和纸板耐折度的测定

纸和纸板的耐折度是指试样在一定张力条件下，经一定角度反复折叠而使其断裂的折叠次数。而双折次是指试样先向后折，然后在同一折印上向前折，往复一个来回即为双折叠一次。

凡是在使用过程中常受到折叠的纸或纸板其质量标准对耐折度都有较严格的要求，如钞票纸、书皮纸、箱纸板等。

纸和纸板耐折的能力主要受纤维自身强度、柔韧性、纤维长度及纤维结合力的影响，纤维自身强度好、平均长度大、结合力强其耐折度会增加，反之亦然。与抗张强度相比，耐折度更大程度上取决于纤维长度，如亚麻纤维最适合制造耐折度高的纸。纸或纸板的柔韧性对耐折度的影响也较大，如纸板在压榨时过分压紧或用加入矿物填料的方法来提高紧度，都会使耐折度下降。除此之外，纸或纸板的含水量对耐折度也有影响。在一定范围内，增加其含水量，会使纸或纸板的弹性增加，从而使耐折度增加。但是含水量超过一定范围，耐折度会下降。打浆度的影响也是如此，在一定范围内增加纸或纸板用浆的打浆度，会使纤维间结合力增加，从而使耐折度增加，但是打浆度超过一定值，纤维的平均长度会下降，从而导致耐折度下降。

目前，我国常用的耐折度仪主要有两种，即肖伯尔耐折度仪和 MIT 耐折度仪，下面予以介绍。

一、肖伯尔耐折度仪

（一）仪器结构及工作原理

肖伯尔耐折度仪是《GB/T 457—2008 纸和纸板耐折度的测定》法所规定的一种测试仪器，适用于厚度小于 0.25mm，抗张强度大于 1.33kN/m 的纸，以及厚度为 0.25～1.4mm 的纸板。

1. 仪器结构

肖伯尔耐折度仪的基本结构如图 5-7 所示。主要由传动部分、测试部分及记录部分组成。传动部分主要是电机带动皮带轮并通过皮带轮转动两个曲臂，使折叠刀来回等距离地运动，曲臂控制计数器运动，下部的保护开关可使计数器停止。测试部分主要由一个折叠刀片，两对一定直径的折叠辊组成，在夹具中装有一对弹簧，给纸样一定张力。记录部分主要是一个计数器，有碰动的和电子数码显示两种形式。

2. 工作原理

在试样的两端施加以规定的初始张力，如图 5-8（1）所示，然后曲臂机构带动折叠片作往复运动，如图 5-8（2）及图 5-8（3），使试样在辊轴间作近似 180°的反复折叠。折叠过程中试样张力作周期性变化，其周期为曲臂周期的 1/2，折叠片移至极限位置时张力最大 [厚度小于 0.25mm 的纸（9.80±0.20）N，厚度 0.25~1.4mm 的纸板（12.75±0.20）N]。由于折叠作用，使试样折叠区域纤维结构松懈，强度逐渐减低，当降至不能承受 9.807N 或 12.749N 的张力时，试样开始断裂，断裂时试样所能承受的最大折叠次数即为试样的耐折次数，其对数（以 10 为底）即耐折度。反复折叠次数用计数器记录曲柄的转数来表示。

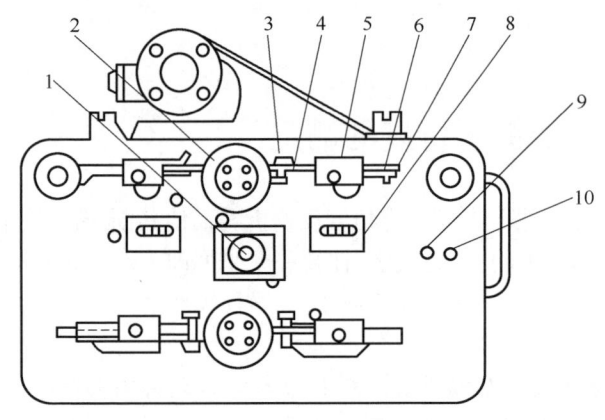

图 5-7　肖伯尔耐折度仪

1—主轴　2—折叠刀　3—夹头　4—夹紧用螺母　5—弹簧销　6—弹簧筒　7—调节用螺母　8—计数器　9—总开关　10—停止钮

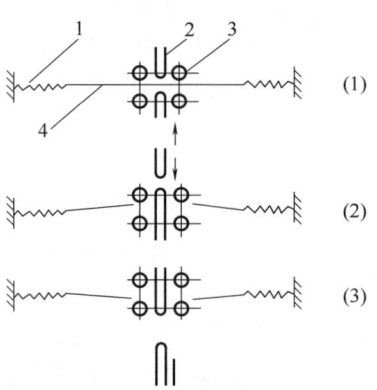

图 5-8　试样折叠所受张力示意图

1—弹簧　2—折叠片　3—折叠滚轴　4—纸样

（二）仪器的校对

1. 弹簧张力的校对

松开夹头的固定螺丝，将整个夹头组件拆下，用固定螺丝将夹头垂直夹在支架上。松开夹紧螺母使夹口张开，在夹口中心悬挂砝码，使弹簧伸长，并进行如下测定。如为纸张测定，则加 7.60N 的砝码（包括夹头本身重），夹子伸出的距离为 5mm，即第一条刻线，再加 9.81N 的砝码（包括夹头本身重），夹子伸出距离为 13mm，即第二条刻线。如为纸板测定，则在夹子上加以 9.81N 张力（包括夹子本身重），然后调节夹子的弹簧张力，夹子伸长的距离应等于 5mm，即夹子的第一条刻线。加以 12.75N（包括夹子本身重）的张力，夹子拉伸的距离应等于 13mm，即第二条刻线。如果不符合要求，应调节弹簧筒末端滚花螺母，直至符合要求为止。

2. 夹头间距的校对

先将各个弹簧筒拉开，然后再提起弹簧筒上的定位销使弹簧弹回原位。再用 0.02mm 精度的游标卡尺测量前后每对弹簧筒上二夹口之间的距离。对于纸张耐折度仪此距离应为 90mm。纸板耐折度仪为 130mm。如果不能在这个范围内，则应检查夹头弹簧筒上的限位螺丝是否有松动现象。如有松动，应调好距离，拧紧螺丝。

3. 折叠速度的校对

将仪器计数器调在零位，开动仪器同时开动秒表。1min 后停止仪器。仪器计数器上的读数应为（110±10）次。若不在此范围内，应先检查传动部分，看传动皮带是否有打滑或松懈不紧现象，并进行调节，以达到所要求的速度。

4. 折叠滚轴间距离的校对

按下列各缝间的距离要求，将塞缝尺轻轻插入，校对各间隙的宽度，同时将塞缝尺上下滑动；检查缝间是否平行，如不平行时，要将辊轴座拆下，仔细加以调整直至合适。各缝间距要求如下：

纸张耐折度仪折叠刀缝宽度为 0.5mm，纸板耐折度仪刀缝宽度为 2.0mm。

纸张耐折度仪与试样垂直方向的二辊间距离为 0.5mm，纸板耐折度仪该距离为 2.0mm。

纸张耐折度仪刀片与折叠辊之间的距离为 0.3mm，纸板耐折度仪该距离为 2.0mm。

另外，刀片的厚度：纸张耐折度仪为（0.5±0.0125）mm，刀口曲率半径为 0.25mm；纸板耐折度仪为（1.0±0.0125）mm，刀口曲率半径为 0.5mm。折叠辊直径纸张仪器为 6mm，纸板仪器为 10mm。

（三）测定步骤

① 在与处理试样时相同的标准大气条件下，按纵、横向分别切取宽（15±0.1）mm、长 100mm（纸）或 140mm（纸板）的试样至少各 10 条。并在该条件下进行如下操作。

② 将试样平行地夹紧于测定仪的两夹子之间，若是双折头仪器，则应将试样一半朝前，一半朝后，以避免反正面造成的误差。

③ 拉开弹簧筒，使试样上受到初张力［纸（7.60±0.10）N；纸板（9.80±0.20）N］。

④ 按计数器回零器，使计数器回零。

⑤ 开动仪器，折叠刀片行至最远位置，用于纸张的最大张力为（9.80±0.20）N；用于纸板的最大张力为（12.75±0.20）N。往复折叠，直至折断，仪器自动停止读数。取下已折断的试样，仪器复原，进行下一试验。纵横向试样测试需要 10 个试验结果。

如试样不在折叠线断裂，该试验应弃去不计。如试样在折叠过程中有分层现象，应在报告中说明。

对于正、反两面性质有显著区别的纸板，在夹持试样时，应使一半试样的正面和一半试样的反面向着操作侧进行测定。

（四）数据处理及结果计算

肖伯尔耐折度仪测定的耐折度以纸或纸板往复 180°的折叠次数的对数（以 10 为底）表示。

平均耐折度（纵、横）报告到两位小数。

二、MIT 耐折度仪

（一）仪器结构及工作原理

该仪器由美国麻省理工学院研制，MIT 为麻省理工学院的简称。MIT 耐折度仪是《GB/T 457—2008 纸和纸板耐折度的测定》所规定的一种方法，适用于厚度不大于 1.25mm 的纸和纸板。

1. 仪器结构

该仪器结构如图 5-9 所示，它主要由传动部分、夹头部分、计数器及控制部分组成。

2. 工作原理

置试样于夹头间，在一定张力下，通过下夹头的左右摆动，使试样在一定角度内做往复折叠运动，随折叠次数的增加，试样的强度逐渐下降，至不能承受弹簧张力时即断裂，断裂时的折叠次数的对数（以 10 为底）即为试样的耐折度。

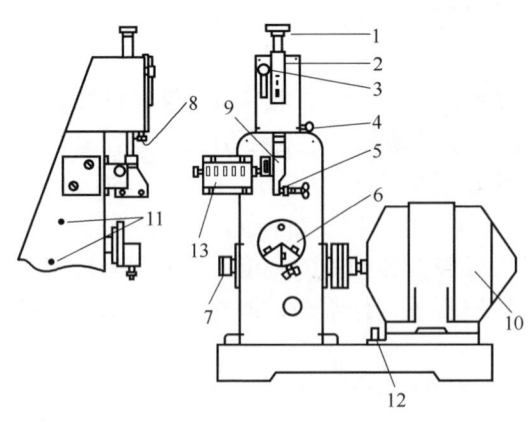

图 5-9 MIT 耐折度仪结构图
1—加荷钮 2—弹簧筒 3—刻度标尺 4—控制钮
5—上夹头 6—下夹头 7—旋转钮 8—控制钮 9—上夹杆 10—电动机 11—加油孔 12—开关 13—计数器

（二）MIT 耐折度仪的校对

1. 弹簧张力的校对

用质量为 1kg 的专用砝码放在张力杆上端的托帽上，张力杆被压下，调节指针对准张力标尺 9.81N 刻线，再分别用 0.5、1.5kg 的专用砝码，校准 4.19N 和 14.72N 两个点，记下 4.19N 和 14.72N 处差值，以便使用时修正。

2. 张力杆摩擦力的校对

用加砝码的方法测定弹簧张力杆的摩擦力。在 9.81N 或试验所需的负荷张力下，在托帽上加砝码，可以观察到指针位移时的砝码质量表示摩擦力，不得大于 0.245N。

3. 折叠角度校准

将下夹头旋转到左右顶点位置，用角度尺测量其左右角度，均应在 (135±2)° 以内。

4. 折叠速度校准

开动仪器，在进行试样耐折度测定的同时，测定每分钟计数器上的指示值，折叠次数应为 (175±10) 次/分。

5. 折叠头旋转偏心引起张力变化的校准

将适当厚度具有一定强度的纸条夹于夹头上，如做耐折度一样，应用 9.81N 张力或试验所用的张力，缓慢旋转折叠头整个一周即一个往复，观察弹簧位移变化，准确到 0.1mm，其位移变化所指示的力应小于 0.34N。

（三）MIT 耐折度仪测定步骤

① 在与处理试样时相同的标准大气条件下，按纵、横向分别切取宽 (15±0.1)mm，长 140mm 的纵、横试向试样至少各 10 条，做好标记。并在该条件下进行试验。

② 选择折叠张力。一般为 9.81N，根据要求也可以采用 4.91N 或 14.72N。换负荷时，应压下加荷钮到下极限位置，顺时针方向转一角度，调节控制钮到所需要的数值。

③ 根据试样厚度选择适当的下夹具，并在固定的位置上装好。

④ 转动下夹头，使上下夹头对正，将试样夹入上下夹头内，并将固定螺丝拧紧。

⑤ 松开控制弹簧张力的固定螺丝。将计数器拨到零位。启动仪器，开始测试，当试样断裂时，读取计数器数值。

⑥ 取下已折断的试样，进行下一条试验。纵横向试样测试至少需要 10 个试验结果。

夹试样时应注意一半试样先向反面折，一般试样先向正面折。

（四）数据处理及结果计算

MIT 耐折度仪测定的耐折次数是纸和纸板往复 135°的双次数，以往复折叠的双次数表示，耐折度是所得双折叠次数的对数（以 10 为底）。

计算结果对数值修约至两位，双折叠次数修约至整数位。

第八节　纸和纸板平滑度的测定

平滑度是评价纸表面凹凸程度的一个指标，通过测试在一定的真空度下，一定体积的空气，通过受一定压力、一定面积的试样表面与玻璃之间的间隙所需的时间来获得，以秒表示。

它常常用来衡量纸张的表面状态。特别是印刷纸，平滑度是决定纸张与印版接触的紧密程度，所以对印刷质量有很大的影响。

纸张的平滑度与纸张的匀度、纤维的组织情况及纸浆的品种等因素有关。打浆度增加、纸张经过压光、加入填料、表面施胶等都会增加纸张的平滑度。而纸面有较多的网痕、毛毯印或起毛、压花等则会使其平滑度降低。

一、仪器的结构与工作原理

测定平滑度的方法很多，如空气泄漏法、光学法、印刷试验法、电容法、摩擦法及液体挤压法等。目前《GB/T 456—2002　纸和纸板平滑度的测定法（别克法）》规定了采用别克（Bekk）式平滑度测定仪测定纸和纸板平滑度的方法。这种方法属于空气泄漏法。

（一）仪器结构

图 5-10 示出了该仪器的结构。该仪器由加压部分、密封系统及测试部分组成。

（二）工作原理

在胶垫与玻璃砧之间的试样受到试验压力而贴在玻璃砧的磨光面上，系统的真空度使一定容积的空气通过玻璃砧和试样的接触面，测定所需的时间即得到平滑度值。试样表面越光滑，试样与玻璃砧接触得越紧密，空气通过的阻力越大，所需的时间就越长。

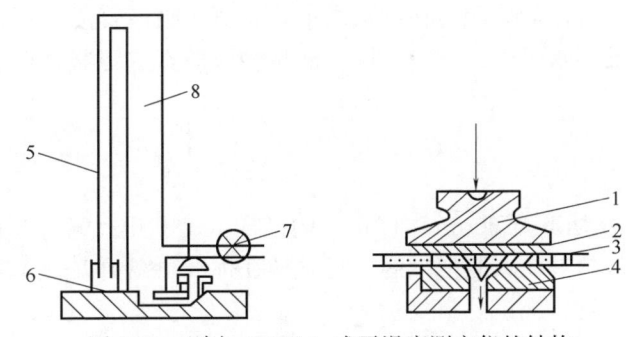

图 5-10　别克（Bekk）式平滑度测定仪的结构
1—金属压盖　2—胶垫　3—试样　4—玻璃砧　5—玻璃毛细管　6—水银杯　7—压砣　8—容积管

二、仪器的校对

（一）密封性的校对

把带有胶垫的金属压盖放在玻璃砧上，靠杠杆的压力施加 100kPa 的压力，将真空度抽到 50.66kPa，当真空容器与玻璃砧小孔连通时，大容器真空度在 60min 或小容器在 6min 内减少量应小于 0.13kPa，否则两个容器都应该校对。如果密封性不良。应检查各接头和三通阀是否漏气。如有漏气，需拆下清洗，并涂上一层新的真空油。

（二）真空度的校对

采用如图 5-11 所示的装置。在仪器玻璃砧上放一中间带孔的高平滑度的纸，在纸上放一中间开孔的胶垫，在胶垫上放一专用校准块，外接一水银压力计。将仪器真空容积抽到 53.35kPa，水银压力计指示 400mmHg，待压力降至 50.66kPa 时，仪器真空压力指示器值应与外界真空压力计指示相同，否则应校对仪器。

（三）空气的泄入量（即进气量）校对

进气量校对装置如图 5-12 所示。将一个带有直径约 0.5mm 小孔的胶垫放在校对头上，并用加压装置将它压在玻璃砧上，该校对头用一根真空管与三通旋塞相连，三通旋塞可由一根真空管与大小合适和刻度相应的吸液管相连。

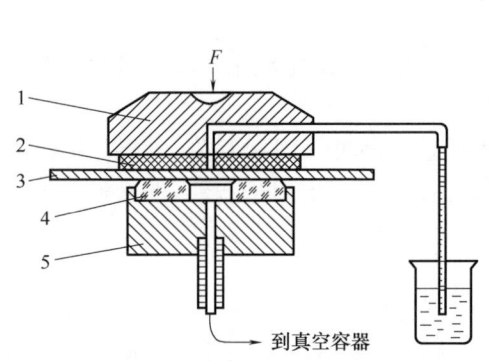

图 5-11 真空度校对装置
1—压板 2—胶垫 3—试样 4—玻璃砧（测试面） 5—底砧

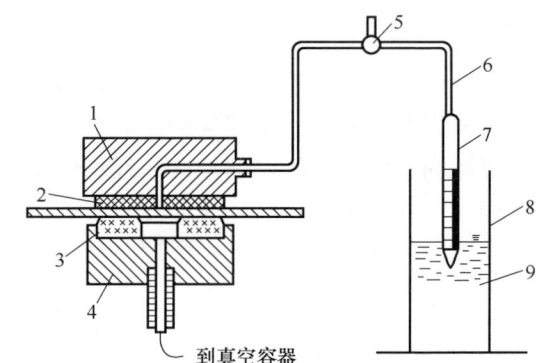

图 5-12 进气量校对装置
1—校对头 2—胶垫 3—玻璃砧 4—底砧 5—旋塞 6—真空管 7—测定用的吸液管 8—直立的圆筒 9—蒸馏水

在该测量装置的密封性校对之后，应测定随着真空度下降，压入吸液管蒸馏水的体积以及真空容器的体积。在读数之前，将测量吸液管浸入到直立的圆筒中，直到圆筒中的水平与测量器中水平大致相等。同时测量相应的真空容器真空度的下降。测量后，用三通旋塞排空吸液管。

三、测 定 步 骤

① 切取宽 60mm×60mm 的试样，足够正反面各测试 10 次，做好标记，并确定试样面上无皱折裂纹或其他纸病。将试样在标准恒温恒湿的大气条件下进行处理，并在相同的大气条件下进行测试。

② 将试样置于玻璃砧上，放好橡胶膜和金属盖板。调节加压装置，给试样施加（100±2）kPa 压力，使真空容器产生 50.66kPa 的真空。测量并记录真空度由 50.66kPa 下降到 48.00kPa 时所需的时间，以秒表示。首先用大容积试验，如果测定值大于 300s，则改用小容积，用另外的试样重复试验。如果此值小于 15s，则另外用试样试验真空度从 50.66kPa 降到 29.33kPa 所需时间。

试样从加载荷起到计量开始的时间应为 60s 左右。另外，所有试样只能测试一次。

四、数据处理及结果计算

① 试样每面的平滑度为 10 次测定结果的算术平均值，用 s 来表示。如果用大真空容

器，则平滑度为测定值的平均值；如用小真空容器，则平滑度为测定值的平均值乘以 10；如真空度从 50.66kPa 降到 29.33kPa，则平滑度应为测定值的平均值除以 10。

② 试验精确度应满足表 5-3 要求。

表 5-3 试验精确度要求

平滑度范围/s	重复性/%		再现性	
	范围	平均	范围	平均
4~1400	5~21	11	21~56	37

③ 计算结果精确至整数。

第九节 纸和纸板透气度的测定

透气度是在单位压差作用下，在单位时间内通过单位面积试样的平均气流量，单位为 μm/(Pa·s)。

透气度反映了纸张结构中空隙的多少，它是许多纸种重要物理性能指标之一。如水泥袋纸、卷烟纸、电缆纸、拷贝纸、电容器纸及工业滤纸等，根据其用途，对透气度有不同的要求。透气度关系到工业滤纸的过滤速度、水泥袋纸的排气速度、电缆纸和电容器纸的介电性能、卷烟纸的燃烧性能等。

一般来说，紧度的增加会使透气度降低。打浆度的提高会使纤维结合力增加、组织紧密及空隙率降低，从而使透气率降低。

透气度的测定仪器较多，如肖伯尔（Schopper）型、葛尔莱（Gurley）型、本特生（Bendtsen）型、逊迪尔（Siudall）型、温克列尔-卡斯顿斯（Winkler-Karstens）型、达伦斯（Dalenos）型等。目前《GB/T 458—2008 纸和纸板 透气度的测定》规定采用的仪器是肖伯尔型、葛尔莱型和本特生型。

一、肖伯尔（Schopper）型透气度仪

肖伯尔法适用于透气度在 $1×10^{-2} \sim 1×10^{2}$ μm/(Pa·s) 之间的纸和纸板，不适合于表面粗糙度较大的纸和纸板。

（一）仪器结构

肖伯尔式仪器的透气度是指在规定的条件下，在单位时间和单位压差下，单位面积纸和纸板所通过的平均空气量，以 μm/(Pa·s)（mL/min）表示。其结构如图 5-13 所示。它主要是由试样夹及空气室、密闭玻璃筒及连通管道、阀门及 U 形压差指示计等部分组成。

（二）工作原理

将试样放入压环与气室间，并夹紧。开启放水阀及针形阀时，密闭的盛水玻璃容器中的水会流入量筒，使试样

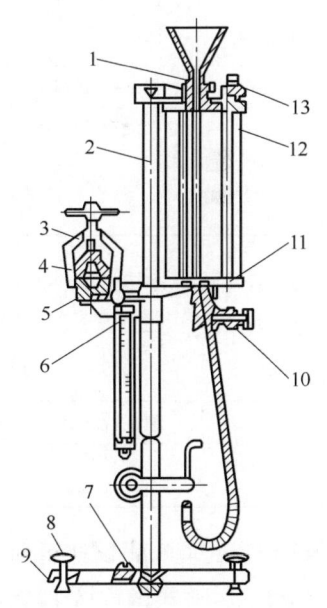

图 5-13 肖伯尔透气度测定仪
1—加水阀门 2—固定支柱 3—压环支架
4—环形夹 5—空气盒 6—U 形压差计
7—水准器 8—支持螺钉 9—底座
10—针形调压阀门 11—放水阀
12—玻璃筒 13—放气阀

上下面形成压差。当压差稳定时（进气量与出水量相等时），测定单位时间内流出水的体积，即得到试样的透气度。

（三）仪器的校对

1. 仪器密封性的校对

将仪器调至水平。取一光滑、坚硬而不透气的塑料薄片或金属薄片夹于夹持器上，调节测试区恒定压力差至 1.0kPa，然后关闭排水阀。开动计时器计时，并注意观察仪器压差，漏气量每小时不超过 1.0mL。否则，应检查各接头和阀门是否漏气，并加以调整使其具有较好的密封性。

2. U 形压差计水面位置的校对

试验前应该对 U 形压差计的水位进行校对，观察 U 形管内两个水面是否与零点的位置平行。否则应加以调整。

（四）测定步骤

① 在标准大气条件下，从 10 张样品中分别切取一个试样，试样尺寸为 60mm×100mm，或沿整张纸页横幅切取宽 60mm 的全幅试样（试样不可有皱折、裂纹及洞眼等外观纸病），标记正反面。

② 校准仪器，检查密封性。

③ 将试样夹在仪器夹持器上，在溢水管下放置量杯，打开放水阀，在 30s 内调节真空度至 (1.00±0.01) kPa。

④ 参照表 5-4，选择好合适的测试持续时间，测量透过试样的气流量。选择不同测定时间时，要以测定结果的读数偏差不超过 2.5% 为标准，测定时要测 5 张正面、5 张反面。

表 5-4　　　　　　　　　　测试持续时间选择表Ⅰ

气流量/(mL/s)	测试持续时间/s	测试容积/mL	气流量/(mL/s)	测试持续时间/s	测试容积/mL
0.13～0.33	300	40～100	5.0～10.0	60	300～600
0.33～0.83	120	40～100	10.0～20.0	30	300～600
0.83～1.67	60	50～100	20.0～40.0	15	300～600
1.67～5.0	120	200～600			

⑤ 当测定高紧度的纸或纸板时，若透过试样的空气量小于表 5-4 中的最小数时，则恒定压差可增加至 (2.50±0.01) kPa，并采用表 5-5 中的相应持续时间进行测定。

表 5-5　　　　　　　　　　测试持续时间选择表Ⅱ

气流量/(μL/s)	测试持续时间/s	测试容积/mL	气流量/(μL/s)	测试持续时间/s	测试容积/mL
17～33	3000	50～100	67～167	600	40～100
33～67	1500	50～100	167 以上	240	40 以上

⑥ 测定时应 5 张试样正面，5 张试样反面进行测定。如果通过试样正反两面的透气度有较大差别，又需要报告这个差别，则应每个面各测定 10 张试样，并且分别报告这两个结果。

（五）数据处理及结果计算

每张试样的透气度按式（5-26）计算：

$$P_s = \frac{V}{k \times \Delta p \times A \times t} \tag{5-26}$$

式中　P_s——透气度，μm/(Pa·s) [1μm/(Pa·s)=1mL/(m²·Pa·s)]

　　　V——测定时间内通过试样的空气体积，mL

Δp——压力差，kPa

t——测试持续时间，s

k——单位换算因子，为 1000Pa/(1kPa)

A——试样测试区面积，取值 10^{-3}，m^2

计算测试结果的算术平均值及正反面的算术平均值，精确到三位有效数字。

二、本特生（Bendtsen）型透气度仪

本特生法适用于透气度在 $0.35 \sim 15 \mu m/(Pa \cdot s)$ 之间的纸和纸板，不适合于表面粗糙的纸和纸板，如皱纹纸和瓦楞原纸，因为这类纸难以夹紧，会导致空气泄漏。

由于它以单位时间内空气流量表示结果，同时测定值越大，表示样品表面越粗糙，又称为粗糙度/平滑度仪（除测试头外，其他部分结构基本与本特生粗糙度/平滑度仪相同）。

（一）仪器结构

本特生仪的结构如图 5-14 所示，由压缩机、压力缓冲器、带稳压的转子流量计、测量头等组成。

压缩机用以产生压力约 127kPa 的气流；压力缓冲器的容积约 10L，安装于压缩机与流量计之间；稳压阀安装于流量计入口处，以控制空气压力。一般本特生仪有三个稳压阀，分

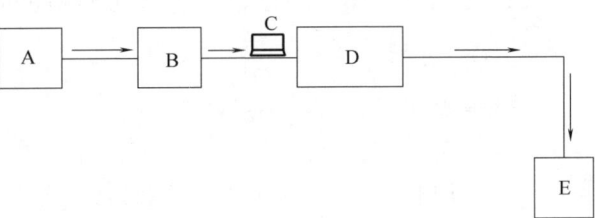

图 5-14 本特生透气度测定仪
A—压缩机 B—压力缓冲器 C—稳压阀
D—中心单元 E—试样夹紧装置

别控制压力为 (0.74 ± 0.01) kPa、(1.47 ± 0.02) kPa 和 (2.20 ± 0.03) kPa，GB/T 458—2008 规定为 1.47kPa；三个转子流量计的范围不同，分别是 $10 \sim 150 mL/min$、$50 \sim 500 mL/min$ 和 $300 \sim 3000 mL/min$，其读数分别精确至 2mL/min、5mL/min 和 20mL/min；测量头用于将试样夹于环形板与环形密封胶垫之间，环形板与密封胶垫的尺寸保证被夹试样的测试面积为 (10 ± 0.2) cm^2，测量头和流量计之间用长不大于 600mm、内径为 $5 \sim 6mm$ 的橡皮管或塑料管相连。

（二）工作原理

将试样夹于密封胶垫和已知直径的环形平面之间，使试样一面的绝对空气压力与大气压力相等，两边的压差在试验期间很小，但却相当稳定，在规定的时间内，测定透过测试区的空气流量。

（三）仪器的校对

1. 用毛细管校准流量计

流量计的转子对磨损很敏感，如果刻度读数与所连接的毛细管指定值之差大于 5%，应按如下步骤进行校准：a. 用毛细管校准流量计；b. 如读数偏高，则检查流量计与转子的清洁程度，必要时进行清洗；c. 如读数偏低，则检查系统是否堵塞或管子打折；d. 如两者读数不一致或不好判断故障，则以 1.47kPa 压力用皂泡计或其他装置校准流量计。

2. 用皂泡计校准流量计

皂泡计由容积为 1L 的玻璃瓶、容积计（具有 100mL、250mL、1500mL 刻度，不同刻度范围可通过更换流量计得到）和针形阀组成（图 5-15）。

校准前需准备好秒表，配制 3%～5% 的液体洗涤剂水溶液。然后，在流量计出口胶管

处取下测量头，把胶管接到皂泡计 1 上。先通气，再将 1.47kPa 稳压阀放在轴上并旋转。打开通气阀，气流从流量计导向皂泡计进行校准。仔细调节管夹和针形阀，使流量计的流量恒定。迅速挤压容积计下部的橡皮球，使皂泡进入容积计内。测定皂泡在标定容积两刻度间通过的时间，以秒表示。所选用的容积计量程应使测试时间超过 30s，重复 6 点不同的气流，并记录当时的大气压。

注：系统在高气流降压下，能产生校准误差。为消除该误差，管子长度和直径必须与测试的相同。

检查流量计的读数误差是否在 5% 范围内，如果不是，可以绘制校正图。由每个测量时间和测量体积，按式（5-27）修正空气流量：

$$q_v = p \times V \times k / (p_0 \times t) \quad (5-27)$$

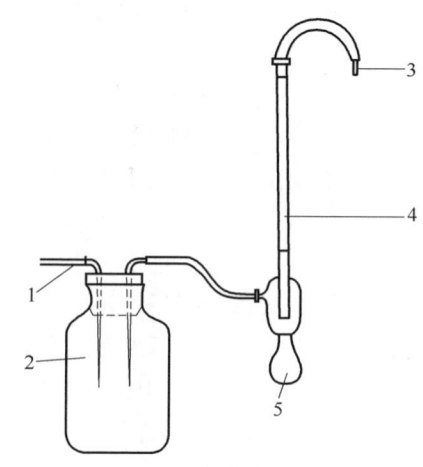

图 5-15 皂泡计结构
1—连接点 2—1L 玻璃瓶 3—针形阀 4—容积计 5—橡皮球

式中 q_v——空气流量，mL/min

p——实际大气压与（水柱）压力计之和，kPa

p_0——校准后压力，取值 102.8，kPa［常规大气压（101.3kPa）与 23℃下的操作压力（1.47kPa）之和］

V——容积计体积，mL

k——单位换算因子，为 60s/(1min)

t——皂泡通过两刻度之间的时间，s

（四）测定步骤

① 从 10 张样品中分别切取一个试样，试样尺寸为 50mm×50mm，并标明反正面，试样面应无折痕、皱纹、孔眼、水印等缺陷，不要用手触摸试样待测试部位，并将试样置于标准温湿度的大气条件下处理至平衡。

② 将仪器置于稳固的工作台上，并调至水平。开动压缩机，应保证没有影响读数的振动。

③ 选择合适的流量计和工作压力（本标准规定为 1.47kPa），并使读数范围在流量计标尺的 80% 范围内，尽量不用小于 30mL/min 和大于 1200mL/min 的流量，否则空气流量高时，流量计与测量头之间的压力落差足以抵消流量计的校准。转动通气阀门，让气流通过选定的流量计，再把 1.47kPa 稳压阀轻轻放在轴上，使其转动。

注：气流开始通入后，才能把稳压阀放在轴上，停机前应先拿出。

④ 调节流量计的出口阀，使气流加大，并用 600mm 长的管子使其与测量头相连（管子不可太长，否则会引起流量计与测量头之间的压力波动）。

⑤ 在一定时间试验后，对空气泄漏情况作如下检查：用 10~150mL/min 流量计，在测量头处贴着密封垫夹入一片平滑而硬的非金属板，检验空气泄漏情况。如果读数不为零，应检查非金属板是否损坏或有缺陷。应确保密封垫与非金属板紧紧接触，并检查气流管线是否紧固，以防泄漏。

注：流量计出口阀有两个出口管，应按仪器说明把测量头接于测量透气度的出口管上。

⑥ 校准流量计：选用适当的毛细管替换测量头，空气流量的读数应与校准读数一致，精确到（±5）%。

⑦ 将试样夹于环形板与密封垫之间，夹紧 5s 后，记录流量计读数。

⑧ 测定时应 5 张试样正面，5 张试样反面进行测定。如果通过试样正反两面的透气度有较大差别，又需要报告这个差别，则应在每个面各测定 10 张试样，并且分别报告这两个结果。

（五）数据处理及结果计算

1. 透气度

使用 1.47kPa 标准压差，按式（5-28）计算试样的透气度：

$$P=\frac{q_v}{k_1 \times k_2 \times \Delta p \times A}=0.0113q_v \tag{5-28}$$

式中　P——每张试样的透气度，$\mu m/(Pa \cdot s)$

　　　q_v——每分钟通过试样测试面的空气量，mL/min

　　　k_1——单位换算因子，1000Pa/(1kPa)

　　　k_2——单位换算因子，60s/(1min)

　　　Δp——压力差，取值 1.47，kPa

　　　A——试样测试区面积，取值 10^{-3}，m^2

2. 算术平均值

计算透气度的算术平均值，以 $\mu m/(Pa \cdot s)$ 表示，精确到两位有效数字。

如果试样正反面的气流量有明显差异，则需分别报告正反面透气度的平均值。

三、葛尔莱（Gurley）型透气度仪

（一）仪器结构

仪器由一个外圆筒和一个内圆筒组成。外圆筒内装有一定量的密封液体，内圆筒可在外圆筒内自由滑动。外圆筒高 254mm，内径 82.6mm，在其圆筒内壁等距竖立排列三根或四根金属条，金属条的长度在 190～245.5mm 之间，金属条的截面为 2.4mm 边长的正方形或 2.4mm 直径的圆形，金属条作为内圆筒上下移动的导轨。内圆筒高 254mm，外径 76.2mm，内径 74.1mm，质量为（567±0.5）g。由内圆筒自身重力形成的空气压力，施加于夹在孔径为（28.6±0.1）mm 夹板间的试样上。

夹板位于底座，在夹板有空气压力的一侧贴着一个橡胶衬垫，以防试样面和夹板间漏气。衬垫由耐油而抗氧化的弹性薄材制成，表面光滑平整。衬垫厚度 0.70～1.00mm，硬度为 50～60IRHD（国际橡胶硬度标度），内径为（28.6±0.1）mm（面积为 6.42cm²），外径为（34.9±0.1）mm，衬垫的孔应准确对准夹板孔。在使用过程中，为了使衬垫和夹板的两个孔对准并保护衬垫，应将衬垫粘贴在夹板的定位槽内。该圆槽与其相对的夹板孔应同心，其内径为（28.41±0.04）mm，槽深为（0.45±0.05）mm，槽的外径为（35.2±0.1）mm。衬垫与定位槽应准确匹配。

密封液在 38℃时密度为 860kg/cm³，运动黏度为 10～13mm²/s，而闪点应不低于 135℃。

（二）工作原理

该仪器用浮动在液体上的垂直竖立圆筒的自身重力来压缩筒内空气，使压缩空气与试样相接触。随着空气通过试样，圆筒便会平稳下落。测定一定体积的空气，通过试样的所需时间，并按此计算透气度。

（三）容积的校对

① 将平滑、坚硬致密、无渗透性的金属或塑料薄片夹在两孔板之间，检查仪器的密封

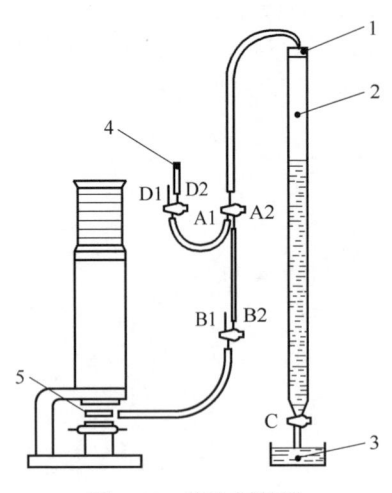

图 5-16 校准用装置
1—橡皮塞 2—100mL 滴定管 3—水槽
4—连接真空 5—连接盘 A~D—旋塞

性。经 5h 的测定，泄漏空气量应不大于 50mL。如果 5h 泄出的空气超过 50mL，应用软橡胶代替硬面材料重复上述检查。若在夹板处没发现漏气，则应查找其他漏气处，并用氯丁橡胶或其他黏合剂封堵漏气部位。

② 内圆筒容积的检定装置如图 5-16 所示。采用专用连接平板（图 5-17），通过两个三通开关 A、B，将葛尔莱仪与 100mL 滴定管连接起来（滴定管的刻度为 0.2mL/格）。在真空管与开关 A1 之间加一个三通开关 D。所有连接均应使用耐压橡胶管。

③ 当真空管抽气时，应接通 A1、D2 和 C，使水进入滴定管，并使水面达到 35mL 刻度线，然后放开 D1 恢复滴定管的大气压力。打开 B1，提升内圆筒至密封液的液面以上，再关闭 B1。接通 A2 和 B2，使水从滴定管中流出，并使内圆筒的零刻度恰好在外圆筒的参考点上。将仪器静置 15min，以检查空气泄漏情况。如果内圆筒有移动，则检查所有的接口是否有漏气现象。

④ 调整零刻度线，使其与参考点对正，同时记录滴定管示值（准确至 0.1mL）。使水从滴定管中流出，直至内圆筒的第一个 50mL 刻度线与外圆筒的参考点重合，并在此记录滴定管示值，两次示值之差即是仪器的第一个 50mL 间隔的容积。

⑤ 从 0mL 到 350mL，应进行每个 50mL 间隔的三次测定，并计算每三次测定的平均值。如果每个测定值与平均值的偏差不是在 1.0mL 内，则应进行重复测定。应从每一个平均值中减去 5.4%，以补

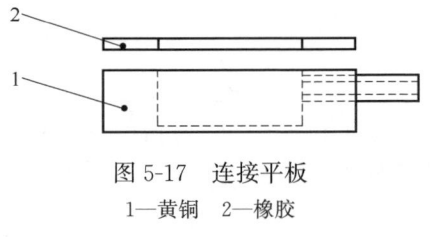

图 5-17 连接平板
1—黄铜 2—橡胶

偿圆筒壁所置换的流体容积。如果误差大于 3%，则应编制一张内圆筒的刻度校正表。

（四）测定步骤

① 在标准大气条件下，从 10 张样品中每张切取一个试样，试样尺寸为 50mm×50mm，试样不可有皱折、裂纹及洞眼等外观纸病，正确区分正反面，做好标记。在同样的温湿条件下进行以下操作。

② 将仪器调准至水平，使两圆筒成垂直状态，然后将平滑、坚硬致密、无渗透性的金属或塑料薄片夹在两孔板之间，检查仪器的密封性。经 5h 的测定，泄漏空气应不大于 50mL。

③ 将内圆筒升高，使其边缘在外圆筒的支撑装置上。将试样夹好，然后移开支撑装置，使内圆筒下降至能被浮起为止。当内圆筒平稳下移时，从零刻度开始计时，测定初始两个 50mL 间隔（即从 0mL 至 100mL 的间隔）通过外圆筒边缘时所需时间。测定准确度如下：≤60s：准确至 0.2s；>60s 至 ≤180s：准确至 1s；>180s：准确至 5s。

对于疏松或多孔性的试样，可测定较大体积空气通过所需的时间。如果在到达零点之前，内圆筒未能平稳、均匀移动，则应从 50mL 刻度处开始计时。

④ 测定时应 5 张试样正面，5 张试样反面进行测定。如果通过试样正反两面的透气度有较大差别，又需要报告这个差别，则应在每个面各测定 10 张试样，并且分别报告这两个

结果。

(五) 结果计算

每张试样的透气度按式 (5-29) 计算：

$$P = \frac{V}{k \times \Delta p \times A \times t} = 1.27 V/t \tag{5-29}$$

式中　P——试样的透气度，$\mu m/(Pa \cdot s)$

　　　V——透过空气的体积，mL

　　　t——通过 V 空气的时间，s

　　　Δp——压力差，取值 1.23，kPa

　　　A——试样测试区面积，取值 6.42×10^{-4}，m^2

　　　k——单位换算因子，为 1000Pa/(1kPa)

以 10 次测定的算术平均值表示结果，精确至两位有效数字。

第十节　纸和纸板吸收性的测定

纸和纸板的吸收性是指其对水、有机溶液或其他液体的吸收能力。对于滤纸、浸渍用纸来说，一般要求产品要有好的吸收性；防水纸等则要求其具有好的抗流体能力；而印刷用纸对油墨的吸收速度是其一项较为重要的指标。纸张和纸板吸收性能与其纤维的种类、制浆方法、处理工艺等均有关系。如棉纤维、阔叶木化学浆、漂白亚硫酸盐浆及磨木浆等有较好的吸收性；浆料打浆度的增加会使纸或纸板的吸收性降低；施胶虽然降低了纸张的吸水性，但却增加了对印刷油墨的吸收性；加填也会使印刷纸对油墨的吸收能力增加。

根据不同纸和纸板的不同吸收情况，如纤维毛细管吸收、表面吸收及全面吸收，可选用不同的方法来测定其吸收性。较常用的方法有：毛细吸液高度测定法、表面吸收速度测定法、浸水法、表面吸收重量法和吸收重量法等。下面介绍较常用的前四种方法。

一、毛细吸液高度测定法 [克列姆 (Klemm) 法]

该方法是测定液体沿着与其垂直的纸面上升的速度，结果以一定时间内液体上升的高度 (mm) 或液体上升一定高度所用的时间 (s) 来表示。适用于滤纸、浸渍用纸等。《GB/T 461.1—2002 纸和纸板毛细吸液高度的测定 (克列姆法)》规定用该法测定未施胶的纸和纸板吸收性的方法，不适用于 10min 内毛细吸液高度小于 5mm 的纸或纸板。

(一) 仪器

测试仪器为 Klemm 试验器。其结构如图 5-18 所示。该仪器有一个盛液体的盘子，其上方的支架上有 5 条可上下移动的刻度尺，刻度为 0～200mm，分度值为 1mm。尺旁的弹簧夹用来夹试样。

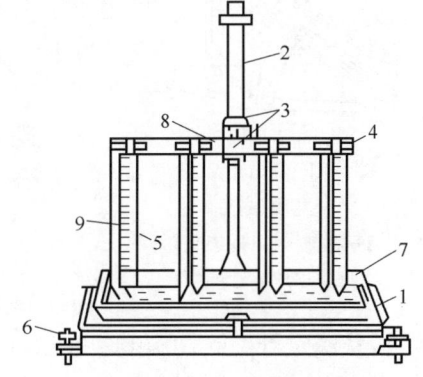

图 5-18　Klemm 试验器
1—底座　2—支柱　3—控制钮　4—弹簧夹
5—刻度尺　6—调节水平螺钉
7—水盘　8—横梁　9—试样

(二) 测定步骤

① 切取宽 (15 ± 1)mm、长至少 250mm 的试

样纵向、横向各 5 条。调节水或去离子水或其他溶液温度在 (23±1)℃ 的范围内。

② 将夹纸器轻轻放下,使试样垂直准确地插入液体中 5mm。立即开动秒表计时,10min±10s 后读取毛细吸液高度。

③ 毛细吸液高度应读准至 1mm。

④ 如有特殊要求,应按产品标准规定的吸液时间进行。

⑤ 如果液体上升时,润湿线倾斜或弯曲,应以平均高度读取结果。如果多层纸板里外层吸收速度不同时,应按平均值表示结果。

⑥ 插入液体中的纸条长度,可按产品标准或其他要求适当延长,但要在试验报告中注明。

⑦ 如果试样卷曲则可在试样下端悬挂一个小夹子,所选用的夹子质量能保证试样垂直插入液体中而又不至于在试样润湿时将试样拉长或拉断。

(三) 数据处理及结果计算

计算纵、横各向试验结果的平均值,以 mm/10min、mm/100s 或 s/mm 表示,精确至 1mm。

二、表面吸收速度测定法(高兹纳克法)

该方法是测定试样吸收一滴液体或水所要的时间。适用于评价印刷纸吸收油墨的速度。《QB/T 2805—2006 纸和纸板表面吸收度的测定》规定用该法测定纸张表面吸收液滴速度。该法适用于测定各种纸和纸板的表面吸收速度,尤其是印刷用纸和纸板。

(一) 仪器及试剂

测定仪器结构如图 5-19 所示。仪器具有一个能放置水平或能与水平面呈 30°角的、用以夹住一定面积试样的框架,底座上有一支滴定管架,用以夹住滴定管。滴定管的容量为 25mL,以 23℃ 蒸馏水校对时,每 20 滴为 1mL。测定时的试剂可用蒸馏水和沥青二甲苯溶液(沥青含量为 1%),也可以是其他试剂,但应该在报告中注明。

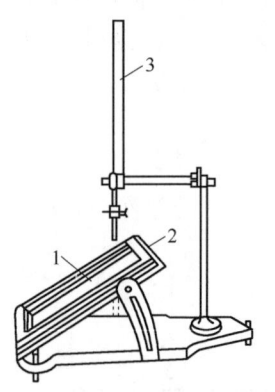

图 5-19 表面吸收速度测试仪
1—框架 2—框架底盘 3—滴定管

(二) 测定步骤

① 切取 250mm×250mm 的试样,并标明正反面。在标准温湿度条件下进行处理,并在该条件下进行如下操作。

② 将试样平整地夹在框架上。如纸的纵向与液体流动方向一致,则为纵向测定;如纸的纵向与液滴流动方向成 90°,则为横向测定。调节框架倾斜角,一般为 30°。

③ 在滴定管内加入试验用液体,至其刻度的 15~20mL 处。将滴定管夹在试验器上,并使滴定管下端至距离试样表面 (50±2)mm 处。

④ 从滴定管中滴一滴溶液在试样上,同时开动秒表。待液体完全被吸收时,即迎光观察液滴光泽完全消失时,停表,读取时间,读准至 1s。按正反面或指定的任何一面分别进行试验,每面至少测 3 张。

(三) 数据处理及结果计算

试验结果以正反面各自的测定结果平均值表示,以 s 为单位。

三、浸 水 法

《GB/T 461.3—2005 纸和纸板 吸水性的测定（浸水法）》规定用浸水法测定纸和纸板浸入水中一定时间后质量增加的测定方法。该法适于一般的纸和纸板，尤其是经一定程度防水处理的纸和纸板，不适用于吸水强的纸。

（一）仪器及试剂

① 感量为 0.01 的天平。

② 盛试验用水的试剂槽，其大小可盛下 10 张 100mm×100mm 的垂直试样。

③ 去离子水或蒸馏水或相当纯度的水。

（二）测定步骤

① 将经标准温湿度条件下处理好的样品切成 100mm×100mm 的试样 10 张，也可根据实际情况切成其他尺寸规格的试样，但应在试验报告中说明。在该条件下进行如下操作。

② 将试样装在一个预先称重的洁净的塑料袋中，在天平上称重，并记录。

③ 将试样从塑料袋中取出，竖直插入装有溶液的槽内，试样的上边缘要在水下（25±3）mm 处，并要保证试样与槽底及样片之间没有接触（可用小夹子夹试样的边缘 5mm 以内）。

浸水时间可按产品标准或按下列条件确定：a. 低抗水性：（5±0.25）min；b. 中抗水性：（30±1）min；c. 高抗水性：（24±0.25）h。如果不能确定浸水时间能否使试样完全饱和，应用另外一个试样先确定浸水时间。

④ 待试样在溶液中浸泡到规定时间后，用镊子垂直夹试样一角，将试样从液体中取出，持样 2min 使多余的水滴下。

⑤ 将试样放回原来的塑料袋中，放在天平上称重，记录，准确至 0.01g。

（三）数据处理及结果计算

（1）吸水性 A

按式（5-30）计算：

$$A=(m_2-m_1)\times D \tag{5-30}$$

式中 A——吸水性，g/m^2

m_1——试样吸水前质量，g

m_2——试样吸水后质量，g

D——每平方米测试面积对应的样品数，个/m^2

结果应以 10 次测定值的平均值表示，计算结果精确至 $0.1g/m^2$；报告要注明浸水时间。

（2）相对吸收性 R

按式（5-31）计算：

$$R=\frac{m_2-m_1}{m_1}\times 100(\%) \tag{5-31}$$

式中 R——相对吸收性，%

m_1、m_2——同式（5-30）

结果应以 10 次测定值的平均值表示，计算结果精确至 0.1%。报告要注明浸水时间。

四、表面吸水能力法（可勃法）

该方法测定试样的一面与水接触达到规定时间后的吸水量，以单位面积试样增加的质量来表示结果，单位为克每平方米。适用于测定施胶纸和纸板表面的吸水性，不适用于定量低于 $50g/m^2$ 和施胶度较低或有较多针孔的原纸和压花纸，不适用于未施胶的纸和纸板，不适用于准确评价纸和纸板的书写性能。

（一）仪器和试剂

可勃吸收性试验仪

主要有两种，一种是翻转式，另一种是平压式，均应满足以下要求。

① 圆柱体金属圆筒的内截面积一般为（100±0.2）cm^2。亦可使用小面积圆筒，但是建议内截面积不小于 $50cm^2$。圆筒高度为50mm。测试用水体积要保证圆筒内水液高度10mm。圆筒与试样接触部分应平滑，结构合理，以防测试过程中损坏试样。

② 翻转式的圆筒盖子上和平压式的底座上应加一层不吸水的弹性胶垫或垫圈，以防水的渗漏。

③ 金属压辊辊宽应为（200±0.5）mm，质量应为（10±0.5）kg，表面应平滑。

④ 使用蒸馏水或去离子水，水温为（23±1）℃。

⑤ 吸水纸定量200～250g/m^2，毛细吸收高度不小于75mm/10min。定量小于200g/m^2时，如多层叠加后满足上述要求，即可使用。吸水性得以保证的前提下，可重复使用吸水纸。

⑥ 天平感量应为0.001g。

⑦ 秒表，可读准至1s。

⑧ 量筒规格为100mL。

（二）测定步骤

（1）试样准备

将经标准温湿度条件下处理好的样品，切成（125±5）mm×（125±5）mm 或直径（125±5）mm 的试样10张（正反各5张）。也可根据仪器测试面积切成其他尺寸规格的试样，但应略大于圆筒外径，不得过大。在该条件下进行如下操作。

（2）翻转式测试仪操作过程

在干燥的圆筒中倒入10mL水，将已称好的试样测试面朝下，放置在圆筒的环形面上。把压盖（盖上前，胶垫保持干燥）盖在试样上，夹紧，与圆筒固定在一起。

根据表5-6，了解特定测试时间所要求的移去剩余水的时间和完成吸水的时间。

表 5-6　　　　　　　　　　测试时间要求

测试时间/s	记号	移去剩余水时间/s	完成吸水时间/s
30	Cobb30	20±1	30±1
60	Cobb60	45±2	60±2
120	Cobb120	105±2	120±2
300	Cobb300	285±2	300±2

将圆筒翻转180°，计时。在达到规定移去剩余水时间的瞬间，将圆筒翻正，松开压盖夹紧装置，取下试样。每测5次后，换水。

在达到规定吸水时间的瞬间，将试样吸水面朝下，放在预先铺好的吸水纸上。在试样上放置一张吸水纸，立即用金属压辊不加其他压力地在4s内往返滚压一次。

快速取出试样，吸水面向里对折，再对折一次后称重，准确至0.001g。对于厚纸板，试样不易折叠，应尽快测量。

(3) 平压式测试仪操作过程

取干燥的圆筒和底座胶垫,将已称重的试样放置于二者之间,夹好,测试面向上。

了解特定测试时间对时间的要求,如表 5-6。

在圆筒中倒入 10mL 水,计时。在达到规定移去剩余水时间的瞬间,将水倒掉,取出试样,使其吸水面朝上平稳地放在预先铺好的吸水纸上。

在达到规定吸水时间的瞬间,将一张吸水纸直接放在试样上,立即用金属压辊不加其他压力地在 4s 内往返滚压一次。

快速取出试样,吸水面向里对折,再对折一次后称重,准确至 0.001g。对于厚纸板,试样不易折叠,应尽快测量。

(4) 试样取舍

对于吸水纸吸水后,表面仍有过量水的试样应舍弃,同时检查吸水纸的吸水性能是否符合要求。当被夹区域的周围出现渗漏或非测试区接触到水时,舍弃试样。

(三)数据处理及结果计算

试样的可勃值 C 按式(5-32)计算:

$$C=(m_2-m_1)\times D \tag{5-32}$$

式中 C——可勃值,g/m^2

m_2——吸水后的试样质量,g

m_1——吸水前的试样质量,g

D——每平方米测试面积对应的样品数,取值 100,个$/m^2$

分别计算正反面 5 个试样的平均值,作为正反面的测试结果;如不分正反面,计算所有数据的平均值,作为样品的测试结果。可勃值精确至一位小数。

第十一节 纸和纸板施胶度的测定

一般根据产品要求,对纸张或纸板进行表面施胶或内部施胶。施胶是指对纸或纸板进行处理,使其获得抗拒流体渗透、扩散的性能。纸或纸板的施胶度则是评价这种憎液性能的性能指标。施胶度测试的方法很多,主要有墨水划线法、液体渗透法、可勃(Cobb)表面吸水重量法、浸水后增重法(见本章第十节)、电导法、卷曲法、接触角法等。不同的方法有不同的适用性。下面介绍墨水划线法和液体渗透法。

一、墨水划线法

墨水划线法是利用标准墨水划在纸上风干后不渗透、不扩散时线条的最大宽度来表示施胶度的方法,适用于文化用纸和书写用纸及定量较低的纸。我国国标《GB/T 460—2008 纸 施胶度的测定》规定了墨水划线法测定文化用纸和书写用纸施胶度的方法。

(一)器具、试剂和易耗品

① 划线器:如图 5-20 所示,划线器的笔端宽度可调,划线笔与平面成 45°角。

② 直线笔(鸭嘴笔):采用方圆牌大号尖头直

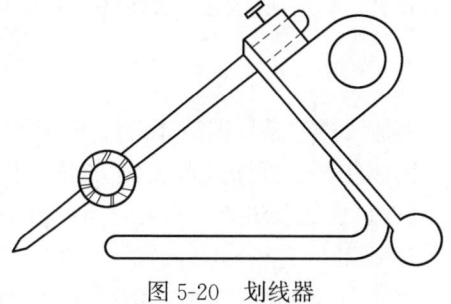

图 5-20 划线器

线笔（北京绘图仪器厂生产）和阔头直线笔。

③ 标准图片：印有标准宽度线条的胶片。

④ 放大镜：放大倍数为10倍，带有刻度，刻度分度值为0.05mm。

⑤ 标准墨水：为北京墨水厂生产的标准施胶度测定墨水，或按如下配方和配制方法自行配制。配方见表5-7；配制方法是按配方剂量将单宁酸及没食子酸用适量的温水溶解，冷却后与阿拉伯胶的冷水溶液混合。再与已溶于冷水的硫酸亚铁混合，静置10d左右后过滤。然后在此滤液中依次加入硫酸、甘油、福尔马林、苯酚，再将蓝靛珠溶化后加入此溶液中。最后加蒸馏水至1000mL混合均匀，即配制完毕。配好的墨水要放在阴凉处保存，不宜过热或过冷，使用后要拧紧瓶盖。其有效期为一年。

表 5-7　　　　　　　　　　　　　标准墨水配方

试剂名称	用量/g	备注	试剂名称	用量/g	备注
单宁酸	3.6	纯度>72%	阿拉伯胶	0.8	—
没食子酸	3.6	纯度>95%	蓝靛珠（品蓝盐）	4.8	—
硫酸亚铁	6.5	纯度>96%	苯酚	1.0	—
硫酸	0.8	纯度>92%	福尔马林（甲苯）	0.7	—
甘油	3.2	相对密度>1.25	蒸馏水	约1000mL	

（二）仪器的校对

主要是划线器笔嘴宽度的校对。先将笔嘴的宽度对照标准线条宽度预调，然后充满墨水，在高施胶度的纸（如海图纸、照相原纸或双胶纸）上划一直线，立即用滤纸或吸墨纸吸干，用标准图片或放大镜测量线条宽度，如不符合标准要求，则再调节划线器的笔嘴宽度。若使用鸭嘴笔，校对方法相同。

（三）测定步骤及结果表示

① 切取150mm×150mm试样，标明反正面。并在标准温湿度条件下处理。

② 将试样平铺于光滑的玻璃板上，用调好宽度、充满墨水的划线器或鸭嘴笔划直线。划线时应对试样轻施压力，笔尖要与纸面成45°，速度为10cm/s，直线长度约为10cm。划线时应以产品标准的规定宽度为基准划一条直线，若墨水不扩散或不渗透，则增大笔的宽度，划出大于标准宽度的直线若干条，直至发生扩散或渗透；若墨水渗透或扩散，则减小笔的宽度，划出小于标准宽度的直线若干条，直至不发生扩散或渗透。每划一条直线应重新补加一次墨水，划线时直线笔应在线条开始点和结束点各停留1s。如果施胶度大于1.5mm，则改用阔头直线笔。

③ 在标准的温湿度条件下风干试样，按"纸张对墨水渗透扩散比较板"衡量其不渗透、不扩散时的最大线条宽度即为该试样的施胶度。线条两端15mm以内不做鉴定。

④ 测定试样正反面各至少3张，以正反面试验结果全部合格的最大宽度表示纸或纸板的施胶度，以mm表示。单面使用的纸张只测定使用面的施胶度，至少3张。

二、液体渗透法

液体渗透法是根据液体透过纸页所需时间来测定施胶度。我国国家标准GB/T 460—2008规定用该法测定纸张施胶度的方法，主要适用于定量较低白纸的测定。

（一）仪器及试剂

1. 试剂

① 1%三氯化铁溶液：溶解1.0g分析纯三氯化铁于水中，稀释至100mL。

② 2%硫氰酸铵溶液：溶解 2.0g 分析纯硫氰酸铵于水中，稀释至 100mL。

2. 仪器

培养皿、秒表及滴瓶（滴管倾斜 45°时，每滴液量为 0.06mL）。

（二）试验步骤及结果表示

在规定的标准大气条件下，将已经进行温湿处理的样品，切成 30mm×30mm 的试样，然后将试样四边折起，做成一底约 20mm×20mm 的小盒。在培养皿内倒入适量的硫氰酸铵溶液，然后将小盒轻放在液面上，同时用滴管在距离小盒底约 1cm 处滴入 1 滴三氯化铁溶液，立即开动秒表，至三氯化铁溶液中刚出现红点时停止秒表，记录时间，准确至 1s。操作时，滴管倾斜约 45°，每滴液量约 0.06mL。

试样应一半正面向上，一半反面向上进行测定，以正反面试验结果的平均时间值表示施胶度，单位为 s。

第十二节 纸和纸板尘埃度的测定

纸或纸板的尘埃是指暴露在纸或纸板表面的、在任何照射角度下能见到的、与纸面颜色有显著差别的纤维束及其他杂质。尘埃度是每平方米面积的纸或纸板上暴露的尘埃个数，或尘埃的等值面积（mm²），用以表示纸或纸板上具有尘埃的程度。我国国标《GB/T 1541—2013 纸和纸板 尘埃度的测定》规定了尘埃度的测定方法。

一、测定仪器

（一）尘埃度测定仪

该仪器结构如图 5-21 所示。照明装置是 20W 日光灯，照射角为 60°；可转动的计数台（即试样板）为乳白玻璃板或半透明塑料板，面积为 270mm×270mm。

（二）标准尘埃图片

该图片上印有不同形状和面积的标准图样，其面积分为 0.05、0.08、0.1、0.2、0.3、0.5、0.7、1.0、1.5、2.0、2.5、3.0、4.0 和 5.0（mm²）共 14 个等级。

二、测定步骤

① 切取 250mm×250mm 的试样至少 4 张，标明反正面。如有大尘埃或黑色尘埃应取 5m² 试样进行测试。

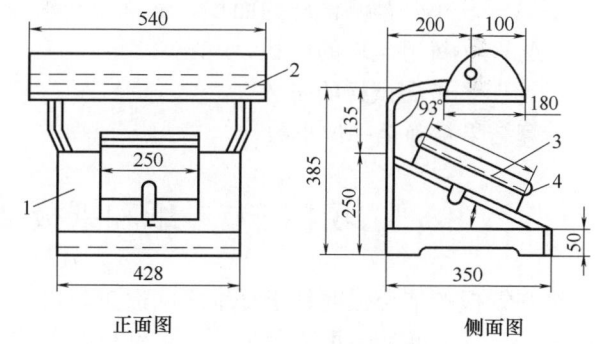

图 5-21 尘埃度测定仪
1—台案 2—荧光灯 3—计数台 4—开关

② 将试样放在可转动的试样板上，用板上四角别钳压紧。

③ 打开日光灯，检查纸面上肉眼可见的尘埃，此时眼睛距纸面的距离应在 250~300mm 之间，用不同标记圈出不同面积的尘埃。如果同一个尘埃穿透纸页，应按两个尘埃计数。

④ 用标准图片鉴定纸上尘埃面积的大小。也可采用按不同面积的大小，分别记录同一

面积的尘埃个数。

⑤ 将试样板旋转 90°，检查是否有新的尘埃，并进行标记。再沿同一方向转动 90°将新发现的尘埃进行标记，如此进行，直至返回最初位置为止。

⑥ 按以上方法测定试样的另一面及其他试样。若单面使用的纸张则仅测使用面的尘埃。

三、数据处理及结果计算

（一）以每平方米试样上含尘埃个数表示的尘埃度

结果可按产品标准或合同规定的分组进行计算。计算每一张试样正反面每组尘埃的个数（单面使用的纸和纸板仅计算使用面的尘埃），将四张试样合计，并换算出每平方米的尘埃个数。按式（5-33）计算：

$$N_D = \frac{M}{nA} \tag{5-33}$$

式中　N_D——尘埃度，个$/m^2$
　　　M——全部试样正反面尘埃总数，个
　　　n——被测试样的张数
　　　A——单张被测试样的面积，m^2

计算结果精确至整数位。

（二）以每平方米试样上含尘埃面积（mm^2）表示的尘埃度

计算出每个尘埃的面积，并按式（5-34）计算：

$$S_D = \frac{\sum a_x \cdot A_x}{nA} \tag{5-34}$$

式中　S_D——尘埃度，mm^2/m^2
　　　a_x——每组面积的尘埃的个数
　　　A——单张被测试样的面积，m^2
　　　A_x——每组尘埃的面积，mm^2
　　　n——被测试样的张数

计算结果精确至一位小数。

第十三节　纸和纸板结合强度的测定

纸和纸板的结合强度是指纤维之间通过氢键结合而产生的强度。它是除纤维自身强度以外影响纸张强度的另一重要因素。由于纤维接触点越多，产生的氢键越多，结合强度越大，所以打浆的程度、纤维的种类、填料的比例等对纤维间结合力的大小都有较大的影响。

虽然抗张强度、耐破强度等能间接反映结合强度的大小，但是 Z 向强度（即垂直于纸面的抗张强度）更能直接反映纸和纸板的结合强度。例如，提高纸页的 Z 向结合强度，会明显减少印刷时印刷纸的分层剥离及掉粉掉毛现象和多层复合纸板层间结合力。这里主要介绍 Z 向抗张力和斯考特（Scott）内结合强度的测定方法。

一、Z 向抗张力的测定

（一）仪器结构与工作原理

Z 向抗张力试验机简称 ZDT 试验仪，图 5-22 示出了其外形结构。它主要由上下两个平面、驱动装置、控制器、延时器、指示机构、上测量面回程缓冲器组成。

试验时，将两面粘好双面胶的试样，放在仪器上下两个圆形平面之间，下圆面由电机驱动由下向上运动，待上下两个平面间的压力达到一定值时自动停止。在这个压力下将胶带与试样、胶带与上下平面黏牢。到一定时间后，下平面向下运动，使试样受到平面垂直方向的拉力而被拉开，此时所需要的力即为Z向抗张力。

（二）仪器准备

将仪器的两个上下平面用酒精或类似溶剂清洗干净，并用干的纸巾或软布等擦干，避免用裸手接触清洁的上下平面。

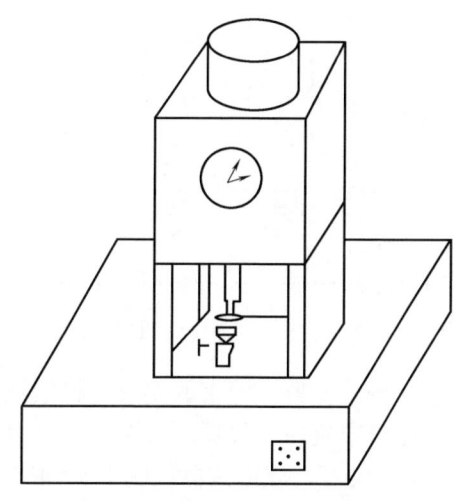

图 5-22　Z向抗张力试验仪结构示意图

（三）试验步骤

① 采取样品，进行温湿处理。从未受破坏的样品中切取试样，避开水印、折痕和皱纹取样。试样数量应至少能完成 5 次试验，尺寸应略大于测试盘的面积。

② 揭去两张双面胶一面的胶带保护层，将试样夹在中间粘好（不要除去胶带上另一面保护层）。双面胶覆盖试样的面积至少应与仪器的测试面面积相等。

③ 将两面粘好双面胶的试样揭去下面胶带保护层，贴在试样座下平面上，轻按，使试样黏牢。揭去上面的胶带保护层。

④ 开动仪器，使上下面夹紧试样，并对试样加压 (1.4±0.1) MPa，保持该压力 (6±1) s。

⑤ 压紧时间到达后，使用设定好的拉伸速度，启动拉伸试验至试样被破坏，记录最大的力值 F。

⑥ 从仪器试样座上揭下试样，进行下一次测定。在此过程中，不要用手触摸仪器上下面的表面，否则要重新清洗平面表面。

⑦ 至少应完成 5 次有效的试验。

（四）数据处理及结果计算

按式（5-35）计算 Z 向抗张强度：

$$p_{MD} = \frac{\overline{F}}{A} \times k \tag{5-35}$$

式中　$\overline{F}$——最大抗张力平均值，N

k——单位换算因子，为 $1000 \text{kPa} \cdot \text{mm}^2/(1\text{N})$

A——测试面的面积，mm^2

p_{MD}——Z 向抗张强度，kPa

结果保留三位有效数字。

二、思考特（Scott）内结合强度的测定

（一）仪器结构与工作原理

该仪器由一个水平面平行放置的摆、刻度盘、试样制备装置等组成。其原理如图 5-23 所示：两片双面胶将试样与一个金属平砧和一个铝块粘牢。用摆撞击铝块上部的内表面，使

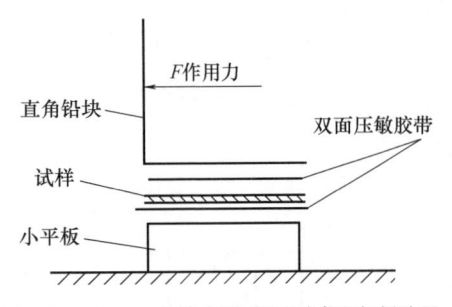

图 5-23 Scott 内结合强度试验仪测试原理

铝块翻转，并在 Z 向破坏试样。通过测定摆动的最高位置来计算试样被破坏过程中吸收的能量。

仪器的量程范围为 $0 \sim 525 J/m^2$。可以通过改变整个摆、在摆上增加砝码或减少试样表面积（不超过 40%）来实现。

（二）仪器校对及准备

① 将仪器放置在稳固的台面上，仔细调节仪器至水平。

② 检查组合摆的结构完整性。

③ 按照仪器说明书的要求，锁紧摆，然后将摆释放，建立一个自由摆动校准点。

④ 对于机械式仪器，应调节摆的摩擦螺母来确定合适的空摆，从而完成校准程序；对于电子式仪器，应按仪器说明书来调节摆垂直位置的读数，必要时应重新检查和调节空摆的读数值。

⑤ 如仪器附带校准测试砝码，应按说明书要求做摆的撞击测试。

（三）测定步骤

① 准确切取 $(25.4 \pm 0.1)mm \times 140mm$ 的试样两条，在标准大气条件下处理至平衡，并进行以下操作。

② 校准仪器。调节并确认试样制备台在所有位置施加的均匀压力为 $(690 \pm 21) kPa$，半自动仪器会产生一个 3s 的夹持时间。应采用 690kPa 以上的压力。

③ 将金属平砧按照序号放在制备台的相应位置上，使前面销子上的定位孔和槽朝后。保证金属平砧和铝块上没有胶黏剂和纤维残留。

④ 在金属平砧上覆盖双面胶，并多出 25mm。注意双面胶的质量。双面胶应该处于金属平砧的槽或脊的中间位置。避免在试样区域的前后发生重叠，避免双面胶下出现气泡。

⑤ 将待测试样准确放置在第一条双面胶上。用第二条双面胶覆盖试样，双面胶要多出至少 25mm。用刀裁切双面胶-试样-双面胶复合层。

⑥ 把装有 5 个直角铝块的固定装置定位放好，其垂直面朝前。

⑦ 对于机械式试样压紧装置，用凸边螺钉将固定板夹紧。通过向前拉动凸轮杆 2～3s 来施加压力。夹持时间不得过长，压力不得过高。将手柄拉回到顶部，释放压力。对于气动式或水压式试样压紧装置，按仪器说明书操作，按下自动压紧环，夹持压力应为 $(690 \pm 21) kPa$。

⑧ 小心打开并移走固定板，使铝块粘在双面胶-试样-双面胶复合层上。用小刀分离 5 个试样。

⑨ 将摆转到右端，直至被锁住。对于机械式仪器，塑料指针应指向同一位置，确保指针接触摆上的锁销。将试样放置在试样台上，平砧的沟槽向右，铝块的垂直部分向左。在定位销位置允许的情况下，平砧应远离左边。机械式仪器用滚花螺钉保证锁紧，或启动自动夹持保证锁紧。

⑩ 释放摆，破坏纸样。对于机械式仪器，快速压下锁，保证销不会拉动下面的锁。对于电子式仪器，用食指按下下降开关，并在摆经过垂直位置前，释放开关。在摆回程时重新锁住摆。读取结果，将机械式仪器的指针回零，从试样台上取走第一个平砧，进行下一个试验。

⑪ 检查试验上下面的破坏情况，进而确定测试的有效性。在试样的测试方向上应进行 5 次有效试验。注意要注明试验方向（纵向或横向）。

（四）数据处理及结果计算

内结合强度以 J/m^2 单位表示，结果保留三位有效数字。

第十四节　纸和纸板印刷表面强度的测定

随着科技及经济的发展人们对印刷品的质量要求越来越高。纸张的表面强度是决定印刷质量的重要因素之一。印刷表面强度也称为拉毛速度。拉毛是指在印刷过程中，当油墨作用于纸或纸板表面的外向拉力大于纸或纸板的内聚力时，引起表面的剥裂。对于未涂布纸或纸板，此种剥裂形式一般是表面起毛或撕破；对于涂布纸或纸板则主要是表面掉粉或起泡分层甚至纸层破裂。

印刷表面强度是指以连续增加的速度印刷纸面，直到纸面开始拉毛时的印刷速度，以 m/s 表示。

一、仪器结构及工作原理

《GB/T 22365—2008 纸和纸板 印刷表面强度的测定》规定，电动型和摆式 IGT 印刷适性仪均可用来测定纸和纸板印刷表面强度。这里介绍电动型 IGT 印刷适性仪。

IGT 印刷适性仪的工作原理为：使用标准油墨在恒压下经连续增加的速度印刷一条纸，当纸面开始发生拉毛时，记录此时的印刷速度即为纸或纸板的印刷表面强度。

电动型 IGT 印刷适性仪结构如图 5-24 所示。

电动型 IGT 印刷适性仪主要结构及试剂如下。

① 打墨机：它能赋予印刷盘一层一定厚度的标准油墨膜。用于分布油墨的大匀墨辊和加速分布用的小匀墨辊由聚氨酯制成。打墨机每边油墨分布系统的总面积为 1200cm²（不包括印刷盘）。加 1mL 标准油墨，印刷盘上的标准油墨膜厚度为（7.6±0.6）μm，可印刷 10 条试样。

② 印刷仪器：由电机驱动的印刷仪器，包括一个半圆的扇形轮 8，半径为 85mm，上面用标准衬垫包覆。用作拉毛印刷的扇形轮约有 150°，扇形表面与平滑的金属印刷盘面相接触，并以逐步增加的速度回转来完成对

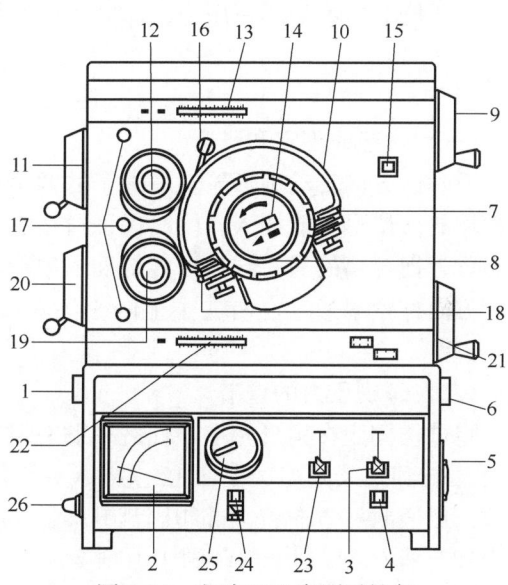

图 5-24　电动 IGT 印刷适性仪

1—扇形轮启动电钮　2—速度指示器　3—电源开关　4—电源指示灯　5—速度调节手轮　6—电机启动电钮　7—纸样夹子　8—扇形轮（即印压滚筒）　9—上部印刷压力调节手轮　10—衬垫　11—上部印刷盘升降器　12—上部印刷盘轴　13—上部印刷盘刻度尺　14—速度类别选择器　15—扇形轮启动指示灯　16—刷子　17—附件连接孔　18—夹衬垫　19—下部印刷盘轴　20—下部印刷盘升降器　21—下部印刷压力调节手轮　22—下部印刷盘刻度尺　23—速度选择开关　24—间歇印刷指示灯（拉毛试验中不使用）　25—间歇印刷定时器（拉毛试验中不使用）　26—熔断器

试样的印刷。金属面印刷盘的直径为 65mm，宽 10mm，印刷时对试样的压力应调节到（345±10）N。试验所需的加速度印刷条件只有在扇形轮位于起始位置时，才可用速度类别选择器 14 进行选择。高低速选择开关 23 最初应放在低速位置上，高低不同的速度由调速轮 5 选择调节，但是不能超过 7m/s。仪器备有印刷速度和纸条位置关系图表，用来查出纸面印区每一点的印刷速度。当扇形轮包好衬垫夹好试样，并在仪器轴杆 12 上插入印刷盘使之处于靠近纸面位置时，可通过压力调节轮 9 将印刷压力调至设定值。

③ 标准油墨：标准油墨分低、中两种黏度，应符合轻工行业标准《QB/T 1020—2018 纸和纸板印刷适性试验用标准油墨》的规定。

④ 标准衬垫：纸垫和胶垫厚度均为（1.5±0.1）mm。一般前者用于凸版印刷试样；后者用于胶版印刷和凹版印刷试样。

⑤ 注墨管：容量 2mL，分度 0.01mL。

⑥ 标准拉毛观测灯：光源摄入角为 75°，观察孔观测角为 30°。

⑦ 石油醚或溶剂汽油、培养皿、软毛刷、不掉毛的柔软纱布或高档卫生纸，用于清洗标准油墨。

二、仪器的校对

定期校准仪器的印刷压力、印刷速度及标准油墨的黏度，如有误差予以调节和校正。

三、仪器的准备

（一）衬垫的固定和张紧

逆时针方向转动扇形轮左右夹子的两个小的滚花螺钉。按开扇形轮左侧的衬垫夹子 18，将选用的衬垫尽可能插入，同时保证衬垫在扇形轮上处于很平直的位置，然后用大的滚花螺母夹紧。把衬垫的另一端尽可能地插入扇形轮右侧的纸样夹子 7 中，由大滚花螺母夹紧。顺时针方向拧紧扇形轮左右夹子上的小滚花螺钉，把衬垫张紧在扇形轮上。衬垫损坏应及时更换。

（二）印刷压力的调节

将试样固定在扇形轮上，使之平贴在衬垫表面。以顺时针方向将仪器上部印刷盘升降器 11 尽量转到最大限度，在轴 12 上插入一个没上标准油墨的印刷盘。然后把扇形轮转到启动位置。以逆时针方向将上部印刷盘升降器 11 尽可能地转动到最大限度。转动仪器右侧上部张力调节器 9，直到上部印刷压力刻度尺 13 上指示（345±10）N。

四、测定步骤

（一）裁切试样

裁切出宽 350mm×35mm 的试样，正反面各不少于 5 条，长度方向为试样的纵向，试样正反面要做好标记。置于标准恒温恒湿标准大气条件下进行处理至平衡。为了达到较高测试准确性，将实验室的温度条件最好控制在（23±0.5）℃范围内。并在此条件下进行如下操作。

（二）操作程序

（1）夹持试样

按开扇形轮左侧上的纸夹 18，把试样插进夹内，并保证试样与衬垫相平行。

(2) 准备印刷盘

首先把标准油墨吸入注墨管，注意不要吸入空气。如果在注标准油墨后，发现标准油墨自行涌出，说明注墨管内混入空气，应清除管内全部标准油墨，再重新注入。然后先用软毛刷沾石油醚或溶剂汽油刷洗打墨机上的大小聚氨酯匀墨辊和印刷盘，再用卫生纸或软布蘸石油醚或溶剂汽油擦洗打墨机上的金属滚筒。最后用注墨管把 1mL 标准油墨沿打墨机滚筒轴向均匀施加到前滚筒上。匀墨至少 10min 后，把两印刷盘同时放到打墨机聚氨酯辊上上墨，上墨时间为 30s。

(3) 印刷试样

先将仪器速度类别选择器 14 拨至加速位置上。再将速度选择开关 23 放在低速位置上。然后顺时针方向尽量转动仪器上部印刷盘升降器 11，并将上好标准油墨的印刷盘插在轴杆 12 上，直至到合槽位置。转动带有试样的扇形轮至起动位置，此时，仪器前面的指示灯 15 亮。再以逆时针方向尽量转动上部印刷盘升降器 11。转动刷子 16，使之与扇形轮上的试样相接触。

用右手按下仪器右侧电机启动电钮 6，在电机启动之后，用左手按下仪器左侧的扇形轮启动电钮 1。此时扇形轮运转完成印刷（在印刷时要保持两钮都按下的状态）。当轮停下后，从夹子上取下试样，立即观测拉毛始点（注意：要根据试样印刷表面强度的高低选择加速印刷的最大速度，如 0.5、1.0、1.5、2.0、3.0、4.0、5.0、6.0 或 7.0（m/s）。最大印刷速度由速度调节手轮 5 来调节）。

(三) 拉毛的判定

先标出试样印迹最初（静止的）接触面中心，作为印刷起始点（端部宽约 5mm 深色印迹的中间位置）。再把印后试样马上放在标准拉毛观测灯下，通过观测孔观测拉毛情况。以纸面开始连续成片拉毛作为拉毛的开始点，并做出标记。然后用印速与印刷位置标尺查出该点的印刷速度即为印刷表面强度。

对于纸板的起泡分层，可通过印刷面朝里弯曲试样观察。

记录下拉毛类型。

如果在印刷时在 20mm 以内就开始起毛，就要更换低黏度的标准油墨，或者降低速度进行测试。当纸一开始就有轻微起毛，但随着印刷速度的增加，拉毛情况不趋于明显严重时，应采用更大印刷速度或更换高黏度的标准油墨，以便找到拉毛的明显起点。

(四) 印刷后处理

每印完一条试样，用蘸有石油醚或溶剂汽油的卫生纸或软布擦净印刷盘，待晾干后继续对印刷盘上墨。

每印完 10 条试样后，用注墨管在打墨机上沿滚筒轴向均匀补加 0.16mL 标准油墨，分布均匀后，继续对印刷盘上墨，补加油墨分布时间不少于 45s。

正反两面至少各印 5 条试样（单面印刷纸只测印刷面）。完成试验后，将印刷盘和打墨机擦洗干净。

五、数据处理及结果计算

计算正、反面试样的测定结果的平均值，以 m/s 表示。注明标准油墨种类、最大印刷速度、纸面的拉毛类型及试验的温湿度条件等。

计算结果修约至 0.01m/s。

第十五节　纸和纸板湿强度的测定

纸和纸板的湿强度是指其在湿的状态下所表现出的强度。由于在湿的条件下，纸或纸板中纤维发生润张，纤维间的氢键有许多被破坏，致使纸或纸板的结合强度大大下降。因此，一般来说，纸和纸板的湿强度要比其干强度低得多。如果纸或纸板在抄造过程中，尤其是从压榨部送入干燥部时湿强度差，会经常发生断头，给生产带来麻烦。还有一些产品需要在湿的条件下使用（如海图纸及某些包装纸），另一些产品要在被弄湿的时候保持一定的强度（如钞票纸及某些箱纸板），所以测定其湿强度有重要意义。

湿强度的测定方法有多种，这里主要介绍《GB/T 465.1—2008　纸和纸板　浸水后耐破度的测定》及《GB/T 465.2—2008　纸和纸板　浸水后抗张强度的测定》规定的纸或纸板按规定时间浸水后耐破度的测定和纸和纸板按规定时间浸水后抗张强度的测定方法。

一、按规定时间浸水后耐破度的测定

（一）仪器及试剂

① 符合 GB/T 454—2002 或 GB/T 1539—2007 的耐破度仪。
② 能使试样垂直浸泡的可控恒温水槽。
③ 蒸馏水或去离子水。

（二）测定步骤

① 切取 100mm×100mm 的试样，标明反正面。一般需要 10 个试样，若做多层耐破度试验则需较多地试样。把试样垂直地浸入水中。水温按 GB/T 10739—2002 的规定选择一种温度［推荐（23±1)℃］。浸泡时要将试样彼此分开，且不要使试样接触水槽的底和边，上顶边应置于水面下（25±2）mm 左右，浸泡一定时间。瓦楞纸板浸水时应使瓦楞垂直，以避免存气。浸水时间根据产品标准要求确定。纸的典型浸水时间为 1h±1min，纸板为 2h±2min 和 24h±15min。

② 在到达规定时间后，将试样从溶液中取出。捏住试样的一角，使水滴下 2min 左右，用滤纸轻轻吸去试样表面上多余的液体。然后在耐破度仪上测定试样的耐破度。纸的一半正面向上和一半反面向上各测定 5 次。如果单层试样耐破度很低（耐破度值小于 35kPa）时，可采用多层试样同时测定。但要在报告中说明。

③ 如果需要测定湿后耐破度保留率，则需测定相同数量的同一试样的干耐破强度。此时需要更多试样。

（三）数据处理及结果计算

浸水后耐破度用以下几种方法表示：

1. 浸水后的平均耐破度

浸水后的平均耐破度按式（5-36）计算：

$$p = \frac{p_B}{N} \tag{5-36}$$

式中　p——平均耐破度，kPa

　　　p_B——多层试样的平均耐破度，kPa

　　　N——试样的测定层数

2. 浸水后平均耐破度保留率

浸水后平均耐破度保留率 r（%）由式（5-37）计算：

$$r=\frac{p_\mathrm{w}}{p_\mathrm{d}}\times100(\%) \tag{5-37}$$

式中　r——耐破度保留率，%

　　　p_w——湿耐破度，kPa

　　　p_d——干耐破度，kPa

3. 浸水后平均耐破度指数

计算及表示方法同本章第六节。

二、按规定时间浸水后抗张强度的测定

（一）仪器及试剂

① 符合 GB/T 12914—2018 的抗张力试验机。

② 足以使试样完全浸入水中的水盘（不锈钢或陶瓷等材料制成）。

③ 蒸馏水或去离子水，水温（23±1）℃。

④ 滤纸或吸墨纸。

（二）测定步骤

① 如果浸水时间在 1h 以上，浸水前的样品可不进行温湿处理。如果浸水时间少于 1h 以及测定干抗张强度的样品，应该进行温湿处理。

② 将试样标明纵、横向后，切成宽度为（15±0.1）mm，而长度最短为 250mm 的试样。对于实验室手抄纸，按其标准规定进行裁切。将试样放入盛有水的盘中，浸泡一定时间，一般为 1h 或 2h，也可根据产品质量标准要求确定浸泡时间。如果是吸水性很强的纸，则可以将试样弯成环状，使中心部分浸入液体中，液体要浸过上表面，已湿的部分至少 25mm，但不超过 50mm。到达规定时间后，将试样从盘中取出，用滤纸或吸墨纸轻轻吸去试样表面的液体。

③ 将试样迅速置于抗张力试验机上测定抗张强度。其测试方法与纸和纸板抗张强度实验法相同。纵横向各测定 10 个结果。对于湿强度很低的纸，则应采用多层试样进行试验，且纵横向均应测定 10 个结果。如果测定抗张强度保留率，则要按标准方法进行同一试样的干抗张强度测定。

（三）数据处理及结果计算

1. 浸水后抗张强度

浸水后抗张强度按式（5-38）计算：

$$\gamma=\frac{\gamma_\mathrm{s}}{n} \tag{5-38}$$

式中　γ——单层试样浸水后抗张强度，kN/m

　　　γ_s——多层试样浸水后抗张强度，kN/m

　　　n——试验层数

精确到三位有效数字。

2. 浸水后抗张强度保留率

浸水后抗张强度保留率按式（5-39）计算：

$$r = \frac{\gamma_w}{\gamma_d} \times 100(\%) \tag{5-39}$$

式中　r——浸水后抗张强度保留率，%

　　　γ_w——浸水后抗张强度，kN/m

　　　γ_d——干抗张强度，kN/m

测试结果精确到小数点后一位。

第十六节　纸张不透明度和透明度的测定

纸张的透明度和不透明度是指光束照射在纸面上透射的程度。不透明度是指带黑色衬垫时，对绿光的反射因数 R_0 与厚度达到完全不透明的多层纸样的相应反射因数 R_∞ 之比。它往往作为印刷用纸的主要指标，不透明度越大纸张越不透印，印刷后的字迹就越清晰。透明度是指单层试样反映被覆盖物影相的明显程度。它往往是描图纸、玻璃纸、透明纸、半透明纸等类纸张的重要指标。纸张的定量增加，会使纸张不透明度增加；而纸张的紧度增加，则会使其不透明度下降；短纤维及厚壁纤维比长纤维和薄壁纤维相比，会使纸张有较高的不透明度。不同种类的浆料对不透明度会产生不同的影响，如机械木浆会比化学木浆不透明度高，未漂浆会比漂白浆不透明度高，棉浆比麻浆不透明度高，增加填料的含量也会使纸张的不透明度增加。不透明度高的纸张透明度就低，而不透明度低的纸张透明度则高。

不透明度和透明度的可用 SBD 白度仪和爱利夫（Elrepho）光学性能测定仪来测定。

一、不透明度的测定

我国国家标准《GB/T 1543—2005　纸和纸板　不透明度（纸背衬）的测定（漫反射法）》规定的纸不透明度测定法（纸背衬）适用于近白色和接近白色的纸与纸板。

（一）测试仪器

① 反射光度计或白度计。

② 工作标准白板。

③ 标准黑筒：反射因数与名义值的差值不大于 0.2%。

（二）仪器校对

① 将仪器接通电源，预热至仪器光电池稳定。调节仪器内滤光片在 Y 值滤光片位置，使仪器有效波长在 550nm。

② 用黑筒调好零点，用工作白标准板和黑筒校对仪器。

（三）测定步骤

① 切取 75mm×150mm 试样 10 张以上，均正面向上叠成一叠。试样叠的层数应达到当试样数量加倍后，反射因数不再随试样层数增加而增加的程度。并在试样叠的上下各加一层起保护作用的试样。

② 取下试样叠上的保护层，测量其最上面一层试样的内反射因数 R_∞，读数精确到 0.1%。

③ 将最上层试样从试样叠上取下，并在被测试样的下面衬上黑筒，在相同测试区内，测定其单层反射因数 R_0。

④ 取下被测试过的试样，放在纸叠底部，重复上面操作至少 5 次。

⑤ 翻转纸叠，测定试样反面的 R_∞ 和 R_0。

（四）数据处理及结果计算

分别计算试样正面和反面的 R_∞ 和 R_0 的平均值。并按式（5-40）分别计算试样正面和反面的不透明度：

$$R = \frac{R_0}{R_\infty} \times 100(\%) \tag{5-40}$$

式中　R——试样正面或反面各自的不透明度，%

R_∞——试样正面或反面各自的内反射因数平均值，%

R_0——试样正面或反面各自的单层反射因数平均值，%

如果正面和反面的透明度之差不大于 0.5%，可报告正反面的平均值。如果正面和反面的透明度之差大于 0.5%，则需分别报告正反面的不透明度。

计算结果保留三位有效数字。

二、透明度的测定

我国国家标准《GB/T 2679.1—2013　纸　透明度的测定　漫反射法》规定了纸透明度测定法。

（一）仪器及仪器校对

同不透明度测定。

（二）测定步骤

① 切取 75mm×150mm 试样不少于 5 张。正面向上叠成一叠，纸叠上下各衬一张纸加以保护，防止试样污染。如果不能区分正反面，保证式样的同一面朝上。

② 如果测试含有或者可能含有荧光增白剂的样品，应按照《GB/T 7973—2003　纸、纸板和纸浆漫反射因数的测定（漫射/垂直法）》的规定在光束中插入 420nm 紫外截止滤光片，确保消除荧光激发。

③ 按照仪器说明书，测定光亮度因素 R_w。读取并记录测量值，准确至 0.1%。

④ 不要用手接触试样的测试区，将第一张试样放在白色底衬上，测定试样的光亮度因素，读取并记录测定值 R_y，准确至 0.1%。

⑤ 将第一张试样放在黑筒上，在相同测试区内，测定试样的单层光亮度因素，读取并记录测定值 R_0，准确至 0.1%。

⑥ 重复④和⑤步骤，直至测完 5 组数据。

（三）数据处理及结果计算

用式（5-41）计算试样透明度 T：

$$T = \left[(R_y - R_0) \times \left(\frac{1}{R_w} - R_0\right)\right]^{1/2} \tag{5-41}$$

式中　T——透明度，%

R_y——单张试样衬白色底衬的光亮度因数

R_w——试样衬白色底衬的光亮度因数

R_0——单层试样背衬黑筒时的光亮度因素

计算 5 组平均值，计算过程中光亮度因数值用小数表示。结果用百分数表示，修约至小数点后一位。

第十七节　纸张柔软度的测定

纸张的柔软度是指在一定作用力下，把一定宽度和长度的试样压入一定宽度的缝隙中一定深度时，试样本身弯曲力和试样与仪器缝隙之间摩擦阻力的矢量和。该值越小，说明试样越柔软。柔软度的大小不仅与纸浆的种类有关，而且与纸张的定量、厚度和挺度等纸张特性相关。

我国国家标准《GB/T 8942—2016　纸　柔软度的测定》中规定的纸柔软度的测试方法为手感式柔软度仪测定法。该方法适合于各种皱纹卫生纸等需要手感较好、柔软、舒适等性能的纸张，不适合于经折叠、压花后的餐巾、面巾纸以及具有较高挺度的纸。

一、仪器结构与工作原理

（一）仪器结构

手感式柔软度测定仪的结构如图 5-25 所示。它主要由测量臂、传感器、凸轮、电机、测量刀片、测量平台及控制、显示几个部分组成。

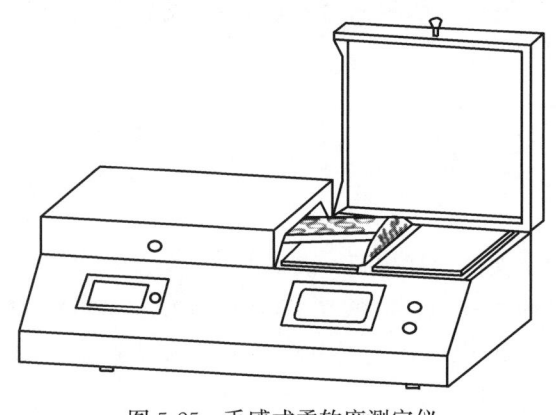

图 5-25　手感式柔软度测定仪

（二）工作原理

当电机带动测量臂向下移动时，板状测头将置于测试平台上的试样压入测量缝隙内一定深度，此时试样与台口所产生的摩擦力及试样本身的抗弯曲力传给传感器，再由放大器放大，并经 A/D 转换，在仪器电机运行完一个周期后，在显示器上将力值显示出来。

二、仪器特性参数及仪器的校对

（一）仪器特性参数

① 缝宽：分为 4 个档次，依次为 5.00mm、6.35mm、10.00mm、20.00mm。宽度误差应小于（±0.05）mm。

② 板状测头外形尺寸：长度不小于 120.0mm，厚度为 2.0mm，测口圆弧半径为 1.0mm。

③ 测头平均行进速度：(1.20mm±0.24)mm/s；总行程：(12.0mm±0.5)mm。

④ 试样压入深度：$8^{+0.5}_{0}$ mm。

⑤ 仪器示值误差：±1.0%。

⑥ 仪器示值重复性：不大于 1.0%。

⑦ 狭缝平行度：应不超过±0.05mm。

⑧ 测头对中性：测头进入狭缝后，测头相对于狭缝两边的对称度应不大于 0.05mm。

（二）仪器校对

1. 狭缝宽度及误差和两边平行度的校对

用精密度为 0.02mm 的游标卡尺测量狭缝两边和中间的宽度，狭缝宽度为这 3 个位置测量值的平均值。该值与标称宽度之差应小于±0.05mm。三个测量值之间的最大值与最小值之差为缝两端的平行度误差，该值应小于±0.05mm。

2. 测量头总行程及平均行进速度的校对

① 首先将测量头开至行程的最高位置，用高度尺测量上端面至台面高度（h_1，mm），再将测量头降至行程最低位置，再测量上端面至台面之间的高度（h_2，mm），则总行程为（H，mm）：

$$H = h_1 - h_2$$

② 用秒表测出量头的行程周期（t），精确至0.01s，以t表示之，则平均行程速度（v，mm/s）为：

$$v = \frac{H}{t} \tag{5-42}$$

3. 压入狭缝深度检查

用游标卡尺测量板状测头本身高度（h_B，mm）压入深度（h_k，mm）为：

$$h_k = H - (h_1 - h_B) \tag{5-43}$$

4. 仪器显示值精确度校对

将仪器调好零点，并按图5-26装好专用滑轮架，挂上40g砝码，然后依次装10g、20g、40g、60g、80g砝码，或在板状测量头上直接加砝码，将以上程序重复3次，得到3组实测值。仪器显示值精度依据式（5-44）计算：

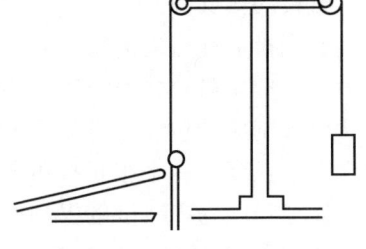

图5-26 仪器精度校对示意图

$$\Sigma = \frac{F_i - F}{F} \times 100(\%) \tag{5-44}$$

式中 Σ——仪器显示值精度，%

F_i——实测平均值

F——砝码标称值

仪器重现性按式（5-45）计算：

$$b = \frac{F_{max} - F_{min}}{F_i} \times 100(\%) \tag{5-45}$$

式中 b——仪器重现性，%

F_{max}——3次测量的最大值

F_{min}——3次测量的最小值

F_i——3次测量的平均值

5. 测头对中性检查

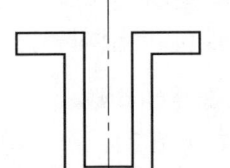

图5-27 测头对中性专用量规

将对中性专用量规（图5-27）置于试验台狭缝中，测量头自上而下运动，板状测量头能轻松地落入量规槽的中间即为合格。

三、测定步骤

① 采取样品，并进行温湿处理。按产品标准要求的层数切取100mm×100mm的试样，并分别标明纵、横向。对于无法区分正反面的样品，保证同一面朝上。如果样品尺寸不足，应尽量切取最大尺寸。各向尺寸偏差为±0.5mm。

② 仪器通电预热，校准仪器。

③ 将试样置于测试台中央，尽可能使之对称于狭缝。多层样品要先分层，然后按照原来的顺序叠放后进行测定。压下启动开关，开始测定。板状测头走完全程后，仪器记录测定值。

④ 取下试样，进行下一个试样的测定。纵、横向分别测 10 个数据。每个方向测定时试样应 5 个正面向上，5 个正面向下。

四、数据处理及结果计算

分别以纵、横向的平均值表示柔软度，单位为 mN。

计算结果修约到整数。

第十八节　纸板戳穿强度的测定

纸板的戳穿强度是指用一定形状的角锥穿过纸板所需的功。这个功包括开始穿刺及使纸板撕裂弯折成孔所需的功。戳穿强度与耐破度不同之处在于：前者是给纸板突然施加一个撞击力，并把它戳穿，属于动态强度；后者则是均匀地施加力而把试样顶破，属于静态强度。

纸板制成的包装箱常常受到其他物体的突然撞击而损坏，所以对于纸板或瓦楞纸板来说，戳穿强度是一个很重要的特性。许多因素对戳穿强度都有影响，其中打浆度的影响较大，戳穿强度随打浆度的提高而达到最高值，以后就开始下降。

我国国家标准《GB/T 2679.7—2005　纸板　戳穿强度的测定》中规定使用比奇（Beach）式戳穿强度测定仪测定纸板的戳穿强度。

一、仪器的结构与工作原理

（一）仪器的结构

如图 5-28 所示。它由支撑座、摆、指示机构及刻度盘组成。

（二）测定原理

用摆使三角锥形的戳穿头由位能变成动能穿破试样，该戳穿头冲击试样而使之被戳穿。在穿透过程中，消耗的总能量为摆开始时的位能与在运动结束时的位能之差，其值在刻度盘上表示出来。

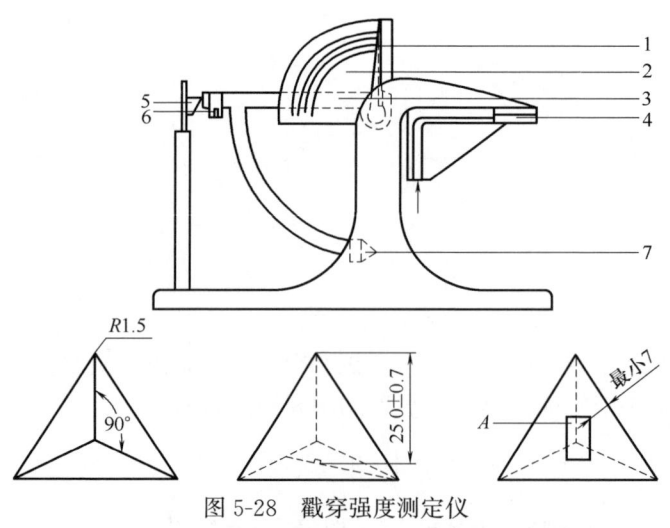

图 5-28　戳穿强度测定仪
1—指针　2—刻度盘　3—摆臂　4—试样夹　5—固定装置
6—配重孔　7—戳穿三角头　A—横梁的断面

二、仪器的特性参数及仪器的校对

（一）仪器特性参数

① 读数盘范围：0～6J、0～12J、0～24J、0～48J，共 4 档。

② 三角锥体戳穿头：锥体高 (25 ± 0.7)mm，棱边圆角半径 1.0～1.6mm。

③ 夹板装置：两块水平夹板，有效面积不小于175mm×175mm，夹板中央各有一个(100±2)mm的等边三角形孔。

④ 试样的夹紧力：在250～1000N范围内可以调整。若没有夹紧力指示机构，则使两板之间的压力夹住试样不松动即可。

⑤ 摆：其形状为90°圆弧，其冲击力可以通过更换配重砝码加以调整。

（二）仪器校对

① 摆重心的校对：首先调好仪器的水平。然后使摆的重心处于最低点，角锥的尖端与摆轴所在平面之间的距离应在±5mm范围内。否则应通过升降平衡砣调节。

② 零点调节：除去摆上的配重砝码和试样夹板，将指针拨至最大值处，把摆置于开始试验位置，压下释放按钮，摆即摆动，这时指针应该指零点，否则用摆上的零点调节螺丝调节。在更换不同重量的配重砝码时，零点应重新校对。

③ 指针摩擦力的调节：将指针放在零点，抬起摆于开始试验位置，压下释放按钮，摆即摆动，这时指针不得超出零点外3mm。否则在指针轴承上注油润滑剂或放松指针弹簧的压力予以调节。

④ 摆轴摩擦的校对：在不加任何配重砝码时，将摆从固定位置释放，让摆自由摆动至完全停止，往复摆动的次数不应少于100次。

⑤ 防摩擦环阻力的校对：指针调好零点后，将一块中间开有边长61mm等边三角形孔的铝板（该板的孔与试样压板的孔应正对着）压在压板中间，然后释放固定好防摩擦环的戳穿头，指针读数不应大于0.25J。如不符合要求，可调节三角形戳穿头的3个顶球螺钉，使弹簧的压力增大或减小来调节。

三、测定步骤

① 采取试样，并进行温湿处理。切取不小于175mm×175mm尺寸的试样8个，标明纵、横向与正、反面，试样应平整，无机械加工痕迹和外力损伤。在任何情况下，戳穿试样应距样品边缘、折痕、划线或印刷部位不少于60mm。如果由于某种原因，用已印刷的纸板做试验，则应在试验报告中说明。

② 定期进行摆锤平衡、指针零点、指针摩擦力、摆轴摩擦套环阻力的调节及校准，做好记录。

③ 检查仪器水平摆锤固定装置是否牢固，释放装置、保险装置是否正常，消除安全隐患。调整配重砝码后，将摆锤吊挂在起始位置，关保险装置开关。

④ 将指针拨向最高值位置，将防摩擦环套在三角锥体头的后面，将待测试样夹在上、下夹板之间。打开保险开关，轻轻打开释放手柄，摆体自由落下，戳穿试样。从刻度盘中读取指针所指的数即为试样的戳穿强度。在刻度盘上配重砝码对应的刻度范围内，读取测定结果，应准确至最小分度值的一半。提起摆体手柄，使摆体复位，拨回指针，松开加压装置，取出已试验过的试样，进行下一个试验。

注：① 根据试样戳穿强度的大小，选择合适的摆重及刻度范围。一般要求试验结果的读数应在满刻度值的20%～80%范围之内。如超过此范围，应另选测量范围。
② 仪器空载时，不得随意释放摆体，以免损坏试样夹具及摆杆。
③ 测定完毕后，应将保险手柄拨回，并固定好摆体。

四、数据处理及结果计算

将试样正面纵向、反面纵向、正面横向及反面横向各两个测定值的算术平均值报告测定结果,单位为 J。若防摩擦套阻力和摆轴摩擦阻力之和大于或等于测试值的 1%,则用测定值减去该阻力之和,作为测定结果。计算结果数值小于 12J 时,精确到 0.1J;大于 12J 时,精确到 0.2J。

第十九节 纸板挺度的测定

纸板挺度是指其抗弯曲的强度性能。一般来说纸板常常被加工成为包装用的纸盒以及各种以卡片形式使用的卡纸、月票纸板等产品,需要有较好的挺度来保证在使用过程中不至于变形或被破坏,所以挺度是纸板的一项重要的强度指标。

厚度是影响挺度的最重要的因素,纸和纸板的挺度随着厚度的增加而增加。纸板的挺度也随原料和制浆方法不同而异,如各种制浆方法所抄造的纸或纸板挺度大小依次为:未漂针叶木亚硫酸盐浆、漂白针叶木亚硫酸盐浆、漂白针叶木硫酸盐浆、未漂针叶木硫酸盐浆、亚硫酸盐浆、磨木浆。浆料的组成及纸浆的处理情况对纸或纸板的挺度也有影响,如浆料中短纤维比长纤维多,或半纤维素含量高,或打浆度高,或淀粉及其他特定助剂含量增加,都可以使挺度增加。另外,湿度对挺度的影响很大,纸板水分增加后,其挺度会直线下降。

测试挺度的方法很多,如泰伯(Taber)式、克拉克式(Clark)式、葛尔莱(Gurley)式、卧式(瑞典 L&W 公司产)、共振式(法国产)等。其中泰伯式挺度仪测定法由于操作方便,计算简单,是国际标准和我国国家标准采用的挺度测试方法之一,下面加以介绍。

一、仪器的结构与工作原理

(一)仪器结构

泰伯式挺度测定仪的结构如图 5-29 所示。它主要由传动和测量两部分组成。传动部分主要由微型电机、齿轮系统组成。测量部分主要由负荷刻度盘、角度刻度盘、摆、推纸辊、砝码、夹具等组成。

(二)工作原理

该仪器根据力矩对转轴中心平衡的原理设计,如图 5-30 所示。仪器未开动之前,试样未受弯力矩作用,摆由于砝码重力的作用处于垂直位置。当仪器的角度刻度盘旋转时,通过

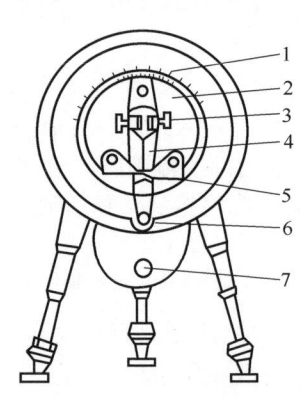

图 5-29 泰伯式挺度测定仪
1—负荷刻度盘 2—角度刻度盘 3—夹具
4—摆 5—推纸辊 6—砝码 7—开关

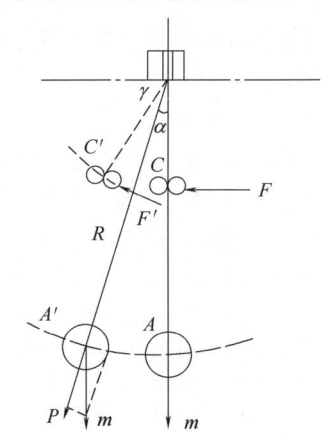

图 5-30 泰伯式挺度仪工作原理

推纸架上的小圆辊,试样在垂直方向上的力 F 作用下绕中心点弯转,当小圆辊从 C 转至 C' 位置时,试样被弯曲一定的角度 α,与此同时,试样将弯曲力传递到仪器的摆上,使摆也绕中心点偏转一定的角度,从 A 到 A',当角度刻度盘不再继续旋转时,试样处于平衡力矩状态,即:

$$F \cdot r = m \cdot R \cdot \sin\alpha \tag{5-46}$$

当试样弯曲到规定角度时,挺度 S 等于所受弯矩,即:

$$S = m \cdot R \cdot \sin\alpha \tag{5-47}$$

式中　S——试样的挺度,g·cm

　　　R——摆的摆动中心到重砣中心的距离,cm

　　　m——砝码的质量,g

二、仪器的特性参数及仪器的校对

(一) 仪器特性参数

① 测量范围:如表 5-8 所示分为 7 档。

表 5-8　　　　　　　　挺度不同测量范围的砝码质量及换算系数

测量范围	砝码质量/g	换算系数 K	测量范围	砝码质量/g	换算系数 K
0~5mN·m(0~50g·cm)	5	0.5	0~100mN·m(0~1000g·cm)	100	10
0~10mN·m(0~100g·cm)	10	1	0~200mN·m(0~2000g·cm)	200	20
0~20mN·m(0~200g·cm)	20	2	0~500mN·m(0~5000g·cm)	500	50
0~50mN·m(0~500g·cm)	50	5			

② 摆的力臂长:(100mm±0.1)mm。

③ 负荷臂长:50mm。

④ 负荷刻度盘旋转速度:(200±20)°/min。

⑤ 拖力小辊直径:D(8.6±0.05)mm。

⑥ 刻度:0~100　误差±0.1。

⑦ 角度:(7.5±0.3)°或(15±0.3)°。

(二) 仪器的调整及校对

① 将仪器调节至水平,再调节角度刻度盘,使摆的中心刻度线、角度刻度盘的零点以及负荷刻度盘的零点重合。

② 移动摆至 15°,释放摆使之自由摆动,其次数不得少于 20 次。

三、测 定 步 骤

① 采取试样,进行温湿处理。切取长不小于(70±1)mm,宽(38.0±0.2)mm 的试样,标明纵、横向,每个方向能进行至少 5 次有效测试。在标准温湿条件下进行如下操作。

② 将试样的一端垂直地夹入夹具内,试样的另一端插在推纸辊之间。用小辊调距装置将试样下端与推纸辊之间的距离调至(0.33±0.03)mm(否则应更换适当直径的小辊),用固定螺丝将试样固定(要使试样与摆的中心线重合)。

③ 按试样的挺度大小选择适当的砝码,使测定时刻度盘上的读数在 20~70 之间。

④ 启动开关,弯曲试样至摆的中心线与刻度盘上的 15°线重合时,立即关闭开关,记下

摆的中心线所指的负荷刻度盘读数。分别向左右两个方向进行测试。如果最大弯曲力在试样弯曲到15°前出现，或在测试过程中出现断裂、扭结或褶皱，应舍弃试验结果。如果在某个特定方向切取的试样中超过10%出现这种情况，可以弯曲至7.5°，并在报告中注明。

四、数据处理及结果计算

计算平均值，并按式（5-48）计算试样挺度：

$$M_S = M_G \cdot K \tag{5-48}$$

式中　M_S——挺度，mN·m

　　　M_G——试样左右弯曲至15°时的读数平均值，mN·m

　　　K——所用测定范围的换算系数（可从表5-8中查得）

计算结果修约三位有效数字。

第二十节　纸板压缩强度的测定

压缩强度主要是指纸板等材料受压后至压溃时所能承受的最大压力。由于大多数包装箱在运输和存贮过程中需要多层堆放或叠放，构成纸箱的纸板会承受一定的压力，为了保证被包装物不受损坏，制成包装箱的材料就必须具有足够的抗压强度。因此，压缩强度是箱纸板、瓦楞纸板、瓦楞原纸等包装纸板的重要物理指标。影响纸板的压缩强度的因素很多，如纸板含水量、定量、样品的规格、浆料的组成及处理情况等。

纸板压缩强度主要有3种评价方法，即环压强度（英文缩写RCT）、瓦楞纸芯抗平压强度（英文缩写CMT）及瓦楞纸板抗边压强度（英文缩写ECT）。使用的仪器主要是压缩强度仪及其附件，该仪器有两种形式，一种为弹簧板式，另一种为传感器感应式。目前我国使用的主要是前一种，下面加以介绍。

一、纸板环压强度的测定

纸板的环压强度是指一定尺寸的环形试样在一定的加压速度下平行受压，当压力增大至样品压溃时所能承受的最大压力。《GB/T 2679.8—2016　纸和纸板　环压强度的测定》规定了纸板的环压强度的测试方法。

（一）仪器结构及工作原理

1. 仪器结构

环压强度仪及其试样座的结构如图5-31及图5-32所示。仪器主要由传动和测量两部分组成。传动部分包括蜗杆、蜗轮、链轮和丝杆等元件；测量部分包括弹簧测力板、千分表、上压板和下压板等元件。

2. 工作原理

该仪器根据虎克定律及梁的弯曲变形理论设计。测定时，上压板匀速下降，并与环形试样上端接触而使试样受压，上压板将此压力传递到弹簧板上，使弹簧板缓慢变形，这一变形被弹簧板下面垂直向下的千分表测量杆传递到千分表上，并被千分表记录下来。随着上压板的继续下降，试样所承受的压力逐步增加，弹簧板的变形也逐步增大。当试样所受压力达到极限值而被压溃时，弹簧板变形的力（即试样所承受的力）及千分表指示值都达到最大值。然后，通过压力-变形之间的线性关系图查出某一变形量所对应的压力值，该数值即为试样

第五章 纸和纸板物理性能的检测

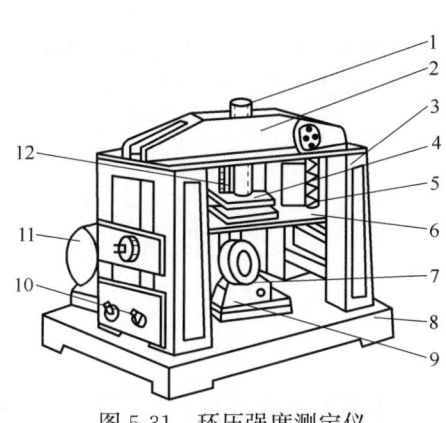

图5-31 环压强度测定仪
1—丝杆 2—上盖 3—立杆 4—上压板 5—弹簧板梁 6—下压板 7—千分表测量杆 8—底座 9—千分表 10—开关 11—电机 12—传动链条

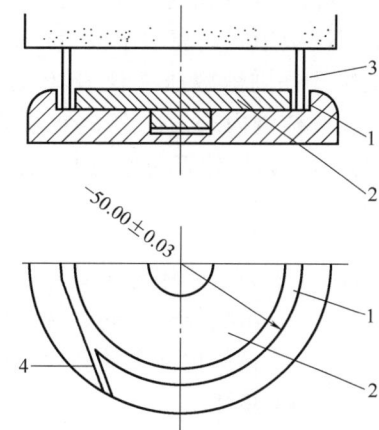

图5-32 环压强度仪试样座
1—环形沟槽 2—内盘 3—试样 4—试样座

的环压强度。

（二）仪器的特性参数及仪器的校对

1. 仪器的特性参数

① 上压板的下降速度 (12.5 ± 2.5) mm/min；仪器测力准确度为示值的1%；上下压板的平行度偏差不大于 1:4000；横向移动小于 0.05mm。由于仪器是根据梁的弯曲原理工作的，所以测试结果应在梁的最大弯曲度范围内的 20%～80% 以内进行测试和指示。

② 试样座的内径为 (49.3 ± 0.05) mm，槽深为 (6.35 ± 0.25) mm。内盘的直径根据试样的厚度不同而有不同的规格，如表5-9所示。

表5-9 试样座内盘直径的选择表

试样厚度/mm	内盘直径/mm	试样厚度/mm	内盘直径/mm
0.100～0.140	48.90±0.05	0.281～0.320	48.40±0.05
0.141～0.170	48.80±0.05	0.321～0.370	48.20±0.05
0.171～0.200	48.70±0.05	0.371～0.420	48.00±0.05
0.201～0.230	48.60±0.05	0.421～0.500	47.80±0.05
0.231～0.280	48.50±0.05	0.501～0.580	47.60±0.05

③ 切试样专用刀如图5-33所示，该刀为双刀，要求其长边的不平行度小于 0.015mm。切出的试样应该边缘整齐、平行度精确。其规格为：宽 (12.7 ± 0.1) mm；长 $152.0_{-2.5}^{0}$ mm。

2. 仪器的校对

① 上、下压板的平行度校对：用内径百分表测量上下压板四角之间的距离。其最大值与最小值之差除以压板边长尺寸即为两板间平行度偏差，应不大于 1:4000。

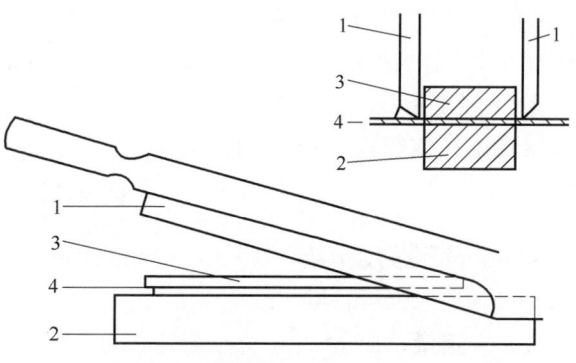

图5-33 环压强度切纸刀（双刀）示意图
1—刀 2—限制板底座 3—限制板 4—试样

② 用精度为千分之一的电子校压仪在仪器上实测。将校压仪的传感器（带座）置于压缩仪上下压板中间，驱动压板直接对传感器施加压力，观察校压仪表头，当达到预定值时，停止施压。分别读取压缩仪及校压仪的指示值，再查出相应的力值。在压缩仪满量程的20%～80%范围内均匀选定5个测试点，按进程每点重复测试3次，以校压值的力值为依据，按式（5-49）计算误差ΔA。ΔA 不超过（±1)%。

$$\Delta A = \frac{F_1 - F_{a1}}{F_{a1}} \times 100 \tag{5-49}$$

式中 ΔA——力值的相对误差，%

       F_1——压缩仪显示的3次力值的平均值，N

       F_{a1}——校压仪显示的3次力值的平均值，N

（三）测定步骤

① 选取有代表性的样品，进行温湿处理，并在此条件下进行如下操作。沿试样的纵向和横向用专用切纸刀冲切宽（12.70±0.1）mm，长 $152.0_{-0.25}^{0}$ mm 的试样至少各 10 条（试样长边垂直于试样纵向的用以测定纵向环压强度，试样长边平行于试样纵向的用以测定横向环压强度），并在厚度仪上测定试样的厚度。

② 按纸板的厚度选择适当直径的内盘，从试样座的试样入口轻轻插入试样，并使试样的下边与沟槽的底部完全接触。注意插入时要使纵向或横向的试样条一半向内，一半向外。

③ 调节指针至零位。将装好的试样座放在下压板的中心位置上，并使试样两端的接口朝向操作者。

④ 开动仪器，使上压板向下移动，直至试样被压溃。停止仪器，然后使电机反转，提起上压板。记录压溃前持续的最大力值，精确至1N。从试样座中取出被压溃的试样，插入另一条试样，进行下一个试样测定。

注：试验中均需戴手套。

（四）数据处理及结果计算

1. 环压强度

分别计算纵、横向环压强度的算术平均值，试样的环压强度按式（5-50）计算：

$$\gamma_{环} = \frac{\overline{F}}{l} \tag{5-50}$$

式中 $\gamma_{环}$——环压强度，kN/m

       $\overline{F}$——压溃试样力的平均值，N

       l——试样长度，mm

精确至 0.01kN/m。

2. 环压强度指数

环压强度指数按式（5-51）计算：

$$X = \frac{k \cdot \gamma_{环}}{q} \tag{5-51}$$

式中 X——环压强度指数，N·m/g

       $\gamma_{环}$——环压强度，kN/m

       q——定量，g/m²

       k——单位换算因子，为 1000N/(1kN)

结果精确至 0.1N·m/g。

二、瓦楞原纸平压强度的测定

瓦楞原纸的平压强度是指在一定温度下,将瓦楞原纸在一定齿形的槽纹仪上压成一定形状的瓦楞,然后在压缩仪上测定瓦楞所能承受的力。以 N 表示。测试仪器多采用压楞设备以及与测试环压强度相同的压缩强度仪等。我国国家标准《GB/T 2679.6—1996 瓦楞原纸平压强度的测定》规定了瓦楞原纸平压强度的测试方法。

(一) 仪器结构

① 压楞设备(槽纹仪)。压楞辊为一对 A 型楞状的齿轮,辊厚为 (16±1)mm,辊外径 (228.5±0.5)mm,齿数为 84 个,齿高度为 (4.75±0.05)mm。两辊之间还配有加压弹簧,使两辊之间的压力可调,一般采用 (100±10)N 的压力。辊子有传动部件驱动,转动速度为 (4.5±1.0)r/min。辊下有加热装置,压楞时热电偶将温度控制在 (177±8)℃。

② 齿形疏子宽度。至少为 19mm,有 9 个齿,10 个谷,齿间距为 (8.5±0.05)mm,齿深度为 (4.75±0.05)mm。用于压楞后放置试样。见图 5-34。

③ 其他附件。a. 一块 150mm×25mm×0.8mm 的铜板或钢板;b. 一条至少 16mm 宽的胶带。

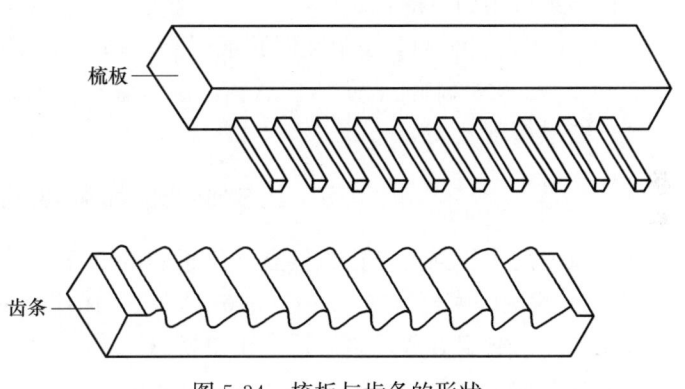

图 5-34 梳板与齿条的形状

(二) 仪器校对

1. 瓦楞设备的校对

① 齿形吻合均匀性的校对。将两张定量约 100g/m² 的白纸中间夹一张复写纸,将纸切成 12.7mm 宽的纸条,送入压辊的中间,加压使纸条产生齿痕,根据齿痕的深浅判断齿形吻合的均匀性。

② 压辊温度的校对。用表面温度计在辊子转动时测量。测量时表面温度计尽可能地靠近辊子。

③ 辊间压力的校对。用压力计进行测量。压力计所指示的压力,任何值的最大误差不应超过 1%。

2. 压缩强度仪的校对

同本节"一、纸板环压强度的测定"中仪器校对部分。

(三) 测定步骤

① 切取宽 (12.7±0.1)mm、长至少为 (152±0.5)mm 的试样(长边为纵向)至少 10 条以上,并在标准温湿度的大气条件下处理至平衡。

② 将压辊加热到 (175±8)℃,启动电机,使压辊转动(在加热过程中要开动几次),使辊受热均匀。

③ 将试样垂直送入压楞辊压楞,然后将压楞后的试样放在梳板上,再把梳齿压在试样上。将一条约 120mm 长的胶带放在试样的瓦楞峰上,再用金属板压上,使其粘牢。小心取出梳齿,将试样取下,根据产品标准要求,立即进行压缩试验(时间小于 15s)或在标准恒

温恒湿大气条件下处理 30min 后，再进行压缩试验。

④ 在进行压缩试验时，将试样放在压缩强度仪下压板中间，使不带胶带的一面朝上，开动仪器，压缩试样，读取完全压溃时的数值，并由弹簧板的应力—应变关系曲线，求得相应的压缩力（同环压强度的测定），即为试样的平压强度，以 N 表示。

注：如果压缩仪的上下压板表面太光滑，需用 00 号细纱布将上下压板平整地包好，以防压楞时滑动。在试验中如胶带脱离或楞被压倒向一边，则应将该测试结果废弃。

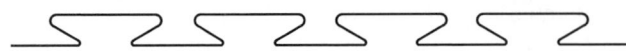

图 5-35　压溃后试样形状

压溃后试样的形状应如图 5-35 所示。

（四）数据处理及结果计算

以 10 条试样的有效结果的算术平均值表示结果。并报出最大值及最小值。

测试结果可用如下形式表示：

$CMT_0 = 350N$（CMT 表示瓦楞原纸试验，脚注表示压溃后立即进行压缩试验）；

$CMT_{30} = 250N$（脚注表示压溃后在恒温恒湿条件下处理 30min 后进行压缩试验）。

计算结果精确至 1N。

三、瓦楞原纸边压强度的测定

瓦楞原纸的边压强度是指直接立于压板间的试样，在压溃前，所能承受的最大压力，以 N/m 表示。我国国家标准《GB/T 6546—1998　瓦楞纸板边压强度的测定法》规定了瓦楞原纸边压强度的测定方法。该法适合于单楞（三层）、双楞（五层）及三楞（七层）瓦楞原纸边压强度的测定。

（一）仪器及工作原理

1. 仪器

① 专用切刀。由于瓦楞纸板厚度大，又不能受压，否则会使中间瓦楞纸芯的形状发生变化，导致测试结果不准，所以需要采用专用切纸刀。该刀由一个滑动刀和挡纸机构组成。滑动刀头上，装有间距一定的两把锋利的薄刀片。

② 试验仪器采用与测试环压强度相同的压缩强度仪。

③ 金属导板为两块抛光的长方形砧板（100mm×20mm×20mm）。用于夹持试样，使其垂直立于压板上。

2. 工作原理

将试样立于压板间（槽纹垂直于压板），仪器工作时，试样承受不断增加的压缩力直至被压溃，在此过程中，试样所能承受的最大压缩力即为试样的边压强度。

（二）测定步骤

① 将专用切刀的滑动刀推到后部，将试样的瓦楞方向垂直于刀片运动方向放入，试样一端挡在刀的挡纸机构上，开动边切刀使滑动刀从后向前运动，在此过程中，刀片划切试样（10 条以上）。切好的试样应两个边相互平行，宽（25±0.5）mm，长（100±0.5）mm 或宽（30.5±0.5）mm，长（50.5±0.5）mm。将试样悬挂于标准温湿度条件的大气中进行处理至平衡。并在该条件下进行如下操作。

② 保持上下压板的平行，将处理后的试样放在下压板的中心位置，瓦楞方向要与下压板平面垂直，并用金属导板夹持。开动仪器，使试样受压。当压力约 50N 时，将导板移掉，

继续加压至试样压溃，记录试样所能承受的最大压力，精确至1N。

③ 按上述步骤进行下一试样的测定。

（三）数据处理及结果计算

试样的边压强度按式（5-52）计算：

$$\gamma_{边}=\frac{F\times 10^3}{L} \tag{5-52}$$

式中　$\gamma_{边}$——边压强度，N/m

　　　F——最大压力，N

　　　L——试样长边尺寸，mm

以所测定的算术平均值表示结果，并报出最大值和最小值。

计算结果精确至10N/m。

四、纸和纸板短距压缩强度测定

在压缩试验中，纸和纸板试样开始破坏时，在单位宽度上所承受的最大压缩力，为压缩强度，以kN/m表示。GB/T 2679.10—1993规定了使用短距压缩测试仪测定纸和纸板纵横向压缩强度的方法，本标准适用于制造纸箱和纸盒的纸和纸板，也适用于纸浆试验时由实验室制备的纸页，但是不能用于应变测定。

（一）仪器及工作原理

1. 仪器

（1）短距压缩测试仪

短距压缩试验仪及其夹具如图5-36和图5-37所示。短距压缩试验仪有两个夹具，可夹持15mm宽试样。每个夹具由一个固定夹片和一个活动夹片组成。夹具长30mm，具有一个高摩擦性的表面，能以2300N±500 N（表压0.2～0.3MPa）的夹持力将试样固定，所设计的夹具在整个试样宽度上能牢固地夹住试样。

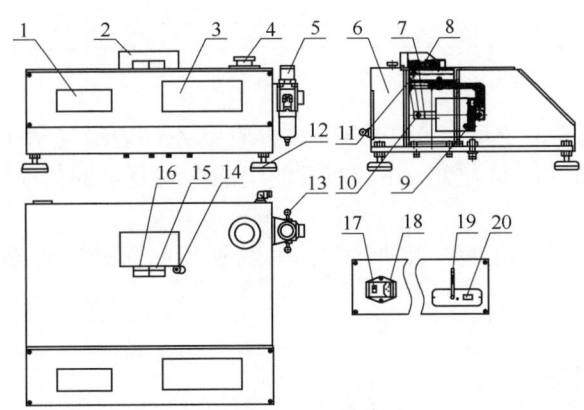

图5-36　短距压缩测试仪

1—打印　2—夹具　3—显示屏　4—急停　5—调压阀　6—机壳　7—顶杆　8—推杆　9—关节1　10—关节2　11—关节3　12—底脚　13—进气口　14—校准孔　15—右夹具　16—左夹具　17—电源开关　18—电源插座　19—天线　20—串口

当试样置于固定夹片和活动夹片之间后，活动夹片向固定夹片移动，夹持纸样。两个固定夹片的夹样面在试样的同一侧面的同一平面上，而活动夹片的夹样面在试样的另一侧面的

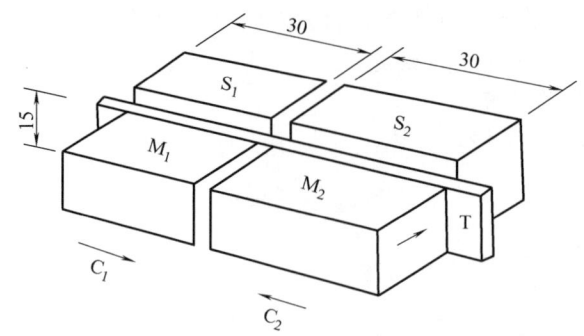

图 5-37 短距压缩测试仪夹具
C_1，C_2—夹具　S_1，S_2—固定夹片　M_1，M_2—活动夹片　T—试样

同一平面上，且应平行于固定夹片的夹样面。

测试开始时，夹具间的自由间距是（0.7±0.05）mm，试验开始之后，两个夹具以（3±1）mm/min 的速度相向移动，直至把试样挤压破坏即停止，然后返回到起始的位置。

测试仪器附有一个测量和显示装置。当读数在全量程的 10%～100% 范围内时，测得最大压缩力的读数，测试误差小于±1%。试验仪器带有校准装置，用一个已知质量的砝码对测力传感器进行校对。定期对测试仪进行检查校准，在整个测量范围内，按均等间距去选择校对砝码进行检验，在全量程范围内的 10%～100% 以内任一点偏差不能超过读数的±1%。如果仪器不符合校准要求，要按照制造厂的说明书对仪器进行必要的调整。

测试仪有一个显示夹持压力的装置。表压和夹持力对应关系如表 5-10 所示。

表 5-10　　　　　　　　表压和夹持力对应关系

夹持压力表表压/MPa	试样夹持力/N	夹持压力表表压/MPa	试样夹持力/N
0.10	900	0.25	2250
0.15	1350	0.30	2700
0.20	1800		

（2）切纸装置

专用切纸刀具如图 5-33 所示。切出的试样边应整齐且边缘光滑平行，应使切出的试样宽度为（15±0.1）mm，长度为 75mm，亦可使用能达到要求的其他切纸刀。

2. 工作原理

一条 15mm 宽的试样夹在两个相距 0.7mm 的夹具间压缩，直至破坏，测出最大压缩力，并计算出压缩强度。

（二）测定步骤

1. 试样的采取和制备

试样的采取按 GB 450 规定进行，并按 GB 10739 进行温湿度处理。试样片的制备应在与温湿度处理相同的标准大气条件下进行，从无损伤的纸样上切取 75mm 长，（15±0.1）mm 宽的纸条，纸条的长边与纸的纵向平行时，测出的为纵向压缩强度，纸条的长边与纸的横向平行时则为横向压缩强度。切取足够的试样片，应使每个方向测 10 条。但对匀度不好的纸和纸板，当测 10 条的变异系数大于 10% 时，则应测定 20 条。

2. 试验步骤

按规定要求选定夹持力，一般选用 0.25MPa 的表压。将试样夹在试样夹的适当位置上，按下试样夹移动按钮,至试样挤压破坏后,读出指示的最大压缩力。

重复上述步骤,直至测完应测的试样。

(三) 数据处理及结果计算

分别计算纵横向所得的结果,实验室手抄片没有方向区别。

1. 压缩强度

试样的压缩强度按式(5-53)计算:

$$\gamma = \frac{F}{15} \tag{5-53}$$

式中　γ——压缩强度,kN/m
　　　F——最大压缩力,N
　　　15——试样宽度,mm

报告平均压缩强度,γ 精确至 0.01kN/m。

2. 压缩指数

压缩指数按式(5-54)计算:

$$I_{压} = \frac{k \cdot \gamma}{q} \tag{5-54}$$

式中　$I_{压}$——压缩指数,N·m/g
　　　γ——压缩强度,kN/m
　　　q——定量,g/m²
　　　k——单位换算因子,为 1000N/(1kN)

精确至 0.1N·m/g。

3. 精密度

多次测定同一试样,测定结果存在差异,这主要取决于纸的结构。

(1) 同一实验室的仪器之间——测试的重复性

同一实验室四台不同的测试仪平行测定瓦楞原纸、箱纸板和卡纸板,测定结果(10 次测定的四个平均值)的变异系数一般小于 3%。

(2) 不同实验室的仪器之间——测试的再现性

10 个试验室间分别对定量为 112~180g/m² 的同种瓦楞原纸和定量为 125~400g/m² 的同种牛皮箱纸板进行测试,其变异系数在 3%~7%之间。

4. 试验报告

试验报告包括下列内容:本国家标准编号、所用温湿处理条件、测试试样的标识和说明、所测纸条的方向、重复试验次数、平均结果和变异系数、压缩指数、与本标准规定程序的任何偏离或可能的影响试验结果的有关因素。

第二十一节　纸浆实验室纸页物理性能的测定

《GB/T 24323—2009 纸浆　实验室纸页　物理性能的测定》规定了纸浆实验室纸页物理性能的检测方法。此处给出常见物理性质测定信息。

一、实 验 仪 器

① 天平:试样重 5g 以下的用感量 0.001g 天平;5g 以上的用感量 0.01g 天平;50g 以

上的用感量 0.1g 天平；

② 厚度计：测量直径为（16.0±0.5）mm；测量压力为（100±10）kPa，多次测量后零点不变；

③ 抗张强度测定仪（恒速拉伸法）；

④ 缪伦（Mullen）式耐破度测定仪；

⑤ 爱利门道夫（Elmendorf）式撕裂度测定仪；

⑥ 肖伯尔（Schopper）式耐折度测定仪或 MIT 耐折度仪；

⑦ 葛尔莱（Gurley）式透气度测定仪。

二、试样的制备与处理

① 选择实验室纸页最少 4 张，这些纸页应没有可见的缺陷。其纸定量（绝干）应为（60±2）g/m² 和（75±2）g/m²，每套纸样的总面积不小于 0.1m²。

② 试样的温湿度处理：按标准温、湿度〔（23.0±1.0）℃，（50.0%±2.0）%〕处理试样，并在该标准温、湿度条件下进行以下操作。

三、测 定 步 骤

1. 定量的测定

测定试样定量准确至 0.2%，纸的定量以 g/m² 表示，按式（5-55）计算：

$$q=\frac{m}{A \cdot n} \tag{5-55}$$

式中　q——定量，g/m²

　　　m——标准温湿度下处理过的试样的质量，g

　　　A——每一张试样的面积，m²

　　　n——所测纸样的张数

报告结果至第一位小数。

2. 层积紧度的测定

按本章第三节方法进行测定，并作如下补充：用精密厚度计测量由 4 张试样组成的纸叠的厚度，测定时纸面向上，在纸叠上测定 5 个不同位置，每次测量时要注意，不要因移动纸叠位置而使纸页错位，然后计算单张纸样的平均厚度。

紧度计算按式（5-56）计算：

$$\rho=\frac{q}{\bar{\delta}} \tag{5-56}$$

式中　ρ——紧度，g/cm³

　　　q——经温湿处理过的定量，g/m²

　　　$\bar{\delta}$——单层纸样的平均厚度，μm

计算平均紧度和报告结果，取两位有效数字。

3. 抗张指数的测定

按本章第四节方法进行测定，并作如下补充：每张试样至少测定 2 个试条，即总计 8 个试条。两夹子之间距离应为 100mm，伸长速率为（10±2.5）mm/min。

按式（5-57）计算抗张指数：

$$I=\frac{\overline{F}}{b_i \cdot q} \tag{5-57}$$

式中　I——抗张指数，N·m/g

　　　$\overline{F}$——平均抗张力读数，N

　　　b_i——试条的宽度，m

　　　q——经温湿处理过的试样定量，g/m²

计算平均抗张指数和报告结果准确到 0.5N·m/g。

4. 撕裂指数的测定

按本章第五节方法进行测定，并作如下补充：一次使用 4 张试样，此试样取自至少两张样品上，让试样的非光泽面面向摆轴，夹住试样。这样的试验至少做两次。

计算出平均刻度读数，按式（5-58）计算撕裂度：

$$F=\frac{\overline{F}P}{n} \tag{5-58}$$

式中　F——平均撕裂度，mN

　　　$\overline{F}$——平均读数，mN

　　　P——同时撕裂的试样张数，摆的刻度已经被校正为直接给出撕裂读数（该系数通常为 4、8、16 或 32）

　　　n——试样张数

撕裂指数按式（5-59）计算：

$$X=\frac{F}{q} \tag{5-59}$$

式中　F——平均撕裂度，mN

　　　X——撕裂指数，mN·m²/g

　　　q——经温湿处理过的试样定量，g/m²

报告撕裂度指数时，应准确至 0.1mN·m²/g。

5. 耐破指数的测定

按本章第六节方法进行测定，并作如下补充：试样至少 4 张，每张反正面至少各测一次，试样的面积可小于 70mm×70mm，只要其宽度足以将试样夹住，即可使用。

按式（5-60）计算耐破指数：

$$X=\frac{\overline{p}}{q} \tag{5-60}$$

式中　X——耐破指数，kPa·m²/g

　　　$\overline{p}$——平均耐破强度，kPa

　　　q——经温湿处理过的试样定量，g/m²

报告耐破指数时，应准确至 0.1kPa·m²/g。

6. 透气度的测定

按本章第九节中葛尔莱法进行测定，并作如下补充：应从 2 张以上手抄片上切取纸样，所测的纸样片不得少于 4 个，测定时应使空气压力作用在纸页非压光面。计算通过 100mL 空气所需平均时间，以 s 表示。

报告结果，取两位有效数字。

7. 耐折度的测定

按本章第七节方法进行测定，并作如下补充：测取每条试样的双耐折次数的对数（以 10 为底），试样纸条至少从 3 张裁切后实验室纸页上选取 6 张试样进行测定。

以耐折次数的对数（以 10 为底）的平均值作为耐折度，报告结果准确至第二位小数，并注明使用仪器的类型。

参 考 文 献

[1] 石淑兰，何福望，张曾，等．制浆造纸分析与检测 [M]．北京：中国轻工业出版社，2003．
[2] GB/T 450—2008．纸和纸板 试样的采取及试样纵横向、正反面的测定 [S]．
[3] GB/T 10739—2002．纸、纸板和纸浆试样处理和试验的标准大气条件 [S]．
[4] GB/T 451.2—2002．纸和纸板定量的测定 [S]．
[5] GB/T 451.3—2002．纸和纸板厚度的测定 [S]．
[6] GB/T 465.2—2008．纸和纸板 浸水后抗张强度的测定 [S]．
[7] GB/T 31110—2014．纸和纸板 Z 向抗张强度的测定 恒速拉伸法（20mm/min）[S]．
[8] GB/T 12914—2018．纸和纸板 抗张强度的测定 [S]．
[9] GB/T 22898—2008．纸和纸板 抗张强度的测定恒速拉伸法（100mm/min）[S]．
[10] GB/T 455—2002．纸和纸板撕裂度的测定 [S]．
[11] GB/T 465.1—2008．纸和纸板 浸水后耐破度的测定 [S]．
[12] GB/T 1539—2007．纸板 耐破度的测定 [S]．
[13] GB/T 454—2002．纸 耐破度的测定 [S]．
[14] GB/T 457—2008．纸和纸板 耐折度的测定 [S]．
[15] GB/T 456—2002．纸和纸板 平滑度的测定（别克法）[S]．
[16] GB/T 458—2008．纸和纸板 透气度的测定 [S]．
[17] GB/T 461.1—2002．纸和纸板 毛细吸液高度的测定（克列姆法）[S]．
[18] GB/T 461.3—2005．纸和纸板 吸水性的测定（浸水法）[S]．
[19] GB/T 460—2008．纸施胶度的测定 [S]．
[20] GB/T 1540—2002．纸和纸板 吸水性的测定可勃法 [S]．
[21] GB/T 1541—2013．纸和纸板 尘埃度的测定 [S]．
[22] GB/T 26203—2010．纸和纸板 内结合强度的测定（Scott 型）[S]．
[23] GB/T 22365—2008．纸和纸板 印刷表面强度的测定 [S]．
[24] GB/T 1543—2005．纸和纸板 不透明度（纸背衬）的测定（漫反射法）[S]．
[25] GB/T 2679.1—2013．纸 透明度的测定漫反射法 [S]．
[26] GB/T 8942—2016．纸 柔软度的测定 [S]．
[27] GB/T 2679.7—2005．纸板 戳穿强度的测定 [S]．
[28] GB/T 22364—2018．纸和纸板 弯曲挺度的测定 [S]．
[29] GB/T 2679.8—2016．纸和纸板 环压强度的测定 [S]．
[30] GB/T 2679.6—1996．瓦楞原纸平压强度的测定 [S]．
[31] GB/T 6546—1998．瓦楞纸板边压强度的测定法 [S]．
[32] GB/T 2679.10—1993．纸和纸板短距压缩强度的测定法 [S]．
[33] GB/T 24323—2009．纸浆 实验室纸页 物理性能的测定 [S]．

第五章 纸和纸板物理性能的检测

【本章思政案例】

序号	案例名称	案例教学目标	案例内容
1	中轻（晋江）卫生用品研究有限公司获批国家高新技术企业	提升专业和行业的认可度，发挥工匠潜力	制浆造纸工业在新型工业的推进道路上有一席之地，在加快建设制造强国、质量强国、航天强国、交通强国、网络强国、数字中国的过程中可发挥重要的作用。中国制浆造纸研究院所属中轻（晋江）卫生用品研究有限公司凭借检测、标准、研发、培训和科技成果转化五位一体的创新体系，以卓越的科技创新能力、技术服务水平、自主知识产权储备和人才队伍建设等，于2024年1月24日获批国家高新技术企业（http://www.cnppri.com/s/1695-5650-41703.html）
2	中国制浆造纸研究院为我国ISO国内技术对口单位	增强主人翁意识，主动承担社会责任	中国制浆造纸研究院继承担"纸、纸板和纸浆技术委员会（ISO/TC6）""纸张和纸板的测试方法与质量规范分技术委员会（ISO/TC6/SC2）"ISO国内技术对口单位之后，再次承担"国际标准化组织女性卫生用品技术委员会（ISO/TC338）"ISO国内技术对口单位。国际标准化工作可促进我国制度型对外开放，促进新发展格局构建，而中国制浆造纸研究院作为国内技术对口单位，广泛组织制浆造纸领域专家参与国际标准化工作，更好适应了我国制度型对外开放，也将更好提升我国制浆造纸行业国际影响力和话语权。纸和纸板物理性能测试是我国制度性对外开放中的重要一环，这是制浆造纸人的骄傲，也是责任所在（http://www.cnppri.com/s/1695-5650-42874.html）

第六章　造纸废水的监测

随着全球环境问题的日益突出,绿色发展已经成为全球范围内的共识和趋势。党的二十大报告指出,必须牢固树立和践行绿水青山就是金山银山的理念,站在人与自然和谐共生的高度谋划发展。其中推动经济社会发展绿色化、低碳化是实现高质量发展的关键环节。造纸业也必须跟进绿色已成为高质量发展普遍形态的形势,通过废水检测、技术进步等,把绿色低碳高质量发展作为"十五五"时期工作的重点。

第一节　造纸废水的采集和保存

一、造纸废水的采集

造纸废水指制浆造纸工艺过程中产生的废水。包括制浆蒸煮废液、洗涤废水、漂白废水与纸机白水等,大部分水经过处理后回收或回用。这里指生产部门与监测部门共同检测的生产排放水。依据水的用途及水体保护需要,国家生态环境部和国家质量监督检验检疫总局制定了相应的水质标准和污水排放标准。对进入江、河、湖泊、水库、海洋等地表水体污染物质及渗透到地下水中污染物质进行经常性的检测,可以掌握水质现状及其发展趋势。企业对生产过程、水处理设施等排放的各类废水进行检测,可以为污染源管理和设备生产状况提供依据。

(一) 采样点的设置

从水体中采集的水样要有代表性,因此采样点的选择很重要。

① 在车间或车间处理设施的废水排放口布设采样点,监测各类含毒副作用物质的第一类污染物;在工厂废水总排放口布设采样点,监测悬浮物、挥发分等第二类污染物。

② 已有废水处理设施的工厂,在处理设施的总排放口布设采样点。如需要了解废水处理效果和为调控处理工艺参数提供依据,应在处理设施进水口和部分单元处理设施进、出水口布设采样点。

③ 在排污渠道上,采样点应设在渠道较直、水量稳定处。

(二) 采样频率和采样时间

采样频率应根据生产周期和生产特点确定。确切的频率由生产部门或检测部门进行加密监测,获得污染物排放曲线(浓度—时间曲线、流量—时间曲线、总量—时间曲线)后确定。一般每个生产周期内不得少于3次,每隔半小时或1h采样一次,将其混合后进行污染物的测定。通常生产周期小于8h以内,每隔2h取样一次;大于8h的废水样检测,可每隔4h取样一次。对于浓度变化大的废水,采样时间可以缩短至5-10min采样一次。

监督部门监督性监测每年不少于一次;如被国家或地方环境保护行政主管部门列为年度监测的重点排污单位,应增加到每年2~4次。

(三) 水样的运输管理

水样采集后,除一部分要供现场测定使用外,大部分要运回实验室进行分析测定。采样时要填写好采集记录,贴好样品标签。在运输过程中,为继续保证样品的完整性、代表性,使之不受污染、损坏和丢失，应注意以下几点：

① 根据采样记录和样品登记表清点样品，防止搞错。

② 收集时需将容器灌满，尽可能不要将空气留存在里面，避免在运输的时候容器里面的空气对水造成影响引起水质发生变化。塞紧采样容器口，必要时用封口胶、石蜡封口。

③ 样品在运输过程中应采取防震措施，以避免碰撞导致的污染或损失，最好将样品装入专用的箱内运输。

④ 根据对样品的不同需求，必要时还需冷藏、隔热或加入制冷剂。

⑤ 温度低时应使用防冻裂样品瓶，或采取保温措施。

二、水样的保存及初步处理

（一）水样的保存

在水样采集后到进行分析之前这段时间里，需要对水样采取必要的保护措施。要求样品不发生物理、化学、生物变化，不损失、不增加待测和干扰组分。容器不能是新的污染源，采用性能稳定、杂质含量低的材料，如硼硅玻璃、石英、聚乙烯和聚四氟乙烯；容器壁不吸收或吸附某些待测组分，不与某些待测组分发生反应。

在实际监测工作中，要尽量缩短水样的存放时间，以保证检测结果能代表水样的真实情况，因此对保存时间也有要求。清洁水样 72h，轻污染水样 48h，严重污染水样 12h，运输时间 24h 以内。

各种类型的水样，从采集到分析测定这段时间内，由于环境条件的改变，微生物新陈代谢活动和化学作用的影响，会引起水样某些物理参数及化学组分的变化，不能及时运输或尽快分析时，则应根据不同监测项目的要求，放在性能稳定的材料制成的容器中，采取适宜的保存措施。

1. 冷藏或冷冻保存法

冷藏或冷冻的作用是抑制微生物活动，减缓物理挥发和化学反应速率。对需要冷藏保存的水样温度最好控制在 2～5℃，通常放置在光线较弱的暗处或冰箱中，避免水样与阳光发生反应，同时可以减慢物理作用，抑制生物活动，降低其化学作用的速度。

2. 加入化学试剂保存法

① 酸（碱）化法：使用酸（碱）化法可以保持水样中的金属元素在数周内呈现出溶解的状态。如为防止金属元素的沉淀或者金属元素被容器吸附，可加酸（硝酸）至 pH<2，但对有些组分也可以采用加硫酸加以保存。有些样品要求加入碱，因为酸性条件下挥发性物质会逸出。

② 加入生物抑制剂：加入生物抑制剂的目的是阻止生物在水样中的活动。如在测定氨氮、硝酸盐氮、化学需氧量的水样中加入 $HgCl_2$，可抑制生物的氧化还原作用；对测定酚的水样，用 H_3PO_4 调制 pH 为 4，加入适量 $CuSO_4$，即可抑制苯酚菌的分解活动。

③ 加入一般的化学药品：为了稳定水样中的一些待测组分，经常使用到的保存剂有各种酸、碱及杀菌剂，添加的剂量需要根据不同的情况而定。保存添加的时间无特定的标准，也需要根据不同的环境情况决定保存剂最佳添加时间。但是在添加保存剂时要遵循一个大前提——加入的保存剂不应干扰其他组分的测定。

④ 加入氧化剂或还原剂：如测定汞的水样需加入 HNO_3（至 pH<1）和 $K_2Cr_2O_7$（0.5g/L），使汞保持高价态；测定硫化物的水样，加入抗坏血酸，可以防止硫化物被氧化；测定溶解氧的水样则需加入少量 $MnSO_4$ 溶液和 KI 溶液固定溶解氧等。

⑤ 对保存剂的要求：地表水样品的保存剂，如果是酸应该使用高纯度的酸；其他试剂则使用分析纯，优级纯更佳。保存剂如果含杂质太多，则必须提纯。还应作相应的空白实验，对测定结果进行校正。

（二）水样的预处理

水样组成复杂，且多数污染组分含量低，形态各异，需要经过预处理，以得到满足分析方法要求的欲测组分形态和浓度，并消除共存组分干扰的试样体系；同时经过预处理后样品更易保存和运输，对测试仪器也能起到保护作用。

样品预处理要求最大限度去除干扰物，并且回收率高，操作简便。处理方法有消解、富集与分离、蒸发浓缩、蒸馏、萃取、离子交换、吸附等。

1. 水样的悬浮物处理

采样澄清、离心或过滤等方法分离出水中较大的悬浮物。国际上常采用孔径为 $\phi 0.45\ \mu m$ 的滤膜区分水中的"可过滤态"与"不可过滤态"成分。

2. 水样的消解

当测定含有机物的水样中的无机元素时，需要进行消解处理。水样消解的目的是破坏有机物，溶解悬浮物，通过氧化和挥发作用去除一些干扰离子，将各种价态的欲测元素氧化成单一高价态或转变成易于分离的无机物。

要求消解后的水样透明、澄清、无沉淀；不引入待测组分和干扰组分，避免为后续工作造成干扰和困难；不损失待测组分；消解操作在通风橱中进行，过程应平稳，升温不宜过猛。

（1）湿式消解法

① 硝酸消解法。对于比较清洁的水样，可以用硝酸消解。在混匀的水样中加入适量浓硝酸，在电热板上加热煮沸，得到清澈透明、呈浅色或无色的试液。蒸至近干，取下稍冷后加 2%硝酸或盐酸 20mL，过滤后的滤液冷却至室温备用。

② 硝酸-高氯酸消解法。两种酸都是强氧化性酸，联合使用可以消解含难氧化有机物的水样。取适量水样加入硝酸，在电热板上加热、消解至大部分有机物被分解。取下稍冷却后加入高氯酸，继续加热至开始冒白烟。待白烟将尽（不可蒸至干涸），取下样品冷却，加入 2%硝酸过滤后滤液冷却至室温定容备用。

③ 硝酸-硫酸消解法。两种酸都有较强的氧化能力，其中硝酸沸点较低，而硫酸沸点高，二者结合使用，可以提高消解温度和消解效果。常用的硝酸和硫酸的比例为 5∶2。该方法不适用于处理测定易生成难溶硫酸盐组分的水样。

④ 硫酸-磷酸消解法。两种酸的沸点都比较高，其中硫酸氧化性较强，磷酸能与一些金属离子如 Fe^{3+} 等络合，故二者结合消解水样有利于测定时消除 Fe^{3+} 等离子的干扰。

⑤ 多元消解法。多元消解法为提高消解效果，在某些情况下需要采用三元以上酸或氧化剂消解体系。例如，处理测总铬的水样时，用硫酸、磷酸和高锰酸钾消解。

⑥ 碱分解法。当用酸体系消解水样造成易挥发组分损失时，可改用碱分解法。即在水样中加入氢氧化钠和过氧化氢溶液，或者氨水和过氧化氢溶液，加热煮沸至近干，用水或稀碱溶液温热溶解。

（2）干灰化法

干灰化法又称高温分解法，处理过程安全快捷，多用于固态样品。将水样在石英蒸发皿或坩埚中蒸干，然后移入马弗炉中，于 450~550℃灼烧至残渣呈灰白色，冷却后采用 2%硝酸溶解灰分，过滤，滤液定容后测定。缺点是待测成分因挥发或与坩埚壁的组成成分（如硅酸盐）形成不溶化合物而不能定量回收，故本方法不适用于处理测定易挥发组分。

（3）微波消除法

微波消解通过分子极化和离子导电两个效应对物质直接加热，促使固体样品表层快速破裂，产生新的表面与溶剂作用，在数分钟内完全分解样品。可以借助微波消解仪。

3. 水样的富集与分离

当水样中的欲测组分含量低于测定方法的测定下限时，必须进行样品的富集或浓缩；当有共存组分干扰时，还要采取分离或掩蔽措施。富集与分离过程往往同时进行，常用的方法有过滤、气提、顶空、蒸馏、萃取、吸附、离子交换、共沉淀、层析、低温浓缩等，根据具体情况选择使用。

（1）挥发和浓缩蒸馏分离法

当欲测组分挥发度大、易转变成易挥发物质或惰性气体带出欲测组分而分离时采用挥发分离法，如冷 AFS 法分离 Hg，VIS 法分离硫化物。蒸发浓缩法使用电热板或水浴对水样加热，如图 6-1 所示，水分蒸发，水样体积缩小，使欲测组分达到浓缩目的，用蒸发浓缩方法浓缩水样，可使铬、锂、钴、铜、锰、铅、铁和钡的浓度提高 30 倍。

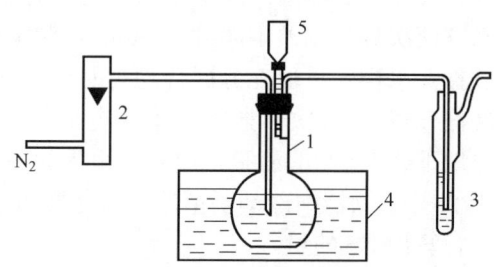

图 6-1 测定硫化物的气提分离装置
1—平底烧瓶（内装水样）　2—流量计
3—吸收管　4—恒温水浴　5—分液漏斗

（2）蒸馏法

蒸馏法是由于水样中各污染组分具有不同的沸点而使各组分彼此分离的方法，起到了消解、富集和分离三种作用。蒸馏法分为直接蒸馏装置和水蒸气蒸馏装置。酸性介质中的挥发酚、氰化物和氟化物，微碱性介质中的氨氮采用预蒸馏分离。具体装置见图 6-2。

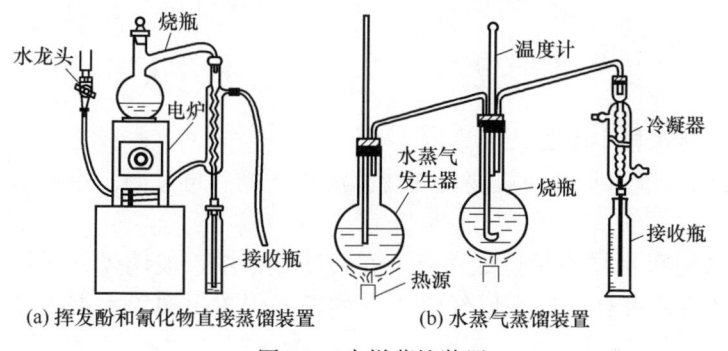

图 6-2 水样蒸馏装置

（3）溶剂萃取法

溶剂萃取法是根据物质在不同溶剂相中有不同的分配系数而达到组分的富集与分离的方法。

（4）离子交换法

离子交换法是利用离子交换机与溶液中的离子发生交换反应进行分离的方法。

（5）共沉淀法

溶液中一种难溶化合物在形成沉淀的过程中，将共存的某些痕量组分一起载带沉淀出来的方法称为共沉淀法。共沉淀法包括表面吸附、形成混晶、包藏、异电荷胶态物质相互作用和有机共沉淀剂。

第二节 造纸废水的检测

一、悬浮物（SS）的测定

（一）测定原理

悬浮固体系指水样中不能通过孔径为 $\phi 0.45\,\mu m$ 的滤膜的固体物，截留在滤膜上并于

103～105℃烘干至恒重的固体。测定的方法是用 0.45μm 滤膜过滤水样,烘干固体残留物及滤膜,将所称质量减去滤膜质量,即为悬浮固体(不可过滤性残渣)质量(范围 SS≤70mg/L)。

(二)仪器及试剂

烘箱;分析天平;干燥器滤膜:孔径为 ϕ0.45μm、直径为 ϕ45～60mm 或中速滤纸;玻璃漏斗;称量瓶:内径为 ϕ30～50mm;称量瓶:内径为 ϕ30～50mm;无齿扁嘴镊子;蒸馏水或同等纯度的水;真空泵;量筒:100mL;玻璃棒;锥形瓶或烧杯。

(三)测定方法

用无齿扁嘴镊子将滤膜放在称量瓶中,打开瓶盖,移入烘箱中于 103～105℃烘干 2h,取出,置于干燥器内冷却至室温,盖好瓶盖,称重得到 m_B,反复烘干、冷却、称重,直至恒重(两次称量相差不超过 0.5mg),测定出称量瓶与滤膜的质量。

振荡水样,量取充分混合均匀的试样 100mL 抽吸过滤,使水分全部通过滤膜。用蒸馏水洗涤残渣 3～5 次。如样品中含有油脂,用 10mL 石油醚分 2 次淋洗残渣。停止吸滤后,小心取下载有 SS 的滤膜,放入原恒重的称量瓶内,打开瓶盖,移入烘箱中于 103～105℃下烘干 2h,干燥器中冷却至室温,盖好瓶盖,称重得到 m_A,反复烘干、冷却、称重,直至恒重,计算出 SS 的量。

(四)结果计算

悬浮固体含量按式(6-1)计算:

$$\rho_{SS}=\frac{m_A-m_B \times 1000 \times 1000}{V} \tag{6-1}$$

式中 ρ_{SS}——悬浮固体含量,mg/L
m_A——悬浮固体+滤膜及称量瓶重,g
m_B——滤膜及称量瓶重,g
V——过滤水样的体积,mL

按照取样量 100mL 简化后:

$$\rho_{SS}=(m_A-m_B) \times 10000 \tag{6-2}$$

(五)注意事项

① 树叶、木棒、水草等杂质应从水样中除去。

② 废水黏度高时,可加 2～4 倍蒸馏水稀释,震荡均匀待沉淀物下降后再过滤。也可采用石棉坩埚进行过滤。

③ 取水时水样洒出量筒,容易使得水样不足造成误差;在过滤过程中,玻璃棒如果弄破滤纸,使得悬浮固体一起随液体流入烧杯,还有已经烘干的称量瓶因置于实验室混入杂质,均有可能引起称量的误差等。

二、pH 的测定

(一)测定原理

pH 测量常用复合电极法。以玻璃电极为指示电极,以 Ag/AgCl 等为参比电极合在一起组成 pH 复合电极。利用 pH 复合电极电动势随氢离子活度变化而发生偏移来测定水样的 pH。复合电极 pH 计均有温度补偿装置,用以校正温度对电极的影响,用于常规水样监测可准确至 0.1pH 单位。较精密的 pH 应与水样的 pH 接近。

(二)仪器及试剂

pH 计;磁力搅拌器;50mL 的聚乙烯或聚四氟乙烯烧杯。

用于校准仪器的标准缓冲溶液:按表6-1规定的数量称取试剂,溶于25℃水中,在容量瓶内定容至1000mL。水的电导率应低于$2\mu s/cm$,临用前煮沸数分钟,赶除二氧化碳,冷却。取50mL冷却水,加一滴饱和氯化钾溶液,测量pH,如pH在6~7之间即可用于配制各种标准缓冲溶液。

表 6-1　　　　　　　　　　　　　pH 标准溶液的配制

标准物质	pH(25℃)	每 1000mL 水溶液中所含试剂的质量(25℃)
酒石酸氢钾(25℃饱和)	3.557	6.4g $KHC_4H_4O_6$
邻苯二甲酸氢钾	4.008	10.12g $KHC_8H_4O_4$
磷酸二氢钾+磷酸氢二钾	6.865	3.388g KH_2PO_4+3.533g Na_2HPO_4
四硼酸钠	9.180	3.80g $Na_2B_4O_7 \cdot 10H_2O$

(三) 测定方法

按照 pH 计仪器使用说明书进行准备。

将仪器温度补偿旋钮调至待测水样温度处,pH 相差不超过 2 个 pH 单位的标准溶液校准仪器。从第一个标准溶液中取出两个电极,彻底冲洗,并用滤纸边缘轻轻吸干。再浸入第二个标准溶液中,其 pH 约与前一个相差 3 个 pH 单位。如测定值与第二个标准溶液 pH 之差大于 0.1pH 单位时,就要检查仪器、电极或标准溶液是否有问题。当三者均无异常情况时方可测定水样。

水样测定:先用蒸馏水仔细冲洗电极,再用水样冲洗,然后将电极浸入水样中,小心搅拌或摇动使其均匀,待读数稳定后记录 pH。

(四) 结果计算

测定的 pH 应取最接近于 0.1pH 单位,如有特殊要求时,可根据需要及仪器的精确度确定结果的有效数字位数。

要求 pH 小于 6 时重复性±0.1,再现性±0.3,pH6~9 重复性±0.1,再现性±0.2,pH 大于9,重复性是±0.2,再现性±0.5。

(五) 注意事项

① 由于不同复合电极构成各异,其浸泡方式会有所不同,有些电极要用蒸馏水浸泡,而有些则严禁用蒸馏水浸泡电极,须严格遵守操作手册,以免损伤电极。

② 测定时,复合电极(含球泡部分)应全部进入溶液中。

③ 防止空气中二氧化碳溶入或水样中二氧化碳逸去,测定前不宜打开水样瓶塞。

④ 受污染时,可用低于 1mol/L 稀盐酸溶解无机盐垢,用稀洗涤剂(弱碱性)除去有机油脂类物质,稀乙醇、丙酮、乙醚除去树脂高分子物质,用酸性酶溶液(如食母生片)除去蛋白质血球沉淀物,用稀漂白液、过氧化氢除去颜料类物质等。

⑤ 注意电极的出厂日期及使用期限,存放或使用时间过长的电极性能将变劣。

⑥ 最好现场测定。否则,在采样后应把样品保存在 0~4℃环境,并在采样后 6h 内进行测定。

三、溶解氧(DO)的测定

溶解在水中的分子态氧称为溶解氧(DO),溶解氧以分子状态存在于水中。水中溶解氧量是水质重要指标之一,也是水体净化的重要因素之一。溶解氧含量高有利于对水体中各类污染物的降解,从而使水体得到较快净化;反之溶解氧含量低,水体中污染物降解较缓慢。

水中溶解氧含量受到两种作用的影响:一种是使DO下降的耗氧作用,包括好氧有机物降解时的耗氧,生物呼吸耗氧;另一种是使DO增加的复氧作用,主要有空气中氧的溶解、水生植物的光合作用等。这两种作用的相互消长,使水中溶解氧含量呈现出时空变化。测定溶解氧(DO)的方法一般用碘量法以及电极法。本实验采用碘量法测定DO。

(一) 实验原理

水样中加入硫酸锰和碱性碘化钾,水中溶解氧将低价锰氧化成高价锰,生成四价锰的氢氧化物棕色沉淀。加酸后,氢氧化物沉淀溶解并与碘离子反应而释出游离碘。以淀粉作指示剂,用硫代硫酸钠滴定释出的碘,可计算溶解氧的含量。

在水中加入硫酸锰及碱性碘化钾溶液,生成氢氧化锰沉淀。此时氢氧化锰性质极不稳定,迅速与水中溶解氧化合生成碱式氧化锰:

$$2MnSO_4 + 4NaOH \longrightarrow 2Mn(OH)_2\downarrow + 2Na_2SO_4$$

$$Mn(OH)_2 + O_2 \longrightarrow 2MnO(OH)_2\downarrow (棕色沉淀)$$

加入浓硫酸使棕色沉淀与溶液中所加入的碘化钾发生反应而析出碘,溶解氧越多,析出的碘也越多,溶液的颜色也就越深。

$$2KI + H_2SO_4 \longrightarrow 2HI + K_2SO_4$$

$$MnO(OH)_2 + 2H_2SO_4 \longrightarrow Mn(SO_4)_2 + 3H_2O$$

$$Mn(SO_4)_2 + 2KI \longrightarrow MnSO_4 + I_2 + K_2SO_4$$

$$I_2 + 2Na_2S_2O_3 \longrightarrow 2NaI + Na_2S_4O_6$$

(二) 仪器及试剂

① 细口玻璃瓶(溶解氧瓶):容量在250~300mL之间,校准至1mL,具塞温克勒瓶或任何其他适合的细口瓶,瓶肩最好是直的。每一个瓶和盖要有相同的号码,用称量法来测定每个细口瓶的体积。250mL碘量瓶或锥形瓶;25mL酸式滴定装置;1mL、2mL定量吸管;100mL移液管。

② 浓硫酸(H_2SO_4):$\rho = 1.84g/mL$ 以及(1+5)硫酸溶液100mL(标定硫代硫酸钠溶液)。

③ 硫酸锰溶液:称取480g硫酸锰($MnSO_4 \cdot 4H_2O$)或364g $MnSO_4 \cdot H_2O$ 溶于水,用水稀释至1000mL。此溶液加至酸化过的碘化钾溶液中,遇淀粉不得产生蓝色。

④ 碱性碘化钾溶液:称取500g氢氧化钠溶解于300~400mL水中,另称取150g碘化钾(或135g NaI)溶于200mL水,待氢氧化钠溶液冷却后,将两溶液合并,混匀,用水稀释至1000mL。如有沉淀,则放置过夜后,倾出上清液,贮于棕色瓶中。用橡皮塞塞紧,避光保存。此溶液酸化后,遇淀粉不应呈蓝色。

⑤ 1%(m/V)淀粉溶液:称取1g可溶性淀粉,用少量水调成糊状,再用刚煮沸的水稀释至100mL。冷却后,加入0.1g水杨酸或0.4g氯化锌防腐。

⑥ 重铬酸钾标准溶液 $c(1/6 K_2Cr_2O_7) = 0.025mol/L$:称取1.2258g重铬酸钾,精确至0.0006g,溶于水中,移入1000mL容量瓶,稀释到标线,摇匀。

⑦ 硫代硫酸钠标准溶液:称取分析纯硫代硫酸钠($Na_2S_2O_3 \cdot 5H_2O$)约3.2g,精确至0.0006g,溶于煮沸并冷却的水中,加0.4g氢氧化钠,稀释到1000mL,储于棕色瓶中。然后使用时用 0.01mol/L $K_2Cr_2O_7$ 溶液标定。

⑧ 硫代硫酸钠标准溶液标定:在具塞的碘量瓶中加入1g碘化钾及100mL水,用移液

管加入 10.00mL 0.025mol/L 重铬酸钾溶液，再加入 5mL 1:5 的硫酸溶液，静置 5min 后，用硫代硫酸钠溶液滴定至淡黄色，加 1mL 淀粉溶液，继续滴定至蓝色刚好褪去为止，记录用量，根据公式 $c_1V_1=c_2V_2$ 计算硫代硫酸钠的浓度。

（三）测定方法

① 溶解氧的固定：用吸液管插入溶解氧瓶的液面下，加入 1mL 硫酸锰溶液、2mL 碱性碘化钾溶液，盖好瓶塞，颠倒混合数次，静置。待棕色沉淀物降至瓶内一半时，再颠倒混合一次，待沉淀物下降到瓶底。一般在取样现场固定。

② 析出碘：轻轻打开瓶塞，立即用吸管插入液面下加入 2.0mL 硫酸，小心盖好瓶塞，颠倒混合摇匀，至沉淀物全部溶解，放于阴暗处静置 5min。

③ 滴定：吸取 100.00mL 上述溶液于 250mL 锥形瓶中，用硫代硫酸钠标准溶液滴定至溶液呈淡黄色，加入 1mL 淀粉溶液，继续滴定至蓝色刚好褪去，记录硫代硫酸钠溶液用量。

（四）结果计算

溶解氧含量 ρ（mg/L）用式（6-3）计算：

$$\rho=\frac{c\times V\times 8\times 1000}{100} \tag{6-3}$$

式中　ρ——溶解氧含量，mg/L
　　　c——硫代硫酸钠标准溶液的浓度，mol/L
　　　V——滴定小号硫代硫酸钠标准溶液的体积，mL
　　　100——测定时试料取用的体积，mL

系数 8 的由来：

$$O_2 \longrightarrow 2Mn(OH)_2 \longrightarrow 2I_2 \longrightarrow 4Na_2S_2O_3$$

1mmol O_2 和 4mmol 的 Na_2SO_3 相当，用 $Na_2S_2O_3$ 的摩尔数乘以氧的摩尔质量 32mg/mmol 除以 4，得 8mg/mmol，即与 1mmol 硫代硫酸钠相当的氧量。

（五）注意事项

① 当水样中含有亚硝酸盐氮含量高于 0.05mg/L、二价铁低于 1mg/L 时会干扰测定，可采用加入叠氮化钠（三氮化钠）修正，使水中的亚硝酸盐分解而消除干扰。其加入方法是预先将叠氮化钠加入碱性碘化钾溶液中，适用于多数污水及生化处理水。

② 如水样中含氧化性物质（如游离氯等），应预先加入相当量的硫代硫酸钠去除。即用两个溶解氧瓶各取一瓶水样，在其中一瓶加入 5mL（1+5）硫酸和 1g 碘化钾，摇匀，析出碘。以淀粉为指示剂，用硫代硫酸钠溶液滴定至蓝色刚褪色，记下用量。于另一瓶水样中，加入同样量的硫代硫酸钠溶液，摇匀，按步骤测定。

③ 如水样中含 Fe^{3+} 达 100~200mg/L 时，可加入 1mL 40%氟化钾溶液消除干扰、1mL 硫酸锰溶液和 2mL 碱性碘化钾-叠氮化钠溶液，盖好瓶盖，摇匀，其他步骤同碘量法。

④ 碱性碘化钾-叠氮化钠溶液配制：溶解 500g 氢氧化钠于 300~400mL 水中；溶解 150g 碘化钾于 200mL 水中；溶解 10g 叠氮化钠于 40mL 水中。待氢氧化钠溶液冷却后，将 3 种溶液混合并定容至 1000mL，用橡皮塞塞紧，避光保存。叠氮化钠为剧毒易爆试剂，需小心使用，不能将碱性碘化钾-叠氮化钠溶液直接酸化，否则可能产生有毒的叠氮酸雾。

四、5 日生化需氧量（BOD_5）的测定

生物化学需氧量（BOD）是指在规定的条件下，微生物分解存在于水中的某些可氧化

物质，特别是有机物所进行的生物化学过程所消耗的溶解氧量。该过程进行的时间很长，如在20℃培养条件下，全过程需100d，根据目前国际统一规定，在（20±1）℃的温度下，培养5d后测出的结果，称为5日生化需氧量，记为BOD_5，其单位用质量浓度mg/L表示。

对于一般生活污水和工业废水，虽然含较多有机物，如果样品含有足够的微生物和具有足够氧气，就可以将样品直接进行测定，但为了保证微生物生长的需要，需加入一定量的无机营养盐（磷酸盐、钙、镁和铁盐）。

某些不含或少含微生物的工业废水、酸碱度高的废水、高温或氯化杀菌处理的废水等，测定前应接入可以分解水中有机物的微生物，这种方法称为接种。对于一些废水中存在着难被一般生活污水中微生物以正常速度降解的有机物或含有剧毒物质时，可以将水样适当稀释，并用驯化后含有适应性微生物的接种水进行接种。

（一）实验原理

一般检测水质的BOD_5只包括含碳有机物质氧化的耗氧量和少量无机还原性物质的耗氧量。由于许多二级生化处理的出水和受污染时间较长的水体中，往往含有大量硝化微生物。这些微生物达到一定数量就可以产生硝化作用的生化过程。为了抑制硝化作用的耗氧量，应加入适量的硝化抑制剂。

（二）仪器及试剂

① 生化培养箱温度控制在（20±1）℃。

② 充氧设备。充氧动力常采用无油空气压缩机（或隔膜泵、或氧气瓶、或真空泵），充氧流程可分为正压、负压充氧两种流程。

③ BOD培养瓶。容积（550±1）mL。

④ 样品运输贮藏箱。温度保持0~4℃。

⑤ 250mL溶解氧瓶或具塞试剂瓶2~6个。

⑥ 50mL滴定管2支、1mL移液管3支、25mL和100mL移液管各1支。

⑦ 10mL、100mL量筒各1个；250m碘量瓶2个。

⑧ 试剂采用分析纯，实验用水采用重蒸蒸馏水。

⑨ 硫酸锰溶液。将$MnSO_4·4H_2O$ 480g或$MnSO_4·2H_2O$ 400g溶于蒸馏水中，过滤后稀释成100mL（此溶液中可能含有高价锰，试验方法是取少量此溶液加入碘化钾及稀硫酸后溶液不能变成黄色，如变成黄色表示有少量碘析出，即表示溶液中含有高价锰：$MnO_3^{2-}+2I^-+6H^+ \Longrightarrow I_2+Mn^{2+}+3H_2O$）。

⑩ 碱性碘化钾溶液。溶解500g氢氧化钠于300~400mL蒸馏水中，冷却至室温。另外溶解300g碘化钾于200mL蒸馏水中，慢慢加入已冷却的氢氧化钠溶液，摇匀后用蒸馏水稀释至1000mL（强碱性溶液腐蚀性很大，使用时注意勿溅在皮肤或衣服上），如有沉淀，则放置过夜取上清液，贮藏于塑料瓶或棕色试剂瓶中（用棕色试剂瓶时要用橡胶瓶塞）。

⑪ 浓硫酸。密度为1.84g/cm³，强酸腐蚀性很大，使用注意勿溅在皮肤或衣服上。

⑫ 淀粉指示液。称取2g可溶性淀粉，溶于少量蒸馏水中，用玻璃棒调成糊状，慢慢加入（边加边搅拌）刚煮沸的200mL蒸馏水中，冷却后加入0.25g水杨酸或0.8g氯化锌$ZnCl_2$防腐剂。此溶液遇碘应变为蓝色，如变成紫色表示已有部分变质，要重新配制。

⑬ （1+1）硫酸溶液。将浓硫酸与水等体积混合。

⑭ 盐溶液。下述溶液至少可稳定一个月，应贮存在玻璃瓶内，置于暗处。一旦发现有生物滋长迹象，则应弃去不用。

⑮ 磷酸盐缓冲溶液。将 8.5g 磷酸二氢钾（KH_2PO_4）、21.75g 磷酸氢二钾（K_2HPO_4）、33.4g 七水磷酸氢二钠（$NaH_2PO_4 \cdot 7H_2O$）和 1.7g 氯化铵（NH_4Cl）溶于 500mL 水中，稀释至 1000mL。此缓冲溶液的 pH 应为 7.2。

⑯ 七水硫酸镁 22.5g/L 溶液。将 22.5g 七水硫酸镁（$MgSO_4 \cdot 7H_2O$）溶于水中，稀释至 1000mL 并混合均匀。

⑰ 氯化钙 27.5g/L 溶液。将 27.5g 无水氯化钙（$CaCl_2$）（若用水合氯化钙，要取相当的量）溶于水，稀释至 1000mL 并混合均匀。

⑱ 氯化铁 0.25g/L 溶液。将 0.25g 六水氯化铁（Ⅲ）（$FeCl_3 \cdot 6H_2O$）溶解于水中，稀释至 1000mL 并混合均匀。

⑲ 硫代硫酸钠溶液 $c(Na_2S_2O_3)=0.025$ mol/L 的配制。称取 6.2g 硫代硫酸钠（$Na_2S_2O_3 \cdot 5H_2O$）溶于煮沸放冷的蒸馏水中，加入 0.2g 碳酸钠，用水稀释至 1000mL。贮于棕色瓶中，使用前用重铬酸钾，$c(1/6K_2Cr_2O_7)=0.0250$ mol/L。

⑳ 标准溶液标定。于 250mL 碘重瓶中，加入 100mL 蒸馏水和 1g 碘化钾，加入 10.00mL 0.0250mol/L 重铬酸钾标准溶液、5mL 的 2mol/L（$1/2H_2SO_4$）硫酸溶液，塞紧瓶口，摇匀，于暗处静置 5min 后，用待标定的硫代硫酸钠溶液滴定至溶液呈淡黄色，加入 1mL 淀粉溶液，继续滴定至蓝色刚好褪尽为止，记录用量。

标定反应：$K_2Cr_2O_7+6KI+7H_2SO_4 =\!=\!= Cr_2(SO_4)_3+3I_2+4K_2SO_4+7H_2O$（硫酸铬，绿色）

$I_2+2Na_2S_2O_3 =\!=\!= 2NaI+Na_2S_4O_6$（连四硫酸钠，无色）

硫酸钠溶液浓度按式（6-4）计算：

$$c=10.00\times 0.0250/V \tag{6-4}$$

式中　c——硫酸钠溶液浓度，mol/L

　　　V——硫代硫酸钠溶液消耗量，mL

　10.00——重铬酸钾标准溶液体积，mL

　0.0250——重铬酸钾标准溶液浓度，mol/L

㉑ 0.5mol/L 氢氧化钠；0.5mol/L 盐酸。

㉒ 稀释水。在 5~20L 玻璃内瓶装入一定量的纯水暴气 2~8h，使稀释水的溶解氧接近饱和；暴气后瓶口盖上两层干净纱布，置于 20℃ 培养箱中放置数小时，使水中溶解氧含量不少于 8mg/L。临用前每升水中加入 4 种营养盐溶液磷酸盐缓冲溶液、七水硫酸镁溶液、氯化钙溶液、氯化铁溶液各 1mL 并混合均匀。稀释水的 pH 为 7.2，应在 8h 内使用完。

㉓ 接种水。如被检验样品本身不含有足够的适应性微生物，应采取下述方法获得接种水。接种温度应在（20±1）℃。当工业废水中含有难降解有机物时，取该工业废水排放口下游 3~8km 处的水作为做接种水；如无此种水源采用驯化菌种的方法在实验室培养含有适应于待测样品的接种水，建议采用如下方法：取中和或适当稀释后的该水样进行连续暴气，每天加少量新鲜水样。同时加入适量表层土壤、花园土壤或生活污水，使能适应水样的微生物大量繁殖。当水中出现大量絮状物，或分析其化学需氧量的降低值出现突变时，表明适应的微生物已经繁殖，可用做接种水。一般驯化过程需要 3~8d。

㉔ 接种的稀释水。根据需要和接种水的来源，向每升稀释水中加入 1.0~5.0mL 接种水中的一种。以接种的稀释水的 5d（20℃）耗氧量应在 0.3~1.0mg/L 之间。

(三) 测定方法

1. 实验前准备工作

实验前 8h 将生化培养箱接通电源，并使温度控制在 20℃下正常运行。将实验用的稀释水、接种水和接种的稀释水放入培养箱内恒温备选用。

2. 水样预处理

① 水样的 pH 不在 6.5～7.5 之间时，先做单独试验，确定需要的盐酸或氢氧化钠溶液体积，再中和样品，不管有无沉淀形成。当水样的酸度或碱度很高，可改用高浓的碱或酸进行中和，确保用量不少过水样体积的 0.5%。

② 含有少量游离氯的水样，一般放置 1～2h 后，游离氯即可消失。对于游离氯在短时间内不能消失的水样，可加入适量的亚硫酸钠溶液，以除去游离氯。

③ 从水温较低的水体中或富营养化的湖泊中采集的水样，应迅速升温至 20℃左右，以赶出水样中过饱和的溶解氧。否则会造成分析结果偏低。

④ 从水温较高的水体中或废水排放口取样，应迅速使其冷却至 20℃左右，否则会造成分析结果偏高。

⑤ 若待测水样没有微生物或微生物活性不足时，都要对样品进行接种。诸如以下几种工业废水：a. 未经生化处理过的工业废水；b. 高温高压或经卫生杀菌的废水，特别要注意食品加工工业的废水和医院生活污水；c. 强酸强碱性的工业废水；d. 高 BOD_5 值的工业废水；e. 含铜、锌、铅、砷、镉、铬、氰等有毒物质的工业废水。以上的工业废水都需采用具有足够微生物的废水。

3. 测试方法

(1) 不经稀释水样的测定

溶解氧含量较高、有机物含量较少的地表水，可不经稀释而直接以虹吸法将约 20℃的混匀水样转移入两个溶解氧瓶内，转移过程应注意不使产生气泡。以同样的操作使两个溶解氧瓶充满水样后溢出少许，加塞。瓶内不应留有气泡。

其中一瓶随即测定溶解氧，另一瓶的瓶口进行水封后，放入培养箱中，在 20℃培养 5d。在培养过程中注意添加封口水。

从开始放入培养箱算起，经过 5 昼夜后，弃去封口水，测定剩余的溶解氧。

(2) 需经稀释水样的测定

稀释倍数的确定根据实践经验，提出下述计算方法，供稀释时参考。

地表水：由测得的高锰酸盐指数与一定的系数的乘积，即求得稀释倍数。高锰酸盐指数与系数的关系见表 6-2。

表 6-2　　　　　　　　　高锰酸盐指数与系数的关系

高锰酸盐指数/(mg/L)	系数	高锰酸盐指数/(mg/L)	系数
<5	—	10～20	0.4、0.6
5～10	0.2、0.3	>20	0.5、0.7、1.0

(3) 工业废水

由重铬酸钾法测得的 COD 值来确定，同程需做单个稀释比。

使用稀释水时，由 COD 值分别乘以系数 0.075、0.15、0.225，即获得三个稀释倍数。使用接种稀释水时，则分别乘以系数 0.075、0.15、0.25 即获得三个稀释倍数。

(4) 稀释操作

1) 一般稀释法

按照选定的稀释比例,用虹吸法沿筒壁先引入部分稀释水(或接种稀释水)于1000mL量筒中,加入需要量的均匀水样,再加入稀释水(或接种稀释水)至800mL,用带胶板的玻璃棒小心上下搅匀。搅拌时勿使搅棒的胶板露出水面,防止产生气泡。

按照相同的步骤操作,测定培养5d前后的溶解氧。

另取两个溶解氧瓶,用虹吸法装满稀释水(或接种稀释水)作为空白试验,测定培养5d前后的溶解氧。

2) 直接稀释法

是在溶解氧瓶内直接稀释。在已知两个容积相同(其差<1mL)的溶解氧瓶内,用虹吸法加入部分稀释水(或接种稀释水),再加入根据瓶容积和稀释比例计算出来的水样量,然后用稀释水(或接种稀释水)使刚好充满,加塞,勿留气泡于瓶内。

(5) 溶解氧的测定

溶解氧的测定方法用碘量法(通常用叠氮化钠改良法),详见本节"水溶解氧(DO)的测定"。

(四) 结果计算

1. 不经稀释直接培养的水样 BOD_5 含量

$$\rho_{S,BOD_5} = \rho_{DO_1} - \rho_{DO_2} \tag{6-5}$$

式中 ρ_{S,BOD_5} ——水样的 BOD_5 含量,mg/L

ρ_{DO_1} ——水样在培养前的溶解氧浓度,mg/L

ρ_{DO_2} ——水样在培养5d后的溶解氧浓度,mg/L

2. 经稀释后培养的水样

稀释后培养的水样的 BOD_5 含量 ρ_{BOD_5} (mg/L) 按式 (6-6) 计算:

$$\rho_{BOD_5} = [(\rho_{DO_1} - \rho_{DO_2}) - (\rho_{B_1} - \rho_{B_2}) \times f_1]/f_2 \tag{6-6}$$

式中 ρ_{DO_1} ——水样在培养前的溶解氧浓度,mg/L

ρ_{DO_2} ——水样在培养5d后的溶解氧浓度,mg/L

ρ_{B_1} ——稀释水(或接种稀释水)在培养前的溶解氧浓度,mg/L

ρ_{B_2} ——稀释水(或接种稀释水)在培养5d后的溶解氧浓度,mg/L

f_1 ——稀释水(或接种稀释水)在培养液中所占比例

f_2 ——水样在培养液中所占比例

(五) 注意事项

① 根据废水浓度高低及毒性大小确定使用稀释水、接种水还是稀释接种水,若稀释比大于100,将分两步或几步进行稀释。

② 培养时要注意避光,防止藻类生长影响测定结果。

③ 适用范围:BOD_5 为 2~1000mg/L 的水样,超过 1000mg/L 的水样,应适当稀释。

④ 使用的玻璃仪器皿在实验前应认真清洗,防止油污、沾尘。玻璃器皿干燥后方能使用。

五、化学耗氧量(COD)的测定

化学耗氧量又称化学需氧量是以化学方法测量水样中需要被氧化的还原性物质的量。废水、废水处理厂出水和受污染的水中,能被强氧化剂氧化的物质(一般为有机物)的氧当量。在河流污染和工业废水性质的研究以及废水处理厂的运行管理中，它是一个重要的而且能较快测定的有机物污染参数，常以符号 COD 表示。水样中的化学需氧量的测定方法一般由重铬酸钾法以及库仑滴定法，本次实验选择重铬酸钾法来测定。

本方法适用于各种类型的含 COD 值大于 50mg/L 的水样，对未经稀释的水样的测定上限为 500mg/L。本方法不适用于含氯化物浓度大于 1000mg/L（稀释后）的含盐水。

（一）实验原理

在强酸性溶液中，准确的加入过量的重铬酸钾标准溶液和作为催化剂的硫酸银，加热回流一定时间，将水样中还原性物质（主要是有机物）氧化，过量的重铬酸钾溶液以试亚铁灵指示液作指示剂，用硫酸亚铁铵标准溶液回滴，根据所消耗的重铬酸钾标准溶液量计算水样化学需氧量。

（二）仪器及试剂

500mL 全玻璃回流装置；加热装置（电炉）；25mL 或 50mL 酸式滴定管，锥形瓶，移液管，容量瓶等。

重铬酸钾标准溶液（$c(1/6K_2Cr_2O_7)=0.2500$mol/L）：称取预先在 120℃烘干 2h 后的基准或优质纯重铬酸钾 12.258g 溶于水中，移入 1000mL 容量瓶中，稀释至标线，摇匀。

试亚铁灵指示液：称取 1.485g 邻菲啰啉（$C_{12}H_8N_2 \cdot H_2O$）、0.695g 硫酸亚铁（$Fe_2SO_4 \cdot 7H_2O$）溶于水中，稀释至 100mL，储于棕色瓶内，静置在阴暗处。

硫酸亚铁铵标准溶液 $[c(NH_4)_2Fe(SO_4)_2 \cdot 6H_2O \approx 0.1mol/L]$（使用前标定）：称取 39.5g 硫酸亚铁铵溶于水中，边搅拌变缓慢加入 20mL 浓硫酸，冷却后移入 1000mL 容量瓶中，加水稀释至标线，摇匀。临用前，用重铬酸钾标准溶液标定。

硫酸-硫酸银溶液：于 500mL 浓硫酸中加入 5g 硫酸银。放置 1~2d，不时摇动使其溶解。

硫酸汞：结晶或者粉末。

（三）测定步骤

硫酸亚铁铵标定：准确吸取 10.00mL 重铬酸钾标准溶液于 500mL 锥形瓶中，加水稀释至 110mL 左右，缓慢加入 10mL 浓硫酸，摇匀。冷却后，加入 3 滴试亚铁灵指示液（约 0.15mL），用硫酸亚铁铵溶液滴定，溶液的颜色由黄色经蓝绿色至红褐色既为终点。

取 20mL 混合均匀的水样（或适量水样稀释至 20.00mL）置于 250mL 磨口的回流锥形瓶中，准确加入 10.00mL 的重铬酸钾标准溶液以及数粒小玻璃珠或沸石，连接磨口回流冷凝管，再从冷凝管上口慢慢加入 30mL 硫酸-硫酸银，轻轻摇动锥形瓶使溶液混匀，加热回流 2h（自开始沸腾时计时）。

对于化学需氧量比较高的废水样，可以先取上述操作所需体积的 1/10 的废水样和试剂于 15~150mm 硬质玻璃试管中，摇匀，加热后观察是否变成绿色。如溶液显绿色，再适当减少废水取样量，直至溶液不变绿色为止，从而确定废水样分析时应取用的体积。稀释时，所取废水样不得少于 5mL，如果化学需氧量很高，则废水样应多次稀释。废水中氯离子含量超过 30mg/L 时，应先把 0.4g 硫酸汞加入回流锥形瓶中，再加 20.00mL 废水（或适量废水稀释至 20.00mL），摇匀。

冷却后，用 90.00mL 水冲洗冷凝管壁，取下锥形瓶。溶液总体积不得少于 140mL，否则因酸度太大，滴定终点不明显。

溶液再度冷却后，加 3 滴试亚铁灵指示液，用硫酸亚铁铵标准溶液滴定，溶液的颜色由黄色经蓝绿色至红褐色即为终点，记录硫酸亚铁铵标准溶液的用量。

测定水样的同时，取 20.00mL 重蒸馏水，按同样操作步骤作空白实验。记录滴定空白样时硫酸亚铁标准溶液用量。

（四）结果计算

按式（6-7）计算硫酸亚铁铵溶液浓度：

$$c=\frac{10.00\times 0.250}{V}=\frac{2.50}{V} \quad (6\text{-}7)$$

式中　c——硫酸亚铁铵溶液浓度，mol/L

　　　V——硫酸亚铁铵标准溶液的体积，mL

　10.00——重铬酸钾用量，mL

　0.250——重铬酸钾标准溶液浓度，mol/L

按式（6-8）计算 COD 含量 ρ_{COD}：

$$\rho_{COD}=\frac{c(V_1-V_2)\times 8\times 1000}{V_0} \quad (6\text{-}8)$$

式中　ρ_{COD}——COD 含量，g/L

　　　c——硫酸亚铁铵标准溶液的浓度，mol/L

　　　V_1——滴定空白时硫酸亚铁铵标准溶液的用量，mL

　　　V_2——滴定水样时硫酸亚铁铵标准溶液的用量，mL

　　　V_0——水样的体积，mL

　　　　8——（$1/2O_2$）摩尔质量，g/mol

参 考 文 献

[1] HJ 828—2017. 水质　化学需氧量的测定　重铬酸盐法 [S].
[2] 宋立新. 废水自动采样器存在偏差原因分析及解决方法 [J]. 环境监控与预警，2016，8（6）：43-51.
[3] 赵伦侠. 分析废水水样中 COD 时去除氯离子干扰的方法研究与探讨 [J]. 中国战略新兴产业，2018（36）：162-163.
[4] 叶敏强，曹雷，李秋潼，等.《水质化学需氧量的测定重铬酸盐法》新旧标准比较 [J]. 环境监控与预警，2018，10（1）：26-28.
[5] 谢益民，瞿方，王磊，等. 制浆造纸废水深度处理新技术与应用进展 [J]. 中国造纸学报，2012，27（3）：56-61.
[6] 国家环境保护总局. 水和废水监测分析方法（第四版增补版）[M]. 北京：中国环境科学出版社，2009.

【本章思政案例】

序号	案例名称	案例教学目标	案例内容
1	绿色化学与可持续发展	强调化学在可持续发展中的重要作用，引导学生关注环境问题，培养环保意识	可持续发展的内涵包括环境、经济与社会三大系统的协调发展。本章内容介绍时，将"绿水青山就是金山银山"的案例嵌入。指出以牺牲环境追求经济效益的发展是不可持续的，要学生树立正确的发展观和职业伦理道德。为实现生态文明中国梦而奋斗
2	废水的经济循环回用	通过介绍造纸废水检测方法和循环经济，引导学生思考如何在未来的工作中实现环境保护与经济效益的平衡	通过介绍废水处理技术的背景和废水污染的严峻性，以造纸业发展初期的废水排放及社会民众对造纸业的不良印象，甚至电子媒体对纸张广告的误导等为例，说明我国在废水污染防治方面的坚决行动，体现制度优越性。使学生树立科技、环境、经济一体化思维

第七章 化学助剂分析方法

新时代新征程，现代造纸业作为基础性原材料行业，伴随要素成本上升、资源环境压力加大、产能过剩持续及国际市场竞争的多重挤压，大型造纸生产线尤其需要采用高质量化学助剂，以提升纸张性能、降低纤维使用成本、提高纸机运行性能等。化学助剂性能的分析是对纸机运行和纸产品质量保障的重要环节，其检测方法和基本原理的掌握，以及数据处理的科学思维和误差分析方法、"量"的概念树立等，均需要操作者摒弃主观臆断，确保数据的真实性、客观性。检测结果与造纸过程的相关性分析也需要秉持辩证思维，从辩证唯物论的角度来分析有关知识原理，发展精准高效的检测技术。

第一节 蒽醌（AQ）的测定

蒽醌（Anthraquinone，简称 AQ），化学式：$C_{14}H_8O_2$，是非常重要的有机中间体。蒽醌类化合物包括蒽醌衍生物及其不同还原程度的产物和二聚物，如蒽酚、氧化蒽酚、蒽酮及其二聚体，以及这些化合物的苷类等，结构式见图7-1。其中蒽醌结构式中的1、4、5、8位为α位，2、3、6、7位为β位，9、10位为meso位，又叫中位。

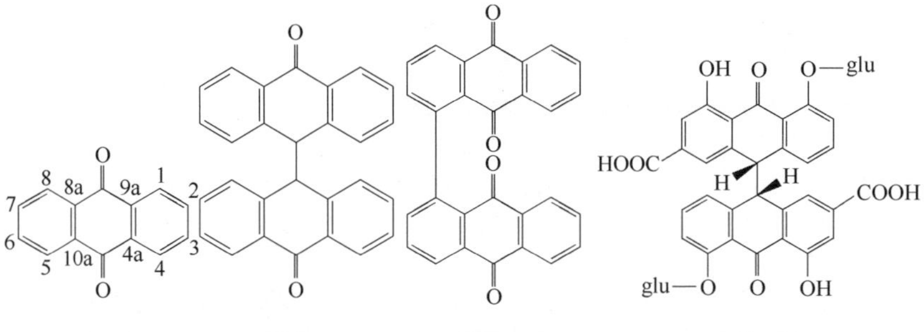

蒽醌　　二蒽酮　　二蒽醌　　番泻苷A

图7-1 蒽醌类化合物结构式

蒽醌类化合物存在于天然植物中地衣类和菌类的代谢产物，也可以人工合成。可用于制造高级燃料如还原染料、分散染料、酸性染料、活性染料以及纸浆蒸煮助剂和化肥脱硫剂等；还具有止血、抗菌、排毒、利尿等药理作用，用于药物制备。

蒽醌外观为浅黄色针状结晶或粉末，无味，有一定的熔点；性能稳定，不易氧化，但在碱性溶液中保险粉可使其还原，同混酸可在一定条件下发生硝化、磺化和溴化反应。

蒽醌的显色反应很具代表性，包括碱液显色反应、醋酸镁反应和对亚硝基-二甲苯胺反应等，反应结构式见图7-2。碱液显色反应是指羟基蒽醌及其苷遇碱液变为红色或紫红色，加酸后红色消失，再加碱又显红色。蒽酚、蒽酮、二蒽酮类化合物必须被氧化形成羟基（变成蒽醌）后才能呈阳性反应，显示红色。醋酸镁反应是指羟基蒽醌类可与0.5%醋酸镁甲醇或乙醇溶液形成有色络合物。反应灵敏，由于羟基位置不同，颜色不同。取生药粉末的乙醇浸出液于试管中，加入醋酸镁甲醇液，加热片刻，即可显色。此反应也可在滤纸上进行，即将生药的乙醇浸出液滴于滤纸上，干后喷雾醋酸镁甲醇液，加热片刻即显色。对亚硝基-二甲苯胺反应可以用于鉴定 9 位或 10 位取代的羟基蒽醌类化合物，尤其是 1,8-二羟基蒽酮，可与 0.1% 对亚硝基-二甲苯胺的吡啶溶液反应，呈现紫、绿、蓝等不同颜色。取生药粉末少许于试管中，加碱液数毫升，振摇后过滤，得红色的滤液，加盐酸酸化后，溶液转为黄色，加乙醚 2mL，振摇后静置分层，乙醚层显黄色，分取醚层于另一试管中，加碱液振摇，水层显红色，显示羟基蒽醌类成分存在。

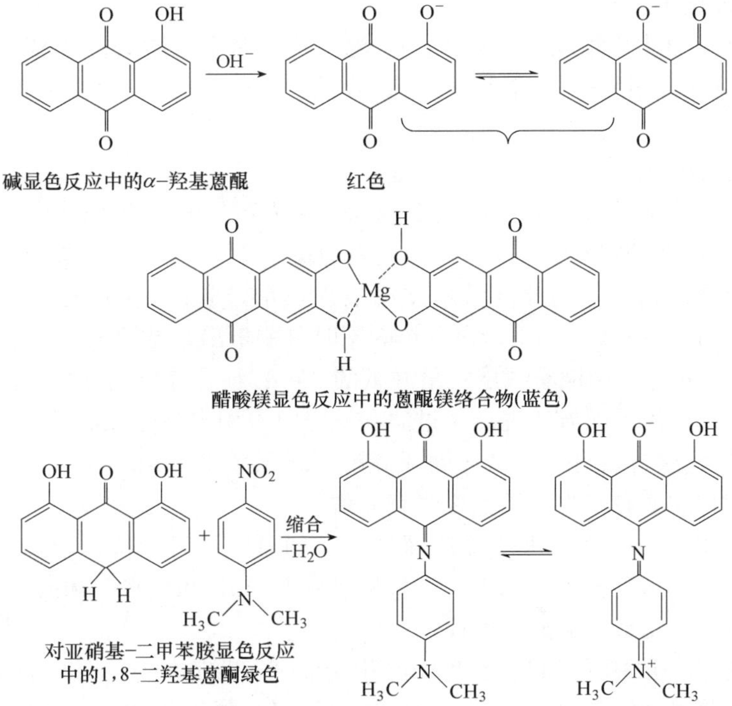

图 7-2 显色反应结构式

蒽醌类及其苷大多还有荧光性，在不同 pH 条件下显不同荧光；多和糖结合成苷（即蒽醌苷），相对分子质量小于 500，且溶于水和有机溶剂；游离蒽醌相对分子质量约 300 左右，一般具有升华性，常压下加热可升华而不分解，此性质可用来精制蒽醌类化合物。

游离蒽醌类化合物大多具有酚羟基或个别具有羧基，故具有一定的酸性。酸性强弱的规律：含—COOH 者＞含 2 个以上 β—OH 者＞含 1 个 β—OH 者＞含 2 个以上 α—OH 者＞含 1 个 α—OH。游离蒽醌不溶或难溶于水，微溶于有机溶剂如乙醚、氯仿、苯、乙醇等，易溶于氨水、氢氧化钠、盐酸、硫酸等溶液，经这些溶剂提取后可以进行测定。蒽醌苷极性较大，易溶于甲醇、乙醇及热水。难溶于冷水，几乎不溶于乙醚、苯及氯仿等溶剂。由于羰基氧原子的存在，蒽醌类成分还具弱碱性，故能溶于浓硫酸中成盐再转成阳碳离子，同时伴有颜色的显著改变，一般显红至紫红色。蒽醌产品分优等品、一级品和合格品，优等品蒽醌含量≥99.00%，初熔点≥284.2℃。

一、纯度的测定

蒽醌纯度的测定常用浓硫酸法，为重量沉淀分析法。蒽醌易溶于热的浓硫酸，生成蒽醌磺酸，用水稀释时，蒽醌磺酸发生水解反应，重新析出蒽醌结晶体，从而使蒽醌得到提纯和分离。硫酸法结晶颗粒较大，过滤洗涤阻力小，可缩短洗涤时间，增强洗涤效果。

蒽醌纯度的测定也可借助紫外光谱、薄层层析、气相法等进行测定。

（一）测定原理

用浓硫酸在80℃下处理样品，使试样溶解。其中杂质由于磺化、水解等作用稀释后溶于水中，而蒽醌在稀释后又析出结晶，将其过滤后升华，即可根据试样量及升华前后的质量差得出蒽醌含量。

（二）仪器及试剂

a. 细孔瓷坩埚（古氏坩埚）：30mL；b. 滤纸：中速定量滤纸；c. 瓷坩埚：15～20mL；d. 氢氧化钠溶液：10g/L；e. 亚硫酸氢钠溶液：80g/L；f. 98%浓硫酸；g. 盐酸溶液：0.2mol/L。

（三）测定方法

称取研细的蒽醌试样约1g，精确至0.0002g，置于500mL的烧杯中，在不断摇动下加入98%硫酸30g（20℃时为16.4mL），盖上表面皿，于80℃水浴上加热30min。稍冷，取下表面皿，在搅拌或摇动下向此溶液中逐滴加入热水，应在5min内（蒽醌质量分数低于97%的应在15min）加入约15mL。在发热的同时蒽醌析出，继续加入热水至约300mL，在80℃水浴上加热20min。用铺有双层定量滤纸的30mL细孔瓷坩埚过滤，根据样品中是否含有菲醌杂质，分别采用不同方法洗涤。过滤和洗涤时可用水泵轻轻抽吸。

菲醌的定性检验方法：把1g试样同亚硫酸氢钠溶液300mL混在一起加热至约80℃过滤，当用盐酸酸化滤液时如为淡黄色说明有菲醌。

试样不含菲醌（一般为煤焦油蒽油馏分生产的蒽醌）时的洗涤方法：用热水100mL、热氢氧化钠溶液200mL、热水50mL、热盐酸溶液100mL和热水200mL（均为80℃以上），分别依次洗涤沉淀，至最后滤液为中性。

试样含菲醌（一般由石油催化重整油中分离生产的蒽醌）时的洗涤方法：用热水100mL、热亚硫酸氢钠溶液300mL、热水100mL和热氢氧化钠溶液200mL、热盐酸溶液100mL、热水200mL（均为80℃以上），分别依次洗涤沉淀，至最后滤液为中性。

将细孔瓷坩埚连同沉淀放在100～105℃的烘箱中烘至恒重，称量，精确至0.0002g。

用一不锈钢勺将细孔瓷坩埚中的沉淀刮入一个已在200℃恒重的瓷坩埚中。将瓷坩埚连同沉淀放在电炉上，于通风柜内升华。保持电炉表面温度（200±20）℃，待升华物质停止逸出时，移至干燥器内冷却至室温，称量，精确至0.0002g。

同时称取试样2g，精确至0.0002g，做水分测定。

（四）结果计算

蒽醌纯度以质量分数表示，按式（7-1）计算：

$$w_{蒽醌} = \frac{m_1 - m_2}{m} \times 100(\%) \tag{7-1}$$

或

$$w_{蒽醌} = \frac{m_1}{m} \times 100\% - w_1 \tag{7-2}$$

式中　$w_{蒽醌}$——蒽醌纯度，%

　　　m_1——升华前沉淀的质量，g

　　　m_2——升华后残渣的质量，g

　　　m——试样的质量，g

w_1——不升华物质的质量分数,%

不升华物质以质量分数表示,按式(7-3)计算:

$$w_1 = \frac{m_2}{m} \times 100 (\%) \tag{7-3}$$

(五) 注意事项

① 实验需要做平行试验。

② 取平行试验结果的算术平均值作为试验结果,取到小数点后两位;平行试验结果的两值之差不大于 0.3%。

③ 允许在正常生产时,每月测定一次 200℃不升华物质的含量,每日测定时此值为常数使用。

二、灰分的测定

(一) 测定原理

将蒽醌试样灰化并经高温灼烧至恒重,计算灼烧残渣(即灰分)的含量。

(二) 仪器

a. 瓷坩埚:100mL,坩埚钳;b. 分析天平:称量范围 0.0001g;c. 干燥器:内装无水氯化钙或变色硅胶干燥剂;d. 电炉:1kW;e. 马弗炉:最高使用温度达 800℃,控温精度 ±25℃。

(三) 测定方法

用盐酸溶液处理坩埚,瓷坩埚浸泡 24h 或煮沸 0.5h,石英坩埚浸泡 2h,洗净,烘干。在 650℃灼烧 2h,取出坩埚,在空气中冷却 1~3min,然后移入干燥器中冷却至室温(约 45min),称重,精确至 0.0002g。重复操作至坩埚恒重,即两次称量结果之差不大于 0.0003g。

用已恒重的坩埚称取蒽醌试样 2g,准确至 0.0002g,放在电炉上缓慢加热,直到试样全部炭化,然后将坩埚移入预先升温至 (650±25)℃的马弗炉中灼烧至恒重(约 5h)或灰为白色。

取出坩埚,在空气中冷却 1~3min,然后移入干燥器中至少冷却 1h,降至室温,称量(每次冷却时间应严格一致),准确至 0.0002g。

(四) 结果计算

蒽醌灰分含量按式(7-4)进行计算:

$$w_{\text{灰分}} = \frac{m_2 - m_0}{m_1 - m_0} \times 100 (\%) \tag{7-4}$$

式中 $w_{\text{灰分}}$——灰分含量,%

m_0——坩埚质量,g

m_1——坩埚与试样的质量,g

m_2——坩埚与灰分的质量,g

(五) 注意事项

① 实验需要做平行试验。

② 取平行试验结果的算术平均值作为试验结果,取到小数点后两位;平行试验结果的两值之差不大于 0.02%。

三、干品初熔点的测定

"初熔点"是指试样在毛细管内开始局部液化、出现明显液滴时的温度;"全熔"是试样全部液化时的温度,自初熔至全熔的一段温度为"熔程"。

熔点是物质的物理常数,测定熔点有助于鉴别物质种类,也可反映试样的纯度。纯度越差,熔点会下降(共熔作用),熔程会增长。

(一)测定原理

采用毛细管法测定蒽醌的初熔点。以加热的方式,使毛细管中的试样从低于其初熔时的温度逐渐升至高于其终熔时的温度,观察其初熔温度,即为试样的干品初熔点。

(二)仪器及试剂

① 毛细管:用硬质 11 号玻璃制成,内径 0.9~1.1mm,壁厚 0.15~0.20mm,长 50~70mm,一端封熔。

② 测量温度计:棒状,温度范围 250~300℃,分度值为 0.1℃,长约 400mm,全浸或局浸并经过校正的温度计。

③ 辅助温度计:温度范围 0~100℃,分度值为 0.1℃的普通温度计。

④ 加热器:带电子控制器的加热器或其他加热均匀、安全、易控制温度的加热装置(如电加热套)。

⑤ 熔点测定仪:容积为 250mL 的圆底烧瓶,直径 80mm,颈长 30~40mm,口径约 28mm,在瓶上方离瓶颈约 10mm 处有两个相对称的直径为 5mm 的圆孔。试管长 110~120mm,直径约 18mm,离管底约 27mm 处有两个对称的直径为 5~8mm 的圆孔。锥形导管长 40mm,上口外径大于 7mm,下口内径 1.6mm,外径约 3mm,熔点测定仪装置见图 7-3。

⑥ 传热液体:201 型甲基硅油(黏度在 500 号以上)或硫酸+硫酸钾混合液(220mL 浓硫酸中加入 70~80g 无水硫酸钾,再加入 0.1~0.2g 硝酸钾)。

⑦ 样品的干燥:将少量混匀、研细的试样置于干燥、清洁的表面皿中,于 100℃干燥箱中干燥 30min,取出,放在干燥器中备用。

(三)测定方法

将少量、研细的试样装入清洁、干燥、一端封口的毛细管中。取一高约 800mm、直径 10mm 的干燥玻璃管直立于玻璃板上,将装有试样的毛细管经玻璃管投掷 8~10 次,直至毛细管内试样紧缩至 3~4mm 高,再将开口一端封熔。圆底烧瓶中注入其体积 3/4 的传热液体,将测量温度计插入试管内的传热液体中,并使温度计的中间泡也浸没于传热液体中,温度计不得碰及管底。按图 7-3 安装好熔点测定仪。

加热,使传热液体的温度缓缓上升至熔点前 10℃时,将装有试样的毛细管通过锥形导管插入试管内,并附着于温度计水银球中部。继续加热,调节加热器,使温度上升速度为 0.8~1.0℃/min。观察毛细管中试样融化情况,当试样开始出现明显的局部液化现象时的温度为干品初熔点。

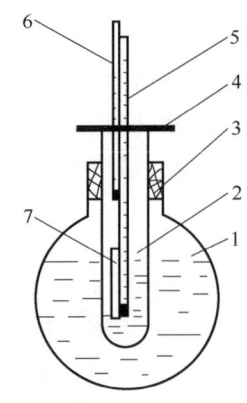

图 7-3 熔点测定仪
装置(单位为 mm)
1—圆底烧瓶 2—试管 3—胶塞 4—支架 5—测量温度计 6—辅助温度计 7—熔点管

（四）结果计算

若测定中使用的是局浸式温度计，蒽醌干品初熔点为 $t=t_1+\Delta t$（校正值）；

若测定中使用的是全浸式温度计，干品初熔点 t 按式（7-5）进行计算：

$$t=\Delta t_1+\Delta t_2+\Delta t_3+t_1 \tag{7-5}$$

$$\Delta t_1=0.00016 h_1(t_1-t_2) \tag{7-6}$$

$$\Delta t_2=0.00016 h_2(t_1-t_3) \tag{7-7}$$

式中 t——蒽醌干品初熔点，℃

Δt_1——温度计露出液面至塞口处的水银柱校正值，℃

Δt_2——温度计露出塞外的水银柱校正值，℃

Δt_3——温度计的示值校正值，℃

t_1——观测温度，℃

t_2——试管内液面至塞口的中间处温度，℃

t_3——塞外水银柱中部周围空气温度（以辅助温度计测定），℃

h_1——温度计露出液面至塞口处的水银柱高度（以温度计的度数表示）

h_2——塞外水银柱高度（以温度计的度数表示）

0.00016——水银在玻璃中的膨胀系数

（五）注意事项

① 实验需要做平行试验。

② 取平行试验结果的算术平均值作为试验结果，取到小数点后两位；平行试验结果的两值之差不大于 0.3℃。

③ 试管内液面至塞口的中间处温度用辅助温度计测定。试样熔点测定完毕，立即将温度计插入试管内液面至塞口之间的中间位置，测定这一温度场的平均温度。蒽醌合格品纯度≥97%，初熔点≥280℃。

四、加热减量的测定

（一）测定原理

在规定温度和时间下，加热后所损失的质量分数为加热减量，是衡量试样中可挥发组分（水和轻组分）多少的指标。加热减量大，说明试样中的轻组分含量高。

（二）仪器

a. 称量瓶：直径 ϕ40mm，高 30mm；b. 分析天平：称量范围 0.0001g；c. 烘箱：控温精度±2℃；d. 干燥器：内装无水氯化钙或变色硅胶干燥剂。

（三）测定方法

在已恒重的扁形称量瓶中，准确称取试样 2～5g，精确至 0.0001g，均匀地铺在称量瓶底部，盖子打开状态下，置于烘箱中，于（105±2）℃烘至恒重（约 4h），取出，在干燥器中冷却至室温后称重，计算。

（四）结果计算

蒽醌加热减量按式（7-8）进行计算：

$$w_{\text{蒽醌加热减量}}=\frac{m_1-m_2}{m_1-m_0}\times 100(\%) \tag{7-8}$$

式中　$w_{蒽醌加热减量}$——蒽醌加热减量，%
　　　m_0——称量瓶质量，g
　　　m_1——干燥前试样和称量瓶的质量，g
　　　m_2——干燥后试样和称量瓶的质量，g

（五）注意事项

① 实验需要做平行试验。

② 取平行试验结果的算术平均值作为试验结果，取到小数点后一位；平行试验结果的两值之差不大于 0.02%。

③ 加热减量通常≤0.5%。

第二节　羧甲基纤维素的测定

羧甲基纤维素（Sodium Carboxymethyl Cellulose，简称 CMC）是纤维素（浆粕）经碱化、氯乙酸醚化后的一种阴离子型水溶性纤维素醚类衍生物，结构式见图 7-4。通常使用其钠盐，故全名也叫羧甲基纤维素钠，即 CMC-Na。大分子糖链的存在，使得 CMC 具有较高的比表面积和良好的生物兼容性。

CMC 为白色或微黄色的纤维状或颗粒状粉末，没有特殊的气味，在低温及日光照射下稳定，可以长期保存。易溶于水，并形成透明黏稠胶体，溶液呈中性或微碱性；与其他水溶性胶类及软化剂、

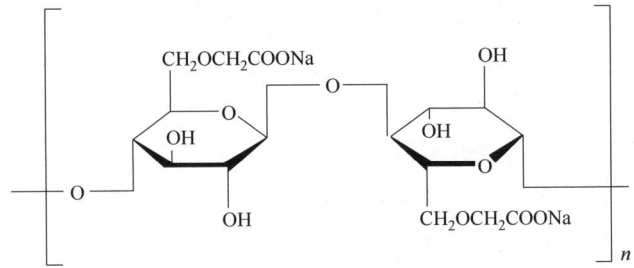

图 7-4　羧甲基纤维素化学结构示意图
（R=—OH 或—OCH$_2$COONa）

树脂等均有相溶性。其溶液在温度急剧变化、紫外线照射以及微生物的影响下，也会引起水解或氧化，使得溶液黏度下降，甚至腐败，如需长期保存溶液，可适当选择甲醛、苯酚、苯甲酸、有机汞化合物等防腐剂。溶解时先产生润胀现象，然后逐渐溶解。由于粒子间相互黏附形成皮膜或黏胶团，致使不能分散，而使溶解迟缓。因此配制其水溶液时，可以先均匀润湿各个粒子，增加溶解速度。CMC 具有吸湿性，当含水率达 20% 以上时，可以看出部分粒子间的相互黏附，黏度越高越明显；取代度越高，极性基团数量越多，吸湿性越大。且 CMC 不溶于甲醇、乙醇、丙酮、乙醚、苯、醋酸丁酯、四氯化碳、二氯乙烷、氯仿、石油、醋酸甲酯、甲基乙基酮、甲苯、松节油、二甲苯等有机溶剂。

锌、铜、铅、铝、银、铁、锡、铬等重金属盐类，能使 CMC 水溶液发生沉淀，除盐基性醋酸铅外，其余沉淀可重新溶于氢氧化钠或氢氧化铵溶液。有机或无机酸类也会引起溶液的沉淀现象，在 pH=2.5 以下也会发生凝聚产生沉淀，加碱中和后可以回复。钙、镁及食盐等盐类，对 CMC 溶液不起沉淀作用，但会降低黏度。

CMC 广泛用于造纸、建筑、陶瓷、石油、化妆品、烟草、纺织等日用化工和食品、医药行业的增稠剂、稳定剂、分散剂等。CMC 主要技术指标有：聚合度、取代度（DS）、纯度、水分、水溶液的黏度、pH、酸黏比、耐盐性、重金属含量等。其中，取代度是最关键的指标，决定了 CMC 的性质和用途。

CMC 的分子取代度 DS 是指每个纤维素大分子葡萄糖残基环上 3 个羟基被羧甲基所取代的平均数目，也称替代度或醚化度（为取代度的 100 倍，表示每 100 个基环内起反应的羟基数）。取代度理论最大值为 3，是影响 CMC 水溶性的重要因素，黏度对水溶性的影响也很大，通常黏度在 25～50mPa·s 之间，取代度在 0.3 左右，呈碱溶性；取代度≥0.4 方能溶解于水。随着取代度的上升，溶解度越大，溶液的透明度也相应改善；当取代度≥0.80 时其水溶液的耐酸能力明显增强。高取代度（DS≥0.92）的 CMC 保水性强，当 DS>1.2 时，可以溶解于极性溶剂或非极性溶剂；通常要求造纸过程中采用的甲基纤维素钠产品取代度≥0.8。同一取代度的 CMC 由于聚合度不同，黏度可分高、中、低三种，CMC 产品的取代度越高，黏度受温度影响越小。

由于纤维素物理结构的复杂性和分子链的立体化学效应、静电效应，取代基的分布可以沿纤维素分子链分布，也可以在每个葡萄糖单元上分布，但取代均匀性越好，稳定性越好，黏度越低，稳定性越好。

CMC 分子每个单元上共有 3 个羟基，即 C2、C3 的仲羟基和 C6 伯羟基，理论上伯羟基的活性大于仲羟基，但根据 C 的同位效应，C2 上的—OH 基更显酸性，特别是在强碱的环境下其活力比 C3、C6 更强，所以更易发生取代反应，C6 次之，C3 最弱。CMC 的性能不仅同取代度的大小有关，也同羧甲基基团在整个纤维素分子中分布的均匀性和每个分子中羟甲基在每个单元中与 C2、C3、C6 取代的均匀性有关。由于 CMC 是高聚合线性化合物，且其羧甲基在分子中存在取代的不均匀性，故当溶液浸渍时分子存在不同的取向，当溶液中有剪切力存在时，其线性分子的长轴有转向流动方向的趋势，且随着剪切速率的增大这种趋势增大，直到最终完全定向排列为止，CMC 的这种特性称假塑性。

CMC 水溶液的黏度代表纤维素的聚合度，取决于纤维素原料的平均聚合度以及纤维素在碱化、醚化反应过程中聚合度的降解程度和反应均一性。黏度随着浓度的提高呈近似直线上升，还与溶液浓度、pH、温度、盐离子等因素有关。CMC 水溶液呈中性或微碱性，1% CMC 溶液的黏度在 pH6.5～7.5 室温时性能稳定，在 pH9.0～11.0 的范围内黏度变化不太大。但当 pH<6 时，黏度迅速下降，并开始形成 CMC 酸；若 pH>9 时，黏度亦会缓慢下降，pH>11.5 时，开始急剧下降。这是因为未取代的羟基与碱分子结合，促进纤维素分散的结果。CMC 溶液的黏度随温度的升高而下降。冷却时，黏度即行回升，但当温度升至一定程度（如大于 80℃）且长时间加热时，将发生永久性的黏度降低，因此溶解 CMC 宜用冷水。但 CMC 取代度越高，黏度受温度影响越小，替代度大于 1.2 时，就极为稳定。各种无机盐离子的存在会降低 CMC 溶液的黏度，阳离子的价数越高，对黏度的影响越大。遇一价阳离子盐时呈水溶性，遇三价阳离子盐时呈不溶性盐，遇二价阳离子盐时，则介于一价和三价之间。

相对分子质量及其分布也是纤维素醚类衍生物的重要分析指标，可以通过黏度测定，相对分子质量分布用凝胶渗透色谱（GPC）测定。聚合度 200～500，相对分子质量 2 万～5 万，pH 在 7 左右时胶体性最好，耐热性较稳定。

一、水分及挥发物的测定

（一）测定原理

试样在一定温度下直接干燥时，所失去的物质的总量。

（二）仪器

a. 扁形称量瓶：直径 ϕ60mm，高 25mm；b. 分析天平：称量范围 0.1mg；c. 烘箱：

控温精度±2℃；d. 干燥器：内装无水氯化钙或变色硅胶干燥剂。

（三）测定方法

用恒重的扁形称量瓶，准确称取试样 4.0g，精确至 0.0001g，将试样铺平，厚度不大于 5mm，放入烘箱，在（105±2）℃干燥至恒重（约 4h），加盖取出，放在干燥器中冷却至室温后（约 30min）称量。

（四）结果计算

挥发分按式（7-9）进行计算：

$$w_{挥发分} = \frac{m_1 - m_2}{m_1 - m_0} \times 100(\%) \tag{7-9}$$

式中　$w_{挥发分}$——挥发分，%

m_0——称量瓶质量，g

m_1——干燥前试样和称量瓶的质量，g

m_2——干燥后试样和称量瓶的质量，g

（五）注意事项

① 实验需要做平行试验。

② 取平行试验结果的算术平均值作为试验结果，取到小数点后一位；平行试验结果的两值之差不大于 0.4%。

③ 干燥减量通常≤10.0%。

二、有效成分的测定

（一）测定原理

羧甲基纤维素钠不溶于 80%乙醇，经溶解并多次洗涤，分离除去样品中 80%乙醇溶解物，得到纯净的羧甲基纤维素钠，其有效成分也代表试样的纯度。

（二）仪器及试剂

（1）仪器

a. 磁力加热搅拌器，搅拌棒长约 3.5cm；b. 过滤坩埚：40mL，孔径 $\phi 4.5 \sim 9\mu m$；c. 玻璃表面皿（或其他带孔的装置）：$\phi 10cm$，中心有孔；d. 400mL 烧杯，恒温水浴锅；e. 烘箱：控温精度±2℃；f. 干燥器：内装无水氯化钙或变色硅胶干燥剂。

（2）试剂

a. 95%乙醇；b. 80%乙醇溶液：将 95%乙醇 840mL 用水稀释至 1L；c. 乙醚。

（三）测定方法

称取 3g 羧甲基纤维素钠样品，精确到 0.0001g。然后放入已恒重的烧杯中，加入 60~65℃的 80%乙醇溶液 150mL。加入磁棒，置于磁力加热搅拌器上，盖上表面皿，在中心孔插吊温度计。开启加热搅拌器，调节搅拌速度避免飞溅，维持温度于 60~65℃，搅拌 10min。停止搅拌，将烧杯置于 60~65℃的恒温水浴中，静置使不溶物沉降，将上层清液尽可能完全地倒入已恒重的过滤坩埚中。

加入 60~65℃的 80%乙醇溶液 150mL 至烧杯中，重复上述搅拌和过滤的操作。然后用洗瓶装 60~65℃的 80%乙醇溶液约 250mL 仔细冲洗烧杯、表面皿、搅拌棒及温度计，使不溶物完全转移至坩埚内，并进一步洗涤坩埚内容物。在此操作时，可使用吸滤并应避免将滤饼吸干，如有微粒通过滤器，则应减缓抽吸。

在室温下用95%的50mL乙醇分两次洗涤坩埚内容物,最后用乙醚20mL分两次洗涤,吸滤时间不宜过长,将坩埚放在烧杯内,于蒸汽浴上加热至无乙醚气味。将坩埚和烧杯置于(105±2)℃烘箱中干燥4h后,移入干燥器内冷却30min并称重。

(四) 结果计算

羧甲基纤维素钠的纯度,按式(7-10)进行计算:

$$w_{CMC\text{-}Na} = \frac{m_1}{m_2 - m_3} \times 100(\%) \tag{7-10}$$

式中 $w_{CMC\text{-}Na}$——羧甲基纤维素钠纯度,%
    m_1——干燥后不溶物的质量,g
    m_2——试样质量,g
    m_3——试样的水分及挥发分含量,%

(五) 注意事项

① 实验需要做平行试验。

② 取平行试验结果的算术平均值作为试验结果,取到小数点后一位;平行试验结果的两值之差不大于0.3%。

③ 应保证试样中的氯化钠完全被80%乙醇洗去,必要时可以用0.1mol/L的硝酸银溶液和6mol/L硝酸检验滤液是否含有氯离子。

④ 用乙醚洗涤以完全除去不溶物中的乙醇是必要的,如在烘箱干燥前不完全除去乙醇,则在烘箱干燥期间不可能完全除去。

三、钠含量的测定

(一) 测定原理

高氯酸标准溶液滴定法属于非水溶剂条件下的滴定方法,广泛用于弱酸性原料含量的测定,如磷酸盐、有机酸盐以及有机酸碱金属盐类物质的含量。

羧甲基纤维素钠属于有机弱碱,利用冰醋酸做酸性溶剂,可以增强其相对碱度,利于使用强酸性的高氯酸滴定。结晶紫的变色范围较复杂,突跃点附近指示剂的颜色变化不明显,而显著的变色点明显早于滴定终点。变色范围pH6.0-7.0-9.0(黄色-紫色-紫红色)。以冰醋酸为溶剂,加入一定量的乙酸酐除去水分。以结晶紫为指示剂、高氯酸标准溶液-冰醋酸作滴定剂测定钠含量,滴定至溶液显蓝绿色即为终点。

(二) 仪器及试剂

(1) 仪器

1000mL棕色试剂瓶;1000mL量筒;50mL量筒;玻璃棒;1000mL烧杯;10mL吸管;ALC-210.4型电子天平;称量瓶;滴定台;10mL滴定管;150mL锥形瓶;50mL烧杯。

(2) 试剂

无水冰醋酸;高氯酸;乙酸酐;纯化水;基准邻苯二甲酸氢钾。

结晶紫指示液:0.5%乙酸溶液,称取结晶紫0.5g,加冰醋酸100mL溶解。

无水乙酸:取500mL的冰醋酸约等于525g,取100mL的冰醋酸约等于105g,冰醋酸的浓度为99%,则含水1%,即1.05g,其中含1.05g的水就加5.481mL的乙酸酐(1.05×5.22=5.481)。

0.1mol/L高氯酸滴定液配制：取无水冰醋酸（按含水量计算，每1g水加醋酐5.22mL）750mL，加入高氯酸（70%～72%）8.5mL，搅拌均匀。在室温下缓缓滴加乙酸酐24mL，边加边搅匀，加完后再搅匀放冷。将冷却的溶液转入1000mL量筒中，加无水冰醋酸使成1000mL，再将溶液倒入1000mL棕色试剂瓶中，用牛皮纸包裹瓶口，摇匀。放置于暗处24h后方可标定浓度。若所测试样易乙酰化，则需用水分测定法测定高氯酸的含水量，再用水和醋酸调节高氯酸的含水量至0.01%～0.2%。

1mol/L高氯酸滴定液的标定：

① 标定。称取在105℃干燥至恒重的基准邻苯二甲酸氢钾约0.16g（精确至0.0002g）于150mL锥形瓶中，共3份，分别加无水冰醋酸20mL使之溶解。加结晶紫指示液1滴，用配制好的高氯酸-冰醋酸滴定液（0.1mol/L）缓缓滴定至蓝绿色，即为终点，记录消耗滴定液的体积。

② 空白试验。空白试验系指在不加试样或以等量溶剂替代试样的情况下，按同法操作所得的结果。直接取无水冰醋酸20mL于150mL锥形瓶中，滴定前加结晶紫指示液1滴，用配制好高氯酸滴定液（0.1mol/L）缓缓滴定至蓝色，即为终点，记录消耗滴定液的体积。

③ 计算。根据滴定液的消耗量与邻苯二甲酸氢钾的取用量，算出高氯酸的浓度，计算公式见式（7-11）：

$$c=\frac{m}{(V_1-V_0)\times 20.42} \tag{7-11}$$

式中　m——基准邻苯二甲酸氢钾的称取量，mg

　　　c——高氯酸的浓度，mol/L

　V_1，V_0——滴定液和空白试验时高氯酸滴定液的消耗量，mL

　20.42——每消耗1mL的高氯酸滴定液（0.1mol/L）相当于20.42mg的邻苯二甲酸氢钾，g/mol

（三）测定方法

取干燥恒重的试样0.25g，精确至0.0002g，置150mL锥形瓶中，加冰醋酸50mL，摇匀，加热回流2h，冷却，移至100mL烧杯中，锥形瓶用冰醋酸洗涤3次，每次5mL，合并洗液于烧杯中，按照电位滴定法，用高氯酸滴定液（0.1mol/L）滴定，并将滴定的结果用空白试验校正。每1mL高氯酸滴定液（0.1mol/L）相当于2.299mg的Na。

（四）结果计算

钠含量w_{Na}（%）按式（7-12）计算：

$$w_{Na}=\frac{(V_1-V_0)\times(c_{标定}-c_{样品})\times 0.002299}{m\times(1-w_{水分})}\times 100(\%) \tag{7-12}$$

式中　V_1——试样消耗高氯酸滴定液的体积，mL

　　　V_0——空白样消耗高氯酸滴定液的体积，mL

0.002299——每消耗1mL高氯酸滴定液（0.1mol/L）相当于2.299mg的钠，g/mmol

　　　m——样品质量，g

　　$c_{标定}$——高氯酸滴定液标定的浓度，mol/L

　　$c_{样品}$——试样的浓度，mol/L

（五）注意事项

高氯酸滴定液的标定时：

① 配制室和标定室内必须有控制温度和湿度的通风设备和空调。

② 高氯酸与醋酐直接混合会发生剧烈反应，使溶液显黄色，因此在配制时，应先用无水冰醋酸将高氯酸稀释后，再缓缓滴加醋酐，滴速不宜过快，并边加边搅拌，使之混合均匀。

③ 本滴定液应贮于具塞棕色试剂瓶中，如为白色试剂瓶则用黑布包裹，避光保存；如滴定液显黄色，即表示部分高氯酸分解，不可再使用。

④ 因为高氯酸滴定液是以无水冰醋酸为溶剂，室内温度的变动将严重影响滴定液的浓度，因此在标定滴定液的过程中，必须保持室内温度的恒定，并记录室温。

四、黏度的测定

（一）测定原理

用规定的旋转黏度计测定羧甲基纤维素的黏度。溶液的黏度与旋转黏度计的转筒在溶液中旋转产生的剪切应力和施加的剪切速率成函数关系。

（二）仪器

a. 旋转黏度计：具有测定范围为 5~50mPa·s，剪切速率为 $850s^{-1}$ 的转筒（NDJ-79型、依米拉型可满足要求）；b. 超级恒温水浴：控温精度±0.1℃；c. 100mL 容量瓶；d. 100mL 烧杯。

（三）测定方法

称取试样约 1g，精确至 0.001g，放于烧杯中，加热水 50mL，置热水浴中保温 30min，迅速搅拌，直到粉末充分溶解，成为可流动的溶液，冷却至室温，使转移至 100mL 容量瓶中。每次用少量水冲洗烧杯及玻璃棒数次，冲洗液并入容量瓶中，激烈摇动 15min。

调节恒温水浴温度至（25±0.1）℃，将上述溶解的试样溶液放入，保持 20min，取出用水稀释至刻度，激烈摇动 1min，再置于恒温水浴中恒温 10min，取出摇动均匀。

选用测定范围为 5~50mPa·s 的转筒，用少量试样溶液湿润冲洗转筒和测定容器后，按黏度计使用说明书测定试样溶液的黏度。转筒旋转至指针稳定 30s 后开始读数，以后每隔 10s 读数一次，直至得到连续 5 次不变的读数。

（四）结果计算

试样溶液的黏度按式（7-13）计算：

$$黏度 = 读数 \times 转筒因子 \tag{7-13}$$

（五）注意事项

① 实验需要做平行试验。

② 取平行试验结果的算术平均值作为试验结果，取到小数点后一位；平行试验结果的两值之差不大于 5%。

③ 黏度单位为 mPa·s 或厘泊（CP）；选择黏度计转子时要注意测定值应为仪器标示黏度的 75%~140%。

④ 低黏度 CMC 在溶液浓度较低（<3%）时，流体呈现出很好的牛顿流体特征，随着浓度的增加，流体逐渐呈现为非牛顿流体，黏度会随着剪切力的增加而降低；而高分子高黏性 CMC 溶液即使在很低浓度下，也只呈现为非牛顿流体特征。因此旋转黏度计只能测量低黏度 CMC 溶液较低浓度下的绝对黏度和高分子高黏性 CMC 在一定条件下的表观黏度。

五、pH 的测定

（一）测定原理

用 pH 计通过测量浸入羧甲基纤维素钠水溶液中的指示电极与参比电极间的电位差，可以测定出羧甲基纤维素钠水溶液的 pH。

(二) 仪器及试剂

pH 计（酸度计）：分度不大于 0.05pH 单位，配有玻璃测量电极和甘汞参比电极，如 231 型玻璃电极和 232 型甘汞电极；磁力搅拌器；100mL 烧杯；100mL 容量瓶；恒温水浴：能保持温度于 (25±1)℃。

1% 试样溶液的配制：称取试样 1g，精确至 0.001g 于 100mL 烧杯中，放入 50mL 蒸馏水，在玻璃棒搅拌下，小心地溶解试样，将溶液定量转移至 100mL 容量瓶中，稀释至刻度并摇匀。

pH 计的校准：按仪器使用说明书，用标准缓冲溶液在不断搅拌下校准。

标准缓冲溶液：选取两种常用的缓冲溶液以校准 pH 计，其 pH 应尽可能接近试样溶液预期的 pH。例如：a. 0.025mol/L 磷酸二氢钾-磷酸氢二钠，25℃ 时 pH 为 6.864；b. 0.01mol/L 硼砂溶液，25℃ 时 pH 为 9.128。

磷酸二氢钾-磷酸氢二钠的配制：磷酸二氢钾和磷酸氢二钠需预先在 (120±10)℃ 干燥 2h。称取并溶解磷酸二氢钾 (KH_2PO_4) (3.40±0.01)g 和磷酸氢二钠 (Na_2HPO_4) (3.55±0.01)g 于水中，定量转移至 1000mL 刻度容量瓶中，稀释至刻度并混匀。将此溶液贮于无二氧化碳的密闭塑料瓶中，一个月至少更换一次。该溶液在不同温度时的 pH 如表 7-1 所示。

表 7-1　　　　磷酸二氢钾-磷酸氢二钠缓冲溶液在不同温度下的 pH

温度/℃	15	20	25	30
pH	6.90	6.88	6.86	6.85

注：温度每升高 1℃，pH 变化 −0.004pH 单位。

四硼酸钠缓冲溶液的配制：称取并溶解十水合四硼酸钠 ($Na_2B_4O_7 \cdot 10H_2O$) (3.81±0.01)g 于水中，定量转移至 1000mL 刻度容量瓶中，稀释至刻度并混匀。将此溶液贮于无二氧化碳的密闭塑料瓶中，一个月至少更换一次。该溶液在不同温度时的 pH 如表 7-2 所示。

表 7-2　　　　0.01mol/L 四硼酸钠缓冲溶液在不同温度下的 pH

温度/℃	15	20	25	30
pH	9.26	9.22	9.18	9.14

注：温度每升高 1℃，pH 变化 −0.008pH 单位。

(三) 测定方法

将容量瓶中的溶液适量转移至 50mL 的干烧杯中；用去离子水或蒸馏水冲洗电极，并用滤纸吸干，将用缓冲溶液校准过的 pH 计电极浸入试样溶液中，不断搅拌下读取稳定的数值。然后用新鲜试样溶液重复测量，取平均值。

(四) 结果表示

试样溶液的 pH 应修约到 0.1pH，以 25℃ 时的 pH 单位表示结果。

(五) 注意事项

① 平行试验结果之差不大于 0.1pH 单位，否则应进行第三次测量。

② 试样溶液现配现用。

③ 测量过程中，电极、洗涤用水、标准缓冲溶液及试样溶液的温度均应调至 (25±1)℃，即校准和测定要在相同温度下进行。如果测量温度不在 25℃，应标明测量温度。

④ CMC 产品的测定结果 pH 应为 6.5~8.0。

六、取代度的测定

(一) 测定原理

将水溶性 CMC 酸化,变成不溶性的酸式羧甲基纤维素,纯化后,用准确计量过的氢氧化钠将已知量的羧甲基纤维素重新转变为钠盐,再用盐酸标准溶液滴定过量的碱。

(二) 仪器和试剂

磁力加热搅拌器;烧杯(250mL);锥形瓶(500mL);玻璃过滤漏斗(40mL,孔径 4.5~9μm);烘箱:控温精度±2℃;干燥器:内装无水氯化钙或变色硅胶干燥剂;50mL 酸式滴定管。

95%乙醇;80%乙醇(95%乙醇 840mL 加水稀释至 1L),无水甲醇;硝酸;0.4mol/L 盐酸标准滴定溶液;0.4mol/L 氢氧化钠标准滴定溶液;硫酸(9 硫酸:2 水);二苯胺试剂 (0.5g 二苯胺溶于 120mL 硫酸,此试剂应为无色,遇微量硝酸盐和其他氧化剂时呈深蓝色);酚酞(1%,乙醇溶液)。

(三) 测定方法

称取试样 4g,精确至 0.001g,放在烧杯中,加入 95%的乙醇 75mL,用磁力加热搅拌器充分搅拌成浆状物,在搅拌下加入硝酸 5mL,并继续搅拌 1~2min,加热煮沸浆状物 5min,停止加热,继续搅拌 10~15min。

将上层清液倾入过滤漏斗,用 95%乙醇 100~150mL 转移沉淀至过滤漏斗,然后用 60℃的 80%乙醇洗涤沉淀至全部的酸被除去。

从过滤漏斗滴几滴滤液于白色点滴板上,加几滴二苯胺试剂,如呈现蓝色,则表示有硝酸存在,需要进一步洗涤,一般 6~8 次即可。

最后用少量的无水甲醇洗涤沉淀,继续抽滤至甲醇完全除去。将烘箱加热至(105±2)℃后,关闭电源,然后将过滤漏斗放入烘箱,15min 后打开箱门,排出甲醇蒸汽,关闭烘箱门,接通电源,在 105℃干燥 3h,然后在干燥器中冷却 30min 至室温。

称取干燥的酸式羧甲基纤维素约 1.4g,精确至 0.001g,置于 500mL 锥形瓶中,加入 100mL 水和氢氧化钠标准滴定溶液 25.00mL,边搅拌边加热,保持溶液沸腾 15~30min。

趁热以酚酞为指示剂,用盐酸标准滴定溶液滴定过量的氢氧化钠,至粉红色刚消失即为终点。

(四) 结果计算

羧甲基纤维素钠的取代度 DS 按式(7-14)和式(7-15)计算:

$$n = \frac{V_1 c_1 - V_2 c_2}{m_1} \tag{7-14}$$

$$DS = \frac{0.162n}{1 - 0.058n} \tag{7-15}$$

式中 n——中和 1g 酸式羧甲基纤维素所消耗的氢氧化钠标准滴定溶液的物质的量,mmol/g

  V_1——加入的氢氧化钠标准滴定溶液的体积,mL

  c_1——氢氧化钠标准溶液的浓度,mol/L

  V_2——滴定过量的氢氧化钠所用的盐酸标液的滴定体积,mL

  c_2——盐酸标准溶液的浓度,mol/L

m_1——用于测定的酸式羧甲基纤维素的质量，g

0.162——纤维素的失水葡萄糖单元的毫摩尔质量，g/mmol

0.058——失水葡萄糖单元中的一个羟基被羧甲基取代后，失水葡萄糖单元的毫摩尔质量的净增值，g/mmol

（五）注意事项

① 实验需要做平行试验。

② 取平行试验结果的算术平均值作为试验结果，取到小数点后两位；平行试验结果的两值之差不大于 0.02 的取代度单位。

③ 样品加入 95% 乙醇后，用磁力搅拌器搅拌充分后再加硝酸；加热时小心着火；用 80% 的乙醇洗涤沉淀时，酸要全部除去；用盐酸滴定氢氧化钠时要趁热进行。

第三节　淀粉及其衍生物的测定

淀粉资源丰富、价格低廉，是由葡萄糖组成的天然高分子多糖化合物，通式是 $(C_6H_{10}O_5)_n$，水解到二糖阶段为麦芽糖。淀粉有直链状和枝杈状两种，分别称为直链淀粉（amylose）和支链淀粉（amylopectin）。直链淀粉分子结构中，葡萄糖单元之间以 α-1,4 糖苷键结合，线状分子占 64%，轻度分支线状分子占 36%（含 4~20 个短链）；由于分子内氢键，直链淀粉形成链卷曲的右手螺旋形空间结构，约 6 个葡萄糖形成一个螺旋（图 7-5）。支链淀粉高度分枝，分子平均链数可达数百个，主链以各葡萄糖基单元之间以 α-1,4-苷键首尾相连而成，在主链分枝处以 α-1,6-苷键连接，形成支链，每隔 24~30 个葡萄糖残基（或 α-1,4-糖苷键）就有一个 α-1,6-糖苷键，因此分枝点占总糖苷键的 4%~5%。

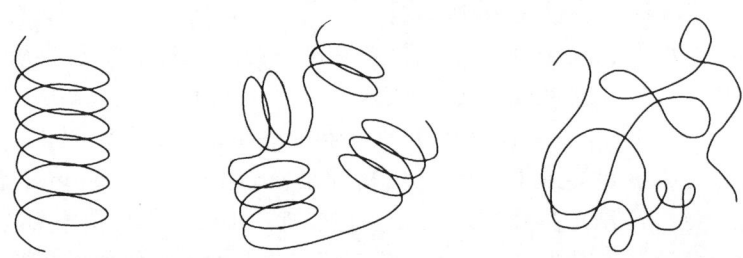

螺旋形间断螺旋形无规则线团　　　　直链淀粉在稀溶液中的构象

支链淀粉分子结构

图 7-5　淀粉的分子结构和构象

淀粉以颗粒状存在于植物中，颗粒内含有支链淀粉 80%~90% 和直链淀粉 10%~20%。直链淀粉平均聚合度为 700~5000，相对分子质量为 12.8 万~4.8 万；支链淀粉相对分子质量较大,根据淀粉来源及分支程度不同,平均聚合度为4000~40000,平均相对分子质量范围在1000万以上。其中谷物淀粉的低相对分子质量部分含量较高,大于40%,其次为豆类和薯类淀粉,小于30%。

由于淀粉螺旋中央空穴恰能容下碘分子,通过范德华力,两者形成一种蓝黑色络合物,因此直链淀粉遇碘呈蓝色,支链淀粉遇碘呈紫红色。直链淀粉每个螺旋结构可以容纳1个碘分子,因此吸收碘量最高可达20%(200mg/g),支链淀粉吸收量小于1%。据此可测定样品中直链淀粉的含量。

直链淀粉具有高度结晶结构,在溶液中分子伸展性好,易通过氢键与极性有机化合物和碘缔合生成络合物,能制成强度较高的纤维和薄膜;支链淀粉分子呈树状,为无定形结构,存在空间障碍,不能与极性有机物形成复合体沉淀,润胀能力差,糊化温度偏高,制成的薄膜很脆弱。

淀粉具有较强的颗粒结构,相邻羟基间经氢键结合,由于数量众多而使结晶束具有一定的强度。不同来源的淀粉颗粒形状各异,玉米淀粉颗粒为圆形、多边形,平均直径15μm;小麦淀粉为圆形、扁豆状,直径8μm;马铃薯淀粉为椭圆形、球形,直径23μm。淀粉颗粒不溶于一般有机溶剂,但能溶于二甲亚砜和二甲基甲酰胺。贮存稀淀粉糊较长时间,会逐渐变浑浊,有白色沉淀下沉,水分析出,胶体结构破坏,这种现象称为凝沉。支链淀粉因含有较多支链结构,凝沉性弱(或有一定的抑制凝沉作用),但在高浓度或冷冰低温时,分子侧链间结合,也会发生凝沉。

直链淀粉不溶于冷水,可溶于热水,支链淀粉常压下不溶于水,只有在加热并加压时才能溶于水。淀粉不溶于浓度30%以上的乙醇溶液,因为乙醇溶液容易破坏淀粉分子间的氢键,降低其溶解度。淀粉在酸或酶的作用下可以水解,最终产物为葡萄糖。

天然淀粉属水溶性高分子,具有一定的黏结性、成膜性,但其特性有限,不能适应现代工业新技术、新工艺、新设备的要求,需要对其进行改性。改性淀粉也称为变性淀粉或淀粉衍生物、修饰淀粉,由天然淀粉经过化学、物理或生物等方法加工,在淀粉分子上引入新的官能团或改变淀粉分子大小和淀粉颗粒性质,或经过分解、复合得到新产品,从而改变淀粉的天然特性(如糊化温度、热黏度及其稳定性、冻融稳定性、凝胶力、成膜性、透明性等)。改性淀粉品质繁多,广泛用于食品、造纸、纺织、化工、医药和其他行业的稳定剂、增稠剂、保湿剂、黏合剂、填充料等。

淀粉衍生物通常仅包括经一次反应或二次反应生成的淀粉产品,如淀粉糖、低聚糖、糖醇、变性淀粉等。更多层次的反应不列入其中。物理作用有预糊化并干燥的淀粉、热降解淀粉(高压喷射蒸汽降低淀粉的黏度)、超高频辐射处理淀粉、机械研磨处理淀粉、挤压变性淀粉等,简便易行。

化学变性是指用各种化学试剂处理得到的变性淀粉,淀粉链结构上的醇羟基除了使之具有亲水性外,还能够使之发生氧化反应、酯化反应和醚化反应,对其衍生化,其中有两大类:一类是使淀粉相对分子质量下降,如酸解淀粉、氧化淀粉、焙烤糊精等;另一类是使淀粉相对分子质量增加,如交联淀粉、酯化淀粉、醚化淀粉(羧甲基淀粉)、接枝淀粉等。生物变性主要是酶转化淀粉,如α、β、γ-环状糊精、麦芽糊精、直链淀粉等。经过适度水解,降低淀粉黏度。造纸企业有用淀粉酶混于原淀粉乳液中,调节pH为6.5,加热到约90℃,保温一段时间,待黏度降到要求,快速加热至约100℃,保持若干分钟,灭酶,冷却,供施胶使用。复合变性是采用两种以上处理方法得到的变性淀粉。如氧化交联淀粉、交联酯化淀粉等。采用复合变性得到的变性淀粉具有两种变性淀粉的各自优点。

另外，变性淀粉还可以按生产工艺路线进行分类，有干法（如磷酸酯淀粉、酸解淀粉、阳离子淀粉、羧甲基淀粉等）、湿法、有机溶剂法（如羧基淀粉制备一般采用乙醇作溶剂）、挤压法和滚筒干燥法（如天然淀粉或变性淀粉为原料生产预糊化淀粉）等。

淀粉的性能指标有水分、黏度、溶解性、氮物质含量（或蛋白质含量）、细度、取代度、灰分等。

一、水分的测定

（一）测定原理

在常压条件下，采用烘箱在130~133℃烘干淀粉，测定试样损失的质量。

（二）仪器

① 分析天平：称量精度0.0001g。

② 烘盒：用在测试条件下不受淀粉影响的金属（例如铝）制作，并有大小合适的盒盖。其有效表面能够使试样均匀分布时质量不超过$0.3g/cm^2$。适宜尺寸为直径55~65mm，高度15~30mm，壁厚约0.5mm。

③ 恒温烘箱：控温精度±2℃，配有适当的空气循环装置的电加热器，能够使得测试样品周围的空气温度均匀保持在130~133℃范围内。烘箱的热功率应能保证在烘箱温度调到131℃时，放入最大数量的试样后，在30min内烘箱温度回升到131℃，从而保证所有的样品同时干燥。

④ 干燥器：内装无水氯化钙或变色硅胶干燥剂和一个使烘盒快速冷却的多孔厚隔板。

（三）测定方法

1. 烘盒恒质

取干净的空烘盒，放在130℃烘箱内烘30~60min，取出烘盒置于干燥器内冷却至室温，取出称量；再烘30min，重复进行冷却、称量至前后两次质量差不超过0.005g，即为恒质。

2. 样品及烘盒称量

称取5g充分混匀的淀粉试样，精确至0.2g，倒入恒质后的烘盒内，使试样均匀分布在盒底表面上，盖上盒盖，立即称量烘盒和试样的总质量。在整个过程中，应尽可能减少烘盒在空气中的暴露时间。

3. 测定

称量结束后，将盒盖打开斜靠在烘盒旁，迅速将盛有试样的烘盒和盒盖放入已预热到130℃的恒温烘箱内，当烘箱温度恢复到130℃时开始计时，样品在130~133℃的条件下烘90min，然后取出，并迅速盖上盒盖，放入干燥器中。在干燥器中，烘盒不可叠放。烘盒在干燥器中冷却30~45min至室温，然后将烘盒从干燥器内取出，在2min内精确称量出干燥后样品和带盖烘盒的总质量。

（四）结果计算

淀粉试样中水分含量按式（7-16）进行计算：

$$w_{水} = \frac{m_1 - m_2}{m_1 - m_0} \times 100(\%) \tag{7-16}$$

式中　$w_{水}$——试样水分含量，%

　　　m_0——恒质后的空烘盒和盖的总质量，g

m_1——干燥前试样及烘盒和盖的总质量，g

m_2——干燥后试样及烘盒和盖的总质量，g

（五）注意事项

① 对同一样品应进行两次平行测定。

② 如果两次平行测定结果的绝对差值没有超过表 7-3 中给定的重复性的限度，则取两次测定结果的算术平均值为最终测定结果。重复性条件是在正常和正确操作情况下，由同一操作人员、在同一实验室内、使用同一仪器，并在短时间间隔内，对相同试样所作多个单次测试结果，在 95% 概率水平两个独立测试结果的最大差值。再现性条件是在正常和正确操作情况下，由不同操作人员、使用不同仪器，对相同试样所作多个单次测试结果，在 95% 概率水平两个独立测试结果的最大差值。

表 7-3　　　　　　　　　不同淀粉样品水分含量测定过程的重复性限定值

淀粉类型	重复性限/%	再现性限/%	淀粉类型	重复性限/%	再现性限/%
小麦变性淀粉	0.3	0.4	阳离子玉米淀粉	0.1	0.5
玉米变性淀粉	0.2	0.4	豌豆淀粉	0.3	0.5
高直链淀粉	0.2	0.4	马铃薯淀粉	0.1	0.5
改性糯玉米淀粉	0.2	0.4			

③ 测试样品应没有任何结块、硬块，并应充分混匀后使用。样品应放在防潮、密闭的容器内，测试样品取出后，应将剩余样品储存在相同的容器中，以备下次测试时再用。

④ 通常以 65% 相对湿度、20℃ 标准条件下各种淀粉的平衡含水率为指标值，不同种类的淀粉在此条件下的平衡含水率不同，应加以区分。因此，变性淀粉的水分指标：玉米变性淀粉、小麦变性淀粉 ≤14%；木薯变性淀粉 ≤15%；马铃薯变性淀粉 ≤18%。

二、淀粉及其衍生物硫酸化灰分的测定

（一）测定原理

样品中加入硫酸后，在温度为 (525±25)℃ 下进行灰化，得到样品的残留物质量。硫酸的作用是有助于破坏有机物和避免氯化物挥发而造成损失。

（二）仪器及试剂

(1) 仪器

① 坩埚：由铂或其他在该测定条件下不受影响的材料制成，平底，容量为 100~200mL，最小可用表面积为 15cm^2。

② 灰化炉（马弗炉）：有控制和调节温度的装置，可提供 (525±25)℃ 灰化温度。

③ 干燥器：内有有效充足的干燥剂和一个多孔金属厚板或瓷板。

④ 电热板或本生灯。

⑤ 水浴：能控制在 60~70℃。

⑥ 分析天平：测量精度 0.0001g。

(2) 试剂

① 在测定过程中，只可使用分析纯的试剂和蒸馏水。

② 硫酸溶液：100mL、ρ_{20} 为 1.83g/mL 的浓硫酸加入 300mL 水中混合而成。

③ 盐酸溶液：100mL、ρ_{20} 为 1.19g/mL 的浓盐酸加入 500mL 水中混合而成。

(三) 测定方法

恒重坩埚的准备：坩埚必须先用沸腾的稀盐酸溶液洗涤，再用大量自来水洗涤，然后用蒸馏水漂洗。将洗净的坩埚置于灰化炉内，在（525±25）℃下灼烧30min，并在干燥器内冷却至室温，称重，精确至0.0002g。

样品的准备：样品应充分混合。粉末样品应小心而快速地搅动，液体样品用玻璃棒在容器中混合均匀。此过程应避免任何能引起样品水分含量变化的操作。

如样品直接精确称量有困难（如葡萄糖成团状），则可采用下列的方法：先称取100g样品，精确至0.01g。倒入预先已带盖子一起称重并精确至0.01g的干燥容器中，加入约100mL90℃的水，盖上盖子搅拌直至样品完全溶解，冷却至室温并称重，精确至0.01g；或不加水溶解，盖上盖子直接插入水浴中，温度控制在60～70℃之间，使样品熔化，从水浴中取出容器，不取下盖摇荡，将冷凝水与样品混合，然后冷却至室温称重，精确至0.01g。如稀释过程已做好，则样品可按稀释液的等分量来进行取样。

样品量：根据对样品硫酸化灰分含量的估计，迅速称取样品2g～10g，精确至0.0001g，将样品均匀分布在坩埚内，不要压紧。其中玉米淀粉和木薯淀粉需要称10g（灰分≤5%），马铃薯淀粉、小麦淀粉以及大米淀粉至少称5g（灰分含量在5%～10%），如果样品中灰分含量＞10%，则称取2g试样进行测定。

炭化（预灰化）：将5mL硫酸溶液加入样品或所取的稀释液中，用玻璃棒搅拌混合，并用少量水漂洗玻璃棒，将漂洗物收集入坩埚内。坩埚放在电热板或本生灯上，半盖坩埚盖，小心加热，使样品在通气情况下完全炭化，直至无烟产生。此步骤应在通风橱内进行。燃烧会产生挥发性物质，要避免自燃，自燃会使样品从坩埚中溅出而导致损失。

灰化：把坩埚放入灰化炉内，将温度控制在（525±25）℃，并保持此温度直至碳化物完全消失为止，至少2h。打开炉门，将坩埚移至炉口冷却至200℃左右，滴几滴硫酸溶液于残存物中，将其置于灰化炉口蒸发，并再次灰化30min。然后把坩埚移入干燥器内，冷却至室温。称量坩埚和所含残留物质量，精确至0.0002g。灰化要直至质量恒定，每次放入干燥器的坩埚不得超过四个。

(四) 结果计算

硫酸化灰分以样品剩余物的质量对样品原质量或样品干基质量的质量百分比来表示。

① 若以样品剩余物对原样品的质量百分比表示，为：

$$w_{灰分} = \frac{m_2 - m_1}{m_0} \times 100(\%) \tag{7-17}$$

② 若以样品剩余物对样品干基的质量百分比表示，为：

$$w'_{灰分} = \frac{m_2 - m_1}{m_0(1 - w_水)} \times 100(\%) \tag{7-18}$$

式中　$w'_{灰分}$——样品硫酸化灰分，%

　　　m_0——样品的原质量，g

　　　m_1——灰化前坩埚的质量，g

　　　m_2——灰化后坩埚和剩余物的质量，g

　　　$w_水$——样品的水分，%

(五) 注意事项

① 实验需要做平行试验。

② 取平行试验结果的算术平均值作为试验结果，取到小数点后两位。

A. 再现性：同一样品在不同实验室进行测定，其结果的绝对差值：在灰分含量小于0.5%时，平行实验结果的绝对差值不大于0.1%；在灰分含量1%~5%时，绝对差值则不大于2%；在灰分含量大于5%时，绝对差值则不大于1%。

B. 重复性：当硫酸化灰分小于2%时，应不大于0.08%；当硫酸化灰分大于2%时，应不大于4%。

③ 在氯化钠为主要矿物质的淀粉水解产物中，以氯化钠计算的硫酸化灰分含量要以普通的硫酸化灰分含量乘以系数0.823，即氯化钠：硫酸钠比例的两倍。

三、淀粉细度的测定

（一）测定原理

淀粉细度指用分样筛筛分样品，通过分样筛得到的筛下物质量与样品总质量的比值。用分样筛筛分淀粉样品，通过分样筛的部分质量对样品原质量的百分比来表示。

（二）仪器及试剂

天平：称量精度0.1g。

分样筛：金属丝编织筛网，根据产品要求选用规定的孔径。筛号为100。

（三）测定方法

称取充分混合的淀粉样品50g，精确至0.1g，均匀倒入分样筛。

均匀摇动分样筛，直至筛分不下为止。小心倒出分样筛上剩余物称重，精确至0.01g。

（四）结果计算

以样品通过分样筛质量对样品原质量的百分比表示，按式（7-19）计算：

$$X = \frac{m_0 - m_1}{m_0} \times 100(\%) \tag{7-19}$$

式中　X——样品细度，%

　　　m_0——样品的原质量，g

　　　m_1——样品未过筛的筛上剩余物的质量，g

（五）注意事项

① 实验需要做平行试验。

② 取平行试验结果的算术平均值作为试验结果，取到小数点后一位数字；平行实验结果的绝对差值，不应超过质量分数的0.5%。

四、淀粉及其衍生物黏度的测定

（一）测定原理

淀粉黏度表示淀粉或变性淀粉糊化液的抗流动性。在45.0~92.5℃的温度范围内，样品随着温度的升高而逐渐糊化，用黏度计测定该温度下的黏度值。作出黏度值与温度曲线图，即可得到黏度的最高值及当时的温度。有多种黏度计测试方法，这里介绍旋转黏度计法和布拉班德黏度仪（Brabender Viscograph，BV，德国）测定方法。

布拉班德黏度仪（结构见图7-6）测定结果较稳定，是一种与同心双层圆筒型旋转黏度计相似的仪器。工作原理为：淀粉乳在升温过程中，颗粒缓慢膨胀。当达到淀粉的糊化温度时，淀粉便大量吸收水分而溶胀成淀粉糊，使体系的黏度快速增大。继续保温、降温、保温，淀粉糊黏度会发生一系列的变化。当淀粉乳按照拟定的加热和冷却循环周期进行处理

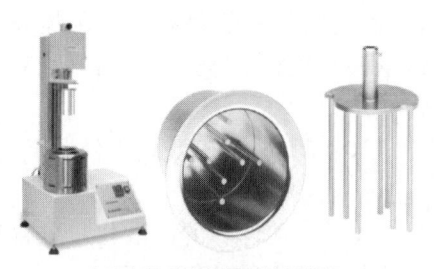

布拉班德黏度仪样品钵搅拌器

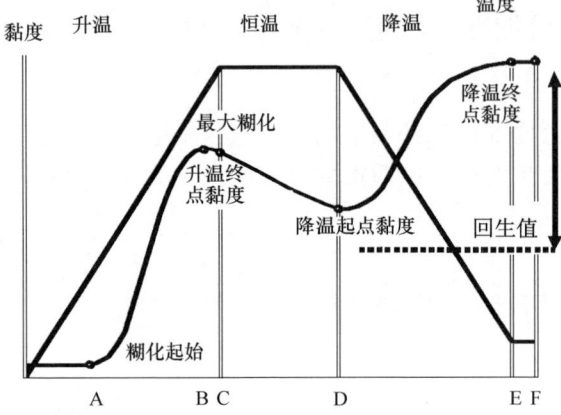

图7-6 布拉班德黏度仪及玉米淀粉黏度曲线

时,该仪器记录下平衡该淀粉产生黏度所必需的扭矩,由扭矩来表现黏度大小。

该仪器是使外筒以一定速度（75r/min）旋转,在带动内筒的原板上安装8根支杆,与此相对,在外筒底部也安装8根支杆,使外筒在试样中转动时产生的扭矩与弹簧的扭转相平衡,将弹簧偏转的角度记录在记录纸上。温度是通过安装在温度计的水银触点,以一定的速度往上升高的,它能与时间成比例,每隔1min升高1.5℃。另外,通过往冷却管道中输送冷水也可以一定速度进行冷却。记录下的黏度时间（温度）曲线称为布拉班德黏度曲线。在700cm·g测定范围内,以700cm·g作为1000布拉班德黏度单位（BU）。

测定时预先往500mL 25℃的蒸馏水中加入一定量的淀粉（马铃薯淀粉5%,甘薯淀粉6%,小麦和玉米淀粉10%）,使之最高黏度能达到700~800BU,然后倒入外筒内。从25℃逐步升温到95℃,在95℃保持10~60min,然后通入冷水缓慢冷却至50℃。

黏度曲线上的6个特征点分别为：A：起糊温度,黏度开始上升时的温度。比淀粉的实际开始糊化温度略高。B：峰值黏度：在升温和95℃保温期间达到的最高黏度值。C：升温到95℃时的黏度值,该值与峰值黏度的差别表示糊化的难易,差别大则表示淀粉易于糊化。D：糊液在95℃保温一定时间后的黏度值,它与B点黏度值的差别,也叫降落值,反映出糊的热黏度稳定性。差值越大,则糊的热稳定性越差。E：糊温度降低到设定温度时的黏度值,该值与D点黏度值的差别表示冷却形成凝胶性的强弱,也称为回生值,DE差值越大则凝胶性越强。表示糊逐渐冷却时,在淀粉分子之间,特别是直链淀粉分子之间发生一些重聚合所带来的黏度增加值。此时发生了淀粉分子的回生或重排。淀粉在降温终点黏度的增加,能反映淀粉浓度的增加能力。F：糊液保温一定时间后的黏度值,该值与E点黏度值的差别表示糊的冷黏度稳定性,差别大则糊的冷黏度稳定性低。

(二) 测定方法

1. 旋转黏度计法

(1) 仪器

天平：测量精度为0.1g。

旋转黏度计：能通过恒速旋转,使样品产生的黏滞阻力通过反作用的扭矩表达出黏度。与仪器相连还有一个温度计,其刻度值在0~100℃,并且带有加热保温装置,可保持仪器及淀粉乳液的温度在45~95℃变化且偏差为±0.5℃。

搅拌器：搅拌速度120r/min。

超级恒温水浴：温度可调节范围在 30～95℃。

四口烧瓶：250mL；冷凝管；温度计。

(2) 测定方法

① 称样。用天平称取绝干量为 6.0g 的样品，精确至 0.1g。将样品置入四口烧瓶中后，加入蒸馏水，使水与所称取的淀粉质量和为 100g。

② 旋转黏度计及淀粉乳液的准备。按所规定的旋转黏度计的操作方法进行校正调零，并将仪器测定筒与超级恒温水浴装置相连，打开水浴保温装置。将装有淀粉乳液的四口烧瓶放入超级恒温水浴中，在烧瓶上装上搅拌器、冷凝管和温度计，盖上取样口，打开冷凝水和搅拌器。

③ 测定。将测定筒和淀粉乳液的温度通过恒温装置分别同时控制在 45℃、50℃、55℃、60℃、65℃、70℃、75℃、80℃、85℃、90℃、95℃。在恒温装置到达上述每个温度时，从四口烧瓶中吸取淀粉乳液，加入旋转黏度计的测量筒内，测定黏度，读取各个温度时的黏度值。

④ 作黏度值与温度变化曲线圈。以黏度值为纵坐标，温度为横坐标，根据得到的黏度数据作出黏度值与温度变化曲线。

(3) 结果表达

从所作的曲线图中，找出最高黏度值及当时温度值即为样品的黏度。

2. 布拉班德黏度仪法

(1) 仪器

天平：测量精度为 0.1g。

布拉班德黏度仪：Viscogragh-E 型、Viscogragh-PT100 型。

锥形瓶：500mL，具有玻璃塞。

(2) 测定方法

① 称样。用天平称取一定量的样品，精确至 0.1g。将样品置入 500mL 锥形瓶中后，加入一定量的蒸馏水，使水与所称取的淀粉质量和为 460g。

② 仪器准备。启动布拉班德黏度仪，打开冷却水源。

③ 黏度仪的测定参数。转速 75r/min，测量范围 700cm·g，黏度单位 BU（或 mPa·s）。

④ 测定程序。以 1.5℃/min 的速率从 35℃ 逐步升温到 95℃，在 95℃ 保温 30min，再通入冷水以 1.5℃/min 的速率降温至 50℃，在 50℃ 保温 30min。

⑤ 装样。充分摇动锥形瓶，将其中的悬浮液倒入布拉班德载样筒，再将载样筒放入布拉班德黏度仪中。

⑥ 测量。按照布拉班德黏度仪操作规程启动实验：启动电脑和黏度仪软件，在菜单上选择参数子菜单输入试验条件参数；开始测试，将测量头推至测量位置，根据设定的起始温度进行测量，测量过程中黏度值扭矩值和样品温度自动在线同步记录。

⑦ 测量完成后，软件自动判读评价试验数据，包括时间条件等。松开测量头，将样品冷却器和温度传感器擦干净，清洗测量钵和测量探头。

(3) 结果表达

测量结束后，仪器会绘出图谱，并可从图谱中获得相关评价指标：样品的成糊温度、峰值黏度以及回生值、降落值等特征值。同时，在黏度曲线上可以直接读出不同温度时样品的黏度值。

(4) 注意事项

① 检测用水为蒸馏水或去离子水，水的电导率≤4μS/cm。

② 造纸表面施胶淀粉糊液的制备（6%浓度下95℃黏度2.0～5.0mPa·s）：在糊化罐中将淀粉加入冷水中，调成10%～15%浓度，搅拌均匀后，通入蒸汽，升温至90℃，并在90～95℃之间保温20min，稀释至5%～10%浓度即可上机施胶。

③ 造纸涂料胶黏剂常用淀粉为复合变性淀粉（30%浓度下50℃黏度100～1000mPa·s），糊化方法：在搅拌状态下，用清水将淀粉配制成浓度为25%～35%的淀粉乳，搅拌均匀后，升温至90℃，并在90～95℃之间保温20min，把糊液冷却至所需温度，即可得到备用的淀粉糊。

④ 造纸湿部添加剂糊液制备（5%浓度下95℃黏度30～150mPa·s）：将淀粉加入冷水中调成4%～5%淀粉浆，搅拌均匀后，升温至90℃，并在90～95℃之间保温20min，加冷水稀释降温至60℃左右待用，使用前加冷水稀释至1.0%～1.5%。连续糊化时，糊化浓度4%～5%，糊化温度105～120℃，使用前稀释至浓度为1%～1.5%。以助留助滤为主，淀粉用量为纸浆绝干量的0.30%～1.0%，在靠近流浆箱部位添加，高位箱添加；以增强为主用量为0.5%～1.0%，在配料池、成浆池出口、冲浆泵等处加入淀粉糊液。若以提高灰分为主要目的，与填料混匀后添加；若以提高细小纤维留着为主，在填料加入前添加；若想同时提高细小纤维与填料的留着，可直接加入含有填料的纸浆中。

(5) 附录：Viscogragh-E型黏度仪测定玉米淀粉黏度的评价表举例

样品固形物含量的质量分数为8%。

黏度仪的测量参数：转速75r/min，测量范围700cm·g，黏度单位BU（或mPa·s）。

测定程序：以1.5℃/min的速率从35℃逐步升温到95℃，在95℃保温30min，再通入冷水以1.5℃/min的速率降温至50℃，在50℃保温30min。

在如图7-6的玉米淀粉黏度曲线中，读出玉米淀粉黏度曲线的评价表中相关数据，见表7-4。

表 7-4　　　　　　　　　　　玉米淀粉黏度曲线的评价表

特征点	评价指标	时间（h：min：s）	扭矩（黏度）/BU	温度/℃
A	成糊温度	00：27：55	13	73.7
B	峰值黏度	00：40：00	600	90.1
C	95℃开始保温时的黏度	00：44：00	500	94.8
D	95℃保温结束后的黏度	00：57：00	430	95.0
E	50℃开始保温时的黏度	1：24：55	897	55.1
F	50℃保温结束后的黏度	1：37：50	857	55.0
B—D	降落值	—	170	—
E—D	回生值	—	467	—

五、淀粉及其衍生物酸度的测定

(一) 测定原理

淀粉酸度以10.0g试样消耗氢氧化钠溶液（0.1000mol/L）的体积（mL）表示。

(二) 试剂

氢氧化钠标准滴定溶液 $[c(NaOH)=0.1000mol/L]$。

酚酞指示液：称取 0.50g 酚酞，溶解在乙醇（95%）中并定容至 50mL。

（三）测定方法

称取 10.0g，精确至 0.1g 经研磨均匀的试样，置于 250mL 锥形瓶中。加入 100mL 蒸馏水，摇匀，使成糊状，加入 2~3 滴酚酞指示液，用已标定的氢氧化钠标准滴定溶液滴定至初现粉红色，0.5min 不褪色即为终点。

（四）结果计算

淀粉酸度按式（7-20）进行计算：

$$X = \frac{V \times c \times 10}{m \times 0.1000} \tag{7-20}$$

式中　X——试样酸度，mL

　　　V——试样消耗氢氧化钠标准滴定溶液的体积，mL

　　　c——已标定的氢氧化钠标准滴定溶液浓度，mol/L

　　　10——淀粉酸度以 10.0g 试样消耗氢氧化钠标准溶液的体积，g

　　　0.1000——氢氧化钠标准滴定溶液 $[c(NaOH)=0.100mol/L]$ 的浓度，mol/L

　　　m——样品的干基质量，g

（五）注意事项

① 实验需要做平行试验。

② 取平行试验结果的算术平均值作为试验结果，计算结果保留三位有效数字。在重复性条件下获得的两次独立测定结果的绝对差值，不应超过算术平均值的 10%。

六、淀粉及其衍生物氮含量的测定

（一）测定原理

淀粉及其衍生物的氮含量包括样品中的游离氨基酸、水解产生氨基酸的化合物和胺类化合物的氮含量，但不包括硝酸盐和硝酸根中所含的氮。淀粉含氮量高有许多不利影响，如使用时会产生臭味或其他气味；蒸煮易产生泡沫；水解时易变色等。

这些氮元素在样品中多以有机化合物的形式存在，不能直接测试。需要在催化剂和高温作用下，用浓硫酸消化淀粉及其衍生物中含氮的物质，使蛋白质分解，变成无机氮而生成氨，分解的氨与硫酸结合全部转换成硫酸铵；然后用氢氧化钠碱化反应物变成氨，并进行蒸馏使硫酸铵中的铵（NH_4^+）以氨气的形式释放出来；同时用加有指示剂的硼酸溶液吸收这些氨气后，用已标定的硫酸标准溶液滴定；根据酸碱中和反应来计算氮含量，如需测定蛋白质含量，可以用酸的消耗量乘以换算系数。

根据凯氏定氮测得的氮含量和氮在蛋白质中的含量为 1/6.25（即 16%），可计算得出样品中的蛋白质含量：蛋白质含量 = 含氮量 × 6.25。本滴定测试法（Titrimetric method, IDT）创始人是丹麦化学家 Johan Kjeldahl（1849—1900）。因此称为凯氏定氮法，该仪器被称为凯氏定氮仪，又名定氮仪、蛋白质测定仪、粗蛋白测定仪。根据蛋白质中氮的含量恒定的原理，通过测定样品中氮的含量，可以计算出蛋白质含量。凯氏定氮蒸馏装置种类甚多，通常都由蒸气发生器、氨的蒸馏和氨的吸收三部分装置组成（图 7-7）。测定全过程包括：消化、碱化、吸收、滴定等步骤。

① 凯氏定氮法消化反应式为（其中 $CuSO_4$ 做催化剂）：

$$含氮有机物 + H_2SO_4 + 2H^+ \Longrightarrow (NH_4)_2SO_4 + CO_2 + H_2O$$

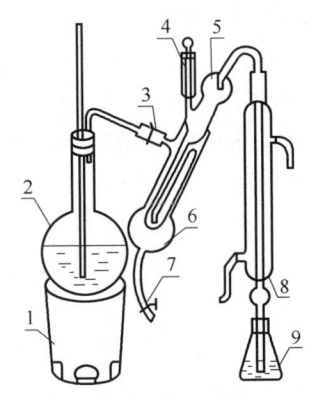

图 7-7 凯氏定氮装置
或消化蒸馏装置图

1—电炉 2—水蒸气发生器 3—螺旋夹 a 4—小漏斗及棒状玻璃塞（样品入口处） 5—反应室 6—反应室外层 7—橡皮管及螺旋夹 b 8—冷凝管 9—蒸馏液接收瓶

② 在凯氏定氮器中与碱作用，通过蒸馏释放出 NH_3，收集于 H_3BO_3 溶液中，碱化、蒸馏和吸收反应式为：

$$(NH_4)_2SO_4 + 2NaOH \longrightarrow 2NH_3\uparrow + 2H_2O + Na_2SO_4$$
$$2NH_3 + 4H_3BO_3 =\!=\!= (NH_4)_2B_4O_7 + 5H_2O$$

③ 用已知浓度的 H_2SO_4（或 HCl）标准溶液滴定，根据酸消耗的量计算出氮的含量，然后乘以相应的换算因子，可以得到蛋白质的含量。滴定反应式为：

$$(NH_4)_2B_4O_7 + H_2SO_4 + 5H_2O =\!=\!= (NH_4)_2SO_4 + 4H_3BO_3$$
$$(NH_4)_2B_4O_7 + 2HCl + 5H_2O =\!=\!= 2NH_4Cl + 4H_3BO_3$$

（二）仪器及试剂

凯氏烧瓶：单口圆底烧瓶，容量 500～800mL，瓶颈处可放置一个小漏斗。

消化架：能使凯氏烧瓶以倾斜位置加热，并且仅使液面以下的瓶壁受热。

凯氏定氮蒸馏装置：包括蒸馏装置、凯氏烧瓶，有一个 200mL 的漏斗和防溅球管，后者可把凯氏烧瓶和冷凝管相连。

滴定管：0.05mL 刻度的 25mL 或 0.01mL 刻度的 10mL 酸式滴定管。

研钵或机械磨；筛子：筛眼孔径为 0.6mm；直形冷凝管；锥形瓶：500mL；量筒：100mL；分析天平，最小刻度为 0.0001g。

浓硫酸：96%（m/m）、$\rho_{20}=1.84g/mL$（18.0mol/L）。

0.05mol/L 硫酸标准滴定液：取浓硫酸 3mL，缓缓注入适量水中，冷却至室温，加水稀释至 1000mL，摇匀。或 0.05mol/L 的盐酸标准溶液。

氢氧化钠溶液：30%（质量分数）、$\rho_{20}=1.33g/mL$（溶液浓度可以大于 1.33g/mL）；硼酸溶液：20g/L（或 2%）；混合催化剂：由 97g 硫酸钾和 3g 无水硫酸铜组成。

指示剂：由两份中性甲基红冷饱和溶液与一份浓度为 0.25g/L 亚甲蓝溶液混合而成，贮存于棕色玻璃瓶内。二者均采用 50%（体积分数）乙醇溶液配制。

（三）测定方法

1. 样品预处理

充分快速地混匀样品，放在密封干燥的容器内。对块状样品必须研磨，使之全部过筛，不留下剩余样品。

2. 取样及称量

根据样品含氮量称取至多 10g 样品（固体样品 0.2～2.0g 或半固体样品 2～5g 或液体样品吸取 10～20mL，相当氮 30～40mg），精确至 0.001g，然后倒入干燥的凯氏烧瓶内，注意不要将样品沾在瓶颈内壁上。对黏状或糊状样品，则可选用不产生氮的小玻璃盛器或铝片、塑料片进行称量，也可使用氮含量已知的盛器称重，如盛器产生氮，应做空白测定后折算。

3. 消化

加入硫酸铜催化剂 10g，并用量筒加入适量的浓硫酸（加入量 = 20 + 4 × 样品质量，以 mL 计）。浓硫酸沿瓶颈内壁流下，轻轻摆动烧瓶，混合瓶内样品，直至团块消失，样品完全湿透后,加入防沸物(如玻璃珠)以防暴沸。此时烧瓶内物质炭化变黑,并产生大量泡沫,务必注意防止气泡冲出管口。把小漏斗放置于瓶颈处,烧瓶放到消化架上开始加热消化(如用电炉加热,需借助有小孔的石棉网;如用燃气加热,保证火苗不超过烧瓶内装有液体的部位,以防氮的损失)。小心加热液体,泡沫完全停止后,使之逐渐沸腾,保持瓶内液体微沸,待液体澄清以后继续加热 1h。取相同量的硫酸铜、浓硫酸同一方法做试剂空白试验(可以同时进行)。

在消化过程中要随时转动烧瓶,以使内壁黏着物质均能流入底部,以保证样品完全消化。整个消化过程均应在通风橱中进行。如果用气体加热消化设备,保证火苗不超过烧瓶内装有液体的部位,以防氮损失。此步骤可以在消解仪中进行,一次可以消解多个样品,并有通风橱进行通风,温度可以参考设定。

4. 蒸馏和滴定

将烧瓶取下,待其内液体冷却,通过漏斗定量移入定氮蒸馏装置的蒸馏瓶(锥形瓶),并用水冲洗几次,小心地加入 50~200mL 水(根据蒸馏瓶大小决定),直至蒸馏瓶内溶液总体积约 200mL。注意蒸馏器应预先蒸馏,将氨洗净。混合瓶内物质,将烧瓶接上蒸馏装置。

将硼酸溶液 25~50mL 和 2~3 滴指示剂加入 500mL 锥形瓶中,调节定氮蒸馏装置的冷凝管下端出口管,使之恰好碰到 500mL 锥形烧瓶的底部;再通过漏斗加入 150~200mL 的氢氧化钠溶液,使消化液碱化。注意漏斗颈部不能被排空,保证有液封。

打开冷凝管的冷凝水,开始蒸馏。瓶中指示剂立刻显示碱性颜色。在此过程中,保证产生的蒸汽量恒定。蒸汽通入反应室使氨通过冷凝管而进入接收瓶内。

用 20~30min 收集到锥形瓶内液体约有 200mL 时,即可停止蒸馏。停止加热,降下锥形瓶,使冷凝管口离开液面,让多余冷凝水再滴入瓶内,再用水漂洗冷凝管末端,水也滴入瓶内,保证释放氨定量进入锥形瓶,瓶内液体已呈绿色。

用 10mL 或 25mL 的滴定管和已标定的硫酸溶液滴定瓶内液体,直至颜色变为紫红色,读下耗用硫酸标准溶液的毫升数。

(四)结果计算

淀粉及其衍生物的氮含量是以样品氮质量对样品原质量的百分比表示,为:

$$X = \frac{14.01 \times c \times (V_1 - V_0)}{m} \times 100 = \frac{1401 \times c \times (V_1 - V_0)}{m} = \frac{1.401 \times c \times (V_1 - V_0)}{m} \times 1000 \quad (7\text{-}21)$$

式中 X——样品氮含量,mg/100g

c——用于滴定的标准硫酸溶液的浓度,mol/L

V_0——空白测定所用硫酸溶液的体积,mL

V_1——样品测定所用硫酸溶液的体积,mL

14.01——氮的毫摩尔质量,mg/mmol

m——样品的质量,g

100——计算结果换算为毫克每百克(mg/100g)的换算系数

(五)注意事项

① 实验需要做平行试验,对同一样品进行两次测定。然后再用试剂作空白测定,如样品盛器含氮,则应将盛器进行空白测定。而且所有试剂均用不含氨的蒸馏水配制。蒸馏连接用的乳胶管或橡胶管,应用氢氧化钠试液煮 20min,洗去碱液后用水煮沸,洗净,晾干。

② 当平行实验测定所耗用的硫酸标准溶液体积差不超过 0.1mL 时,取平行试验结果的

算术平均值作为试验结果，计算结果保留三位小数。

③ 一般消解温度都设在240℃及以上，如需快速消解，可以适当提高温度甚至可以用最大温度进行消解，常加入硫酸钾，使溶液沸点从290℃升高到400℃以上。消化时，若发现瓶壁上有黑点，可适当转动烧瓶，使硫酸回流时将黑点洗下，以保证消化完全。消化液应放冷后，再沿瓶壁缓缓加水，防止供试液局部过热爆沸，冲出瓶外。

④ 前者有汞化物（HgO、$HgCl_2$、$HgSO_4$）、汞、硫酸铜、硒粉和过氧化氢等。后者有硫酸铜与氧化汞的混合物、硫酸铜与硫酸钾的混合物、硫酸钾、硫酸汞与硒粉混合物等。一般认为汞化物及硒粉的催化效能大于铜化物，而混合催化剂的催化效能又大于单一催化剂。混合催化剂中硫酸钾的作用是提高反应溶液浓硫酸的沸点，使淀粉分解完全，而硫酸铜则促进淀粉样品的分解与氧化。但该比例测定阳离子淀粉的氮含量时，操作时间长达6h，测定误差一般在5%左右，重现性小。

⑤ 蒸馏过程中若无黑色CuO析出，说明加入碱量不足，应补足碱量或重做实验。

⑥ 配制30%氢氧化钠溶液时，宜边加振摇，避免未溶解部分沉积于容器底部而难于溶解。

⑦ 锥形瓶加入硼酸溶液和指示剂后应显酒红色；如显绿色，说明锥形瓶有碱性物质污染。

⑧ 凯氏定氮法中影响测定准确性的因素有以下几个方面：

A. 样品消化的完全程度。如被浓硫酸脱水的样品（有机物），炭化成的氮，由于消化不完全就不能被二氧化硫完全还原成氨，就会造成测定结果偏低。

B. 消化温度。消化时不能用强火，应保持缓和沸腾，以免黏附在凯氏瓶内壁上的含氮化合物在无硫酸存在的情况下未消化完全而造成氮损失。

C. 蒸馏装置的气密性。若气密性差（漏气），蒸馏出来的氨气就会挥发流失（所以，漏斗加碱后应立刻水封，以免氨气由此处逸出而造成损失）。

D. 吸收液的温度及吸收滴定操作。硼酸吸收液的温度不应超过40℃，否则对氨的吸收作用减弱，而造成氨损失；约80%以上的氨在最初1～2min内蒸出，初蒸速度不宜太快，以免氨蒸出后未能及时被吸收而逸失。且蒸馏出的氨吸收液应尽快滴定，避免放置时间过长，影响测定结果。

⑨ 凯氏定氮法的缺陷：此法为国标所推荐的测定法，为大多数研究者及生产检验所采用。但程序烦琐、耗时长、试剂用量大，测定一个样品需5～6h，其中消化时间长达4h。而且从凯氏定氮原理可以知道，凯氏定氮法是将含氮有机物转变为无机氮硫酸铵来进行检测，然后以得到含氮量的测定值乘以一定系数得出蛋白质含量。如果该法作为现行国家标准和国际通行测定方法用于食品如奶粉中蛋白质含量的检测，则会有一定的漏洞。因为含氮有机物不仅仅是蛋白质，还有三聚氰胺等。蛋白质中的含氮量不超过30%，三聚氰胺的最大特点是含氮量很高（66%），溶于水后无色无味，如果在一杯清水中加入三聚氰胺，然后用凯氏定氮法检测，结果显示是含有蛋白质的。由于"凯氏定氮法"只能测出含氮量，并不能鉴定违规化学物质的存在，则添加三聚氰胺的奶粉理论上可以测出较高的蛋白质含量。

七、阳离子淀粉取代度的测定

阳离子淀粉是一类非常重要的淀粉醚类衍生物，具有可降解性、好的水分散性、低凝沉性、抑菌性等特点，尤其是分子结构中带有正电荷基团，能与带负电荷的纤维及悬浮液中的固体颗粒形成静电层或离子键结合，因此广泛应用于造纸、纺织、油田、采矿、水处理等工业领域，阳离子淀粉在造纸中常作为助留助滤剂、增强剂、阴离子垃圾捕捉剂、表面施胶剂、涂布黏合剂等。

阳离子淀粉的制备可以采用湿法和干法。干法制备阳离子淀粉是采用少量的水溶解碱与醚化剂，然后喷洒在干淀粉上，混合均匀并在适当的温度下反应。与湿法相比，反应效率高、污染小，但需要高效的混合加热设备。湿法工业制备方法较成熟，有糊化法、浆法和溶剂法，是利用各种含卤代基或环氧基的胺类化合物作为阳离子醚化剂，与淀粉羟基在碱催化作用下醚化反应，生成具有氨基（叔氨基、季铵基或亚胺基）的淀粉醚衍生物，其氮原子上带有正电荷，赋予淀粉阳离子特性。反应式如图7-8所示。

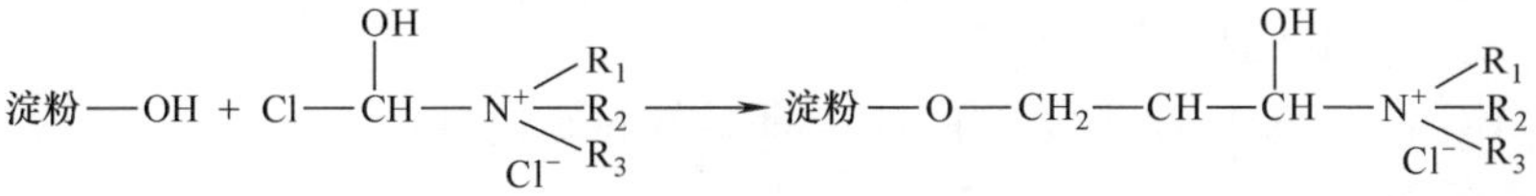

$$\text{淀粉}-\text{OH} + \text{Cl}-\underset{\underset{\text{Cl}^-}{|}}{\text{CH}}-\overset{\text{OH}}{\underset{}{|}}\text{N}^+\!\!\begin{array}{c}R_1\\R_2\\R_3\end{array} \longrightarrow \text{淀粉}-\text{O}-\text{CH}_2-\overset{\text{OH}}{\underset{}{|}}\text{CH}-\underset{\underset{\text{Cl}^-}{|}}{\text{CH}}-\text{N}^+\!\!\begin{array}{c}R_1\\R_2\\R_3\end{array}$$

图7-8　阳离子淀粉湿法制备反应示意图

阳离子淀粉的取代度（DS）即阳离子取代羟基的能力，表示每个脱水葡萄糖残基中的羟基被取代基团取代的平均数是阳离子淀粉所带正电荷的高低，取代度越高，阳离子淀粉所带正电荷越高，反之则越低。目前工业用醚化型阳离子淀粉的取代度（DS）通常低于0.2，造纸用阳离子淀粉通常取代度甚至小于0.1。高取代度（大于1）的阳离子淀粉性能好，但较难制备，因空间位阻及本身带正电荷抑制其发生进一步的取代，反应效率较低，成本高。

阳离子淀粉品种繁多，根据阳离子化功能基团不同，有季铵型阳离子淀粉、叔胺型阳离子淀粉、交联阳离子淀粉、阳离子双醛淀粉、两性阳离子淀粉等。其中季铵型阳离子淀粉因其无论在酸性、碱性还是中性条件下都呈阳离子状态，性能优越，已成为研究及应用最广泛的阳离子化淀粉。

（一）测定原理

阳离子淀粉取代度的测定需要先测定淀粉含氮量，然后通过含氮量来换算取代度。含氮量即指淀粉及其衍生物样品中水解产生的游离氨基酸和含氮化合物的氮含量，以样品中氮含量对样品原质量百分比来表示。

含氮量常采用凯氏定氮法测定，比较费时。近来开发出氨敏电极电位滴定法，省去蒸馏、滴定等步骤，测定方法简便快速；也有采用消化滴定方法测定氮元素含量后换算出取代度，或采用元素分析仪、分光光度计法等，均可参看相关文献。

（二）测定方法

用凯氏定氮法测定淀粉及其衍生物的氮含量，需要先将样品用蒸馏水洗去未反应的阳离子醚化剂，烘干后按测定淀粉中蛋白质的方法进行测定。

在催化剂作用下，用硫酸消化裂解淀粉及其衍生物，然后用氢氧化钠碱化反应物，并进行蒸馏使氨释放，同时用硼酸溶液吸收氨气，用已标定的硫酸标准溶液滴定，记录硫酸标准溶液所消耗的体积数。具体步骤见淀粉含氮量测定方法，也可参考以下方法。

向50mL液体阳离子淀粉中加入100mL无水乙醇，搅拌、过滤，用100mL质量分数为80%的乙醇洗涤3遍后烘干，研磨得到固体阳离子淀粉。精确称取1.1～1.2g阳离子淀粉，置于干燥的消化管中，加入硫酸钾7g、硫酸铜0.8g、浓硫酸13mL，打开消化炉电源，设定温度220℃，20min后升温至420℃，反应至消化管中的液体变成绿色溶液为止。取50mL硼酸溶液（质量分数2%）置于250mL锥形瓶中，滴加甲基橙-亚甲基蓝指示剂，收集从蒸馏装置蒸馏出的氨气，用盐酸标准溶液（$c=0.1$mol/L）滴定至溶液由黄色变为红色且半分钟内不褪色。

（三）结果计算

阳离子淀粉取代度（DS）按式（7-22）计算：

$$DS = \frac{162 \times w_N}{(1400 - 151.5 \times w_N)} \tag{7-22}$$

式中　DS——淀粉中每个葡萄糖残基中羟基被取代基团取代的平均数

　　　162——淀粉中葡萄糖残基的相对分子质量

　　　1400——氮原子量 14×100

　　　151.5——醚化剂取代基相对分子质量

　　　w_N——阳离子淀粉样品中氮含量减去原淀粉的氮含量，%

（四）注意事项

上述公式（7-22）为季铵盐作醚化剂时的取代度，如为其他阳离子醚化剂，则式中醚化剂取代基相对分子质量也可用阳离子醚化剂摩尔质量（g/mol）代替，则公式中其他相对分子质量或原子量的单位也采用摩尔质量表示。

第四节　聚丙烯酰胺（PAM）的测定

聚丙烯酰胺（Polyacrylamide，简称PAM）是由丙烯酰胺均聚或与其他单体共聚而形成的线型水溶性高分子的总称，分子结构见图7-9。结构式中丙烯酰胺相对分子质量为71.08，n 值为 $2 \times 10^4 \sim 9 \times 10^5$，故PAM相对分子质量通常为 $1.5 \times 10^6 \sim 1.5 \times 10^7$，分为低、中、高和超高相对分子质量。

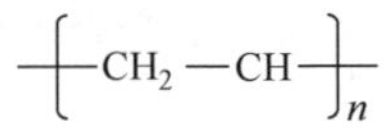

图 7-9　PAM 分子结构

PAM产品按其纯度来分，有粉剂和胶体两种，粉剂产品为白色或微黄色颗粒或粉末，密度为 1.302g/cm^3（23℃），固含量在90%以上，易从环境中吸取水分，胶体产品为无色或微黄色透胶体，固含量为8%～9%。PAM产品按其离子型来分，有阳离子型、阴离子型、非离子型和两性（即含阳离子基、又含阴离子基）4种。

PAM及其衍生物结构单元中含有酰胺基易形成氢键，因此具有良好的水溶性，也能够与其他物质吸附，具有除浊、脱色、吸附、黏合等多种功能，可以用作高效的絮凝剂、助留助滤剂、分散剂、增稠剂、纸张增强剂以及液体的减阻剂，广泛应用于水处理、造纸、石油、煤炭、矿冶、地质、轻纺、建筑等行业，且用量少。两性聚合物是分子链上含有正、负两种电荷基团的水溶性高分子，与仅含有一种电荷的离子型聚合物相比，具有独特的溶液性质，尤其是"反聚电解质效应"，赋予其很多性能，还可以用作驱油剂、药物载体等。阳离子型一般都含有微量毒性，不适宜在给排水工程中使用，所以我们接触到的水处理剂聚丙烯酰胺均属阴离子型（中性或碱性的污水）或非离子型（含酸性水）。

PAM粉剂能以任意比例溶于水，高相对分子质量聚合物在浓度超过10%时由于分子间氢键会形成凝胶状结构，因此溶液浓度的选择，通常建议0.1%～0.3%。水温低于5℃时溶解缓慢，提高溶解温度能促进溶解，但一般不需要加热，常温即可，加热也不宜超过50℃，以防止降解及产生其他反应。当PAM相对分子质量大于 1.5×10^6，其水溶液浓度为0.001%～5%范围时，由于存在水分子氢键的作用，溶液的黏度随放置时间的延长而降低（称为老化），即溶液黏度不稳定，可能升高或降低，而相对分子质量未发生变化。加入2%异丙醇可使溶液黏度稳定。PAM水溶液在受高剪切应力作用时，会发生大分子链降解和黏度降低，特别是超高相对分子质聚丙烯酰胺高速搅拌时即可发生降解,超声波具有同样的作用。固体聚丙烯酰胺在研磨粉碎过程中,同样会发生降解反应。降解过程中生成自由基,若有共聚单体存在则生成嵌段共聚物。PAM不溶于大多数非极性有机溶液,如甲醇、乙醇、丙酮、乙醚、脂肪烃和芳香烃。可溶于甲酰胺、肼、乙二醇、吗啉、醇-环氧乙烷加成物等溶剂中,有限溶解于少数极性有机溶剂,如乙酸、丙烯酸、氯乙酸、乙二醇、甘油、熔融尿素和甲酰胺。

PAM的检测包括固含量、溶解性、不溶物、相对分子质量及黏度等性能的检测。

一、固体物含量的测定

(一) 测定原理

固含量是在规定温度和时间下,加热后从PAM中除去水分等挥发物后剩余固体物质的百分含量。通常采用质量法测定,即由聚丙烯酰胺烘干后的质量与聚丙烯酰胺固含量原质量的比值计算出固含量值。

(二) 仪器及试剂

a. 称量瓶:内径 $\phi 40mm$,高 30mm; b. 涤纶膜:长 120mm,宽 60mm,厚 0.1mm; c. 玻璃棒:直径 3~4mm,长 100~120mm; d. 分析天平:称量范围 0.0001g; e. 真空烘箱:控温精度 ± 2℃; f. 干燥器:内装无水氯化钙或变色硅胶干燥剂。

(三) 测定方法

(1) 粉状试样的测定步骤

取三个洁净的称量瓶,在 (105±2)℃下干燥至恒重,分别称取 0.6~0.8g 试样,准确至 0.0001g;将称好试样的称量瓶置于 (105±2)℃、真空度为 5.3kPa 的真空烘箱内,加热干燥 4h;取出称量瓶,放在干燥器内,冷却 30min 后称量,准确至 0.0001g。

(2) 胶状试样的测定步骤

取洁净的三片涤纶膜及三根玻璃棒,在 (100±2)℃下干燥至恒重,并分别记录每片涤纶膜连同一根玻璃棒的质量,准确至 0.0001g;在每片涤纶膜上,用各自的玻璃棒分别取 0.4~0.6g 试样,连同玻璃棒一起快速称量,精确至 0.0001g。

用玻璃棒将试样均匀地涂成薄层;将涂好试样的涤纶膜连同玻璃棒一起放在真空烘箱内,在 (100±2)℃,真空度为 5.3kPa 的条件下干燥 4h。取出烘干的试样,连同玻璃棒一起放在干燥器内冷却 15min 后称量,准确至 0.0001g。

(四) 结果计算

固体物含量按式 (7-23) 进行计算:

$$w_{固含量} = \frac{m_1 - m_2}{m_1 - m_0} \times 100(\%) \tag{7-23}$$

式中 $w_{固含量}$——固体物含量,%
m_0——承载物:称量瓶或涤纶膜及玻璃棒的质量,g
m_1——干燥前试样和承载物的质量,g
m_2——干燥后试样和承载物的质量,g

(五) 注意事项

① 实验需要做平行试验。

② 取平行试验结果的算术平均值作为试验结果,取到小数点后两位数;平行试验结果的两值之差粉状试样不大于1%,胶状试样不大于5%。

二、不溶物含量的测定

（一）测定原理
用水溶解样品，采用适当的方法将不溶性物质滤出，用水洗涤滤渣，使之与样品主体完全分离，烘干后用天平称出不溶物的质量。

（二）仪器
a. 分析天平：称量范围 0.01g；b. 不锈钢网：孔径 0.11mm（120 目），100mm×100mm 或采用定量滤纸；c. 烧杯：1000mL；d. 真空干燥箱：10~200℃；e. 电磁搅拌器。

（三）测定方法
称取 10g 液体试样或约 3g 固体试样，精确至 0.01g，将其缓缓加入盛有 500mL 蒸馏水并已开动搅拌的 1000mL 烧杯中，保持旋涡深度约 4cm，常温下溶解 6h，使试样最大限度溶解。然后用事先经丙酮洗涤两次并干燥恒重的不锈钢网过滤该溶液，或在布氏漏斗中，用恒重的中速定量滤纸过滤，用水洗涤滤渣后，将过滤网连同不溶物于 100~105℃进行干燥、称量。

（四）结果计算
不溶物含量按式（7-24）计算：

$$w_{\text{不溶物}} = \frac{m_2 - m_1}{m_0} \times 100(\%) \tag{7-24}$$

式中 $w_{\text{不溶物}}$——不溶物含量，%

m_1——过滤网质量，g

m_2——过滤网加不溶物总质量，g

m_0——试样质量，g

（五）注意事项
① 实验需要做平行试验。

② 取平行试验结果的算术平均值作为试验结果，取到小数点后两位；平行试验结果的两值之差，液体样品不大于 0.03%，固体样品不大于 0.1%。

三、特性黏度的测定

（一）测定原理
液体的流动是因受外力作用，物质分子进行不可逆位移的过程。液体分子间存在相互作用力，因此当高聚物液体流动时，聚合物分子间就产生内摩擦力，表现为液体有黏度特性。

根据牛顿（Newton）黏性流动定律，当两层流动液体面间（设面积为 A）由于分子间内摩擦力产生流动梯度时，如图 7-10 所示，液体因流动产生黏性阻力，两层流动液体面间的剪切应力 T 为：

$$T = \frac{f}{A} = \eta \frac{\partial v}{\partial z} \tag{7-25}$$

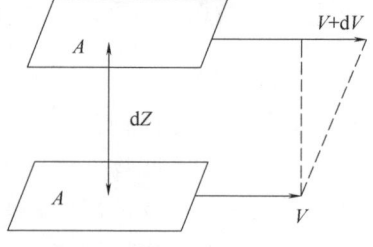

图 7-10 牛顿黏性流动定律

式中 $\frac{f}{A}$——剪应力（单位面积上所受的内摩擦力），N/m²

$\frac{\partial v}{\partial z}$——速度梯度（垂直于流体运动方向的速度变化率），s^{-1}

η——比例系数,称为黏度,Pa·s(N·s/m²)

在乌氏黏度计毛细管中,假设促使聚合物稀溶液流动的力全部用于克服内摩擦力 f,则:

$$\eta=\frac{\pi pR^4t}{8LV}=\frac{\pi\rho ghR^4t}{8LV} \tag{7-26}$$

式中 R、L——黏度计毛细管的半径,长度,m

p——毛细管两端的压力差,Pa

$\frac{t}{V}$——t(s)秒内流出液体的体积 V(L)

令:

$$A=\frac{\pi ghR^4}{8LV} \tag{7-27}$$

则:

$$\eta=A\rho t(\text{纯溶剂的黏度为}\eta_0=A\rho_0 t_0) \tag{7-28}$$

相对黏度 $\eta_r=\frac{\eta}{\eta_0}\approx\frac{t}{t_0}$,增比黏度 $\eta_{sp}=\frac{\eta-\eta_0}{\eta_0}\approx\frac{t}{t_0}-1 \tag{7-29}$

式中 η——聚合物稀溶液的黏度

η_0——溶剂的黏度

t_0——1.00mol/L 的氯化钠溶液的流经时间,s

t——试样溶液的流经时间,s

根据经验式(Huggins 方程式和 Kraemer 方程式):

$$\frac{\eta_{sp}}{c}=[\eta]+k'[\eta]^2c \text{ 和 } \frac{\ln\eta_r}{c}=[\eta]-\beta[\eta]^2c \tag{7-30}$$

则:

$$\lim_{c\to 0}\frac{\eta_{sp}}{c}=\lim_{c\to 0}\frac{\ln\eta_r}{c}=[\eta] \tag{7-31}$$

式中 η_{sp}——增比黏度,$\eta_{sp}=\eta_r-1$

η_r——黏度比(相对黏度),$\eta_r=\eta/\eta_0$

$[\eta]$——极限黏数(也叫特性黏数/特定黏度),单位 mL/g,其物理意义为聚合物溶液的黏数在无限稀释情况下的极限值

c——溶液的浓度,%

对于大部分柔性高分子-良溶剂体系的稀溶液,用 $\frac{\eta_{sp}}{c}$ 对 c 和 $\frac{\ln\eta_r}{c}$ 对 c 作图,$c\to 0$ 时外推所得截距重合为一点,即 $[\eta]$ 的值,也称为高分子的特定黏数。

操作原理:按规定条件制备试样浓度为 0.0005～0.001g/mL,其氯化钠浓度为 c(NaCl)=1.00mol/L 的溶液,用气承悬液柱式乌氏黏度计分别测定缓冲溶剂和试样溶液的流经时间,根据测得的值计算特性黏数。本方法为稀释测定法,适用于特定黏数为 700～1500mL/g 的试样。

(二)仪器及试剂

乌氏黏度计:Fisher13-614 型;恒温水槽:控温精度±0.1℃;电子天平:称量精度 0.0001g;秒表:分度值 0.01s;移液管:容积 5mL、10mL、50mL;容量瓶:容积 25mL、50mL、100mL、200mL;烧杯:250mL、500mL;洗耳球;玻璃砂芯漏斗:G₀ 型;聚丙烯酰胺样品;氯化钠溶液:将氯化钠用蒸馏水配制成 c(NaCl)=1.00mol/L 和 c(NaCl)=2.00mol/L 的溶液;去离子水或纯净水;铬酸洗液。

缓冲溶液含量：a. 柠檬酸（含一个结晶水）：1.335g；b. 磷酸氢二钠：26.6g；c. 氯化钠：116.9g；d. 去离子水加至1L。

（三）测定方法

(1) 试样溶液的配制

① 粉状聚丙烯酰胺。在100mL容量瓶中称入0.05～0.1g的粉状试样，准确至0.0001g。加入约48mL的蒸馏水，经常摇动容量瓶。待试样溶解后，用移液管准确加入50mL浓度2.00mol/L的氯化钠溶液，放在（30±0.05）℃水浴中。恒温后，用蒸馏水稀释至刻度，摇匀，用干燥的玻璃砂芯漏斗过滤，即得试样浓度为0.0005～0.001g/mL、氯化钠浓度为1.00mol/L的试样溶液，放在恒温水浴中备用。

② 胶状聚丙烯酰胺。在已准确称重的100mL烧杯中，称入固含量为8%～30%的胶状试样0.66～1.25g，精确至0.0001g。加入50mL蒸馏水，搅拌溶解后，转移入200mL容量瓶中。加入100mL浓度为2.00mol/L的氯化钠溶液，放在恒温水浴中。恒温后，用蒸馏水稀释至刻度，摇匀，用干燥的玻璃砂心漏斗过滤，即得试样浓度为0.0005～0.001g/mL、氯化钠浓度为1.00mol/L的试样溶液，放在恒温水浴中备用。

(2) 试验样品溶液的稀释

准备五个100mL容量瓶。称取4份不同质量（4、6、8、10g）的试样溶液分别装入4个容量瓶中。用移液管在5个容量瓶中分别加50mL缓冲溶液并摇匀。然后用去离子水分别加至100mL刻度并摇匀。

(3) 黏度计的清洗和干燥

在使用黏度计前后以及在测定中出现读数相差大于0.2s又无其他原因时，应按如下步骤清洗黏度计：a. 自来水冲洗；b. 铬酸洗液清洗；c. 蒸馏水冲洗。将洗净的黏度计置于烘箱内干燥。

(4) 黏度计的安装

将恒温水浴的温度调节在（30±0.05）℃；检查黏度计后，用铁夹小心固定黏度计，放入30℃恒温水槽，最少恒温10min。黏度计应保持垂直，恒温水面应浸没毛细管以上的两个球，并高过缓冲球2cm，且温度保持恒定。在黏度计的管Ⅱ、管Ⅲ的管口接上乳胶管，如图7-11所示。

(5) 测定溶液流出的时间

第一步：用移液管自容量瓶中移取10mL的试样溶液，从Ⅰ管

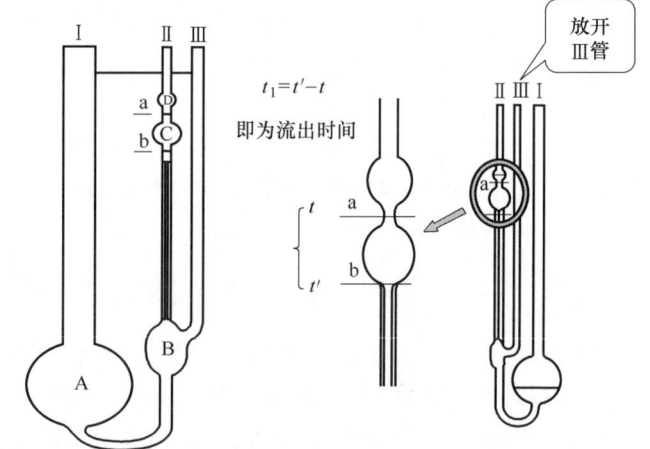

图7-11 乌氏黏度计及测定过程参考图

注入黏度计中，并避免溶液挂在管壁上；待溶液自然流下后，静止10s，并恒温10min；用夹子夹住Ⅲ管上的乳胶管，用洗耳球从Ⅱ管吸取溶液至a刻线上方的小球体积一半为止。松开洗耳球，放开Ⅲ管的夹子，空气进入Ⅲ管后，溶液自由落下，立即水平地注视球中液面的下降。用秒表分别记下液面流经a线和b线的时间，即可计算溶液流出时间。先测量初始浓度（用ρ_0表示，单位：g/mL，以下出现ρ_0的单位均相同）的试样溶液的流经时间t_1。重复测定三次以上，误差不超过0.2s并取平均值。

第二步：用移液管从锥形瓶中吸取 5mL 已经恒温的 1.00mol/L 的氯化钠溶液，由管 1 加入黏度计。紧闭管Ⅲ上的乳胶管，用洗耳球从管Ⅱ打气鼓泡 3～5 次，使之与原来的 10mL 溶液混合均匀，并使溶液吸上、压下 3 次以上，此时溶液的浓度为 $2/3\rho_0$。按上述吸液和放液方法测得流经时间 t_2。用同样的操作方法再分别加入 5mL、10mL 和 10mL 已经恒温的 1.00mol/L 的氯化钠溶液，使溶液浓度分别为原始溶液的 $1/2\rho_0$、$1/3\rho_0$、$1/4\rho_0$，测定各自的流出时间（t_3、t_4、t_5）。

第三步：洗净黏度计，干燥后，用同样的操作方法加入干燥的玻璃砂心漏斗过滤的、浓度为 1.00mol/L 的氯化钠溶液 5mL。恒温 10min 后，按第一步方法测得流经量时间 t_0。

（四）结果计算

特性黏度 $[\eta]$ 用图解技术来确定。

按式（7-29）计算试样溶液的增比黏度：

$$\text{相对黏度 } \eta_r = \frac{\eta}{\eta_0} \approx \frac{t}{t_0},\ \text{增比黏度 } \eta_{sp} = \frac{\eta - \eta_0}{\eta_0} \approx \frac{t}{t_0} - 1$$

式中　　t——试样溶液的流经时间

　　　　t_0——1.00mol/L 的氯化钠溶液的流经时间

η、η_0、η_{sp}、η_r——含义同前

用 t_0、t_1、t_2、t_3、t_4 和 t_5 按式（7-29）分别计算各浓度下的 η_r 和 η_{sp} 由对应的相对浓度（各点的实际浓度 ρ 与初始浓度 ρ_0 的比值，用 c' 表示，分别为 1、2/3、1/2、1/3 和 1/4），分别计算各点的 $\ln\eta_r/c'$ 和 η_{sp}/c'，计算结果填入表 7-5。

表 7-5　　　　　　　　　　黏度测试过程记录表

时间	流出时间/s				η_r	$\ln\eta_r/c'$	η_{sp}/c'	相对浓度（c'）	溶液浓度（ρ）/(g/mL)
	1	2	3	平均值					
t_1								1	ρ_0
t_2								2/3	$2/3\rho_0$
t_3								1/2	$1/2\rho_0$
t_4								1/3	$1/3\rho_0$
t_5								1/4	$1/4\rho_0$
t_0									

将表 7-5 数据录入计算机的 EXCEL 软件中并作图，以 η_{sp}/c' 和 $\ln\eta_r/c'$ 为纵坐标，c' 为横坐标。作图拟合公式后用外推法得到曲线上直线部分在坐标上的截距 A，读出特性黏数。若图上的两条直线不能在纵轴上交于一点时，取两截距的平均值（图 7-12）。代入式（7-32）即为所求特性黏度：

$$[\eta] = \frac{A}{\rho_0} \quad (7\text{-}32)$$

式中　　$[\eta]$——特性黏度

　　　　ρ_0——试样溶液的初始浓度，g/mL

ρ_0 按式（7-33）计算：

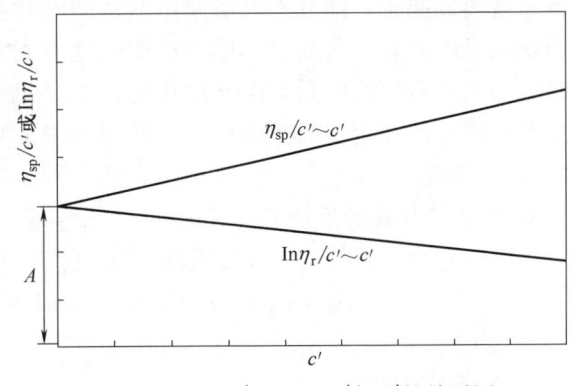

图 7-12　η_{sp}/c' 或 $\ln\eta_r/c'$ 与 c' 的关系图

$$\rho_0 = \frac{m \times w_s}{V} \tag{7-33}$$

式中　m——试样质量，g

　　　w_s——试样固含量，%

　　　V——配制的试样溶液体积，mL

（五）注意事项

① 本方法为稀释法，适用于特性黏数的精确测定，一点法适用于特性黏数的一般测定。

② 黏度计型号选择时参考：应使浓度为 1.00mol/L 的氯化钠水溶液在 30℃下的流经时间在 100~130s 范围内。型号通常有 4-0.55 和 4-0.57 两种，其中 4 表示定量球 6 的容积（单位：mL）；0.55 和 0.57 表示毛细管内径（单位：mm）。

③ 按本方法配制的试样溶液适用于特性黏数 700~1500mL/g 的稀释法测定，用一点法测定时，需将试样浓度降低一倍。

④ 不论哪种试样，用稀释法时，各点的相对黏度应在 1.2~2.5 范围内，用一点法时，试样溶液的相对黏度应在 1.3~1.5 范围内。

⑤ 一般在 0.1%~2% 的浓度范围内研究聚丙烯酰胺溶液的黏度，在更低的浓度下，黏度和浓度有近似的对数关系。

⑥ 稀释法中各种溶液的流出时间：t_1：是试样溶液的流出时间；t_0：浓度为 1.00mol/L，5mL 的氯化钠溶液的流经时间（一点法和稀释法都需要有这个时间，且都用 t_0 表示）；t_2、t_3、t_4、t_5：是稀释法中不同体积 1.00mol/L 的氯化钠溶液的流出时间。

⑦ 在奥氏和乌氏黏度之间没有什么关系式。测量需要始终用同一种方法。相对分子质量越高，对切变就越敏感。100 万以上相对分子质量级别的聚合物在快速搅拌和震动时，就会以一定速率降解。可以发现，在通过一根毛细管黏度计后黏度就下降了。

⑧ PAM 因离子化会使黏度升高，通过加入溶解盐如氯化钠可以部分恢复。

四、粉状聚丙烯酰胺溶解速度的测定

（一）测定原理

采用电导法测定粉状非离子型和阴离子聚丙烯酰胺的溶解速度。阴离子聚丙烯酰胺在水溶液中解离成离子，随其不断溶解，溶液的电导值不断增大，全部溶解后，电导值恒定。非离子聚丙烯酰胺在其合成过程中不可避免地引入电解质，当其溶解时释放出电解质使溶液的电导值增大，全部溶解后，电导值恒定。电导值达到恒定所需时间，为试样的溶解时间。用定量的试样溶解在定量的溶液中所需的时间表征其溶解速度。

（二）仪器

a. 电导仪：测量范围 0~10μ/cm，讯号输出 10mV；b. 记录仪：量程 4mV；c. 恒温槽：控温精度为 ±1℃；d. 电磁搅拌：具加热和控温装置，搅拌磁力为橄榄形，直径 ϕ3cm；e. 分析天平：感量 0.0001g；f. 烧杯：容积 100mL，直径 6cm，具刻度；g. 量筒：容积 100mL。

（三）测定方法

a. 称取试样 0.038~0.042g，精确至 ±0.001g，取 3 个试样为一组；b. 将盛有 100mL 蒸馏水和磁力搅拌的烧杯放入电磁搅拌器上的恒温槽中。将电导电极插入烧杯，与烧杯壁相距 5~10mm，与搅拌磁子相距约 5mm；c. 开动电磁搅拌，调节液面漩涡深度约 20mm。打开加热装置，使恒温槽恒温至（30±1）℃。d. 调节记录纸线速度，选择电导量程。e. 恒温 20min 后，将试样由旋涡上部徐徐加入，并保持旋涡深度约 20mm。f. 当记录仪指示的电导值 5min 无变化时，终止实验。

重复操作，直至测完一组试样为止。

（四）结果计算

溶解时间由记录仪的走纸长度换算，以分钟表示。由试样加入至电导值开始恒定的时间为溶解时间。

（五）注意事项

① 如试样结块，应重新称量。

② 取每组试样的测定结果的算术平均值，结果修约到整数位，单个测定值与平均值的最大偏差为±2min。如超过最大偏差，应重新测定。

③ 溶解时应缓慢地将药剂加到旋转的水中，切忌一次性加入，以免影响溶解速度或溶解不充分。

五、相对分子质量的测定

（一）测定原理

由于高分子的形态是高分子溶液链段间和高分子溶剂分子间相互作用力的反映，因此可由高聚物稀溶液的黏度推测出高聚物的相对分子质量。目前常用 Mark-Houwink 经验式表示：

$$[\eta]=KM_r^a \tag{7-34}$$

式中　$[\eta]$——特性黏度，mL/g

　　　M_r——相对分子质量

　　　K、α——经验常数，可从有关手册中查到，NaCl 的 K 和 α 分别为 4.75×10^{-3} 和 0.80

（二）结果计算

聚丙烯酰胺的相对分子质量按式（7-35）或式（7-36）计算：

由 $[\eta]=KM_r^a$ 推导出的

$$M_r=802[\eta]^{1.25} \tag{7-35}$$

或

$$[\eta]=4.75\times10^{-3}M_r^{0.80} \tag{7-36}$$

（三）注意事项

① 常数 K、α 值因所用溶剂的不同及实验温度的不同而具有不同数值。

② 测定高分子平均相对分子质量的其他方法还有：小角激光光散射法测重均相对分子质量（$M_{r,w}$）、体积排除色谱法（SES）（也称凝胶渗透色谱法（GPC））、质谱法、端基测定法，沸点升高法，冰点降低法，膜渗透压法，蒸汽压渗透法，小角 X-光散射法，小角中子散射法，超速离心沉降法等。端基分析法和渗透压法测定的主要是数均相对分子质量（M_n）；光散射法和小角 X 光衍射法主要测定重均相对分子质量 $M_{r,w}$，超速离心沉降法测定 Z 均相对分子质量 $M_{r,z}$，黏均相对分子质量适合黏度 $M_{r,\eta}$ 较大的高聚物。对于相对分子质量不均一的试样，$M_{r,z}>M_{r,w}>M_{r,\eta}>M_{r,n}$。

六、PAM 水解度的测定

（一）测定原理

部分水解的 PAM 是强碱弱酸盐，它与盐酸反应形成大分子弱酸，体系的 pH 由弱碱性转变成弱酸性,通过滴定可以计算出水解程度。

PAM在水中的溶解速率不受pH的影响,但如果是部分水解的产品,pH偏碱性,其溶解速率会稍稍增高。pH大于10.5时,PAM就会发生水解。未水解的PAM稀溶液不受大多数无机盐的影响,但高价金属盐与羧基形成不溶于水的盐,也会析出水解度为45%的聚丙烯酰胺。如果允许先使PAM分散在水溶性醇中,然后再搅拌加到水中,将会大大加快溶解速率。

(二) 仪器及试剂

(1) 仪器

a. 微量滴定管:容积1mL,最小刻度0.01mL;b. 锥形瓶:容积250mL;c. 称量瓶:直径20mm,高15mm;d. 量筒:容积100mL;e. 电磁搅拌器;f. 分析天平:称量精度0.0001g;g. 真空干燥箱;h. 铁支架;i. 表面皿;j. 玻璃板。

(2) 试剂

① 盐酸标准溶液:配成$c(HCl)=0.1mol/L$的溶液。

② 甲基橙溶液:用蒸馏水配成0.1%的溶液,储存于棕色滴瓶中,有效期为15d。

③ 靛蓝二磺酸钠溶液:用蒸馏水配成0.25%的溶液,储存于棕色滴瓶中,有效期为15d。

(三) 测定方法

1. 试样溶液的配制

(1) 粉状试样溶液的配制

用称量瓶采用减量法称取0.028~0.032g试样,精确至±0.0001g,3个试样为一组。用盛有100mL蒸馏水的锥形瓶放在电磁搅拌器上,打开电源,调节搅拌器磁子转数,使液面旋涡深度达1cm左右,将试样缓慢加入锥形瓶中。待试样完全溶解后,可直接进行水解度的测定。

(2) 胶状试样溶解的配制

当固含量在20%~30%时,取2~3g胶状试样,用剪刀剪成小碎块,置于表面皿上。当固含量在10%以下时,取8~10g胶状试样,平涂在1515的玻璃板上,将试样置于真空干燥箱中在60℃、真空度5.3kPa下干燥4h。

将干燥后的试样按(1)的方法配成溶液。

测试后所余固体试样按相关方法测定试样的固含量。

2. 滴定

用两支液滴体积比为1:1的滴管向试样溶液中加入甲基橙和靛蓝二磺酸钠指示剂各一滴,试样溶液呈黄绿色。

用盐酸标准溶液滴定试样溶液,溶液由黄绿色变成浅灰色即为滴定终点。记下消耗盐酸标准溶液的毫升数。

(四) 结果计算

试样水解度按式(7-37)计算:

$$HD=\frac{c \cdot V \times 71}{1000m \cdot w_S - 23c \cdot V} \times 100(\%) \tag{7-37}$$

式中　HD——水解度,%

　　　c——盐酸标准溶液的浓度,mol/L

V——试样溶液消耗的盐酸标准溶液的体积,mL

m——试样的质量,g

w_s——试样的固含量,%

23——丙烯酸钠与丙烯酰胺链节质量的差值,g/mol

71——丙烯酰胺链节的摩尔质量,g/mol

(五)注意事项

① 每个试样至少测定三次,取两位有效数字,计算术平均值。

② 单个测定值与平均值的最大偏差在±0.50以内,如果超过最大偏差,应重新取样测定。

七、阳离子聚丙烯酰胺阳离子度的测定

(一)测定原理

阳离子度是指阳离子侧基链节的质量占整个大分子链的质量的比例,在应用中主要发挥电中和作用,因此阳离子度的大小直接影响阳离子聚丙烯酰胺(CPAM)应用性能。

季铵盐型CPAM中始终存在与季铵盐正离子平衡的Cl^-,这些Cl^-可以用硝酸银($AgNO_3$)溶液来滴定,从而间接求得阳离子度。因此阳离子化的测定方法通常采用沉淀滴定法。滴定时$AgNO_3$溶液首先与Cl^-作用生成白色沉淀,当Cl^-全部反应完后,再与铬酸钾(K_2CrO_4)溶液反应,生成铬酸银(Ag_2CrO_4)砖红色沉淀,当溶液变为红色时便为滴定终点。通过$AgNO_3$的用量确定阳离子单体的量,从而确定CPAM的阳离子度。

对叔胺盐型絮凝剂CPAM,也有推荐胶体滴定法(或称聚电解质滴定法)的,利用一些电荷密度已知且性能比较稳定的阴阳离子聚电解质作为标准液,对被测试样进行电荷测量,属于直接滴定。理论阳离子度为阳离子单体在共聚反应中投料量占共聚体系的百分比,更适合于改进聚合物的制备工艺及聚合产物结构与性能的研究。本文仅对前者进行表述。

(二)仪器及试剂

(1)仪器

a. 磁力搅拌器;b. 锥形瓶:250mL;c. 棕色滴定管:10mL。

(2)试剂

① 0.1mol/L 硝酸银标准溶液的配制:包括0.1mol/L $AgNO_3$溶液的配制和标定。

② 0.1mol/L $AgNO_3$溶液的配制:称取8.5g $AgNO_3$,溶于500mL不含Cl^-的水中,将溶液转入棕色细口瓶中,置暗处保存,以减缓因见光而分解的作用。

③ 0.1mol/L $AgNO_3$溶液的标定:a. 准确称取1.5~1.6g NaCl基准物质于250mL烧杯中,加入100mL水溶解,定量转入250mL容量瓶中,加水稀释至标线,摇匀。b. 准确移取25.00mL NaCl标准溶液于250mL锥形瓶中,加25mL水,1mL 5% K_2CrO_4溶液,在不断摇动下用$AgNO_3$溶液滴定,至白色沉淀中出现砖红色,即为终点。c. 根据NaCl的用量和滴定所消耗的$AgNO_3$标准溶液体积,计算$AgNO_3$标准溶液的浓度。平行测定3次。

④ 5%、10% K_2CrO_4指示剂:分别准确称取2.50、5.00g K_2CrO_4于100mL烧杯中,加50mL蒸馏水溶解,倒入试剂瓶中待用。

(三)测定方法

准确称取0.3g(精确至0.0002g)的CPAM固体颗粒,溶于装有150mL蒸馏水的250mL锥形瓶中,搅拌使之完全溶解;加入5滴10%的K_2CrO_4指示剂,在磁力搅拌器下

用 $AgNO_3$ 标准溶液滴定至砖红色时为终点。同时做空白试验。

（四）结果计算

阳离子聚丙烯酰胺的阳离子度 DC 按式（7-38）计算：

$$DC = \frac{M_r \cdot c \times (V - V_0)}{1000 \times m \times w_S} \times 100(\%) \tag{7-38}$$

式中 DC——阳离子聚丙烯酰胺的阳离子度，%

M_r——阳离子链节 DMC 和 SMC 平均相对平均分子质量（201.6）

c——$AgNO_3$ 标准溶液的浓度，mol/L

w_S——固含量，%

V——样品消耗 $AgNO_3$ 标准溶液的体积，mL

V_0——空白消耗 $AgNO_3$ 标准溶液体积，mL

m——样品质量，g

（五）注意事项

① 沉淀滴定法适用于聚合物中有游离的 Cl^- 的存在，对于不含 Cl^- 的聚合物，则无法测出。

② 聚合物高分子易卷曲成团，如果溶液浓度较高，溶解不充分，部分高分子链呈团形，滴定时部分 Cl^- 会被高分子链所包裹，导致了实验测定值偏低，因此实验过程中要将样品充分溶解。

第五节　聚乙烯醇的测定

聚乙烯醇（polyvinyl alcohol，简称 PVA）是一种水溶性高分子聚合物，用途广泛，除了作为维纶、新型功能性纤维（如高强高模纤维、水溶纤维）原料外，还广泛应用于涂料、黏合剂、纺织浆料、纸张增强剂和表面涂层、薄膜、乳化剂、制革加工助剂等领域。

PVA 由醋酸乙烯单体在甲醇中，经溶液聚合成一定聚醋酸乙烯树脂后，再经过加碱皂化而得，反应原理见式（7-39）。从反应式也可以看出，醇解反应实际上是甲醇和高分子聚醋酸乙烯醇之间的酯交换反应。根据醇解过程中甲醇中含水量的不同，PVA 的制备分为高碱醇解和低碱醇解两类。低碱法虽然醇解速度慢，产品中的醋酸钠因结构致密而不易洗去，但由于采用了低碱摩尔比，氢氧化钠消耗量少，副反应少，副产物醋酸钠也相应较少，生产聚乙烯醇时多被采用。

$$\begin{array}{c}\text{—[CH}_2\text{—CH]}_n\text{— + CH}_3\text{OH} \xrightarrow{\text{NaOH}} \text{—[CH}_2\text{—CH]}_n\text{— + CH}_3\text{COOCH}_3 \\ \text{\ \ \ \ \ \ \ }|\text{\ }| \\ \text{\ \ \ OCOCH}_3\text{\ OH}\end{array} \tag{7-39}$$

聚乙烯醇产品为白色或微黄色粉末或片状材料，最关键的质量特性是醇解度和聚合度以及黏度。PVA 玻璃化温度为 75~85℃，醇解度通常有 3 种：完全醇解（醇解度 98%~100%）、部分醇解（87%~89%）和醇解度 78%。聚合度与黏度之间具有高度相关性，应用中聚合度与黏度常常只测定其中一个。PVA 作纤维原料、纤维浆料、缩醛树脂原料以及聚乙烯醇薄膜生产时，聚合度是重要指标，而聚乙烯醇作涂料和黏合剂时，黏度特性很重要。

PVA 成膜性好，膜的拉伸强度随聚合度、醇解度升高而增强；PVA 与亲水性纤维素的黏结性好，聚合度、醇解度越高，黏结强度越强。200℃左右温度下易分解，聚合度越低，醇解度越高，分解时间越短。

不同醇解度的PVA溶解性有很大差别。醇解度98%或以上的PVA只溶于95℃的热水，多数用作维尼纶的原料；醇解度在89%～97%的产品，为了完全溶解，一般需加热到60～70℃。醇解度85%～89%的产品水溶性最好，在冷水或热水中都能很快地溶解，表现出最大的溶解度。

PVA醇解度降低，溶解性提高，是由于—OCOCH$_3$的增多，极性增强，进一步削弱了氢键的缔合，破坏了PVA大分子的定向性，从而使水分子容易进入PVA大分子之间，提高了溶剂化作用。但—OCOCH$_3$是疏水性的，它的含量过高会使PVA的水溶性下降，醇解度在75%～80%的产品只溶于冷水，不溶于热水。当醇解度在66%以下时，水溶性下降，直到醇解度降到50%以下，聚乙烯醇即不再溶于水。低醇解度的PVA常为非纤维应用，温度越高则溶解度越大，也可溶于热的含羟基溶剂如甘油、苯酚等，但不溶于甲醇、苯、丙酮、汽油等一般有机溶剂。

挥发分、乙酸钠含量、氢氧化钠、灰分等指标是PVA产品中的副产物，会影响PVA的纯度，也会对PVA使用有一定影响，特别是聚乙烯醇用作纤维生产的原料时，这些副产物或杂质必须设法去除。其中，乙酸钠含量、氢氧化钠与灰分之间有一定相关性。粉末状PVA的乙酸钠含量是片状聚乙烯醇的2～3倍，后者用化学分析法一般不能检出氢氧化钠含量。灰分是乙酸钠、氢氧化钠以及其他可能的固体杂质高温灼烧后的残余物，与乙酸钠、氢氧化钠含量具有高度的相关性。测定PVA时，先将样品充分混合均匀，储存于广口瓶中。贴好瓶外标签，注明试样名称、购买日期、取样日期和批号。

一、挥发分的测定

（一）测定原理

聚乙烯醇的挥发分包括水分和少量的甲醇、乙醛醋酸、甲酯等有机物。由于这些有机物沸点较低，聚乙烯醇在干燥效果良好的情况下，一般不残留在聚乙烯醇中，因此一般以湿重法测定水分来代表挥发分的测定。即将试样在烘箱中（105±2）℃下干燥至恒重，计算试样的质量损失。

（二）仪器

a. 称量瓶：直径ϕ40mm，高30mm；b. 分析天平：称量范围0.1mg；c. 烘箱：控温精度±2℃；d. 干燥器：内装无水氯化钙或变色硅胶干燥剂。

（三）操作步骤

在已恒重的称量瓶中，称取聚乙烯醇试样（高碱醇解的试样取1g左右，低碱醇解的试样取5g左右），精确至2mg，均匀地铺在称量瓶底部，放入烘箱，在（105±2）℃干燥至恒重（约4h），取出，放在干燥器中冷却至室温后称量。

（四）结果计算

挥发分按式（7-40）进行计算：

$$w_{挥发分}=\frac{m_1-m_2}{m_1-m_0}\times 100(\%) \tag{7-40}$$

式中　$w_{挥发分}$——挥发分，%

m_0——称量瓶质量，g

m_1——干燥前试样和称量瓶的质量，g

m_2——干燥后试样和称量瓶的质量，g

（五）注意事项

① 实验需要做平行试验。

② 取平行试验结果的算术平均值作为试验结果，取到小数点后一位；平行试验结果的两值之差不大于0.2%。

③ 挥发分通常≤5.0%。

二、聚乙烯醇树脂氢氧化钠含量的测定

（一）测定原理

将试样溶解在水中，加入过量的硫酸标准溶液，使其与试样中的氢氧化钠中和，反应完成后，剩余的硫酸再用氢氧化钠标准溶液滴定，记录氢氧化钠溶液的用量，计算得到试样中氢氧化钠的含量。同时做空白实验（中和反应）。

（二）仪器及试剂

（1）仪器

a. 分析天平：称量范围1mg；b. 碱式滴定管：25mL，最小刻度0.1mL；c. 三角瓶（或碘量瓶）：500mL，磨口；d. 回流冷凝器：球型，300mm；e. 量杯：250mL；f. 水浴锅，球形冷凝器，扁式称量瓶。

（2）试剂

a. 硫酸（《GB/T 625—2007 化学试剂硫酸》）标准溶液：$c(1/2H_2SO_4)=0.1mol/L$，按GB/T 601—2016配制与标定；b. 氢氧化钠（《GB/T 629—1997 化学试剂 氢氧化钠》）标准溶液：$c(NaOH)=0.1mol/L$，按GB/T 601—2016配制与标定；c. 酚酞：1%乙醇溶液，按《GB/T 603—2002 化学试剂 试样方法中所用制剂及制品的制备》配制。

（三）操作步骤

用扁式称量瓶在分析天平上精确称取4～5g试样（醇解度低的称取1g试样），准确至10mg，移入500mL三角瓶内，加入200mL蒸馏水，滴加3滴酚酞溶液，用移液管准确加入5mL硫酸标准溶液[$c(1/2H_2SO_4)=0.1mol/L$]，将三角瓶与球形冷凝器连接，在热水浴中边加热边摇动至全部溶解。

待试样溶解后，以少量蒸馏水冲洗冷凝器，洗液并入三角瓶内。取下三角瓶，冷却至室温，用氢氧化钠标准溶液[$c(NaOH)=0.1mol/L$]滴定至溶液呈粉红色，30s不褪色为终点，记录消耗硫酸的用量。同时用200mL蒸馏水做空白试验。

（四）结果计算

氢氧化钠含量按式（7-41）进行计算：

$$w_{NaOH}=\frac{(V_0-V_1)\times c\times 0.040}{m}\times 100(\%) \tag{7-41}$$

式中　　w_{NaOH}——氢氧化钠含量，%

　　　　V_0——滴定空白消耗的氢氧化钠标准溶液体积，mL

　　　　V_1——滴定试样消耗的氢氧化钠标准溶液体积，mL

　　　　c——氢氧化钠标准溶液的浓度，mol/L

　　　　m——试样质量，g

　　　　0.040——与1.00mL氢氧化钠标准溶液[$c(NaOH)=0.1mol/L$]相当的以克表示的树脂中氢氧化钠的质量，g/mmol

(五) 注意事项

① 实验需要做平行试验。

② 取平行试验结果的算术平均值作为试验结果,取到小数点后两位;平行试验结果的两值之差不大于0.03%。

三、聚乙烯醇树脂乙酸钠含量的测定

(一) 测定原理

依据强酸滴定弱碱的中和反应,将试样溶解在水中,用硫酸标准溶液进行滴定,计算得到试样中乙酸钠的含量。以亚甲基蓝和二甲基黄混合指示剂指示终点。

(二) 仪器及试剂

(1) 仪器

a. 分析天平:称量范围1mg; b. 磁力加热搅拌器; c. 三角瓶或碘量瓶:500mL; d. 酸式滴定管:25mL,最小刻度0.1mL; e. 量筒:100mL。

分析方法中,应使用分析纯试剂和蒸馏水。

(2) 试剂

① 硫酸(GB/T 625—2007)标准溶液:$c(1/2H_2SO_4)=0.5mol/L$,0.1mol/L,按GB/T 601—2016配制与标定,250mL。

② 亚甲基蓝:0.1%乙醇溶液,按GB/T 603—2002配制。

③ 二甲基黄:0.1%乙醇溶液,按GB/T 603—2002配制。

(三) 测定方法

1. 低醇解度生产的聚乙烯醇

在分析天平上称取6.5～7.5g试样,准确至10mg,放入预先准备好的三角瓶内,加入200mL蒸馏水,在热水浴中边加热边摇动,待试样全部溶解后,冷却至室温,加入0.5mL(约20滴)1:1的亚甲基蓝-二甲基黄混合指示剂,用硫酸标准溶液$[c(1/2H_2SO_4)=0.5mol/L]$滴定至蓝紫色为终点。同时用200mL蒸馏水做空白试验。

2. 高醇解度(>80%)生产的聚乙烯醇

在分析天平上称取2～3g试样,准确至10mg,放入预先准备好的三角瓶或碘量瓶内,加入200mL蒸馏水用磁力加热搅拌器加热至全部溶解,冷却至室温。加入20滴0.1%的二甲基黄和10滴0.1%的亚甲基蓝指示剂,然后用硫酸标准溶液滴定至绿色变为蓝紫色为终点,同时用200mL蒸馏水做空白实验。

(四) 结果计算

乙酸钠含量按式(7-42)进行计算:

$$w_{乙酸钠}=\frac{(V_2-V_0)\times 0.08203\times c}{m}\times 100-\frac{82.0}{40.0}\times w_{NaOH} \tag{7-42}$$

式中 $w_{乙酸钠}$——乙酸钠含量,%

V_0——滴定空白消耗的硫酸标准溶液体积,mL

V_2——滴定试样消耗的硫酸标准溶液体积,mL

c——硫酸标准溶液的浓度,mol/L

0.08203——乙酸钠的毫摩尔质量,g/mmol

m——试样质量,g

82.0——乙酸钠的摩尔质量，g/mol

40.0——氢氧化钠的摩尔质量，g/mol

w_{NaOH}——氢氧化钠含量，%，其值由式（7-41）确定

（五）注意事项

① 实验需要做平行试验。

② 取平行试验结果的算术平均值作为试验结果，取到小数点后两位；平行试验结果的两值之差不大于 0.03%。

四、聚乙烯醇树脂残留乙酸根（或醇解度）测定方法

（一）测定原理

将试样溶解在水中，用过量氢氧化钠与聚乙烯醇树脂中醇解未完全的残留乙酸根反应，反应式如下：

$$\begin{array}{c} -\!\!\!\!-\!\!\!\mathrm{CH_2-CH}\!\!\!-\!\!\!_n + \mathrm{NaOH} \xrightarrow{\text{皂化}} -\!\!\!\!-\!\!\!\mathrm{CH_2-CH}\!\!\!-\!\!\!_n + \mathrm{CH_3COONa} \\ | \qquad\qquad\qquad\qquad\qquad\qquad\qquad | \\ \mathrm{OCOCH_3} \qquad\qquad\qquad\qquad\qquad\quad \mathrm{OH} \end{array}$$

再用定量硫酸中和剩余的氢氧化钠，过量的硫酸用氢氧化钠标准溶液滴定，计算得到试样中残留乙酸根含量和醇解度。

（二）仪器及试剂

（1）仪器

a. 分析天平：称量范围 1mg。b. 移液管：20mL。c. 酸式滴定管：25mL，最小刻度 0.1mL；50mL，最小刻度 0.1mL。d. 碱式滴定管：25mL，最小刻度 0.1mL；50mL，最小刻度 0.1mL。e. 三角瓶：300mL，磨口。f. 回流冷凝器：球型，300mm。g. 量杯：250mL。

（2）试剂

① 分析方法中，应使用分析纯试剂及蒸馏水。

② 硫酸（GB/T 625—2007）标准溶液：$c(1/2H_2SO_4) = 0.5\mathrm{mol/L}$，$0.1\mathrm{mol/L}$，按 GB/T 601—2016 配制与标定。

③ 氢氧化钠（GB/T 629—2002）标准溶液：$c(NaOH) = 0.5\mathrm{mol/L}$，$0.1\mathrm{mol/L}$，按 GB/T 601—2016 配制与标定。

④ 酚酞：1%乙醇溶液，按 GB/T 603—2002 配制。

（三）测定方法

对于醇解度大于 97%（mol/mol）的 PVA 都可用如下方法检测：

在分析天平上称取 4～5g 试样，准确至 1mg，移入带回流冷凝器的三角瓶内，加入 200mL 蒸馏水，滴加 3 滴酚酞，准确加入 5.0mL 硫酸标准溶液 $[c(1/2H_2SO_4) = 0.1\mathrm{mol/L}]$，将三角瓶与冷凝器连接，在热水浴中边加热边摇动。待试样溶解后，以少量蒸馏水冲洗冷凝器，洗液并入三角瓶内。取下三角瓶，冷却后用氢氧化钠标准溶液 $[c(NaOH) = 0.1\mathrm{mol/L}]$ 滴定至粉红色。

用测定完氢氧化钠的试样：再准确加入 20.0mL 氢氧化钠标准溶液 $[c(NaOH) = 0.5\mathrm{mol/L}]$，盖紧瓶盖，充分摇匀，在室温下放置 2h 后，准确加入 20.0mL 硫酸标准溶液 $[c(1/2H_2SO_4) = 0.5\mathrm{mol/L}]$ 中和。过量的硫酸用氢氧化钠标准溶液 $[c(NaOH) = 0.1\mathrm{mol/L}]$ 滴定至粉红色，30s 不褪色为终点。同时用 200mL 蒸馏水做空白试验。

(四) 结果计算

1. 残留乙酸根含量

残留乙酸根含量按式（7-43）进行计算：

$$w_{残留乙酸钠} = \frac{(V_3 - V_0) \times c \times 0.06005}{m \times w_5} \times 100(\%) \tag{7-43}$$

$$w_5 = 100\% - (w_{挥发分} + w_{NaOH} + w_{乙酸钠}) \tag{7-44}$$

式中 $w_{残留乙酸钠}$——残留乙酸钠含量，%

V_0——滴定空白消耗的氢氧化钠标准溶液体积，mL

V_3——滴定试样消耗的氢氧化钠标准溶液体积，mL

c——氢氧化钠标准溶液的浓度，mol/L

0.06005——与 1.00mL 氢氧化钠标准溶液 [$c(NaOH)=1.000$mol/L] 相当的以克表示的乙酸的质量，g/mmol

m——试样质量，g

w_5——纯度，%

$w_{挥发分}$——挥发分，%

w_{NaOH}——氢氧化钠含量，%

$w_{乙酸钠}$——乙酸钠含量，%

2. 醇解度

醇解度按式（7-45）进行计算：

$$X_6 = \frac{已醇解量 \times 100}{纯试样量} = 100 - \frac{未醇解量 \times 100}{纯试样量} = 100 - \left\{ \frac{\frac{w_{残留乙酸钠}}{60.05}}{\frac{w_{残留乙酸钠}}{60.05} + \frac{100 - \frac{w_{残留乙酸钠}}{60.05} \times 86.09}{44.05}} \right\} \times 100$$

$$= 100 - \frac{44.05 w_{残留乙酸钠}}{60.05 - 0.42 w_{残留乙酸钠}} \tag{7-45}$$

式中 X_6——醇解度，%（mol/mol）

$w_{残留乙酸钠}$——残留乙酸钠含量，%

纯试样量——试样质量，g

已醇解量——试样中发生醇化反应的量，g

未醇解量——试样中未发生醇化反应的量，g

60.05——乙酸的摩尔质量，g/mol

44.05——聚乙烯醇链节的摩尔质量，g/mol

86.09——聚乙酸乙酸酯链节的摩尔质量，g/mol

(五) 其他通用聚乙烯醇醇解度测定方法

在分析天平上称取 1g 试样，准确至 1mg，放入 500mL 具塞磨口瓶中，加入 100mL 蒸馏水，加热回流直到聚乙烯醇完全溶解。冷却后加入酚酞指示剂，用 0.01mol/L 氢氧化钠乙醇溶液中和至微红色。加入 25mL 0.5mol/L 氢氧化钠水溶液，在水浴上回流 1h，冷却，用 0.5mol/L 盐酸滴定至无色。同时用 100mL 蒸馏水做空白试验。乙酰氧基含量（%）按式（7-46）进行计算：

$$w_{乙酰氧基} = \frac{(V_2 - V_1)c}{m} \times 0.059 \times 100(\%) \tag{7-46}$$

式中　　c——盐酸标准溶液的浓度，mol/L

　　　　V_2——空白实验所消耗的盐酸，mL

　　　　V_1——样品所消耗的盐酸，mL

　　　　m——样品的质量，g

　　　0.059——乙酰氧基毫摩尔质量，g/mmol

　　　$w_{乙酰氧基}$——乙酰氧基含量，%

（六）注意事项

① 实验需要做平行试验。

② 取平行试验结果的算术平均值作为试验结果，取到小数点后两位；残留乙酸根含量平行试验结果的两值之差不大于0.03%。

③ 反应过程中所使用的的氢氧化钠溶液浓度应不大于盐酸溶液浓度，即应保证空白值为正值，若碱浓度高于酸的浓度，空白滴定数为零，则测量值会偏小，相应的醇解度会偏高，增大分析误差。

④ PVA的溶解很重要，可在电磁搅拌器中进行，温度不宜过高，因为PVA的水溶液浊点较低，温度过高会影响溶解速度。高醇解度PVA可控制在80℃左右，低醇解度应不高于50℃。

总的原则是溶解温度宁低勿高，搅拌同样可加快溶解速度，如不慎使溶液混浊可用冷水冲洗瓶壁，降温后即可澄清。若溶解完毕，液中有絮状物存在且较混浊，则证明溶解不成功，须重新溶解。溶解不完全会导致滴定数偏高，所测醇解度偏低。

五、透明度的测定

（一）仪器

a. 722型分光光度计；b. 水浴锅；c. 电炉；d. 滴定管；e. 50mL磨口比色管。

（二）测定方法

(1) 样品溶解

用天平称取试样2.8g放入干燥的磨口比色管中，用滴定管加入47.2mL的蒸馏水，用玻璃棒上下搅拌后，将磨口玻璃管的排气小孔与大气相通，然后将比色管插入热水浴中，在沸腾的条件下，加热2h（中间搅拌一次）取出比色管，再搅拌一次使样品均匀，放入冷水浴中冷却至30℃，在此温度下放置半个小时。

(2) 比色

开启分光光度计，将恒温好的试样放入30mm的比色皿中，选用波长为450nm，蒸馏水为空白，空白透视率为100%，对好零点和100%反复测定几次，然后再测试试样透过率，反复几次，取平均值为透明度，结果保留一位小数。

六、平均聚合度的测定

PVA按聚合度可分为超高聚合度（相对分子质量25万~30万）、高聚合度（相对分子质量17万~22万）、中聚合度（相对分子质量12万~15万）和低聚合度（相对分子质量2.5万~3.5万）。醇解度有98%、88%、78% 3种。产品牌号中一般将聚合度的千、百位数字放在前面，醇解度放在后面，如聚乙烯醇17-99即表示聚合度为1700，醇解度为99%。

通常情况下，聚合度增大，则PVA水溶液黏度增大，成膜后的强度和耐溶剂性提高，但水中溶解性、成膜后伸长率下降。

（一）测定原理

高聚物的黏度随其聚合度增加而增加，在一定温度下通过测定液体流过一定体积所用时间来反映黏度的大小，通过在一定条件下测其相对黏度，进一步换算后即可得出平均聚合度。

（二）仪器

分析天平（0.1mg）、奥氏黏度计、秒表、恒温水浴（30±0.5）℃、烘箱、600mL 烧杯、250mL 磨口三角烧瓶、抽滤瓶、球形冷凝管 300mm、玻璃砂芯漏斗（G2 号 60mL）、玻璃蒸发皿、10mL 移液管、100mL 移液管、扁形称量瓶（60mm×30mm）。

（三）测定方法

1. 试样处理

称取试样 2.5g 移入烧杯中，加入 200mL 蒸馏水，搅拌 1min，放置 15min，然后用带白细布的抽滤漏斗（直径 110mm）进行抽滤。充分脱水后，用 500mL 蒸馏水分 3~4 次洗涤试样，抽滤。

2. 试样溶解

把洗涤后的试样移入 600mL 的烧杯中，加水 480mL，加水量应溶解试样浓度约为 10g/L，然后放在电炉上加热溶解，待全部溶解后，冷却至室温，用玻璃砂芯漏斗过滤，用干燥的磨口三角烧瓶接受，再将三角烧瓶放在恒温水浴中 10~15min，待用。

3. 浓度测定

用 10mL 移液管准确吸取恒温的试样，放入预先恒重的直径为 60mm 的玻璃蒸发皿中，在 105℃恒温箱中烘干 4h，取出放入干燥器中冷却 30min 后称重。

$$\rho = \frac{m - m_0}{V} \times 1000 \tag{7-47}$$

式中　　ρ——试样浓度，g/L

　　　　m——玻璃蒸发皿和试样的质量，g

　　　　m_0——玻璃蒸发皿恒重的质量，g

　　　　V——试样的体积，mL

4. 黏度测定

用 10mL 蒸馏水放入黏度计中，测定蒸馏水从刻度 A 到刻度 B 流经时间，反复测定几次后取平均值。

用洗耳球将试样吸入黏度计的刻度 A 以上，让其自然落下，测定器弯月面从刻度 A 到刻度 B 流经时间，反复测定几次后，取连续测定的两次误差不超过 0.2s 的两次测定结果的平均值。

注：黏度计放入恒温水浴中要垂直。黏度纯水空白应为（100±10）s。

（四）结果计算

平均聚合度 $\overline{DP}$ 按式（7-48）计算：

$$\lg \overline{DP} = 1.613 \times \lg \left(2778 \times \frac{\lg \frac{t}{t_0}}{10.0} \right) \tag{7-48}$$

式中　　$\overline{DP}$——平均聚合度

　　　　t——试样溶液的落下时间，s

　　　　t_0——水的落下时间，s

1.613，2778，10.0——常数

注：计算结果取四位有效小数。

(五) PVA 平均聚合度快速测定方法

为了节约时间，可以通过省略《GB/T 12010.5—2010 塑料 聚乙烯醇材料 (PVAL) 第 5 部分：平均聚合度测定》中的浓度测定程序，达到快速测定。

先加定量的水溶解 PVA，同时快速测定 PVA 挥发分，根据挥发分测定结果确定补加水量，准确配制 1.0% 聚乙烯醇水溶液，使 PVA 平均聚合度的测定时间由原来的 6h 缩短到 2h，提高平均聚合度的测定速度，便于及时调整生产工艺和用户使用。具体试验方法：

① 将恒温干燥箱温度设定为 150℃，开启干燥箱电源，使之达到 150℃。

② 称取 1g 左右 PVA 试样（准确至 0.1mg）置于已恒温并已称重的称量瓶中，摊平，置于干燥箱内，干燥 20min，取出，放入干燥器中冷却至室温，称重，计算 PVA 挥发分。

③ 准确称取 PVA 样品 1.3g 左右（准确至 0.1mg），倒入 500mL 磨口三角烧瓶内，先用 100mL 移液管准确加入 100mL 蒸馏水，放入搅拌子，将三角烧瓶放在磁力加热搅拌器上，装上回流冷凝管，打开冷却水，加热、搅拌溶解 PVA，待计算出挥发分测定结果后，再按下列公式 (7-49) 计算配制 1.0% 浓度 PVA 水溶液需补加的水量。补加水后继续加热、搅拌，直至 PVA 完全溶解为止。

$$V_{补加水} = \left[\frac{m \times (100\% - w_{挥发分})}{1.0\%} - m \right] \div \rho - 100 \tag{7-49}$$

式中 ρ ——PVA 溶液密度，g/mL，此处为 1g/mL

100——开始加入的 100mL 蒸馏水，mL

1.0%——最终配制浓度，%

m——PVA 样品的称样量，g

$V_{补加水}$——PVA 配制 1.0% 浓度需补加水量，mL

$w_{挥发分}$——PVA 样品的挥发分，%

④ 将已完全溶解的 PVA 溶液取下，振荡冷却至 50℃ 左右时，用 G2 玻璃砂芯漏斗过滤，用干燥、洁净的 250mL 三角烧瓶接收，再将三角烧瓶放在 (30±0.1)℃ 的电热玻璃水槽中恒温。

⑤ 将干燥、洁净的黏度计安装在玻璃水槽内，用 10mL 移液管准确移取 10.00mL 已恒温至 (30±0.1)℃ 的 PVA 水溶液放入黏度计内并放置 5~10min，同时将胶管连接到黏度计毛细管的一侧；调整黏度计至铅直方向。

⑥ 黏度测定及计算，同上。

七、聚乙烯醇树脂灰分测定方法

(一) 测定原理

将试样灰化并经高温灼烧至恒重，计算灼烧残渣（即灰分）的含量。

(二) 仪器

a. 瓷坩埚：100mL；b. 坩埚钳；c. 分析天平：称量范围 0.1mg；d. 干燥器：内装无水氯化钙或变色硅胶干燥剂；e. 电炉：1kW；f. 马弗炉：最高使用温度达 800℃，控温精度 ±25℃。

(三) 操作步骤

在经过 750~800℃ 灼烧恒重的坩埚中，称取聚乙烯醇试样（高碱醇解的试样取 2~3g，低碱醇解的试样取 5g），准确至 0.2mg，放在电炉上于 400~450℃ 炭化，然后放入预先升温至 750~800℃ 的马弗炉中灼烧至恒重（约 5h）。或用移液管移取 5mL H_2SO_4，将其滴加到试样中，均润后放在电炉上加热约 1h，直到无白烟，然后移入马弗炉，灼烧至灰为白色。

取出坩埚，在空气中冷却 1~3min，然后移入干燥器中至少冷却 1h，降至室温，称量（每次冷却时间应严格一致），准确至 0.2mg。

（四）结果计算

灰分含量按式（7-50）进行计算：

$$w_{灰分} = \frac{m_2 - m_0}{m_1 - m_0} \times 100(\%) \tag{7-50}$$

式中 $w_{灰分}$——灰分含量，%
m_0——坩埚质量，g
m_1——坩埚与试样的质量，g
m_2——坩埚与灰分的质量，g

或

$$w'_{灰分} = \frac{(m_2 - m_0) \times 0.436}{m_1 - m_0} \times 100(\%) \tag{7-51}$$

式中　0.436——NaOH 相对分子质量/硫酸钡相对分子质量

（五）注意事项

① 实验需要做平行试验。
② 取平行试验结果的算术平均值作为试验结果，取到小数点后两位；平行试验结果的两值之差不大于 0.03%。
③ 当氢氧化钠含量很低时，灰分可以用乙酸钠的含量按 0.384 的系数折算。

第六节　聚合氯化铝的测定

聚合氯化铝（Poly Aluminium Chloride，简称 PAC），以优质氢氧化铝粉为主要原料加工而成的无机高分子聚合物。它是 $AlCl_3$ 水解成为 $Al(OH)_3$ 的中间产物，是一种水溶性无机高分子聚合物，通常也称为碱式氯化铝或混凝剂，化学通式为 $[Al_2(OH)_nCl_{6-n}]m$，（$m \leqslant 10$，$n = 3 \sim 5$），其中 m 代表聚合程度，n 表示 PAC 的中性程度，是具有 Keggin 结构（多阴离子簇合物）的高电荷聚合环链体，对水中胶体和颗粒物具有高度电中和及桥联作用，并可强力去除微有毒物及重金属离子。

由于形态多变的多元羧基络合物结构，使得氢氧根离子的架桥作用和多价阴离子的聚合作用较强，形成的 PAC 相对分子质量较大、电荷密度较高，链状分子能充分延伸，吸附架桥间范围大，絮凝作用好；而且絮凝沉淀速度快，适用 pH 范围宽，对管道设备无腐蚀性；净水效果受温度的影响小，适用于较复杂的江河水、水库水、工业循环水及污水的净化处理等。在水解过程中，伴随发生凝聚、吸附和沉淀等物理化学过程，有除臭脱色、除浊、杀菌、除氟、除铝、除铬、除油、除重金属盐、除放射性污染物等功能，还用于造纸、印染、水泥速凝剂、医药用品、化妆品等其他行业的生产过程。

PAC 为颗粒或粉末状固体，有 3 种典型的颜色，分别为棕褐色、黄色和白色。棕褐色 PAC 的原材料是铝酸钙粉、盐酸、铝矾土还有铁粉。主要用于污水处理方面，因为添加了铁粉颜色呈棕褐色，添加铁粉越多 PAC 颜色越深，铁粉如果超过一定的量，也被称为聚合氯化铝铁，用于污水处理。黄色 PAC 的原材料是铝酸钙粉、盐酸和铝矾土，主要用于工业循环水及江河水库净化和饮用水处理方面，如果用于饮用水处理原材料是氢氧化铝粉、盐酸和少量的铝酸钙粉。白色 PAC 也被称为高纯无铁白色 PAC，或食品级白色 PAC，与其他 PAC 相比品质最高，主要的原材料是优质的氢氧化铝粉和盐酸，用于制糖脱色澄清剂、鞣革、医药、化妆品和精密铸造及水处理等领域，由于制备成本高，在水处理方面较少使用。

制备聚合氯化铝的方法较多，规模化生产的主要是酸溶法和碱溶法，其中由于生产成本、氧化铝溶出率等问题，酸溶法较多。而酸溶涉及盐酸浓度、盐酸投加量等问题。盐酸浓度越高，氧化铝溶出率越大，但盐酸挥发也就越厉害，故要合理配制盐酸浓度，质量分数通常为 20% 左右，从而使盐酸投加量少。一些生产原料中重金属等有害离子含量较高，可以在酸溶过程中加入硫化钠、硫化钙等硫化物，使有害离子生成硫化物沉淀而去除；也可以考虑用铝屑置换和活性炭吸附的方法去除重金属等有害离子。固体产品是将液体产品经喷雾干燥或滚筒干燥而得。喷雾干燥适于大规模生产，规模较小的企业常采用滚筒干燥。

聚合氯化铝技术指标有氧化铝含量、不溶物、盐基度等，分别代表产品的纯度和性能。通常认为氧化铝含量越高，PAC 纯度越高，产品的品质越好；盐基度反映聚合程度和絮凝效果，盐基度越高通常絮凝作用越好。一般可在低盐基度产品中投加铝屑、铝酸钠、碳酸钙、碳酸铝、氢氧化钠凝胶、石灰等来提高盐基度或促进絮凝效果，其中铝屑、铝酸钠成本较高，目前国内大多企业采用铝酸钙调整盐基度。

一、相对密度的测定（密度计法）

（一）测定原理

相对密度是物质的密度与参考物质的密度之比，通常，标准物质是水，因此相对密度指同体积物质的质量和同体积的水的质量之比。

相对密度的测定由密度计在被测液体中达到平衡状态时所浸没的深度来表达。

（二）仪器

a. 密度计：分度值为 0.001；b. 恒温水浴：可控温度（20±1）℃；c. 温度计：分度值为 1℃；d. 量筒：250mL 或 500mL。

（三）聚合氯化铝分析步骤

将液体 PAC 试样注入清洁、干燥的量筒内，不得有气泡。将量筒置于（20±1）℃的恒温水浴中。待温度恒定后，将密度计缓缓地放入试样中。待密度计在试样中稳定后，读出密度计弯月面下缘的刻度（标有弯月面上缘刻度的密度计除外），即为 20℃时试样的密度。

（四）注意事项

含量与密度不是同一个概念，两者有区别，含量指的是 PAC 中的氧化铝含量，产品的有效物质含量，是衡量产品品质的重要指标；它与溶液的相对密度有一定关系，相对密度越大，则氧化铝含量越高；但并不能完全以相对密度来判断其氧化铝含量，因为盐基度对其相对密度和氧化铝含量有影响，盐基度对产品的相对密度也有很大影响，盐基度越低则相对密度越大，因此不能仅从相对密度衡量产品的含量，通常密度≥1.12。

二、氧化铝（Al_2O_3）含量的测定

（一）测定原理

在试样中加酸使试样解聚。加入过量的乙二胺四乙酸二钠（EDTA）溶液，使其与铝及其他金属离子络合。用氯化锌标准滴定溶液滴定剩余的乙二胺四乙酸二钠。再用氟化钾溶液

解析出络合铝离子，用氯化锌标准滴定溶液滴定解析出的乙二胺四乙酸二钠。

（二）试剂和材料

① 硝酸（《GB/T 626—2006 化学试剂 硝酸》）：1+12 溶液，称取 1 份硝酸，300 份水，将两者混匀即可。

② 乙二胺四乙酸二钠（《GB/T 1401—1998 化学试剂 乙二胺四乙酸二钠》）：c(EDTA) 约 0.05mol/L 溶液。

③ 乙酸钠缓冲溶液：称取 272g 乙酸钠〔《GB/T 693—1996 化学试剂 三水合乙酸钠（乙酸钠）》〕溶于水，稀释至 1000mL，摇匀。

④ 氟化钾（《GB/T 1271—2011 化学试剂 二水合氟化钾（氟化钾）》）：500g/L 溶液，贮于塑料瓶中。

⑤ 硝酸银（《GB/T 670—2007 化学试剂 硝酸银》）：1g/L 溶液。

⑥ 氯化锌：$c(ZnCl_2)=0.0200$mol/L 标准滴定溶液。称取 1.3080g 高纯锌（纯度 99.99%以上），精确至 0.2mg，置于 100mL 烧杯中。加入 6~7mL 盐酸（《GB/T 622—2006 化学试剂 盐酸》）及少量水，加热溶解。在水浴上蒸发到接近干涸。然后加水溶解，移入 1000mL 容量瓶中，用水稀释至刻度，摇匀。

⑦ 二甲酚橙：5g/L 溶液。

（三）测定方法

称取 8.0~8.5g 液体 PAC 试样或 2.8~3.0g 固体试样，精确至 2mg，加水溶解，全部移入 500mL 容量瓶中，用水稀释至刻度，摇匀。用移液管移取 20mL，置于 250mL 锥形瓶中，加 2mL 硝酸溶液，煮沸 1min。冷却后加入 20mL 乙二胺四乙酸二钠溶液，再用乙酸钠缓冲溶液调节 pH 约为 3（用精密 pH 试纸检验），煮沸 2min。冷却后加入 10mL 乙酸钠缓冲溶液和 2~4 滴二甲酚橙指示液，用氯化锌标准滴定溶液滴定至溶液由淡黄色变为微红色即为终点。

加入 10mL 氟化钾溶液，加热至微沸。冷却，此时溶液应呈黄色。若溶液呈红色，则滴加硝酸至溶液呈黄色。再用氯化锌标准滴定溶液滴定，溶液颜色从淡黄色变为微红色即为终点。记录第二次滴定消耗的氯化锌标准滴定溶液的体积（V）。

（四）结果计算

以质量分数表示的氧化铝含量，按式（7-52）计算：

$$w_{氧化铝}=[(V\times c\times 0.05098)/(m\times 20/500)]\times 100=(V\times c\times 127.45)/m \tag{7-52}$$

式中 $w_{氧化铝}$——氧化铝含量，%

V——第二次滴定消耗的氯化锌标准滴定溶液的体积，mL

c——氯化锌标准滴定溶液的实际浓度，mol/L

m——试料的质量，g

0.05098——与 1.00mL 氯化锌标准滴定溶液 [$c(ZnCl_2)=1.000$mol/L] 相当的以克表示的氧化铝的质量，g/mmol

（五）注意事项

① 实验需要做平行试验。

② 取平行试验结果的算术平均值作为试验结果，取到小数点后两位；平行试验结果的绝对差值，液体产品不大于 0.1%，固体样品不大于 0.2%。

③ 选择聚合氯化铝品质，要根据用途适当选择聚合氯化铝的氧化铝含量。作为混凝剂

用于水处理时，常用的聚合氯化铝的氧化铝含量有 3 种分别是：26%，28%，30%。造纸企业常选用 26% 或 27%；用于城乡水质较浑浊的自来水净化或者用于养殖时，应选购饮用水专用的聚合氯化铝，含量≥28%；不同地区的水质硬度不同，我国北方高硬度水质和南方石灰岩地区，水中钙、镁离子含量较高，容易结垢，水中含氯、异色异味较重，或有机物含量较多的城市自来水，可选择含量较高的聚合氯化铝。

④ PAC 黏度与氧化铝含量有关，随氧化铝含量增大黏度增大。相同条件下，相同浓度氧化铝条件下，PAC 的黏度要低于硫酸铝，更有利于输送和使用。

三、盐基度的测定

盐基度：PAC 中某种形态的羟基化程度或碱化的程度称为盐基度或碱化度。通常用羟铝摩尔比 $B=[OH]/[Al]$ 百分率表示。盐基度是 PAC 最重要的指标之一，与絮凝效果有十分密切的关系。原水浓度越高，盐度越高，则絮凝效果越好。在原水浓度 86～10000mg/L 范围内，PAC 最佳盐基度在 40%～85%，且 PAC 的许多其他特性都与盐基度有关。

（一）测定原理

在试样中加入定量盐酸溶液，以氟化钾掩蔽铝离子，以氢氧化钠标准滴定溶液滴定。

（二）试剂

盐酸标准溶液：$c(HCl)$ 约 0.5mol/L；氢氧化钠标准滴定溶液：$c(NaOH)$ 约 0.5mol/L；酚酞指示液：10g/L 乙醇溶液；氟化钾溶液：500g/L。称取 500g 氟化钾，以 200mL 不含二氧化碳的蒸馏水溶解后，稀释至 1000mL。加入 2 滴酚酞指示液并用氢氧化钠溶液或盐酸溶液调节溶液呈微红色，滤去不溶物后贮于塑料瓶中。

（三）测定方法

移取 25mL 试液 A，置于 250mL 磨口瓶中，加 20mL 盐酸标准溶液，接上磨口玻璃冷凝管，煮沸回流 2min，冷却至室温。转移至聚乙烯杯中，加入 20mL 氟化钾溶液，摇均。加入 5 滴酚酞指示液，立即用氢氧化钠标准滴定溶液滴定至溶液呈现微红色即为终点。同时用不含二氧化碳的蒸馏水做空白试验。

（四）结果计算

聚氯化铝盐基度以质量分数 w 计，数值以 % 表示，按式（7-53）计算：

$$w=\frac{(V_0-V)c\times 0.01699}{\dfrac{Mw_1}{100}}\times 100(\%)=\frac{(V_0-V)c\times 169.9}{Mw_1}(\%) \tag{7-53}$$

式中　V_0——空白试验消耗氢氧化钠标准滴定溶液的体积，mL

　　　V——测定试样消耗氢氧化钠标准滴定溶液的体积，mL

　　　100——试样浓度换算系数

　　　c——氢氧化钠标准滴定溶液的实验浓度，mol/L

　　0.01699——1.00mL 氢氧化钠标准滴定溶液 $[c(NaOH)=1.000mol/L]$ 相当的氧化铝的摩尔质量，g/mmol

　　　w_1——氧化铝的质量分数，%

　　　M——氢氧根 $[OH^-]$ 的摩尔质量，g/mol（$M=16.99$g/mol）

（五）注意事项

① 实验需要做平行试验。

② 取平行试验结果的算术平均值作为试验结果,取到小数点后两位;平行试验结果的绝对差值不大于2.0%。

四、水不溶物含量的测定

(一) 测定原理
试样用pH2~3的水溶解后,经过滤、洗涤、烘干至恒重,求不溶物含量。

(二) 仪器及试剂
电热恒温干燥箱:10~200℃;布氏漏斗:$d=100$mm。

稀释用水(pH2.0~2.5)的配制:取1L水,边搅拌边加入约22mL 0.5mol/L盐酸溶液,调节pH至2.0~2.5(用酸度计测量)。

试液:称取2.5g聚合氯化铝固体试样,用不含二氧化碳的水溶解,移入250mL容量瓶中,稀释至刻度,摇匀。若稀释液浑浊,用中速滤纸过滤。

(三) 测定方法
称取约10g液体试样或约3g固体试样,精确至0.001g。置于250mL烧杯中,加入约150mL稀释用水,充分搅拌,使试样溶解。然后,在布氏漏斗中,用恒量的中速定量滤纸抽滤。用水洗至无Cl^-时(用硝酸银溶液检验),将滤纸连同滤渣于100~105℃干燥至恒量。

(四) 结果计算
不溶解含量以质量分数w计,数值以%表示,按式(7-54)计算:

$$w = \frac{m_1 - m_0}{m} \times 100(\%) \tag{7-54}$$

式中　m_1——滤纸和滤渣的质量,g

　　　m_0——滤纸的质量,g

　　　m——试料的质量,g

(五) 注意事项
① 实验需要做平行试验。

② 取平行试验结果的算术平均值作为试验结果,取到小数点后两位;平行试验结果的绝对差值,液体产品不大于0.03%,固体样品不大于0.1%。

③ 通常不溶物含量≤0.2%。

五、pH的测定

(一) 测定原理
PAC溶液的pH也是一项重要的指标。它表示溶液中游离状态的OH^-数量。pH一般随盐基度升高而增大,但对于不同组成的液体,其pH与盐基度之间并不存在对应关系。具有相同盐基度浓度的PAC液体,当浓度不同时,其pH也不同。

(二) 仪器和设备
酸度计:精度0.02pH单位,配有饱和甘汞参比电极、玻璃测量电极或复合电极。

(三) 测定方法
称取1.0g PAC试样,精确至0.01g,用水溶解后,移入100mL容量瓶中,稀释至刻度,摇匀。将试样溶液倒入烧杯中,置于磁力搅拌器上,将电极浸入被测溶液中,开动搅拌,在已定位的酸度计上读出pH(通常pH在3.5~5.5)。

六、聚合氯化铝含量（纯度）分析

（一）氯化锌标准溶液滴定法

1. 测定原理

在试样中加硝酸使试样解聚。在 pH＝3 时加入过量的乙二胺四乙酸二钠（EDTA）溶液，使其与铝及其他金属离子络合。用氯化锌标准滴定溶液滴定剩余的 EDTA。

2. 仪器及试剂

（1）仪器

a. 分析天平（0.1mg）；b. 250mL 烧杯；c. 250mL 容量瓶；d. 中速定性滤纸；e. 锥形瓶漏斗；f. 10mL 移液管；g. 20mL 移液管。

（2）试剂

① 硝酸 1∶12 溶液配制：称取 38.5g 硝酸稀释至 500mL。

② 乙二胺四乙酸二钠（EDTA）0.05mol/L 溶液配制：称取 20g 乙二胺四乙酸二钠（分析纯）加热溶解稀释至 1000mL。

③ 乙酸-乙酸钠缓冲溶液（pH＝5.5）配制：144g 无水乙酸钠溶于蒸馏水中，加入 14mL 冰乙酸，或称取（三水）乙酸钠 272g 溶于蒸馏水中，加入冰乙酸 19mL，稀释至 1000mL。

④ 百里香酚蓝溶液配制：称取 0.2g 百里香酚蓝，加入 60mL 无水乙醇，再加入 40mL 蒸馏水。

⑤ 氨水 1∶1 溶液；二甲酚橙 0.5％。

⑥ 氧化铝标准溶液：1mL 含 0.001g Al_2O_3。称取 0.5293g 高纯铝（≥99.99％），精确至 0.2mg 置于 200mL 聚乙烯杯中，加水 20mL，加氢氧化钠约 3g，使其全部溶液透明（必要时在水浴上加热），用盐酸溶液（1∶1 稀释）调节至酸性后再加 10mL，使其透明，冷却，移入 1000mL 容量瓶，稀至刻度，摇匀。

⑦ 氯化锌（0.025mol/L）或醋酸锌标准溶液配制：称取 3.5g 氯化锌（$ZnCl_2$），溶于盐酸溶液（0.05％体积分数）中，稀释至 1L，摇匀，用 EDTA 标定。或称取乙酸锌 4.39g 稀释至 1000mL。

⑧ 氯化锌标定：移取 20mL EDTA 溶液，置于 250mL 锥形瓶中，按氧化铝含量滴定的步骤进行操作，读出氯化锌标准滴定溶液的消耗量 V_0（mL）。同时移取 20mL EDTA 溶液和 40mL 氧化铝标准溶液，置于 250mL 锥形瓶中，按氧化铝含量滴定步骤进行操作，读出氯化锌标准滴定溶液的消耗量 V（mL）。

氯化锌标准滴定溶液浓度 $c(ZnCl_2)$，数值以 mol/L 表示，按式（7-55）计算：

$$c_{ZnCl_2} = \frac{V_1 \times \rho_1 \times 1000}{M/2(V_0 - V)} \tag{7-55}$$

式中 V_1——氧化铝标准溶液的体积，mL

ρ_1——氧化铝标准溶液的浓度，g/mL

M——氧化铝的摩尔质量，g/mol（M＝101.96g/mol）

V_0——空白消耗氯化锌标准滴定溶液的体积，mL

V——返滴定时消耗氯化锌标准滴定溶液的体积，mL

3. 测定方法

称取固体聚合氯化铝样品 2.5g 或液体样品 8g（精确至 0.0002g），放入 250mL 烧杯中

(烧杯中先加适量不含二氧化碳的水),完全溶解后,完全移入 250mL 容量瓶中,稀释至刻度,摇匀。

若稀释液浑浊,用中速定性过滤(过滤时用的锥形瓶和漏斗都是烘干过的),此过滤液为 A。

用移液管取 10mL 过滤后的液体 A,置于 250mL 锥形瓶中,用移液管加 10mL 硝酸,加热 1min,取下用蒸馏水冲一下,冷却至室温后,用移液管加入 20mL EDTA 溶液,加百里香酚蓝 2~3 滴,用氨水溶液中和至试纸从红色到黄色(热滴不用冷却),加热 2min。冷却后加入 10mL 乙酸-乙酸钠缓冲溶液,加 2~3 滴二甲酚橙指示剂,加水 50mL,用氯化锌标液滴定溶液滴定至溶液由黄色变为微红色即为终点,同时用 10mL 蒸馏水做空白试验。

4. 结果计算

PAC 的纯度 w_{PAC} 按式(7-56)计算:

$$w_{PAC}=\frac{(V_0-V_A)\times c\times 0.05098\times 250}{m\times 10}\times 100=\frac{(V_0-V_A)\times c\times 0.05098}{m\times 0.04}\times 100(\%) \quad (7-56)$$

式中 w_{PAC}——氧化铝含量,%

V_0——空白样消耗氯化锌标准溶液体积,mL

V_A——试样消耗氯化锌标准溶液体积,mL

c——氯化锌标准溶液的滴定值,mol/L

m——试样质量,g

0.05098——氧化铝毫摩尔质量,g/mmol

10——聚合氯化铝溶液体积,mL

250——所称取试样聚合物氯化铝溶液的总体积,mL

(二)硫酸铜标准溶液滴定法

1. 测定原理

在 pH 4.3 时使 EDTA 与铝离子络合,以 1-(2-吡啶偶氮)-2-萘酚(PAN)为指示剂,用硫酸铜标准滴定溶液回滴过量 EDTA 溶液。

2. 试剂和材料

盐酸溶液:1∶1;氨水溶液:1∶1;缓冲溶液(pH 约 4.3):42.3g 无水乙酸钠溶于水中,加 8mL 冰乙酸,用水稀释至 1L,摇匀。乙二胺四乙酸二钠(EDTA)溶液:c(EDTA)约 0.05mol/L。氧化铝标准溶液:1mL 含 0.001g Al_2O_3(同上)。

1-(2-吡啶偶氮)-2-萘酚(PAN)指示溶液:将 0.3g PAN 溶于 100mL 95% 乙醇中。硫酸铜标准滴定溶液:c($CuSO_4$)约 0.025mol/L。

3. 测定方法

用移液管移取 10mL 试液 A 置于 250mL 锥形瓶中,加盐酸溶液(1∶1)2mL,煮沸 1min,加 20mL EDTA 溶液,加水至约 100mL,加热至约 70~80℃,用氨水溶液(1∶1)调节 pH 至 3.5~4.0(用 0.5~5 精密 pH 试纸检查),加 15.00mL pH 4.3 缓冲溶液,煮沸 2min,加 4~5 滴 PAN 指示剂,稍冷(95℃)以硫酸铜标准滴定溶液滴定至蓝紫色。同时做空白试验。

称取 6.3g 硫酸铜($CuSO_4 \cdot 5H_2O$)溶于水,加 2 滴硫酸溶液(1∶1),用水稀释至 1L,摇匀。标定:移取 20mL EDTA 溶液,置于 250mL 锥形瓶中,按上述步骤进行操作,读出硫酸铜标准滴定溶液的消耗量 V_0(mL)。

移取 20.00mL EDTA 溶液和 20mL 氧化铝标准溶液，置于 250mL 锥形瓶中，按步骤进行操作，读出硫酸铜标准滴定溶液的消耗量 V（mL）。

4. 结果计算

① 硫酸铜标准滴定溶液浓度 c(CuSO$_4$)，数值以摩尔每升（mol/L）表示，按式（7-57）计算：

$$c(\text{CuSO}_4) = \frac{V_1 \times \rho_1 \times 1000}{(M/2)(V_0 - V)} \tag{7-57}$$

式中　V_1——氧化铝标准溶液的体积，mL

　　　ρ_1——氧化铝标准溶液的浓度，g/mL

　　　M——氧化铝的摩尔质量，g/mol（$M=101.96$g/mol）

　　　V_0——空白消耗硫酸铜标准滴定溶液的体积，mL

　　　V——返滴定时消耗的硫酸铜标准滴定溶液的体积，mL

② 聚合氯化铝中氧化铝（Al$_2$O$_3$）含量以质量分数 w 计，数值以％表示，按式（7-58）计算：

$$w = \frac{(V_0 - V_A) \times c \times 0.05098 \times 250}{m \times 10} \times 100 = \frac{(V_0 - V_A) \times c \times 0.05098}{m \times 0.04} \times 100(\%) \tag{7-58}$$

式中　V_0——空白样消耗硫酸铜标准溶液体积，mL

　　　V_A——试样消耗硫酸铜标准溶液体积，mL

　　　c——硫酸铜标准滴定溶液的浓度，mol/L

　　　m——试样质量，g

　0.05098——氧化铝毫摩尔质量，g/mmol

　10、250——含义同式（7-56）

5. 注意事项

① 实验需要做平行试验。

② 取平行试验结果的算术平均值作为试验结果，取到小数点后两位；平行试验结果的绝对差值，液体产品不大于 0.1％，固体样品不大于 0.2％。

（三）PAC 混凝试验小试现象

PAC 混凝过程的水力条件和形成矾花状况，大致可以分为 3 个阶段。

1. 凝聚阶段

凝聚阶段是药剂注入混凝池与原水快速混凝，在极短时间内形成微细矾花的过程，此时水体变得更加浑浊，要求水流能产生激烈的湍流。

烧杯实验中宜快速（250~300r/min）搅拌 10~30s，一般不超过 2min。

2. 絮凝阶段

絮凝阶段是矾花成长变粗的过程，要求适当的湍流程度和足够的停留时间（10~15min），至后期可观察到大量矾花聚集缓缓下沉，形成表面清晰层。

烧杯实验中，先以 150r/min 搅拌约 6min，再以 60r/min 搅拌约 4min 至呈悬浮态。

3. 沉降阶段

沉降阶段是在沉降池中进行的絮凝物沉降过程，要求水流缓慢，为提高效率一般采用斜管（板式）沉降池（最好采用气浮法分离絮凝物），大量的粗大矾花被斜管（板）壁阻挡而沉积于池底，上层水为澄清水，剩下的粒径小、密度小的矾花一边缓缓下降，一边继续相互碰撞结大，至后期余浊基本不变。

烧杯实验宜以 20～30r/min 慢搅 5min，再静置沉淀 10min，测剩余液体的浊度。

参 考 文 献

[1] 李光凤. 蒽醌类化合物测定的研究进展 [J]. 安徽化工, 2016, 42 (5): 96-97.
[2] 谭鹏, 张海珠, 张青, 等. UPLC法同时测定大黄中10个蒽醌衍生物的含量 [J]. 中草药, 2018, 49 (4): 928-934.
[3] 黄娟, 张靖, 徐文, 等. 番泻叶提取液中番泻苷A、番泻苷B的稳定性考察 [J]. 中国医院药学杂志, 2014, 34 (10): 794-797.
[4] 周春凤. 高氯酸滴定液的配制操作步骤及注意事项 [J]. 山东畜牧兽医, 2012, 33: 94.
[5] 田伟, 张栓. 凯氏氮的实验室测定及相关问题分析 [J]. 南方农机, 2018 (5): 188-190.
[6] 张强涛, 王凤成, 邹大江, 等. 应用两种黏度仪对面条系统粉的糊化黏度特性测试研究 [J]. 现代面粉工业. 2011 (3): 31-36.
[7] 危志斌, 张瑞杰. 阳离子淀粉在造纸工业中的主要用途及其重要作用 [J]. 造纸化学品, 2012, 24 (4): 28-33.
[8] 刘芳, 尹郑, 王建波, 等. 玉米淀粉酸度与pH相关性及质量快速筛查方法研究 [J]. 山东食品发酵, 2015 (01): 53-56.
[9] 郑怀礼, 苗树祥, 朱俊任, 等. 阳离子聚丙烯酰胺P (AM-DAC) 阳离子度的测定 [J]. 重庆大学学报, 2014, 37 (1): 110-116.
[10] 沈镇平. 聚乙烯醇产品新国标开始实施 [J]. 造纸化学品, 2012, 24 (3): 26.
[11] 杨明, 周龙昌, 蒲小东. 影响聚乙烯醇平均聚合度主要因素的规律分析 [J]. 长春理工大学学报, 2006, 29 (1): 24-27.
[12] 唐成宏. 聚乙烯醇平均聚合度与黏度关系相关分析 [J]. 中国纤检, 2006 (3): 27-28.
[13] 郑怀礼, 高亚丽, 蔡璐微, 等. 聚合氯化铝混凝剂研究与发展状况 [J]. 无机盐工业, 2015, 47 (2): 1-5.

【本章思政案例】

序号	案例名称	案例教学目标	案例内容
1	核心技术是助推中国梦的最有力武器	激励青年学生坚定理想信念，练就过硬本领、勇于创新，为实现中国梦而接力奋斗	造纸化学品经历了进口、国产化技术转化及高效使用过程。大量提升纸张性能或降低纤维使用量的化学品仍然依赖进口。事实证明，创新是一个民族进步的灵魂，是一个国家兴旺发达的不竭动力。纵观15世纪以来世界主要国家，在其兴盛时期都是重视创新而不是墨守成规、因循守旧的。高效低成本化学品的开发及性能检测为科技领域创新的结果，其核心技术是一个公司、一个国家在未来长期发展中的最有力武器。我们必须建立自己的创新构架和思路
2	从身边的创新做起	技术创新具有多方面关键因素，包括思维创新、技术突破、技术集成、概念验证等。了解创新内容，增强学生的专业认同感和民族责任感，每个学生都会深刻思考"为谁而读书"这个问题。以此勉励青年学子更加勤奋刻苦地学习专业知识，掌握报效祖国的本领，寻找中国梦与科技梦、个人梦的契合点	一个没有创新能力的民族，是难以屹立于世界先进民族之林的。我国发展到现在这个阶段，不靠创新就没有出路。近代史上，中华民族落后挨打的一个重要原因就是科技落后。如今，站在造纸业蓬勃发展和傲立世界的新发展阶段，我们比历史上任何时期都更接近实现中华民族伟大复兴"中国梦"的目标，实现"中国梦"离不开"科技梦"的助推；面向世界科技前沿、面向经济主战场、面向国家重大需求，我们比历史上任何时期都更需要加快科技创新，掌握竞争先机。同时塑造正确的价值观，激发投身中华民族伟大复兴征程的责任感和使命感

第八章 仪器分析在制浆造纸工业中的应用

本章介绍仪器分析在制浆造纸工业中的应用。党的二十大报告指出：在我国，"基础研究和原始创新不断加强，一些关键核心技术实现突破，战略性新兴产业发展壮大。"但在制浆造纸分析与检测过程中，所用国产分析仪器的数量相对较少，并且传统的制浆造纸生产面临着质量控制、能源效率和生产效率等多方面的挑战。通过学习本章内容学习者能够掌握纸浆分析技术，增强绿色生产意识。

随着科学技术的不断发展，各种先进的分析仪器不断完备和现代测试技术大量涌现，以及微机处理系统的不断完善，国际上制浆造纸分析领域有了日新月异的进步。现代仪器分析技术的广泛应用，是当代制浆造纸工业分析的一个突出的特点。

由于现代测试技术的发展，使得人们对客观世界的认识得以深化，由宏观到微观，人们掌握了更多的客观规律性，从而减少了生产过程的盲目性，增加了科学预见性。现代分析领域的发展和进步，对推动制浆造纸生产技术的发展也起到了积极的作用。

仪器分析方法种类繁多，应用领域广泛，测试手段先进，操作简便、快捷，灵敏度高，而且适合于微量分析、结构分析和微观形态分析，有的还可实现生产过程的在线测量。上述优点是传统分析方法不可比拟的。然而，仪器分析也有其不足之处，如分析仪器价格比较昂贵，而且仪器分析法一般又是相对的分析方法，它需要化学纯品作标准物来对照，而且分析前试样也常需要采用化学方法进行前处理。因此，仪器分析方法和化学分析方法在某种意义上来说，又是相辅相成的。

随着制浆造纸工业科技的发展，现代制浆造纸测试技术的应用范围日益广泛。目前在制浆造纸分析中，几乎已囊括仪器分析方法所有门类。例如，光谱分析（紫外光谱、红外光谱、原子吸收与原子发射光谱等）、色谱分析（气相色谱、高压液相色谱、凝胶渗透色谱等）、质谱、核磁共振、电子自旋共振、X-衍射能谱、电子显微镜分析、电化学分析（电位分析和电导分析）等。而且，新的测试技术仍在不断涌现。

上述仪器分析方法在制浆造纸分析中均有成熟的特殊分析项目，而且在我国制浆造纸工业的科学研究和生产过程分析中，已经得到了广泛应用。就目前而言，最常用的有代表性的主要分析项目有：

紫外-可见光谱法（UV）用于木素、半纤维素和纤维素的定性与定量分析，以及纸和纸浆中金属离子含量的测定，制浆废液中挥发酚、AQ、COD 和有机污染物的测定等；

红外光谱法（IR）用于木素、半纤维素和纤维素的定性与定量分析，着重于结构分析，以及纸浆和纸中无机填料和无机涂料的定性分析等；

原子吸收光谱法（AAS）与原子发射光谱法（AES）用于纸浆、纸和纸板中的金属离子测定；质谱（MS）、核磁共振（NMR）、X 射线能谱（EDXA）等用于木素和糖类的结构分析；

气相色谱法（GC）、高效液相色谱法（HPLC）用于原料和纸浆中碳水化合物各单糖组分的分离及鉴定、木素降解产物的分析，以及树脂组分、废液中 AQ 含量分析等；

凝胶渗透色谱用于测定木素和纤维素的相对分子质量及其分布；

电子自旋共振（ESR）用于测定化学反应过程中产生的游离基；

扫描电子显微镜（SEM）和透视电子显微镜（TSM）用于纤维超微结构研究，半纤维素在纤维细胞壁中的分布研究，以及纸和纸板中无机填料和无机涂料的定性分析等；

扫描电子显微镜-X射线能谱（SEM/EDXA）用于测定木素、硅和硫等在植物纤维细胞各形态区中的分析，以及纸和纸板中元素的定性与定量分析等；

电位分析（EP）和电导分析（EC）分别用于溶液pH、水抽出物的电导率、黑液中无机物含量，以及非水电导滴定法用于纸浆和木素中酚羟基、羧基、羰基和磺酸基等功能基含量的测定等。

由于仪器分析在制浆造纸工业中的应用范围很广，分析项目繁多，鉴于本书的宗旨和篇幅，不可能全面完整地介绍。本章拟以紫外光谱、红外光谱、原子吸收光谱、气相色谱、液相色谱、电子显微镜、电位与电导分析等为重点，对其部分分析项目进行介绍。所述内容希望大家能对仪器分析方法在制浆造纸工业中的应用状况，有较为全面的了解，并且对运用仪器分析技术解决科研和生产中的问题有所帮助。

第一节 紫外-可见光谱分析

研究物质在紫外、可见光区的分子吸收光谱的分析方法，称为紫外-可见分光光度法（Ultraviolet and visible spectrophotometry，缩写为 UV-VIS）。

紫外、可见和红外光谱法都属于光学光谱法范畴。在介绍它们的具体应用之前，首先对光学分析法有关概念做一简介。

众所周知，自然界中的物质都处于永恒的运动状态，可见光和人们眼所看不到的光（如紫外、红外、γ-射线），实质上都是电磁辐射，都是物质内部原子或分子的永恒运动在外部的表现，不同之处仅在于频率和能量不同。

电磁辐射是一种以巨大速度通过空间传播的光量子流。它既具有粒子的性质（即光量子具有一定的能量），也具有波动的性质（即光量子具有一定的波长，亦可用频率及波数表示）。各种电磁波辐射按波长顺序排列，称为电磁波谱。表8-1列出电磁波谱各区段的波长范围和跃迁能级类型。

表8-1　　　　　　　　　　电磁波谱区

研究方法类型	波谱区名称	波长范围	波数	跃迁能级类型
能谱区	γ-射线	$0.0005 \sim 0.14$ nm	$2\times10^{10} \sim 7\times10^{7}$	核能级
	X射线	$10^{-3} \sim 10$ nm	$10^{10} \sim 10^{6}$	内层电子能级
光学光谱区	远紫外光	$10 \sim 200$ nm	$10^{6} \sim 5\times10^{4}$	原子及分子的价电子或成键电子能级
	近紫外光	$200 \sim 400$ nm	$5\times10^{4} \sim 2.5\times10^{4}$	
	可见光	$400 \sim 750$ nm	$2.5\times10^{4} \sim 1.3\times10^{4}$	
	近红外光	$0.75 \sim 2.5$ μm	$1.3\times10^{4} \sim 4\times10^{3}$	分子振动能级
	中红外光	$2.5 \sim 50$ μm	$4000 \sim 200$	
	远红外光	$50 \sim 1000$ μm	$200 \sim 10$	
波谱区	微波	$0.1 \sim 100$ cm	$10 \sim 0.01$	分子转动能级
	射频	$1 \sim 1000$ m	$10^{-2} \sim 10^{-5}$	电子自旋、核自旋

注：波数=1/波长，单位：cm^{-1}。

由于构成各种物质的原子、分子的运动规律不同，因此不同物质就有各自不同的特征吸收光谱。光谱分析就是通过物质的特征光谱判断物质的内部结构与化学组成。

上述所有这些区的辐射均可用于物质的分析，但应用范畴各有侧重。紫外及可见光谱区的辐射，主要与原子及分子的价电子或成键电子的跃迁相关联，是进行物质成分分析的主要区域；红外光谱区、微波区和射频区辐射，分别与分子的振动、转动能级的变化，以及电子和原子核自旋运动状态的改变相关联，它是进行分子结构分析的重要手段；X 射线和 γ-射线分别与原子或分子内层电子的跃迁及核能级的变化相关联，在近代分析化学中也占有重要的地位。

光学光谱区的辐射依其辐射本质可分为原子光谱（包括离子光谱）和分子光谱两大类。物质的原子光谱和分子光谱，依其获得方式的不同，可分为发射光谱、吸收光谱和荧光光谱等。

当辐射通过气态、液态或透明的固态物质时，物质的原子、离子或分子将吸收与其内能变化相对应频率的能量，而由低能态或基态过渡到较高的能态，这种因物质对辐射的选择性吸收而得到的原子或分子光谱，称为吸收光谱；而如果给物质的原子、离子或分子以能量，使其由低能态或基态激发到高能态，当其返回低能态或基态时，便发射出相应的光谱，称为发射光谱。

紫外-可见光谱是分子吸收光谱之一种。紫外光谱分析通常系指近紫外光区，波长范围在 200～400nm 之间。可见光区波长范围在 400～750nm。

在吸收光谱法中，定量分析是依据光的吸收定律，也即朗伯-比耳（Lambert-Beer）定律，它给出了吸光度 A 与溶液中吸收物质浓度和液层厚度之间的关系：

$$A = \log \frac{I_0}{I} = K' \rho \delta \tag{8-1}$$

式中　I_0——入射光强度

I——透过溶液后光强度

ρ——溶液的浓度，g/L

δ——吸收层的厚度，cm

K'——吸光系数，即单位吸收层厚度、单位浓度的吸光度，L/(g·cm)

当溶液浓度用 c（mol/L）表示时，则 $A = \varepsilon c \delta$，式中 ε 为摩尔吸光系数。ε 与吸光系数 K' 的关系为：$\varepsilon' = K' M_r$，式中 M_r 为相对分子质量。吸光系数和摩尔吸光系数是与辐射波长、吸光物质性质及外界条件等有关的常数。

可见，采用光谱法进行物质的定量分析时，需首先求出该组分的吸光系数（或摩尔吸光系数）值。因此，对于已知吸光系数的相同组分的定量测定，光谱法会显示出较传统化学法快速、便捷的优越性

紫外光谱仪的构造主要有：光源（氢灯和钨灯）、单色器、吸收池（比色皿）和检测系统。盛放试样的比色皿由石英或玻璃材料组成，一般厚度为 1cm。

紫外-可见光谱法常用于研究不同饱和有机化合物，特别是具有共轭体系的有机化合物。在制浆造纸分析中，主要用于木素和糖类的定性与定量分析，例如酸溶木素、溴乙酰法木素、聚戊糖的测定等。也用于纸浆、纸和纸板中金属离子（铜、铁、锰等）含量的测定，以及废液中 AQ、挥发酚、COD 等的测定。紫外-可见分光光度法由于其操作简便，仪器价格便宜，因而应用最为广泛。

一、紫外光谱法测定原料和纸浆中木素的含量

紫外光谱法对共轭体系的分析有独到之处，对芳香族化合物的分析是紫外光谱突出的特

点。以苯丙烷基为单元的木素,在紫外光谱区波长 280nm 和 205nm 处出现两个重要的特征吸收峰。因此,这两个木素的紫外特征吸收峰常用作对木素进行定性和定量分析的依据。

糖类在紫外 280nm 处也有特征吸收峰,因此,在采用紫外光谱法进行木素定量分析时,通常要采取一些措施排除糖类对测定的干扰。

紫外光谱法应用于木素定量测定的代表性测定项目有:紫外法测定原料和纸浆中酸溶木素的含量;紫外溴乙酰法测定原料和纸浆中木素含量等。其中,紫外法测定原料和纸浆中酸溶木素含量的方法在我国已应用较为普遍,因此将这种方法放在第二章第八节中做了介绍。

下面介绍紫外溴乙酰法测定原料和纸浆中木素含量的方法。

(一) 测定原理

造纸原料或纸浆试样(粉末),先经苯醇混合液抽提,以排除色素等干扰物。称取一定量的苯醇抽提后的试样,用含有 25% 的溴乙酰冰乙酸溶液加热溶解。过量的试剂用氢氧化钠溶液分解。而溶解反应过程中新产生的溴及溴化物可加入盐酸羟胺还原,以排除干扰。溶解后的样品,用冰乙酸稀释到一定体积。用紫外分光光度计以空白溶液做参比,在波长 280nm 处测定溶液的吸光度。根据朗伯-比尔定律计算出木素的含量。

(二) 仪器

a. 反应试管:直径:18mm,长 160mm 带塞试管,塞上留有出气孔(也可不带塞,但尺寸应便于摇匀内容物);b. 恒温水浴:可控制温度 (70±0.5)℃;c. 紫外分光光度计;d. 索氏抽提器。

(三) 试剂

所有试剂应是分析纯。

a. 苯醇抽提液:1:1 体积分数。b. 溴乙酰溶液:使用前在索氏抽提器中蒸馏,水浴温度控制在 90℃ 左右,要求蒸出的溴乙酰是无色透明的。使用时,用冰乙酸稀释成 25% 的溶液(按体积计)。当天配制,当天使用。蒸馏和配制均应在通风橱中进行。c. NaOH 溶液:2mol/L。d. 盐酸羟胺 ($NH_2OH \cdot HCl$):7.5mol/L。e. 冰乙酸:经重新蒸馏后使用。

(四) 试样的准备

试样经粉碎机粉碎,选取 40~60 目粉末。按照 GB/T 2677.6—1994(原料)和 GB/T 10741—2008(纸浆),在索氏抽提器中用苯醇混合液抽提。抽提后的试样,在烘箱中经 65℃ 干燥,并保存在干燥器中备用。

(五) 测定步骤

称取一定量(约 10mg)已经苯醇抽提后的试样,放于反应试管内,加入 25% 溴乙酰溶液 10mL,加盖并对好盖上的通气孔,以便管内的气体逸出。将反应试管放于 (70±0.5)℃ 的恒温水浴中加热 30min,每隔 10min 轻轻摇动试管,以使管内的反应物混合均匀,促进其充分溶解。到达时间后,将反应试管迅速取出,放在冷水浴(约 15℃)中冷却。然后迅速移入预先放有 18mL 2m/L 氢氧化钠溶液和 50mL 冰乙酸的 200mL 容量瓶(草类原料可用 100mL 容量瓶)中。用少量的冰乙酸洗涤试管,加入 1mL 7.5mol/L 的盐酸羟胺。继续冷却,并用冰乙酸稀释到刻度,摇匀。用紫外分光光度计在波长 280nm 处测定试样溶液的吸光度,并以空白溶液做参比。

(六) 结果计算

原料或纸浆中木素的含量 $w_{木素}$ (%) 按式 (8-2) 计算:

$$w_{木素} = \left[\frac{(A_s - A_0)V}{dmK} - B\right] \times 100(\%) \tag{8-2}$$

式中　A_s——试样溶液的吸光度

　　　A_0——空白溶液的吸光度

　　　V——溶液的体积，mL

　　　m——试样的质量，g

　　　K——木素的吸光系数，L/(g·cm)

　　　d——光路长，cm

　　　B——校正系数

木素的吸光系数：针叶木为 23.8L/(g·cm)；阔叶木为 21~22L/(g·cm)；草类原料为 26L/(g·cm)。校正系数 B：对硫酸盐浆为 1.70；对亚硫酸盐浆为 1.38。

（七）注意事项

① 溴乙酰又称乙酰溴，是易挥发的液体，有难闻气味，且有强的腐蚀性。使用时，应在通风橱中进行，而且要小心操作。使用后要注意密封。溴乙酰性质不稳定，遇空气氧化即变黄色，因此要在使用时，当天蒸馏配制。

② 草类原料灰分含量较高，试样用溴乙酰溶液溶解时可能遇到困难。特别是稻草，灰分和二氧化硅含量很高，试验发现稻草原料难以被溴乙酰溶液溶解，不适合采用此方法。

二、紫外光谱法测定纸浆中己烯糖醛酸含量

在植物纤维原料的半纤维素中，聚 4-O-甲基葡萄糖醛酸木糖占有较大的比例。这些聚木糖的侧链基团 4-O-甲基葡萄糖醛酸，在硫酸盐法蒸煮过程中受到高温强碱的作用，通过 β-甲醇消除反应，在六元环上形成双键，转变为 4-脱氧-左旋-对-己烯-4-糖醛酸（4-deoxy-β-L-threo-hex-4-enopyranosyluronicacid），简称己烯糖醛酸（Hexenuronic acid，简写为 HuA）。其反应过程如下：

4-O-甲基葡萄糖醛酸   硫酸盐法制浆   己烯糖醛酸
(Xylan：聚木糖)

由于己烯糖醛酸的存在对纸浆的卡伯值、漂白性能和金属离子分布等有重要的影响，因此，己烯糖醛酸的测定技术及其对纸浆卡伯值的影响和在漂白中的作用等方面的研究引起造纸界的广泛兴趣。已进行的研究表明，采用温和的酸水解方法选择性地除去纸浆中的 HuA 后，可以使卡伯值测定结果减小，可节约漂白化学品用量，提高漂白浆的白度，并可改善其白度稳定性，而纸浆黏度的损失很小。

纸浆中己烯糖醛酸的含量随原料不同、蒸煮方法不同和蒸解程度不同而有差别。表 8-2 列出我国四种南方速生材和麦草的未漂硫酸盐浆中 HuA 含量的测定结果，以及经酸水解除去 HexA 后，纸浆卡伯值的降低程度。从表中可以看出，不同原料的硫酸盐浆中己烯糖醛酸含量不同。针叶木纸浆中的 HuA 含量一般在 10~30mmol/kg 之间；而阔叶木浆的 HuA 含量一般为 40~70mmol/kg，为针叶木浆的 2~3 倍。这是因为针叶木的 4-O-甲基葡萄糖醛

酸木糖比阔叶木少得多，在蒸煮过程中产生的己烯糖醛酸相应就少得多。麦草硫酸盐浆中的HuA含量很少，仅为10mmol/kg左右，这是因为草类原料虽然半纤维素含量较高，但其主要成分是聚阿拉伯糖葡萄糖醛酸木糖，而4-O-甲基葡萄糖醛酸木糖含量极少，因此其HuA含量较硫酸盐木浆少。

从表8-2还可看出，硫酸盐木浆随着蒸煮程度的加大（即随着卡伯值的降低），纸浆中己烯糖醛酸含量逐渐减少。其原因是蒸煮过程中生成的己烯糖醛酸也会发生降解。

表8-2　　　　　　　　　　不同原料未漂硫酸盐纸浆的己烯糖醛酸含量

材种	HuA含量/(mmol/kg)	卡伯值	酸水解后卡伯值	△卡伯值
湿地松	20.31	31.9	29.0	2.9
	16.14	24.8	23.2	1.6
	5.21	16.8	16.1	0.7
尾叶桉	65.89	20.0	12.6	7.4
	61.07	17.9	11.2	6.7
	53.12	15.1	9.9	5.2
麦草	8.04	23.6	22.9	0.7
	8.70	19.7	18.4	1.3
	8.98	17.7	16.1	1.6
	10.42	16.7	15.1	1.6
	10.23	14.8	14.0	0.8
	9.50	14.1	13.5	0.6

在制浆过程中，测定纸浆的硬度（卡伯值或高锰酸钾值）是生产上控制纸浆质量的一项重要指标，它可以间接反映纸浆中残余木素含量的多少。纸浆硬度的测定原理是在规定条件下，纸浆中的木素与高锰酸钾在酸性条件下发生氧化还原反应，依据高锰酸钾的消耗量通过计算得出卡伯值（或高锰酸钾值）的结果。如若在纸浆中含有一定量的己烯糖醛酸时，由于其结构中含有碳碳双键，也易于与$KMnO_4$在酸性条件下发生氧化还原反应，因此在测定纸浆卡伯值时，必然会造成$KMnO_4$消耗量的增加，从而使纸浆卡伯值的测定结果偏高。

表8-2结果表明，纸浆经酸水解除去己烯糖醛酸后，各种纸浆的卡伯值均有不同程度的降低，其中针叶木浆卡伯值降低1~3，阔叶木浆卡伯值降低5~7，而草浆卡伯值降低1左右。这说明己烯糖醛酸对纸浆卡伯值测定的影响是比较明显的，特别是阔叶木浆影响最大。而且研究还发现，纸浆HuA含量与酸水解前后卡伯值的差值有近乎线性的关系，无论是木材还是草类原料的硫酸盐浆，每10mmol/kg的HuA，对应卡伯值约降低1。

己烯糖醛酸与$KMnO_4$在酸性条件下的氧化反应式如图8-1。

纸浆中己烯糖醛酸含量的定量测定主要有3种方法：酶水解法（VTT法）、醋酸汞水解法（KTH法）和选择性酸水解法（HUT法）。VTT法是用酶在非常温和的条件下水解纸浆中的聚合物，然后采用高效阴离子交换色谱（HPAEC），定量测定HuA取代的木质-低聚糖。KTH法是用醋酸汞使纸浆在温和的条件下水解，HuA也被水解从而得到水解产物4-脱氧-5-氧代-左旋-对-己烯糖醛酸，然后用比色法进行定量测定。HUT法则是利用己烯糖醛酸在弱酸性条件下发生选择性水解的特性，采用紫外分光光度法对水解生成的主要产物2-糠醛和5-羧基-2-糠醛进行定量测定。上述方法相比较，HUT法最为简便可行，且快速准确，因此应用较多。

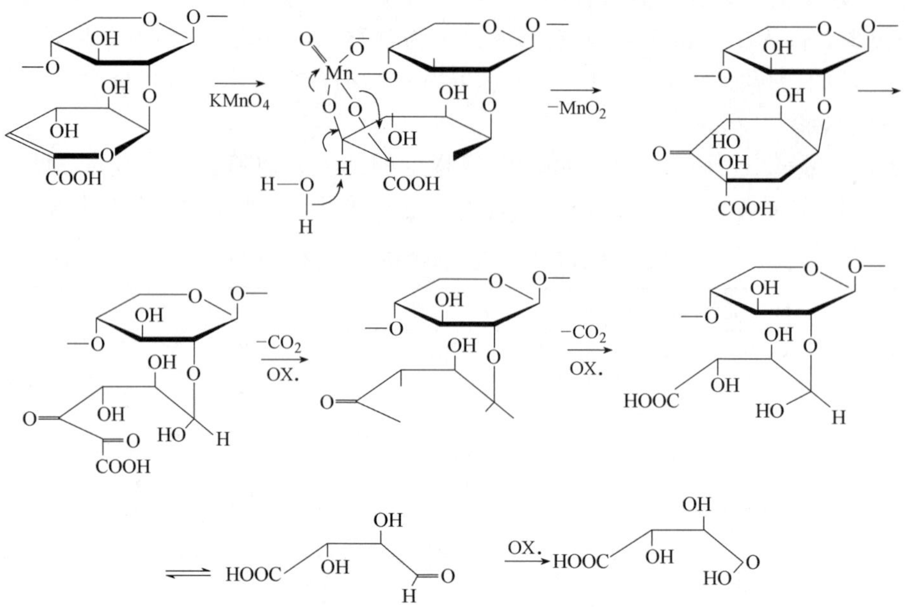

图 8-1 己烯糖醛酸与高锰酸钾的氧化反应

下面介绍采用温和酸水解和紫外分光光度法测定纸浆中己烯糖醛酸含量的方法（HUT 法）。

（一）测定原理

选择性酸水解法（HUT 法）测定纸浆中己烯糖醛酸含量的原理，是利用己烯糖醛酸在弱酸性条件下发生选择性水解的特性，对纸浆进行温和的酸水解。浆料在 pH3.0～3.5、温度 110℃的条件下水解 60min，然后采用紫外分光光度计测定水解产物在 245nm 处的吸收值，继而计算浆中己烯糖醛酸的含量。

己烯糖醛酸在弱酸性条件下发生水解反应，生成两种呋喃衍生物。己烯糖醛酸首先从聚木糖侧链上脱落，转变成产物 1，它易于发生 β-消除反应脱去一分子水形成产物 2。产物 2 的环状结构 3 有两种降解途径，一是其醛基被水解，脱去一分子水和甲酸转变成产物 5，即 2-糖醛（也称 2-呋喃羧酸），这是主要的降解途径，产物约占 90%；另一途径是醛基不被水解而脱去一分子水转变成产物 6，即 5-羧基-2-糠醛（也称 5-甲酰-2-糠酸），约占产物总量的 10%。

己烯糖醛酸的酸水解反应如图 8-2 所示。

（二）仪器

a. 紫外分光光度计；b. 氮气瓶；c. 压力反应容器：220mL 不锈钢罐，配 110℃控温装置，带有进、放气阀门。

（三）试剂

标准缓冲试剂（1mol/L HCOONa 缓冲剂）：将 37.7mL 浓甲酸和 200mL 1mol/L NaOH 溶液加到 1000mL 容量瓶中，然后再加入去离子水稀释至刻度。

反应缓冲溶液（0.01mol/L HCOONa 缓冲剂）：吸取 20mL 1mol/L HCOONa 标准缓冲试剂加入 2000mL 容量瓶中，然后再加入去离子水稀释至刻度。

（四）测定步骤

浆料用去离子水充分洗涤后，脱水至 20%～30%干度，静置使水分平衡后备用。

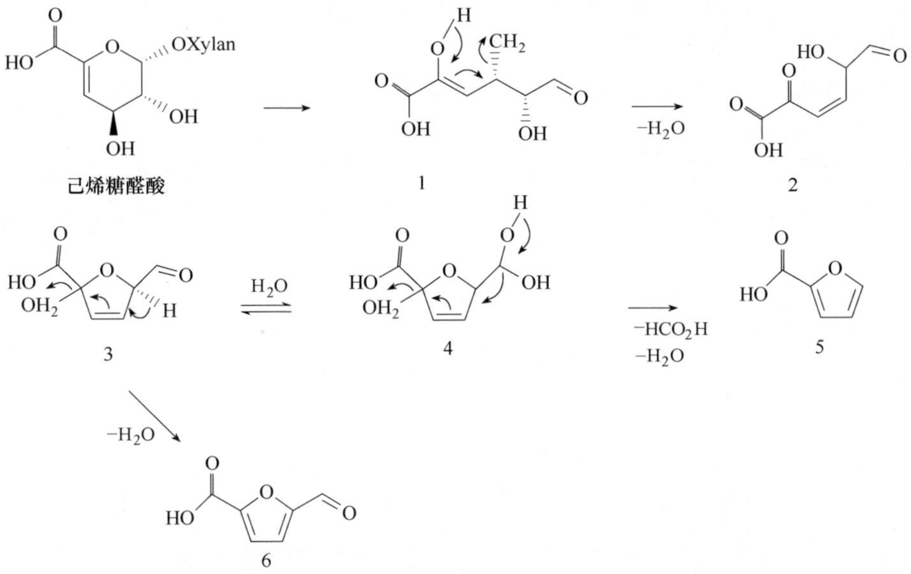

图 8-2 己烯糖醛酸的酸水解反应

精确称取 3~5g（绝干）浆样（同时称取试样测定水分），放入反应器内，加入 120~150mL 0.01mol/L HCOONa 缓冲溶液。旋紧盖后，通入 N_2 把反应器中的空气赶出，并旋紧进、放气阀门。

将反应器浸入预热到 110℃ 的油浴中，并开始转动。在 110℃ 下反应 60min 后，取出反应器放入冷水中冷却。

打开反应器，用 500mL 去离子水冲洗反应器和浆料，在负压的漏斗上用已恒重的滤纸过滤浆样。将滤液移入 1000mL 容量瓶中，并用去离子水稀释至 1000mL。

取稀释后的滤液，用紫外分光光度计测定波长 245nm 处的吸光度，参比液为蒸馏水。浆样中己烯糖醛酸含量 $b_{己烯糖醛酸}$（μmol/g 浆或 mmol/kg 浆）按式（8-3）计算：

$$b_{己烯糖醛酸} = \frac{A_{245}}{8.7 \times m} \tag{8-3}$$

式中　$b_{己烯糖醛酸}$——己糖醛酸含量，μmol/g 浆或 mmol/kg 浆

A_{245}——滤液在 245nm 处的吸收值

m——浆样绝干质量，g

8.7——吸收系数，1/μmol

三、分光光度法测定原料和纸浆中聚戊糖的含量

聚戊糖是造纸原料和纸浆化学组成中的主要成分之一。不同原料种类和浆种，聚戊糖含量有较大的差异，而其含量大小对纸浆的性质有诸多的影响。因而，测定聚戊糖的含量具有重要意义。

测定原料和纸浆中聚戊糖的含量除第二章介绍的化学分析法（容量法）以外，还可采用分光光度法。本章介绍分光光度法（参见 GB/T 2677.9—1994）。

（一）测定原理

将试样与 12%（质量分数）盐酸共沸，使试样中的聚戊糖转化为糖醛。用分光光度法

定量地测定蒸馏出来的糖醛含量，然后换算成聚戊糖含量。

1. 聚戊糖转化为糖醛的原理

与容量法（溴化法）相同，参见第二章第七节中一。

2. 分光光度法测定糠醛含量的原理

采用分光光度法测定糠醛含量，需加入显色剂，使糠醛显色。显色的糠醛溶液，在可见光区对一定波长（630nm）的光产生强的吸收，其吸光度与溶液的浓度成正比。依据朗伯-比耳定律：

$$A = \log I_0 / I = K \cdot \rho \cdot \delta \tag{8-4}$$

式中　A——试样测定的吸光度

　　　δ——石英比色皿的厚度，cm（通常 $\delta = 1$cm）

　　　ρ——溶液浓度，g/L

　　　K——吸光系数，L/(g·cm)

　　　I_0——入射光强度，cd

　　　I——透射光强度，cd

根据比色法原理，在特定波长下测定溶液的吸光度（A），再由标准曲线图（吸光度—标准糖量曲线）查出聚戊糖的质量，进而计算出试样中聚戊糖的百分含量。

常用的显色剂是 1,3-二羟基甲苯（即 5 甲基间苯二酚，苔黑酚）。1,3-二羟基甲苯测定精确度高，它可与甲基糠醛反应，但不受羟甲基糠醛干扰，也不与甲醇、丙酮发生显色反应。因而被 ISO、TAPPI、北欧和我国等作为标准方法采纳。

糠醛与 1,3-二羟基甲苯的反应如下：

$$C_4H_3O-CHO + 2[CH_3 \cdot C_6H_3(OH)_2] \longrightarrow C_3H_4O-CH\begin{smallmatrix}\end{smallmatrix}$$

（二）仪器

a. 糖醛蒸馏装置（同容量法，见第二章图 2-2）；b. 可控温电炉；c. 分光光度计。

（三）试剂

a. 所有试剂应是分析纯；b. 12%（质量分数）盐酸溶液；c. 氯化钠；d. 1,3-二羟基甲苯 $[CH_3C_6H_3(OH)_2]$ 溶液：称取 0.400g 1,3-二羟基甲苯和 0.005g 三氯化铁（$FeCl_3 \cdot 6H_2O$），溶于 11mol/L HCl 溶液 1000mL ［此溶液由 915mL 盐酸（$\rho_{20} = 1.19$g/mL）加水稀释至 1000mL 配制成］。注意配制好的溶液应贮存于冰箱中，超过两星期需另行配制；e. 95%乙醇；f. 木糖（$C_5H_{10}O_5$）。

（四）测定步骤

1. 糠醛的蒸馏

同容量法（见第二章）。

2. 糠醛的测定（分光光度法）

分别用移液管吸取 5mL 馏出液 A 和 25mL 1,3-二羟基甲苯溶液于 50mL 容量瓶中，摇匀，置入 (25±1)℃ 的恒温水浴中，(60±5)min 后取出，再加入 95%乙醇至刻度，并置入 (25±1)℃恒温水浴中降温，当容量瓶温度降至 (25±1)℃时，再加入适量 95%乙醇调至刻度。

从第一次加入乙醇开始 (60±5)min 后，用分光光度计于 630nm 处，用空白溶液调节仪器的吸收值为零，然后测量待测溶液的吸收值。测量时为防止酸雾腐蚀仪器，比色池要加盖。根据所测得的吸收值，在标准曲线中查出聚戊糖质量 m_0（mg）。

用 12%盐酸溶液 5mL 代替馏出液 A，按上述操作制备空白溶液。

（五）结果计算

试样中聚戊糖含量 $w_{聚戊糖}$（%）按式 (8-5) 计算：

$$w_{聚戊糖}=\frac{m_0}{1000Km}\times 100=\frac{m_0}{10Km} \tag{8-5}$$

式中　m_0——由标准曲线查到的聚戊糖质量，mg

m——试样绝干质量，g

K——系数。当试样为木材植物纤维时，$K=0.73$；当试样为非木材植物纤维时，$K=1$

（六）标准曲线的绘制

称取木糖约 40mg、80mg、120mg、160mg、200mg（精确至 0.1mg），分别按上述分光光度法的试验步骤进行糠醛的蒸馏及测定，得到一系列馏出液的吸收值。将木糖质量换算成聚戊糖质量：聚戊糖（mg）＝木糖（mg）×0.88。以聚戊糖质量（mg）为横坐标，以相应的吸收值为纵坐标，绘制标准曲线。

同时进行两次测定，取其算术平均值作为测定结果，测定结果计算至小数点后第二位，两次测定计算值间相差不应超过 0.40%。

四、纸浆、纸和纸板中铁、铜和锰含量的测定

金属离子（Fe^{3+}、Cu^{2+}、Mg^{2+}、Ca^{2+} 等）的存在，对纸浆、纸和纸板的性能会产生很大影响，特别是绝缘纸和纸板及其用浆、照相原纸及其用浆、感光纸原纸、晒图纸、电容器纸和溶解浆等，在其性能指标中均对此有特别的规定。因此，测定纸浆、纸和纸板中的金属离子含量，对于研究它的影响规律和理论，以及表征产品性能是重要的。

金属离子的定性分析通常可采用多种方法，例如化学分析法、原子吸收与原子发射光谱法、分光光度法等。每种方法各有特点，在分析时可依据需要和实验室的条件来运用。

分光光度法测定金属离子含量具有快速简便、准确的特点。其测定原理都是首先将其灰分溶于盐酸中，然后根据各种金属离子的特性，再进行不同的处理，以使金属离子转变为呈色的络合物，使其能够在分光光度法分析中在特定波长下显色，而且，其溶液显色的深浅与该金属离子的浓度成正比。因此，测定各种金属离子在特征波长下的吸收值，然后再根据各自的标准吸收曲线，即可查出各种金属离子的实际含量。

国家标准规定了采用不同方法测定纸浆、纸和纸板中铁、铜、锰等含量的方法。本节介绍其中的分光光度法。

（一）纸浆、纸和纸板中铁含量的测定（分光光度法）

测定纸浆、纸和纸板中的铁含量对制浆造纸生产有重要意义。纸浆中的铁能引起印相纸

和晒图纸褪色，影响绝缘纸的绝缘性能和溶解浆的质量，而且会影响纸张耐久性。因此，在上述纸张产品及其用浆的行业标准技术指标中，都对铁含量有严格的规定。例如，规定照相原纸木浆的铁含量不能大于 10mg/kg；高纯度绝缘木浆灰分中铁含量不能大于 28mg/kg；晒图原纸铁含量不大于 80mg/g；黏胶纤维棉浆粕的纺织部标准中规定一、二、三等品的铁质分别不能大于 15、20 和 25mg/kg。此外，在感光纸原纸标准和照相原纸标准中都对铁含量做出规定。

纸浆，纸和纸板中铁含量的测定，国家标准（GB/T 8943.2—2008）规定既可用 1,10-菲啰啉分光光度法（简称方法 A），又可用火焰原子吸收分光光度法（简称方法 B）。这两种测定方法具有同等效力，并可应用于各种纸浆、纸和纸板。

本标准等效采用《ISO 779—2001 纸浆-铁含量的测定-1,10-菲啰啉分光光度法和火焰原子吸收分光光度法》。

下面介绍 1,10-菲啰啉分光光度法（参见《GB/T 8943.2—2008 纸、纸板和纸浆 铁含量的测定》方法 A）。火焰原子吸收分光光度法见本章第三节。

1. 分光光度法的测定原理

灰化样品，然后将灰溶解于盐酸中，用氯化羟胺（盐酸羟胺）还原三价铁。在缓冲介质溶液中，二价铁与 1,10-菲啰啉形成一种络合物，在波长 510nm 下对此络合物进行吸光度测定。

2. 试剂

除非另有说明，在分析中应使用分析纯试剂和蒸馏水或相同纯度的水。

① 乙酸钠三水化合物（$NaCOOCH_3 \cdot 3H_2O$）溶液：540g/L。

② 盐酸溶液：约 6mol/L。

③ 0.1g/L 标准铁溶液 Ⅰ：将纯铁丝 0.100g 放在 1000mL 容量瓶中，溶解于尽可能少的盐酸（密度 1.19g/mL）中。然后用水稀释至刻度，并混合均匀。1mL 这种标准溶液，含有 0.1mg 铁。

④ 0.01g/L 标准铁溶液 Ⅱ：移取标准铁溶液 Ⅰ 100mL 于 1000mL 容量瓶中，用水稀释至刻度并混合均匀。1mL 这种标准溶液，含有 0.01mg 铁。此溶液不稳定，应当天用当天配。

⑤ 氯化羟胺（盐酸羟胺）（$HONH_3Cl$）溶液：20g/L。

⑥ 盐酸 1,10-菲啰啉（$C_{12}H_8N_2 \cdot HCl \cdot H_2O$）溶液：10g/L。该试剂可用相当数量的 1,10-菲啰啉代替。

贮存此溶液时，避免光线照射。应注意只使用无色溶液。

3. 仪器

一般实验室仪器及分光光度计（或光电比色计），配备了在波 500～520nm 之间有最大透过率的滤光片和带盖的比色皿。

4. 试样制备

将风干试样撕成适当大小的碎片，不应采用剪切、冲孔刀具或其他可能发生金属污染的工具制备样品。参考国家标准 GB/T 740—2003 和 GB/T 450—2008。

5. 试验步骤

（1）标准曲线的绘制

① 空白参比溶液的制备：测定试样的同时，进行空白试验。空白试验时不放试样，但

其所有试验步骤及试剂用量,与测定试样时完全相同。

② 标准比色溶液的制备:分别向 5 个 50mL 容量瓶中移取如表 8-3 所示的一定体积的标准铁溶液Ⅱ。再向每个容量瓶中加入盐酸溶液 10mL,氯化羟胺(盐酸羟胺)溶液 1mL,盐酸 1,10-菲啰啉溶液 1mL,乙酸钠三水化合物溶液 15mL。然后用水稀释至刻度,混合均匀,并放置 15min。

③ 吸收值测定:用分光光度计在 510nm 波长下,或用配有适宜滤光片的光电比色计,以空白参比溶液作对照,将仪器的吸收值调节为 0,然后分别测定试验溶液的吸收值。

④ 绘制曲线:以铁的质量(mg)为横坐标,以相应的吸收值为纵坐标,绘制标准曲线。

表 8-3　　　　　　　　　　　铁标准溶液体积与相应含量对照

标准铁溶液Ⅱ体积/mL	相当铁的质量/mg	标准铁溶液Ⅱ体积/mL	相当铁的质量/mg
0*	0	15.0	0.15
5.0	0.05	20.0	0.20
10.0	0.10		

注:* 标准曲线用的空白参比溶液。

(2) 试样测定

① 试样灰化:称取两份 10g(称准至 0.01g)试样,如果已知试样的铁含量大于 20mg/kg,则只称取 5g。同时按 GB/T 741—2003 或 GB/T 462—2008 测定试样的水分。

将称好的试样放在洁净无铁的蒸发皿或坩埚(瓷、石英或铂质)中,按 GB/T 742—2018 将其灼烧成灰。

注:检查蒸发皿无铁的方法:在蒸发皿中加入约 2mL 盐酸,并用约 10mL 水稀释。待溶液冷却后加入 1mL 氯化羟胺(盐酸羟胺)溶液,1mL 盐酸 1,10-菲啰啉溶液和 10mL 乙酸钠三水化合物溶液,此时溶液不应显红色。

② 溶解试样并制备试验溶液:向灰中加入 5mL 盐酸溶液,并在蒸汽浴上蒸发至干。如此重复一次,然后再用 5mL 盐酸溶液处理残渣,并在蒸汽浴上加热 5min。用蒸馏水将蒸发皿中的内容物移入 50mL 容量瓶中,为保证抽提完全,再向蒸发皿中的残渣加入 5mL 盐酸溶液,并在蒸汽浴上加热。然后用蒸馏水将最后的内容物移入容量瓶中,与主要的试样溶液合并在一起,并用蒸馏水稀释至刻度,且混合均匀。向试验溶液中按顺序加入 1mL 氯化羟胺(盐酸羟胺)溶液,1mL 盐酸 1,10-菲啰啉溶液和 15mL 乙酸钠三水化合物溶液,调节 pH 至 3~6(用 pH 试纸检查)。然后用蒸馏水稀释至刻度,混合均匀,然后放置 15min。如果溶液混浊,可用玻璃过滤器过滤或离心分离。

③ 光谱测定:显色后,先以空白参比溶液作对照,将仪器的吸收值调为 0。然后对试验溶液进行光谱测定。

6. 结果计算

试样的铁含量 $w_{铁}$(mg/kg),按式(8-6)计算:

$$w_{铁} = \frac{m_1}{m_0} \times 1000 \tag{8-6}$$

式中　$w_{铁}$——试样的铁含量,mg/kg

　　　m_1——由标准曲线查得的试样溶液的含铁质量,mg

　　　m_0——试样的绝干质量,g

用两次测定的平均值表示结果,并保留一位小数。

（二）纸浆、纸和纸板中铜含量的测定（分光光度法）

纸浆、纸和纸板中铜含量的测定，国家标准（《GB/T 8943.1—2008 纸、纸板和纸浆 铜含量的测定》）规定既可用二乙基二硫代氨基甲酸钠分光光度法测定（简称方法 A），又可用火焰原子吸收分光光度法测定（简称方法 B）。这两种测定方法具有同等效力，并可应用于各种纸浆、纸和纸板。

本标准等效采用国际标准《ISO 778—2001 纸浆-铜含量的测定-分光光度测定法和火焰原子吸收分光光度法》。

下面介绍二乙基二硫代氨基甲酸钠分光光度法（方法 A）。火焰原子吸收分光光度法见本章第三节。

1. 测定原理

将样品灰化，然后将残余物（灰分）溶解于盐酸中，在氨性溶液中，铜离子与二乙基二硫代氨基甲酸钠作用生成黄棕色胶态络合物，其颜色深浅与铜离子浓度成正比。利用淀粉作保护胶体，可使这种黄棕色胶态络合物形成一种稳定的胶体悬浮液。用分光光度法，在 435nm 波长下，对此有色溶液进行吸光度测定。

2. 试剂

分析时，应使用分析纯的试剂和蒸馏水或相当纯度的水。蒸馏水的铜含量应低于 0.01mg/kg。

① 0.1g/L 标准铜溶液 I：将 0.100g 纯的电解金属铜溶解于约 5mL 的硝酸（密度 1.4g/mL）中，将溶液煮沸，以便驱除亚硝烟。待冷却后，将全部溶液移入 100mL 容量瓶中，再用蒸馏水稀释至容量瓶刻度，并混合均匀。1mL 该标准溶液中含有 0.1mg 铜。

② 0.01g/L 标准铜溶液 II：移取 100mL 标准铜溶液 I 于 1000mL 容量瓶中，用蒸馏水稀释至容量瓶刻度，混合均匀。1mL 该标准溶液中含有 0.01mg 铜。此溶液不稳定，使用时间不应超过 24h。

③ 二乙基二硫代氨基甲酸钠溶液：约 1g/L。将 0.1g 二乙基二硫代氨基甲酸钠 [$(C_2H_5)NCSSNa \cdot 3H_2O$] 溶解于 100mL 蒸馏水中（如混浊，则应过滤）。用棕色玻璃瓶贮存，置于暗处。此溶液可保持大约一周不变。

④ 酒石酸钾钠溶液：约 50g/L。将 50g 酒石酸钾钠溶解于水，并稀释至 1000mL。

⑤ 淀粉溶液：约 2.5g/L。将 0.25g 可溶性淀粉溶解于 100mL 蒸馏水中，煮沸并待冷却后备用。

⑥ 盐酸溶液：约 6mol/L。

⑦ 氨水：1:5 的氢氧化钠溶液。将 1 体积浓氨水（密度 0.91g/mL）与 5 体积蒸馏水混合。

3. 仪器

一般实验室的仪器和分光光度计。

4. 样品采取和制备

纸浆试样的采取按 GB/T 740—2003 进行，纸和纸板试样的采取按 GB/T 450—2008 进行。将风干样品撕成适当大小的碎片，但不应采用剪切、冲孔或其他可能发生金属污染的工具制备样品。

5. 试验步骤

（1）标准曲线的绘制

① 空白参比溶液：在测定试样的同时，应进行空白试验。空白试验应采用与测定试样

时的相同步骤和相同数量的所有试剂,但不放试样。

② 标准比色溶液的制备:分别向 5 个 100mL 烧杯中注入 20mL 盐酸溶液,加入浓氨水(密度 0.91g/mL)至中性,加热浓缩至约 20mL,然后分别移入 5 个 50mL 容量瓶中。用少量蒸馏水漂洗烧杯,洗液也倾入容量瓶中。按表 8-4 列出的体积向各容量瓶中加入标准铜溶液Ⅱ,混合后,分别加入 1mL 酒石酸钾钠溶液,5mL 氨水,1mL 新配制的淀粉溶液,混合均匀后,加入 5mL 二乙基二硫代氨基甲酸钠溶液,加蒸馏水稀释至容量瓶刻度,摇匀。倾出一定量溶液于光距 1cm 比色皿中,立即进行吸收值测量。

表 8-4　　　　　　　　铜标准溶液体积与相应含量对照

标准铜溶液Ⅱ体积/mL	相当铜的质量/mg	标准铜溶液Ⅱ体积/mL	相当铜的质量/mg
0*	0	7.0	0.07
2.0	0.02	10.0	0.10
5.0	0.05		

注:*空白参比溶液。

③ 吸收值的测量:将可见分光光度计的波长调至 435nm,用空白参比溶液将仪器的吸收值调节为 0,然后分别测定其他溶液的吸收值。

④ 绘制曲线:以铜的质量(mg)为横坐标,以相应的吸光值为纵坐标绘制标准曲线。

(2) 样品的测定

① 试样的称取和灰化:每个样品称取两份 10g(称准至 0.01g)试样,如果试样的铜含量已知超过 10mg/kg,则只称取 5g。同时称取两份试样按 GB/T 741—2003 或 GB/T 462—2008 测定试样的水分。将称好的试样放在瓷蒸发皿(最好采用带盖有柄蒸发皿)或坩埚内,试样按 GB/T 742—2018 灼烧成残余物(灰分)。

② 残余物(灰分)的溶解和试样溶液的制备:仔细向含有试样残余物(灰分)的蒸发皿内加入 5mL 盐酸溶液,并在蒸汽浴上蒸发至干,如此重复操作一次。然后用 20mL 盐酸溶液处理残渣,并在蒸汽浴上加热 5min。稍冷,徐徐加入氨水(密度 0.91g/mL)至成微碱性。此时,铁应以氢氧化铁沉淀析出,溶液应为无色。用滤纸过滤,用热水洗涤 6 次~7 次,集滤液及洗液于烧杯中,蒸浓至约为 20mL,移入 50mL 容量瓶中,用少量水漂洗烧杯 3 次,洗液也倾入容量瓶中。向容量瓶中加入 1mL 酒石酸钾钠溶液,5mL 氨水,1mL 新配制的淀粉溶液,混合均匀后,加入 5mL 二乙基二硫代氨基甲酸钠溶液,加水稀释至容量瓶刻度,摇匀。

③ 吸收值的测量:倾出一定量试样溶液于 1cm 比色皿中,用空白参比溶液将仪器的吸收值调节为 0 后,立即测量试样溶液的吸收值。

6. 结果计算

试样的铜含量 $w_{铜}$ 以 mg/kg 表示,按下式计算:

$$w_{铜}=\frac{m_1}{m_0}\times 1000 \tag{8-7}$$

式中　$w_{铜}$——试样的铜含量,mg/kg

m_1——由标准曲线所查得的试样溶液的含铜质量,mg

m_0——试样的绝干质量,g

用两次测定的平均值,取一位小数报告结果。

(三) 纸浆、纸和纸板中锰含量的测定(分光光度法)

纸浆、纸和纸板中锰含量的测定,《GB/T 8943.3—2008　纸、纸板和纸浆　锰含量的测定》规定既可以用高碘酸钠分光光度法测定（简称 A 法），又可以用火焰原子吸收分光光度法测定（简称 B 法）。这两种测定法具有同等效力。

本标准等效采用《ISO 1830—2005 纸、纸板和纸浆中酸溶性锰含量的测定》。

下面介绍高碘酸钠分光光度法（方法 A）。火焰原子吸收分光光度法见本章第三节。

1. 测定原理

将样品灰化，并把残余物（灰分）溶解于盐酸中，用高碘酸钠在磷酸存在的条件下将二价锰氧化为七价锰，然后用分光光度计在 525nm 波长下进行测量。

2. 试剂

本部分测试用的所有试剂应是分析纯级（AR），测试用的水应是蒸馏水或去离子水。

① 亚硫酸钠溶液：50g/L。

② 盐酸溶液：约 6mol/L。

③ 高碘酸钠-磷酸溶液：密度 1.70g/mL，每升含有 50g 高碘酸钠（$NaIO_4$）和 200mL 磷酸（H_3PO_4）。

④ 0.1g/L 标准锰溶液 I：称取 0.2749g 已于 450℃下烘干的硫酸锰（$MnSO_4$），用蒸馏水溶解后，移入 1000mL 的容量瓶中，再用蒸馏水稀释至容量瓶刻度，并混合均匀。该溶液的 1mL 标准溶液中含 0.1mg 锰。

⑤ 0.01mg/mL 标准锰溶液 II：量取 100mL 标准锰溶液 I 于 1000mL 的容量瓶中。用蒸馏水稀释至容量瓶刻度，并混合均匀。该 1mL 标准溶液中含 0.01mg 锰。此溶液不稳定，使用时间应不超过 24h。

3. 仪器

a. 一般实验室仪器；b. 分光光度计；c. 坩埚或蒸发皿，需要用盐酸浸泡反复洗涤干净。最好用铂金器皿，其污斑应用细砂擦洗干净。

4. 试样的采取和制备

纸浆试样的采取按照 GB/T 740—2003 进行。纸和纸板试样的采取按照 GB/T 450—2008 进行。将风干样品撕成适当大小的碎片，但不应采用剪切或冲孔或其他可能发生金属污染的工具制备样品。

5. 试验步骤

（1）标准曲线的绘制

分别向 8 个 25mL 容量瓶中移入表 8-5 所示的一定体积的标准锰溶液 II。

表 8-5　　　　　　　　　　锰标准溶液体积与相应含量对照

序号	标准锰溶液 II 体积/mL	相当锰的质量/mg	序号	标准锰溶液 II 体积/mL	相当锰的质量/mg
1	0	0	5	4.0	0.04
2	1.0	0.01	6	6.0	0.06
3	2.0	0.02	7	8.0	0.08
4	3.0	0.03	8	10.0	0.10

不经稀释，直接将容量瓶放入水浴中使溶液加热，并向每一个容量瓶中加入 1mL 高碘酸钠-磷酸溶液。继续在水浴中将各容量瓶加热 5min，取出后向各容量瓶中加入 6mol/L 盐酸 5 滴，立即用水稀释至刻度，并混合均匀。使其冷却至室温再用水稀释至刻度。各容量瓶间溶液的温差应不大于 3℃。用分光光度计于波长 525nm 的条件下测量吸收值。以不放标准锰溶液 II 的补偿溶液作参比溶液，将仪器的吸收值调节为 0，再测量其余容量瓶的吸收值。以 25mL 溶液所含的锰质量（mg）作为横坐标，以相应的吸收值作为纵坐标绘制标准

曲线。

(2) 样品的测定

① 试样的称取和灰化：称取两份 10g（称准至 0.01g）试样，如果已知试样的锰含量超过 5mg/kg，则只称取 5g。同时按 GB/T 741—2003 或 GB/T 462—2008 测定试样的水分。将称好的试样放在蒸发皿或坩埚中，对有争议的样品，应用铂金器皿仲裁。然后将试样按 GB/T 742—2018 灼烧成残余物（灰分）。

② 试样残余物（灰分）的处理：向试样残余物（灰分）中加入 3 滴亚硫酸钠溶液，并溶解于最多不超过 5mL 的盐酸溶液中。将坩埚放在蒸汽浴上蒸发至干，滴 5 滴 6mol/L 盐酸，将坩埚中的内容物用蒸馏水移入 25mL 容量瓶中。将容量瓶置于水浴中加热，加 1mL 高碘酸钠-磷酸溶液于容量瓶中，然后继续在水浴中加热 5min。用蒸馏水稀释至刻度，摇匀。使其冷却至室温，再用蒸馏水稀释至刻度。此溶液的温度与标准比色溶液温度相差应不超过±3℃。如果溶液混浊，用离心法除去混浊物，但不要过滤溶液。

③ 吸收值测量：用分光光度计于波长 525nm 的条件下测量吸收值。测量的方法、步骤与校准曲线的绘制相同。

6. 结果计算

试样的锰含量 $w_{锰}$ 以 mg/kg 来表示，按下式计算：

$$w_{锰}=\frac{m_1}{m_0}\times 1000 \tag{8-8}$$

式中　$w_{锰}$——试样的锰含量，mg/kg

m_1——由标准曲线所查得的试样溶液的含锰质量，mg

m_0——试样的绝干质量，g

用两次测定的平均值，取一位小数报告结果。

五、纸和纸板中二氧化钛含量的测定

纸和纸板中二氧化钛含量的测定，国家标准（《GB/T 12910—1991 纸和纸板二氧化钛含量的测定法》）规定可采用分光光度法（简称方法 A），也可用火焰原子吸收分光光度法（简称方法 B），这两种方法具有同等效力。

本标准适用于所有类型的涂布或加填的纸和纸板。不管钛以何种形式存在都不会影响其测定结果。

下面介绍分光光度法。火焰原子吸收分光光度法见本章第三节。

(一) 测定原理

首先将样品灼烧成灰，用硫酸和硫酸铵加热溶解其灰分。然后加入过氧化氢使其显色，应用分光光度法，于波长 410nm 处进行测定。

(二) 试剂

分析时，必须使用分析纯的试剂。

① 蒸馏水或去离子水：电导率小于 1mS/m；

② 浓硫酸（H_2SO_4）：密度 1.84g/mL；

③ 硫酸铵（$(NH_4)_2SO_4$）；

④ 稀酸溶液：在一个烧杯中，大约加 500mL 的蒸馏水，在不断搅拌下小心地加入 100mL 浓硫酸和 40g 硫酸铵，然后用蒸馏水稀释至 1L；

⑤ 二氧化钛标准溶液：每升含二氧化钛（TiO_2）500mg。称取 0.500g 二氧化钛（TiO_2）于一个 400mL 的烧杯中，加入 40.0g 的硫酸铵和 100mL 浓硫酸。在一个通风橱中慢慢地加热至沸，保持沸腾 5~10min，让其冷却至室温。在不断搅拌下，小心地倾入到另一个预先盛有约 300mL 蒸馏水的 500mL 烧杯中，待溶液再次冷却至室温后，将其定量地转移到一个 1000 的容量瓶中。用蒸馏水淋洗两个烧杯，并将淋洗液也倾入容量瓶中，最后用蒸馏水稀释至刻度；

⑥ 过氧化氢溶液：每升含过氧化氢（H_2O_2）30g。

注：若购不到分析纯的二氧化钛，也可以用金属钛粉或草酸钛钾代替，但钛粉（Ti）的称量为 0.2997g，而草酸钛钾 $[K_2TiO(C_2O_4) \cdot H_2O]$ 的称量为 2.217g，配制方法与用二氧化钛相同。

（三）仪器

① 铂的、石英的或瓷的坩埚。应彻底地清洗铂器皿，用细砂擦洗除去器皿中的任何污斑，用 6mol/L 的盐酸煮，使用中应避免与除铂外的其他金属接触。对于瓷坩埚务必要瓷釉洁白完好。瓷的或石英坩埚都要用 6mol/L 的盐酸煮，洗涤干净。

② 分光光度计或具有滤光片的光电比色计，能在波长 410nm 处测定吸收值，并配备有 10mm 光径的带盖的比色皿。

③ 一般实验室仪器。

（四）样品的采取和制备

样品的采取按 GB/T 450—2008 的规定进行。戴上防护的棉手套，将风干的样品撕成适当大小的碎片，但不得采用剪刀冲孔或其他可能发生金属污染的工具。

（五）灰分溶解液的制备

① 称取试样两份，每份 10g（称准至 0.01g），同时称取试样测定其水分。称样量的大小可以根据样品含二氧化钛量增减，但至少称取 1g（称准至 0.001g）。如灰化 10g 的样品，分光光度法二氧化钛校准曲线范围是 0.1~2g/kg。

② 将称好的试样放入 50mL 铂的或瓷的坩埚中，按 GB/T 742—2018 炭化灼烧成灰。如果需要测定其灰分，可以将灰分按规定恒重后，计算出灰分含量。

③ 将烧好的灰分转移到一个 250mL 的烧杯中，加入 4g 硫酸铵和用 10mL 浓硫酸，分次淋洗坩埚，倾入烧杯中，盖上表面皿，混匀后放在通风橱中加热至逸出三氧化硫烟雾，并维持沸腾 30min。取下，令其自然冷却至室温，然后一滴一滴小心地将它加入一个装有 50mL 蒸馏水的 100mL 容量瓶中，用蒸馏水淋洗烧杯及坩埚，将淋洗液一起倾入该容量瓶中，待它冷却后，用蒸馏水稀释至刻度，摇匀。

（六）试验步骤

1. 标准曲线的绘制

(1) 标准比色溶液的制备

按表 8-6 所示的体积分别向 6 个 50mL 的容量瓶中加入二氧化钛标准溶液和 5mL 的过氧化氢溶液，然后用稀酸溶液稀释至刻度并混合均匀。

表 8-6　　　　　　　　　　　二氧化钛标准溶液体积与相应含量对照

序号	二氧化钛标准溶液/mL	相当于含二氧化钛的浓度/(mg/L)	序号	二氧化钛标准溶液/mL	相当于含二氧化钛的浓度/(mg/L)
1	试剂空白液	0.0	4	6.0	60.0
2	2.0	20.0	5	8.0	80.0
3	4.0	40.0	6	10.0	100.0

注：如果标准采用 0、50、100、150、200、250mg/L 的二氧化钛（TiO_2），其最大吸收值在 2 左右，最后曲线有点弯曲。

(2) 吸收值的测量

在 1h 之内，倾出一定量的标准比色溶液于 10mm 光径的比色皿中，用分光光度计在波长 410nm 处，以稀酸溶液为参比溶液调节仪器的吸收值为零，然后，分别测量其他溶液的吸收值。

(3) 绘制曲线

以二氧化钛标准溶液的浓度（mg/L）为横坐标，以所得相应的吸收值为纵坐标绘制标准曲线。

2. 样品的测定

(1) 试液的制备

移取灰分溶解液 25mL（如果溶液含有不溶物，可以用干的紧密无灰滤纸过滤，但不要洗涤滤纸，移取滤液。若溶解液是清亮的，则不必过滤）于一个 50mL 的容量瓶中，加入 5mL 的过氧化氢，用稀酸溶液稀释至刻度，摇匀。如果样品溶液是混浊的，或样品含铁量大于 1g/kg 时，应另制备一种不显色试液，移取 25mL 的灰分溶解液或经过滤后的滤液于一个 50mL 的容量瓶中，并用稀酸溶液稀释至刻度。若试液清亮无色，则可省略配备此溶液。配成的试液浓度一定要在绘制标准曲线时所制备的比较溶液相应的浓度范围之内，显色后的试液太稀或太浓，则在配置显色试液和不显色试液时应适当地增减所移取灰分溶液的毫升数。

(2) 吸收值的测量

在 1h 之内，用 10mm 光径的比色皿在分光光度计波长 410nm 处，以酸溶液为参比液，调节仪器的吸收值为零，然后分别测量显色试液的吸收值和不显色试液的吸收值。将显色试液的吸收值减去不显色试液的吸收值所得的数值，从标准曲线图上读出样品溶液的二氧化钛浓度。

（七）结果计算

试样的二氧化钛含量 w_{TiO_2}，以 g/kg 表示，按式（8-9）计算。

若试样的二氧化钛含量 w'_{TiO_2} 以％表示时，按式（8-10）计算。

如果测试中所用的皆为标准规定的体积（mL）数，计算式（8-9）、式（8-10）可以分别简化为式（8-11）、式（8-12）。

$$w_{TiO_2} = \frac{\rho \cdot V_1 \cdot V_3}{1000 \cdot V_2 \cdot m} \tag{8-9}$$

$$w'_{TiO_2} = \frac{\rho \cdot V_1 \cdot V_3}{1000000 \cdot V_2 \cdot m} \times 100(\%) \tag{8-10}$$

$$w_{TiO_2} = \frac{0.2\rho}{m} \tag{8-11}$$

$$w'_{TiO_2} = \frac{0.0002\rho}{m} \times 100(\%) \tag{8-12}$$

式中 w_{TiO_2}——样品的二氧化钛含量，g/kg

w'_{TiO_2}——样品的二氧化钛含量，％

ρ——由标准曲线查得的试液的二氧化钛浓度，mg/L

V_1——配成比色溶液的体积（标准规定为 50mL），mL

V_2——为配制比色溶液所移取灰分溶解液的体积（标准规定为 25mL），mL

V_3——灰分溶解液的总体积（标准规定为 100mL），mL

m——试样的绝干质量，g

六、分光光度法测定蒸煮废液中残留蒽醌

测定制浆废液中残留醌含量的方法有：气相色谱法、电子自旋共振法、气相色谱-质谱法、高效液相色谱法和分光光度法等。其中气相色谱法测定较准确，将在本章第四节介绍。分光光度法虽然误差较大，但操作简便，耗资少，易于掌握，只要严格操作条件，仍是可供选择的方法。

下面介绍分光光度法测定蒸煮废液中残留蒽醌含量的方法。

1. 测定原理

蒽醌在碱性介质中与连二亚硫酸钠反应被还原为红色的9,10-蒽醌钠。反应式如下：

$$\text{蒽醌} \xrightarrow[\text{OH}^-]{\text{Na}_2\text{S}_2\text{O}_4} \text{9,10-蒽醌钠（红色）}$$

生成的红色9,10-蒽醌钠溶液，在波长500nm处有特征吸收（见图8-3 蒽醌的紫外吸收曲线），因此用分光光度法即可测得蒽醌的含量。

2. 仪器和试剂

a. 分光光度计；b. 超声波水浴；c. 旋转蒸发器；d. 乙二醇乙醚；e. 连二亚硫酸钠（保险粉）；f. 氢氧化钠；g. 三氯甲烷。

3. 测定步骤

用移液管吸取50mL蒽醌黑液样品于250mL锥形瓶内，同时加入适量的硫化钠溶液（黑液残碱8g/L以上时，加硫化钠溶液量相当0.25g硫化钠即可；8g/L以下适当多加）。在超声波水浴上处理10min，然后再加入40mL三氯甲烷，继续超声处理20min。将锥形瓶内容物全部转移至250mL分液漏斗中，并用10mL三氯甲烷分次洗涤后倒入分液漏斗中。充分摇荡分液漏斗，静置15min左右使其好分层。

将分液漏斗中下层的萃取液转移至另一分液漏斗中，用约50mL 50g/L的NaOH溶液洗涤萃取液浓缩至干。用25mL乙二醇乙醚分次将烧瓶内干燥物全部转移至50mL容量瓶中。再用50g/L NaOH溶液稀释至刻度，摇匀。放置数分钟后，吸取10mL于另一50mL容量瓶中，同时加入2.5mL 1∶1的乙二醇乙醚和50g/L NaOH溶液的混合液并摇匀（溶液A）。在剩余的40mL样品溶液内加入5mL新配制的200g/L连二亚硫酸钠溶液，并用1∶1的乙二醇乙醚和50g/L NaOH溶液的混合液再次稀释至刻度，摇匀得到红色溶液（溶液B）。

以500nm为测定波长，先以溶液A为空白调整吸光度0点，然后测定溶液B的吸光值。由所测得的吸光值，在事先做出来的标准曲线（图8-4）上查得相应的蒽醌浓度（绘制标准曲线所配蒽醌溶液浓度范围在0.002%～0.006%以内）。

4. 结果计算

蒽醌的实际浓度 ρ（g/L），由依据吸光值在标准曲线上查到的蒽醌浓度，再按式（8-13）换算得到：

$$\rho = \rho_1 \times \frac{50}{40} \tag{8-13}$$

式中 ρ——蒽醌的实际浓度，g/L

ρ_1——从标准曲线上查到的蒽醌浓度，g/L

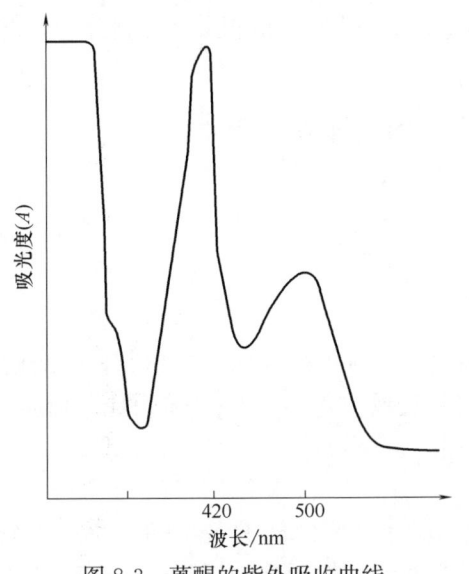

图 8-3 蒽醌的紫外吸收曲线

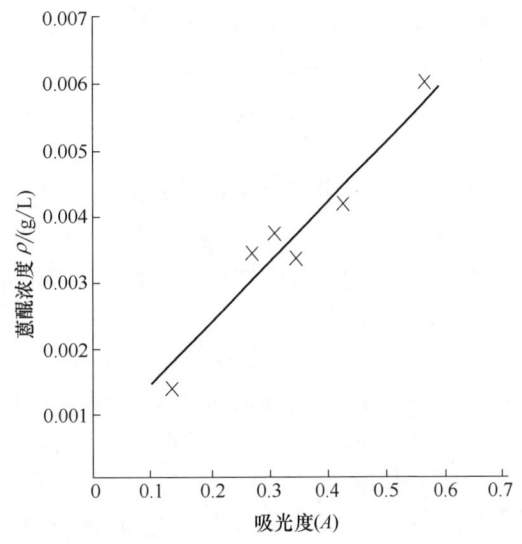

图 8-4 蒽醌浓度（ρ）—吸光度（A）曲线

5. 注意事项

① 本方法适用于萃取液为淡黄色的蒸煮废液中蒽醌含量的测定。而对于那些萃取液显红色的黑液（如混合阔叶木黑液），或是使用染料厂副产品蒽醌衍生物（如氨基蒽醌等）蒸煮的废液（因为这种衍生物本身就呈红色），由于本身的颜色会对吸光值的测定产生干扰，故不适用本方法测定。

② 进行蒽醌萃取时，考虑到尽管蒽醌的沸点很高（397～381℃），但由于它具有升华的特性，所以加热会由于挥发而造成蒽醌损失。因此，测定中使用超声波水浴代替热水浴进行黑液中蒽醌的萃取，萃取液使用50℃旋转真空蒸发器进行浓缩，这样可以避免较高的操作温度导致其中蒽醌挥发而造成的损失，从而可以减少分析误差。

③ 蒽醌的萃取，若直接使用三氯甲烷进行萃取，会发现萃取液很难分层且混浊，将影响其他步骤进行。若在萃取前根据黑液残碱先加入适量硫化钠溶液（黑液残碱以 NaOH 计在 8g/L 以上时，加入溶液含 0.25g 左右硫化钠即可；若残碱在 8g/L 以下时，可适当多加些硫化钠溶液），进行 10min 超声处理，然后再加入三氯甲烷进行萃取，这样会使萃取液分层快且清亮。萃取前加入硫化钠的目的，是使黑液保持一定的碱浓，而不致由于碱度低而使原来溶于碱中的物质析出进入萃取液中，而增加分层的困难。

④ 蒽醌在碱性介质中，被连二亚硫酸钠还原生成红色的9,10-蒽醌钠。但空气中氧的存在会导致上述还原反应的逆反应发生，致使溶液的红色变浅或完全褪色，影响测定的准确性。为防止逆反应发生，在制备样品时应使用当日新配制的 200g/L 连二亚硫酸钠溶液。若不立即进行比色，可在比色液中适量加入少许固体连二亚硫酸钠，并应注意样品制备好后未进行比色之前，不要打开容量瓶瓶塞。

⑤ 由蒽醌的吸收曲线（见图8-3）可以看出，在500nm和420nm处蒽醌都有特征吸收

峰，而且在 420nm 处的吸收峰值大，约为 500nm 处吸收峰的两倍多。但由于在 400nm 附近还有一个不取决于蒽醌浓度的大的吸收峰，若选用 420nm 测定将会受到干扰，因此选定 500nm 为测定波长。

⑥ 分光光度法测定中，一般认为吸光度值在 0.2～0.7 之间测定浓度的相对误差较小。本方法所确定的测定蒸煮废液残留蒽醌浓度时，所取黑液样品的体积和最终稀释体积，都以待测溶液吸光度在 0.2～0.7 之间为准。

七、分光光度法测定木素中邻醌和共轭羰基含量

（一）木素中邻醌含量的测定

1. 仪器

紫外-可见分光光度计：波长范围 200～600nm。

2. 试剂

a. 0.1mol/L NaOH 溶液；b. 1 mol/L HCl 溶液；c. $NaBH_4$；d. 二氧六环-甲醇溶液（4∶6 体积比）；e. 10 mmol/L Na_2SO_3 溶液：在二甲亚砜∶水＝1∶1（体积比）溶剂中；f. 10 mmol/L $FeCl_3 \cdot 6H_2O$ 溶液：在二甲亚砜溶剂中；g. N_2 气。

3. 木素样品的 $NaBH_4$ 还原

称取 100mg 木素样品，溶于 4mL 乙醇和 2mL 0.1mol/L NaOH 溶液中，加入 40mg $NaBH_4$ 和 4mL H_2O，通 N_2 保护，室温下在暗处放置 24h，然后将溶液用 1mol/L HCl 中和到 pH4，沉淀后离心分离出木素，用去离子水反复洗涤多次，置于真空干燥箱中干燥。

4. 测定步骤

将 25mg 未经 $NaBH_4$ 还原的木素样品溶于 3.5mL 二氧六环-甲醇（4∶6，V/V）溶液中，加入 1mL Na_2SO_3 溶液（c＝10mmol/L，在二甲亚砜∶水为 1∶1 体积比溶剂中）和 0.5mL $FeCl_3 \cdot 6H_2O$ 溶液（c＝10mmol/L，在二甲亚砜溶剂中），然后将 1mL 吡啶缓缓加入待测液体中，参比溶液含有上述除三氯化铁以外的所有化合物，然后测定此溶液在 550nm 左右的吸光度。

准确称取用 $NaBH_4$ 还原后的木素试样 25mg，重复上述操作，测定在 550nm 左右的吸光度。

5. 结果计算

$$木素中邻醌含量 = \frac{A_1 - A_2}{c \cdot a \cdot \delta} \times 100(\%)(摩尔分数) \qquad (8-14)$$

式中　A_1——木素样品 $NaBH_4$ 还原后的吸光度

　　　A_2——木素样品 $NaBH_4$ 还原前的吸光度

　　　c——木素的浓度，mol/L

　　　a——儿茶酚的摩尔吸光系数，1050L/(mol·cm)

　　　δ——比色皿厚度，cm

（二）木素中共轭羰基含量的测定

1. 仪器

紫外-可见分光光度计：波长范围 200～500nm。

2. 试剂

a. 0.03mol/L NaOH 溶液，含有 0.1mol/L（3.8mg/L）$NaBH_4$；b. 二氧六环-水溶液

(4:1，体积比)。

3. 测定步骤

精确称取 2mg 木素样品，用二氧六环-水溶液（4:1，体积比）配成 10mL 溶液。取出 2mL 置于小试管中，加入 1mL 含有 0.1mol/L（3.8mg/mL）$NaBH_4$ 的 0.03mol/L NaOH 溶液进行还原。另取出 2mL 试料液加入 0.03mol/L NaOH 溶液作为参比溶液。分别测定 50min、46h 还原时间下的还原紫外差示吸收，记录波长为 310、342、356 和 400nm 附近的差示吸收值（$\Delta\varepsilon$）。

4. 共轭羰基含量的计算

$$9400W + 10500X = \Delta\varepsilon_{310,50min}$$
$$2020W + 19800X = \Delta\varepsilon_{342,50min}$$
$$Y = \frac{\Delta\varepsilon_{356,46h} - \Delta\varepsilon_{356,50min}}{24600}$$
$$Z = \frac{\Delta\varepsilon_{400,46h}}{32000} \tag{8-15}$$

式中 W 和 X——醚化木素单元中 α 和 γ 共轭羰基的含量，个/C_9
Y 和 Z——酚型木素单元中 α 和 γ 共轭羰基的含量，个/C_9

$$\Delta\varepsilon_\gamma = \Delta\alpha_\gamma M_\gamma \tag{8-16}$$

式中 $\Delta\alpha_\gamma$——还原后木素单位浓度吸收，L/(g·cm)
$\Delta\varepsilon_\gamma$——还原后木素摩尔浓度吸收，L/(mol·cm)
M_γ——木素单元摩尔质量，g/mol

第二节 红外光谱分析

红外光谱（Infrared absorption spectrum，缩写为 IR）处于可见光区和微波光区之间，其波长范围约为 0.75~1000μm。根据仪器技术和应用不同，习惯上又将红外光区分为近红外光区（0.75~2.5μm），中红外光区（2.5~25μm，波数 667~4000cm^{-1}）、远红外光区（25~1000μm）等三个区。其中，在中红外光区出现绝大多数的有机化合物和无机离子的基频吸收带，而基频振动是红外光谱中吸收最强的振动。所以，中红外光谱区最适于进行定性和定量分析，它是应用极为广泛的光谱区。通常所指的红外光谱法，是在中红外光谱区进行的光谱分析法。

物质的红外光谱是其分子结构的反映，谱图中的吸收峰与分子中各基团的振动形式相对应。红外光谱法主要用于研究在振动中伴随有偶极矩变化的化合物，因此，除了单原子和同分子（如 Ne、He、O_2 和 H_2 等）之外，几乎所有的有机化合物在红外光区均有吸收。而且，凡是具有不同结构的两个化合物一定不会有相同的红外光谱。通常，红外吸收带的波长位置与吸收谱带的强度，反映了分子结构上的特点，可以用来鉴定未知物的结构组成或确定其化学基团；而吸收谱带的吸收强度，则与分子组成或其化学基团的含量有关，故可用以进行定量分析和纯度鉴定。

由于红外光谱分析法特征性强，采用气体、液体和固体样品均可以进行测定，并具有样品用量少、不破坏样品和分析速度快等特点。因此，该方法是鉴定化合物和测定分子结构最重要的分析方法之一。

红外分光光度计和紫外-可见分光光度计相似，也是由光源、单色器、样品池、检测器和记录器等部分组成。但每部分的结构、所用材料及性能却不尽相同。傅里叶变换红外分光光度计（FT-1R）是20世纪70年代问世的第三代红外分光光度计，它运用计算机技术，使其测定速度更快，灵敏度、精确度和分辨率更高，因而应用非常广泛。

在制浆造纸的分析中，红外光谱法主要用于木素纤维素和半纤维素的定性和定性分析，着重于基团分析及与其他分析方法配合进行分子化学结构方面的研究。同时，通过制浆造纸过程中纸浆试样红外光谱的差异，推断木素和糖类的功能基及结构的变化规律，了解其反应机理等。

下面重点介绍木素的红外光谱定性分析和定量分析；纤维素结晶度的红外光谱法测定；纸和纸板中无机填料和无机涂料的红外光谱分析等。

一、木素的红外光谱定性分析

红外光谱研究木素结构可以分为定性分析和定量分析两类。红外光谱定性分析大致可分为功能基定性和结构分析两个方面。功能基定性是根据木素的红外光谱的特征吸收谱带测定它有哪些功能基，而结构分析通常是红外光谱与其他分析方法（如质谱，核磁共振、X射线衍射、元素分析等）相结合以确定其结构。此外，还可进一步分析在化学工艺过程中，功能基和结构上所发生的变化。

红外光谱定性和结构分析一般有如下步骤：

1. 试样的制备

在采用红外光谱法和其他方法对木素进行定性和定量分析之前，需先采用适宜的方法将木素从原料或纸浆试样中分离出来，并加以纯化，制备成纯净的木素试样。

木素的分离方法有多种，可制得不同种类的分离木素，主要有：Brauns天然木素（BNL）、磨木木素（MWL）、二氧六环木素（DL）和纤维素酶木素（CEL）或酶分离木素（EIL），以及各种经化学改性处理的木素（Klason木素等）。

目前认为磨木木素和纤维素酶木素是比较接近原本木素，而且操作可行，是较好的木素分离方法。

2. 制样和绘制谱图

木素分离试样用KBr研压制成透明的试片，并使用红外分光光度计得到相应的红外光谱图。图8-5为云杉不同分离木素（1~4种）的红外光谱图；图8-6为芦苇不同分离木素（1~8种）的红外光谱图。

3. 谱图的解析

对木素所含基团的确定，是通过所得试样谱图与前人证实的特征吸收峰的位置加以对照比较来确定的。

红外光谱法进行定性与结构分析时，一般说来，首先在基频区（即基团的特征频率区，波数在4000~1350cm^{-1}）搜寻功能基的特征伸缩振动；再根据指纹区（波数在1350~650cm^{-1}）的吸收情况进一步确认该基团的存在，以及与其他基团的结合方式。

木素的红外光谱特征吸收峰及其对照结构图谱列于表8-7中。

重要的光谱区域：

3400~3500cm^{-1}　　　　　　　　C—H伸展（氢键）振动

3100~3400cm^{-1}　　　　　　　　C—H伸展（氢键）振动

2910~2930cm^{-1}　　　　　　　　C—H伸展（氢键）振动

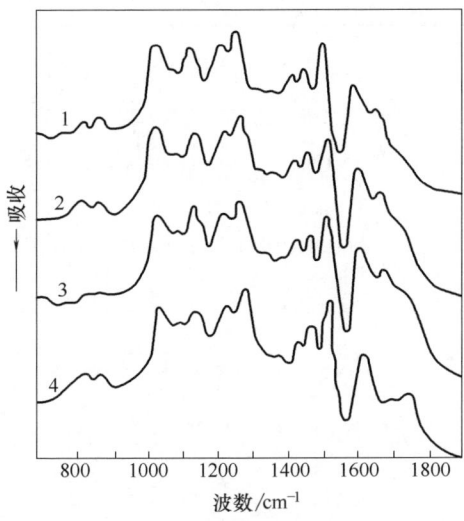

图 8-5 云杉不同分离木素
（1～4 种）的红外光谱图

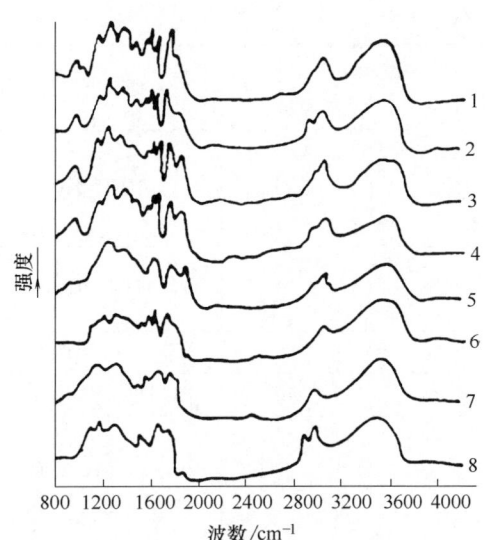

图 8-6 芦苇不同分离木素
（1～6 种）的红外光谱图

波数	振动归属
1655～1740cm^{-1}	C＝O 伸展振动
1570～1605cm^{-1}	芳环振动
1495～1525cm^{-1}	芳环振动
1410～1430cm^{-1}	芳环振动
1350～1380cm^{-1}	C—H 变形（对称）
1255～1280cm^{-1}	C—O 伸展，芳环甲氧基
1210～1230cm^{-1}	C—O 伸展，芳环（苯环）
1020～1050cm^{-1}	C—O 变形（伯醇羟基和甲氧基）

表 8-7　　　　　　　　　　　　　木素的红外光谱及其解释

波数/cm^{-1}		振动类型及其所属	振动的基团结构
木材	草类		
3400	3400	v(OH)	R—OH　Ar—OH（包括氢键）
2940	2940	v_{aS}(CH$_2$)	—CH$_2$—，—CH$_2$—CO—，—CH$_2$—Ar —CH$_2$CO$_2$H，—OCH$_3$
2850	2850	v_S(CH$_2$)	CH$_3$—C(=O)—（只有 2940cm^{-1}）
1700～1720	1700～1730	v(C＝O)	β 〉C＝O，—CO$_2$H，—COOR（草类才有）
～1670	～1655	v(C＝O)	α 〉C＝O，共轭〉C＝O，—COOH
1595 1505	1600 1510	⬡ 的骨架振动	⬡
1460	1460	⬡ 的骨架振动	—CH$_2$—，—OCH$_3$，—O—C(=O)—CH$_3$　⬡

续表

波数/cm^{-1}		振动类型及其所属	振动的基团结构
木材	草类		
1425	1420	$\delta(CH_2), \delta_{aS}(CH_3)$	—CH_2—CO—, —CH_2CO_2H, CH_3—C—O—, CH_3O— (中间C=O)
1370	1370	$\delta(OH), \delta_S(CH_3), \delta_{aS}(CH_3)$	Ar—OH, CH_3O—, CH_3—C—O— (C=O)
1320	1330	$\delta(OH)$	R—OH
1275	1270	$\delta(CH_2)$面外, δ_{aS}(C—O—C)	—CH_2—, CH_3O—, R—O—Ar
1220	1225	$\delta(CH)$面外 $\upsilon(C—OH) \cdot \upsilon(C—O—C)$	ArOH, R—O—Ar, H_3C—C—O—苯环
1145	1130	$\delta(CH_3), \upsilon_S(C—O—C), \upsilon(C—OH)$	OH_3C—, H_3C—C—O—, —C—O—C—, —COOH
1090	1095	$\upsilon_S(C—O—C), \upsilon(C—OH)$	H_3C—C—O—, Ar—O—C—, R—OH
860	—	$\delta(CH)$面外	苯环的五取代
820	920 840	$\delta(CH)$面外	苯环的四取代
770	—	$\delta(CH)$面外	苯环的二取代
— 600~400	~470 —	$\delta(CH)$ $\delta(CH)$	苯环的二取代 苯环的二、三、四取代的叠加
说明	υ—伸缩振动;δ—变形振动;下标:aS—不对称,S—对称。 R—烷基;Ar—芳香基		

在应用基团频率区时,要考虑整个光谱图上的印证关系,而不能仅以一小部分光谱来确定其相互关系。由某一部分光谱所得到的结果,还应当通过其他区域的研究来加以确证或舍弃。

利用红外光谱法进行木素结构的研究是非常复杂的工作,除需选用模型物,以试样的红外谱图与模型物的标准谱图做比较和对照,借此来鉴别木素各种基团的存在和相应的连接形式等。此外,还应与其他手段(如质谱、核磁以及元素分析)结合使用,这样才可对某种结果做出明确的鉴定。

根据各种原料试样的木素红外光谱图的比较可以发现，不同种类原料的木素结构特征上的差异。

根据纸浆试样的红外图谱，还可以确定制浆、漂白以及其他化学处理生产过程中基团的消失或新基团的产生。可根据峰值的强弱变化，推测生产过程反应的可能性。

二、木素的红外光谱的定量分析

红外光谱除用作木素的定性分析外，也能用于定量分析。但其定量分析不像定性分析那样简便和准确，因而很少采用。它更多的是用于物质的结构分析。

红外光谱用于木素定量分析时，常以木素的芳环特征吸收峰，即波数为 $1500cm^{-1}$ 和 $1600cm^{-1}$ 处的吸收峰，作为定量的依据；而糖类则在 $1200cm^{-1}$ 和 $1680cm^{-1}$ 处有特征吸收峰。

中国制浆造纸工业研究院曾进行过红外光谱法测定未漂纸浆中木素含量的研究。试验的简要步骤如下。

1. 做标准曲线（即木素含量与相对吸光度 D 曲线）

取几种已知木素含量（化学法测定的结果）的未漂纸浆试样磨成粉，加亚铁氰化钾 $\{K_4[Fe(CN)_6]\}$ 作内标，与 KBr 研合后压制成透明薄片，在红外分光光度计上得到红外光谱图。取木素在 $1595cm^{-1}$ 和亚铁氰化钾在 $2110cm^{-1}$ 处的特征吸收峰强度之比作为相对吸光度 D，求出各种含量的木素与亚铁氰化钾的红外特征吸收峰的比值（即 D_{1595}/D_{2110}），并以此绘制出木素含量与相对吸光度 D（D_{1595}/D_{2110}）的工作曲线，或求出木素含量与相对吸光度的线性回归方程（木素含量与相对吸光度的关系式）。

2. 作样品的红外光谱图

取待测纸浆样品 10mg，加入亚铁氰化钾 1mg 和 KBr（过 200 目粉）300mg，在玛瑙研钵中研磨（约 120 次）后，将其置于真空干燥箱中，在真空度约 0.1MPa、70℃下烘干 8h 以上。经烘干的试样在压片模中在 15t 压力下压制成透明薄片，在红外分光光度计上进行扫描，得到红外光谱图。

3. 结果计算

根据红外光谱图得出相对吸光度值 D（D_{1595}/D_{2110}），再由该值查标准曲线，即可求得纸浆中木素的含量。

在对纸浆进行木素测定时，因纸浆中含有大量的纤维素和半纤维素，对测定结果有影响。因此，一般采用差示光谱法，即从纸浆的红外光谱中，扣除综纤维素的红外光谱，便可得出木素的红外光谱强度。但这样操作很烦琐，为了简化手续，通常在纸浆测定时，加入人造丝浆 R2 浆（作为纯纤维素），然后，从纸浆的红外光谱中，扣除纯纤维素的红外光谱；同时再采用选择适当的分析谱带的方法，排除半纤维素的干扰。这样，利用差示光谱法，不用分离技术，就可进行纸浆木素的含量测定。

红外光谱用于木素的定量分析时，测量谱带强度常用基线法。例如选用 $2250cm^{-1}$ 和 $1850cm^{-1}$ 吸收峰处分别平行于边线的直线作为基线，分别计算相关强度。

三、红外光谱法测定纤维素的结晶度

对纤维素大分子的聚集状态（即所谓纤维素的超分子结构）的研究认为，纤维素是由结晶区和无定形区交错联结而成的。在结晶区内，纤维素链分子的排列比较整齐，有规则；而在无定形区，纤维素链分子的排列不整齐，规则性较差，结合较松弛。而且从结晶区到无定形区是逐步过渡的，并无明显界限。

纤维素的结晶度是表征纤维素聚集态形成结晶程度的指标。纤维素的结晶度是指纤维素构成的结晶区占纤维素整体的百分数：

$$纤维素的结晶度 = \frac{结晶区样品含量}{结晶区样品含量 + 非结晶区样品含量} \times 100\% \tag{8-17}$$

纤维素的结晶度在一定程度上，反映了纤维的物理和化学性质。一般来说，随着结晶度的增加，纤维的抗张强度、硬度、相对密度及尺寸稳定性等均随之增加，而伸长率、吸湿性、柔软性以及化学反应性等则随之减小。因此，测定纤维素的结晶度，对于从结构上了解纤维素纤维的性质具有指导意义。

测定纤维素结晶度常用的方法有：X-射线衍射法、红外法和密度法等。近年来，又有应用拉曼（Raman）光谱和核磁共振（$^{13}C-NMR$）作为辅助方法的研究。

本节介绍红外光谱测定纤维素结晶度的方法。

红外光谱法测定纤维素结晶度有 3 种方法：

(1) 重氢取代法

Mamn 和 Marrinm 提出重氢取代法（即氘化法）。该法是对纤维素进行重氢化，控制一定的反应条件，使重氢只取代无定形区中的 OH，使 OH 变成 OD，而结晶区中的 OH 不发生反应，从而使红外图谱中的 $3500cm^{-1}$ 的 OH 吸收谱带的强度下降，而 $2530cm^{-1}$ 处出现 OD 的吸收谱带。该法以 $3500cm^{-1}$ 谱带与 $2530cm^{-1}$ 谱带强度之比称为结晶度。这种方法测定精度高，可与 X-射线衍射法相比拟。但由于此法操作烦琐，重水不易获得，故未广泛应用。

(2) 沃康诺（O'connor）经验法

在研究纤维素的红外光谱和纤维素微细结构间关系时，O'connor 发现，在振动磨中研磨过的纤维素，由于其结晶性遭到一定的破坏，导致 $1429cm^{-1}$ 谱带（CH_2 剪切振动）强度不断下降，而 $893cm^{-1}$ 谱带（不对称环向外伸缩 C—H 弯曲变形振动）强度反而增加。也就是随着结晶度的增加，$1429cm^{-1}$ 谱带强度增加，而 $893cm^{-1}$ 谱带强度降低。因而他提出了一种以结晶度指数（$O'KI$）表示的经验式：

$$O'KI = \frac{a_{1429cm^{-1}}}{a_{893cm^{-1}}} (a 为谱带强度) \tag{8-18}$$

这种方法只适用于纤维素Ⅰ，而对丝光化纤维（纤维素Ⅱ）常出现反常现象。

(3) 纳耳森（Nelson）和沃康诺（O'connor）经验法

Nelson 和 O'connor 在纤维素结构的研究中，选用 $1372cm^{-1}$ 谱带（C—H 弯曲振动）来衡量纤维素结晶度的变化，并以 $2900cm^{-1}$ 谱带作为内标（C—H 和 CH_2 伸缩振动），其结晶度指数（$N.O'KI$）经验式为：

$$N.O'KI = \frac{a_{1372cm^{-1}}}{a_{2900cm^{-1}}} (a 为谱带强度) \tag{8-19}$$

该方法不仅适用于纤维素Ⅰ，也适用于纤维素Ⅱ。上述后两种方法较多采用。

现对沃康诺结晶度指数（$O'KI$）和纳耳森-沃康诺结晶度指数（$N.O'KI$）的测定步骤做一简要介绍：

称取经粉碎机粉碎的试样，（80~120 目）3.5~4.0mg 和 350mg KBr（小于 200 目粉），将其放于玛瑙研钵中和匀研细。称取 300mg 混合物置于称量瓶中，然后在 60℃、真空度接近-101kPa（-760mmHg）条件下烘 4h。烘干后，倒入压片模中，在 10～100MPa 压力下加压 3min，则可得到全透明的压片。然后，用红外分光光度计测出样品的红外光谱。计算波数为 1372cm^{-1} 和 2900cm^{-1} 的两个峰（或 1429cm^{-1} 和 890cm^{-1} 的两个峰）的强度比值，即可得到纤维素的红外结晶度指数 $N.O'KI$（或 $O'KI$）。

据中国制浆造纸工业研究院对十二种纸浆（包括不同制浆方法的木浆、草浆和麻浆）纤维素红外结晶度指数的测定结果，$N.O'KI$ 指数在 0.39～0.47 之间；而 $O'KI$ 指数为 1.0～1.9。

四、纸和纸板中无机填料和无机涂料的定性分析（红外光谱法）

《GB/T 2679.12—2013 纸和纸板　无机填料和无机涂料的定性分析　化学法》中规定了两种方法：化学法和红外光谱法。本节对化学法和红外光谱法作出介绍。

该方法适用于纸和纸板中无机填料的测定，也适用于涂布加工纸中无机涂料的测定。

1. 测定原理

试样经（575±25）℃灼烧，通过其残余物（灰分）进行红外扫描，然后由谱图的峰形，初步判断最有可能含有的无机物组分，然后用化学的方法进行有针对性的分离，将其中的一个组分溶解，用定性法鉴定，而另一个组分仍然是固体沉淀，经干燥后再次扫描鉴定。

2. 红外光谱法与化学分析法的比较

化学分析法检测时的无机离子，试验时不但能检测到组成无机填料和涂料的无机离子，有时还检测出杂质中的无机物离子。这给鉴定带来了困难，分不清是填、涂进去的还是杂质。而且化学定性所用的药品多，步骤繁多。

如果能将红外光谱与化学定性法相结合，通常可以使鉴定工作简化。因为红外不仅鉴定的是分子中的基团。而且物质经稍微纯化后，其扫描光谱图代表了整个无机物的特征谱图。当杂质含量小于 5% 时，就检测不出来。根据红外特征谱图就能推断出填料和涂料的无机物名称，做到鉴定快速、准确。

3. 测定方法

GB/T 2679.12—2013 纸和纸板中无机填料和无机涂料的定性分析中红外光谱法的测定步骤比较繁多，而且红外光谱法是与化学法相结合进行的，需要进行多次分离与鉴定过程才能完成。因此这里对具体的测定步骤不做详细的介绍，测定时可参照国标方法进行。下面仅做简要说明。

本标准规定了对无机填料和无机涂料单组分以及多组分（二至三种无机物组成的混合物）的测定方法。

（1）无机填料和涂料单组分的测定

取适量的纸样于坩埚中，低温炭化后，移入高温炉中，经（575±25）℃灼烧成灰。取少量灰分用溴化钾压片法，然后用红外分光光度计扫描。根据扫描所得红外谱图与标准谱图比较，如果样品中的无机填料和涂料是单组分的，而扫描得到的红外谱图与该组分标准谱图相同，这样就很容易得出该无机物的名称。

（2）无机填料和涂料多组分的测定

如果无机填料和涂料是由二至三种无机物组成的混合物，那么各种成分的无机物均会在红外谱图上出峰，这样可以由红外谱图的峰形和出峰位置进行有目标的推断其无机物名称。

标准规定了以下多种无机物组分样品的测定方法：a. 碳酸盐与二氧化钛。b. 硅酸盐（高岭土或滑石粉）与二氧化钛。c. 钛钙颜料（$CaSO_4—TiO_2$）。d. 钛钡颜料（$BaSO_4—TiO_2$）。

e. 锌钡白（ZnS—BaSO$_4$）。

GB/T 2679.12—2013 纸和纸板中无机填料和无机涂料的定性分析给出了十六种不同无机填料和涂料的红外光谱图例，其中包括：滑石粉（未灼烧）、滑石粉（600℃以下灼烧）、双面胶版印刷纸中的滑石粉（900℃灼烧）、氧化镁、高岭土、纸中高岭土（600℃以下灼烧）、含两个结晶水的硫酸钙、纸中硫酸钙（600℃以下灼烧）、氧化锌、装饰纸中的二氧化钛、硫酸钡、硫酸钡加二氧化钛、碳酸钙（600℃以下灼烧）、开源碳酸钙、卷烟纸中碳酸钙（600℃以下灼烧）、无碳复写纸中的碳酸钙加高岭土（600℃以下灼烧），可供分析时比较和判断。

第三节 原子吸收光谱分析

原子吸收光谱法（Atomic Absorption Spectrometry，AAS）是根据气态原子对辐射能的吸收程度确定样品中分析物浓度的方法。它是 20 世纪 50 年代提出、60 年代后得到迅速发展的一种仪器分析方法。

原子吸收光谱法是将待测元素的分析溶液在原子化器的高温下进行试样原子化，使其离解为基态原子。再根据朗伯-比耳定律，吸光度的大小与原子化器中待测元素的原子浓度成正比的关系，即可求得待测元素的含量。

原子吸收光谱法与分子吸收光谱法相比，其相同点是：它们都是利用吸收原理进行分析的方法。其不同点是：原子吸收光谱法所要测量的是气态原子的吸收；而分子吸收光谱法测量的是溶液中分子的吸收。溶液中分子的吸收一般为宽带吸收，带宽可达几个纳米；而气态原子吸收是窄带吸收，即线吸收，线宽仅千分之几纳米。因此，原子吸收的测量技术及其对仪器设备的要求与溶液分子吸收不完全相同。

原子吸收光谱分析仪器由光源、原子化器、分光系统和检测系统等主要部件组成。光源作为辐射源，以发射可供气态原子吸收的辐射（线光源）。原子化器的主要作用是使试样中的待测元素转变成处于基态的气态原子，入射光束在这里被基态原子吸收，因此可将它视为"吸收池"。

原子化器有两种形式：火焰原子化器和非火焰原子化器。采用火焰原子化器使试样原子化的原子吸收光谱法称为火焰原子吸收光谱法，它是目前广泛应用的一种方法。火焰原子化器由喷雾器、雾化室和燃烧室三部分组成。液体试样经喷雾器形成雾粒，这些雾粒在雾化室中与气体（燃气和助燃气）均匀混合，除去大液滴后，在进入燃烧室形成火焰，此时，试液便在火焰中产生原子蒸气。

原子吸收光谱具有许多独特的优点，因此其发展和普及很快。主要优点是：

① 谱线简单，由谱线重叠引起的光谱干扰较少。

② 吸收强度受原子化器温度影响较小，因而具有较高的精密度和准确度。一般百分相对标准偏差小于 1%。

③ 分析速度快，设备费用较低，操作较简单。

原子吸收光谱法在造纸工业分析中被广泛用于测定纸浆、纸和纸板中的金属离子含量。火焰原子吸收光谱法测定纸浆、纸和纸板中铜、铁、锰、钙、镁、钾、钠和二氧化钛含量，已与分光光度法和化学分析法同时被列为国家标准测定方法。例如：

《GB/T 8943.1—2008 纸浆、纸和纸板 铜含量的测定》

《GB/T 8943.2—2008　纸浆、纸和纸板　铁含量的测定》
《GB/T 8943.3—2008　纸浆、纸和纸板　锰含量的测定》
《GB/T 8943.4—2008　纸浆、纸和纸板　钙、镁含量的测定》
《GB/T 12658—2008　纸浆、纸和纸板　钠含量的测定》
《GB/T 12910—1991　纸和纸板二氧化钛含量的测定法》
《GB/T 2679.12—2013　纸和纸板　无机填料和无机涂料的定性分析　化学法》

一、纸浆、纸和纸板中铜含量的测定（火焰原子吸收光谱法）

GB/T 8943.1—2008 规定了二乙基二硫代氨基甲酸钠分光光度法（简称方法 A）和火焰原子吸收光谱法（简称方法 B）两种测定方法。下面介绍火焰原子吸收光谱法（GB/T 8943.1—2008 方法 B）。分光光度法见本章第一节。

1. 测定原理

将试样灰化，并把残余物（灰分）溶解于盐酸中。将试样溶液吸入二氧化二氮-乙炔或空气-乙炔火焰中，测量试样溶液对铜空心阴极灯所发射的 324.7nm 谱线的吸收值。

2. 试剂

a. 分析时应使用分析纯的试剂和蒸馏水或相当纯度的水。蒸馏水的铜含量应低于 0.01mg/kg；b. 盐酸溶液：约 6mol/L；c. 标准铜溶液Ⅰ：0.1g/L 按方法 A（分光光度法）规定制备；d. 标准铜溶液Ⅱ：0.01g/L 按方法 A（分光光度法）规定制备。

3. 仪器

a. 一般实验室仪器；b. 原子吸收分光光度计，配备有一氧化二氮-乙炔燃烧器或空气-乙炔燃烧器；c. 铜空心阴极灯。

4. 样品的采取和制备

纸浆样品按 GB/T 740—2003 化学纸浆平均试样的采取方法的规定进行。纸和纸板平均试样的采取按照 GB/T 450—2008 纸和纸板平均试样的采取及检验前试样的处理方法的规定进行。

将风干样品撕成适当大小碎片，但不得采用剪切、冲孔或其他可能发生金属污染的工具制备样品。

5. 试验步骤

（1）校准曲线的绘制

① 标准比较溶液的制备：分别向 5 个 50mL 的容量瓶中加入 10mL 盐酸溶液和 0、2.0、5.0、7.0 和 10.0mL 的标准铜溶液Ⅱ，其相当铜的质量分别为 0（空白参比溶液）、0.02、0.05、0.07 和 0.10mg。然后用蒸馏水稀释至容量瓶刻度，并混合均匀。

② 校正仪器：将铜空心阴极灯安装在原子吸收分光光度计的灯座上，按仪器规定的操作步骤开动仪器，接通电流，并使电流稳定。根据仪器测定铜的条件，调节并固定波长为 324.7nm。然后调节电流、灵敏度、狭缝、燃烧头高度、燃气/助燃气比、气流速度以及吸入量等（安全须知：若采用一氧化二氮-乙炔时，应特别注意安全，防止爆炸。应使用一氧化二氮-乙炔燃烧头，在接通一氧化二氮-乙炔前需先用空气-乙炔将燃烧器点燃）。

③ 吸收值测量：待仪器正常，火焰燃烧稳定后，依次将标准比对溶液吸入火焰中，并测量每一个溶液的吸收值。测量时应以空白试样溶液作对照，将仪器的吸收值调节为 0，然后测量其余待测标准溶液。在标准曲线的制备过程中，应注意保持仪器使用条件的恒定。每

次测量之后，应吸蒸馏水清洗燃烧器。

④ 绘制曲线：以铜的质量（mg）作为横坐标，以相应标准溶液的吸收值作为纵坐标，绘制标准曲线。

(2) 样品的测定

① 试样的称取和灰化：按方法 A（分光光度法）中规定进行。

② 残余物（灰分）的溶解和试样溶液的制备：按方法 A（分光光度法）中规定进行后，用蒸馏水稀释至容量瓶刻度，并混合均匀。如果溶液中含有悬浮物，则可待其下沉后对其清液进行吸收值的测量。

③ 校正仪器：与标准曲线的绘制中的校正仪器操作相同。

④ 吸收值的测量：吸收值的测量与标准曲线绘制中吸收值的测量操作相同。

6. 结果计算

试样的铜含量 $w_{铜}$ 以 mg/kg 表示，按式（8-20）计算：

$$w_{铜} = \frac{m_2}{m_0} \times 1000 \tag{8-20}$$

式中　m_2——由标准曲线所查得的试样溶液的含铜质量，mg

　　　m_0——试样的绝干质量，g

用两次测定的平均值作为测定结果，取准至一位小数报告结果。

二、纸浆、纸和纸板中铁含量的测定（火焰原子吸收光谱法）

GB/T 8943.2—2008 规定了 1,10-菲啰啉分光光度法（简称方法 A）和火焰原子吸收光谱法（简称方法 B）两种测定方法。下面介绍火焰原子吸收光谱法（GB/T 8943.2—2008 方法 B）。分光光度法见本章第一节。

1. 测定原理

试样灰化后用 6mol/L 的盐酸溶液处理，然后将试验溶液吸入一氧化二氮-乙炔或空气-乙炔的火焰中，并按以下步骤测定铁含量。

① 测定由铁空心阴极灯所发射的 248.3nm 谱线的吸收值。

② 测定由等离子体所发射的 248.3nm 谱线的吸收值。

2. 试剂

a. 分析时，应使用分析纯试剂和蒸馏水或相同纯度的水。b. 盐酸溶液：约 6mol/L。c. 标准铁溶液Ⅱ：0.01g/L，按方法 A（分光光度法）的规定制备。

3. 仪器

a. 一般实验室仪器；b. 原子吸收光谱仪：配备有一氧化二氮-乙炔燃烧器；c. 空气-乙炔燃烧器；d. 等离子喷射光谱仪。

4. 试样制备

与铜含量的测定相同。

5. 试验步骤

(1) 标准曲线的绘制

① 标准比较溶液的制备：分别向 5 个 50mL 的容量瓶中加入 10mL 盐酸溶液和 0、5.0、10.0、15.0 和 20.0mL 的标准铁溶液Ⅱ，其相当铁的质量分别为 0（空白参比溶液）、0.05、0.10、0.15 和 0.20mg。然后用蒸馏水稀释至容量瓶刻度，并混合均匀。

② 吸收值测量：待仪器正常，火焰燃烧稳定后，依次将标准比对溶液吸入火焰中，并测量每个溶液的吸收值（固定波长为 248.3nm）。测量时应以空白试样溶液作对照，将仪器的吸收值调节为 0，然后测量其余待测标准溶液。在标准曲线的制备过程中，应注意保持仪器使用条件的恒定。每次测量之后，应吸蒸馏水清洗燃烧器。

③ 绘制曲线：以铁的质量（mg）作为横坐标，以相应标准溶液的吸收值作为纵坐标，绘制标准曲线。

(2) 样品的测定

① 试样和灰化：按方法 A（分光光度法）中规定进行。

② 残余物（灰分）的溶解和试样溶液的制备：按方法 A（分光光度法）中规定进行后，用蒸馏水稀释至容量瓶刻度，并混合均匀。如果溶液中含有悬浮物，则可待其下沉后对其清液进行吸收值的测量。

③ 校正仪器：与标准曲线的绘制中的校正仪器操作相同。

④ 吸收值的测量：吸收值的测量与标准曲线绘制中吸收值的测量操作相同。

6. 结果计算

铁含量 $w_{铁}$，以 mg/kg 表示，按式 (8-21) 计算：

$$w_{铁} = \frac{m_2}{m_0} \times 100 \tag{8-21}$$

式中 m_2——由标准曲线所查得的试样溶液的含铁质量，mg

m_0——试样的绝干质量，g

用两次测定的平均值作为测定结果，取准至一位小数报告结果。

三、纸浆、纸和纸板中锰含量的测定（火焰原子吸收光谱法）

GB/T 8943.3—2008 规定了高碘酸钠分光光度法（简称方法 A）和火焰原子吸收分光光度法（简称方法 B）两种测定方法。下面介绍火焰原子吸收光谱法（GB/T 8943.3—2008 方法 B）。分光光度法见本章第一节。

1. 测定原理

将试样灰化，并把残余物（灰分）溶解于盐酸中。将试样溶液吸入一氧化二氮-乙炔或空气-乙炔的火焰中，测量试样溶液对锰空心阴极灯所发射的 279.5nm 谱线的吸收值。

2. 试剂

a. 分析时，测试用的所有试剂应是分析纯（AR），用的水应是蒸馏水或去离子水。b. 盐酸溶液：约 6mol/L。c. 标准锰溶液 Ⅰ：按方法 A（分光光度法）的规定制备。d. 标准锰溶液 Ⅱ：按方法 A（分光光度法）的规定制备。e. 过氧化氢溶液：浓度 30％。

3. 仪器

a. 一般实验室仪器。b. 原子吸收分光光度计：配备有锰空心阴极灯和一氧化二氮-乙炔燃烧器或空气-乙炔燃烧器。c. 坩埚或蒸发皿，需要用盐酸浸泡反复洗涤干净。最好用铂金器皿，其污斑应用细砂擦洗干净。

4. 试样采取和制备

与铜含量的测定相同。

5. 试验步骤

(1) 标准曲线的绘制

① 标准比较溶液的制备：分别向 5 个 50mL 的容量瓶中加入 10mL 盐酸溶液和 0、1.0、2.0、3.0、4.0、6.0、8.0 和 10.0mL 的标准锰溶液Ⅱ，其相当锰的质量分别为 0（空白参比溶液）、0.01、0.02、0.03、0.04、0.06、0.08 和 0.10mg。然后用蒸馏水稀释至容量瓶刻度，并混合均匀。

② 校正仪器：将锰空心阴极灯安装在原子吸收分光光度计的灯座上，按仪器规定的操作步骤开启仪器，接通电流，并使电流稳定。根据仪器测定锰的条件，调节并固定波长为 279.5nm，调节电流、灵敏度、狭缝、燃烧头高度、燃气/助燃气比、气流速度、吸入量等。

③ 吸收值测量：待仪器正常，火焰燃烧稳定后，依次将标准比对溶液吸入火焰中，并测量每个溶液的吸收值。测量时应以空白试样溶液作对照，将仪器的吸收值调节为 0，然后测量其余待测标准溶液。在标准曲线的制备过程中，应注意保持仪器使用条件的恒定。每次测量之后，应吸蒸馏水清洗燃烧器。

④ 绘制曲线：以每 50mL 标准溶液所含锰的质量（mg）为横坐标，以相应标准溶液的吸收值作为纵坐标，绘制标准曲线。

(2) 样品的测定

① 试样和灰化：按方法 A（分光光度法）中规定进行。

② 残余物（灰分）的处理：先向试样残余物（灰分）中加入几滴蒸馏水，润湿后再加入 5mL 盐酸溶液，并在蒸汽浴上蒸发至干。如此重复操作一次，然后再用 5mL 盐酸溶液处理残渣，并在蒸汽浴上加热 5min。用蒸馏水将坩埚里的内容物移入 50mL 容量瓶中。为了保证安全抽提，再向每只坩埚中的残渣加入 5mL 盐酸溶液，并在蒸汽浴上加热，用蒸馏水将此最后的一部分内容物移入容量瓶中，与主要试样溶液合并在一起，用蒸馏水稀释至容量瓶刻度，并混合均匀。如果溶液中含有悬浮物，则可待沉淀下沉后用清液进行吸收值的测定。

③ 校正仪器：与标准曲线的绘制中的校正仪器操作相同。

④ 吸收值的测量：吸收值的测量与标准曲线绘制中吸收值的测量操作相同。

6. 结果计算

锰含量 $w_{锰}$，以 mg/kg 表示，按式（8-22）计算：

$$w_{锰}=\frac{m_1}{m_0}\times1000 \tag{8-22}$$

式中　m_1——由标准曲线所查得的试样溶液的含锰质量，mg

m_0——试样的绝干质量，g

用两次测定的平均值作为测定结果，取准至一位小数报告结果。

注：测试纸中的锰含量时，由于残余物（灰分）中可能烧成二氧化锰，若发现加 6mol/L 盐酸；有不溶解的棕色沉淀物，可以滴 30% 过氧化氢助溶，然后放在蒸汽浴上蒸干。

四、纸浆、纸和纸板中钙、镁含量的测定

GB/T 8943.4—2008 规定了两个方法，即 EDTA 络合滴定法（方法 A）和火焰原子吸收分光光度法（方法 B），测定纸、纸板和纸浆中钙、镁的含量，仲裁时（指发生争议时）应采用火焰原子吸收分光光度法（方法 B）。当纸、纸板和纸浆中钙、镁各自含量大于 200mg/kg 时，可以采用 EDTA 络合滴定法（方法 A）。本部分适用于各种纸、纸板和纸浆中钙、镁含量的测定。

本节介绍火焰原子吸收分光光度法（GB/T 8943.4—2008 方法 B）。

1. 测定原理

将样品灰化，并把残余物（灰分）溶解于盐酸中。在加入锶离子（或镧离子）抑制某些干扰物质后，将试样溶液吸入一氧化二氮-乙炔或空气-乙炔火焰中。测定由钙空心阴极灯所发射的 422.7nm 谱线的吸收值，以及由镁空心阴极灯所发射的 285.2nm 谱线的吸收值。

2. 试剂

测试用的所有试剂应是分析纯级，测试用的水应是蒸馏水或去离子水。

① 盐酸溶液：约 6mol/L。

② 氯化锶溶液，5%，称取 152.14g 氯化锶（$SrCl_2 \cdot 6H_2O$）（AR 或优级纯）置于 250mL 烧杯中，用水溶解后转移至 1000mL 容量瓶中，再用水稀释至刻度，并混合均匀。此溶液用于抑制一氧化二氮-乙炔火焰法中钙的电离。当使用空气-乙炔火焰法时，不需要此溶液。

③ 氧化镧溶液：约 50g/L。用水润湿 59g 氧化镧（La_2O_3），缓慢而仔细地加入 250mL 浓盐酸（$\rho_{20}=1.19g/cm^3$），使氧化镧溶解。在 1000mL 容量瓶中用水稀释至刻度，并混合均匀。此溶液用于消除空气-乙炔火焰法测定钙含量中的磷酸盐的干扰。当使用一氧化二氮-乙炔火焰法时不需要此溶液。

④ 500mg/L 标准钙溶液 Ⅰ：称取已于温度不超过 200℃ 干燥过的碳酸钙 1.249g±0.001g 置于 1000mL 的容量瓶中，加 50mL 水，然后一滴一滴地加入使碳酸钙完全溶解的最小体积的盐酸（大约 10mL），再用水稀释至容量瓶刻度，并混合均匀。1mL 此标准溶液含有 0.500mg 钙。

⑤ 50mg/L 标准钙溶液 Ⅱ：移取 100mL 标准钙溶液 Ⅰ 于 1000mL 容量瓶中，用水稀释至容量瓶刻度，并混合均匀。1mL 此标准溶液含有 0.050mg 钙。

⑥ 500mg/L 标准镁溶液 Ⅰ，称取 0.5000g 的镁条于 1000mL 的容量瓶中，加入 50mL 的 6mol/L 盐酸，再用水稀释至容量瓶刻度，并混合均匀。1mL 此标准溶液含有 0.500mg 镁。

⑦ 10mg/L 标准镁溶液 Ⅱ：移取 20mL 标准镁溶液 Ⅰ 于 1000mL 的容量瓶中，再用水稀释至容量瓶刻度，并混合均匀。1mL 此标准溶液含有 0.010mg 镁。

3. 仪器

a. 一般实验室仪器。b. 原子吸收分光光度计，配备有钙、镁空心阴极灯和乙炔器（注：多元素灯也可使用）。c. 坩埚或蒸发皿：需要用盐酸浸泡反复洗涤干净。最好用铂金器皿，其污斑应用细砂擦洗干净。

4. 试样的采取和制备

与方法 A 相同。

5. 试验步骤

(1) 试样的称取和灰化

与方法 A（分光光度法）相同。

(2) 试样残余物（灰分）的处理

先向试样残余物（灰分）中加入几滴蒸馏水，润湿后再加入 5mL 盐酸溶液，并在蒸汽浴上蒸发至干。如此重复操作一次，然后再用 5mL 盐酸溶液处理残渣，并在蒸汽浴上加热 5min。用水将坩埚里的内容物移入 100mL 的容量瓶中。为了保证完全抽提，再向每只坩埚中的残渣加入 5mL 盐酸溶液，并在蒸汽浴上加热。用水将此最后一部分内容物移入容量瓶中，与主要的试样溶液合并在一起，用水稀释至容量瓶刻度，并混合均匀。

(3) 标准比较溶液的制备

分别向 6 个 100mL 的容量瓶中加入 5％氯化锶溶液 4mL 或氧化镧溶液 20mL，再加盐酸溶液 10mL（6mol/L），再按表 8-8 所示的体积分别加入钙标准溶液Ⅱ或者镁标准溶液Ⅱ。

表 8-8　　　　　　　　　　钙和镁标准溶液体积与含量对照表

序号	钙标准溶液Ⅱ		镁标准溶液Ⅱ	
	体积/mL	相当钙的质量/mg	体积/mL	相当镁的质量/mg
1*	0	0	0	0
2	2	0.10	2	0.02
3	4	0.20	4	0.04
4	6	0.30	6	0.06
5	8	0.40	8	0.08
6	10	0.50	10	0.10

注：* 标准曲线用的试剂空白试验。

(4) 试液的配制

用移液管移取一定体积 V_x 的试液于 50mL 的容量瓶中，使钙（或镁）含量符合表 8-8 的规定范围。如果不知道样品的钙、镁含量，V_x 值可通过原子吸收预先测量，如移 1.0mL、2.0mL 或 5.0mL 与标准比较溶液一起进行初步测量，或者移出 20mL 用方法 A 测定出大概含量。然后加 5％氯化锶溶 2mL 或 10mL 氧化镧溶液，再加 5mL 盐酸溶液。用水稀释至容量瓶刻度。如果溶液中有悬浮物，需待悬浮物下沉后再进行光谱测量。

(5) 校正仪器

将钙（或镁）空心阴极灯安装在原子吸收分光光度计的灯座上，按仪器规定的操作步骤开启仪器，接通电流并使电流稳定。根据仪器测定条件调节波长。钙在 122.7nm，镁在 285.2nm，在其波长范围内调节至最大吸收值。

然后根据仪器特性（每台仪器都提供有测试参考条件）将电流、灵敏度、狭缝、燃烧头高度、燃气/助燃气比、气流速度、吸入量等调至测试的规定条件。

安全须知：若采用一氧化二氮-乙炔时，要特别注意安全，防止爆炸。应使用一氧化二氮-乙炔燃烧头，在接通一氧化二氮-乙炔前需先用空气-乙炔燃烧器点燃。

(6) 吸收值测量

待仪器正常且火焰燃烧稳定后，依次将标准比较溶液吸入火焰中，并测量每一个溶液的吸收值。测量时应以空白溶液作对照，将仪器的吸收值调节为零，然后测量其余的试样溶液。在标准曲线的制备过程中，应注意保持仪器使用条件的恒定。每次测量之后，应吸蒸馏水清洗燃烧器。

标准曲线系列吸收值的测定应与试样溶液吸收值的测定同时进行，以克服实验条件变化引起的误差。

(7) 绘制曲线

以每 100mL 标准比较溶液所含有的钙（或镁）的质量（以 mg 计）作为横坐标，所得的相应吸收值为纵坐标，绘制标准曲线。

6. 结果计算

由试样溶液吸收值在标准曲线上查得对应的钙（或镁）的质量（mg），以 mg/kg 表示，

按式 (8-23) 计算：

$$w_{钙(或镁)} = 50000 \times \frac{m}{V_x m_0} \tag{8-23}$$

式中　$w_{钙(或镁)}$——钙（或镁）的含量，mg/kg

　　　50000——换算因子，μL

　　　m——由标准曲线所查得试样溶液的含钙（或镁）质量，mg

　　　V_x——移取试样溶液进行吸收值测量的体积，mL

　　　m_0——试样的绝干质量，g

用两次测定的平均值作为测定结果，按表 8-9 的规定报告结果。

表 8-9　　　　　　　　　　钙和镁测定结果的精确度要求

结果平均值/(mg/kg)	报告的精确单位/(mg/kg)	结果平均值/(mg/kg)	报告的精确单位/(mg/kg)
≤100	1	>500	10
>100~500	5		

五、纸浆、纸和纸板中钠含量的测定

GB/T 12658—2008 规定了干湿法消化后采用火焰发射光谱法或火焰原子吸收光谱法测定绝缘用纸浆、纸和纸板中钠含量的方法，适用于各种绝缘浆、纸和纸板，也适用于普通的纸浆、纸和纸板，但试料量需根据钠的含量进行调整。

检出限根据所使用的仪器而定，干湿法消化后用火焰发射光谱法测定，钠的检出限可达 2mg/kg。

1. 测定原理

将试样灰化后，溶于盐酸中，经火焰原子化后，测定钠 588.9nm 谱线的发射强度或钠 588.9nm 谱线的吸收值，所产生的发射强度或吸收值与试样的钠含量成正比，与标准工作曲线比较进行定量分析。

2. 试剂

除非另有说明，在分析中仅使用确认为优级纯的试剂。

① 水，GB/T 6682—2008，二级。

② 盐酸 ρ=1.18g/mL，质量分数为 36%~38%。

③ 氯化铯溶液（CsCl，分析纯，10g/L），称取 1.0g 氯化铯于 100mL 烧杯中，用水溶解后移入 100mL 容量瓶中，稀释至刻度，摇匀，储存于聚乙烯塑料瓶中。该溶液为电离抑制剂，采用原子吸收光谱法时使用。

④ 钠标准溶液Ⅰ，ρ(Na)=1000mg/L，准确称取经 110℃烘干 2h 后的光谱纯氯化钠 0.2542g 于 50mL 的烧杯中，用水溶解并移入 100mL 的容量瓶中，加入 5mL 盐酸，稀释至刻度、摇匀。储存在聚乙烯塑料瓶中备用。

⑤ 钠标准溶液Ⅱ，ρ(Na)=50mg/L，用移液管移取 5.0mL 的钠标准溶液Ⅰ于 100mL 的容量瓶中，加入 5mL 盐酸，用水稀释至刻度。

3. 仪器

a. 常规实验室仪器；b. 马弗炉：能保持温度在 (450±25)℃；c. 陶瓷坩埚：内表面洁白、平滑，100mL；d. 分析天平：感量 0.001g；e. 火焰发射光谱仪；f. 原子吸收分光光谱仪，配钠空心阴极灯。

4. 试样采取和制备

纸浆试样的采取按 GB/T 740—2003 的规定进行，纸和纸板试样的采取按照 GB/T 450—2008 的规定进行。采样时应戴干净的手套采取试样，将样品剪碎（约 2mm×2mm），防止污染。称量前，试样应在天平附近平衡近 20min。

5. 试验步骤

（1）试料的称取

每个样品称取 3 份试样，约 1g（精确至 0.001g），如样品的钠含量超出了工作曲线的范围，则根据检测值对试样量进行调整。同时称取两份试样按 GB/T 462—2008 测定其水分。

（2）空白试验

与试样的测定平行进行，取相同量的所有试剂，采用相同的分析步骤，但不加试样。

（3）灰化处理

将装有试样的坩埚放入马弗炉中，敞开盖，马弗炉不紧闭，以保证氧气充足。升温至（200±25）℃，保持 1h，再升温至（450±25）℃，保持 4h。完全灰化后，盖上坩埚盖，取出坩埚，自然降温至室温。

警告：注意高温，防止灼伤。

（4）灰的溶解和试液的制备

仔细地沿壁向坩埚中滴入约 10mL 的水，加入 2.5mL 盐酸，移入 50mL 的容量瓶中，再用少量水洗涤坩埚 3～4 次，洗涤液一并移入容量瓶中。如有沉淀，用快速定量滤纸过滤，然后用水稀释至刻度，摇匀。

如用原子吸收光谱法测定，定容前向容量瓶中准确地加 0.5mL 氯化铯溶液。

（5）钠含量的测定

① 原子吸收光谱法：用移液管分别移取 0、0.5、1.0、1.5、2.0、2.5mL 的钠标准溶液Ⅱ于 50mL 的容量瓶中，加入 2.5mL 盐酸，0.5mL 氯化铯溶液，用水稀释至刻度，摇匀。每毫升上述标准溶液分别含钠 0、0.5、1.0、1.5、2.0 和 2.5μg。根据仪器操作手册设定参数，并使仪器操作参数最佳化。用空气-乙炔火焰，在 588.9nm 处测定空白溶液、标准工作溶液、试样溶液的吸光度。钠的工作曲线是非线性曲线，当吸光度过高，可通过旋转燃烧头，使吸光度达到仪器的最佳值。

② 发射光谱法：用移液管分别移取 0、0.5、1.0、1.5、2.0、2.5mL 的钠标准溶液于 50mL 的容量瓶中，加入 2.5mL 盐酸，用水稀释至刻度，摇匀。每毫升上述标准溶液分别含钠 0、0.5、1.0、1.5、2.0、2.5μg。根据仪器操作手册设定参数，并使仪器操作参数最佳化。用空气-乙炔火焰，在 588.9nm 处测定空白溶液、标准工作溶液、试样溶液的发射强度。

③ 绘制标准曲线：绘制校准曲线，以计算试样溶液的钠含量。

6. 结果计算

钠含量以钠的质量分数 w_{Na} 计，数值以毫克每千克（mg/kg）表示，按式（8-24）计算：

$$w_{Na} = \frac{(\rho_1 - \rho_0) \times V}{m} \tag{8-24}$$

式中　w_{Na}——试样中钠的含量，mg/kg

ρ_1——试样溶液中钠的浓度，mg/L

ρ_0——空白溶液中钠的浓度，mg/L

V——定容的体积，mL

m——试样的绝干质量，g

计算结果保留至小数点后一位，以 3 次测定结果的平均值作为测定结果。

7. 质量保证和控制

① 选择最佳温度和时间是灰化处理的关键，温度过高会造成钠的挥发损失，温度过低会使灰化不彻底，残留吸附，造成结果出现偏差。因马弗炉的个体差异，温度不易准确控制，建议同时做加标回收，如果回收率在 90%～110%，测定结果可采用，否则，应调整灰化处理的温度和时间。

② 灰化处理后，当坩埚内表面呈现黑色或有碳粒残留，均是灰化不彻底的表现。

③ 灰化处理时，为了氧气充足，灰化充分，马弗炉不应闭紧，坩埚应敞开。但应注意坩埚取出前应加盖，防止灰的飘飞，造成损失。在碳化过程中，会有烟排出，建议配合使用抽风装置。

④ 在溶解灰时，应沿坩埚内壁滴水，防止灰的飘飞。

⑤ 试样在称量前，应在天平附近平衡 20min，可避免因试样本身的水分变化而导致称量数据的不稳定。

⑥ 当测定值不在工作曲线范围内，建议调整工作曲线范围或试样质量，不建议稀释样品。

⑦ 注意坩埚的个体差异所引起的空白值的差异。建议使用同批生产的坩埚，不建议使用内表面粗糙变黄的坩埚。由于灰化不完全会导致坩埚有残留，建议坩埚使用前 700℃下灼烧 1h，然后用稀硝酸浸泡，冲洗干净。试验用的玻璃器皿应在使用前用稀硝酸浸泡，然后冲洗干净。

六、纸和纸板中二氧化钛含量的测定（火焰原子吸收光谱法）

GB/T 12910—1991 规定了分光光度法（简称方法 A）和火焰原子吸收分光光度法（简称方法 B）两种测定方法。这两种测定方法具有同等效力。下面介绍火焰原子吸收光谱法（参见 GB/T 12910—1991 方法 B），分光光度法见本章第一节。

1. 测定原理

首先将样品灼烧成灰，用硫酸和硫酸铵加热溶解其灰分，然后加入氯化钾溶液，应用火焰原子吸收分光光度法测定。

2. 试剂

① 分析时必须使用分析纯的试剂和蒸馏水或去离子水（电导率小于 1mS/m）。

② 硫酸铵 $[(NH_4)_2SO_4]$。

③ 稀酸溶液：在加有约 500mL 水的烧杯中，在不断搅拌下小心地加入 100mL 浓硫酸和 40g 硫酸铵，然后加水稀释至 1L。

④ 二氧化钛标准铁溶液：500mg/L。按分光光度法中的规定制备（参见本章第一节）。

⑤ 氯化钾溶液：20g/L。

3. 仪器

① 铂的、石英的或瓷的坩埚。

② 原子吸收分光光度计：配备有乙炔气、一氧化二氮（N_2O）高温燃烧头和钛的空心阴极灯。

4. 试验步骤

(1) 标准曲线的绘制

① 标准比较溶液的制备：分别向 6 个 50mL 的容量瓶中加入 0.0、5.0、10.0、15.0、20.0 和 25.0mL 的二氧化钛标准溶液和 2.5mL 氯化钾溶液，然后用稀酸溶液稀释至刻度，并混合均匀。该溶液相当的二氧化钛浓度分别为 0.0（空白参比溶液）、50.0、100.0、150.0、200.0 和 250.0mg/L。

② 校正仪器：与铜含量的测定相同，但安装钛空心阴极灯，调节波长为 365.3nm。

③ 吸收值测量：与铜含量的测定相同。

④ 绘制曲线：以二氧化钛标溶液的浓度（mg/L）为横坐标，以所得的相应的吸收值为纵坐标，绘制标准曲线。

如果仪器设置有自动数据计算系统，则可以省略绘制曲线。

(2) 样品的测定

① 样品的采取和制备：与分光光度法相同（参见本章第一节）。

② 灰分溶解液的制备：与分光光度法相同（参见本章第一节），火焰原子吸收法二氧化钛校准曲线范围为 1~5g/kg。

③ 试液的制备：移取灰分溶解液 25mL（如果溶解液含有不溶解物，让其沉淀下去，移取上部澄清液）于一个 50mL 的容量瓶中，加入 2.5mL 氯化钾溶液，然后用稀酸溶液稀释至刻度，混合均匀。配成后的试液浓度一定要在绘制标准曲线时所制备的比较溶液相应的浓度范围之内，否则应适当地增减移取灰分溶解液的体积。

④ 校正仪器：与标准曲线的绘制中校正仪器操作相同。

⑤ 吸收值的测定：与标准曲线的绘制中吸收值的测定操作相同。

5. 火焰原子吸收分光光度法的结果计算

试样的二氧化钛含量 w_{TiO_2}，以 g/kg 表示，按式 (8-25) 计算。

若试样的二氧化钛含量 w'_{TiO_2} 以％表示时，按式 (8-26) 计算。

如果测试中所用的皆为标准规定的体积，式 (8-25)、式 (8-26) 可以分别简化为式 (8-27)、式 (8-28)。

$$w_{TiO_2} = \frac{\rho V_1 V_3}{1000 V_2 m} \qquad (8\text{-}25)$$

$$w'_{TiO_2} = \frac{\rho V_1 V_3}{1000000 V_2 m} \times 100(\%) \qquad (8\text{-}26)$$

$$w_{TiO_2} = \frac{0.2\rho}{m} \qquad (8\text{-}27)$$

$$w'_{TiO_2} = \frac{0.0002\rho}{m} \times 100(\%) \qquad (8\text{-}28)$$

式中 w_{TiO_2} ——样品的二氧化钛含量，g/kg

w'_{TiO_2} ——样品的二氧化钛含量，％

ρ ——由标准曲线查得试验样品溶液的二氧化钛浓度，mg/L

V_1 ——配成测量溶液的体积（标准规定为 50mL），mL

V_2 ——为了配制测量溶液所移取灰分溶解液的体积（标准规定为 25mL）

V_3——灰分溶解液的总体积（标准规定为 100mL），mL

m——试样的绝干质量，g

两次测定结果的平均值，对含二氧化钛低于 100g/kg 的试样修约至 0.1g/kg；超过 100g/kg 的试样修约至整数。其相对误差不超过 5%。

七、白液和绿液中钠和钾含量的测定

（一）测定原理

制造硫酸盐法纸浆蒸煮用的白液和黑液经回收系统处理后所得的绿液，其中所含的钠和钾均以无机盐的形式存在于溶液中，不需要进行预处理，可直接用原子吸收光谱进行尽量分析。

（二）仪器

原子吸收光谱仪：在波长 589.0nm 处测定钠，在波长 766.5nm 处测定钾。

（三）试剂

① 全部试剂为分析纯，使用电导率小于 100μs/m 的蒸馏水或无离子水来配制试剂溶液，或稀释试样。

② 标准钠溶液：100mg/L。在铂坩埚（或瓷坩埚）中以 550℃ 灼烧少量无水硫酸钠（Na_2SO_4）放入干燥器中冷至室温。用分析天平称取（3.089±0.005）g 溶于少量蒸馏水中。移入 100mL 容量瓶中加水至刻度并摇匀，取出此贮存液 100mL，在容量瓶中稀释至 1L。装入聚乙烯瓶中保存。剩下的贮存液可保存备用。

③ 标准钾溶液：100mg/L 用铂坩埚（或瓷坩埚）在 550℃ 灼烧无水硫酸钾（K_2SO_4）在干燥器中冷却。用分析天平称取（2.228±0.005）g 溶于蒸馏水中，用容量瓶稀释至 1L，取此贮存液 100mL 用容量瓶稀释至 1L，保存于聚乙烯瓶中。剩下的贮存液可保存备用。

④ 铯溶液：50g/L（只在用原子吸收光谱测定钠或钾时用）溶解 63.5g 氯化铯（CsCl）于蒸馏水中并稀释至 1L。

（四）试样准备

将试样瓶竖放，静置，其中如有固体物即可沉到瓶底。

（五）原子吸收光度法的测定步骤

参见 SCAN-N29：84。

1. 校准溶液的制备

取标准钠溶液 10mL，在容量瓶中稀释到 100mL。此溶液含钠 10mg/L。

取 5 种不同 V（mL）的上述稀释的标准溶液移入 5 个 100mL 容量瓶中，并用蒸馏水稀释以制备一系列校准溶液。加入 2mL 铯溶液，再加入水至刻度。选择体积 V（mL）应符合原子吸收光谱仪的工作范围；此范围通常为 0.1～1.0mg/L。同时准备一份空白溶液（$V=0$）。完全按上述同样方法制备一系列钾校准溶液。

2. 钠的测定

用移液管吸取澄清试样溶液 10.0mL 于 1000mL 容量瓶中，用蒸馏水稀释至刻度。吸取此溶液 10mL 于 500mL 容量瓶中稀释至刻度，吸取此溶液 a mL 于一个 100mL 容量瓶中。加入 2mL 铯溶液，再加水至刻度。选择 a 数值使最后溶液的钠含量处在一系列校准溶液的范围内。a 值一般大约在 5mL。

按照原子吸收光谱仪的使用说明，对空气-乙炔焰测定波长 589.0nm 的吸收值，在测样品之前与之后均测定各校准溶液的吸收值，给出校准溶液不同的钠含量的吸收曲线，由此查出相应的试样溶液的钠含量。

3. 钾的测定

由澄清试样溶液中，用移液管移取 10mL 于 1000mL 容量瓶中，用蒸馏水稀释至刻度。移取此稀溶液 b mL 于 100mL 容量瓶中，加铯溶液 2mL，再加水至刻度。选择 b 数值使最后溶液的钾含量处在一系列校准溶液的范围。b 值一般为 1～2mL。

使用钾校准溶液与测钠同样的程序测定稀释试样在 766.5nm 的吸收值。

（六）结果计算

未经稀释的原试样溶液中的钠含量 ρ_{Na}（g/L）和钾含量 ρ_K（g/L）按式（8-29）和式（8-30）计算：

$$\rho_{Na}=500\rho_1/V_1 \tag{8-29}$$

$$\rho_K=10\rho_2/V_2 \tag{8-30}$$

式中 ρ_1——由标准曲线上求得的钠含量，mg/L

ρ_2——由标准曲线上求得的钾含量，mg/L

V_1——分析钠时取用的试样溶液体积，mL

V_2——分析钾时取用的试样溶液体积，mL

500——由于试样溶液稀释及单位换算应乘的因素，L

10——由于试样溶液稀释及单位换算应乘的因素，L

第四节 气相色谱分析

色谱法（Chromatography）是利用各组分在不同的两相（固定相和流动相）中分配系数（即组分在固定相中的浓度与在流动相中的浓度之比）的差异（即表现为在色谱柱中的保留时间不同），而得到分离。色谱法包括纸色谱（PC）、薄层色谱（TLC）、气相色谱（GC）和液相色谱（HPLC）等。

流动相为气体的称为气相色谱；流动相为液体的称液相色谱。固定相可以为固体（称为气-固色谱或液-固谱），也可以是液体（称为气-液色谱或液-液色谱）。其中以气-液色谱法和液-液色谱法应用较广泛。

气相色谱法的固定相为固体或者是涂在载体（称为担体）上或毛细管壁上的难挥发的高沸点液体（称为固定液）；流动相为气体（称为载气，如氮气、氦气或氢气等）。载气取自高压气瓶，经过减压、净化、稳压后进入汽化室。样品进入汽化室后迅速气化，并被载气带入填充了固定相的色谱柱，经过分离后组分逐一随载气离开色谱柱进入检测器（紫外检测器、热导池检测器或氢火焰离子化检测器等）。检测器把组分的信号检测后经放大器输入记录仪，从而得到色谱峰。

随着现代测试技术的发展，近年来气相色谱法和液相色谱法在制浆造纸工业分析中得到了广泛应用。其中应用最为广泛的是用于造纸植物纤维原料和纸浆中糖类各组分的分离与鉴定，以及木素单体降解产物的分析。同时，也用于其他成分（如蒽醌、松香酸、松节油等）的分析测定。本节介绍气相色谱法的应用。

一、气相色谱法测定原料和纸浆中的糖类组分

造纸植物纤维原料和纸浆中的糖类包括纤维素和半纤维素。其中，纤维素是由单一的葡

萄糖基组成的，酸水解产物为单一的葡萄糖；而半纤维素则由多种糖基组成，酸水解后的主要单糖有葡萄糖、甘露糖、木糖、阿拉伯糖和半乳糖等。

各种原料中糖类的组成和结构不同，而且各种糖类组分在制浆造纸过程中的溶出情况是不相同的。因此，除需要测定原料和纸浆中纤维素和半纤维素的总含量外，再进一步分析其中各种碳水化合物组分的各自含量，对于表征原料的特性和研究制浆造纸过程中各糖类组分的溶出规律具有重要意义。

造纸原料和纸浆中糖类组成的分析通常采用色谱法（包括纸色谱法、薄层色谱法、气相色谱法和液相色谱法）。气相色谱法自1963年开始用于造纸原料和纸浆的糖类组分分析，由于其具有分离效能高，分析速度快，样品用量少，定量结果准确，易于自动化等优点，因此成为造纸现代测试技术中比较成熟的，且应用较广泛的测定方法之一。气相色谱-质谱联用（GC-MS）也成功地用于糖类组分的分析。

采用气相色谱法分析造纸植物纤维原料和纸浆中糖类的相对组成，既分别求得糖类中各主要单糖（葡萄糖、甘露糖、木糖、半乳糖、阿拉伯糖等）的相对百分数（相对含量），还可计算出各种单糖对原料（或纸浆）绝干量的百分数（绝对含量）。

下面对气相色谱法糖类组分析的操作程序做一简述，并介绍造纸原料和纸浆中糖类组分气相色谱分析的国家标准方法（《GB/T 12033—2008 造纸原料和纸浆中糖类组分的气相色谱的测定》）。同时，国外文献介绍了对糖类组分气相色谱分析方法的一些改进措施，本节也略加节选，供大家多考，以便于简化操作。

（一）气相色谱分析的程序

气相色谱法糖类组分的分析，需首先制备糖类挥发性衍生物，以适应气相色谱对分析试样的要求；要选择合适的担体和固定液种类；还要测定出各种单糖的重量校正因子；色谱分析后依据气相色谱的相对保留时间进行定性分析，以确定各色谱峰所代表的单糖种类；继而进行定量分析，最终计算出各种单糖的含量（相对含量和绝对含量）。下面对上述程序做一简述：

1. 糖类挥发性衍生物的制备方法与原理

气相色谱分析对试样的要求是能气化，而且热稳定性好，不分解。因此，造纸植物纤维原料和纸浆试样采用气相色谱法分析糖类组成时，必须首先对试样进行处理，先用硫酸使聚糖通过酸水解而生成醛糖，然后再制备成单糖的挥发性衍生物。常用的制备糖类挥发性衍生物的方法有：糖三甲基硅醚化法、糖腈乙酸酯化法和糖醇乙酸酯化法等。我国已将造纸原料和纸浆中糖类组分的糖醇乙酸酯化法气相色谱分析定为国家标准测定方法（GB/T 12033—2008）。

（1）糖三甲基硅醚化法

将酸水解后生成的醛糖溶解于吡啶中，加入硅醚化试剂（六甲基二硅胺和三甲基氯硅烷）进行硅醚化，生成各种糖的三甲基硅醚衍生物。反应式如下：

$$\begin{matrix} \text{CHO} \\ (\text{CH}-\text{OH})_n \\ \text{CH}_2\text{OH} \end{matrix} + \begin{matrix} \text{CH}_3 \\ \text{CH}_3-\text{Si}-\text{Cl} \\ \text{CH}_3 \end{matrix} + \begin{matrix} \text{CH}_3 \quad \text{CH}_3 \\ \text{CH}_3-\text{Si}-\text{NH}-\text{Si}-\text{CH}_3 \\ \text{CH}_3 \quad \text{CH}_3 \end{matrix} \longrightarrow \begin{matrix} \text{CHO} \\ [\text{CH}-\text{O}-\text{Si}(\text{CH}_3)_3]_n \\ \text{CH}-\text{O}-\text{Si}(\text{CH}_3)_3 \end{matrix}$$

醛糖　　　三甲基氯硅烷　　　　六甲基二硅胺　　　　糖三甲基硅醚

该方法制备较简单，但三甲基硅醚化糖衍生物存在异构体，在色谱图上出现一种单糖有多个色谱峰，或是几种单糖峰互有重叠的情况，给定量带来困难，因而现在较少采用。

(2) 糖腈乙酸酯化法

将醛糖溶解于吡啶后，加入盐酸羟胺，使醛糖转变成糖肟，再与乙酸酐反应生成糖腈乙酸酯。反应式如下：

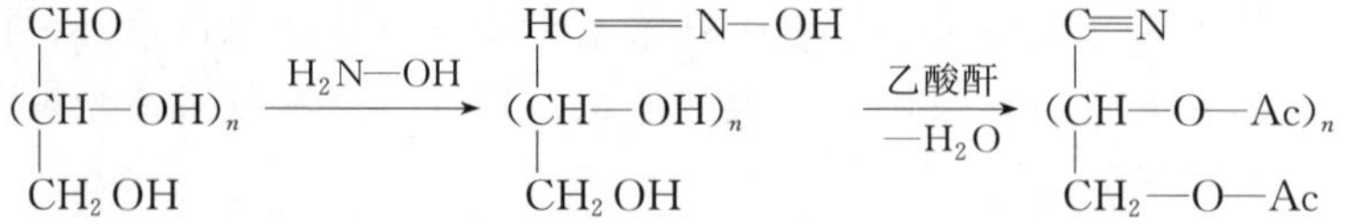

$$\begin{array}{c} \text{CHO} \\ | \\ (\text{CH}-\text{OH})_n \\ | \\ \text{CH}_2\text{OH} \end{array} \xrightarrow{\text{H}_2\text{N}-\text{OH}} \begin{array}{c} \text{HC}=\text{N}-\text{OH} \\ | \\ (\text{CH}-\text{OH})_n \\ | \\ \text{CH}_2\text{OH} \end{array} \xrightarrow[-\text{H}_2\text{O}]{\text{乙酸酐}} \begin{array}{c} \text{C}\equiv\text{N} \\ | \\ (\text{CH}-\text{O}-\text{Ac})_n \\ | \\ \text{CH}_2-\text{O}-\text{Ac} \end{array}$$

醛糖　　　　　　　糖肟　　　　　　　糖腈乙酸酯

该法较为简单，无异构体，定量较准确。

(3) 糖醇乙酸酯化法

醛糖用硼氢化钠（$NaBH_4$）还原成糖醇以后，用乙酸酐和乙酸丁酯将糖醇乙酰化，即转变为糖醇乙酸酯。反应式如下：

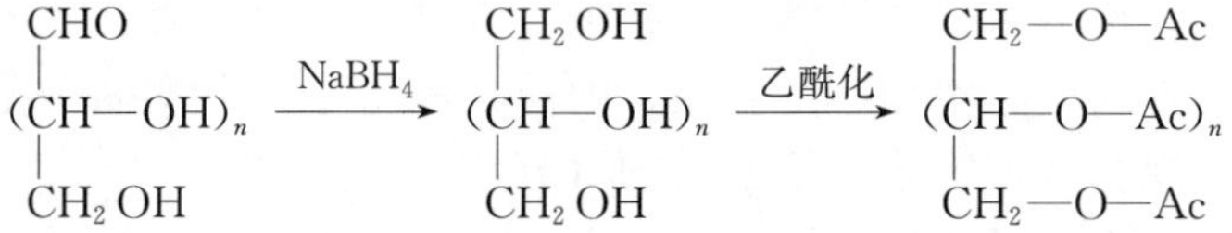

$$\begin{array}{c} \text{CHO} \\ | \\ (\text{CH}-\text{OH})_n \\ | \\ \text{CH}_2\text{OH} \end{array} \xrightarrow{\text{NaBH}_4} \begin{array}{c} \text{CH}_2\text{OH} \\ | \\ (\text{CH}-\text{OH})_n \\ | \\ \text{CH}_2\text{OH} \end{array} \xrightarrow{\text{乙酰化}} \begin{array}{c} \text{CH}_2-\text{O}-\text{Ac} \\ | \\ (\text{CH}-\text{O}-\text{Ac})_n \\ | \\ \text{CH}_2-\text{O}-\text{Ac} \end{array}$$

醛糖　　　　　　　糖醇　　　　　　　糖醇乙酸酯

该法测定精确，但制样较复杂。GB/T 12033—2008 采用糖醇乙酸酯化法。

2. 担体和固定相的选择

气相色谱法分析糖类组分常选用的担体和固定液种类如下：

担体：Chromosorb W A W DMCS；Gas-chrom QP（一种经酸洗、碱洗和硅烷化处理的硅藻土型白色担体）。

固体液：3％ECNSS-M（丁二酸乙二醇-氰乙基硅氧烷的共聚物）；OV-17、OV-225（硅氧烷）；XF-1112；1.5％EGS+1.5XE-60（乙二酸乙二醇酯和氰乙基甲基硅酮）。

GB/T 12033—2008 采用 Chromosorb W A W DMCS 作为担体，固定液为 3％ECNSS-M。

3. 各种单糖质量校正因子的求法

某一组分的质量与色谱峰面积之比，称为该组分的绝对质量校正因子。在定量分析中都是用相对质量校正因子，即某组分与一种标准物质（内标物）的绝对校正因子之比值。糖类组分测定的内标物为肌醇。

某一组分的相对质量校正因子 K_i 按式 (8-31) 计算：

$$K_i = \frac{m_s/A_s}{m_i/A_i} = \frac{A_i m_s}{A_s m_i} \tag{8-31}$$

式中　m_i——某一组分质量，mg

　　　m_s——内标物的质量，mg

　　　A_i——某一组分的色谱峰面积

　　　A_s——内标物的色谱峰面积

4. 定性分析

将待测试样（原料或纸浆）和内标物（肌醇）先制备成糖的挥发性衍生物，然后进行气相色谱分析，得到试样的色谱图（如图 8-7 为鱼鳞松的糖醇乙酸酯气相色谱图），图中各种单糖组分已得到分离。

定性分析即是确定待测试样色谱图中各个色谱峰所对应的单糖的种类。通常依据相对保留时间来确定。

就一个色谱峰而言：被测组分从进样到流出的最大浓度（色谱峰的峰值）所经过的时间称为保留时间（t_R）；由保留时间扣除空气峰的出峰时间（死时间 t_0）的差值，称为校正保留时间（t'_R）；相对保留时间则为被测组分的校正保留时间（t'_{Ri}）与内标物的校正保留时间（t'_{RS}）之比值。即：

$$\text{相对保留时间} = \frac{t_{Ri}-t_0}{t_{RS}-t_0} = \frac{t'_{Ri}}{t'_{RS}} \quad (8\text{-}32)$$

取 5 种纯的标准单糖（葡萄糖、甘露糖、木糖、半乳糖和阿拉伯糖）试剂，加入内标物（肌醇），按与试样相同的条件，分别制备糖的挥发性衍生物和进行色谱分析，作出各标准单糖的气相色谱图。

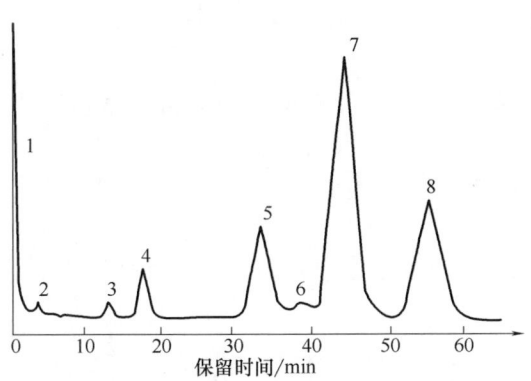

图 8-7 鱼鳞松的糖醇乙酸酯气相色谱图
（色谱柱 Gas Chrom Q 涂 3%ECNSS—M）
1—溶剂峰 2—空气峰 3—阿拉伯糖 4—木糖 5—甘露糖 6—半乳糖 7—葡萄糖 8—肌醇（内标物）

在一定的色谱条件下，各组分有一定的保留时间，不受混合物中共存的其他组分的影响。因此，在同一色谱条件下，将得到的试样色谱图与已知标准单糖的色谱图相对照，根据相对保留时间可确定被测定试样色谱图中的某一色谱峰是由何种单糖所产生。

5. 定量分析

气相色谱的定量分析方法主要有下列 3 种：

（1）归一化法

当试样中的所有组分都能产生相应的色谱峰，并且已知各个组分的相对质量校正因子，则可用归一化法求出各组分的含量：

$$w_i = \frac{K_i A_i}{K_1 A_1 + K_2 A_2 + \cdots + K_n A_n} \times 100(\%) \quad (8\text{-}33)$$

式中　w_i——组分 i 的百分含量，%
A_1、$A_2 \cdots A_n$——组分 1、2……n 的色谱峰面积
K_1、$K_2 \cdots K_n$——组分 1、2……n 的重量校正因子

（2）内标法

内标物的色谱峰应当是与试样中各组分的色谱峰互不重叠，且出峰时间相近。测定造纸原料和纸浆中糖类组分时，通常用肌醇作为内标物。

试样中各组分的百分含量 w_i 用式（8-34）计算：

$$w_i = \frac{m_i}{m} \times 100\% = \frac{K_i A_i m_s}{A_s m} \times 100\% \quad (8\text{-}34)$$

式中　m——试样质量，mg
m_i——某一组分质量，mg
m_s——内标物质量，mg
A_i——某一组分的色谱峰面积
K_i——某一组分的相对重量校正因子
A_s——内标的色谱峰面积

内标法准确度高，操作比较麻烦。

(3) 外标法

又称为已知样校正法。即首先用纯的标准试剂作出标准曲线（峰面积与含量的关系曲线）。在同样的色谱条件下，并且准确而定量地进样（即进样量相等），则根据色谱面积，可由标准曲线查得某一组分的含量。

气相色谱法分析造纸植物纤维原料和纸浆中糖类组分时，通常采用内标法（以肌醇作内标物），也有归一化法的。

（二）造纸原料和纸浆中糖类组分的气相色谱测定方法

参见国家标准 GB/T 12033—2008。

本标准规定了造纸原料和纸浆中主要糖类组分的气相色谱测定方法。本标准适用于各种造纸原料及各种纸浆中糖类组分的测定。

1. 测定原理

用硫酸在高温高压的条件下，将造纸原料或纸浆中的纤维素和半纤维素水解成单糖溶液，以碳酸铅中和后采用硼氢化钠进行还原，使之成为糖醇。在高温条件下，用乙酸酐进行衍生化，形成挥发性衍生物，然后进行气相色谱分析，内标法定量。

2. 试剂和材料

除非另有说明，在分析中仅使用确认为分析纯的试剂和蒸馏水或去离子水或相当纯度的水。

a. 碱式碳酸铅 [$Pb(OH)_2 \cdot 2PbCO_3$]；b. 硼氢化钠（$NaBH_4$）；c. 乙酸（CH_3COOH）：浓度为36%；d. 二氯甲烷（CH_2Cl_2）：色谱纯；e. 无水乙醇（C_2H_5OH）；f. 乙酸酐（$C_4H_6O_3$）；g. 乙酸丁酯（$C_6H_{12}O_2$）；h. 硫酸溶液：用蒸馏水将优级纯的硫酸配制成浓度为72%；i. 盐酸溶液：浓度为1mol/L；j. 内标物：肌醇标准品（$C_6H_{12}O_6$），纯度大于98.5%；k. 葡萄糖标准品（$C_6H_{12}O_6$）：纯度大于98.5%；l. 半乳糖标准品（$C_6H_{12}O_6$）：纯度大于98.5%；m. 甘露糖标准品（$C_6H_{12}O_6$）：纯度大于98.5%；n. 木糖标准品（$C_5H_{10}O_5$）：纯度大于98.5%；o. 阿拉伯糖标准品（$C_5H_{10}O_5$）：纯度大于98.5%；p. 内标物溶液：准确称取适量内标物，用蒸馏水配制成所需浓度的内标物溶液；q. 混合标准溶液：准确称取适量的葡萄糖标准品、半乳糖标准品、甘露糖标准品、木糖标准品、阿拉伯糖标准品及内标物，用蒸馏水配制成所需浓度的混合标准溶液；r. 强酸型阳离子交换树脂。

3. 仪器和设备

实验室常用仪器及以下仪器。

a. 气相色谱仪：配有氢火焰检测器（FID）；b. 电子天平，感量0.0001g；c. 恒温水浴锅；d. 医用高压锅；e. 旋转蒸发器：可控制温度至75℃，能抽真空至－101kPa（－750mmHg）；f. 烘箱：可调至（120±2）℃；g. 真空干燥器，干燥剂为五氧化二磷。

4. 试样制备

如果是原料测定，应将原料磨碎至40～60目；如果是纸浆测定，应将纸浆抄成纸片后撕碎。风干24h后，各称取2份2g试样，按GB/T 462—2008测定其绝干质量。

5. 试验步骤

（1）水解

称取绝干质量约为0.3g（准确至0.0005g）的试样于15mL离心管中，置于真空干燥器内，抽真空后，放置过夜。移取3mL硫酸溶液加入其中，插入尖头玻璃棒搅拌均匀，在（30±1）℃水浴锅中水浴1h进行水解，用66mL蒸馏水分数次清洗至200mL烧杯中。加入

10mL 内标物溶液后,置于医用高压锅中,在 120℃水解 1h,取出。

(2) 还原

上述水解溶液冷却后,从中取 10mL 清液于 50mL 烧杯中,加适量碱式碳酸铅,中和 pH 至 5,过滤。在滤液中加入 0.2g 硼氢化钠,置于(40±1)℃水浴锅中水浴 0.5h,然后滴加乙酸至无气泡为止。将此溶液转移至 10mL 量筒中,加蒸馏水至 10mL 刻度,用玻璃棒轻轻上下搅匀后进行离子交换。

(3) 离子交换

将强酸型阳离子交换树脂风干,磨碎至 150～200 目。用蒸馏水浸泡数小时后,注入内塞有少许玻璃棉的 10mL 酸式滴定管中约 3mL,制备成强酸型阳离子交换柱,用盐酸溶液淋洗,使其成为 H^+ 型。然后用蒸馏水洗涤该强酸型阳离子交换柱内残余的盐酸,直至中性为止。移取 1mL 上述还原并稀释后的溶液,注入该强酸型阳离子交换柱,再用蒸馏水淋洗,流速控制约为 0.2mL/min,直至流出液为中性。

(4) 衍生化

将所收集到的流出液用旋转蒸发器在 55℃浓缩至干,加入 5mL 无水乙醇,蒸干,再加入 5mL 无水乙醇,再蒸干。加入乙酸酐和乙酸丁酯 1mL,在(120±2)℃的烘箱中酯化 1.5h。取出后,加 5mL 蒸馏水,用旋转蒸发器在 75℃浓缩至干,再加 1mL 蒸馏水,蒸干,用 1mL 二氯甲烷定容后,供气相色谱分析。

(5) 标准工作液的制备

准确吸取适量的混合标准溶液,按(2)、(3)、(4)步骤操作。

(6) 测定

1) 气相色谱条件

由于测定结果取决于所使用的仪器,因此不可能给出气相色谱的通用参数。设定的参数应保证色谱测定时被测定组分与其他组分能够得到有效的分离,下面给出的参数证明是可行的。

① 色谱柱:30m×0.32mm(内径)×0.25μm(膜厚),DB-5 石英毛细管柱;

② 色谱柱温度程序:220℃保持 15min,然后以 2℃/min 程序升温至 260℃,保持 10min;

③ 进样口温度:300℃;

④ 检测器温度:300℃;

⑤ 载气:氮气,纯度≥99.99%,0.7mL/min;

⑥ 进样方式:分流进样,分流比为 1:20,0.75min 后开阀;

⑦ 进样量:1.0μL。

2) 气相色谱测定

根据样液中被测物的含量情况,选定浓度相近的标准工作溶液。按 1) 的条件,分别对标准工作液和试样溶液进行分析。用色谱峰保留时间定性,内标法定量,标准工作液和样品溶液中的单糖衍生物的响应值应在仪器检测的线性范围内。单糖衍生物的气相色谱保留时间参见附录 A,典型气相色谱图参见附录 B。

6. 结果计算

按式(8-35)计算各单糖校正因子 K:

$$K=\frac{A_c \times m_s}{A_s \times m_c} \tag{8-35}$$

式中　A_c——标准工作溶液中标准单糖色谱峰面积

　　　m_c——标准工作溶液中标准单糖的质量，mg

　　　A_s——标准工作溶液中内标物色谱峰面积

　　　m_s——标准工作溶液中内标物质量，mg

注：确定 K 需称 5 种标准单糖，各种标准单糖称量数值应尽量接近样品中实际的各种单糖的质量。一般要求的分析按下述称量：葡萄糖 0.13g，半乳糖和阿拉伯糖各 0.01g，甘露糖和木糖各 0.03g。

按式（8-36）和式（8-37）计算试样中单糖和聚糖的绝对含量（%）：

$$单糖含量 = \frac{A \times m_s}{A_s \times m \times B} \times 100(\%) \tag{8-36}$$

$$聚糖含量 = B \times 单糖含量 \tag{8-37}$$

式中　A——试样溶液中各单糖的峰面积

　　　A_s——试样溶液中内标物峰面积

　　　m_s——试样溶液中内标物质量，mg

　　　m——试样的绝干质量，g

　　　B——单糖与聚糖的转换系数

对葡萄糖、半乳糖、甘露糖，$B=0.9$；对木糖、阿拉伯糖，$B=0.88$。

按式（8-38）的和式（8-39）计算试样中单糖和聚糖的相对含量（%）：

$$单糖相对含量 = \frac{单糖绝对含量}{全部单糖绝对含量总和} \times 100(\%) \tag{8-38}$$

$$聚糖相对含量 = \frac{聚糖绝对含量}{全部聚糖绝对含量总和} \times 100(\%) \tag{8-39}$$

7. 检测低限和回收率

（1）检测低限

本标准对阿拉伯糖、木糖、葡萄糖、甘露糖、半乳糖的检测低限均为 0.1%。

（2）回收率

本标准中 5 种糖类组分的回收率见表 8-10。

表 8-10　　　　　　　　　　　　　5 种糖类组分的回收率

组分	水平Ⅰ		水平Ⅱ		水平Ⅲ	
	加入量/mg	回收率/%	加入量/mg	回收率/%	加入量/mg	回收率/%
阿拉伯糖	0.47	91~109	1.41	91~102	14.07	94~99
木糖	10.88	94~103	43.52	95~101	217.60	94~99
葡萄糖	22.44	93~101	44.88	94~100	89.76	97~102
甘露糖	1.49	95~106	7.94	93~104	39.68	96~101
半乳糖	0.49	92~106	1.46	97~105	14.65	96~102

（3）精密度

在同一实验室，由同一操作者使用相同设备，按相同的测定方法，并在短时间内对同一被测对象相互独立进行测定，所获得的两次独立测定结果的绝对差值不大于这两个测定值的算术平均值的 10%。以大于这两个测定值的算术平均值的 10% 的情况不超过 5% 为前提。

附录 A（资料性附录）
5 种单糖及内标物的衍生物气相色谱保留时间

5 种单糖及内标物的衍生物气相色谱保留时间，见表 8-11。

表 8-11　　　　　　　　　5 种单糖及内标物的衍生物气相色谱保留时间

序号	化合物名称	保留时间/min
1	阿拉伯糖 L(+)arabinose	8.467
2	木糖 D(+)xylose	8.823
3	肌醇 inositol	15.509
4	葡萄糖 glucose anhydrous	16.139
5	甘露糖 D-mannose	16.358
6	半乳糖 D(+)galactose	16.632

附录 B（资料性附录）
5 种单糖及内标物衍生物的典型气相色谱图

图 8-8 给出了 5 种单糖及内标物衍生物的典型气相色谱图。

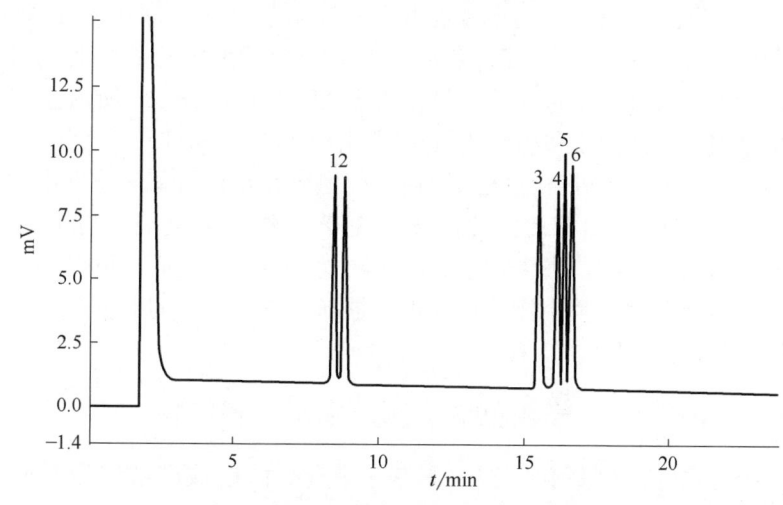

图 8-8　5 种单糖及内标物衍生物的典型气相色谱图

1—阿拉伯糖 [L（+）arabinose]　2—木糖 [D（+）xylose]　3—肌醇（inositol）　4—无水葡萄糖（glucose anhydrous）　5—甘露糖（D-mannose）　6—半乳糖 [D（+）galactose]

（三）气相色谱法测定糖类组分的改进方法

采用糖醇乙酸酯化气相色谱法分析糖类组分，虽然具有精确度高、定量准确的优点，但由于在糖醇乙酸酯制备过程中所需蒸发步骤较多，因而相当耗时费力。为了简化操作，改进分析效率，Tappi Journal1997Vol80（9）介绍了快速改良的气相色谱法用于纸浆碳水化合物组分分析的方法。

这种快速改良的气相色谱法是在醛糖的乙酰化过程中使用 1-甲基咪唑作为催化剂。在这种催化剂的作用下，在分析过程中就不需要重复进行蒸发步骤，从而实现了快速、完全的糖醇乙酰化。经过对多种纸浆采用改良的方法和常规 TAPPI 测试方法 T249cm-85 所得测定结果的对比，表明该改良方法具有好的准确性和重复性。现将这种改良方法介绍给读者供参考。

操作步骤如下：取大约 5g 纸浆作样品，研磨过 40 目筛。同时使样品达到水分平衡。称取 2 份（0.35±0.01）g 试样（精确到 0.1mg）于 150mL 烧杯中，用移液管加入 3mL 72% 硫酸于试样中。用玻璃棒搅拌烧杯中的混合物，至试样开始溶解时为止。将烧杯置于（30±0.5）℃的水浴 1h。每隔 5~10min 摇动一次。1h 后加入 84mL 蒸馏水。用表面皿盖住烧杯，然后置于高压锅中，在121℃下加热1h。

加10mL内标物肌醇于烧杯中，混合后，将试样液冷却，木素残余物通过40mL多孔玻璃滤器坩埚过滤除去，保持一定真空度。最终的滤液调至140mL。加入大约11mL氢氧化铵溶液（含28.3%氨）于滤器中，使其中含1mol/L的NH_3。移取2mL试样于125mL烧瓶中，称（35±1）mg硼氢化钠加入烧瓶中，将烧瓶置于（40±1）℃水浴中90min。其间摇动几次。结束时立即加入一滴冰醋酸抽提、分解过量的硼氢化钠，然后加入2mL1-甲基咪唑并同时搅拌，接着立即加入20mL醋酸酐于还原的单糖中。在室温下用瓷棒连续搅拌20min。所产生的热量加速了乙酰化反应的完成。

20min后，向烧瓶中添加30g碎冰和70g蒸馏水。继续搅拌至少20min。将混合物经一个250mL分液漏斗，用10、5、5mL二氯甲烷连续萃取，然后将二氯甲烷萃取物置于250mL烧瓶中。将烧瓶置于良好通风的排风罩中至少1h。将2mL二氯甲烷与干的醛糖乙酸混合。在20℃下将溶液贮存于4mL玻璃瓶中。在气相色谱前，将0.2mL醛糖乙酸溶液稀释于1mL二氯甲烷中，依据常规用注射器注入1μL稀释的醛糖乙酸溶液，判断5种单糖和内标物的峰面积，每一组分的相对百分含量根据TAPPI T249cm-85所给公式计算（参见国标GB/T 12033—2008 计算方法和相对质量校正因子的测定方法）。

使用改良的方法有下列好处：在酸水解后，以氢氧化铵代替氢氧化钡中和水解产物，因而不需要用离心机除去硫酸钡沉淀。使用1-甲基咪唑作为催化剂，与用硫酸作催化剂于60℃处理1h相比较，乙酰化作用能在室温下在10～20min内完成，可以避免使用旋转式蒸发器。因为不需要高温蒸发，整个操作可在玻璃器皿中进行。一旦校正因子被得到，一次8个样品的分析能在8h内完成。

二、气相色谱法测定木素降解产物

木素大分子经过高锰酸钾氧化、碱性硝基苯氧化、酸解或醇解以后，形成单体降解产物。可以用气相色谱法测定这些木素降解产物。在做气相色谱分析之前，必须先制备挥发性衍生物，例如制备成甲基酯或三甲基硅醚等。

以下以木素高锰酸钾氧化产物为例，介绍气相色谱分析方法。

1. 测定原理

木素经高锰酸钾氧化后的产物为芳香酸，用重氮甲烷甲基化后，芳香酸转变为芳香酸甲基酯，用气相色谱法鉴定芳香酸的种类，用苯均四酸四甲基酯作内标物，可以进行定性、定量分析。甲基化反应如下：

2. 仪器和试剂

a. 气相色谱仪，氢火焰离子化检测器；b. 重氮甲烷乙醚溶液：用亚硝基甲基脲加入500g/L KOH及乙醚后，慢慢加热产生重氮甲烷气体，用乙醚吸收后即成为重氮甲烷乙醚溶液；c. 二氧六环；d. 甲醇。

3. 气相色谱分析条件

a. 色谱柱：固定液3% OV-17；b. 担体为白色硅藻土担体，经酸洗及硅烷化处理；

c. 色谱柱温度：198℃；d. 汽化室温度：320℃；e. 检测器温度：330℃；f. 载气（N_2）流速：28mL/min。

4. 测定步骤

称取木素高锰酸钾氧化产物试样100mg，置于100mL圆底烧瓶中，用甲醇溶解后，加入过量重氮甲烷乙醚溶液，混合均匀后在通风橱中放置一天，完成甲基化反应。将溶剂蒸发后，把残渣溶解于40mL二氧六环中，然后再用重氮甲烷乙醚溶液甲基化一天，把溶剂蒸发后，加入准确量的苯均四酸四甲酯作内标物，混合后加入二氧六环溶液25mL，摇动使之溶解，取此溶液作气相色谱分析。

按照气相色谱分析条件调整载气、氢气和空气的流量，调好色谱柱箱、汽化室和检测器的温度，待记录仪的基线稳定后，用微量注射器吸取试样注入色谱仪，待全部色谱峰记录完毕，基线稳定后即可第二次进样。

5. 结果分析与计算

(1) 定性分析

对照图8-9鉴定被分析试样色谱图中木素降解产物的种类。若有条件，最好用图中的芳香酸制备芳香酸甲基酸，分别作色谱图，作为定性分析对照。

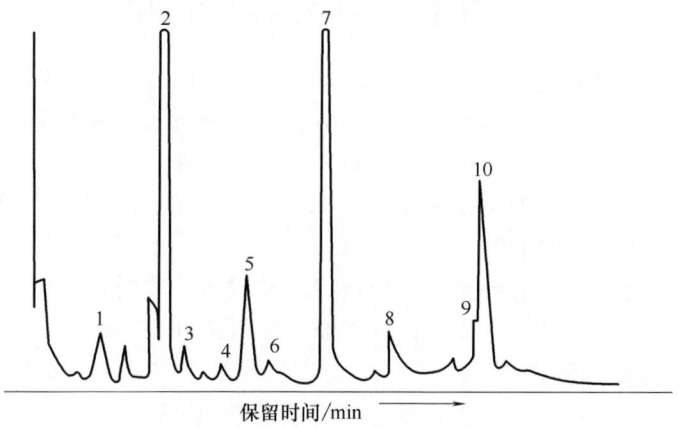

图 8-9 松木磨木木素高锰酸钾氧化产物的气相色谱图
（Wood Sci. Technol. 13：249—264 (1979)）

(2) 定量分析

根据色谱图计算每种组分的色谱峰面积，按式（8-40）计算试样中各组分的含量：

$$w_a = \frac{A_a m_i}{A_i m} \times F_a \times 100(\%) \quad (8\text{-}40)$$

式中　w_a——木素降解产物组分 a 的含量，mg/100mg 木素

　　　A_a——组分 a 的色谱峰面积

　　　m_i——内标物的质量，mg

　　　A_i——内标物的色谱峰面积

　　　m——木素试样质量，mg

　　　F_a——组分 a 的质量校正因子

按同样方法计算其他组分。

6. 注意事项

① 亚硝基甲基脲与 KOH 作用暴露在空气中易发生爆炸，必须小心操作。

② 用甲醇溶解木素试样时，甲醇用量以能使试样全部溶解为度。

③ 内标物的加入量以使其峰面积与含量比较高的组分的峰面积大小相当为宜。

三、气相色谱法测定树脂组分

针叶木原料中树脂含量比较多，树脂含松香酸和挥发性油即松节油。松香酸含各种结构的有机酸，如去氢枞酸型酸类（去氢枞酸、枞酸、新枞酸和长叶枞酸等）、海松酸、油酸和棕榈酸等。松节油的主要化学成分为 α-蒎烯和 β-蒎烯，前者含量大，是合成蒎酮酸、聚萜烯和香料的原料，用气相色谱法测定松香酸中各种不同结构的有机酸，以及松节油中 α-蒎烯和 β-蒎烯的含量，是比较方便的方法。

用气相色谱法测定松香酸的组分，一般是将松香酸转变成松香酸酯；松节油中挥发性组分，可以利用加热后产生的气体作试样，直接作气相色谱分析。

（一）树脂中松香酸的测定

1. 测定原理

四甲基氢氧化铵甲醇与松香酸中各种有机酸起酯化反应，可以使这些酸转变成具挥发性的相应的甲基酯。

例如，枞酸酯化反应后转变成枞酸酯：

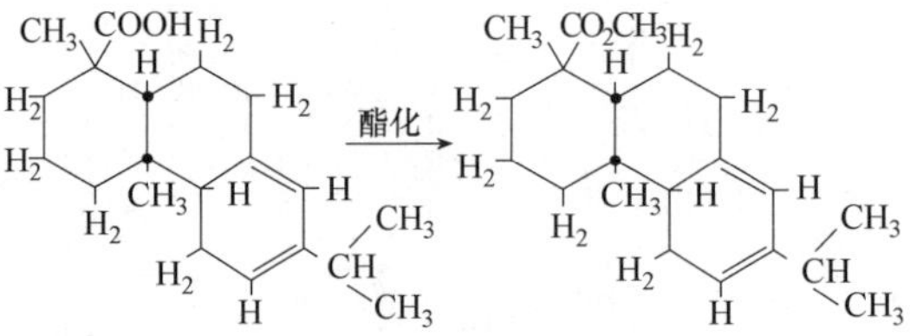

2. 仪器和试剂

a. 气相色谱仪，氢火焰离子化检测器；b. 邻苯二甲酸二丁酯（色谱试剂）（内标物）；c. 苯-乙醇溶液（2∶1，体积比）；d. 10g/L 酚酞指示剂；e. 60g/L 四甲基氢氧化铵甲醇溶液；f. 50g/L 香兰素乙醇溶液。

3. 气相色谱分析条件

a. 色谱柱：固定液 2.5%FS-1265（三氟丙基甲基硅酮聚合物）；担体为 Chromosorb W；

b. 色谱柱温度：195℃；c. 汽化室温度：300℃；d. 检测器温度：270℃；e. 载气（N_2）流速：15mL/min；f. 氢气流速：30mL/min；g. 空气流：450mL/min。

4. 测定步骤

称取 50mg 针叶木的苯-乙醇抽出物，置于 100mL 锥形瓶中，加入 0.19％邻苯二甲酸二丁酯的苯-乙醇混合液使树脂全部溶解。加入酚酞指示剂一滴，用 60g/L 四甲基氢氧化铵甲醇溶液滴定到红色进行酯化，再用 50g/L 香兰素乙醇溶液滴定至红色退。得到的溶液做气相色谱分析试样。

按上述气相色谱分析条件（或根据色谱仪情况适当改变）调节载气、氢气和空气的流速，调色谱柱箱、汽化室和检测器的温度。待记录器基线稳定以后，用微量注射器吸取试样约 0.2μL，立即注入色谱仪。待全部色谱峰记录完毕，基线稳定后，即可第二次进样。

另外用纯的棕榈酸、油酸、海枞酸、长叶松酸、去氢枞酸、枞酸和新枞酸分别制备相应的甲基酯，在相同条件下做气相色谱分析，得到标准色谱图。

5. 结果分析与计算

（1）定性分析

用纯的棕榈酸、油酸、海枞酸、长叶松酸、去氢枞酸、枞酸和新枞酸的气相色谱图与树脂的色谱图对照，根据色谱峰的保留时间确定树脂色谱图中的有机酸组分。马尾松苯-乙醇抽出物气相色谱图见图 8-10。

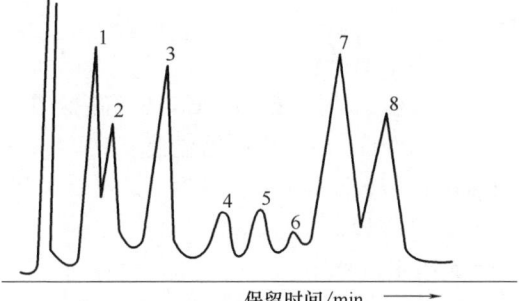

图 8-10 马尾松苯-乙醇抽出物气相色谱图
1—棕榈酸 2—油酸 3—内标物 4—海枞酸
5—长叶松酸 6—去氢枞酸 7—枞酸 8—新枞酸

（2）定量计算

根据色谱图计算每种酸组分和内标物邻苯二甲酸二丁酯的色谱峰面积，按式（8-41）计算各组分的含量。

$$w_a = \frac{A_a m_i}{A_i m} \times F_a \times 100(\%) \quad (8-41)$$

式中 w_a——木素降解产物组分 a 的含量，mg/100mg 木素

A_a——组分 a 的色谱峰面积

m_i——内标物的质量，mg

A_i——内标物的色谱峰面积

m——木素试样质量，mg

F_a——组分 a 的质量校正因子

用同样方法计算其他组分的含量。

6. 注意事项

① 要进行定量计算，必须用各种纯的酸为试样，分别测定其相对于内标物的重量校正因子，求出各组分的 F 值。

② 内标物的加入量以使内标物的色谱峰面积与含量比较高的酸组分的色谱峰面积大小相当为宜。

（二）树脂中松节油组分的测定

1. 测定原理

树脂中的松节油经加热后，松节油中的 α-蒎烯和 β-蒎烯成为气体，用注射器直接吸取

此气体试样，即可做气相色谱分析。

α-蒎烯和 β-蒎烯的结构式如下：

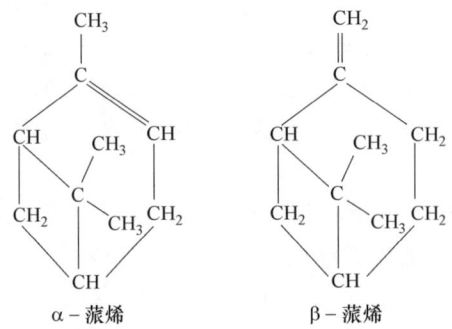

2. 仪器和试剂

a. 气相色谱仪，氢火焰离子化检测器；b. 带橡胶塞试管；c. 恒温水浴；d. 3～5mL 注射器。

3. 气相色谱条件

a. 色谱柱：固定液 20％E301（硅橡胶），硅藻土担体；b. 色谱柱温度：120℃；c. 气化室温度：200℃；d. 检测器温度：190℃；e. 载气（N_2）流速：24mL/min；f. 氢气流速：30mL/min；g. 空气流速：450mL/min。

4. 测定步骤

称取树脂试样 0.1～0.15g，置于小试管中，用橡胶塞塞紧，置于沸水浴中加热 5～10min。用注射器插入试管内吸取管内气体 1mL，立即注入色谱仪。待色谱峰全部记录完毕，基线平稳后，即可第二次取样分析。

5. 结果分析与计算

（1）定性分析

用纯的 α-蒎烯和 β-蒎烯，按照同样的色谱条件作出色谱图。根据色谱峰的保留时间，鉴定树脂中 α-蒎烯和 β-蒎烯的色谱峰。图 8-11 为树脂中松节油的气相色谱图。

（2）定量分析

根据色谱图计算试样中 α-蒎烯和 β-蒎烯的色谱峰面积，按式（8-42）计算其相对含量：

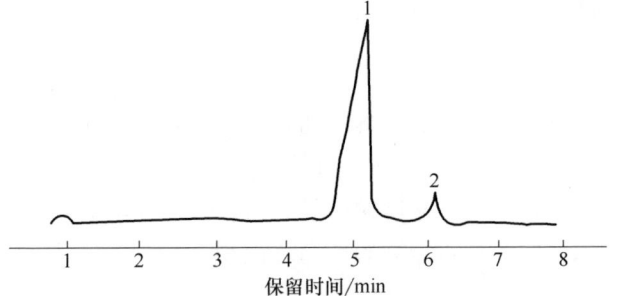

图 8-11 树脂中松节油的气相色谱图
1—α-蒎烯 2—β-蒎烯

$$w_\alpha = \frac{A_\alpha}{A_\alpha + A_\beta} \times 100 (\%) \tag{8-42}$$

式中 w_α——α-蒎烯的含量，%

A_α，A_β——α-蒎烯和 β-蒎烯色谱峰面积

6. 注意事项

① 树脂加热时，必须把橡胶塞塞紧，以防止气体溢出。

② 用注射器取样后立即注入色谱仪。

第五节 液相色谱分析

一、液相色谱法测定黑液和纸浆中蒽醌含量

1. 测定原理

用液相色谱法测定黑液和纸浆中的蒽醌含量，是利用蒽醌能溶解于乙腈溶液，用乙腈/水或甲醇/水作流动相，用紫外检测器在波长254nm处测定，根据吸收峰面积计算各组分的含量。由于蒽氢醌在流出色谱柱前会氧化成蒽醌，因此检测出的蒽醌也包括蒽氢醌。

2. 仪器和试剂

a. 液相色谱仪：波长254nm紫外检测器，色谱柱为C_{18}烷基硅烷；b. 20μL微量注射器；c. 容量瓶；d. 广口瓶；e. 超声波清洗机；f. 5μm孔径的聚四氟乙烯过滤膜；g. 乙腈；h. 甲醇；i. 二辛基酞酸酯；j. 2-甲基-蒽醌。

3. 液相色谱分析条件

a. 甲醇/水＝3/1（体积比），用0.5mol/L CH_3COOH 和0.1mol/L NaOH调节pH＝5.2；b. 乙腈/水＝3/2（体积比）；c. 流动相流速＝1.5mL/min。

4. 测定步骤

① 黑液中蒽醌试样的准备：将黑液试样置于超声波中大约15min，待蒽醌均匀分散后，吸取1mL黑液于25mL容量瓶中，加入10mL乙腈溶解蒽醌微粒，然后加入二辛基酞酸酯乙腈溶液或2-甲基-蒽醌乙腈溶液作为内标物，最后用蒸馏水稀释到刻度，用5μm孔径的聚四氟乙烯过滤器过滤，取滤液做液相色谱分析的试样。

② 纸浆中蒽醌试样的准备：称取1g风干纸浆置于60mL广口瓶中，往瓶中加入25mL乙腈溶液，置于超声波中处理10min。然后用5μm孔径的聚四氟乙烯过滤器过滤，取滤液做液相色谱分析的试样。

③ 液相色谱分析：接通液相色谱分析站和紫外检测器，将已脱气的流动相加入流动瓶中，启动高压泵使流通管道中充满流动相，调节流动相流量使之达到流速要求，平衡色谱柱，待基线稳定后打开自动进样器进行走样，待全部色谱峰记录完毕后，即可进行下一个样品的测试。

5. 结果计算

根据式（8-43）计算蒽醌的浓度：

$$\rho_{AQ} = \frac{A_{AQ} \times \rho_i \times V_{CN}}{A_i \times R \times V} \tag{8-43}$$

式中 ρ_{AQ}——蒽醌的浓度，mg/L

A_{AQ}——蒽醌色谱峰面积

ρ_i——内标物的浓度，mg/L

V_{CN}——乙腈溶液的体积，mL

A_i——内标物色谱峰面积

R——蒽醌/内标物的吸收比

V——黑液或纸浆乙腈溶液的体积，mL

6. 注意事项

① 测定用的流动相使用前必须经过脱水处理。

② 分析前先用已知量的蒽醌和内标物做分析，测定 R 值。

③ 若以纸浆作试样时，所用纸浆不要经过高温干燥，以免干燥过程蒽醌发生损失或发生变化，计算时根据试样水分换算成绝干质量。

④ 内标物的用量以使用内标物的色谱峰与蒽醌色谱峰面积大小相当为宜。

二、凝胶渗透色谱法测定纤维素聚合度分布（或相对分子质量分布）

凝胶渗透色谱法测定纤维素的聚合度分布

由于纤维素不能溶解在凝胶色谱用的溶剂（丙酮或四氢呋喃）中，因此必须把它制备成纤维素硝酸酯或纤维素三苯胺基甲酸酯，然后做凝胶色谱分析。

1. 测定原理

用硝酸-磷酸混合液，在 0℃ 下将纤维素转变为纤维素硝酸酯，其含氮量应该在 13.5% 以上，将纤维素硝酸酯做凝胶渗透色谱分析。用已知相对分子质量的标准样品聚苯乙烯做凝胶渗透色谱分析，作出标准校正曲线。根据校正曲线和纤维素硝酸酯的 GPC 图谱，把洗脱体积或保留时间换算成相应的 $\log M_r$ 或 $\log DP$，即得到纤维素硝酸酯相对分子质量（M_r）或聚合度（DP）的分布曲线。

2. 仪器和试剂

a. 凝胶渗透色谱仪（折光检测器）；b. 色谱柱固定相：NDG-3L，5L 和 6L 多孔硅胶（三柱串联）；c. 流动相：四氢呋喃（流速 1mL/min）；d. 硝化试剂：硝酸-磷酸混合液（HNO_3 64%＋H_3PO_4 26%＋P_2O_5 10%）；e. 标准样品：各种相对分子质量的聚苯乙烯（平均相对分子质量 M_r＝3600～4700000）。

3. 测定步骤

（1）建立标准校正曲线

将已知相对分子质量的聚苯乙烯标准样品配成 0.3% 的四氢呋喃溶液依次注入色谱柱，分别得到各标准样品的 GPC 谱图，记录各色谱图上色谱峰峰值对应的洗脱体积 V_e（或保留时间）。分别以聚苯乙烯的相对分子质量对数 $\log M_r$ 为纵坐标，以相应的洗脱体积 V_e（或保留时间）为横坐标，作出 $\log M_r$-V_e 校正曲线图，亦可把保留时间、聚苯乙烯的相对分子质量和相对分子质量对数间的关系以表格的形式列出来。

（2）把标准校正曲线换算成纤维素硝酸酯的校正曲线

当标准样品（聚苯乙烯）和试样（纤维素硝酸酯）的洗脱体积（或保留时间）相同时，其流体力学体积相等。即：

$$[\eta]_1 M_{r,1} = [\eta]_2 M_{r,2} \tag{8-44}$$

式中　$[\eta]_1$，$[\eta]_2$——标准样品和试样的特性黏度

　　　$M_{r,1}$，$M_{r,2}$——标准样品和试样的相对分子质量

$$[\eta]_1 = M_{r,1}^{\alpha_1} \times K_1 \tag{8-45}$$

$$[\eta]_2 = M_{r,2}^{\alpha_2} \times K_2 \tag{8-46}$$

$$M_{r,2} = \left(\frac{K_1}{K_2}\right)^{\frac{1}{\alpha_2+1}} \times M_{r,1}^{\frac{\alpha_1+1}{\alpha_2+1}} \tag{8-47}$$

$$\log M_{r,2} = \frac{1}{\alpha_2+1} \log\left(\frac{K_1}{K_2}\right) + \frac{\alpha_1+1}{\alpha_2+1} \log M_{r,1} \tag{8-48}$$

式中　K_1＝0.0126；K_2＝0.0219；α_1＝0.72；α_2＝0.89

将 K 及 α 值标准样品相对分子质量 $M_{r,1}$ 代入式（8-48），即可把聚苯乙烯的相对分子质量换算成纤维素硝酸酯的相对分子质量 $M_{r,2}$，从而可以得到纤维素硝酸酯的校正曲线 $\log M_{r,2}$-V_e。如果将纤维素硝酸酯的相对分子质量换算成聚合度（DP），便可将 $\log M_{r,2}$-V_e 校正曲线换算成 $\log DP$-V_e 校正曲线，根据此曲线可进行纤维素聚合度分布的测定。

（3）纤维素硝酸酯的制备

① 硝化试剂的准备：将 90% HNO_3 1000g 浸于冰水浴中冷却并加以搅拌，徐徐加入 P_2O_5，即值得硝化试剂，其酸液组成为 64% HNO_3、25% H_3PO_4 和 10% P_2O_5。在 0℃下暗处储备 2～4d 后供硝化使用。

② 硝化步骤：将 1.0g 绝干纤维素试样粉碎，在 50℃真空干燥 1～2h，加入 100mL 硝化试剂，置于 0℃的冰水浴中不断搅拌硝化 4h，消化后用蒸馏水洗涤，再用清水洗涤 24h，然后用蒸馏水煮沸，最后浸于甲醇进行稳定化处理，经压榨除去甲醇并低温真空干燥后，得到纤维素硝酸酯。

（4）纤维素硝酸酯的凝胶渗透色谱分析

将纤维素硝酸酯溶解于四氢呋喃溶液中，使其浓度为 2～3g/L，每次取 1.3mL 左右注入凝胶色谱柱，得到以洗脱体积（或保留时间）为横坐标、折光率为纵坐标的凝胶渗透色谱图。用上述 $\log M_{r,2}$-V_e 或 $\log DP$-V_e 校正曲线进行数据处理后，便可得到纤维素的相对分子质量分布或聚合度分布图。

4. 结果计算

把相对分子质量分布曲线或聚合度分布曲线下面的面积划分为聚合度 $DP<200$；$DP=200$～600；$DP=600$～1000；$DP=1000$～1400 和 $DP>1400$ 等 5 部分，按式（8-49）计算各部分的比例：

$$DP_{200\sim600}=\frac{DP_{200\sim600}曲线下的面积}{曲线下的总面积}\times100(\%) \tag{8-49}$$

$$纤维素的聚合度 DP=\frac{纤维素硝化酯的相对分子质量}{345} \tag{8-50}$$

三、凝胶渗透色谱法测定木质素的相对分子质量分布

用 GPC 法测定木素的相对分子质量（或聚合度）分布，同样要用已知相对分子质量的标准样品作出标准校正曲线，再把标准校正曲线换算成木素的校正曲线，从而测得木素的相对分子质量分布。

经过提纯的木素样品，可以直接溶解于四氢呋喃等有机溶剂，从而可进行 GPC 分析。但为了避免木素分子之间的缔合作用影响测定结果，应先对木素试样进行乙酰化处理。

1. 木素试样的乙酰化处理

称取 300mg 木素样品于 500mL 锥形烧瓶中，加入 15mL 吡啶-醋酸酐混合溶液（吡啶：醋酸酐=1：2，体积比）。通入氮气驱赶出瓶中空气后，迅速盖紧瓶塞，室温下置于暗处 72h，期间经常摇动锥形瓶以利于反应均匀。到时间后，将瓶中溶液慢慢滴入搅拌着的 200mL 乙醚中，即沉淀出乙酰化的木素样品。再用乙醚洗涤木素样品数次，直至无吡啶气味。置入放有 P_2O_5 的真空干燥箱中于 40℃下干燥后，供 GPC 分析用。

2. 仪器和测定条件（举例）

a. 凝胶渗透色谱仪：Waters150-C ALC/GPC；b. 色谱柱：Waters：u-styragel10^3、10^2、10nm，串联 3cm×30cm；c. 标准样品：聚苯乙烯；d. 溶剂：四氢呋喃；e. 流动相：四氢呋喃；流速：1mL/min；f. 柱温：35℃；g. 检测：木素样品在 280nm 处检测，聚苯乙

烯标准样品在 254nm 处检测。

附录　纸浆中残余木素的快速分离方法

木素的分离方法有多种，如 Brauns 天然木素分离法，磨木木素分离法、二氧六环木素分离法、酶分离木素法等。一种从二氧六环木素分离法改进而来的方法可以比较方便、快速地分离出纸浆中的残余木素。其分离原理为：在一定的温度和酸性条件下，浆料纤维中的木素被释放出来，溶解于二氧六环中（由于酸性条件，过程中伴随着一定的水解反应。为了尽量避免木素发生氧化反应而采用氮气环境。）在蒸发出溶剂二氧六环及低温条件下将木素析出后，再通过过滤得到分离。分离木素经洗涤、冻干和提纯后得到较纯的木素样品。

1. 试剂和仪器

丙酮；二氯甲烷；二氧六环；盐酸；正戊烷；氮气；索氏抽提器；5000mL 三口烧瓶；滴液漏斗；玻璃三通开关；G3 玻璃滤器；旋转式蒸发器；恒温水浴锅；冷冻干燥器；真空干燥箱。

2. 分离方法

浆料用蒸馏水彻底洗涤干净、风干后，置于索氏抽提器中，先用丙酮抽提 12h，再用二氯甲烷抽提 12h，抽提后的浆料风干，备用。

将 100g 抽提后浆样（绝干）置于 5000mL 三口烧瓶中，将三口烧瓶置于恒温水浴内。在该烧瓶的三个口上分别装上滴液漏斗、回流冷凝器和三通开关，三通开关的另外两个通道分别与真空系统和氮气系统相接。

安装好装置后先使其密封（冷凝管顶部可先用橡皮塞塞住），开启真空泵将烧瓶内空气抽出，然后关闭真空阀门，在引入氮气的同时通过滴液漏斗向烧瓶内加入 3000mL0.1mol/L HCl 的二氧六环-水溶液［二氧六环：水＝82：18（体积比），此时形成共沸物，沸点 88℃］，氮气以每分钟 80～100 个气泡的速度通入烧瓶为宜，加完液后关闭滴液漏斗旋塞。待瓶内负压消失后，拔去冷凝管顶部橡皮塞，使系统与大气相通，在不断通入氮气的情况下加热回流 2h。到时间后，取出烧瓶，迅速冷却至室温，并立即用 G3 玻璃滤器过滤。分别用 300mL 二氧六环-水溶液［二氧六环：水＝82：18（体积比）］洗涤浆料残渣三次，再用大约 2.5L 蒸馏水洗涤至中性（迅速冷却及过滤、洗涤的目的在于尽可能避免或减少木素在高温和空气环境下的氧化反应）。

将收集的滤液和洗液合并，在 40℃下用旋转式蒸发器蒸发浓缩至所有二氧六环被移出（蒸发出的二氧六环可另接冷凝装置回收）。当蒸发器内出现浑浊并有胶状物附着于瓶壁时，马上停止蒸发，注意使剩余酸液体积不少于 1500mL，以防止酸性过强。

将剩余液体置于冰箱内过夜，使木素凝结，用 G3 玻璃滤器过滤以收集木素，并用蒸馏水洗涤至中性。

然后将其分散于少量蒸馏水中形成悬浮液，再将其转移到洁净的小烧瓶中，先在冰箱内冻至结冰，然后置于冷冻干燥器内，在 −80℃下冷冻干燥至木素试样变成粉末状为止。

将冻干后的木素再置于索氏抽提器中，用正戊烷抽提 8h 进行提纯，以除去留在木素试样的微量低相对分子质量物质。将分离提纯后的木素试样置于放有 P_2O_5 的真空干燥箱中在 40℃下干燥，贮存于放有 P_2O_5 的真空干燥中备用。

第六节　核磁共振波谱分析

作为一种新型且日渐成熟的分析手段，核磁共振波谱（nuclear magnetic resonance，

NMR）已被广泛应用在医学、地质勘探、分子结构测定、石化、环保、轻工等领域，并取得显著的成果。近年来，一些学者已经将其应用到生物质领域以分析物质组分的内在结构，进而分析这些物质的物化特性。目前对核磁共振谱的研究主要集中在 ^1H、^{13}C 和 ^{31}P 3类原子核的图谱以及二维核磁（2DHSQC, heteronuclear single quantum coherence）图谱上。1964年，核磁共振技术首次被应用到木素结构的研究中。最初使用较多的是核磁共振氢谱（^1H-NMR），接着核磁共振碳谱（^{13}C-NMR）被广泛应用，大大提高了对木素结构的认识。近年来，核磁共振磷谱（^{31}P-NMR）、二维和三维核磁共振技术都相继应用到木素结构和功能团的研究中，尤其是 2DHSQC 图谱，能同时提供定性和定量两方面的信息，使得木素的结构鉴定进入了一个快速、准确的时代。下面，我们将详细介绍这几类核磁共振分析技术在木素结构研究中的具体应用情况。

一、木素核磁共振氢谱（^1H-NMR）分析

木素的 ^1H-NMR 谱也称质子核磁共振谱。木素的 ^1H-NMR 共振信号较宽，谱图粗钝，但信号强度与质子数成正比。可利用谱图中的化学位移定性分析特定的质子，并可利用信号强度定量测定官能团的含量。化学位移是反映化合物结构的一个很重要的参数，化学位移指核（氢谱中指质子）在不同的化学环境中，不同的共振磁场强度下产生共振吸附峰的现象。由于化学位移的差别范围很小，要精确测出其绝对数值比较困难，所以实际中均以相对数值表示，国际上将化学位移统一用 δ 值表示。必须注意在不同的溶剂中木素及其衍生物的化学位移会稍有不同。

木素相对分子质量大，是一个极复杂的立体空间结构，其分子的自由运动受到阻碍，在进行 ^1H-NMR 测定时各质子的信号重叠，并由于自旋-自旋偶合及空间影响等原因，谱峰较宽且不尖锐，因此在确定各峰所对应的官能团时，需参考由木素模型物图谱所得的化学位移，并考虑一定余量范围来分析确定。根据木素 ^1H-NMR 谱图的积分曲线，可以得出各个区域积分面积的比例，从而计算各区域内的质子百分比，再结合元素组成分析、甲氧基测定等，可以推算出有关功能基的含量。下面将以具体研究实例来对其定性及定量方法加以说明。

分析实例

木素样品：经乙酰化处理的麦草 EMAL 木素

乙酰化处理步骤：称取 300mg 木素样品于 50mL 三角烧瓶中，加入 15mL 吡啶/乙酸酐溶液（吡啶：乙酸酐=1：2，体积比）使木素溶解，通入氮气驱赶瓶中空气后，迅速盖紧瓶盖，置于暗处/室温下反应 72h，期间经常摇荡。到时间后将木素溶液慢慢滴入搅动着的 200mL 乙醚中沉淀出乙酰化木素。用乙醚洗涤多次直至无吡啶残留，最后置于 40℃ 的真空干燥器中干燥。

其他溶剂：氘代二甲基亚砜（DMSO-d6）。

测试仪器：BRUKER 公司生产的 DRX-400 型 400 兆超导核磁共振谱仪。

操作方法：将 40mg 乙酰化之后的木素样品溶解于 1mL DMSO 中，待完全溶解后，将溶液注入 5mm 核磁管中，放入核磁共振仪上检测。

内标绝对测定法是核磁共振氢谱定量分析中最常用的方法。其测定准确性高，并且不需要求出被测化合物和内标化合物的摩尔吸收数值，因而使用方便。其做法是：将样品与内标物精密称量，配制成一定浓度的溶液，测出其核磁共振氢谱图。然后将样品与内标物各指定

基团上质子产生的共振峰积分值进行比较，则可按式（8-51）求出样品的绝对质量（m_s）。

$$m_s = \frac{A_s}{A_r} \times \frac{E_{qs}}{E_{qr}} \times m_r \tag{8-51}$$

其中附 m_r 为内标物的质量，A_r 和 A_s 分别为内标物和被测样品选定信号积分 5 次的平均值，E_{qr} 和 E_{qs} 分别为内标物和被测定样品的质子当量。

在测定时必须注意内标物的选择，所选的内标物应是高纯度或易于精制的化合物；其 ^{1}H-NMR 图要比较简单，最好能产生单一的共振峰；样品与内标物的测定信号位置至少有 30Hz 的间隔；应有尽可能小的质子当量；不能与测定溶液中任何成分发生作用；并可溶于分析溶液。可供选择为内标物的化合物很多，应根据所测样品的具体情况来选择。

图 8-12 是乙酰化麦草 EMAL 木素的 ^{1}H-NMR 谱图，谱图解析见表 8-12。

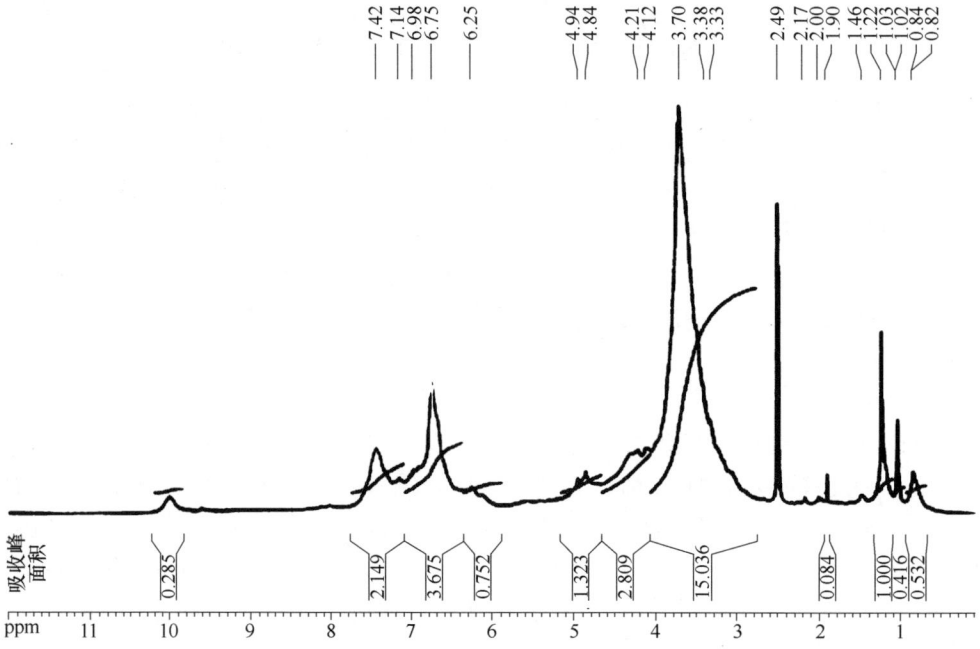

图 8-12　乙酰化的麦草 EMAL 木素的 ^{1}H-NMR 谱图

表 8-12　　　　　　乙酰化的麦草 EMAL 木素的 ^{1}H-NMR 谱图解析

峰号	化学位移 δ/ppm	氢原子类型	峰号	化学位移 δ/ppm	氢原子类型
1	0.82	高亮屏蔽的脂肪族质子	8	4.90	苯环侧链 Cβ 上的 H
2	1.02	碳水化合物的质子	9	6.25	苯环侧链 Cα 上的 H
3	1.22	醇羟基的质子	10	6.75	紫丁香基苯环上的质子
4	1.90	侧链上乙酰基的质子	11	6.98	愈创木基苯环上的质子
5	2.49	溶剂（二甲基亚砜）	12	7.42	对羟苯基苯环上的质子
6	3.70	甲氧基的质子	13	10.00	羧基的氢质子
7	4.21	苯环侧链 Cγ 上的 H			

二、木素核磁共振碳谱（^{13}C-NMR）分析

碳原子是有机化合物的骨架，用 ^{13}C-NMR 研究化合物具有深远的意义。尽管 ^{13}C 的自然丰度只有 1.069%（^{12}C 自然丰度为 98.89%，^{1}H 自然丰度为 99.98%），因此测定时灵敏度低，但可用脉冲核磁共振加傅立叶变换法，提高其灵敏度。与 ^{1}H-NMR 相比，^{13}C-NMR 可

以反映出氢谱无法反映的结构。^{13}C的化学位移范围远比^1H的化学位移大，在同样以四甲基硅烷为标准物的情况下，^{13}C的化学位移δ通常在0~250ppm，而^1H的化学位移δ仅为0~12ppm。化学位移变化大，反映它对核所处的化学环境敏感，各种不同碳的δ值区别大，使其在结构上可分辨性高，因此有利于图谱的解析和有机化合物结构的鉴定。

分析实例

木素样品：玉米秆酶解/温和酸解木素（EMAL）^{13}C-NMR谱图见图8-13和表8-13。

溶剂：氘代二甲基亚砜（DMSO-d6）。

仪器：Brucker600-DMX型600MHz超导核磁共振仪。

操作过程：称取300mg木素样品放在2mL小瓶中，加入1mL的DMSO，摇晃使其完全溶解，之后取0.5mL的溶液注入5mm核磁管中在核磁共振仪上检测。

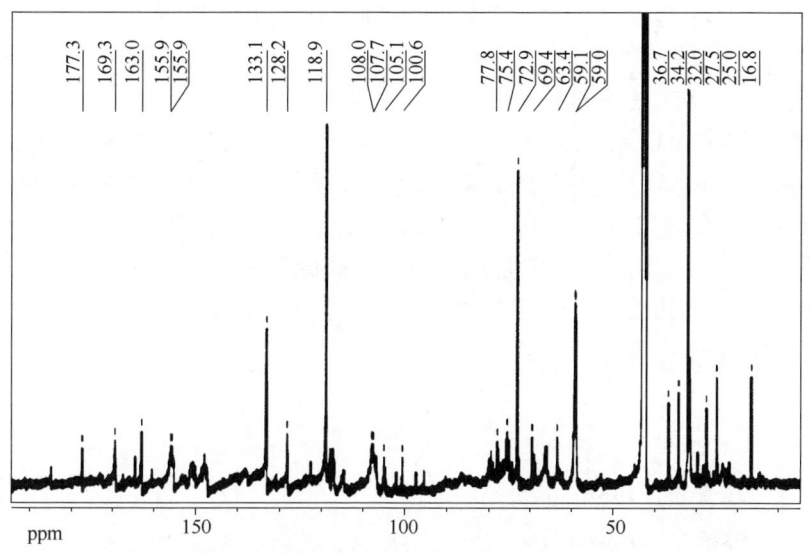

图8-13　玉米秆酶解/温和酸解木素（EMAL）^{13}C-NMR谱图

表8-13　玉米秆酶解/温和酸解木素（EMAL）^{13}C-NMR谱图

化学位移δ/ppm	特征结构及功能基	化学位移δ/ppm	特征结构及功能基
178.0~162.5	羧基—COOH	90.0~78.0	β-O-4中脂肪基醚键连接碳原子—C_β
163.0	对羟苯基（原酚羟基）上C—OH	78.0~67.0	与β-O-4结构有关的C_α
160.0~123.0	有取代基的总芳环碳原子—C—R	67.0~62.5	脂肪基醚键连接的碳原子C—OR
154.0~140.0	芳基醚键—C_4—O—R或G结构中$C_{3,2}$	63.4	C_α-/$C_\beta(\beta$-1)，$C_\alpha(\beta$-5)
140.0-127.0	芳基结构中与侧链连接的C_1—C	61.0~57.0	与β-O-4结构有关的C_α
127.0~123.0	芳基结构中碳碳键连接的C_5—C	57.0~54.0	甲氧基中的碳—OCH_3
123.0~117.0	芳基结构中与氢原子连接的C_6—H	54.0~52.0	β-β连接和β-5连接中的C_β
117.0~114.0	芳基结构中与氢原子连接的C_5—H	42.0~30.0	愈创木基丙烷型的α,β—CH_2
114.0~106.0	芳基结构中与氢原子连接的C_2—H	29.5~27.0	二芳基甲烷中的亚甲基碳CH_2
123.0~106.0	未有取代基的总芳环原子—C—H	25.0	饱和烷基—CH_2
100.0~90.0	与LCC连接键	16.8	脂肪族饱和烷基—CH_3

三、木素核磁共振磷谱（^{31}P-NMR）分析

^{31}P-NMR用于测定木素结构是20世纪90年代才发展起来的。由于^{31}P-NMR谱图中对

应于木素不同羟基结构的信号峰之间分离良好，化学位移处于明显不同的区域，因而可以清晰地分辨木素中脂肪族羟基、非缩合的 S 单元酚羟基、非缩合的 G 单元酚羟基和非缩合的 H 单元酚羟基的具体数量。因此，它在木素的醇羟基和酚羟基的定量方面具有很好的优越性，逐渐得到了越来越多的认可和快速的发展，并得到实际应用。需要注意的是，对于不同原料，其对应的积分区域不同。在实际测定计算时要分析具体情况，做出正确的判断。

分析实例

木素样品：麦草酶解/温和酸水解木质素（麦草 EMAL）。

仪器：Varian300MHz 核磁共振仪。

木素磷化衍生物的制备及测定：

① 取氘代吡啶和氘代氯仿配制成比例为 1.6∶1 的氘代吡啶/氘代氯仿溶剂。

② 准确称取 400 甾醇及 40mg 三价乙酰丙酮化铬，用氘代吡啶/氘代氯仿溶剂定容至 10mL，即为内标溶液。用微型试剂瓶准确称取 27.9mg 三价乙酰丙酮化铬，然后加入 5mL 氘代吡啶/氘代氯仿溶剂，充分溶解即得所需的松弛剂。

③ 木质素样品在 40℃、真空（2.6kPa）条件下干燥 24h，准确称取 40mg 木素样品，加入 100μL 内标溶液，然后加入 800μL 氘代吡啶/氘代氯仿溶剂，混合均匀样品溶解后加入 100μL 松弛剂。待混合均匀后加入 130μL 磷化试剂（TMDP，2-氯-4,4,5,5-四甲基-1,3,2-二氧膦杂戊环），待反应 2h 后将此一定量的溶液移入核磁管中。

④ 将盛有样品溶液的核磁管放入到核磁共振仪上进行检测。

⑤ 木质素中各羟基含量计算公式（8-52）：

$$b_{羟基} = \frac{\frac{\rho \times 100 \times 10^{-6}}{386.65} \times \frac{A_2}{A_1}}{m} \times 1000 \tag{8-52}$$

式中 $b_{羟基}$——羟基含量；μmol/g

ρ——甾醇浓度；mg/mL

A_1，A_2——A_1 为甾醇中羟基的积分面积，A_2 为木素结构中羟基的积分面积，此处 $A_1=1$

m——木素样品质量，mg

100——加入木素中的甾醇体积，μL

386.65——甾醇的摩尔质量，g/mol

图 8-14 为麦草 MWL 的 ^{31}P-NMR 谱图，谱图中定量分析的各功能基及其相应的化学位移积分区域见表 8-14。其中以内标为基准计算得到的各羟基基团含量列于表中。

表 8-14   木素 ^{31}P-NMR 谱图定量分析的功能基与对应的积分区域及定量分析结果

官能团	积分区间化学位移 δ/ppm	麦草 MWL
脂肪族羟基	149.2～146.0	5.23
愈创木基单元酚羟基(G—OH)	140.0～138.8	0.57
对羟基苯基单元酚羟基(H—OH)	138.2～137.4	0.31
紫丁香基单元酚羟基(S—OH)	143.1～142.4	0.17
未知结构类型的酚羟基	—	0.19
总缩合酚羟基	144.5～143.1；142.4～141.5	0.14
总酚羟基	—	1.38
总羟基	—	6.62
羧基	135.5～134.5	0.12

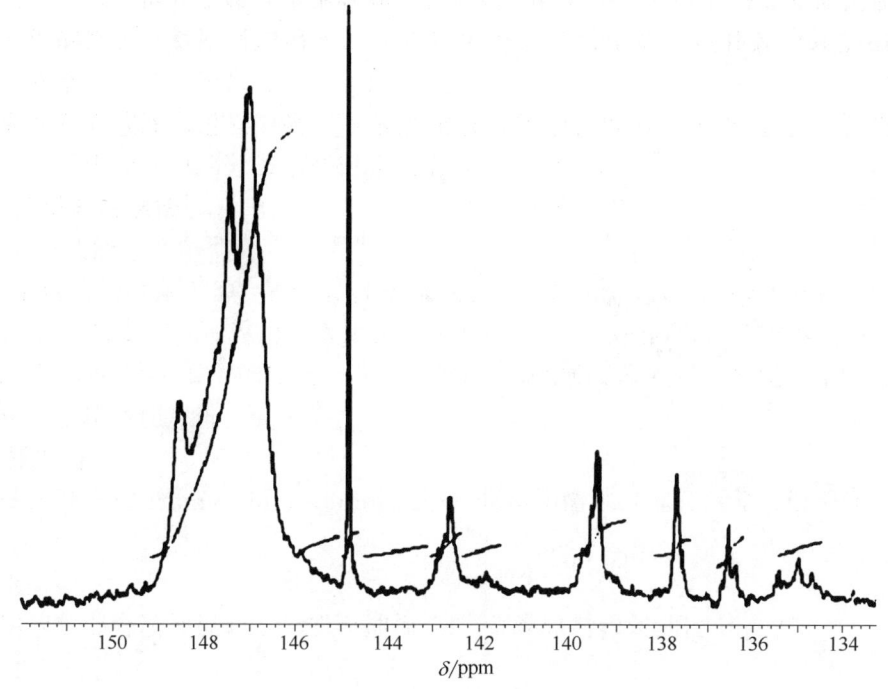

图 8-14 麦草 MWL 的 ^{31}P-NMR 谱图

四、木素的二维核磁共振（2D HSQC NMR）分析

对于化合物构造的解析，1h-NMR 和 13C-NMR 可以互相补充完善，两者互相配合成为有力的分析手段。将二者组合为一张图谱以得到交叉信号来更具体地确定物质结构信息，甚至细致到可以确定某个原子的具体位置的分析手段就需要用到二维核磁的分析方法。二维核磁波谱的获得是在一次实验中，通过改变脉冲序列的方法，引入 2 个时间变量，经过 2 次傅里叶变换后，得到两个独立的频率变量及耦合产生的交叉信息。

2D-HSQC 的定量结果依据二维投影积分结果。具体的定量方法如下：$n(S)/n(G) = A(S_{2,6})/A(G_2)$（$n$ 表示 S 型或 G 型木素的含量，A 表示 $S_{2,6}$ 或 G_2 对应信号峰面积）。而若要确定其他的连接键的相对比例，则对这些连接键的 α 位信号积分，面积进行比较，若这些连接键 α 位没有信号，则对其 γ 位置进行积分，然后看其 γ 位几个质子，除以质子数目，然后用归一法确定相对比例。这就是 2D-HSQC 的定量规则。二维核磁定量目前在木素研究领域初见端倪，其定量效果和其他分析对比起来具有一定的优越性。既能一次给出 S、G 单元的信息，又能给出各种连接键的相对比例，为深入地研究木素的存在状态和空间结构提供了便利条件。然而，目前二维核磁的定量分析还是停留在相对含量的层面上，而不能对物质的绝对含量有一个成功的测定。

分析实例

木素样品：从桉木硫酸盐法制浆黑液中分离纯化得到的桉木硫酸盐碱木素。

溶剂：氘代二甲基亚砜（DMSO-d6）。

仪器：Brucker600-DMX 型 600MHz 超导核磁共振仪。

操作过程：称取 200mg 木素样品放在 2mL 小瓶中，加入 1mL 的 DMSO，摇晃使其完全溶解，之后取 0.5mL 的溶液注入 5mm 核磁管中在核磁共振仪上检测。

图 8-15 是桉木硫酸盐碱木素的 2D HSQC NMR 二维碳氢谱图及对应谱峰的结构解析示意图。

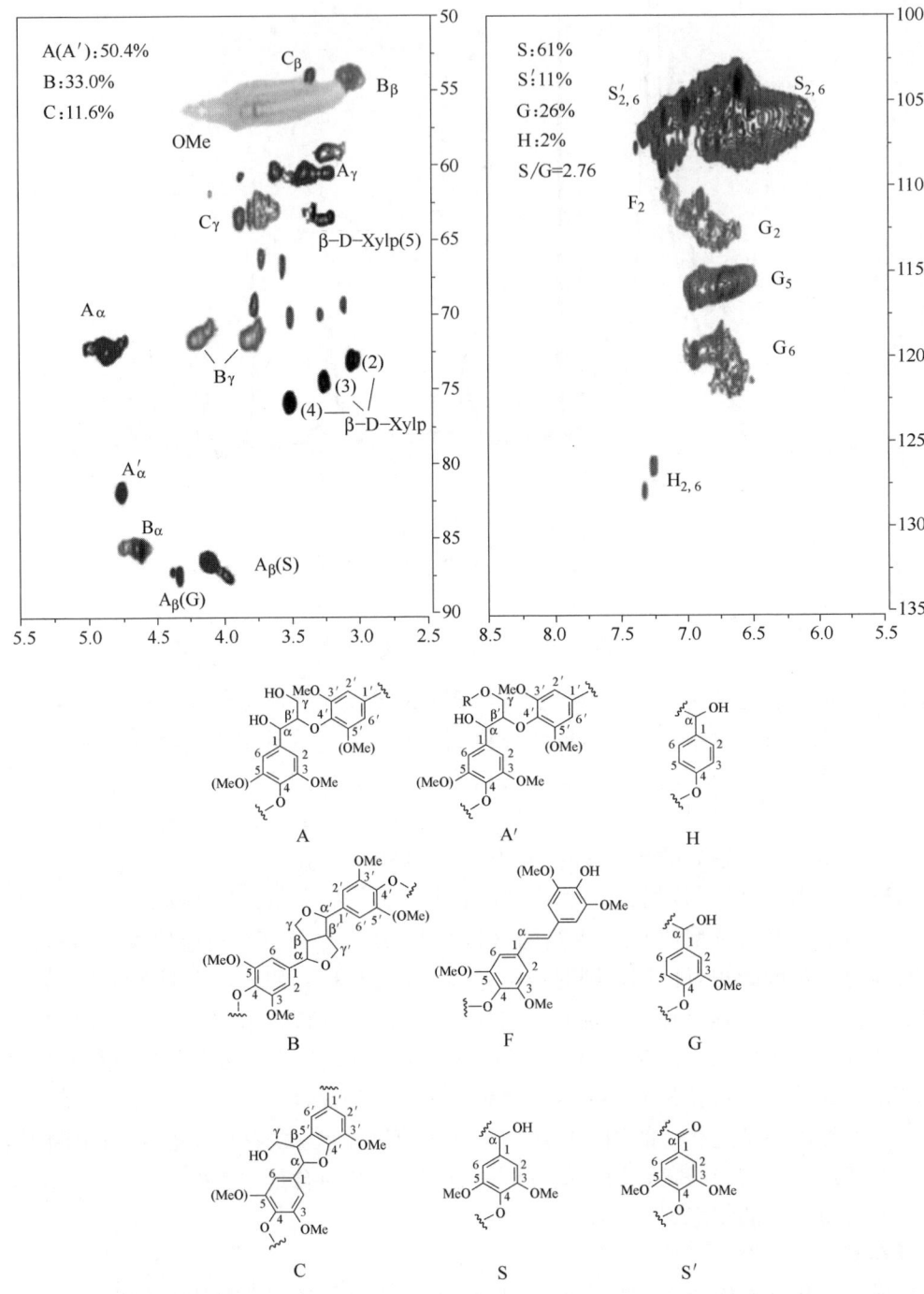

图 8-15 桉木硫酸盐碱木素 2D HSQC NMR 二维碳氢谱图及对应谱峰的结构解析示意图

表 8-15 是桉木硫酸盐碱木素 2DH SQC NMR 谱图及对应官能团。

表 8-15　桉木硫酸盐碱木素 2D HSQC NMR 谱图及对应官能团

标记	化学位移 δ_1/δ_2/ppm	官能团
C_β	53.5/3.4	酚基香豆素亚结构中的 C_β—H_β
B_β	54.1/3.06	β-β 中的 C_β—H_β
A_γ	58-61/3.1-3.7	β-O-4 中的 C_γ—H_γ
C_γ	63.5/3.8	酚基香豆素亚结构中的 C_γ—H_γ
B_γ	71.4~71.5/3.7~4.2	β-β 中的 C_γ—H_γ
A_α	72.5/4.87	与紫丁香基(S)型单元连接的 α-O-4 中的 C_α—H_α
A_β(G/H)	81.9/4.76	与愈创木基(G)型单元连接的 β-O-4 中的 C_β—H_β
B_α	85.7/4.62	β-β 中的 C_α—H_α
A_β(S)	86.5/4.12	与 S 型单元连接的 β-O-4 中的 C_β—H_β
$S_{2,6}$	105.5/6.52	S 型单元中的 $C_{2,6}$—$H_{2,6}$
$S'_{2,6}$	107.6/6.77	氧化了的(C_αCOOH)紫丁香基型(S')中的 $C_{2,6}$—$H_{2,6}$
FA2	110.2/7.14	阿魏酸中的 C_2—H_2
G_2	112.8/6.85	G 型中的 C_2—H_2
G_5	116.0/6.76	G 型中的 C_5—H_5
G_6	119.8/6.94	G 型中的 C_6—H_6
$H_{2,6}$	126~127/7.2~7.3	对羟苯基(H)型中的 $C_{2,6}$—$H_{2,6}$
X_2	73.1/3.06	β-D-吡喃糖苷中的 C_2—H_2
X_3	74.4/3.26	β-D-吡喃糖苷中的 C_3—H_3
X_4	75.9/3.52	β-D-吡喃糖苷中的 C_4—H_4
X_5	63.3/3.40	β-D-吡喃糖苷中的 C_5—H_5

第七节　电子显微镜分析

电子显微镜（简称电镜）主要有透射电镜（TEM）、扫描电镜（SEM）及分析电镜。透射电镜的特点在于具有很高的分辨率，一般用于研究样品的精细结构。扫描电镜的分辨率没有透射电镜好，但其具有放大倍数范围大、图像立体感强、样品制作简单、操作容易等特点，一般用于对样品表面的形貌分析。电镜与 X 射线能谱仪联合可成为分析电镜，用于定性或半定量分析样品中的化学元素。

电子显微镜分析技术在制浆造纸工业中有多方面的应用，例如，可用于研究原料和浆料中纤维的微细结构；研究纤维细胞壁各形态区域中木素、半纤维素、硅、硫、氯等化学成分及改性组分的含量和分布；分析纸和纸板等产品中的填料和涂料等。

一、植物纤维原料、浆料和纸页的超微结构分析

利用电子显微镜可以观察到光学显微镜无法观察到的超微结构，如纤维细胞壁的分层结构，各层微纤维的形态及与纤维轴的夹角，纹孔的微细结构，其他细胞如导管、木射线、薄壁细胞等的微细结构，纤维表面的微细结构，纸页表面的微观形态等。

利用扫描电镜分析样品的制样过程相对比较简单。例如，要观察纸张或浆料内纤维的微细结构，只需将风干试样固定在样品台上，利用真空的镀膜法在要观察的样品表面覆盖一层金属（通常采用镀金，主要为了增加标准样品形貌的二次电子量，使有用信号加强）后，即可在扫描电镜上观察和拍照。

透射电镜具有更高的分辨率，但制样过程比较复杂。当观察和分析纤维样品的微细结构

时，样品必须能让电镜电子枪发射的电子束穿透，即要制备出厚度非常薄的对电子束透明的样品。电子束穿透固体样品的能力主要取决于加速电压和样品物质的原子序数，对于透射电镜常用的 50～100kV 电子束来说，观察用片的厚度一般为 50～70nm，最大不超过 200nm。要制备如此薄的样品一般是采用超薄切片法和复型法。

（一）超薄切片法

超薄切片法用于研究原料、纤维素等试样切面的微细结构，利用超薄切片机可将试样厚度控制在 50nm 左右的范围。超薄切片法的制片过程包括固定、染色、脱水、包埋、切片等程序。固定使样品在随后的处理过程中不产生变形，染色可提高样品的反差，包埋是为了使切片极薄，完整且均匀。

1. 试剂与仪器

a. 甘油-酒精混合液（甘油：酒精＝1：1，体积比）；b. 30%，50%，70%，90%，95%，100%乙醇溶液；c. 高锰酸钾溶液（20g/L）；d. 包埋剂（由 20%甲基丙烯酸甲酯和 80%甲基丙烯酸丁酯配制而成）；e. 引发剂：过氧化苯甲酰；f. 超薄切片机。

2. 制片方法

（1）木材原料

① 试样的制备：切取 1cm×1cm×2cm 的新鲜木块若干置于烧杯中，用水煮沸数分钟后浸入冷水中，再煮沸再浸入冷水中，如此反复数次以排除木片中的空气。然后用 1：1（体积比）的甘油-酒精混合液在 127℃下软化 10h。把软化了的木块充分水洗，削去最外面的一层纤维后，切取 1mm×1mm×2mm 大小的试样若干。当切纵切面时，纵向长 2mm，其余两个方向各 1mm；切横切面时则横向为 2mm。这样可以利用其几何形状来保证包埋和切片的方向。

② 固定和染色：将切取的试样用 20g/L 的高锰酸钾溶液浸泡 4h，使之固定并染色后，再用水洗。

③ 脱水：用 30%，50%，70%，90%，95%，100%乙醇逐级脱水。其中 100%乙醇脱水两次，各级时间 20min。

④ 包埋：脱水后试样先用包埋剂浸渍 1h。将包埋剂和 1.5%的引发剂混合，在 80℃油浴温度下不断搅拌，使之均匀并预聚合到黏稠状就可用于包埋。在空心胶囊或特制锥形塑料囊中先放入一定包埋剂，然后用烘干的牙签，将已用包埋剂浸透的试样放入胶囊底部中央。加包埋剂至胶囊平口，切勿多加，以免受热后膨胀溢出。在置于 60℃的烘箱中聚合 24h 制成包埋块。包埋块要保持在干燥器内，以防吸潮。

⑤ 超薄切片：聚合后已硬化的包埋块用超薄切片机切片后，可供电镜观察用。

（2）浆料

对于浆料的超薄切片，为了包埋方便，蒸煮后的木片不要揉散。反复用蒸馏水浸泡，置换出其中的蒸煮残液，使浆料仍保留着原来木片的外形。切取 1mm×1mm×2mm 大小的试样，再按上述方法进行固定、染色、脱水、包埋剂切片。

（3）草类原料

将试样切成约 20mm 长、3～5mm 宽的小片，用甘油-酒精混合液在 127℃软化处理 1.5h。取出用水洗净后，选择适用的部位将试样切成约 8mm 长、1mm 宽、厚度不超过 1mm 的小块，用 20g/L 的高锰酸钾溶液在室温下浸泡 2h，使纤维染色并起固定作用。然后参考上述木材原料的制片方法进行逐级脱水、浸渍、包埋、硬化和切片。

（二）复型法

复型法用于研究原料、纸页、纤维等试样表面的微细结构。将试样表面纤维组织的浮雕特征复制到一层薄膜上，然后将复制的膜，放到透射电镜中去观察分析。对用于制备复型的材料有如下要求：

① 本身必须是非晶体的，以达到在高倍成像时不显示其本身的任何结构细节，不致干扰被复制表面形貌的观察和分析；

② 尽量选择分子尺寸小的物质，以提高分辨率；

③ 必须有足够的强度和刚度，使之在制备过程中不致破损或畸变；

④ 在电子束轰击下不易烧蚀，分解。常用的复型材料有塑料、光谱纯碳等。复型分为正复型和负复型两种。正复型的表面浮雕凹凸特征与样品表面相同，而负复型的表面浮雕凹凸特征与样品表面则正好相反。正复型比较方便于图像的辨认与分析，而负复型的制备过程比较简单。

1. 试样的制备

(1) 木材

根据研究的需要选取材种、树龄及部位等，取新鲜未干燥过的原木先锯成木饼，然后沿径向劈成 1cm×1cm×1.5cm 的小块，材质较硬的材种可先进行软化处理。研究纤维细胞壁各层微纤维形态和纹孔等微细结构时，用单面刀片顺径向切开一道口，然后撕成厚度为 1mm 左右的薄片。选取撕裂面比较平整者供下一步处理用。研究细胞腔的微细结构时，用纤维切片机切出沿径向面的薄片。为了使纤维细胞壁各层微纤维更好的暴露出来，可用等体积的冰醋酸和 30% 浓度的双氧水在 60℃ 下处理薄片样品 18～20h。对于树脂含量高的木材，可用二甲苯溶去树脂，以便于纤维细胞腔的观察。

(2) 草类原料、浆料与纸

竹子、芦苇等原料可参考木材试样的制备方法。甘蔗渣纤维可在解离后抄成小片，浆料抄成浆片，对纸张样品应先确定纸页两面中用于复型的面，将试样剪切成 1cm×1cm 大小。

2. 复型

正复型的方法可得到与被分析样品表面形貌凹凸特征一致的复型，方便于图像的辨认与分析。正复型的制备步骤包括：形成中间复型（负复型）、剥离、金属投影、形成正复型、溶去中间复型等。

用作中间复型的材料应该考虑其溶解性和强度，一般采用醋酸纤维、甲基苯烯酸酯等塑料物质。形成中间复型最简单的方法是，在样品要复型的洁净表面直接放上少量的塑料液，待其溶剂挥发后即形成复型膜。也可以将事先制备好的塑料膜，贴在要复型样品的洁净表面上，施以一定的压力和温度，从而制得复型膜。复型膜与样品的分离可采用剥离法，也可用适当的溶剂溶去样品，而留下复型膜。

塑料膜可购买复型制样专用的薄膜（如醋酸纤维素薄膜）。也可自制。自制薄膜的方法有多种，例如可以将配制好的塑料溶液（如醋酸纤维素的丙酮溶液；甲基丙烯酸甲酯、乙酯的苯溶液；聚苯乙烯的苯溶液；火棉胶的乙酸正戊酯溶液等）置于标本缸中。将一块洁净干燥的载玻片浸入溶液中，静置数秒钟，提起后垂直地挂在标本缸内溶液的上方干燥半小时，然后移到洁净处直立晾干，在载玻片上便形成一层薄膜。也可以将塑料液倒在干净平滑的玻璃片上，倾斜转动玻璃片，使液体大面积展平，溶剂挥发、干燥后即成薄膜。厚度合适的薄膜应该既能在复型膜剥离时不破损和变形，又能在后面的步骤中容易溶解。

（三）复兴法示例

1. 试剂与仪器

甲基丙烯酸乙酯薄膜；苯；载玻片；夹子；刀片；镊子，铜网布制小勺；样品铜网。

2. 复型步骤

将甲基丙烯酸乙酯薄膜放在载玻片上，将样品的复型面正对薄膜放好，再盖上一片载玻片，用夹子将玻片的两端夹牢，于80℃烘箱中加热15min后，取出自然冷却至室温。剥去或用胶纸粘去薄膜上的试样，即得到中间复型（剥离过程中应注意使复型表面干净且不变形）。

将剥离的中间复型膜置于真空镀膜机中，浮雕面向上，先以倾斜方向作铬投影，以提高复型图像的衬度，再从垂直方向喷碳，碳膜的厚度可用放在中间复型膜旁边的乳白色瓷片表面颜色的变化来估计，一般认为变成浅棕色为宜。喷碳后得到两级复型叠在一起的"复合复型"。

用锋利的刀片把"复合复型"切成略小于样品铜网的小方块，置于苯中，溶去中间复型膜后留下碳膜，即得到正复型。用铜网布制成的小勺将碳膜转移到清洁的苯中洗涤，然后转移到蒸馏水中，依靠水的表面张力使碳膜平展并漂浮在水面上，再用镊子夹住样品铜网把复型捞起，干燥后即可放进透射电镜中观察。

二、扫描电镜-X射线能谱法（SEM-EDXA）测定原料和浆料纤维细胞各形态区的木素分布

利用电子显微镜结合能谱技术，能在超微结构水平上得到纤维细胞不同形态区域的局部化学信息，例如通过电镜和能谱仪联合研究，得到木素在纤维细胞各形态区域中的分布情况。其基本原理是：利用能量足够高的电子束轰击样品表面，将在一定的微区体积内激发产生特征X射线讯号，它们的波长（或能量）和强度是表征该微区内所含元素及其浓度的重要信息，用探测器捕获并测定X射线的强度，由电子计算机将测到的能量贮存并分类，按不同的峰值送到阴极射线管，可在荧光屏上显像，根据同类峰值的大小可以相对比较，获得半定量或定量分析的效果。

用X射线能谱分析法时，目前限于能谱仪器和检测系统的限制，所能分析的元素一般是原子序数从12到92的元素。木素是碳氢化合物，C、H、O都是原子序数小于12的，因此不能直接测定，而要在研究之前先对样品进行一定的预处理。溴化处理是采用的一种主要手段，由于溴化反应对木素具有专一性，在溴化处理过程中木素结构单元的苯环和侧链上都会引进溴，生成溴化木素；而纤维素、半纤维素等组分不与溴反应，故溴化后样品中的溴含量与样品中的木素含量成正比。同时，由于溴在电子束的轰击下很稳定，因此可以通过测定纤维细胞各形态区域中溴的分布来间接测定各形态区域中木素的浓度分布。

Saka等人的研究表明，SEM-EDXA能很容易地定位于要分析的微区内测定溴的X射线强度，当对样品的超薄切片（0.5μm）进行相对的比较研究并采用点分析技术时，可以忽略不计测定过程中的背景散射、吸收及荧光效应的影响，测定所得各形态区域中溴化木素X射线强度的相对比值，可以直接代表其中溴的相对浓度比值，从而对木素在纤维细胞各形态区域中的分布获得较精确的定量分析结果。因此，利用SEM-EDXA技术可以了解原料和浆料细胞中木素分布的特性，研究制浆过程中脱木素局部化学。

有关的研究表明，针叶木木素溴化的均一性较好，利用X射线能谱分析法可以获得接

近定量分析的结果；但对于阔叶木木素和草类原料木素，由于不同材种或不同的制浆方法还含有不同比例的紫丁香基型结构单元，因此溴化的均一性较差，采用 X 射线能谱分析法一般只能进行木素含量的半定量分析。

当需要在蒸煮或漂白过程中测定木素磺化或氯化的程度时，则可通过 X 射线能谱分析法直接测定样品中硫或氯的分布来获得相关信息。

（一）分析前的准备

1. 试剂与仪器

a. 苯-醇混合液（苯：醇＝2：1，体积比）；b. 30%，50%，70%，90%，95%，100%乙醇溶液；c. 三氯甲烷（预先用无水氯化钙脱水）；d. 溴溶液（0.3mL 溴溶于 9mL 三氯甲烷中）；e. 索氏抽提器；f. 丙酮；g. 环氧树脂；h. 火棉胶薄膜；i. 空心碳台（光谱纯碳，孔径 1mm）；j. 超薄切片机。

2. 试样准备

原料试样制成约 1mm×1mm×5mm 大小；浆料用清水浸泡，反复置换洗涤一周后，风干备用。

3. 抽提

试样用苯醇混合液抽提，木材原料抽提 5d，草类原料和浆抽提 16～24h。

4. 脱水

抽提后试样用 30%，50%，70%，90%，95%，100%乙醇逐级脱水，各级脱水时间为 20min，其中 100%乙醇脱水两次，随后立即用 100%三氯甲烷置换两次，三氯甲烷预先要用无水氯化钙脱水。

5. 溴化

取 1g 左右的脱水试样放在有盖烧瓶中，加入三氯甲烷 70mL，再在室温和有充分搅拌的条件下缓慢加入溴溶液，盖上瓶盖在室温下摇动 3h，然后置于水浴锅中于 55℃下回流 3h，到时间立即取出过滤，并用三氯甲烷洗涤至滤液中不含溴的颜色。溴化后样品用滤纸包好并置于索氏抽提器中用三氯甲烷抽提洗涤 10～12d，中间换 2 次三氯甲烷以彻底除去未反应的溴（草类原料及其浆料可抽提洗涤 5d，所用三氯甲烷在使用前都必须用无水氯化钙脱水）。

6. 包埋、切片和喷碳

溴化并洗涤后的试样用 100%丙酮置换出三氯甲烷，用环氧树脂浸泡、包埋、固化后，在超薄切片机上用玻璃刀切片，切片厚度为 0.5μm，要求厚度均匀。将切片修剪后贴附于覆盖有活棉胶薄膜的空心碳台小孔上，于真空镀膜机中喷碳后供观察分析用。

（二）扫描电镜-X 射线能谱分析（SEM-EDXA）

1. 参考条件

加速电压：30kV；入射束流：$1×10^{-9}$A；点分析时间：128s；窗口设置：Br-LX 射线 1.40～1.56keV，Cl-KαX 射线 2.56～2.70keV；分析部位：细胞角隅，复合胞间层，次生壁，细胞腔。

2. 分析方法

用扫描电镜观察并选择试样切片中要分析的区域，为了使所分析位置的切片厚度能比较均匀一致，应测定细胞腔中环氧树脂内 Cl-KαX 射线的计数值，Cl-Kα 计数值大致相同时表明切片厚度比较一致。测定时编好计算机程序直接扣除背景干扰。每一个样品测定的切片数不少于 5 个，每个切片中分析的纤维不少于 5 根。分别获得纤维细胞各形态区域的溴计数平均值作为测定结果。针叶木管胞纤维的次生壁木素与溴的反应能力是胞间层木素和细胞角隅木素与溴反应能力的 1.7 倍，即胞间层木素浓度与次生壁木素浓度之间存在式（8-53）关系：

$$\frac{L_{ML}}{L_S} = \frac{(I_{Br})_{ML}}{(I_{Br})_S} \times 1.70 \tag{8-53}$$

式中　L——木素浓度

　　　I_{Br}——溴信号强度，可由 SEM-EDXA 分析得到的溴计数表示

　　　ML——胞间层

　　　S——次生壁

利用式（8-53）可以对原料和浆料纤维有关形态区域中的木素浓度及其分布作半定量或定量分析。

三、纸和纸板中无机填料和无机涂料的定性分析

参见国家标准《GB/T 2679.11—2008　纸和纸板　无机填料和无机涂料的定性分析电子显微镜/X 射线能谱法》。

（一）原理

造纸用的无机填料通常有滑石粉、碳酸钙、高岭土、二氧化钛、硫酸钡等。利用电子显微镜观察其颗粒形态和晶体形态，便可对该填料或涂料进行鉴定。当电子束照射到试样上时，会激发释放出一种特征 X 射线，其能量随元素而不同。使用一种锂漂移硅的探测器，便能将这种信号收集起来。通过计算机整理，达到分析元素的目的。

（二）试剂及材料

a. 蒸馏水或去离子水；b. 六偏磷酸钠（$[NaPO_3]_6$）：1g/L 溶液；c. 5040 或 5070 有机分散剂：1g/L 溶液；d. 丙酮（化学纯）；e. 浓盐酸（化学纯）；f. D76 显影液；g. D72 显影液；h. 酸性定影液；i. 高纯金丝：纯度 99.99%，直径 1mm；j. 高纯碳棒：纯度 99.99%，直径 5~100mm；k. 二氯乙烯（化学纯）；l. 聚乙烯醇缩甲醛的二氯乙烯溶液：质量分数 0.2%~0.5%；m. 电镜专用铜网：孔径 3mm；n. 120 或 135 照相底片；o. 2 号或 3 号照相放大纸。

（三）仪器及设备

a. 高温炉：控温范围室温~1000℃可调；b. 烘箱（控温可调）；c. 瓷坩埚：30~50mL；d. 玛瑙研钵：直径 50~70mm；e. 透射电子显微镜及其必要的部件；f. 扫描电子显微镜及其必要的部件；g. 能与扫描电镜或透射电镜联用的能谱仪；h. 解剖针和镊子；i. 载玻片；j. 盖玻片；k. 光学显微镜；l. 真空镀膜机。

（四）透射电镜无机填料和涂料的分析

1. 支持膜载网制备

支持膜载网是用来支撑试样的工具，即在孔径为 3mm 的电镜铜网上覆盖一层在电镜下不显任何结构的塑料薄膜。对于纸张填料、涂料分析来说，聚乙烯醇缩甲醛薄膜使用较为方便。

制备时，将一块洁净的显微镜载玻片插入 0.2%~0.5% 的二氯乙烯溶液中，插入深度为载玻片的 1/3~1/2。浸泡 4~8s 立即提起，滴去多余的溶液后，将载玻片持平，待风干

后，载玻片上就会附有一层很薄的塑料薄膜。用解剖针在距离载玻片边缘约 2mm 处割断薄膜，使其在水中容易剥离下来。然后在一个直径为 15mm 的玻璃器皿中盛满蒸馏水，以约 45°的方向轻轻地把载玻片放入水中，由于水的表面张力，在割划过的地方膜便会脱落并漂浮在水面上。当膜漂到水面上时，将电镜专用铜网放到膜上，一张完整的膜上大约可放 20～30 个铜网。在铜网上放一张吸水性适中的滤纸，滤纸面积与薄膜面积相近。待滤纸湿透后立即用镊子将滤纸、铜网及薄膜同时捞起，这样铜网便附上一层薄薄的支持膜，在室温下风干备用。

2. 试样制备

① 直接分散法：取有代表性的纸品试样 2g，用蒸馏水煮沸 4～5min，取出，用手指揉搓使纤维分散，也可用纤维解离器略加解离，以帮助纤维分散。这时部分纤维填料和涂料便于纤维分离并悬浮在水中。取悬浮液少许，滴在具有支持膜的铜网上，在室温下干燥备用，每个样品需制备此试片 3～5 个，然后用光学显微镜检查，选择稀密适度、分散良好的试片，供电子显微镜观察。

② 烧灰法：对于含有大量胶黏剂的纸和纸板，用上述直接分散法纤维不易分散，需采用烧灰法制样。取有代表性的纸或纸板约 10g，于带盖的瓷坩埚中炭化，然后于高温炉中烧灰，温度（575±25℃），使有机物烧掉。灰渣用玛瑙研钵研细，取少量试样置于载玻片上，滴上 2 滴 1g/L 的六偏磷酸钠分散剂，盖上盖玻片。用手指移动盖玻片，利用两玻片间水的表面张力，使灰渣颗粒进一步分散。将分散了的灰渣用蒸馏水洗入烧杯中，混匀后用吸管吸取少量此悬浮液，滴在有支持膜的载网上，风干后备用。

3. 电镜观察及鉴别

将制备好的试片置于透射电镜下观察。由于不同的填料具有不同的晶体形态，所以根据试样在电镜下的晶体形态和颗粒大小，便可定性地鉴别纸品中加入的填料及涂料种类。观察时选用的放大倍数，随对象的不同有所区别：如滑石粉一般在 1000～2000 倍处可见；高岭土、硫酸钡、钛酸钙需放大 5000～20000 倍，二氧化钛需 10000～20000 倍以上。

几种无机填料和涂料在电镜下的晶体特征简述如下。

① 滑石粉：呈不规则的扁平颗粒状，颗粒大小不均匀且随粉碎程度而异，一般来说颗粒较其他填料大，边缘部位常出现一些层状结构。滑石粉多做填料用，超细滑石粉也可作涂料用。

② 高岭土：造纸工业上所使用的高岭土主要为高岭石和埃洛石。高岭石多呈六角形片状结构，片的大小、厚度及规则程度，随产地和瓷土质量而异。薄的晶片在电子显微镜下呈半透明状，较厚的晶片则不透明。

③ 埃洛石：它的晶粒形态多呈管状或卷曲状，晶粒大小随产地和加工方式而异。高岭石和埃洛石常混生，许多高岭土中还混有伊利石、叶蜡石等。此类混生矿往往使用性能差。高岭土多做涂料使用。

④ 碳酸钙：可由化学沉淀法制备，称为沉淀碳酸钙；也可从矿石直接加工制得，称为天然碳酸钙。沉淀碳酸钙又称轻质碳酸钙，多作填料，用于生产凸版纸、字典纸和卷烟纸，也作普通涂布印刷纸的涂料。其晶体形态多呈菱形或纺锤形，有的中部有空腔，断面多呈多边形，晶粒大小及规则程度随加工过程的不同而有差异，一般为 $0.5～1.0\mu m$。天然碳酸钙没有固定的形态，颗粒大小随矿石的粉碎程度及筛分而异。一般约为 $0.2～1.5\mu m$。超细碳酸钙粒径比上述数值小得多。

⑤ 二氧化钛：俗称钛白粉，有锐钛矿和金红石矿两种。两种矿的二氧化钛晶体形态相差不大，都属四方体晶系，形似鹅卵石，粒子大小一般在 $0.2\sim0.5\mu m$。折射率较高，多用于高不透明度及白度较高的填料及涂料。

⑥ 硅藻土：有天然磨细硅藻土及煅烧硅藻土，粒子大小一般在 $2\sim10\mu m$，晶粒的形态特点是晶片上有许多蜂窝状的孔洞，完整的晶片呈盘形，造纸工业上使用不多，偶尔用于墙壁纸涂层。

⑦ 缎白：是由消石灰、钾明矾、硫酸铝制成的水合硫酸钙络合物。粒子大小一般在 $0.2\sim2\mu m$，晶体形状多为针形，特点是粒度小，密度低，不透明度高、白度高，多在低定量涂布中使用。

⑧ 氧化锌：多作为一种配制照相纸、墙壁纸涂料的颜料，它具有优异的不透明性，其次是密度大，颗粒细，晶体形状多呈不规则的椭圆形和长方形。

⑨ 硫酸钡：也称为重晶石或重晶石粉，颗粒大小约为 $2\sim5\mu m$，属斜方晶系，多用于照相纸涂料。

⑩ 石棉：有蓝石棉、温石棉等品种，呈纤维状，多用于绝热性纸制品及特种滤纸等。

（五）扫描电镜无机填料和涂料的分析

1. 试样制备

扫描电镜样品制备和透射电镜基本相同，但由于扫描电镜样品室较大，试样可以置于载网上，也可置于扫描电镜样品台上观察。另外，用于扫描电镜观察的试样的表面要有一层导电层，一般是用真空镀膜机或离子溅喷仪在试样的表面喷上一层高纯黄金，试样及支持网的制备方法与上述透射电镜分析中的方法相同，试样浓度可较透射电镜略高。

对于填料含量较高，以及纸张没有经过任何涂塑处理的样品，包括涂布纸，可以直接对纸样进行真空喷镀处理，喷导电层后直接将纸样置于样品台上进行电镜观察，真空喷镀的导电层的厚度一般在 $10\sim20nm$，对于胶粒含量较高的样品，需将胶粒除去，以便于观察，为此可采用烧灰法制样。

2. 扫描电镜观察

扫描电镜和透射电镜的成像原理不同：透射电镜观察到的是物体的投影像；而扫描电镜观察到的是实物的表面反射像，也就是外形轮廓像。扫描电镜的图像景深大，透射电镜的图像清晰度高，但作为无机填料和涂料的定性观察，两者均可，所获得的晶体图像基本一致。与透射电镜的观察和鉴定相同，根据试样的晶体形态，对纸和纸板中的无机填料和涂料的种类做出定性鉴别。

（六）扫描电镜/能谱仪的元素定性和半定量分析

透射电镜和扫描电镜都是根据试样的晶体形态对试样进行定性分析，鉴别出是什么填料或涂料，但这种方法往往会受到纸中某些有机成分的干扰，例如胶乳、淀粉及纤维原料中的杂质组分等。同时，各种无机填料和涂料之间，颗粒的晶体形体往往也有些交叉现象，不便做出判断，因此，在分析过程中如能将形貌分析和成分分析同时进行，则可大大提高分析的准确性。扫描电镜和能谱相结合的方法能满足这一试验的要求，能分析出试样中各种元素的相对含量。

1. 试样制备

（1）纸和纸板直接试样的制备

取有代表性的试样，用双面胶将试样贴在电镜的样品台上，观察面向上，然后用真空镀膜机在试样的表面喷上一层碳膜导电层,厚度约为 10~20nm。喷碳后的试样即可直接用于电镜和能谱的分析。这种制样方法只适用于纸较厚,定量一般不低于 $60g/m^2$ 的样品,而且浆中填料含量较高,胶料含量较低,纸面没有经过任何涂塑处理。对于定量低于 $60g/m^2$ 的纸,可将纸页用蒸馏水润湿后,几层纸页压合在一起制样测定。

(2) 纸灰试样的制备

对于不宜直接用纸样测定的样品,按《GB/T 742—2018 造纸原料、纸浆、纸和纸板灼烧残余物(灰分)的测定(575℃和900℃)》方法,称取纸和纸板试样 2~3g(绝干),于坩埚中灼烧,使之炭化。然后移入高温炉中。在 (575±25)℃ 烧至无黑色碳素,冷却后将灰渣置于玛瑙研钵中研磨分散。再将分散的试样置于预先涂有碳素导电胶的电镜样品台上,并用载玻片将试样压紧,试样厚度不低于 500μm,然后用真空镀膜机按上述办法在试样上喷涂一层碳膜,此试样即可供观察及定性和定量分析用。

2. 扫描电镜/能谱分析

当试样在电镜中受到入射电子的轰击时,可以产生若干信号,其中之一是二次电子信号,形成扫描电镜的物体形貌像;另一个信号是由于激发试样中的原子而放出不同能量的特征 X 射线,其能量随元素的不同而不同,从而可以进行元素的定性、定量分析。X 射线能谱仪就是用来测量特征 X 射线能量的仪器,它将试样上被激发出来的特征 X 射线收集起来,按能量大小将其分类,还可计算出这些 X 射线之间的强度关系。某些特征 X 射线的强度与该元素在试样中的浓度成正比,从而对各元素进行定量分析。

造纸用的无机填料和涂料,有的是以简单氧化物形式(如二氧化钛)存在,能直接从能谱分析中得到其纯度和含量,有的则以复合氧化物的形式存在。例如典型高岭土的化学成分为 $Al_4Si_4O_{10}(OH)_8$;如混晶,其成分则有较大的变化。又例如滑石粉,是一种近似化学成分为 $H_2Mg_3(SiO_3)_4$ 的水合硅酸镁化合物,矿物的实际成分也常有变化。因此对这类成分不稳定的化合物,不可能通过元素分析做出准确的定量计算,只能以元素含量或各种元素的氧化物含量来表示。

3. 试验误差

电镜/能谱分析实际上是一种微区分区,一般纸或纸板的组织不可能在每一个微区都是非常均匀的,因此要求做定量分析时,两次平行试验的相对误差不大于 10%,以两次试验的平均值报结果,如大于 10%,则需重复试验。由于测定方法的微区性受到样品不均匀性的限制,虽然按定量分析方法步骤进行,但对纸张分析来说仍然是误差较大,属于半定量分析或定性分析。

第八节 电化学分析

一、电位分析(测定酸性基团)

以测定电池两极间的电位差和电位差变化为基础的分析方法,称为电位分析法,包括直读电位法和电位滴定法两种。在制浆造纸工业中常用的有 pH 的测定;木素结构中酚羟基和羧酸基含量的测定;蒸煮液中或黑液中各化学药品含量的测定;纸和纸板中水溶性氯化物的测定等。

(一) 溶液 pH 的测定

测定溶液 pH 的仪器称为 pH 计或酸度计。不同类型的仪器操作要求各异,使用前必须阅读有关仪器的使用说明书。

1. 仪器

pH 计，装有玻璃电极和甘汞电极，或装有复合电极。pH 读数精确至 0.01。

2. 试剂

标准 pH 缓冲溶液。

3. 测定步骤

测定溶液的 pH 应按照所采用仪器的使用说明书操作，一般 pH 计的操作包括以下步骤：

① 电极安装：将玻璃电极和甘汞电极（或复合电极）与仪器相接；安装玻璃电极时应注意让其底部略高于甘汞电极底部，以保护玻璃薄膜。甘汞电极应加满 KCl 饱和溶液，使用前取下橡皮套。

② 仪器校正：将仪器的选择键置于"pH 测量"位置，把温度补偿器调节在被测溶液的实际温度位置。将两支电极浸入标准 pH 缓冲溶液中，开启读数开关，调节校正旋钮使读数为标准缓冲液的 pH。校正完后用蒸馏水冲洗电极，用滤纸吸干电极上的水。

③ pH 的测量：将被测溶液倒入干燥的小烧杯中，将两支电极浸入被测溶液中，开启读数开关，读取被测溶液的 pH。测定完后用蒸馏水冲洗干净电极。

（二）水相电位滴定法测定木素的酚羟基和羧酸基含量

木素是自然界中仅次于纤维素的第二大可再生资源，是人类未来的主要资源来源。以木素为原料制备新材料和化工原料，逐步替代化石等日趋枯竭的不可再生资源，正成为一种新的发展趋势。木素主要是由苯丙烷结构单元（$C_3 \sim C_6$）经碳碳键和醚键相互连接而成的三维网状无定形高聚物，其分子结构中含有羟基（酚羟基和醇羟基）、双键、羧酸等基团。其中，酚羟基和羧酸基能够在碱性溶液中电离，其含量决定了木素在水溶液中的溶解性。由于有关木素的化学改性反应基本在水介质中进行，因此准确测定木素的水溶性基团——酚羟基和羧酸基的含量对于木素的化学改性和基础研究非常重要。目前对于木素酚羟基和羧酸基含量的测定可以采用水相电位滴定法。

1. 仪器与试剂

a. 250mL 及 1000mL 容量瓶各一个；b. 50mL 及 100mL 烧杯各一个；c. 超声处理装置；d. 自动电位滴定仪；e. 浓盐酸；f. 氢氧化钠；g. 邻苯二甲酸氢钾；h. 对羟基苯甲酸等。

2. 测定步骤

① 盐酸标准溶液的制备：精确称量一定量的浓盐酸（分析纯，37%）稀释至 1L 容量瓶；精确称量一定量的氢氧化钠于 250mL 容量瓶，用邻苯二甲酸氢钾标定氢氧化钠溶液的浓度；用已知浓度的氢氧化钠溶液标定盐酸标准溶液的浓度，制备的盐酸标准溶液作为滴定剂备用。

② 精确称量 0.03g 样品于烧杯中，加入 5mL 过量的 KOH 溶液（pH≈14）碱化，然后精确称量 0.05g 对羟基苯甲酸内标物，加入 25mL 去离子水溶解样品和内标物，然后超声波处理 30min 后准备测试。另外精确称量 0.05g 对羟基苯甲酸溶于 25mL 去离子水，加入 5mL 过量的 KOH 溶液（pH≈14）碱化，进行空白值的测定。

③ 电位滴定：采用自动电位滴定仪进行测定，以一级微商曲线确定终点，其滴定曲线如图 8-16 所示。如图所示，样品的滴定曲线有 3 个较为明显的折点，其一级微商曲线上可

以明显地观察到3个峰，这3个峰的先后出峰顺序为酚羟基峰、羧酸基峰、氢氧化钾峰。根据图8-16中不同出峰位置计算消耗的滴定液体积，然后计算消耗的滴定剂，减去内标物消耗滴定剂的量即可计算出样品中酚羟基和羧酸基的含量。

3. 结果计算

分别按式（8-54）和式（8-55）计算：

$$b_{酚羟基} = \frac{[(V'_2 - V'_1) - (V_2 - V_1)] \times c_{HCl}}{m} \tag{8-54}$$

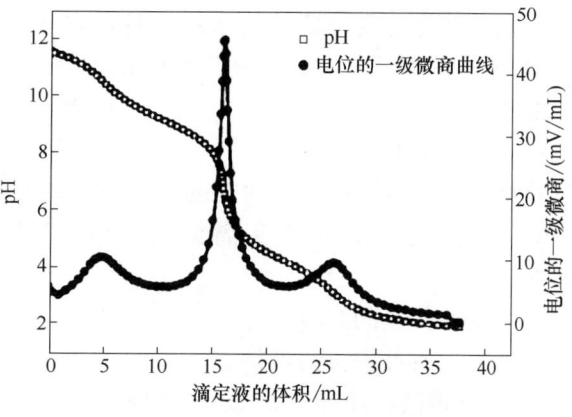

图8-16 木素样品的水相电位滴定曲线

$$b_{羧酸基} = \frac{[(V'_3 - V'_2) - (V_3 - V_2)] \times c_{HCl}}{m} \tag{8-55}$$

式中　　$b_{酚羟基}$——酚羟基含量，mmol/g

$b_{羧酸基}$——羧酸基含量，mmol/g

c_{HCl}——盐酸标准溶液的浓度，mol/L

m——测试样品的绝干质量，g

V_1，V_2及V_3——分别为空白滴定时一级微商曲线上的3个峰值，mL

V'_1，V'_2及V'_3——分别为样品滴定时一级微商曲线上的3个峰值，mL

二、电 导 分 析

电导分析法是通过测量溶液的电导来分析被测物质含量的电化学分析方法。它所依据的基本原理是溶液的电导与溶液中各种离子的浓度、运动速度和离子电荷数有关。其具体做法是将被测溶液放在由固定面积、固定距离的两个电极所构成的电导池中，然后测量溶液的电导，由此计算被测物质的含量。

在一些化学反应过程中常常会引起电导的变化，因此，也可以利用电导的测定来判断反应的等当点。例如中和反应、络合反应、沉淀反应和氧化还原等反应。一般来说，只要反应物的离子和生成物的离子浓度有较大改变都可以进行电导滴定。

电导滴定的精密度依赖于滴定过程中电导变化的显著程度，及反应生成物的水解、生成络合物的稳定性、生成沉淀的溶解度等因素。在滴定过程不得改变电极间的相对位置。为了减少滴定过程稀释效应的影响，使用滴定剂的浓度应高于被测试样的浓度的10~20倍。对于溶液本身含有大量不参与反应的其他离子时，就不宜采用电导滴定。

（一）纸浆、纸和纸板水抽提物的电导率测定

参见国家标准《GB/T 7977—2007　纸、纸板和纸浆　水抽提液电导率的测定》。

1. 测定原理

用100mL煮沸或冷的蒸馏水或去离子水抽提一定量的样品1h，然后在规定的温度下用电导率仪测定抽提液的电导率。

2. 仪器与试剂

a. 250mL的磨口锥形瓶；b. 100mL具塞锥形烧瓶；c. 冷凝管；d. 电导率仪（选用合

适的仪器级别和量程,以确保测试的相对误差在±5%以内);e. 电加热板(功率可调);f. 恒温水浴锅(温度可调可控);g. 氯化钾标准溶液(浓度分别为:0.01mol/L 和 0.001mol/L);h. 蒸馏水或脱离子水(电导率不超过 0.1S/m)。

3. 测定步骤

(1) 试样的制备

将样品剪成或撕成大小约 5mm×5mm 试样,且混合均匀。操作时应戴上干净手套小心拿取,防止污染。保持时应远离酸雾,制备好的试样应贮存于带盖的磨口广口瓶中,并测定其水分。

(2) 水抽提液的制备

有以下 3 种抽提方法可供选择:

① 加热板法:准确称取 2.0g(以绝干计)试样放入 250mL 锥形烧瓶中。用移液管量取 100mL 蒸馏水于一个空的锥形瓶中,接上冷凝回流管,置于加热板上,将水加热到沸腾。然后移去冷凝管,将水转入装有试样的锥形瓶中,再接上冷凝回流装置,温和煮沸 1h。在装有冷凝器的情况下将锥形瓶放入冰水中,迅速冷却至约 25℃,使液体中悬浮的纤维下沉,最后倒出抽提液于 100mL 的具塞锥形瓶中。

② 沸水浴法:准确称取 2.0g(以绝干计)试样放入 250mL 锥形烧瓶中。用移液管量取 100mL 蒸馏水于一个空的锥形瓶中,接上冷凝回流管,置于恒温水浴锅中,将水加热到沸腾。然后移去冷凝管,将水转入装有试样的锥形瓶中,再接上冷凝回流装置,于沸水浴中煮沸 1h。在装有冷凝器的情况下将锥形瓶放入冰水中,迅速冷却至约 25℃,使液体中悬浮的纤维下沉,最后倒出抽提液于 100mL 的具塞锥形瓶中。

③ 冷抽提法:准确称取 2.0g(以绝干计)试样放入 250mL 锥形烧瓶中。用移液管量取 100mL 蒸馏水于装有试样的锥形烧瓶中,用磨口玻璃塞封住烧瓶,在室温 20~25℃下放置 1h。在此期间应至少摇动一次烧瓶,然后倒出抽提液于 100mL 的具塞锥形瓶中。

(3) 抽提液电导率的测定

使用恒温水浴锅调节抽提液温度至 (25±0.5)℃,并在测定过程中保持此温度。用蒸馏水小心冲洗电导池数次,再用抽提液冲洗两次。用新取的一部分抽提液测定电导率值,直到得到稳定的数字。

(4) 空白试验电导率的测定

与上述抽提液电导率的测定完全相同,唯一的区别是用等量的蒸馏水来代替抽提液进行电导率值的测定。

4. 结果计算

抽提液中电导率按式 (8-56) 计算,以 $\mu S/cm$ 表示。

$$\gamma = \gamma_1 - \gamma_0 \qquad (8-56)$$

式中 γ——抽提液的电导率,$\mu S/cm$

γ_1——试样抽提液的电导率,$\mu S/cm$

γ_0——空白试样的电导率,$\mu S/cm$

5. 注意事项

① 同时测定两次,取其算术平均值作为测定结果。

② 所有的玻璃仪器应小心地用煮沸的蒸馏水冲洗。

③ 试样经抽提后,要迅速测量,否则会因空气中的二氧化碳溶于抽提液而影响测定

结果。

④ 蒸馏水或去离子水的电导率要是超出规定值，则应在实验报告中加以说明。

（二）纸浆、纸和纸板水溶性硫酸盐的测定

参见国家标准《GB/T 2678.6—1996 纸、纸板和纸浆水溶性硫酸盐的测定（电导滴定法）》。

1. 测定原理

至少 4g 的片状试样用 100mL 的热水抽提 1h，过滤抽提液，并用过量的钡离子沉淀其中的硫酸根离子，而过量的钡离子用硫酸锂按电导滴定法来测定。

2. 仪器与试剂

a. 电导仪：灵敏度 0.001mS/m；b. 微量滴定管：5mL，刻度为 0.02mL；c. 恒温水浴：能控制和调节温度（25±0.5）℃或可以选择接近室温的其他温度，并在滴定的过程中始终保持温度恒定；d. 搅拌器和自动滴定装置：能控制和调节温度；e. 蒸馏水或去离子水：电导率小于 1.0mS/m；f. 乙醇：95％体积分数；g. 氯化钡溶液：$c(BaCl_2 \cdot 2H_2O) \approx$ 5mmol/L；h. 盐酸溶液：$c(HCl) \approx 5mmol/L$；i. 硫酸锂标准溶液：$c(Li_2SO_4 \cdot H_2O) \approx$ 5mmol/L。

3. 试样的采取和制备

试样的采取应考虑其代表性，在取样的过程中，应戴上干净手套小心拿取，防止污染。保存时应远离酸雾，并防止落灰。

4. 测定步骤

称取风干试样不少于 4g（精确到 0.01g），同时称取试样测定其水分。将试样剪成或撕成约 5mm×5mm 大小的片状，装入一个具有标准接口的 250mL 的锥形瓶中，然后用移液管移入 100mL 蒸馏水，接上空气冷凝器，放入水浴中，固定住锥形瓶，加热抽提 1h，并不时摇动。当抽提到达规定时间后，取下并冷却到室温，然后用玻璃滤器或布氏漏斗及预先处理过的无灰滤纸进行过滤，将滤液收集到一个带塞的干净的锥形瓶中。

用移液管吸取 50.0mL 抽提的滤液，放入一个 250mL 的烧杯中，加入 100mL 95％的乙醇、10mL 的盐酸，并准确地加入 2.0mL 氯化钡溶液。将烧杯放入恒温水浴中［水浴温度为（25±0.5）℃］或在比较稳定的室温下，将电导仪的电极插入试液中，用玻璃棒或搅拌装置以均匀速度搅拌试液，待温度稳定后，利用微量滴定管每次加入 0.2mL 硫酸锂标准溶液。在每次加入硫酸锂后，待电导率指示数到达恒定值时进行记录，重复地加入标准液并读取相应的电导率数，直至加入硫酸锂的总体积达到 3.5~4.0mL 为止。

以加入的硫酸锂标准溶液的毫升数为横坐标，溶液的电导率读数为纵坐标，对测试结果作图。通过各点拟合直线，并形成一个"V"形，在两条直线的交叉点读出等当点消耗硫酸锂标准溶液的体积。

5. 结果计算

试样的水溶性硫酸盐含量 $w_{硫酸盐}$（mg/kg）按式（8-57）计算：

$$w_{硫酸盐} = \frac{96.1 \times c \times V_3 \times (V_0 - V_1)}{V_2 \times m} \tag{8-57}$$

式中　$w_{硫酸盐}$——水抽出物中硫酸盐含量，mg/kg

　　　c——硫酸锂溶液的真实浓度，mmol/L

　　96.1——硫酸根摩尔质量，g/mol

V_0——空白滴定时所消耗的硫酸锂的体积，mL

V_1——在试验溶液滴定时所消耗的硫酸锂的体积，mL

V_2——用来滴定的抽提液的体积，mL

V_3——试验时所加水的总体积，mL

m——绝干试样的质量，g

6. 注意事项

① 为了保证硫酸根离子的完全沉淀，在滴定开始时要有足够过量的钡离子，此点甚为重要。如硫酸锂的相对消耗量小于1mL，则需对抽提液进行稀释处理。

② 过滤用的滤纸在使用前需进行无灰处理。具体方法为：将滤纸经水浴抽提1h，然后用镊子夹出放在布氏漏斗中，用热蒸馏水充分洗涤后烘干、备用。

参 考 文 献

[1] GB/T 1546—2018. 纸浆　卡伯值的测定 [S].

[2] GB/T 743—2003. 纸浆多戊糖含量的测定 [S].

[3] GB/T 8943.4—2008. 纸、纸板和纸浆　钙、镁含量的测定 [S].

[4] GB/T 12910—1991. 纸和纸板二氧化钛含量的测定法 [S].

[5] 石淑兰. 制浆造纸分析与检测 [M]. 北京：中国轻工业出版社，2009.

[6] 林润惠. 制浆造纸分析与检验 [M]. 北京：中国轻工业出版社，2007.

[7] 李与文，王慧丽. 制浆造纸分析检验 [M]. 北京：化学工业出版社，2005.

[8] 张锦芳，汪宗中. 运用紫外光谱法测定纸浆中的总木素含量 [J]. 上海造纸，1983，(81)：203-209.

[9] 刘加奎，黄干强，周华. 硫酸盐阔叶木浆中己烯糖醛酸及其含量的测定 [J]. 广东造纸，1999，(5-6)：45-50.

[10] 雷金选，张桂兰，张桂珍. 造纸植物纤维原料和纸浆中酸溶木素与总木素的测定 [J]. 中国造纸，1987，(2)：25-31.

[11] 雷金选，张桂兰，张桂珍. 造纸植物纤维原料和纸浆中酸溶木素与总木素的测定（续）[J]. 中国造纸，1987，(3)：21-26.

[12] 雷以超，李斯旺. 分光光度法和容量法测定纸浆中聚戊糖的对比 [J]. 纸和造纸，2013，32 (12)：65-68.

[13] 隆言泉，石淑兰，胡惠仁，等. 荻与芦苇在蒸煮过程中酸溶木素含量变化规律的研究 [J]. 中国造纸，1987，3 (2)：3-8.

[14] 周明松，黄恺，邱学青，等. 水相电位滴定法测定木质素的酚羟基和羧基含量 [J]. 化工学报，2012，63 (1)：258-265.

[15] 杨卿. 麦草及其三种主要组分的热解规律 [D]. 广州：华南理工大学学位论文，2016.

【本章思政案例】

序号	案例名称	案例教学目标	案例内容
1	使用先进的仪器分析工具	培养学生的数据分析能力	液相色谱分析、凝胶渗透色谱法分析、核磁共振波谱分析、电子显微镜分析这些方法是用于研究和分析木素和纤维素等纸浆成分的强大工具。例如通过用凝胶渗透色谱法测定木素相对分子质量及其分布，解析高分子木素结构，在用核磁共振定量高分子木素官能团和结构单元时，由于信号幅宽且重叠，而不能正确定量，但它可以得到其他分析手段难以得到的情报，例如可以直接得知缩合型和非缩合型芳香核的量

续表

序号	案例名称	案例教学目标	案例内容
2	推动制浆造纸产业数字化转型	培养学生的未来发展意识	传统的制浆造纸生产过程存在着质量控制、能源效率和生产效率等方面的挑战。为了应对这些挑战并实现生产过程的优化与智能化,智能控制技术被引入到制浆造纸行业中。智能控制技术以其高效、准确和灵活的特点,通过对生产过程中大量的数据进行采集、分析和应用,智能控制技术可以实现对关键参数的实时监测和调整,能够提高产品质量、降低能源消耗并提高生产效率。例如,通过智能控制技术实现废料再利用、能源回收和绿色生产的最佳实践,减少对环境的影响

第九章 制浆造纸过程中常用酶制剂的分析

党的二十大报告指出"推动战略性新兴产业融合集群发展，构建新一代信息技术、人工智能、生物技术、新能源、新材料、高端装备、绿色环保等一批新的增长引擎。"生物技术是新的增长引擎，在制浆造纸领域具有广阔的应用前景，在推动新型绿色环保造纸产业的发展过程中，发挥着重要的作用，而酶制剂是生物技术的重要组成部分。

第一节 纤维素酶活力测定

纤维素酶是多种酶的复合物，在各种酶组分的协同作用下，能降解纤维素，使之变成纤维素寡糖、纤维二糖和葡萄糖，一般包括外切 β-1,4-葡聚糖酶（Exo β-1,4-glucanase，EC3.2.1.91）、内切 β-1,4-葡聚糖酶（Endo β-1,4-glucanase，EC 3.2.1.4）和纤维二糖酶（Cellobiase，EC 3.2.1.21）。纤维素酶制剂的来源不同，会造成这三种酶的含量不同，进而导致其表观酶活力不同，即对纤维素的降解能力不同。纤维素酶可以根据适用 pH 分类，也可以根据产品形态分类。根据前者可以分为酸性纤维素酶和中性纤维素酶等，根据后者可分为固体酶制剂和液体酶制剂。我国轻工行业标准《QB/T 2583—2003 纤维素酶制剂》规定了适用于造纸行业的、源自木霉属微生物的纤维素酶制剂的活力测定方法。纤维素酶活力可以采用不同方法测试，包括滤纸酶活力、羧甲基纤维素酶活力和黏度法相对酶活力等。

一、滤纸酶活力

滤纸酶活力英文为 Filter paper activity，因此可简写为 FPA。它的定义为：1g 固体酶（或 1mL 液体酶），在（50±0.1）℃、指定 pH 条件下（酸性纤维素酶 pH4.8，中性纤维素酶 pH6.0），1h 水解滤纸底物，产生出相当于 1mg 葡萄糖的还原糖量，为 1 个酶活力单位，以 U/g 固体酶（或 U/mL 液体酶）表示。在碱性、煮沸条件下，3,5-二硝基水杨酸（DNS 试剂）与还原糖发生显色反应，其颜色的深浅与还原糖（以葡萄糖计）含量成正比。通过在 540nm 测其吸光度，可得到还原糖的量，进而计算出纤维素酶的活力。

1. 实验试剂及仪器

① DNS 试剂：置 3,5-二硝基水杨酸（10±0.1）g 于 600mL 水中，逐渐加入 10g 氢氧化钠，在 50℃水浴中（磁力）搅拌溶解，再依次加入 200g 酒石酸钾钠、2g 重蒸苯酚和 5g 无水亚硫酸钠，待全部溶解并澄清后，冷却至室温，用水定容至 1000mL，过滤。贮存于棕色试剂瓶中，于暗处放置 7d 后使用。

② 柠檬酸缓冲液，0.05mol/L，pH4.8（适用于酸性纤维素酶）：将 4.83g 一水柠檬酸溶于约 750mL 水中，搅拌情况下加入 7.94g 柠檬酸三钠，用水定容至 1000mL。调解溶液 pH 到（4.8±0.05）备用。可用 pH4.8 乙酸缓冲溶液替代。

③ pH4.8 乙酸缓冲溶液：将 8.16g 三水乙酸钠溶于约 750mL 水中，加入 2.31mL 乙酸，用水定容到 1000mL。调解溶液的 pH 到（4.8±0.05）备用。

④ 磷酸缓冲液，0.1mol/L pH6.0（适用于中性纤维素酶）：分别称取 121.0g 一水磷酸

二氢钠和 21.89g 二水磷酸氢二钠,将其溶解在 10L 去离子水中。调解溶液的 pH 到（6±0.05）备用。溶液在室温下可保存一个月。

⑤ 葡萄糖标准贮备溶液（10mg/mL）：称取于（103±2）℃下烘干至恒重的无水葡萄糖 1g,精确至 0.1mg,用水溶解并定容至 100mL。

⑥ 葡萄糖标准使用溶液：分别吸取葡萄糖标准贮备溶液 0.00、1.00、1.50、2.00、2.50、3.00、3.50mL 于 10mL 容量瓶中,用水定容至 10mL,盖塞,摇匀备用。系列浓度可以根据需要自行调整。

⑦ 快速定性滤纸（杭州新华一号滤纸）：直径 15cm,每批滤纸使用前用标准酶加以校正。

⑧ 除普通实验室仪器外,还应有：a. 分光光度计；b. 酸度计,精度±0.01pH；c. 恒温水浴（50±0.1）℃；d. 分析天平,感量 0.0001g；e. 磁力搅拌器；f. 秒表或定时钟；g. 沸水浴,可用 800W 电炉和高脚烧杯、搪瓷量杯或其他容器组成；h. 具塞刻度试管,25mL。

2. 实验步骤

(1) 绘制标准曲线

按表 9-1 规定的量,分别吸取葡萄糖标准使用溶液、缓冲溶液和 DNS 试剂于各管中（每管号平行作 3 个样）,混匀。

表 9-1　　　　　　　　　　葡萄糖标准曲线

管号	葡萄糖标准使用溶液		缓冲液吸取量/mL	DNS 试剂吸取量/mL
	浓度/(mg/mL)	吸取量/mL		
0	0.0	0.00	2.0	3.0
1	1.0	0.50	1.5	3.0
2	1.5	0.50	1.5	3.0
3	2.0	0.50	1.5	3.0
4	2.5	0.50	1.5	3.0
5	3.0	0.50	1.5	3.0
6	3.5	0.50	1.5	3.0

将标准管同时置于沸水浴中,反应 10min。取出,迅速冷却至室温,用水定容至 25mL,盖塞,混匀。用 10mm 比色杯,在分光光度计波长 540nm 处测量吸光度。以葡萄糖量为横坐标,以吸光度为纵坐标,绘制标准曲线,获得线性回归方程,线性回归系数应在 0.9990 以上时方可使用（否则须重做）。

(2) 待测酶液的准备

称取固体酶样 1g（精确至 0.0001g）或吸取液体酶样 1mL（精确至 0.01mL）,用水溶解,磁力搅拌混匀,准确稀释定容（使试样液与空白液的吸光度之差恰好落在 0.3～0.4 范围内）,放置 10min,待测。

(3) 滤纸条的准备

将待用滤纸放入硅胶干燥器中平衡 24h,然后制成宽 1cm、质量为 (50±0.5)mg 的滤纸条,放置 10min,折成 M 形,备用。

(4) 样品的测定

① 取四支 25mL 刻度具塞试管（一支空白管,三支样品管）。

② 将折成 M 形的滤纸条,分别放入每支试管的底部（沿 1cm 方向竖直放入）。

③ 分别向 4 支管中，准确加入相应 pH 的缓冲溶液 1.50mL。

④ 分别准确加入稀释好的待测酶液 0.50mL 于 3 支样品管中（空白管不加），使管内溶液浸没滤纸，盖塞。

⑤ 将 4 支试管同时置于（50±0.1）℃水浴中，准确计时，反应 60min，取出。

⑥ 立即准确地向各管中加入 DNS 试剂 3.0mL。再于空白管中准确加入稀释好的待测酶液 0.50mL，摇匀。将四支管同时放入沸水浴中，加热 10min，取出，迅速冷却至室温，加水定容至 25mL，摇匀。

⑦ 以空白管（对照液）调仪器零点，在分光光度计波长 540nm 下，用 10mm 比色杯，分别测量 3 支平行管中样液的吸光度，取平均值。以吸光度平均值查标准曲线或用线性回归方程求出还原糖的含量。

3. 结果计算

FPA 酶活力按式（9-1）或式（9-2）计算：

$$X_1 = \frac{m_A \times V}{t \times V_0 \times V_1} \tag{9-1}$$

或

$$X_1 = \frac{m_A \times V}{t \times V_1 \times m} \tag{9-2}$$

式中 X_1——样品的滤纸酶活力，U/mL［式（9-1）］或 U/g［式（9-2）］

t——酶反应时间，取值 1，h

m_A——根据吸光度在标准曲线上查得或计算出的还原糖量，mg

V_0——待测液体酶体积，取值 1，mL

V_1——检测用的稀释酶液体积，取值 0.5，mL

V——稀释酶液总体积，mL

m——待测固体酶质量，取值 1，g

同一试样两次测试结果的绝对差值，不得超过算术平均值的 10%。

二、羧甲基纤维素酶活力

羧甲基纤维素酶活力英文为 Sodium carboxymethylcellulose activity，因此可简写为 CMCA。它的定义为：1g 固体酶（或 1mL 液体酶），在（50±0.1）℃、指定 pH 条件下（酸性纤维素酶 pH4.8，中性纤维素酶 pH6.0），1h 水解羧甲基纤维素钠底物，产生出相当于 1mg 葡萄糖的还原糖量，为 1 个酶活力单位，以 U/g（或 U/mL）表示。与黏度法的不同之处在于，该法采用 3,5-二硝基水杨酸（英文为 3,5-dinitrosalicylic acid，简写为 DNS）作为显色试剂，因此还可简写为 CMCA-DNS。

1. 实验试剂及仪器

① DNS 试剂：同滤纸酶活力。

② 柠檬酸缓冲液，0.05mol/L，pH4.8（适用于酸性纤维素酶）：同滤纸酶活力。可用 pH4.8 乙酸缓冲溶液替代。

③ pH 4.8 乙酸缓冲溶液：同滤纸酶活力。

④ 磷酸缓冲液，0.1mol/L pH6.0（适用于中性纤维素酶）：同滤纸酶活力。

⑤ 葡萄糖标准贮备溶液（10mg/mL）：同滤纸酶活力。

⑥ 葡萄糖标准使用溶液：同滤纸酶活力。

⑦ 羧甲基纤维素钠（CMC-Na）：化学纯（上海光华化学试剂厂），在25℃，2%水溶液的黏度为800～1200mPa·s，每批羧甲基纤维素钠使用前用标准酶加以校正。

⑧ CMC-Na 溶液：称取 2g CMC-Na，精确至 1mg，缓慢加入约 200mL 相应的缓冲液，加热至 80～90℃，边加热边磁力搅拌，直至 CMC-Na 全部溶解，冷却后用相应的缓冲液稀释至接近 300mL，用 2mol/L 盐酸或者氢氧化钠调节溶液的 pH 到 (4.8±0.05)（酸性纤维素酶）或 (6.0±0.05)（中性纤维素酶），最后定容到 300mL，搅拌均匀，贮存于冰箱中备用。

⑨ a. 自动连续多挡分配器；b. 漩涡混合器；c. 试管、水浴等仪器同滤纸酶活力。

2. 实验步骤

（1）绘制标准曲线

同滤纸酶活力。

（2）待测酶液的准备

同滤纸酶活力。

（3）样品的测定

① 取 4 支 25mL 刻度具塞试管（1 支空白管，3 支样品管）。

② 分别向 4 支管中，准确加入 2.00mL 用相应的 pH 缓冲溶液配制的 CMC-Na 溶液。

③ 分别准确加入稀释好的待测酶液 0.50mL 于 3 支样品管中（空白管不加），用漩涡混匀器混匀，盖塞。

④ 将 4 支试管同时置于 (50±0.1)℃ 水浴中，准确计时，反应 30min，取出。

⑤ 立即准确地向各管中加入 DNS 试剂 3.0mL。再于空白管中准确加入稀释好的待测酶液 0.50mL，摇匀。将 4 支管同时放入沸水浴中，加热 10min，取出，迅速冷却至室温，加水定容至 25mL。

⑥ 以空白管（对照液）调仪器零点，在分光光度计波长 540nm 下，用 10mm 比色杯，分别测量 3 支平行管中样液的吸光度，取平均值。以吸光度平均值查标准曲线或用线性回归方程求出还原糖的含量。

3. 结果计算

CMCA-DNS 酶活力按式（9-3）或式（9-4）计算：

$$X_1 = k \times \frac{m_A \times V}{V_0 \times V_1 \times t} \tag{9-3}$$

或

$$X_1 = k \times \frac{m_A \times V}{V_1 \times m \times t} \tag{9-4}$$

式中 X_1——样品的羧甲基纤维素（还原糖法）酶活力（CMCA-DNS），U/mL [式（9-3）] 或 U/g [式（9-4）]

m_A——根据吸光度在标准曲线上查得或计算出的还原糖量，mg

V_0——待测液积酶体积，取值 1，mL

V_1——检测用的稀释酶液体积，取值 0.5，mL

m——待测固体酶质量，取值 1，g

V——稀释酶液总体积，mL

k——时间换算系数，取值 2，由 60min/30min 求得

t——酶反应时间，取值 30，min

同一试样两次测试结果的绝对差值，不得超过算术平均值的 10%。

三、黏 度 法

1g 固体酶（或 1mL 液体酶），在（40±0.1）℃、指定 pH 条件下（酸性纤维素酶 pH6.0，中性纤维素酶 pH7.5），水解羧甲基纤维素钠底物，使底物黏度降低而得到的相对于标准品的纤维素酶相对酶活力。黏度的降低与内切纤维素酶活力成正比。为与采用相同底物的 CMCA-DNS 法区分，该法可简写为 CMCA-VIS（VIS 表示 viscosity）。

1. 实验试剂及仪器

① 磷酸缓冲液，0.1mol/L pH6.0（适用于酸性纤维素酶）：同滤纸酶活力。

② 磷酸缓冲液，0.1mol/L pH7.5（适用于中性纤维素酶）：分别称取 22.49g 一水磷酸二氢钠、148.98g 二水磷酸氢二钠和 PEG6000（聚乙二醇）10.0g，将其溶解在 10L 去离子水中。调解溶液的 pH 到（7.5±0.05）备用。溶液在室温下可保存一个月。

③ 羧甲基纤维素钠：BLANOSE 7LF（Hercules Incorporated），在 25℃，取代度 65%～90%，2%水溶液的黏度为 20～50mPa·s。

④ CMC-Na 溶液：称取 35g CMC-Na，精确至 1mg，缓慢加入约 700mL 相应的缓冲液，加热至 80～90℃，边加热边磁力搅拌，直至 CMC-Na 全部溶解，冷却后用相应的缓冲液稀释至 950mL，用 2mol/L 盐酸或者氢氧化钠调节溶液的 pH 到（6.0±0.05）（酸性纤维素酶）或（7.5±0.05）（中性纤维素酶），最后定容到 1000mL，搅拌均匀，贮存于冰箱中备用。在冰箱中的贮存使用期最长为 3d。使用前应校正 pH 至相应的范围。

⑤ 标准酶：酸性或中性。

⑥ a. 振荡黏度计，MIVI 8004（Sofraser，France）或同等分析效果的仪器；b. 恒温水浴（50±0.1）℃；c. 漩涡混合器；d. 10mL 塑料试管（100mm×13mm）；e. 高精度自动分配器；f. 秒表。

2. 实验步骤

(1) 黏度计的校准

使用标准黏度样品校准黏度计。100mPa·s，数值显示在（1800±50）mV；10mPa·s，数值显示在（750±10）mV。

(2) 绘制标准曲线

称取一定量的酸性或中性标准酶，用相应的缓冲溶液溶解，作为标准贮备液。然后将贮备液梯度按表 9-2 或表 9-3 稀释到最终浓度作为酶标准使用溶液备用。酶标准贮备液和使用溶液每日应重新配置。标准酶使用溶液的浓度可以根据标准酶进行调整。

表 9-2　　　　　　　　　　　酸性纤维素酶标准曲线

标准点	酸性标准品酶活力/(U/mL)	酶标准贮备液/mL	磷酸缓冲液 pH6.0
1	0.000	0.0	加至 100mL
2	0.270	5.0	加至 100mL
3	0.378	7.0	加至 100mL
4	0.540	10.0	加至 100mL
5	0.648	12.0	加至 100mL
6	0.810	15.0	加至 100mL
7	1.080	20.0	加至 100mL

表 9-3　　　　　　　　　　　　　　中性纤维素酶标准曲线

标准点	酸性标准品酶活力/(U/mL)	酶标准贮备液/mL	磷酸缓冲液 pH6.0
1	0.00	0.0	加至 100mL
2	3.02	3.0	加至 100mL
3	4.03	4.0	加至 100mL
4	5.04	5.0	加至 100mL
5	6.04	6.0	加至 100mL
6	7.05	7.0	加至 100mL
7	10.07	10.0	加至 100mL

（3）标准对照酶样的制备

称取一定量的标准对照酶样，精确至 1mg，用与溶解相应标准酶同样的缓冲液溶解。标准对照酶样溶液的浓度，应根据配置的酶标准使用溶液的浓度范围进行调整，使稀释后对照样的酶活恰好落在标准曲线的中部。

（4）待测酶液的准备

称取少量酶样，用相应的缓冲液溶解，磁力搅拌 15min，并稀释到一定体积，使稀释后样液的酶活恰好落在标准曲线的中部。

（5）样品的测定

取若干支专用试管。按表 9-4 规定，分别吸取各种溶液于各管中（每种样液平行作 3 个）。每个试管操作间隔应以秒表准确控制，保持间隔时间相同，按放入顺序依次取出试管，迅速插入振荡黏度计（插入时黏度计切忌碰试管壁），读数。

表 9-4　　　　　　　　　　　　　　　　　试验步骤

操作	参数
每个试管加入缓冲液	0.375mL(空白管 0.500mL)
分别加入酶标准使用溶液、酶标准对照溶液、样液	0.125mL
依次加入 CMC-Na 底物，混匀 10s(漩涡混合器,200r/min)	4.000mL
依次放入 40℃水浴保温	30min
振荡黏度计测量体系黏度变化	
记录读数	

注：①每做完一个样，振荡棒要擦拭干净。②严格控制时间间隔。

3. 结果计算

（1）标准曲线的绘制

以酶标准使用溶液的酶活力为横坐标，以读取的黏度计读数为纵坐标，绘制标准曲线，获得线性回归方程，线性回归系数大于 0.9975 以上时方可使用（否则须重做）。

（2）CMCA-VIS 酶活力计算

CMCA-VIS 酶活力按式（9-5）计算：

$$X_1 = \frac{X_0 \times V \times n}{m} \tag{9-5}$$

式中　X_1——羧甲基纤维素（黏度法）酶活力，U/g（或 U/mL）

　　　X_0——通过标准曲线查得或计算出的酶活力，U/g（或 U/mL）

　　　V——容量瓶的体积，mL

　　　n——进一步稀释的倍数

　　　m——称取（或吸收）样品的量，mL（或 g）

同一试样两次测试结果的绝对差值，不得超过算术平均值的 10%。

四、与国际酶活力单位的换算

国际纤维素酶活力单位定义如下：在（50±0.1）℃、相应 pH 条件下，1min 水解纤维素底物，产生出相当于 1μmol 葡萄糖的还原糖量，为 1 个酶活力单位，国际纤维素酶活力以 IU/g（或 IU/mL）表示。

FPA 和 CMCA-DNS 测得的纤维素酶活力单位可按照式（9-6）转换成国际单位：

$$X_1 = \frac{X_2 \times k_1}{M \times k_2} = \frac{X_2 \times 1000}{180 \times 60} = 0.093 X_2 \tag{9-6}$$

式中　X_1——国际纤维素酶活力，IU/g（或 IU/mL）
　　　M——还原糖的摩尔质量（以葡萄糖计），180mg/mmol
　　　k_2——时间换算系数，60min/1h
　　　k_1——物质的量的单位换算因子，1000μmol/(1mmol)
　　　X_2——FPA 或 CMCA-DNS 测得的纤维素酶活力，U/g 或 U/mL［实际上对应 mg/(g·h) 和 mg/(mL·h)］

五、注意事项

① 滤纸酶活力、羧甲基纤维素酶活力用来反映纤维素酶的总酶活力，黏度法相对酶活力侧重反映纤维素酶的内切酶活力。使用者根据自身需求选择试验方法。

② 必须严格按照标准规定的底物、pH、反应时间与温度等条件操作，否则将影响数据的重现性和再现性。

③ 除非另有说明，分析中仅使用分析纯的试剂、蒸馏水或去离子水或相当纯度的水。

第二节　半纤维素酶活力测定

木聚糖是一种重要的半纤维素。能将木聚糖分解成木糖的酶称为木聚糖酶。根据作用 pH 范围可以分为酸性木聚糖酶制剂、中性木聚糖酶制剂和碱性木聚糖酶制剂；根据产品形态可以分为固体剂型和液体剂型。木聚糖酶活力表示木聚糖酶在一定时间内，催化木聚糖溶液降解释放还原糖（包括寡糖和单糖）的能力。

1g 固体酶或者 1mL 液体酶，在 50℃、一定 pH 条件下（酸性木聚糖酶制剂 pH 为 4.8，中性木聚糖酶制剂 pH 为 6.0，碱性木聚糖酶制剂 pH 为 9.0），1min 从浓度为 5mg/mL 木聚糖溶液中，降解释放 1μmol 还原糖，即为一个酶活力单位（即 1U），而 1g 固体酶（或 1mL 液体酶）对应的酶活力单位总数，则为该酶的木聚糖酶活力，以 U/g 或 U/mL 表示。可见，1μmol/min 的还原糖产生速率为 1U。

还原糖的生成量测定采用 DNS 显色法，而还原糖的生成量与反应液中木聚糖酶活力成正比。因此，通过分光比色测定显色后反应液的颜色强度，可计算得到反应液中木聚糖酶的活力。我国轻工行业标准《QB/T 4483—2013　木聚糖酶制剂》中规定了木聚糖酶制剂活力的测定方法。

一、中性木聚糖酶制剂活力的测定

1. 实验试剂及仪器

① 柠檬酸溶液（浓度为 0.05mol/L）：将 1.06g 一水柠檬酸溶于 80mL 中，搅拌，用水

定容至100mL。

② 磷酸氢二钠溶液（浓度为0.1mol/L）：将1.42g磷酸氢二钠溶于80mL水中，搅拌，用水定容至100mL。

③ 磷酸氢二钠-柠檬酸缓冲溶液（pH为6.0）：称取7.75g一水柠檬酸和17.93g无水磷酸氢二钠，加水溶解，用水定容至2000mL，测定其pH。如果偏离6.0，用柠檬酸溶液或磷酸氢二钠溶液调节至6.0。

④ 氢氧化钠溶液（浓度为200g/L）：将20.0g氢氧化钠加水溶解，定容至100mL。

⑤ 木糖溶液（浓度为10.0mg/mL）：称取无水木糖1g（精确至0.0001g），加磷酸氢二钠-柠檬酸缓冲液溶解，定容至100mL。

⑥ 木聚糖溶液（浓度为10mg/mL）：称取1.00g木聚糖（Sigma X0627[1]），加入0.32g氢氧化钠，再加入90mL水，磁力搅拌，同时缓慢加热（25min），直至木聚糖完全溶解。然后停止加热，继续搅拌30min至室温，测定其pH。如果pH为6.0，用磷酸氢二钠-柠檬酸缓冲溶液定容至100mL。如果pH偏离6.0，再用柠檬酸溶液或磷酸氢二钠溶液调节至6.0，然后再用磷酸氢二钠-柠檬酸缓冲溶液定容至100mL。使用前适当摇匀。4℃避光保存，有效期12h。

⑦ DNS试剂：置3,5-二硝基水杨酸3.15g于500mL水中，搅拌3~5s，水浴加热至45℃。然后逐渐加入100mL氢氧化钠溶液（浓度为200g/L），同时不断搅拌，直到溶液清澈透明。在加入氢氧化钠的过程中，溶液温度不应超过48℃。再逐步加入91.0g四水酒石酸钾钠、2.50g苯酚和2.50g无水亚硫酸钠，继续45℃水浴加热，同时补加水300mL，不断搅拌，直到加入的物质完全溶解。停止加热，冷却至室温，用水定容至1000mL，用烧结玻璃过滤器过滤。将滤液贮存于棕色试剂瓶中，于暗处室温下放置7d后使用。有效期60d。

⑧ 仪器与设备：a. 分析天平，感量0.0001g；b. pH计，精确至0.01；c. 磁力搅拌器：附加热功能；d. 电磁振荡器；e. 烧结玻璃过滤器，孔径为0.45μm；f. 离心机：最大离心加速度不小于$2000 \times g$；g. 温度计，精度0.1℃；h. 恒温水浴锅，温度控制范围在30~80℃之间，精度为0.1℃；i. 秒表，每小时误差不超过5s；j. 分光光度计，能检测350~800nm的吸光度范围；移液器，精度为1μL。

2. 实验步骤

(1) 绘制标准曲线

① 吸取磷酸氢二钠-柠檬酸缓冲液2.0mL，加入DNS试剂2.5mL，沸水浴加热5min。用自来水冷却至室温，用水定容至12.5mL，制成标准空白样。

② 分别吸取木糖溶液1.00、2.00、3.00、4.00、5.00、6.00和7.00mL，分别用磷酸氢二钠-柠檬酸缓冲液定容至100mL，配置成浓度为0.10、0.20、0.30、0.40、0.50、0.60和0.70mg/mL的木糖标准溶液。

③ 分别吸取上述浓度系列的木糖标准溶液各1.00mL（做两个平行），分别加入刻度试管中，再分别加入水1mL和DNS试剂2.5mL。电磁振荡3s，沸水浴加热5min。然后用自来水冷却到室温，再用水定容至12.5mL。以标准空白样为对照调零，在540nm处测定吸光度A值。

④ 以木糖浓度为y轴、吸光度A值为x轴，绘制标准曲线。每次新配置DNS试剂均需要重新绘制标准曲线。

(2) 反应用酶液的制备

① 固体样品的反应用酶液制备：称取试样两份，精确至0.0001g。加入100mL磷酸氢

二钠-柠檬酸缓冲溶液。搅拌 30min，再用磷酸氢二钠-柠檬酸缓冲溶液做二次稀释（稀释后的待测酶液中木聚糖酶制剂活力应控制在 0.05~0.09U/mL 之间）。

② 液体样品的反应用酶液制备：液体试样可直接用磷酸氢二钠-柠檬酸缓冲溶液进行稀释、定容（稀释后的待测酶液中木聚糖酶制剂活力应控制在 0.05~0.09U/mL 之间）。如果稀释后酶液的 pH 偏离 6.0，需用柠檬酸溶液或磷酸氢二钠溶液调节至 6.0，再用磷酸氢二钠-柠檬酸缓冲溶液做适当定容。

(3) 测定操作

① 吸取 10mL 木聚糖溶液，50℃水浴保温平衡 5min。

② 吸取 10mL 经过适当稀释的酶液，50℃水浴保温平衡 5min。

③ 吸取 1.0mL 经过稀释和 50℃温度平衡的酶液，加入刻度试管中，再加入 2.5mL DNS 试剂，电磁振荡 3s，然后加入 1.0mL 经过 50℃温度平衡的木聚糖溶液，50℃保温 30min 后取出，沸水浴加热 5min。用自来水冷却到室温，再用水定容至 12.5mL。电磁振荡 3s。以标准空白样为空白对照，在 540nm 处测定吸光度 A_B。

④ 吸取 1.0mL 经过稀释和 50℃温度平衡的酶液，加入刻度试管中，再加入 1.0mL 经过 50℃温度平衡的木聚糖溶液，电磁振荡 3s，50℃精确保温 30min，加入 2.5mL DNS 试剂，电磁振荡 3s，以终止酶解反应。沸水浴加热 5min。用自来水冷却到室温，再用水定容至 12.5mL。电磁振荡 3s。以标准空白样为空白对照，在 540nm 处测定吸光度 A_E。

3. 结果计算

试样稀释液中的木聚糖酶制剂活力按式（9-7）或式（9-8）计算：

$$X_D = \frac{[(A_E - A_B) \times K + C] \times V}{M \times t \times m_0} \times k \tag{9-7}$$

$$X_D = \frac{[(A_E - A_B) \times K + C] \times V}{M \times t \times V_0} \times k \tag{9-8}$$

式中　X_D——稀释酶液中木聚糖酶的活力，U/g［式（9-7）］或 U/mL［式（9-8）］

A_E——酶反应液的吸光度

A_B——酶空白样的吸光度

m_0——待测固体酶质量，取值 1，g

K——标准曲线的斜率，mg/mL

C——标准曲线的截距，mg/mL

V——测量所用稀释酶液体积，取值 1，mL

V_0——待测液体酶体积，取值 1，mL

M——木糖的摩尔质量，150.2g/mol

t——酶解反应时间，min

k——单位转化因子，1000μmol/(1mmol)

X_D 值应控制在 0.05~0.09U/g（或 U/mL）之间。如果不在这个范围内，应重新选择酶液的稀释度，再进行分析测定。

校正后试样稀释液中的木聚糖酶制剂活力按式（9-9）计算：

$$X = X_D \times D_f \tag{9-9}$$

式中　X——试样中木聚糖酶的活力，U/g 或 U/mL

D_f——试样的稀释倍数

所得结果表示至整数。

4. 注意事项

① 除非另有说明，分析中仅使用分析纯的试剂，水均为符合《GB/T 6682—2008 分析实验室用水规格和试验方法》中规定的二级水。

② 处理酸碱和配置 DNS 试剂时，应在通风橱或通风良好的房间进行，戴上保护眼镜和乳胶手套，一旦皮肤或眼睛接触了上述物质，及时用大量的水冲洗。

③ 木聚糖可以选择其他等效产品。

④ 酶制剂活力的测定应根据应用领域和测试需求来确定最终测试方法和测试条件。例如，饲料添加剂木聚糖酶活力的测定方法中，规定在 37℃、pH 为 5.50 的条件下，每分钟从浓度为 5mg/mL 的木聚糖溶液中降解释放 1μmol 还原糖所需要的酶量为一个酶活力单位 U。

二、酸性木聚糖酶制剂活力的测定

与中性木聚糖酶制剂活力的测定在所用溶液上有所不同。不同之处罗列如下，采用这些溶液替代中性木聚糖酶制剂活力的测定方法中的相应溶液。其他操作步骤及计算方法等与中性木聚糖酶制剂活力的测定相同。

① 乙酸溶液（溶液为 0.1mol/L）：吸取冰乙酸 0.6mL，用水溶解，定容至 100mL。

② 乙酸钠溶液（浓度为 0.1mol/L）：称取三水乙酸钠 1.36g，溶于 80mL 水中，搅拌，用水定容至 100mL。

③ 乙酸钠-乙酸缓冲溶液（pH 为 4.8）：称取三水乙酸钠 8.02g，加入冰乙酸 3.5mL，再加水溶解，定容至 1000mL，测定其 pH。如果偏离 4.8，再用乙酸溶液或乙酸钠溶液调节至 4.8。

④ 木糖溶液（浓度为 10.0mg/mL）：称取无水木糖 1g（精确至 0.0001g），加乙酸钠-乙酸缓冲液溶解，定容至 100mL。

⑤ 木聚糖溶液（浓度为 10mg/mL）：称取 1.00g 木聚糖（Sigma X0627[1]），加入 0.32g 氢氧化钠，再加入 90mL 水，磁力搅拌，同时缓慢加热（25min），直至木聚糖完全溶解。然后停止加热，继续搅拌 30min 至室温，测定其 pH。如果 pH 为 4.8，用乙酸钠-乙酸缓冲溶液定容至 100mL。如果 pH 偏离 4.8，再用乙酸溶液或乙酸钠溶液调节至 4.8，然后再用乙酸钠-乙酸缓冲溶液定容至 100mL。使用前适当摇匀。4℃ 避光保存，有效期 12h。

三、碱性木聚糖酶制剂活力的测定

与中性木聚糖酶制剂活力的测定在所用溶液上有所不同。不同之处罗列如下，采用这些溶液替代中性木聚糖酶制剂活力的测定方法中的相应溶液。其他操作步骤及计算方法等与中性木聚糖酶制剂活力的测定相同。

① 甘氨酸溶液（溶液为 0.2mol/L）：吸取甘氨酸 1.5g，用水溶解，定容至 100mL。

② 氢氧化钠溶液（浓度为 0.2mol/L）：称取氢氧化钠 8.0g，加水溶解，用水定容至 100mL，混匀备用。

③ 甘氨酸-氢氧化钠缓冲溶液（pH 为 9.0）：取 44mL 氢氧化钠溶液和 250mL 甘氨酸溶液混合后，用去离子水定容至 1L，于 4℃ 冰箱内保存备用。

④ 木糖溶液（浓度为 10.0mg/mL）：称取无水木糖 1.000g，加甘氨酸-氢氧化钠缓冲液溶解，定容至 100mL。

⑤ 木聚糖溶液（浓度为 10mg/mL）：称取 1.00g 木聚糖（Sigma X0627[1]），加入 0.035g 氢氧化钠，再加入 70mL 水，磁力搅拌，同时缓慢加热（25min），直至木聚糖完全溶解。

然后停止加热，继续搅拌 30min，测定其 pH。如果 pH 为 9.0，用甘氨酸-氢氧化钠缓冲溶液定容至 100mL。如果 pH 偏离 9.0，再用甘氨酸-氢氧化钠溶液调节至 9.0，然后再用甘氨酸-氢氧化钠缓冲溶液定容至 100mL。使用前适当摇匀。4℃避光保存，有效期 12h。

参 考 文 献

[1] QB 2583—2003. 纤维素酶制剂 [S].
[2] QB/T 4483—2013. 半纤维素酶制剂 [S].

【本章思政案例】

案例名称	案例教学目标	案例内容
绿微康造纸生物技术解决方案	生物技术是绿色环保制浆造纸工业的新增长引擎	我国东莞市绿微康生物科技有限公司拥有生物脱墨、生物打浆和生物施胶等造纸生物技术解决方案，为制浆造纸工业的节能、减排、降耗、降成本做出贡献。生物技术在制浆造纸中的应用，将创造绿色造纸世界[绿微康造纸生物技术解决方案 -中国知网(cnki.net)]